建構微服務 第二版

設計細微化的系統

SECOND EDITION

Building Microservices

Designing Fine-Grained Systems

Sam Newman 著

洪巍恩 譯

O'REILLY®

目錄

第二部分 實作

第五章 實作微服務溝通

第三部分　人

前言

微服務（microservice）是一種分散式系統的做法，倡導使用可以獨立地變更、部署和發布的細微化服務。對於正在發展更鬆散的耦合系統之組織來說，微服務能透過自主團隊來提供使用者功能，其效果是非常好的。除此之外，微服務還提供了很多建置系統的選項，給我們很大的彈性，能確保系統可以修改以滿足使用者的需求。

然而，微服務並非沒有明顯的缺點。作為一種分散式系統，微服務非常複雜，即便是有經驗的開發者，也可能對其中大部分的內容感到陌生。

全球專業人士的實務經驗，加上新技術的出現，對於微服務的運用產生了極為深遠的影響。本書結合這些觀點與具體的實務範例，幫助你瞭解微服務是否適合你。

誰應該閱讀這本書

這本書的討論範圍甚廣，因為微服務架構的意涵也是相當寬闊，因此，本書應該會吸引各路人馬的關注，包括設計、開發、部署、測試、和系統維護等相關人員。那些已經踏上微服務架構之征途的人，不管是要新建應用程式，或者是要分解既有的單體式系統，將會從本書中找到許多有用的實務建議。另外，對於想要瞭解這一切是怎麼回事的人，這本書也是非常有幫助的，藉此可以自行判斷微服務是否適合你。

為什麼撰寫這本書

在某程度上，寫這本書是因為我想確保第一版書中的資訊仍是最新、準確和有用的。我寫第一版是因為我有非常有趣的想法想分享，很幸運的是，我在一個有時間和支援的地方完成了第一版，並且因為我沒有為任何大型技術供應商工作，我可以從一個相當公正的角度來寫作。我不是在推銷解決方案，也希望不是在推銷微服務，我只是發現這些想法很吸引人，而我也樂於解讀微服務的概念並找到能廣泛分享它的方法。

撰寫第二版主要有兩個原因。首先，我覺得這次我可以做得更好，我學到了更多的東西，也希望能寫得更好。此外，在推廣微服務觀點進入主流的事上，我也貢獻了一點綿薄之力，因此我有責任確保這些觀點是以合理、平衡的方式介紹。對許多人而言，微服務已經成為預設的架構選項，但我認為這是很難證明的事，我想要藉此機會分享我的觀點。

這本書並非*支援*，也不是*反對*微服務。我只是想確保我有正確地探討了這些想法的背景，並分享可能導致的問題。

第一版後發生了哪些改變？

我花了一年左右的時間完成了《*建構微服務*》的第一版，從 2014 年初著手寫作，到 2015 年 2 月出版。這是微服務的早期階段，至少在廣大行業對這個名詞的認識上是如此。從那時起，微服務以一種我沒有預想到的方式成為主流，隨著這種成長，有許多經驗可以借鏡，也還有更多技術可以探索。

當我在撰寫第一版與更多團隊合作時，我開始精煉了我對於微服務概念的一些想法。在某些情況下，這意味著一些我原本不注重的想法（如資訊隱藏），開始變得更清楚，成為需要更加強調的基礎概念。在其他領域，新技術為我們的系統提供了新的解決方案也帶來了新的問題。看到這麼多人對 Kubernetes 寄予厚望，希望能解決他們在微服務架構上的所有問題，這著實讓我停下來思考。

此外，第一版的《*建構微服務*》不僅提供對微服務的解釋，還廣泛地介紹這種架構方法是如何改變軟體開發的各方面。因此，當我更深入研究安全性和韌性方面的問題時，我想回到過去，將這些對現代軟體開發越來越重要的議題有更展開的論述。

因此，在第二版中，我花了更多時間以明確的範例更清楚地解釋這些觀點。每一章節、每一句話都被重新審視。在具體的文章方面，第一版的內容雖保留得不多，但想法都還在。我努力使自己的觀點更加清晰，同時也認知到解決一個問題往往有多種方法。所以對於行程內溝通（inter-process communication）的討論展開成三個章節。我也花了許多時間研究像是容器、Kubernetes、無伺服器等技術可能的影響，因此現在有獨立的章節討論建置和部署。

原本，我希望能完成一本和第一版差不多厚的書，同時能找到方法裝得下更多的想法，然而正如你所見的，我沒能達成這個目標——這版本變得更厚了！但我想我已經成功地清楚表達我的想法了。

本書簡介

這本書主要根據主題（topic）組織而成，本書的結構和內容可以從頭讀到尾，但當然你可能會想要直接跳到最感興趣的特定主題。如果你決定直接進入某個章節，書末的詞彙表能解釋新的或不熟悉的術語，會對你很有幫助。關於術語的問題，我在書中交替地使用微服務和服務這兩個詞，除非我明確地指明，不然你可將這二者視為同一件事。我也在參考書目中彙整了本書的一些關鍵建議，因此如果你*真的*只想跳到最後面，記住，如果你這樣做，你將會錯過很多細節！

本書主要分為三個獨立的部分：基礎、實作和人。讓我們來看看各個部分的內容：

第一部分　基礎

在第一部分中，我詳細介紹一些微服務的核心觀念。

第一章　什麼是微服務？

　這是對於微服務一般性的介紹，其中會簡要地討論一些在後續章節中會展開的主題。

第二章　如何對微服務塑模？

　本章探討了諸如資訊隱藏、耦合、內聚和領域驅動設計（domain-driven design）等概念，幫助你為微服務找到正確邊界的重要性。

第三章　拆分單體

　本章提供了一些指引，說明如何採用既有的單體式應用並將其拆解為微服務。

第四章　微服務的溝通風格

　本部分的最後一章討論了不同類型的微服務溝通，包含了異步（asynchronous）與同步（synchronous）呼叫，以及請求 / 回應（request-response）和基於事件（event-driven）的協作風格。

第二部分　實作

從高階層的概念轉到實作的細節，在這一部分，我們將著眼於可以幫助你充分利用微服務的技巧和技術。

第五章　實作微服務溝通

在本章，我們將更深入地探討用於實現微服務間溝通的具體技術。

第六章　工作流程

本章比較了 saga 和分散式交易，並討論它們在對包含多個微服務的業務流程進行塑模時的用處。

第七章　建置

本章解釋從微服務到儲存庫的對映及其建置。

第八章　部署

在本章中你會看到對於部署微服務之眾多選項的討論，包含探討了容器、Kubernetes 和 FaaS（函式即服務）。

第九章　測試

在此，我們將討論測試微服務時所面臨的挑戰，包括由端到端測試所引起的問題，以及消費者驅動的契約測試（consumer-driven contract）、和生產中測試能如何提供幫助。

第十章　從監控到可觀察性

本章涵蓋了從關注靜態監控活動，到廣泛地思考如何提高微服務架構可觀察性的轉變，以及一些關於工具的具體建議。

第十一章　資訊安全

微服務架構增加了被攻擊的範圍，但也給了我們更多深度防禦的機會；在本章中，我們將探討這種平衡。

第十二章　彈性

本章廣泛地探討什麼是彈性，以及微服務在改善應用的彈性方面可以發揮的作用。

第十三章　擴展

在本章中，我概述了關於擴展的四軸，並展示它們是如何組合起來以擴展微服務的架構。

第三部分　人

如果沒有人和組織的支援，想法和技術就毫無意義。

第十四章　使用者介面

從脫離專門的前端團隊，到使用 BFF 和 GraphQL，本章探討了微服務和使用者介面是如何合作的。

第十五章　組織結構

倒數第二章重點介紹 steam-aligned 團隊和 enabling 團隊如何在微服務架構環境中工作。

第十六章　進化的架構師

微服務架構不是一成不變的，所以你對於系統架構的看法可能需要改變，這是本章將深入探討的主題。

本書編排慣例

本書使用的字型、字體慣例，如下所示：

斜體字（*Italic*）

用來代表新的術語、URL、電子郵件地址、檔案名稱及副檔名。對於初次提到或重要的詞彙，中文以楷體字呈現，其對應的英文則以斜體表示。

定寬字（`Constant width`）

用來列舉程式碼，以及在文章中表示程式的元素，例如變數、函式、資料庫、資料型別、環境變數、程式語句和關鍵字等。

這個圖示代表一個小技巧或建議。

這個圖示代表一般注意事項。

這個圖示代表警告或小心。

致謝

對於從家人那裡獲得的支援，我由衷地感謝，尤其是我的妻子 Lindy Stephens，謝謝她無怨無悔的付出；說沒有她就沒有這本書都還太輕描淡寫，即使當我這麼告訴她時，她有點不太相信。這本書是獻給她的！同樣也是獻給我的父親、Jack、Josie、Kane 以及廣大的 Gilmanco Staynes 家族。

這本書的大部分內容是在全球疫情期間寫完的，在我寫這些謝詞的同時，疫情仍持續延燒。雖然可能沒有太大的意義，但我要感謝英國的 NHS，以及全世界所有透過開發疫苗、治療病人、運送食物和以其他方式幫助我們的人們。這本書也是獻給你們每一位。

沒有第一版就沒有第二版，所以我要再次感謝在撰寫第一版的過程中幫助過我的所有人，包括技術審查 Ben Christensen、Martin Fowler 和 Venkat Subramaniam；James Lewis 為我們提供了許多啟發性的對話；由 Brian MacDonald、Rachel Monaghan、Kristen Brown 和 Betsy Waliszewski 組成的 O'Reilly 團隊；以及來自於讀者 Anand Krishnaswamy、Kent McNeil、Charles Haynes、Chris Ford、Aidy Lewis、Will Thames、Jon Eaves、Rolf Russell、Badrinath Janakiraman、Daniel Bryant、Ian Robinson、Jim Webber、Stewart Gleadow、Evan Bottcher、Eric Sword 和 Olivia Leonard 的評論回饋。並且要感謝 Mike Loukides，我想最初是因為他讓我陷入這個爛攤子！

在第二版中，Martin Fowler 再次作為技術審查，並加入了 Daniel Bryant 和 Sarah Wells，他們慷慨地投入了時間和回饋。我還要感謝 Nicky Wrightson 和 Alexander von Zitzerwitz 幫忙推動技術審查。在 O'Reilly 端，整個過程由我出色的編輯 Nicole Taché 監督，沒有她我肯定會發瘋；而 Melissa Duffield，她似乎比我在管理工作量的方面做得更好；Deb Baker、Arthur Johnson 和製作團隊的其他成員（很抱歉我不知道你們的名字，但謝謝你們！）；還有 Mary Treseler，因為她帶領這艘船度過了一些困難時期。

此外，第二版獲得非常多人的幫助和見解，包括（排名不分先後）Dave Coombes 和在 Tyro 的團隊、Dave Halsey 和在 Money Supermarket 的團隊、Tom Kerkhove、Erik Doernenburg、Graham Tackley、Kent Beck、Kevlin Henney、Laura Bell、Adrian Mouat、Sarah Taraporewalla、Uwe Friedrichse、Liz Fong-Jones、Kane Stephens、Gilmanco Staynes、Adam Tornhill、Venkat Subramaniam、Susanne Kaiser、Jan Schaumann、Grady Booch、Pini Reznik、Nicole Forsgren、Jez Humble、Gene Kim、Manuel Pais、Matthew Skeltonc 和南雪梨野兔隊。

最後，我要感謝本書搶先體驗版的優秀讀者，他們提供了寶貴的回饋意見；他們是 Felipe de Morais、Mark Gardner、David Lauzon、Assam Zafar、Michael Bleterman、Nicola Musatti、Eleonora Lester、Felipe de Morais、Nathan DiMauro、Daniel Lemke、Soner Eker、Ripple Shah、Joel Lim 和 Himanshu Pant。最後，我想向 Jason Isaacs 問好。

我在整個 2020 年和 2021 上半年撰寫了本書的大部分內容。我在 macOS 上使用 Visual Studio Code 進行大部分的寫作，儘管在極少數情況下我也在 iOS 上使用了工作副本；OmniGraffle 用於創建本書中的所有圖表；AsciiDoc 用來整理這本書的格式，整體而言非常好用，而 O'Reilly 的 Atlas 工具讓本書發揮出另一面的魔力。

第一部分

基礎

第一章

什麼是微服務？

自本書第一版完成以來，微服務已經成為一種越來越流行的軟體架構選項。我不能說這隨後而來的流行是我的功勞，但使用微服務架構的風潮意味著，雖然我之前提出的許多想法現在都經過了嘗試和測試，但在早期的作法已經不受歡迎的同時，新的想法也出現了。因此，是時候再次提煉微服務架構的精髓，同時強調能使微服務發揮作用的核心概念。

整體而言，本書旨在廣泛地介紹微服務架構對於軟體交付之各方面的影響。首先，本章將介紹微服務背後的核心思想，就是把我們帶到這裡的既有技術，以及這些架構之所以被廣為使用的一些原因。

微服務概覽

微服務（*Microservices*）是圍繞業務領域塑模而成、可獨立發布的服務。一個服務將功能封裝起來，並使其可透過網路來訪問其他服務（你可以從這些建置中，建立一個更複雜的系統）。一個微服務可能代表庫存、另一個代表訂單管理、還有一個代表出貨管理，但它們組合一起可能構成一個完整的電子商務系統。微服務是一種架構選擇，專注於為你提供多種選擇來解決可能面臨的問題。

儘管微服務對於服務邊界的劃分有自己的定義，而且獨立部署性是其關鍵，微服務是一種服務導向（service-oriented）的架構，而技術中立（technology agnostic）是它其中一個優點。

從外面看，單個微服務看起來是一個黑盒子，它在一個或多個網路端點（例如一個佇列（queue）或一個 REST API，如圖 1-1 所示）上透過任何最適合的通訊協定來託管業務功能。消費者，無論是其他的微服務還是其他類型的程式，都透過這些網路端點來訪問這些功能。內部的實作細節（如服務所使用的撰寫技術或資料儲存的方式）對外界是完全隱藏的，這表示微服務架構在大部分的情況下避免使用共享的資料庫；相反地，每個微服務在必要時都會封裝自己的資料庫。

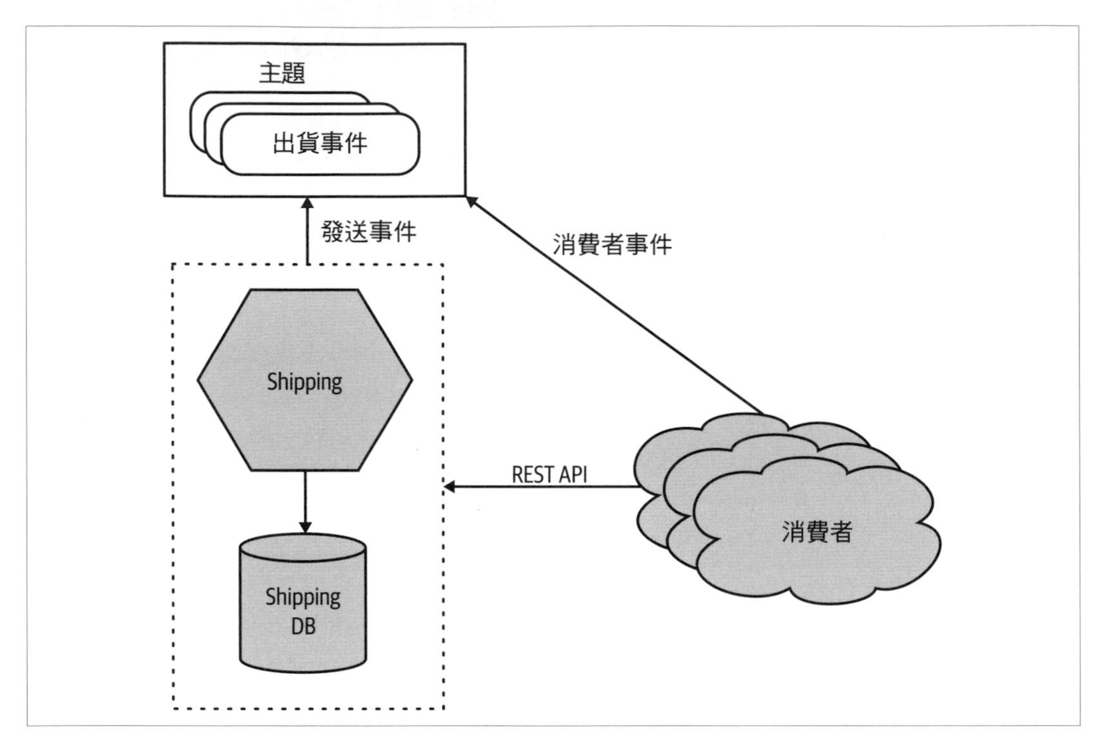

圖 1-1　一個透過 REST API 和主題展示其功能的微服務

微服務包含了資訊隱藏的概念[1]。**資訊隱藏**（*Information hiding*）意思是盡可能地將越多的資訊隱藏在一個元件之中，並且透過外部介面暴露在外的資訊越少越好。這使我們能明確區分出哪些是易於改變，哪些是較難改變的。只要微服務所暴露的網路介面不以無法向後相容的方式作變更，就可以自由改變對外部隱藏的實作部分。而在微服務邊界內的變化（如圖 1-1 所示）不應該影響到上游的消費者，從而實現功能的獨立發布。這對於能使我們的微服務可以獨立工作並按需求發布是非常重要的。擁有清楚、穩定，且不會隨著內部的實作變化而改變的服務邊界，能使系統具有更鬆散的耦合和更強的內聚性。

1　此概念由 David Parnas 首次概述於刊登在 *Information Processing: Proceedings of the IFIP Congress 1971* 的論文《Information Distribution Aspects of Design Methodology》中（*https://oreil.ly/rDPWA*）（Amsterdam: North-Holland，1972），1:339–44。

當我們在談論隱藏內部實作細節的時候，如果沒有提到最早由 Alistair Cockburn 提出的**六角形架構**（*Hexagonal Architecture*）模式的話，那我就失職了[2]。這個模式描述了將內部實作與外部介面分開的重要性，其理念是希望能透過不同類型的介面與相同的功能互動。我把我的微服務畫成六邊形，部分原因是為了將它們與「一般」服務區分開來，同時也是為了向這先前技術表達敬意。

服務導向的架構和微服務是不同的東西嗎？

服務導向架構（*Service-oriented architecture*，SOA）是一種設計方法，其中多個服務協同合作以提供一組功能。這裡的服務通常是指一個完全獨立的作業系統行程（process），這些服務之間通常是透過跨網路呼叫進行溝通，而不是用行程邊界之內的方法呼叫（method call）。

SOA 的出現是為了應對大型單體式應用程式的挑戰，目標是促進軟體的可重利用性（reusability）；例如，兩個以上的終端使用者應用程式能夠使用相同的服務。SOA 的目標是讓我們更容易維護或重寫軟體，理論上，只要服務的語意（semantics）沒有太大的變動，我們可以悄悄地使用一個服務替換另一個服務。

SOA 在根本上是非常明智的想法，然而，儘管經過許多努力，但對 SOA 的合適實作上還是缺乏良好的共識。在我看來，許多業界人士都未能全盤思考這個問題，並且提出令人折服的解決方案來取代業內各個供應商的一家之言。

事實上，SOA 面臨的諸多問題包括通訊協定（如 SOAP）、供應商中間件（vendor middleware）、缺乏服務細粒度（granularity）的指導方針、或者缺乏要挑選何處進行系統分割的正確指導。憤世嫉俗的人可能認為供應商們吸納（甚至驅使）SOA 作為一種推廣業務或促銷產品的機制，而這些完全相同的產品最終卻損害了 SOA 的目標。

我見過很多 SOA 的範例，在這些例子中的團隊正在努力使服務變得更小，但他們仍然把所有的東西都耦合到資料庫上，並且不得不把所有東西都部署在一起。這算是服務導向架構，但這不是微服務。

2 Alistair Cockburn 於 2005 年 1 月 4 日發表的《Hexagonal Architecture》，*https://oreil.ly/NfvTP*。

微服務方法衍生自現實世界的實際運用，讓我們更清楚地理解有助於妥善建置 SOA 的系統與架構，因此，你應該把微服務看作是一種 SOA 的特定解法，就像 XP 或 Scrum 被視為敏捷軟體開發的特定做法那樣。

微服務的核心概念

在探索微服務時，必須了解一些核心想法。鑑於某些方面經常被忽視，進一步探索這些概念是非常重要的，以幫助確保你了解到底是什麼讓微服務發揮作用。

可獨立部署

可獨立部署（*Independent deployability*）是指我們可以對一個微服務進行改變、部署，並向我們的使用者發布這個改變，而不需要部署任何其他的微服務。更重要的是，這不僅是我們可以這樣做而已，這**事實上**是我們在系統中管理部署的方式，是一種預設的發布準則。雖然這是一個簡單的想法，但在執行上卻很複雜。

如果你只從本書或一般的微服務概念中得到一件事，那必須是：確保你接受微服務可獨立部署的概念。養成將單個微服務的變更部署和發布上線，而不需要部署其他東西的習慣。由此，許多美好的事物將接踵而來。

為了確保可獨立部署，我們需要確保微服務是**鬆散耦合**的：我們必須能夠在不改動任何其他服務的條件下，變更一項服務；這意味著我們需要服務之間有明確、定義清楚和穩定的契約。有一些實作上的選擇使得這變得困難，例如資料庫的共享尤其成問題。

可獨立部署本身顯然非常有價值，然而你還有很多事情需要做對，而這些事也帶來其好處。因此，你還可以將關注獨立部署視為一種強制功能——透過關注這個結果，你將獲得許多輔助效益。對於具有穩定介面的鬆散耦合服務之預期，幫助我們思考如何先找到微服務的邊界。

圍繞著業務領域塑模

領域驅動設計之類的技術可以讓你建置程式碼，以更好地代表軟體程式所運行的現實領域[3]。有了微服務架構，我們可以用相同的想法來定義我們的服務邊界，透過圍繞著業務領域對服務進行塑模，我們可以更輕鬆地推出新功能，並能以不同的方式重新組合微服務，提供新功能給使用者。

推出一項需要變更多個微服務的功能，其成本是很高的，你需要協調每個服務之間的工作（可能會跨不同的團隊），並且要仔細地管理這些新版本部署的順序。這比起在單個服務（或在單體式應用）中作同樣的改變需要更多的工作，因此可以得出，我們希望能找到方法盡可能地減少跨服務變更的頻率。

我經常看到分層架構，如圖 1-2 中的三層架構所示，架構中的每一層代表一個不同的服務邊界，而每個服務邊界是基於其相關的技術功能。在這個範例中，如果我只需要對表示層（presentation layer）進行修改，那會相當有效率；然而，經驗告訴我們，在這類型的架構中，功能的變化通常會跨多個分層——需要在表示層、應用（application）層和資料（data）層中進行變更。如果架構比圖 1-2 中的簡單例子還更多層（通常每一層會被分成更多層），則這個問題會更嚴重。

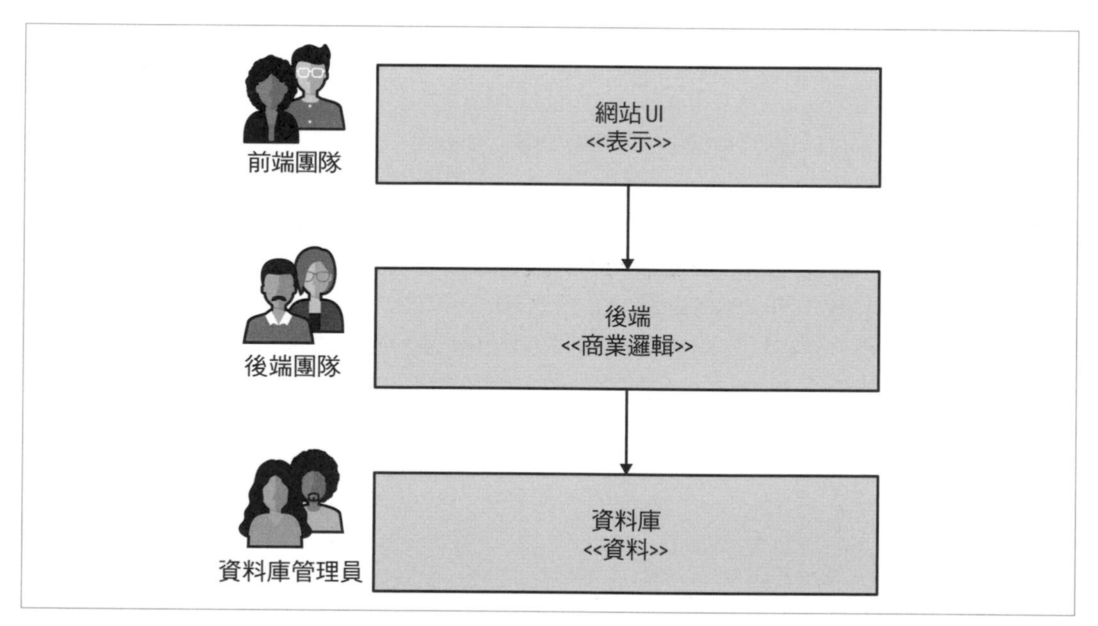

圖 1-2　傳統的三層架構

3 有關領域驅動設計的深入介紹，請參閱 Eric Evans 寫的《*Domain-Driven Design*》（Addison-Wesley），或者是簡潔的概述，請參閱 Vaughn Vernon 寫的《*Domain-Driven Design Distilled*》（Addison-Wesley）。

透過將我們的服務作為業務功能端到端的各部分，我們能確保我們的架構在業務功能的變更上盡可能地有效率。可以說，對於微服務，我們決定優先考慮業務功能的高內聚性，而不是技術功能的高內聚性。

在本章之後的內容，我們將會回到領域驅動設計的互動作用，以及它是如何與組織設計互相影響。

擁有各自的狀態

我看到人們最難接受的一件事，就是微服務應該要避免使用共享資料庫的想法；如果一個微服務想要訪問另一個微服務的資料，它應該要向第二個微服務詢問資料。微服務能夠決定什麼可以共享、什麼要隱藏，這使我們能夠清楚地將可以自由變更的功能（我們內部的實作）、與我們不會經常變更的功能（消費者使用的外部契約）區分開來。

如果我們想要實現可獨立部署性，我們需要限制微服務中向後不相容的變更，如果我們破壞與上游消費者的相容性，我們也會迫使他們作出改變。在內部實作和外部契約中間，有清楚輪廓的微服務可以幫助減少對向後不相容變更的需求。

在微服務中隱藏內部狀態是類似於物件導向（object-oriented，OO）程式的封裝作法；在 OO 系統中資料的封裝是一種將資訊隱藏在動作中的例子。

除非真的必要，否則不要共享資料庫；而且即便如此，也要盡可能避免這件事。在我看來，如果你想要實現可獨立部署性，共享資料庫是一件最糟糕的事情。

正如在前一節所討論的，我們希望把我們的服務作為業務功能端到端的各部分，在合適的時機點，將使用者介面、業務邏輯和資料封裝起來。這是因為我們想要減少改變業務相關功能所需要的工作量，以這種方式封裝資料和行為，使我們的業務功能具有高度的內聚性，並且透過隱藏服務背後的資料庫，還能確保我們減少耦合。我們將會在第 2 章再提到耦合和內聚。

大小

「一個微服務應該要多大？」是我最常聽到的問題之一。考慮到「微」這個形容詞在其中，這個問題並不奇怪。然而，當你了解微服務作為一種架構是如何運作的，大小這個概念其實是最不有趣的部分。

你是如何測量大小的？是透過計算程式碼有幾行嗎？這對我而言沒有多大的意義。有些東西可能需要 25 行 Java 程式碼，但可以用 10 行 Clojure 完成，這不是說 Clojure 就比 Java 好或差，只是有些程式語言更具有表現力而已。

Thoughtworks 的技術總監 James Lewis 曾說：「一個微服務應該要和我的腦袋一樣大」。這乍看之下，似乎沒什麼用，畢竟我們不知道 James 的頭到底有多大，但這句話背後的基本原理是，微服務應該保持在易於理解的大小。當然，這難在每個人的理解能力並不相同，因此你需要自己判斷什麼大小最合適自己。比起其他團隊，一個有經驗的團隊可能可以更好的管理更大的程式碼基礎（codebase），所以或許最好將 James 的這番話，解讀為「微服務應該要和**你的**腦袋一樣大」。

《*Microservice Patterns*》（Manning Publications）的作者 Chris Richardson 曾經說過：「微服務的目標是擁有『越小越好』的介面」，這是我認為最接近微服務「大小」的意義，也再次符合資訊隱藏的概念，但它確實代表了嘗試在「微服務」一詞中尋找起初並不存在的含義，至少在當初這個術語第一次被用來定義這些架構時，重點並不是特別關注於介面的大小。

大小的概念終究因人而異。和在一系統工作了 15 年的人談話，他們會覺得他們那擁有 100,000 行程式碼的系統是很好理解的，但向剛接觸專案的新人詢問意見，他們卻會覺得那系統太大了；同樣地，詢問一家才剛開始轉型，可能只有少於 10 個微服務的公司，和另一間規模相同但已經將微服務作為常態，已有數百個微服務的公司，你將會得到完全不同的答案。

我勸大家不要那麼擔心大小，在剛開始，更重要的是要專注於兩個關鍵的事情。首先，你可以處理多少個微服務？隨著你有越來越多服務，你系統的複雜度會增加，並且你會需要學習新的技能（或許還需要採用新技術）來因應這種情況。轉型成微服務會帶來新的複雜度，以及隨之而來的所有挑戰，正因為這個原因，我強烈主張要漸進式的遷移到微服務架構。第二，要如何定義邊界以充分利用微服務，而不會使一切變成可怕的耦合混亂？當你開始了微服務之旅時，需要更注重這些主題。

彈性

James Lewis 另外說到：「微服務為你買到了選擇權」，這話說得很有意思，微服務是用買的、是有成本的，你必須決定這個成本是否值得你想要的選擇，由此產生了組織、技術、規模、穩定性等方面的彈性，可能是滿吸引人的。

我們不曉得未來會如何，所以會想要有一個架構在理論上能幫助我們解決未來可能面臨的任何問題。在保持選擇的開放性和承擔這樣的架構成本之間找到一個平衡，可能是一門藝術。

想像一下，採用微服務不像是打開一個開關，而更像是轉動一個轉盤；當你打開轉盤，若你有更多的微服務，你就增加了彈性，但也可能會增加痛點。這是我強烈主張逐步採用微服務的另一個原因，透過逐步增加轉盤，你可以更好地隨時評估你的影響，並且能在必要時停止。

架構與組織的調校

一間線上銷售 CD 的電商公司 MusicCorp，使用簡單的三層架構如圖 1-2 所示。我們決定強迫 MusicCorp 搬到 21 世紀，並且我們正在評估既有的系統架構。我們有一個網頁 UI、一個單體式後端的業務邏輯層，及傳統資料庫的資料倉儲。這些分層通常是由不同團隊所擁有。我們將在整本書中來看 MusicCorp 面臨的考驗和磨難。

我們想對我們的功能做一個簡單的更新：讓我們的客戶來指定他們最喜歡的音樂類型。這個更新需求需要我們改變 UI 來呈現曲風（genre）選項的 UI、改變後端服務讓曲風能呈現在 UI 上並且能變更值，以及改變資料庫能接受此變更。這些變更需要由每個團隊管理並按照正確的順序進行部署，如圖 1-3 所示。

現在這種架構還不錯。所有架構最終都會圍繞著一組目標進行最佳化。三層架構之所以如此普遍，部分原因在於它具有普遍性——每個人都曾聽過它。因此，傾向選擇一種可能在某處見過的常見架構，往往是我們不斷看到這種模式的原因之一。但我認為我們一再看到這種架構的最大原因是，它是基於我們團隊是如何組織的。

著名的康威（Conway）定律說到：

> 負責設計系統的組織所產生的「設計」，將無可避免地複製該組織的「溝通結構」。
>
> —Melvin Conway，《How Do Committees Invent?》（*https://oreil.ly/NhE86*）

三層架構是該定律的一個很好的例子。在過去，IT 組織人員進行分組的主要方式是根據他們的核心能力：資料庫管理員與其他資料庫管理員組成一個團隊；Java 開發人員與其他 Java 開發人員組成一個團隊；而前端開發人員（他們會 JavaScript 和原生行動裝置應用程式開發等新奇的事物）在另一個團隊中。我們根據人員的核心能力來分組，因此我們創建可以與這些團隊保持一致的 IT 資產。

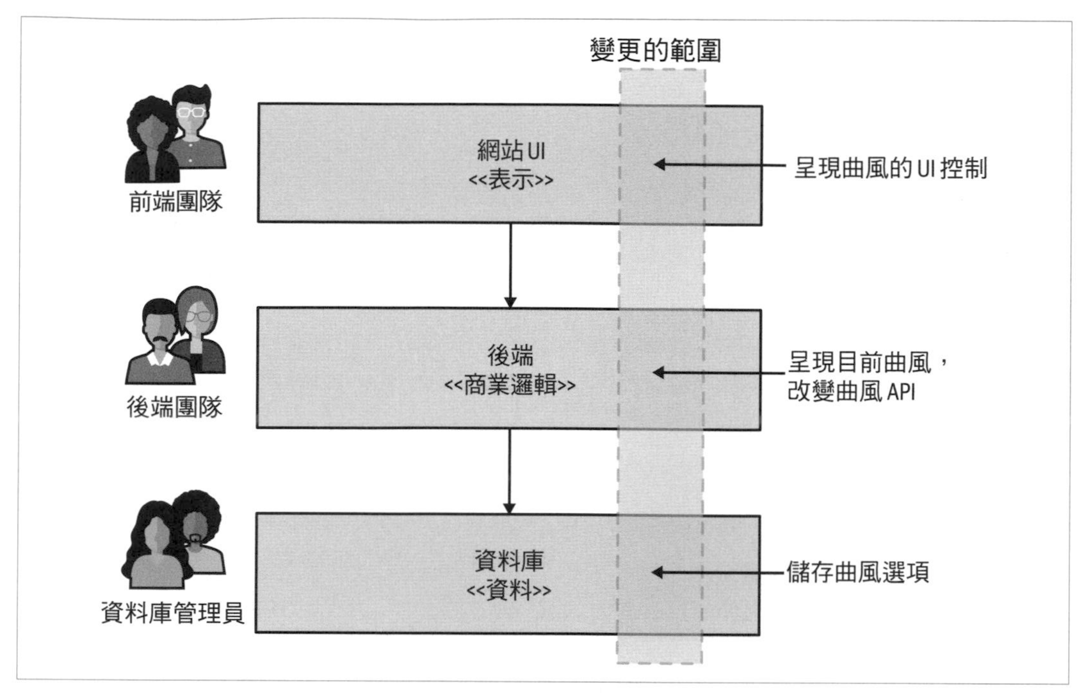

圖 1-3　在所有分層上進行變更，涉及的問題更複雜

這解釋了為什麼這種架構如此普遍。它不算太差；只是它是圍繞著一組力量進行了最佳化，這力量就是傳統上我們如何圍繞熟悉程度對人進行分組。然而，這力量已經發生了變化，我們對軟體的預期已經改變。我們現在將人員分組到多技能團隊中，以減少交接和孤立的穀倉（silo）。我們希望能在任何時候都更快地發布軟體。這促使我們對組織團隊的方式做出不同的選擇，以便我們能以打破系統的方式來組織團隊。

我們被要求對系統進行的變更大部分都與業務功能的變化有關。但是在圖 1-3 中，我們的業務功能實際上分佈在每一層中，如此便增加了功能變更跨越分層的可能性。這是一種「相關技術內聚性高，但業務功能內聚性低」的架構。如果我們想更容易地變更，我們需要改變我們程式碼分組的方式，選擇業務功能的內聚而非技術的內聚。每個服務最終可能包含或可能不包含這三個分層，但這是本地服務實作的問題。

讓我們將其與可能的替代架構比較，如圖 1-4 所示。我們不是採用水平的分層架構和組織，而是沿著垂直的業務線來拆解我們的組織和架構。在此，我們看到一個專門的團隊負責對使用者資料的各個方面進行變更，從而確保變更範圍僅限於一個團隊。

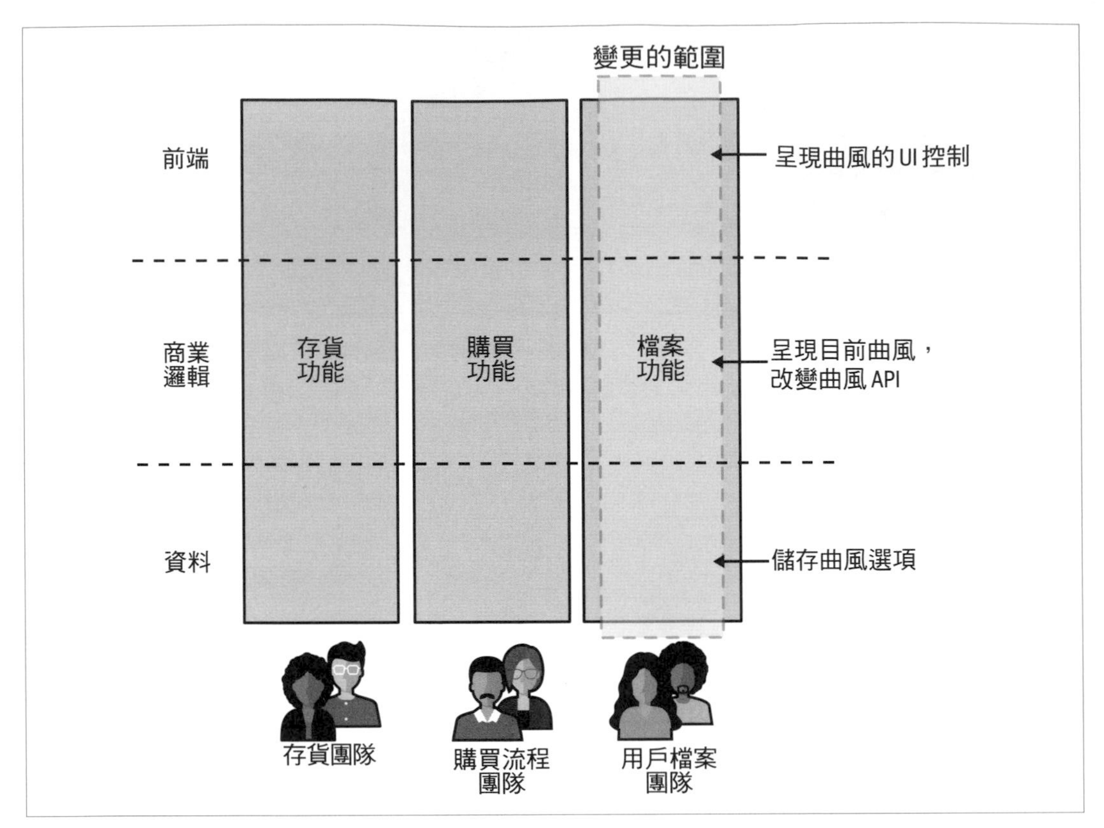

圖 1-4　UI 被拆分並歸一個團隊所有，該團隊還管理支援 UI 的伺服器端功能

這樣的實作可以透過一個使用者資料團隊所擁有的微服務來實現，該微服務呈現一種 UI 可允許使用者更新他們的資訊，使用者的狀態也儲存在此微服務中。最喜歡的曲風之選擇與特定的使用者有關聯，因此這種變更是更加在地化。在圖 1-5 中，我們還顯示了從 `Catalog` 微服務中獲取的可用曲風列表，這些曲風可能已經存在。我們還看到一個新的 `Recommendation` 微服務訪問了我們最喜歡的曲風資訊，這些資訊在後續版本中可以容易地遵循。

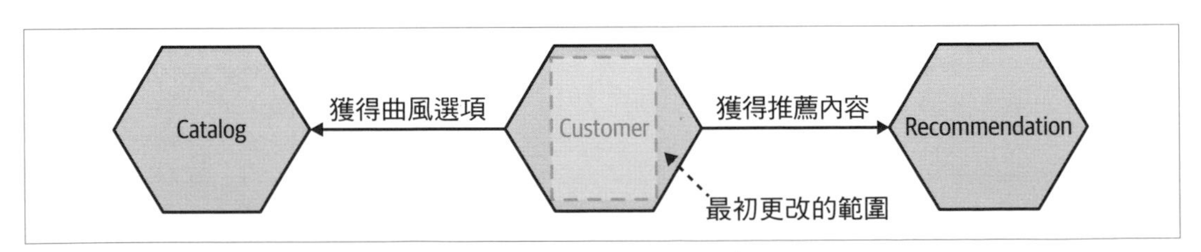

圖 1-5　專用的 `Customer` 微服務可以更輕鬆地記錄使用者最喜歡的曲風

在這種情況下，我們的 `Customer` 微服務封裝了三層中各層的一小部分 —— 它有一些 UI、一些應用程式邏輯和一些資料儲存。業務領域成為驅動我們系統架構的主要力量，希望可以更輕鬆地進行變更，並使我們的團隊更容易與組織內的業務線保持一致。

通常，微服務不會直接提供 UI；但即使有提供，我們也希望與此功能相關的 UI 部分仍由使用者檔案團隊所有，如圖 1-4 所示。團隊擁有端到端針對使用者的功能，這種概念越來越受到關注。《*Team Topologies*》[4] 一書介紹了流式團隊（stream-aligned team）的觀點，體現了這個概念：

> 流式團隊是一個與單一、有價值的工作流一致的團隊…該團隊有權盡可能地快速、安全並獨立地建立、交付顧客和使用者價值，而無需交給其他團隊執行部分的工作。

圖 1-4 中顯示的團隊就是流式團隊，我們將在第 14 章和第 15 章更深入探討這個概念，包括這些類型的組織結構在實作中是如何運作，以及它們如何與微服務保持一致。

關於「假」公司的說明

在整本書中，我們將在不同階段遇到 MusicCorp、FinanceCo、FoodCo、AdvertCo 和 PaymentCo。

FoodCo、AdvertCo 和 PaymentCo 是真實的公司，出於保密原因我變更了名字。此外，在分享有關這些公司的資訊時，我經常省略某些細節以提供更清晰的資訊。現實世界往往是混亂的，不過，我努力只刪除無用的細節，並同時確保仍能保留基本的現實狀況。

另一方面，MusicCorp 是一間虛構的公司，由我合作過的許多組織所組成。我所分享關於 MusicCorp 的故事反映了我所看到的真實事物，但它們並非都發生在同一家公司！

4 Matthew Skelton 和 Manuel Pais 所著的《*Team Topologies*》（land, OR: IT Revolution, 2019）

單體式系統

我們已經談到了微服務，但微服務最常以一種架構方法被討論，它是單體式架構的替代方案。為了更清楚地區分微服務架構，並幫助你更好地了解微服務是否值得考慮，我還是應該解釋一下我所說的**單體式系統**（*monolith*）到底是什麼。

在整本書中當我談論到單體時，主要指的是一個部署單位。當系統中的所有功能必須一起部署時，我認為它是一個單體。多種架構可以說都符合這個定義，但我將討論最常看到的幾種：單行程（single-process）單體、模組（modular）單體和分散式（distributed）單體。

單行程單體

討論到單體式應用時，最常見的例子是一個系統，其中所有程式碼都部署為**單一行程**，如圖 1-6 所示。出於強健性或擴展性的原因，你可能有多個此流程的實例（instance），但基本上所有程式碼都打包在一個行程中。實際上，這些單行程系統本身可以是簡單的分散式系統，因為它們最終幾乎總是從資料庫讀取資料，或將資料儲存到資料庫中，或者將資訊呈現於網頁或行動應用程式中。

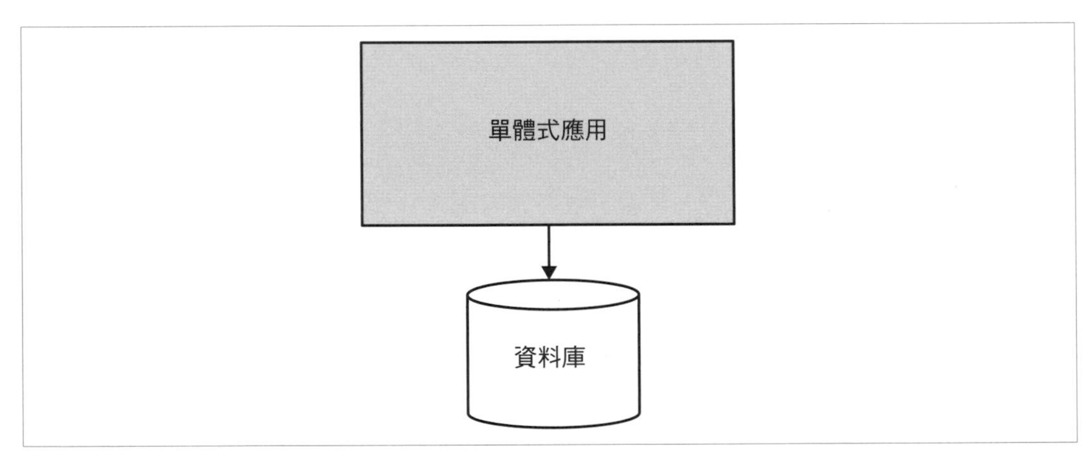

圖 1-6 在一單行程單體式應用中，所有的程式碼會被封裝在單個行程裡

雖然這符合大多數人對經典單體式應用的理解，但我遇到的大部分的系統都比這個更複雜，你可能有兩個或多個彼此緊密耦合的單體式應用，其中可能混合了一些供應商軟體。

經典的單行程單體部署對許多組織而言都有意義。Ruby on Rails 的發明者 David Heinemeier Hansson 有效證明了這種架構對於較小的組織是有意義的[5]。然而，當組織在成長，單體式應用可能會隨之增長，這將我們帶到模組化單體式應用。

模組化單體

作為單行程單體的子集，**模組化單體**是一種變形，其中單行程是由不同的模組所構成。每個模組可以獨立工作，但仍需要全部組合在一起進行部署，如圖 1-7 所示。將軟體分解成模組的概念並不是什麼新鮮事，模組化軟體起源於 1970 年代結構化程式設計相關的工作，甚至更早。儘管如此，我還沒有看到夠多的組織正確地使用這種方法。

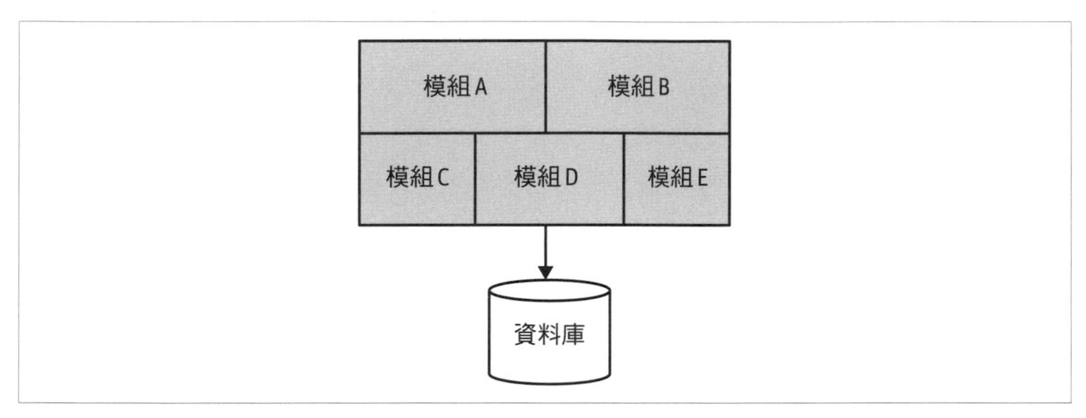

圖 1-7　在模組化單體式應用中，行程中的程式碼分別在各模組中

對於許多組織來說，模組化單體式應用是很好的選擇。如果模組邊界定義得好，它可以允許高度並行的工作，同時透過更簡單的部署拓撲（deployment topology）避免太多分散式微服務架構帶來的挑戰。Shopify 是一個很好的例子，使用這種技術作為微服務分解（decomposition）的替代方案，對其非常有用[6]。

其中一個模組化單體式應用所帶來的挑戰是，資料庫往往缺少我們在程式碼可見的分解，這將會在未來想要拆分單體式應用時，帶來重大的困難。我看到一些團隊試圖透過按照與模組相同的方式來分解資料庫，以進一步推動模組化單體的想法，如圖 1-8 所示。

5　David Heinemeier Hansson 刊登於 Signal v. Noise 期刊的論文〈The Majestic Monolith〉（February 29, 2016，*https://oreil.ly/WwG1C*）。

6　有關 Shopify 使用模組化單體式系統，而非使用微服務背後的想法，請觀看 Kirsten Westeinde 的〈Deconstructing the Monolith〉影片。

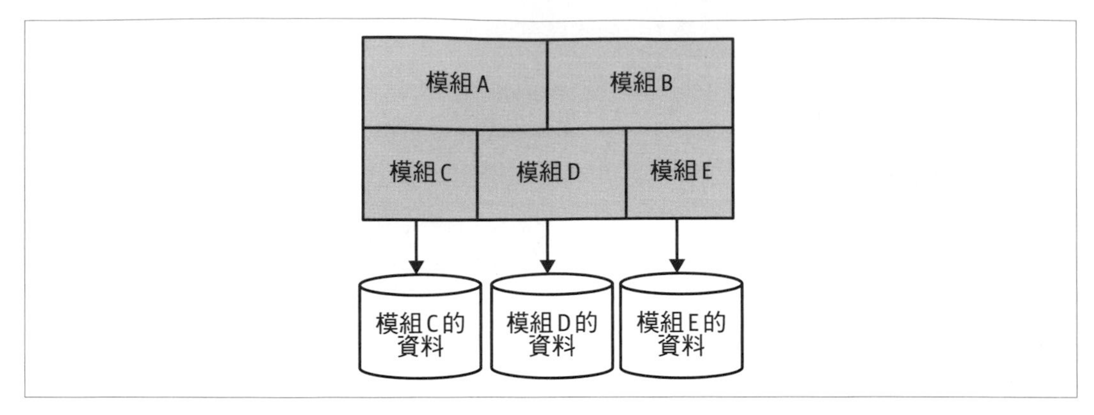

圖 1-8　具有分解資料庫的模組化單體式應用

分散式單體

> 在分散式系統中，未知的故障問題可能導致你的電腦無法使用。[7]
>
> —Leslie Lamport

分散式單體是由多個服務組成的系統，但無論如何，整個系統都必須在一起部署。分散式單體很可能符合 SOA 的定義，但它常常無法兌現 SOA 的承諾。根據我的經驗，分散式單體式應用具有分散式系統的所有缺點和單行程單體的缺點，但沒有足夠的優點。在我工作中遇到許多分散式單體，大大地影響了我對微服務架構的興趣。

分散式單體系統通常出現在對於資訊隱藏和業務功能內聚等概念不夠注重的環境中；取而代之地，高度耦合的架構會導致服務邊界的變化，而這些看似無害、局部範圍內的變化，將會破壞系統的其他部分。

單體式系統與交付競爭

隨著越來越多人在同個地方工作，他們會彼此妨礙；例如，不同的開發人員想要變更同一段程式碼、不同的團隊想要在不同時間即時推送功能（或延遲部署），以及對於誰擁有什麼和誰能做決定的困惑。許多研究顯示，所有權界限混亂會帶來許多挑戰[8]。我將這個問題稱為**交付競爭**（*delivery contention*）。

---

7 Leslie Lamport 在 1987 年 5 月 28 日 12:23:29 PDT 發送給 DEC SRC 公告板的 email 訊息（*https://oreil.ly/2nHF1*）。

8 Microsoft Research 在這領域有所研究，我推薦其所有的研究，但若作為一個起頭，我推薦由 Christian Bird 等人所寫的〈Don't Touch My Code! Examining the Effects of Ownership on Software Quality〉（*https://oreil.ly/0ahXX*）。

擁有單體式應用並不意味著你一定會遇到交付競爭的問題，就像擁有微服務架構不表示永遠不會面臨問題一樣。但是微服務架構確實提供了更具體的邊界，讓你在系統中畫出所有權界線，在減少此問題時提供你更大的彈性。

單體式系統的優點

有些單體系統，如單行程或模組化單體，也有許多優點。它們更簡單地部署拓撲可以避免許多與分散式系統相關的陷阱，這可以大大地簡化開發人員的工作流程，並且也可以簡化監控、故障排除和端到端測試等活動。

單體式系統還可以用於簡化單體內部的程式碼重利用（code reuse）。如果我們想在分散式系統中重利用程式碼，我們需要決定是要複製程式碼、拆分程式庫，還是將共用功能推送到服務中。對於單體式應用，我們的選擇來得簡單許多，而且很多人喜歡這種簡單——所有程式碼都在那裡——只要用就好！

但不幸的是，人們已經開始將單體式系統視為本質上有問題、需要避免的東西。我遇過很多人，他們認為*單體式系統*是*遺產*的同義詞。這是個問題。單體式架構是一種選擇，而且是一種有效的選擇。更進一步來說，在我看來，這是一個作為架構風格合理的預設選項。換句話說，我正在尋找一個能被說服使用微服務的理由，而非尋找一個不使用的理由。

如果我們落入了系統上削弱單體式作為交付軟體時預設選項的陷阱中，我們可能對自己或對軟體使用者做錯事情了。

賦能技術

正如我先前提到的，當你第一次開始使用微服務時，我認為你不需要採用很多新技術；實際上，這可能會適得其反。相反地，當你提升微服務架構時，你應該不斷找出由日益分散的系統所引起的問題，然後找到可能有助於解決問題的技術。

也就是說，技術在採用微服務這概念上扮演了很重要的角色。了解可以幫助我們充分利用此架構的工具將成為任何微服務實作能成功的關鍵。事實上，我想說的是，微服務需要在一定程度上了解可支援的技術，以致於先前邏輯架構和物理架構之間的區別可能會產生問題——若你參與幫助打造微服務架構，你將需要對這兩者有廣泛的理解。

我們將在後續章節中詳細探討這項技術，在此之前，讓我們簡要地介紹一些可能對你決定使用微服務有幫助的賦能技術。

日誌匯總與分散式追蹤

隨著需要管理的行程數量不斷增加，你可能會很難了解你的系統在正式環境中的表現，這會使故障排除更加困難。我們將在第 10 章更深入地探討這些想法，但至少，我強烈主張將日誌匯總系統的實作當作採用微服務架構的先決條件。

當你開始使用微服務時，要慎用過多新技術，話雖如此，日誌匯總的工具是非常重要的，你需要將其作為採用微服務架構的先決條件。

這些系統能讓你收集並匯總所有服務的日誌，提供你一個可以分析日誌的中心位置，甚至可以成為主動警報機制的一部分。有許多選項可滿足多種情況。由於諸多原因，我是 Humio（*https://www.humio.com*）的忠實粉絲，但主要公有雲供應商所提供的簡易日誌服務可能已夠入門使用。

透過關聯 ID 的實作可以使這些日誌匯總工具更加有用，其中單個 ID 可用於一組相關的服務呼叫；例如，可能由於使用者互動作用而觸發一連串的呼叫。透過將此 ID 記錄在每個日誌項目中，就能更容易地將特定呼叫流程相關的日誌區別出來，從而使故障排除更加容易。

隨著你的系統變得越來越複雜，能讓你更好地探索系統狀態的工具變得非常重要，使你能分析多個服務的追蹤、檢測瓶頸，以及能發現一開始你不知道的系統問題。開源工具可以提供其中一些功能，例如著重於等式之分散式追蹤方面的 Jaeger（*https://www.jaegertracing.io*）。

但像是 Lightstep（*https://lightstep.com*）和 Honeycomb（*https://honeycomb.io*）（如圖 1-9）的產品則更進一步地推進這些想法。它們代表了超越傳統監控方法的新一代工具，可以更輕鬆地探索正在運行的系統狀態。你可能已經在使用比較常見的工具，但你實在應該看看這些產品所提供的功能，它們從頭到腳都是為了解決微服務架構的運營者必須處理的各種問題。

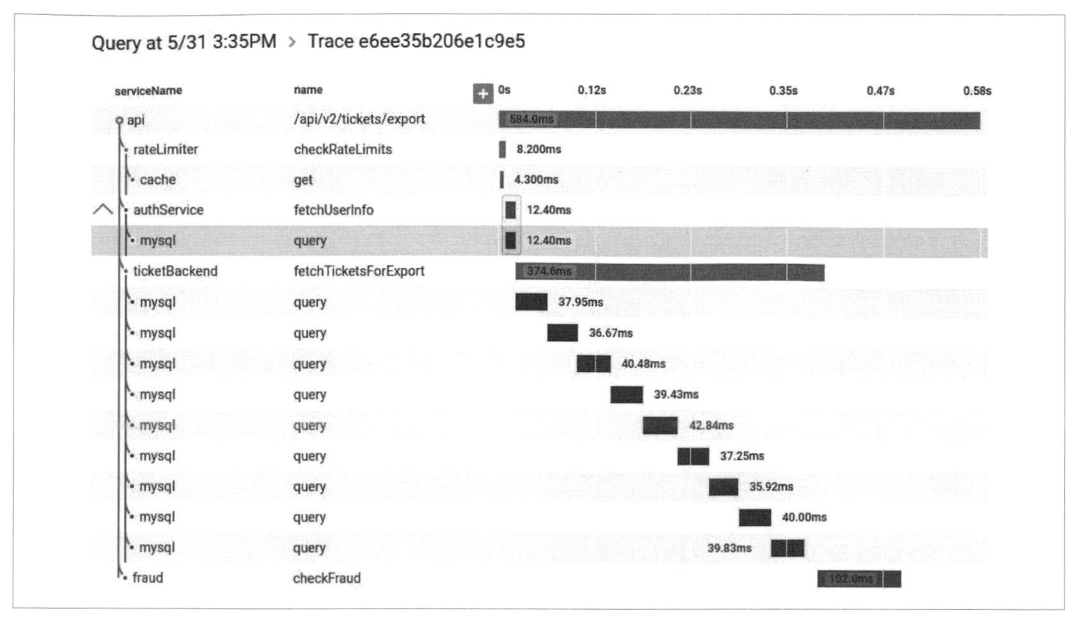

圖 1-9　Honeycomb 中顯示的分散式追蹤，使你能識別跨多個微服務的操作所花費之時間

容器與 Kubernetes

理想上，你會希望在隔離的狀態下運行各個微服務實例，以確保一個微服務的問題不會影響到另一個服務，像是所有的 CPU 被用光了。虛擬化是在既有硬體上創建隔離執行環境的一種方法，但當我們考慮到微服務的大小時，普通的虛擬化技術可能會非常繁重；另一方面，容器提供服務實例一種更輕量的隔離執行方式，從而加快新容器實例的啟動時間，同時對許多架構而言也更具成本效益。

在開始使用容器後，你還會意識到你需要一些東西使你能跨許多底層機器地管理這些容器。像 Kubernetes 這樣的容器編排平台正能這樣做，允許你以提供服務所需之強健性和流通量（throughput）的方式來分配容器實例，同時允許你有效利用底層機器。在第 8 章中，我們將探討操作隔離（operational isolation）、容器和 Kubernetes 的概念。

不要覺得有急著採用 Kubernetes 甚至是容器的必要性。與更傳統的部署技術相比，Kubernetes 和容器具有顯著優勢，但若你只有少量的微服務，則很難證明採用它們是特別好的。等到管理部署的開銷開始成為讓你頭痛的問題時，再開始考慮容器化你的服務和考慮使用 Kubernetes。但是，如果你最終這樣做了，請盡可能確保有其他人為你運行 Kubernetes 叢集（cluster），也許是透過使用公有雲供應商上的託管服務，因為運行自己的 Kubernetes 叢集可能會需要非常多的工作！

串流

儘管在微服務中我們正在遠離單體式資料庫，但我們仍需要找到微服務之間共享資料的方法；同時，組織希望從批次報告的方式轉向更即時的回饋，使他們能夠更快做出反應，因此，能夠串流傳輸和處理大量資料的產品開始受到使用微服務架構者的青睞。

對許多人來說，Apache Kafka（*https://kafka.apache.org*）已經成為微服務環境中串流資料的標準選擇，這是有原因的。諸如訊息的持久性、壓縮以及處理大量訊息的擴充能力，都是非常有用。Kafka 已經開始以 KSQLDB 的形式增加串流處理能力，但你也可以將其與 Apache Flink（*https://flink.apache.org*）等專用於串流處理的解決方案一起使用。Debezium（*https://debezium.io*）是一個開源工具，它的開發是為了將既有來源的資料通過 Kafka 進行串流處理，確保傳統的資料來源可以成為串流架構的一部分。在第 4 章中，我們將研究串流技術如何在微服務整合中發揮作用。

公有雲和無伺服器

公有雲供應商，或更具體地說，主要的三個供應商——Google Cloud、Microsoft Azure 和 Amazon Web Service（AWS），提供大量的管理服務和部署的選項可以管理應用程式。隨著微服務架構的發展，將會有越來越多的工作被加到維運之中。公有雲供應商提供了大量的管理服務，從管理資料庫實例或 Kubernetes 叢集，到訊息仲介者（message broker）或分散式檔案系統。藉由利用這些管理服務，你將大量的工作卸載給更能處理這些任務的第三方廠商。

在公有雲產品中，特別令人感興趣的是打著*無伺服器*旗號的產品。這些產品隱藏了底層機器，允許你在一個更高的抽象層次上工作。無伺服器產品的例子，包括訊息仲介者、儲存解決方案和資料庫。函式即服務（FaaS）平台特別受關注，因為它們為程式碼的部署提供了一個很好的抽象化（abstraction）。你無須擔心需要多少伺服器來運行你的服務，你只需部署程式碼並讓底層平台按需求處理程式碼實例。我們將在第 8 章中更詳細介紹無伺服器。

微服務的優點

微服務有各式各樣的優點，其中許多優點可以用於任何分散式系統中；然而，微服務還能更大程度地實現這些好處，主要是因為它們在定義服務邊界的方式上採取了更有主見的立場。相較於其他形式的分散式架構，微服務透過將資訊隱藏和領域驅動設計的概念與分散式系統的能力結合，可以提供更顯著的效益。

技術異質性

對於由多個協作微服務組成的系統，我們可以決定在每個微服務中使用不同的技術。這使我們能夠為每項工作選擇合適的工具，而不必選擇一種標準化、通用的方法，因為往往那種方法最終只是最低的共同標準。

如果我們系統的某個部分需要提高性能，我們可能會決定使用不同的技術堆疊（technology stack），以更好地實現所需的性能水準。我們可能還會決定，對於系統的不同部分，需要有不同的方法儲存資料。例如，對於一個社群網路，我們可能會將使用者的互動儲存在圖形導向（graph-oriented）的資料庫中，以反映社交圖的高度互連性，但也許使用者發布的貼文可以儲存在文件導向（document-oriented）的資料儲存中，從而產生了一種異質性架構，如圖 1-10 所示。

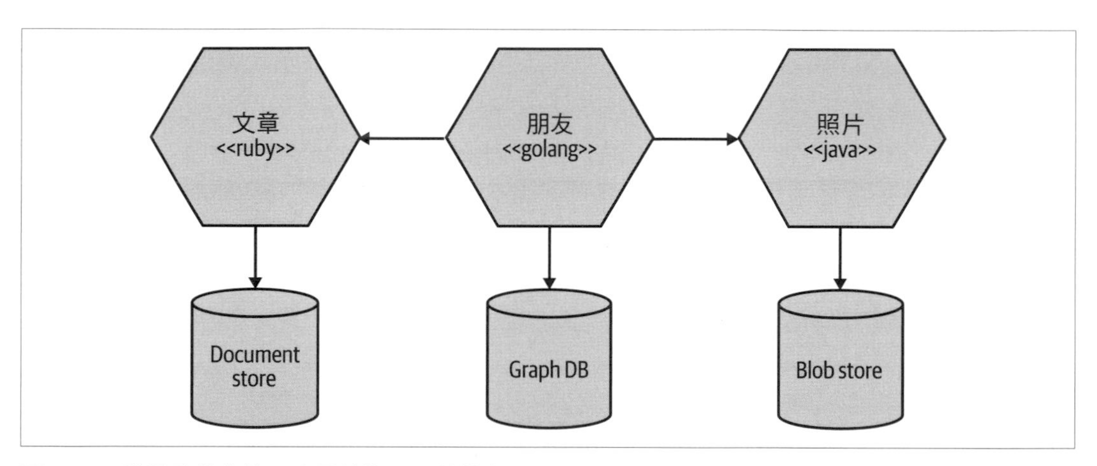

圖 1-10　微服務使你能更容易擁抱不同的技術

有了微服務，我們也能更快地採用技術，並了解新的進步能對我們有什麼幫助。嘗試和採用新技術的最大障礙之一是與之相關的風險。對於單體式應用程式，如果我想嘗試一種新的程式語言、資料庫或框架，任何的變更都會影響到系統的大部分。而對於由多個服務組成的系統，我有多個新地方可以嘗試新技術；我可以選擇一個風險最低的微服務來使用該技術，因為我知道可以限制任何潛在的負面影響。許多組織發現這種能更快吸收新技術的能力是一個真正的優勢。

當然，擁抱多種技術並不是沒有成本的，因此有些組織在程式語言的選擇上加了一些限制。例如，Netflix 和 Twitter 大多使用 Java 虛擬機器（JVM）作為平台，因為這些公司非常了解該系統的可靠性和性能，他們還為 JVM 開發了程式庫和工具，使大規模的操作變得更加容易，但對 JVM 特定程式庫的依賴使非 Java 的服務或使用者端的操作變得更加困難。但無論是 Twitter 還是 Netflix，都沒有只對工作使用單一種技術堆疊（technology stack）。

內部技術的實作對消費者是隱藏的，這也使得技術升級更容易。例如，你的整個微服務架構可能是基於 Spring Boot 的，但你可以只對一個微服務改變 JVM 版本或框架版本，進而更容易管理升級的風險。

強健性

提高應用程式強健性的一個重要概念是隔艙（bulkhead）。系統的某個元件可能會失敗，但只要這個失敗不發生連帶，你就可以隔離這個問題，而系統的其他部分可以繼續運作。服務的邊界成為你的隔艙。在單體式服務中，如果服務失敗，一切都會停止運作。對於單體式系統，我們可以在多台機器上運行，以減少失敗的可能性，但使用微服務時，我們可建立系統讓服務組合避免全面失敗，並相應地降級（degrade），以維持一定的功能性。

然而，我們確實需要注意。為了確保我們的微服務系統能正確地擁有這種改進的強健性，我們需要了解分散式系統必須處理的新故障來源。網路會故障，機器也一樣，我們需要知道如何處理這些故障，以及這些故障將對我們軟體的終端使用者產生的影響（如果有的話）。我曾經和一些團隊合作，這些團隊在遷移到微服務後，由於沒有足夠重視這些問題，結果得到了一個不太健全的系統。

擴展

對於大型的單體式服務，我們需要將所有內容一起擴展。也許我們整個系統的一個小部分在性能上受到限制，但是如果這種行為被鎖在一個巨大的單體式應用中，我們就需要把所有的東西作為一個整體來處理。對於較小的服務，我們可以只擴展那些需要擴展的服務，並允許我們在較小的、不那麼強大的硬體上運行系統的其他部分，如圖 1-11 所示。

線上精品零售商 Gilt 正是出於這個原因而採用微服務，從 2007 年開始，Gilt 使用單體式 Rails 應用程式，到 2009 年，Gilt 的系統已經無法應對所承受的負載。透過將其系統的核心元件切割出來，Gilt 能夠更好地處理其流量尖峰，如今它已經擁有 450 多個微服務，每個微服務都運行在多台不同的機器上。

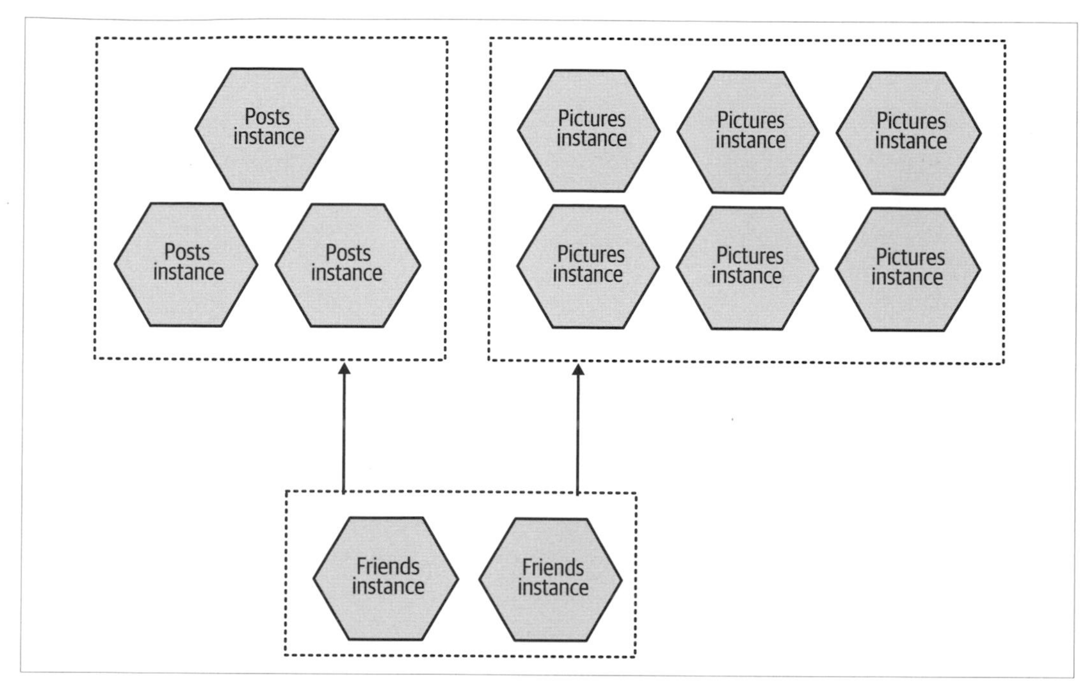

圖 1-11　你可以只針對有需要的微服務進行擴展

當採用像 AWS 提供的這種隨需供應系統（on-demand provisioning system）時，我們甚至可以將這樣的隨需擴展（scaling on demand）應用到那些需要的部分，這讓我們能夠更有效地控制成本。一般而言，架構性的解決方案通常不會跟立即性的成本節省如此密切相關。

最終，我們可以透過多種方式來擴展我們的應用程式，而微服務可以成為其中有效的部分。我們將在第 13 章中更詳細地討論微服務的擴展。

易於部署

對一個百萬行的單體式應用做一行改變，仍需要部署整個應用程式，才能發布此變更；這可能是會造成重大影響和風險的部署。在實務上，這樣的部署終究不常發生，因為人們了解它的可怕；但不幸的是，這意味著我們的變更會在不同發布版本之間持續累積，最後，正式上線的新版應用程式包含了大量的變化。而且版本之間的差異越大，我們出錯的風險就越高。

使用微服務，我們可以針對單一服務做變更，並將其獨立於系統的其他部分進行部署，讓我們能夠更快地部署程式碼。若有問題發生，可以快速地將問題隔離到個別服務中，使撤銷部署（rollback）更容易實現，這也意味著我們可以更快地向客戶交付我們的新功能。這是 Amazon 和 Netflix 這樣的組織使用這些架構的主要原因之一，盡可能消除軟體交付的障礙，讓軟體上線。

組織調校

許多人都經歷過一些與大型團隊和龐大程式碼基礎（codebase）相關的問題。當團隊分佈在各地時，這些問題會變得更加嚴重。另外，我們也知道，處理較小程式碼基礎的較小團隊往往更具生產力。

微服務讓我們能夠更容易將我們的架構和組織保持一致，幫助我們儘量減少在單一程式碼基礎上工作的人數，以達到團隊規模和生產力的甜蜜點。微服務還允許我們隨著組織的變化而改變服務的所有權，使我們能夠在未來保持架構和組織之間的一致性。

組合性

分散式系統和服務導向架構的關鍵承諾之一是我們為功能的重利用提供了機會。藉由微服務，我們就可以將我們的功能以不同的方式、針對不同的目的被運用，這在考慮消費者如何使用我們的軟體時尤其重要。

現在我們不能夠再狹隘地只考慮我們的桌面網站或行動應用程式了，我們需要考慮無數種方式，把 Web、原生應用程式、行動 app、平板 app 或可穿戴裝置的各種功能整合在一起。隨著組織從狹隘的通道式思維演進到更全面的客戶參與概念，我們需要能夠跟上時代的架構。

使用微服務時，可以考慮在我們系統中開放可由外部觸及的縫隙（seams）。隨著情況的改變，我們會以不同的方式打造應用程式。使用單體式應用程式時，通常有一個能夠從外部使用的粗粒度縫隙（coarse-grained seam）。假如我想要分解它，獲得更有用的東西，那可是一項需要大費周章的工程！

微服務的痛點

正如我們已經看到的，微服務架構帶來了許多好處，但它們也帶來了大量的複雜性。如果你正在考慮採用微服務架構，重要的是你要能夠比較好壞。實際上，大多數微服務的要點都在於分散式系統，因此在分散式單體中和在微服務架構中一樣明顯。

我們將在本書的其餘部分深入討論其中的許多問題；事實上，我認為本書的大部分內容是關於處理擁有微服務架構的痛苦、折磨和恐懼。

開發者的經驗

當你擁有越來越多的服務時，開發者的體驗就會開始受到影響。像 JVM 這樣的資源密集型的執行時期，會限制在一台開發者機器上可以運行的微服務數量。我可能可以在我的筆電上運行四到五個基於 JVM 的微服務作為獨立的行程，但我能運行 10 或 20 個嗎？很可能不行。即使執行時期較少，你能在本地運行的東西數量也是有限的，這不可避免地會開始討論當你不能在一台機器上運行整個系統時該怎麼辦。如果你使用的是不能在本地運行的雲端服務，這可能會變得更加複雜。

極端的解決方案可能涉及「雲端開發」（developing in the cloud），即開發人員不再能夠在本地進行開發。我不喜歡這樣做，因為回饋週期會受到很大影響；相反地，我認為限制開發人員需要處理的系統範圍可能是更直接的作法。然而，如果你想接受更多的「集體所有權」（collective ownership）模型，其中任何開發人員都被預期在系統的任何部分工作，這可能會出現問題。

技術重載

為實現微服務架構而出現的新技術，其重量可能是壓倒性的。坦白說，很多技術只是換個名字變成「微服務友善型」，但有些進展確實有助於處理這類架構的複雜性。不過，有一種危險是，這些豐富的新玩具可能會導致某種形式的科技崇拜（technology fetishism）。我見過很多採用微服務架構的公司，他們認為現在也是最佳的時機來引入大量新的且陌生的技術。

微服務可以讓你**選擇**用不同的程式語言撰寫每個微服務，在不同的執行時期運行，或使用不同的資料庫；但這些都是選項，而不是要求。你必須仔細地權衡你所使用之技術的廣度和複雜性、與各種技術可能帶來的成本。

當你開始採用微服務時，一些基本的挑戰是不可避免的：你需要花大量的時間來了解有關資料一致性、延遲、服務塑模等方面的問題。如果你在接受大量新技術的同時，還想了解這些想法是如何改變你對軟體開發的看法，那你將會遇到困難。另外值得指出的是，試圖理解所有這些新技術所佔去的精力將減少你實際向使用者提供功能的時間。

當你（逐漸）增加微服務架構的複雜性時，請在需要的時候引入新的技術。當你有三個服務的時候，你不需要一個 Kubernetes 叢集！除了確保你不會因為這些新工具的複雜性而超出負荷之外，這種逐步增加還有一個好處，就是能讓你獲得新的、更好的做事方式，這些方式無疑會隨著時間的推移而出現。

成本

至少在短期內，你很可能會看到一些因素導致成本增加。首先，你可能需要運行更多的東西——更多的行程、更多的電腦、更多的網路、更多的儲存和更多的支援軟體（這將產生額外的授權費用）。

其次，你在團隊或組織中引入的任何變化都會在短期內減慢你的速度。學習新想法並弄清楚如何有效使用它們需要時間，在這過程中，其他活動將受到影響。這將導致新功能的交付直接受到影響，或者需要增加更多的人來抵消這一成本。

根據我的經驗，對於主要關注降低成本的組織來說，微服務是一個糟糕的選擇，因為 IT 被視為成本中心而不是利潤中心，這種削減成本的心態將不斷拖累我們充分利用這個架構。另一方面，如果你能利用這些架構接觸更多客戶或開發更多功能，微服務可以幫助你賺更多的錢。所以說，微服務是種增加利潤的方式嗎？或許吧。微服務是種降低成本的方式嗎？不會太多。

報告

對於一個單體式系統，你通常有一個單體式資料庫。這意味著，想要一起分析所有資料（通常涉及跨資料的大型連接操作）的利害關係人，有一個現成的綱要（schema）來運行他們的報告。他們可以直接針對單體式資料庫、或者是針對一個僅供讀取複本（read replica）來運行這些報告，如圖 1-12 所示。

透過微服務架構，我們打破了這種單體式的綱要。這並不意味著對所有資料進行報告的需求已經消失了；我們只是讓它變得更加困難，因為現在我們的資料分散在多個邏輯上獨立的綱要中。

更現代的報告方法，例如使用串流來實現大量資料的即時報告，可以很好地與微服務架構配合，但通常需要採用新想法和相關技術。另外，你可能只需要將資料從你的微服務發布到中央報告資料庫（或可能是結構較少的資料湖泊），以允許報告使用。

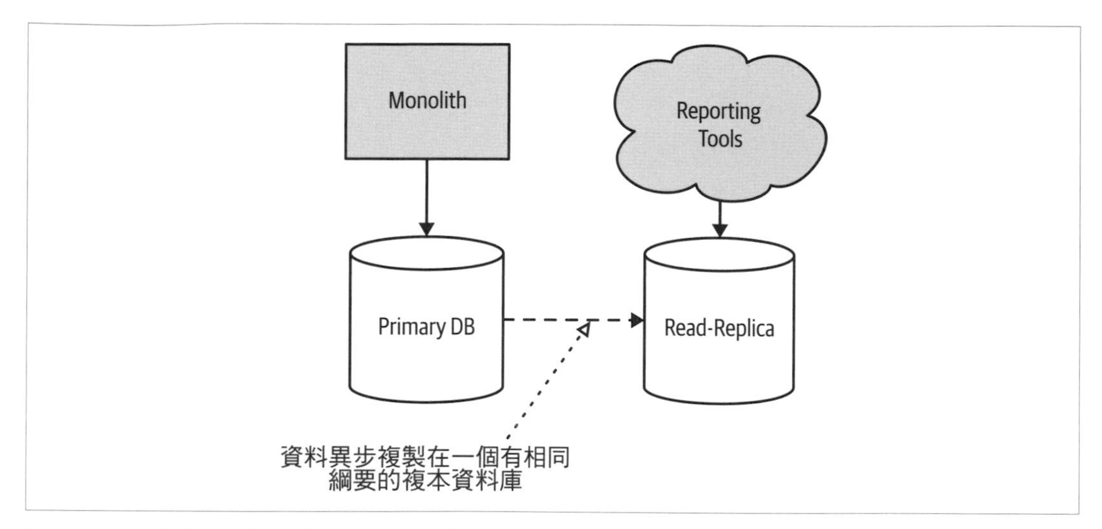

圖 1-12　報告直接由單體式應用的資料庫產生

監控與疑難排解

使用標準的單體式應用程式，我們可以有個相當簡單的方法來監控。我們只有少量的機器需要擔心，而且應用程式的失敗模式是二進位的——應用程式通常不是全部啟動就是全部關閉。透過微服務架構，我們是否了解如果一個服務發生失敗的影響？

在單體式系統中，如果我們的 CPU 長時間停留在 100%，我們就知道這是一個大問題。對於一個有幾十或幾百個行程的微服務架構，我們能說同樣的話嗎？當只有一個行程的 CPU 卡在 100% 時，我們需要在凌晨 3 點叫醒某人嗎？

幸運的是，這個領域有一大堆想法可以幫助我們。如果你想更詳細地探討這個概念，我推薦 Cindy Sridharan 的《Distributed Systems Observability》（O'Reilly）作為一個很好的起點，儘管我們也將在第 10 章中對監控和可觀察性進行我們的研究。

資訊安全性

在一個單一行程的單體式系統中，我們的許多資訊都在該行程中流通。現在，更多的資訊在我們的服務之間透過網路流通。這可能使我們的資料在傳輸的過程中更容易被發現，也可能被操控作為中間人攻擊（man-in-the-middle attack）的一部分。這意味著你可能需要更加注意保護傳輸中的資料，並確保你的微服務端點受到保護，以便只有授權方能夠使用它們。第 11 章完全致力於研究這一領域的挑戰。

測試

對於任何類型的自動化功能測試，你都有一個微妙的平衡行為。測試執行的功能越多，即測試的範圍越廣，你對你的應用就越有信心。另一方面，測試的範圍越大，設置測試資料和支援的測試夾具（fixture）就越難，測試運行的時間就越長，當測試失敗時就越難找出問題所在。在第 9 章中，我將分享一些在這個更具挑戰性的環境中進行測試的技術。

就其涵蓋的功能而言，任何系統類型的端到端測試是極端的，我們習慣它們比較小範圍的單元測試更難撰寫和維護。但這通常是值得的，因為我們希望透過端到端測試，讓使用者以同樣的方式使用我們的系統，從而產生信心。

但是在微服務架構下，我們端到端測試的範圍變得非常大。我們現在需要在多個行程中運行測試，所有這些行程都需要為測試場景進行部署和適當配置。我們還需要為環境問題（例如服務實例失敗或部署失敗的網路逾時）導致我們的測試失敗時出現的誤報做好準備。

這些力量意味著，隨著你的微服務架構的發展，你在端到端測試方面的投資回報將會遞減，測試將花費更多，但不會像過去那樣給你同樣的信心。這將促使你走向新的測試形式，例如契約驅動的測試（contract-driven testing）或正式環境中的測試，以及對漸進式交付技術的探索，如平行運行（parallel run）或灰度發布（canary releases），我們將在第 8 章介紹。

延遲

使用微服務架構，以前可能在本地處理器上完成的處理，現在最終可被分割到多個獨立的微服務中。以前只在一個行程中流通的資訊，現在需要透過網路進行序列化、傳輸和反序列化，而你可能比以往任何時候都更頻繁地使用網路。所有這些都可能導致你的系統延遲惡化。

儘管在設計或撰寫程式階段很難衡量對操作延遲的確切影響，但這是以增量的方式進行任何微服務遷移的另一個重要原因；做一個小的改變，然後測量其影響。這樣做的假設是，你有辦法測量你所關心之操作的端到端延遲——像 Jaeger 這樣的分散式追蹤工具可以幫助你。但你也需要了解這些操作的延遲是可以接受的；有時讓一個操作變慢是完全可以接受的，只要它仍然足夠快就可以了。

資料一致性

從單體式系統（資料在一個資料庫中儲存和管理）轉變為一個更加分散式的系統（多個行程在不同的資料庫中管理狀態），這在資料的一致性方面造成潛在的挑戰。在過去，你可能依靠資料庫交易（database transaction）來管理狀態變化，但你需要了解，在一個分散式系統中不容易提供類似的安全性；在大多數情況下，使用分散式交易被證明在協調狀態變化的方面上有很大的問題。

相反地，你可能需要開始使用像 sagas（我將在第 6 章詳細介紹）和最終一致性（eventual consistency）這樣的概念來管理和推斷系統中的狀態。這些想法可能需要從根本上改變你對系統中資料的思考方式，這在遷移既有系統時可能相當令人畏懼；然而，這也是另一個很好的理由，在拆解應用程式的速度上要謹慎。採用漸進式的拆解方法，以便你能夠評估正式環境中架構變化的影響，這點真的很重要。

我應該使用微服務嗎？

儘管在某些方面推動了微服務架構成為軟體的預設方法，但我覺得由於我所概述的眾多挑戰，採用它們仍然需要仔細考慮。在決定微服務是否適合你之前，你需要評估你自己的問題空間（problem space）、技能和科技全貌（technology landscape），並瞭解你想要實現的目標。它們是*一種*架構方法，但不是*唯一*的架構方法。在你決定是否走這條路時，你的背景應該能發揮重要的作用。

不過，我想概述幾種通常會讓我放棄或傾向選擇微服務的情況。

誰可能不適合？

有鑑於定義穩定的服務邊界之重要性，我覺得微服務架構對於全新的產品或新創公司來說往往是一個糟糕的選擇。在這兩種情況下，當你迭代嘗試建置基本原理時，你所處的領域通常會發生重大變化；這種領域模型的轉變反過來又會導致對服務邊界進行更多變更，而協調跨服務邊界的變更是一項昂貴的工作。總而言之，我覺得等到有夠多的領域模型穩定之後，再尋求定義服務邊界比較合適。

我確實看到新創企業先使用微服務的誘因，那就是：如果我們真的成功了，我們就需要擴展！但問題是，你不一定知道是否有人會想使用你的新產品。即使你真的成功到需要一個可高度擴展的架構，你最終提供給使用者的東西可能與你一開始建立的東西非常不同。Uber 最初專注於豪華轎車，而 Flickr 則是從創造多人線上遊戲的嘗試中衍生出來的。尋找產品市場契合的過程意味著，你最終得到的產品可能與你開始時想建立的產品截然不同。

在新創企業通常可以用於建置系統的人員也較少，這給微服務帶來了更多挑戰。微服務帶來了新工作和複雜性，可能會佔用寶貴的團隊資源，團隊越小，這種成本就越明顯。由於這個原因，在與只有幾個開發人員的小團隊合作時，我很猶豫是否建議採用微服務。

新創公司的微服務所面臨的挑戰更加複雜，因為通常你最大的限制是人。對於一個小團隊來說，微服務架構可能很難證明其效用，因為光是微服務本身的部署和管理就有工作需要處理。有些人把這描述為「微服務稅」。當這種投資使很多人受益時，它就較能證明其效用。但是如果你的五人團隊中的一個人把時間花在這些問題上，這就意味著很多寶貴的時間沒有用於開發品。在了解了架構中的限制因素和痛點之後，以後再轉向微服務就容易多了，那時你就可以集中精力在最合理的地方使用微服務。

最後，有些組織打造的軟體是將由客戶自行部署和管理，其可能會在微服務方面遇到困難。正如我們已經介紹過的，微服務架構會給部署和運行帶來大量的複雜性。如果你自己運行軟體，你能夠透過採用新技術、開發新技能和改變工作實作來抵消這種新的複雜性，但你無法指望客戶能這麼做。如果他們習慣以 Windows 安裝程式的形式接收你的軟體，那麼當你推出軟體的下一個版本，並說：「只要把這 20 個 pod 放在你的 Kubernetes 叢集上就可以了！」這對他們來說會是個極大的衝擊。

誰可能適合？

在我的經驗中，組織採用微服務的最大原因可能是允許更多的開發人員在同一個系統上工作，而不會互相影響。如果你的架構和組織邊界正確，你就可以讓更多的人獨立工作，減少交付競爭（delivery contention）。一個 5 人的新創公司可能會發現微服務架構是一個拖累，而一個快速增長的百人規模公司可能會發現，與其產品開發工作適當對齊的微服務架構更能適應公司的成長。

一般來說，軟體即服務（SaaS）的應用也很適合微服務架構。這些產品通常被預期全天候運行，這為變更的推出帶來了挑戰。微服務架構的可獨立發布性在這個領域是一個巨大的福音。此外，微服務可以根據需求來擴大或縮小規模。這意味著，當你為系統的負載特性建立合理的底線時，你可以更好的控制，以確保你能以最經濟的方式擴展你的系統。

微服務的技術中立（technology-agnostic）特性確保你可以充分利用雲端平台。公有雲供應商為你的程式碼提供了廣泛的服務和部署機制。你可以更輕鬆地將特定服務的要求與最能幫助你實現它們的雲端服務相配。例如，你可能決定將一個服務部署為一組功能，另一個服務部署為託管的虛擬機器（VM），再一個服務部署在託管的平台即服務（PaaS）平台上。

儘管值得注意的是，採用廣泛的技術往往會成為一個問題，但能夠輕鬆地嘗試新技術是快速識別新方法是否能產生效益的一個好辦法。越來越受歡迎的 FaaS 平台就是這樣的例子。對於適當的工作負載，FaaS 平台可以大大地減少運作開銷，但它目前不是一種適合所有情況的部署機制。

對於希望透過各種新管道向客戶提供服務的組織來說，微服務也有明顯的好處。很多數位轉型的工作似乎涉及到試圖解開隱藏在既有系統中的功能。我們的預期是創造新的客戶體驗，透過任何最合理的互動機制來支援使用者的需求。

最重要的是，微服務架構在你繼續發展系統時，可以給你很大的彈性。當然，這種彈性是有代價的，但如果你想在未來可能想進行的改變上保持開放的選擇，那麼這可能是個值得付出的代價。

總結

微服務架構可以讓你在選擇技術、處理強健性和擴展性、組織團隊等方面擁有極大的彈性。這種彈性是許多人擁抱微服務架構的部分原因。但是，微服務帶來了很大程度的複雜性，你需要確保這種複雜性是有必要的。對許多人來說，微服務已經成為一種預設的系統架構，幾乎可以在所有情況下使用。然而，我仍然認為它們是一種架構選擇，其使用必須由你試圖解決的問題來證明；通常，更簡單的方法可以更容易地實現。

儘管如此，許多組織，尤其是大型組織，已經展現微服務的有效性。當微服務的核心概念被正確理解和實作時，它們可以幫助創建強大的、有成效的架構，從而幫助系統超越其各部分的總和。

我希望本章有很好地介紹這些主題。接下來，我們將看看我們如何定義微服務邊界，順便探討一下結構化程式設計和領域驅動設計的話題。

第二章

如何對微服務塑模

> 對手的推理讓我想起了異教徒，當他被問及世界立足於何處時，他回答說：「在烏龜上。」但是烏龜站在什麼上面呢？「在另一隻烏龜身上。」
>
> —Rev. Joseph Frederick Berg（1854）

所以，你知道什麼是微服務，並且希望瞭解它們的主要優勢在哪兒，你現在可能急著開始打造它們，對吧？但是，要從哪裡著手呢？在本章中，我們將了解一些基本概念，例如資訊隱藏、耦合和內聚，並了解它們將如何改變我們對圍繞微服務繪製邊界的想法。我們還將研究你可能使用之不同形式的分解，並更深入地關注領域驅動設計是該領域中一種非常有用的技術。

我們將研究如何考慮微服務的邊界，進而最大限度地發揮優勢並避免一些潛在的劣勢。但首先，我們需要某個可用來操作的對象。

MusicCorp 簡介

探索觀念的書籍最好結合實例作說明，可能的話，我會盡量分享真實世界的故事，但我發現，運用虛構場景的效果也很好。貫穿全書，我們將回到這個場景，看看微服務的概念是如何在這個世界中運作。

因此，讓我們將注意力轉向最先進的線上零售商 MusicCorp。不久之前，MusicCorp 還只是一家實體零售商，但在唱片業務跌至谷底後，它將越來越多精力聚焦在線上，該公司原本就有網站，但認為現在正是加倍投入心血的好時機，畢竟，那些用於音樂的智慧型手機只是曇花一現（很顯然，Zunes 更好），樂迷們很願意等待 CD 送到他們家門口。品質勝於便利性，對吧？雖然它可能剛剛了解到 Spotify 實際上是一種數位音樂服務，而不是某種針對青少年的皮膚治療，但 MusicCorp 對自己的重點非常滿意，並確信所有這些串流業務很快就會破產。

儘管些微落後，MusicCorp 仍不失豪情壯志，幸好，它已經決定，征服世界的最佳機會就在於確保它能夠非常容易地進行變更。微服務萬歲！

什麼是好的微服務邊界？

在 MusicCorp 的團隊拉開距離，建立一個又一個服務，企圖向所有人提供八軌磁帶（eight-track tape）之前，讓我們停下來談談我們需要謹記在心的重要基本觀念，也就是希望我們的微服務能夠以獨立的方式進行變更和部署，並將它們的功能發布給我們的使用者。能夠獨立地改變一個微服務是非常重要的。那麼，當我們考慮如何劃定界限時，有哪些需要牢記的事情呢？

從本質上講，微服務只是模組化分解的另一種形式，儘管它在模型和帶來的所有相關挑戰之間具有以網路為基礎的互動作用。幸運的是，這意味著我們可以依靠模組化軟體和結構化程式設計的大量既有技術來引導我們定義我們的服務邊界。考慮到這一點，讓我們更深入地了解我們在第 1 章中所簡要提及的三個關鍵概念，並且在確定構成良好微服務邊界的因素時掌握這些概念至關重要：資訊隱藏、內聚性和耦合。

資訊隱藏

資訊隱藏是 David Parnas 所發展的一個概念，目標在尋找定義模組邊界的最有效方法[1]。資訊隱藏描述了在模組（或是指我們例子中的微服務）邊界後面盡可能隱藏最多細節的預期。Parnas 研究了理論上模組應該能為我們帶來的好處，如下：

改善的開發時間（*Improved development time*）

透過允許獨立開發模組，我們可以允許並行完成更多工作，並減少向項目添加更多開發者的影響。

可理解性（*Comprehensibility*）

每個模組都可以獨立地被檢視和理解；反過來這也使理解整個系統作用變得更容易。

1 David Parnas，「On the Criteria to Be Used in Decomposing Systems into Modules」（journal contribution, Carnegie Mellon University, 1971），*https://oreil.ly/BnVVg*。

彈性（*Flexibility*）

> 模組可以相互獨立地被修改，並允許對系統功能進行變更，而無需改動到其他模組。此外，模組可以不同方式組合來提供新功能。

這些理想特性很好地補充了我們試圖透過微服務架構實作的目標；事實上，我現在將微服務視為模組化架構的另一種形式。實際上，Adrian Colyer 回顧了一些 David Parnas 在此期間的論文，並就微服務進行了一些研究，他的總結非常值得一讀[2]。

正如 Parnas 在他的大部分工作中所探索的，現實是擁有模組並不會導致你真的實作這些結果，很大程度上取決於模組邊界的形成方式。根據他自己的研究，資訊隱藏是幫助充分利用模組化架構的關鍵技術，從現代的角度來看，這同樣適用於微服務。

在 Parnas 的另一篇論文[3]中，我們看到了一個亮點：

> 模組之間的聯繫是模組對彼此的假設。

透過減少一個模組（或微服務）對另一個模組的假設數量，我們直接影響了它們之間的連接。而透過保持較少的假設數量，我們更容易確保能變更一個模組而不影響其他模組。如果變更模組的開發者清楚了解其他人是如何使用該模組，則開發者將更容易且安全地進行變更，這樣上游呼叫者也不必變更。

這也適用於微服務，除了我們還有機會部署變更後的微服務而無需部署任何其他內容，可以說放大了 Parnas 所描述的三個理想特性，即改善的開發時間、可理解性和彈性。

資訊隱藏的含義有很多方面，我將在整本書中討論這個主題。

內聚性

我聽過一個描述內聚性的最簡潔定義是：「一起變化的程式碼，保持在一起[4]」。就我們的目的而言，這是一個非常好的定義。正如我們已經討論過的，我們正圍繞在易於變更業務功能的問題來最佳化我們的微服務架構，因此我們希望以這種方式對功能進行分組，以便我們盡可能地對少部分進行變更。

---

2 明顯的起點是 Adrian 對「On the Criteria...」的總結（*https://oreil.ly/cCtSV*），但 Adrian 對 Parnas 早期作品「Information Distribution Aspects of Design Methodology」（*https://oreil.ly/6JyKv*），包含一些很棒的見解以及 Parnas 本人的評論。

3 Parnas「Information Distribution Aspects」。

4 討厭的是，我找不到這個定義的原始來源。

我們希望相關的行為放在一起，而無關的行為放在其他地方。為什麼呢？如果我們想變更行為，我們希望能夠在一處集中處理，並儘快發布這個改變。如果我們必須在許多不同的地方變更行為，我們就必須（可能同時）發布許多不同的服務來實作這個改變。在許多不同的地方進行變更會比較慢，並且一次部署大量服務是有風險的，所以這兩者是我們希望避免的。

因此，我們希望在我們的問題領域中找到邊界，以確保相關行為集中在一個地方，且盡可能鬆散地與其他邊界進行溝通。若相關的功能分布在整個系統中，則表示內聚性很弱，而對於微服務架構，我們的目標是要有高度內聚性。

耦合

當服務鬆散耦合時，對一項服務的變更應該不需要對另一項服務作變更。微服務的全部意義在於能夠對一項服務進行變更並進行部署，而無需變更系統的任何其他部分。這真的很重要。

什麼樣的事情會導致緊密耦合？一個典型的錯誤是選擇了一種將一服務與另一服務緊密綁定的整合風格，導致服務內部的變化需要對消費者進行變更。

鬆散耦合的服務對其協作的服務所知甚少，這也意味著我們可能希望限制一個服務對另一服務不同呼叫類型的數量，因為除了潛在的效能問題之外，繁瑣的溝通會導致緊密耦合。

然而，耦合有多種形式，我看到了許多關於耦合本質的誤解，因為它與以服務為基礎的架構有關。考量到這一點，我認為更詳細地探討這個主題很重要，我們很快就會討論到了。

耦合和內聚的相互作用

正如我們已經提到的，耦合和內聚的概念顯然是相關的。從邏輯上講，如果相關功能分布在我們的系統中，對此功能的變更將跨越這些邊界，這意味著更緊密的耦合。Constantine 定律，以結構化設計先驅 Larry Constantine 為命名，簡潔地總結了這一點：

> 若內聚性強而耦合度低，則結構是穩定的[5]。

5 在我的《*Monolith to Microservices*》（O'Reilly）一書中，我將此歸功於 Larry Constantine。雖然該聲明巧妙地總結了 Constantine 在該領域的大部分工作，但該引述確實應該歸功於 Albert Endres 和 Dieter Rombach，來自他們 2003 年出版的《*A Handbook of Software and Systems Engineering*》（Addison-Wesley）。《Monolith to Microservices》的繁體中文版書名為《單體式系統到微服務》，由碁峰資訊出版。

這裡的穩定性概念對我們很重要。為了讓我們的微服務邊界兌現可獨立部署性的承諾，允許我們並行處理微服務並減少處理這些服務的團隊之間的協調量，我們需要邊界本身具有一定程度的穩定性。如果微服務公開的契約以向後不相容的方式不斷變更，那麼這將導致上游消費者也必須不斷變更。

耦合和內聚密切相關，至少在某種程度上可說是相同的，因為這兩個概念都描述了事物之間的關係。內聚適用於邊界**內**事物之間的關係（我們上下文中的微服務），而耦合則描述了跨越邊界事物之間的關係。沒有絕對**最好**的方式來組織我們的程式碼，耦合和內聚只是闡明我們對於圍繞程式碼分組的位置及原因之各種權衡的一種方式。我們所能做的就是在這兩種想法之間找到適當的平衡，一種對你的特定背景和你目前面臨的問題最有意義的平衡。

請記住，世界並不是一成不變的。隨著你系統需求的改變，你可能會找到重新審視你決定的理由。有時你系統的某些部分可能會經歷如此多的變化，以致於可能無法保持穩定。我們將在第 3 章中查看一個範例，分享 Snap CI 背後的產品開發團隊的經驗。

耦合的類型

你可能會從上面的概述中推斷出所有耦合都是不好的，但這並不完全正確。系統中終究有些耦合是不可避免的，我們想要做的是減少所擁有的耦合。

我已經做了很多工作來研究結構化程式設計中不同形式的耦合，這主要是考慮模組化（非分散式、單體）軟體。許多用於評估在任何情況下耦合重疊或衝突的不同模型，主要都是討論程式碼級別的事情，而不是考慮以服務為基礎的互動作用。由於微服務是一種模組化架構風格（儘管增加了分散式系統的複雜性），我們可以使用很多這些原始概念、並將其應用於我們以微服務為基礎的系統中。

結構化程式設計的既有技術

我們計算方面的工作大部分都建立在之前的工作基礎上。有時無法識別之前出現的所有內容，但在第二版中，我的目標是盡可能突顯既有技術，部分是為了在應歸功的地方給予認可，另一部分是為了那些希望更詳細探索某些主題的讀者，但我也想表明其中許多想法都經過了嘗試和測試。

當談到在之前的工作基礎上進行建置時，本書中很少有主題領域擁有和結構化程式設計一樣多的既有技術。我已經提到過 Larry Constantine，他與 Edward Yourdon 合著的《*Structured Design*》[6] 被認為是該領域最重要的著作之一。Meilir PageJones 的《*The Practical Guide to Structured Systems Design*》[7] 也很有用。但不幸的是，這些書的一個共同點是它們很難取得，因為它們已經絕版且沒有電子版。另一種方式是你可以到當地圖書館找尋借閱。

並非所有的想法都清晰地對應，因此我已盡力為微服務中不同類型的耦合組合成一個工作模型。在這些想法與以前的定義能完全對應之處，我會堅持使用這些術語；在其他地方，我不得不提出新術語或融合其他地方的想法。因此，請考慮在此領域的許多既有技術之上建置以下內容，我試圖在微服務框架中賦予更多含義。

在圖 2-1 中，我們看到了不同類型耦合的簡要概述，從低（預期）到高（非預期）組織。

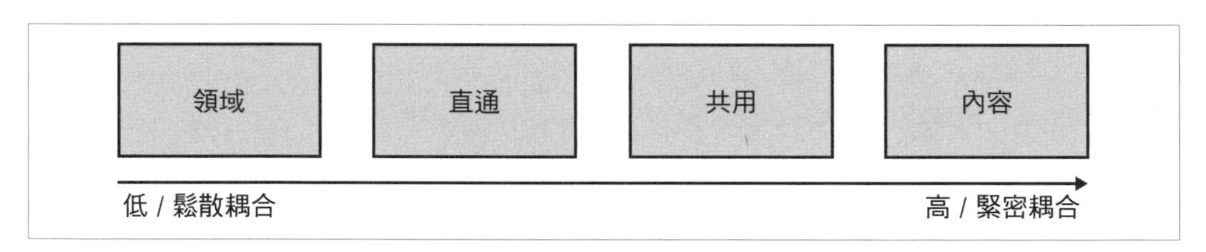

圖 2-1　不同類型的耦合，從鬆散（低）到緊密（高）

接下來，我們將依次檢查每種形式的耦合，並看看一些範例了解這些耦合形式會如何出現在我們的微服務架構中。

領域耦合

領域耦合描述了一個微服務因需要利用另一個微服務提供的功能，而需要與另一微服務互動的情況[8]。

6 Edward Yourdon 和 Larry L. Constantine 合著的《*Structured Design*》（New York: Yourdon Press, 1976）。

7 Meilir Page-Jones 撰寫的《*The Practical Guide to Structured Systems Design*》（York: Yourdon Press Computing, 1980）。

8 這個概念類似於領域應用協定，它定義了元件在以 REST 為基礎的系統中互動的規則。

在圖 2-2 中，我們看到了 MusicCorp 內部如何管理 CD 訂單的一部分。在此範例中，`Order Processor` 呼叫 `Warehouse` 微服務來保留庫存，並呼叫 `Payment` 微服務來接收付款，因此，`Order Processor` 依賴並耦合到 `Warehouse` 和 `Payment` 微服務以進行此操作。但是，我們認為 `Warehouse` 和 `Payment` 之間沒有這種耦合，因為它們不互動。

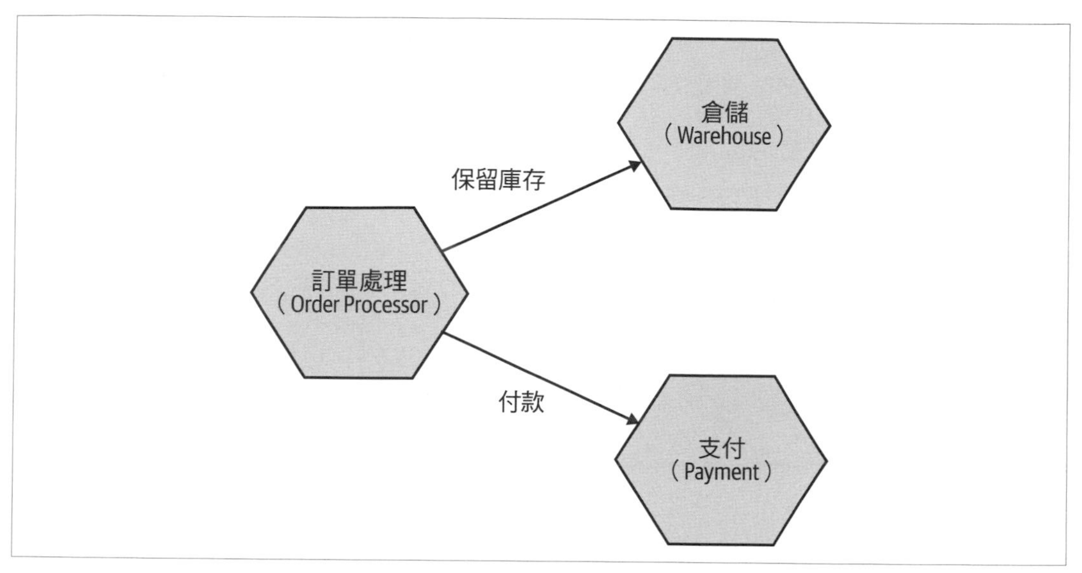

圖 2-2　領域耦合的例子，其中 `Order Processor` 需要利用其他微服務提供的功能

在微服務架構中，這種類型的互動在很大程度上是不可避免的。以微服務為基礎的系統依賴於多個微服務協作才能完成其工作，不過，我們仍然希望將這種依賴保持在最低限度。每當你看到單個微服務以這種方式依賴多個下游服務時，就會引起關注，因為這可能意味著微服務做得太多。

通常來說，領域耦合被認為是一種鬆散的耦合形式，即使在這裡我們也可能會遇到問題。需要與大量下游微服務溝通的微服務可能會導致過多邏輯集中的情況。隨著在服務之間發送更複雜的資料集，領域耦合也可能會出現問題，這通常指向我們將在稍後探討更會成為問題的耦合形式。

只要記住資訊隱藏的重要，僅僅共享你絕對需要的資料，並只發送你絕對需要的最少的資料量。

關於時空耦合的簡要說明

你可能聽說過的另一種耦合形式是**時空耦合**（*Temporal Coupling*）。從以程式碼為中心的耦合角度來看，時空耦合是指概念被捆綁在一起的情況，純粹是因為它們同時發生。時空耦合在分散式系統的上下文中具有微妙的不同含義，它指的是一個微服務需要另一個微服務同時做某事才能完成操作的情況。

兩個微服務都需要同時啟動並可以相互溝通才能完成操作。因此，在圖 2-3 中，MusicCorp 的 `Order Processor` 對 `Warehouse` 服務進行同步 HTTP 呼叫，在進行呼叫的同時，`Warehouse` 需要啟動並可用。

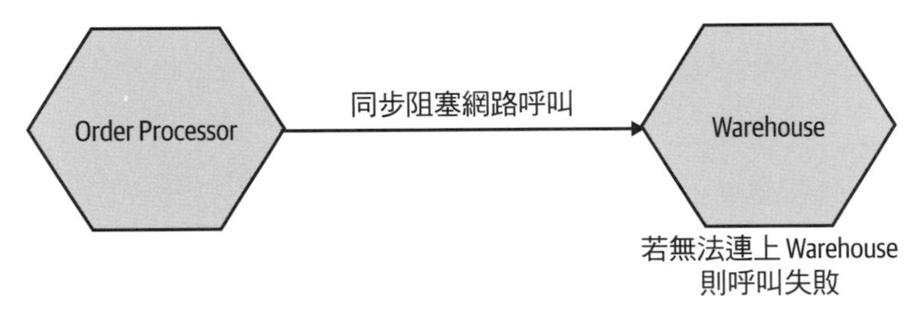

圖 2-3　時空耦合範例，其中 `Order Processor` 對 `Warehouse` 微服務進行同步 HTTP 呼叫

如果由於某種原因無法透過 `Order Processor` 連到 `Warehouse`，則操作失敗，因為我們無法保留要發送的 CD。`Order Processor` 還必須阻止並等待來自 `Warehouse` 的回應，這可能會導致資源競爭方面的問題。

時空耦合並不總是壞的，這只是需要注意的事情。隨著你擁有更多微服務，它們之間的互動更加複雜，時空耦合的挑戰可能會增加到一個程度，以致於擴展你的系統並維持其工作變得更加困難。而避免時空耦合的方法之一是使用某種形式的異步溝通（asynchronous communication），例如訊息仲介。

直通耦合

「直通耦合」（Pass-Through Coupling）[9] 描述了一種情況，其中一個微服務將資料傳給另一個微服務，純粹是因為該資料是更下游的某個其他微服務所需要的。在許多方面，

9　直通耦合是我對 Meilir PageJones 在《*The Practical Guide to Structured Systems Design*》中最初描述「tramp coupling」的名稱。我在這裡選擇使用不同的術語，因為我發現原始術語有些問題，並且對更廣泛的群眾來說沒有太大意義。

它是最有問題的耦合類型之一，因為它不僅意味著呼叫者知道它正在呼叫的微服務在呼叫另一個微服務，而且它可能需要知道這相近的微服務是如何運作的。

作為直通耦合的一個例子，現在讓我們更仔細地看一下 MusicCorp 的訂單處理工作的一部分。在圖 2-4 中，我們有一個 Order Processor，它向 Warehouse 發送請求以準備發貨訂單。作為請求資料酬載的一部分，我們會發送一個 Shipping Manifest。該 Shipping Manifest 不僅包含客戶的地址，還包含運輸類型。Warehouse 只是將此清單傳送給下游的 Shipping 微服務。

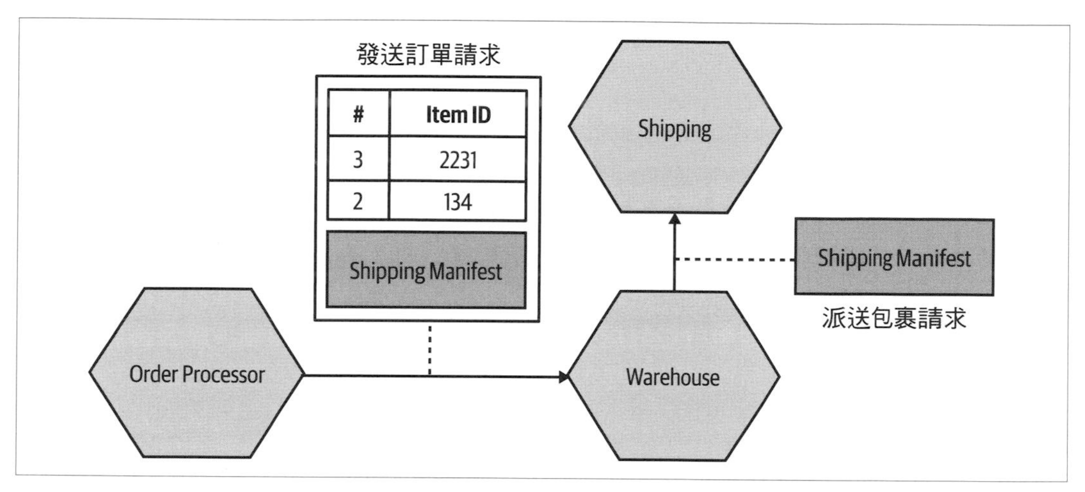

圖 2-4　直通耦合，其中資料傳送給微服務純粹是因為另一個下游服務需要它

直通耦合的主要問題是對下游所需資料的變更可能會導致更重大的上游變更。在我們的範例中，如果 Shipping 現在需要變更資料的格式或內容，那麼 Warehouse 和 Order Processor 可能都需要變更。

有幾種方法可以解決這個問題。首先是考慮繞過中介呼叫微服務是否有意義。在我們的範例中，這可能代表 Order Processor 直接與 Shipping 對話，如圖 2-5 所示。然而，這會引起其他一些問題。我們的 Order Processor 正在增加其領域耦合，因為 Shipping 是它需要了解的另一個微服務。如果這是唯一的問題，可能還好，因為領域耦合當然是一種更鬆散的耦合形式。但是，此解決方案在這裡變得更加複雜，因為在我們使用 Shipping 發送包裹之前必須透過 Warehouse 保留庫存，並且在運輸完成後我們需要相應地更新庫存。這將更多的複雜性和邏輯推入了以前隱藏在 Warehouse 中的 Order Processor。

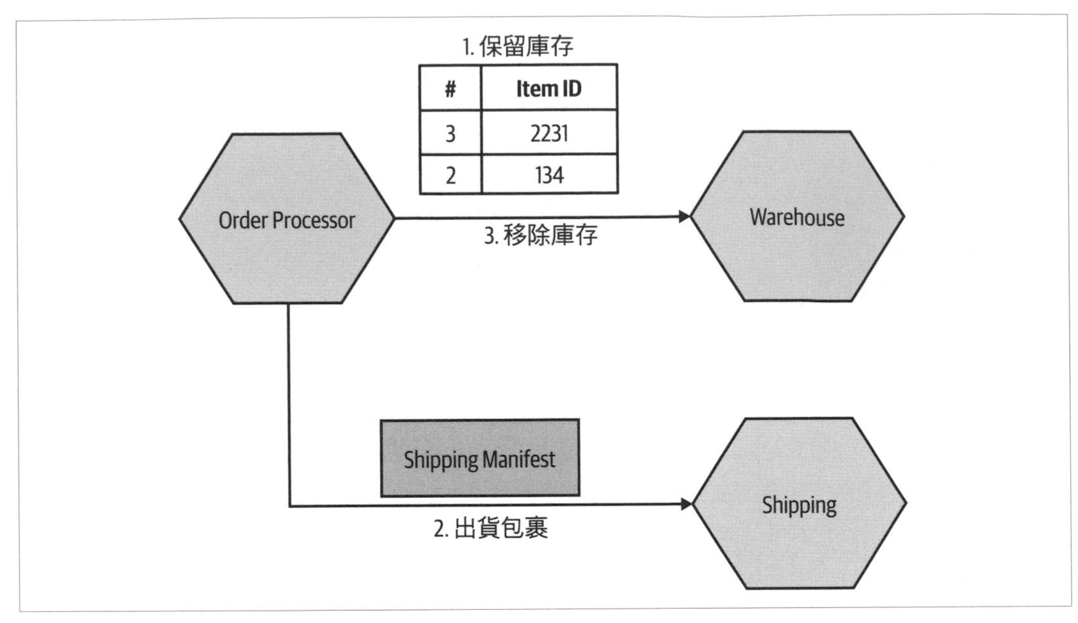

#	Item ID
3	2231
2	134

圖 2-5　解決直通耦合的一種方法是直接與下游服務溝通

對於這個特定的例子，我可能會考慮一個更簡單（雖然更細微）的改變，也就是是完全隱藏 Order Processor 對 Shipping Manifest 的要求。將管理庫存和安排派送包裹的工作委託給我們的 Warehouse 服務，這個想法是有道理的，但我們不喜歡我們洩露了一些較低級別的實作，像是 Shipping 微服務想要一份 Shipping Manifest 的這種事情。隱藏此細節的一種方法是讓 Warehouse 將所需資訊作為其契約的一部分，然後讓它在本地建置 Shipping Manifest，如圖 2-6 所示。這表示如果 Shipping 微服務變更其服務契約，從 Order Processor 的角度來看，只要 Warehouse 能收集所需的資料，這個變更將是看不見的。

雖然這將有助於保護 Warehouse 微服務免受某些 Shipping 變更的影響，但仍有一些事情需要各方進行變更。讓我們思考一下我們想要開始國際運輸的想法。作為其中的一部分，Shipping 服務需要在 Shipping Manifest 中包含 Customs Declaration。如果這是一個可選參數，那麼我們可以毫無問題地部署新版本的 Shipping 微服務。但是，如果這是必需參數，則 Warehouse 需要創建一個。這可能可以用它所擁有或被提供的既有資訊做到這一點，或者可能需要 Order Processor 將附加資訊傳送給它。

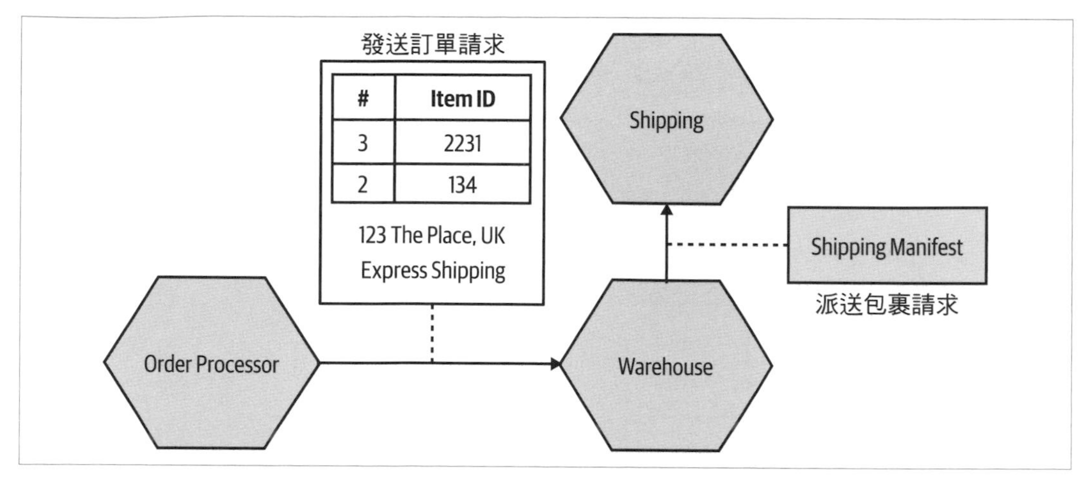

圖 2-6　對 Order Processor 隱藏對 Shipping Manifest 的需求

雖然在這種情況下，我們沒有消除對所有三個微服務進行變更的需要，但我們在何時以及如何進行這些變更方面獲得了更大的權力。如果我們有初始範例中的緊密（直通）耦合，添加這個新的 Customs Declaration 可能需要同步推出所有三個微服務。至少透過隱藏這個細節，我們可以更輕鬆地進行階段部署。

有助於減少直通耦合的最後一種方法，是 Order Processor 仍然透過 Warehouse 將 Shipping Manifest 發送到 Shipping 微服務，但讓 Warehouse 完全不知道 Shipping Manifest 本身的結構。Order Processor 發送清單作為訂單請求的一部分，但是 Warehouse 不會嘗試查看或處理該字段，它只是將其視為一團資料，並不關心其內容，而只是發送它。Shipping Manifest 格式的變更仍然需要變更 Order Processor 和 Shipping 微服務，但由於 Warehouse 不關心清單中的實際內容，因此不需要變更。

共用耦合

當兩個或多個微服務使用一組通用資料時，就會發生共用耦合（Common Coupling）。這種耦合形式的一個簡單而常見的例子，是多個微服務使用同一個共享資料庫，但它也可以透過共享記憶體或共享文件系統的使用來體現。

共用耦合的主要問題是對資料結構的變更可能會同時影響多個微服務。考慮圖 2-7 中 MusicCorp 的一些服務範例。正如我們之前所討論的，MusicCorp 在世界各地運營，因此它需要有關其運營所在國家或地區的各種資訊。在這裡，多個服務都從共享資料庫中讀取靜態參考資料。如果此資料庫的架構以向後不相容的方式變更，則需要對資料庫的每個使用者進行變更。事實上，像這樣的共享資料往往因此很難改變。

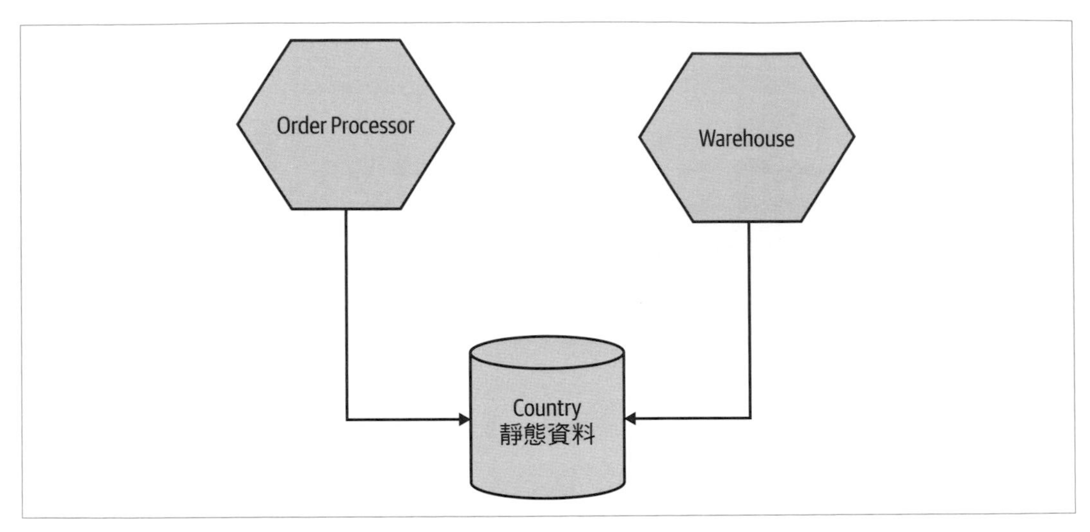

圖 2-7　多個服務從同一資料庫訪問與國家相關的共享靜態參考資料

相對來說，圖 2-7 中的例子是相當溫和的。這是因為就其本質而言，靜態參考資料不會經常變更，也因為這些資料是唯讀的，因此我傾向於以這種方式共享靜態參考資料。但是，如果通用資料的結構更頻繁地變更，或者多個微服務正在讀取和寫入相同的資料，則共用耦合會更成問題。

圖 2-8 向我們展示了一種情況，其中 `Order Processor` 和 `Warehouse` 服務都從共享的 `Order` 表中讀取和寫入，以管理將 CD 發送給 MusicCorp 客戶的過程。兩個微服務都在更新狀態列，`Order Processor` 可以設置 `PLACED`、`PAID` 和 `COMPLETED` 狀態，而 `Warehouse` 將應用 `PICKING` 或 `SHIPPED` 狀態。

儘管你可能認為圖 2-8 有點做作，但這個常見耦合的簡單範例有助於說明核心問題。從概念上講，我們有 `Order Processor` 和 `Warehouse` 微服務來管理訂單生命週期的不同方面。在 `Order Processor` 中進行變更時，我能否確定我所變更的訂單資料不會破壞 `Warehouse` 的世界觀，反之亦然？

確保某事物的狀態以正確的方式改變的一種方法，是創建一個有限狀態機器。狀態機器（state machine）可用於管理某個實體從一種狀態到另一種狀態的轉換，確保禁止無效的狀態轉換。在圖 2-9 中，你可以看到 MusicCorp 中訂單的允許狀態轉換。一個訂單可以直接從 `PLACED` 到 `PAID`，但不能直接從 `PLACED` 到 `PICKING`（這個狀態機器可能不足以用於完整的端到端貨物購買和運輸的實際業務流程，但我想舉一個簡單的例子來說明這個想法）。

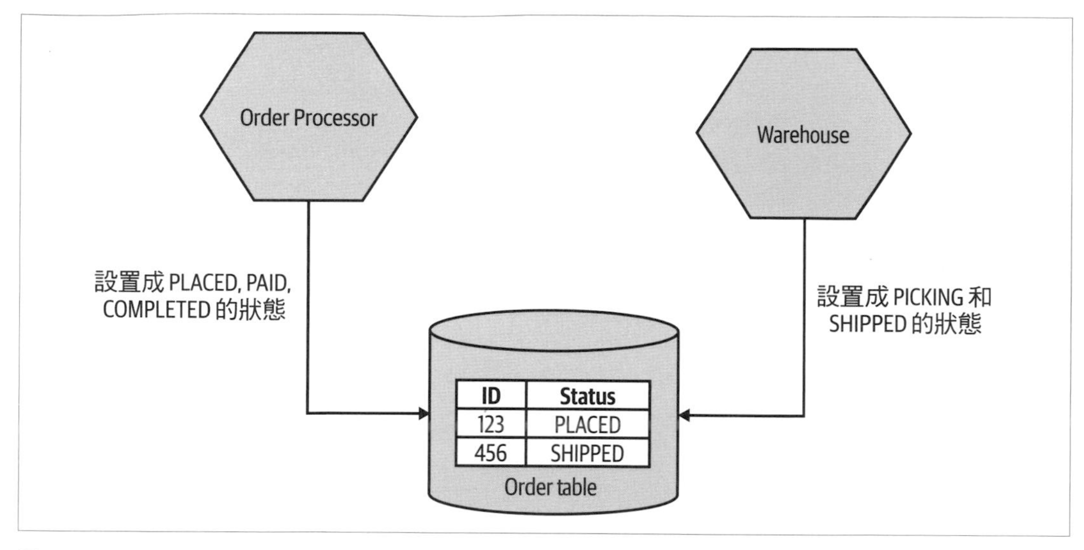

圖 2-8　`Order Processor` 和 `Warehouse` 都更新相同訂單記錄的常見耦合範例

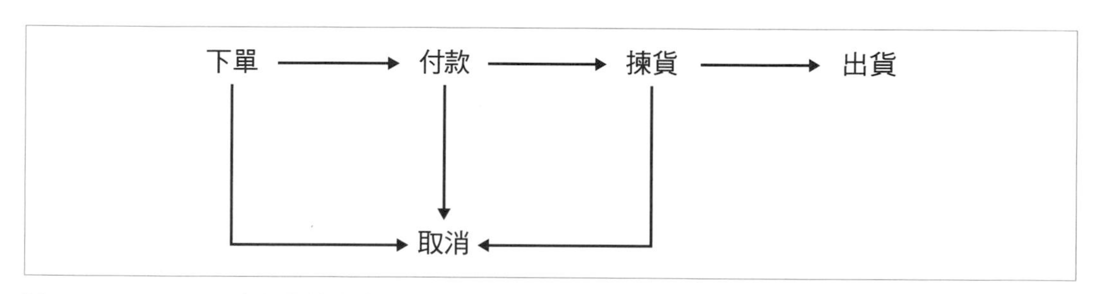

圖 2-9　MusicCorp 中訂單的允許狀態轉換的概述

此特定範例中的問題是 `Warehouse` 和 `Order Processor` 共同負責管理此狀態機器。我們如何確保它們就允許哪些轉換達成一致？有多種方法可以跨微服務邊界管理此類流程，而我們將在第 6 章討論 sagas 時回到這個話題。

有一個潛在解決方案是確保單個微服務管理訂單狀態。在圖 2-10 中，`Warehouse` 或 `Order Processor` 都可以向 `Order` 服務發送狀態更新請求。在這裡，`Order` 微服務是任何給定訂單的真實來源。在這種情況下，將來自 `Warehouse` 和 `Order Processor` 的請求視為請求非常重要。在這種情況下，`Order` 服務的工作是管理與訂單匯總相關的可接受狀態的轉換。因此，如果 `Order` 服務收到來自 `Order Processor` 的請求，將狀態直接從 `PLACED` 移動到 `SHIPPED`，若這是無效的變更，則可以自由拒絕該請求。

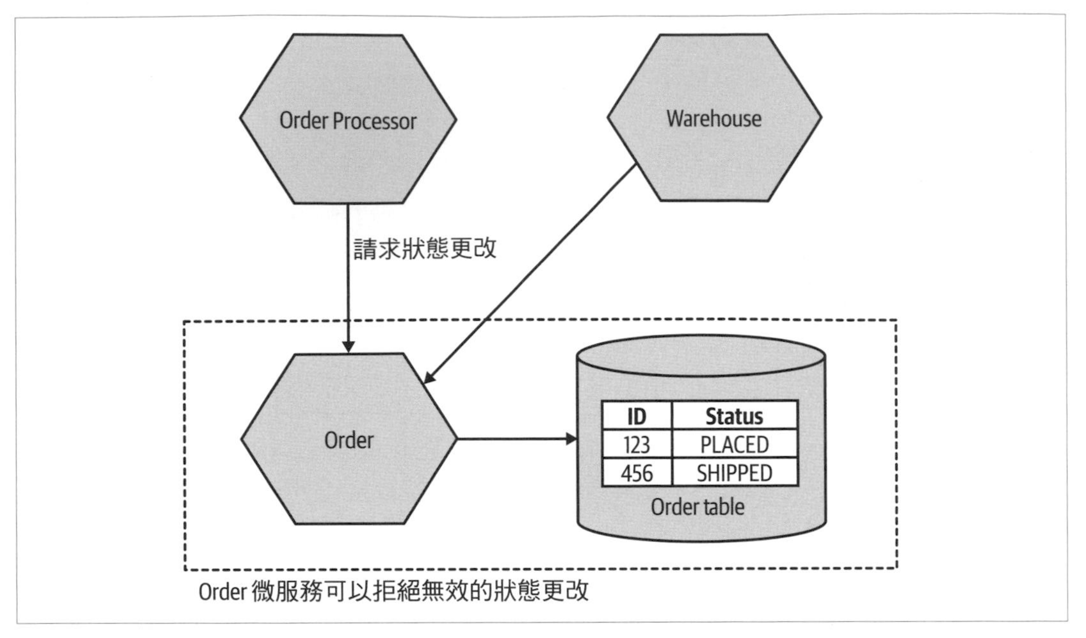

圖 2-10　`Order Processor` 和 `Warehouse` 都可以請求對訂單進行變更，但 `Order` 微服務決定哪些請求是可接受的

確保你看到發送到微服務的請求是下游微服務在無效時可以拒絕的內容。

還有一種適用這種情形的方法，是將 `Order` 服務實作為資料庫 CRUD 操作的小型包裝器，其中請求直接對應到資料庫更新。這類似於具有私有屬性但具有公有 getter 和 setter 的對象，其行為已從微服務洩露到上游消費者（降低內聚力），我們又回到了能管理跨多個不同服務之可接受狀態轉換的世界。

如果你看到一個微服務看起來像一個圍繞資料庫 CRUD 操作的包裝器，這說明了你可能具有弱內聚和更緊密的耦合，因為應該在該服務中管理資料的邏輯被傳播到系統中的其他地方。

共用耦合的來源也是資源競爭的潛在來源。使用同一個文件系統或資料庫的多個微服務可能會使共享資源過載，如果共享資源變慢甚至完全無法使用，則可能導致嚴重問題。共享資料庫特別容易出現此問題，因為多個使用者可以對資料庫本身運行任意查詢，而這反過來又可能具有截然不同的效能特徵。我見過不止一個資料庫因昂貴的 SQL 查詢而癱瘓，我甚至可能是一兩次的罪魁禍首[10]。

所以常見的耦合**有時**是可接受的，但通常並不可行。即使它是良性的，這也意味著我們對共享資料可以進行的變更是有限的，但這通常說明了我們的程式碼缺乏內聚性，它還可能在操作競爭方面給我們帶來問題。正是出於這些原因，我們認為共用耦合是最不理想的耦合形式之一，但它可能會變得更糟。

內容耦合

內容耦合描述了上游服務進入下游服務內部並改變其內部狀態的情況。最常見的表現是外部服務訪問另一個微服務的資料庫並直接變更它。內容耦合和共用耦合之間的差異是微妙的，在這兩種情況下，兩個或多個微服務都在讀取和寫入同一組資料。透過共用耦合，你了解你正在使用共享的外部依賴項，你也知道這不在你的控制之下；隨著內容耦合，所有權界限變得不那麼清晰，開發者改變系統變得更加困難。

讓我們複習一下之前來自 MusicCorp 的例子。在圖 2-11 中，我們有一個 `Order` 服務，它應該管理我們系統中訂單的允許狀態變更。`Order Processor` 向 `Order` 服務發送請求，不僅委派將要進行的確切狀態變更，而且還負責決定允許哪些狀態轉換。另一方面，`Warehouse` 服務直接更新儲存訂單資料的表，繞過 `Order` 服務中可能檢查允許變更的任何功能。我們必須希望 `Warehouse` 服務有一套一致的邏輯，以確保只進行有效的變更，這頂多代表了邏輯的重複；但最壞的情況下，`Warehouse` 中允許變更的檢查與 `Order` 服務中的檢查不同，因此我們最終可能會收到處於非常奇怪、混亂狀態的訂單。

在這種情況下，我們還會遇到訂單表的內部資料結構暴露給外部的問題。在變更 `Order` 服務時，我們現在必須非常小心地變更該表，甚至假設很明顯地該表正在被外部方直接訪問。有個簡單的解決方法是讓 `Warehouse` 向 `Order` 服務本身發送請求，在那裡我們可以審查請求，但也可以隱藏內部細節，進而更容易對 `Order` 服務進行後續變更。

如果你正在開發微服務，那麼明確區分可以自由變更和不可以變更的內容是很重要的。明確地說，作為開發者，當你在變更功能時，需要知道該功能是否為服務向外界公開之契約的一部分，並需要確保在進行變更時不會破壞上游消費者。不影響微服務公開的契約功能則可以隨意變更。

共用耦合出現的問題當然也適用於內容耦合，但內容耦合有一些額外的麻煩，這使得它有足夠的問題，以致於有些人又將其稱為**病態耦合**（*pathological coupling*）。

---

10 好的，不止一次或兩次。大部分都是不止一次或兩次⋯⋯

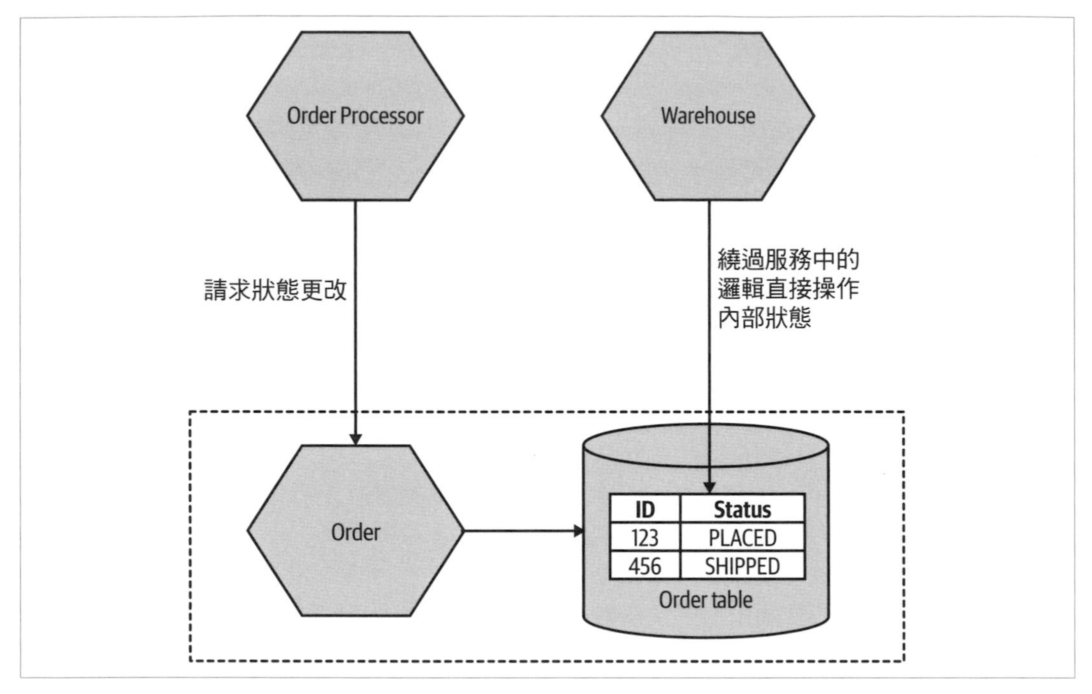

圖 2-11　一個內容耦合的例子，其中 Warehouse 直接訪問 Order 服務的內部資料

當你允許外部方直接訪問你的資料庫時，儘管你無法輕易推斷出可以變更或不可以變更的內容，該資料庫實際上成為該外部契約的一部分。你已經失去了定義什麼是共享的（因此不能輕易改變）和隱藏的能力。資訊隱藏已被排除在外。

簡而言之，請避免內容耦合。

足夠的領域驅動設計

正如我在第 1 章中所介紹的，我們用來尋找微服務邊界的主要機制是圍繞領域本身，利用領域驅動設計（domain-driven design，DDD）來幫助創建我們領域的模型。現在讓我們展開我們對 DDD 在微服務上下文中如何工作的理解。

想要我們的程式能更好地代表其運行的真實世界，這種期望不是什麼新鮮事。像 Simula 這樣的物件導向的程式語言，是為了讓我們能夠對真實的領域進行塑模。但要使這個想法真正成型，需要的不僅僅是程式語言能力。

Eric Evans 的《領域驅動設計》[11] 提出了一系列重要的想法，幫助我們在程式中更好地表示問題領域。對這些思想的全面探索超出了本書的範圍，但有一些 DDD 的核心概念值得強調，包括：

通用語言（*Ubiquitous language*）

定義和採用用於程式碼和描述領域的通用語言，以幫助交流。

匯總（*Aggregate*）

作為單個實體進行管理的對象集合，通常指的是現實世界的概念。

邊界上下文（*Bounded context*）

業務領域內的明確邊界，為更廣泛的系統提供功能，但也隱藏了複雜性。

通用語言

通用語言是指我們應該努力在我們的程式碼中使用與使用者相同的術語。這個想法是，在交付團隊和實際人員之間擁有一種共同語言將使對真實世界領域的塑模得更加容易，並且還應該改善溝通。

我有個反面的例子，是在我為一家大型全球銀行工作時的情況。我們在企業流動性領域工作，這是一個花俏的術語，基本上是指在同一公司實體持有的不同帳戶之間轉移現金的能力。當時的產品負責人很好合作，她對她想推向市場的各種產品有著非常深刻的理解。和她一起工作時，我們會討論像是髮型和一天結束時掃地之類的事情，所有這些在她的世界中都很有意義，並且對她的客戶也有意義的事情。

另一方面，程式碼中沒有這種語言。之前，公司已決定為資料庫使用標準資料模型，它被廣泛稱為「IBM 銀行模型」，但我懷疑這是標準的 IBM 產品還是只是 IBM 顧問所創建的。透過對「安排」定義鬆散的概念，該理論認為任何銀行業務都可以塑模。去貸款嗎？那是一種安排。買股票嗎？那是安排，那申請信用卡呢？這也是一種安排！

資料模型已經污染了程式碼，以致於程式碼基礎（codebase）對我們正在建置的系統失去了所有真正的理解。我們沒有建置通用的銀行應用程式，反而我們正在建立一個專門管理企業流動性的系統。問題是我們必須將產品負責人豐富的領域語言對應到通用的程式碼概念，這代表了需要大量工作來翻譯。結果，我們的商業分析師通常只是花時間一遍又一遍地解釋相同的概念。

11 Eric Evans，《*Domain-Driven Design: Tackling Complexity in the Heart of Software*》（Boston: Addison-Wesley, 2004）。

透過在程式碼中使用現實世界的語言，事情變得容易多了。使用直接來自產品負責人的術語撰寫故事的開發者更有可能理解它們的含義並找出需要做的事情。

匯總

在 DDD 中，匯總（*aggregate*）是一個有點令人困惑的概念，有許多不同的定義。它只是一個任意的對象集合嗎？應該從資料庫中取出的最小單位？有個一直對我滿有用的模型，首先將匯總視為真實領域概念的表示，像是訂單、發票、庫存品項等。匯總通常有一個生命週期，這使它們可以作為狀態機器實作。

作為 MusicCorp 領域中的範例，訂單匯總可能包含多個分項（line item）來代表訂單中的項目。這些分項只有作為整個訂單匯總的一部分才有意義。

我們希望將匯總視為獨立的單元，希望確保處理匯總狀態轉換的程式碼與狀態本身組合在一起，所以一個匯總應該由一個微服務管理，儘管單個微服務可能擁有多個匯總的管理。

但是，一般而言，你應該將匯總視為具有狀態、身分和生命週期的東西，這些東西將作為系統的一部分進行管理。匯總通常指的是現實世界的概念。

單個微服務將處理一種或多種不同類型匯總的生命週期和資料儲存。如果另一個服務中的功能想要變更這些匯總中的一個，它需要直接請求該匯總中的變更，或者讓匯總本身對系統中的其他事物做出反應以啟動自己的狀態轉換，也許透過訂閱其他微服務所發送出來的事件。

這裡要理解的關鍵是，如果外部方請求匯總中的狀態轉換，則匯總可以拒絕。理想情況下，你希望以不能進行非法狀態轉換的方式實作匯總。

匯總可以與其他匯總有關係。在圖 2-12 中，我們有一個與一個或多個訂單和一個或多個願望清單相關聯的客戶匯總。這些匯總可以由相同的微服務或不同的微服務管理。

如果匯總之間的這些關係存在於單個微服務的範圍內，那麼如果使用關聯資料庫，它們可以使用外鍵關係之類的東西輕鬆儲存。但是，如果這些匯總之間的關係跨越微服務邊界，我們就需要某種方式來對這些關係進行塑模。

現在，我們可以簡單地將匯總的 ID 直接儲存在我們的本地資料庫中。例如，考慮管理財務分類帳的 `Finance` 微服務，該分類帳儲存針對客戶的交易。在本地，在 `Finance` 微服務的資料庫中，我們可以有一個 `CustID` 欄位，其中包含該客戶的 ID。如果我們想獲得有關該客戶的更多資訊，我們必須使用該 ID 對 `Customer` 微服務進行查找。

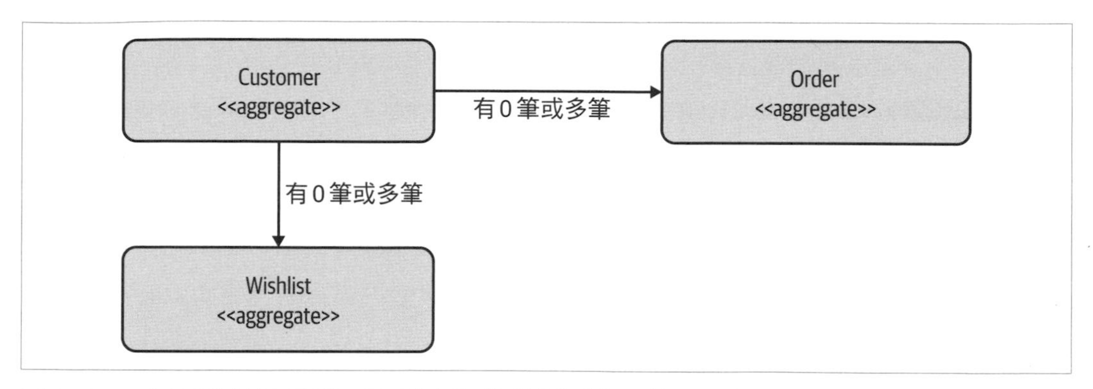

圖 2-12　一個客戶匯總可能與一個或多個訂單或願望清單匯總相關聯

這個概念的問題在於它不是很明確，而事實上，`CustID` 欄位和遠端客戶之間的關係是完全隱含的。要了解該 ID 是如何使用，我們必須查看 `Finance` 微服務本身的程式碼。如果我們能以更明顯的方式儲存對外部匯總的引用，那就太好了。

在圖 2-13 中，我們進行了一些變更以使關係明確。我們儲存的不是用於客戶參考的普通 ID，而是儲存一個 URI，如果建置以 REST 為基礎的系統，我們可能會使用到它[12]。

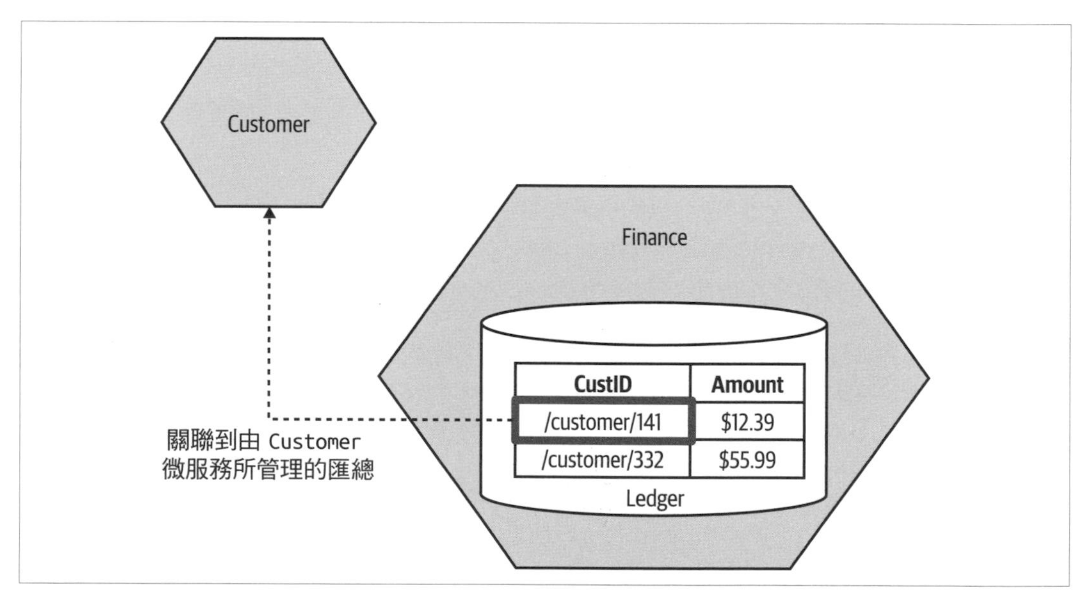

圖 2-13　如何實作不同微服務中的兩個匯總之間關係的範例

12 我知道有些人反對在 REST 系統中使用模板化 URI，我能理解其原因，但我只是想讓這個例子保持簡單。

這種方法的好處是雙重的，關係的性質也是明確的，在 REST 系統中，我們可以直接取消引用此 URI 以查找相關聯的資源。但是，如果你不建置 REST 系統呢？ Phil Calçado 描述了 SoundCloud 中使用這種方法的一種變形[13]，他們開發了一種用於跨服務引用的偽 URI 方案。例如，`soundcloud:tracks:123` 將是對 ID 為 `123` 的 `track` 之引用。這對於查看此識別碼的人來說更為明確，但它也是一個足夠有用的方案，如果需要，要構想出程式碼來簡化跨微服務的匯總查詢也是很容易的。

有很多方法可以將系統分解為匯總，其中一些選擇非常主觀，出於效能原因或容易實作，你可以決定隨著時間的推移重塑匯總。然而，我認為實作問題是次要的，首先讓系統使用者的心智模型作為我初始設計的指引，直到其他因素發揮作用。

邊界上下文

邊界上下文（*bounded context*）通常代表更大的組織邊界，在該邊界範圍內，需要履行明確的職責。這有點誇張，所以讓我們來看另一個具體的例子。

在 MusicCorp，我們的倉儲充滿了活動，需要管理發貨的訂單（以及零星退貨）、接收新庫存、舉辦堆高機比賽等等。在其他地方，財務部門可能不那麼喜歡玩樂，但在組織內部仍然有一個重要的職能：處理薪資，支付運費等等。

邊界上下文隱藏了實作細節，有些內部的考量，例如，除了倉儲裡的人之外，其他人對所使用的堆高機類型沒什麼興趣。這些內部考量應該對外界隱藏，外界不需要知道，也不應該在意。

從實作的角度來看，邊界上下文包含一個或多個匯總。一些匯總可能會暴露在邊界上下文之外，其他可能隱藏在內部。與匯總一樣，邊界上下文可能與其他邊界上下文有關係，當對映到服務時，這些依賴關係成為服務間的依賴關係。

讓我們暫時回到 MusicCorp 業務。我們的領域是我們經營的整個業務。它涵蓋了從倉儲到前台，從財務到訂購的所有內容。我們可能會也可能不會在我們的軟體中對所有這些進行塑模，但這仍然是我們營運的領域。讓我們考慮一下該領域中看起來像 Eric Evans 所指的邊界上下文的部分。

---

13 Phil Calçado，《Pattern: Using Pseudo-URIs with Microservices》，*https://oreil.ly/xOYMr*。

隱藏模型

對於 MusicCorp，我們可以將財務部門和倉儲視為兩個獨立的邊界上下文。它們都具有與外界的明確介面（在庫存報告、薪資單等方面），並且它們具有只有它們需要了解的詳細資訊（堆高機、計算機）。

財務部門不需要了解倉儲部門的內部運作細節，但確實需要知道一些其他事情——例如，它必須瞭解庫存水準，以便更新帳目。圖 2-14 顯示了一個範例上下文圖解。我們看到了倉儲內部的概念，例如揀貨員（picker）、代表庫存位置的貨架（shelf）等。同樣地，分類帳分錄（ledger entry）是財務不可或缺的一部分，但在這裡是不對外共享的。

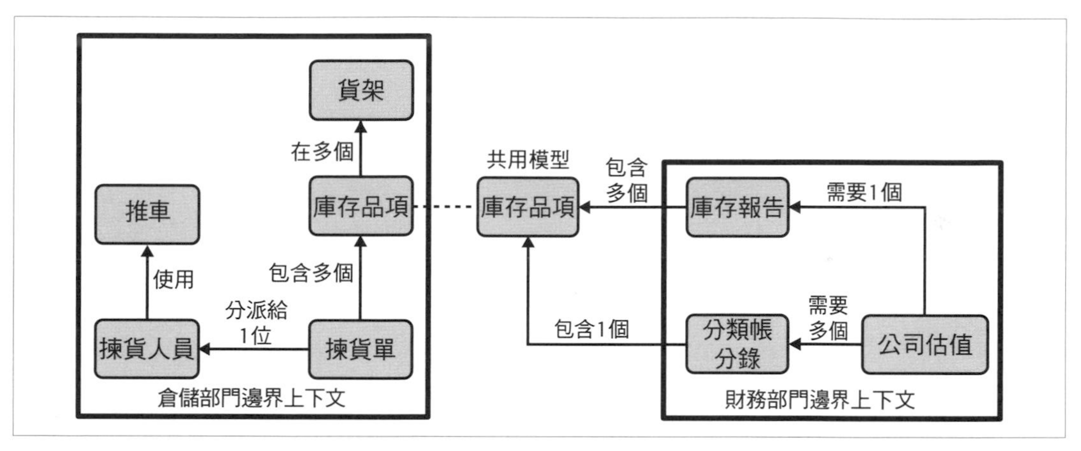

圖 2-14　財務部門和倉儲之間的共用模型

但是，為了能夠計算出公司的估值（company valuation），財務人員需要有關我們持有庫存的資訊，然後，庫存品項成為兩個上下文之間的共用模型。但是，請注意，我們不需要盲目地從倉儲上下文中公開有關庫存品項的所有資訊。在圖 2-15 中，我們看到倉儲邊界上下文中的 `Stock Item` 如何包含對貨架位置的引用，但共享表示僅包含一個計數，所以有我們公開的僅內部表示（internal-only representation）和外部表示（external representation）。通常，當你有不同的內部和外部表示時，將它們命名為不同的名稱以避免混淆可能會有所幫助，在這種情況下，有一種方法可能是將共享的 `Stock Item` 稱為 `Stock Count`。

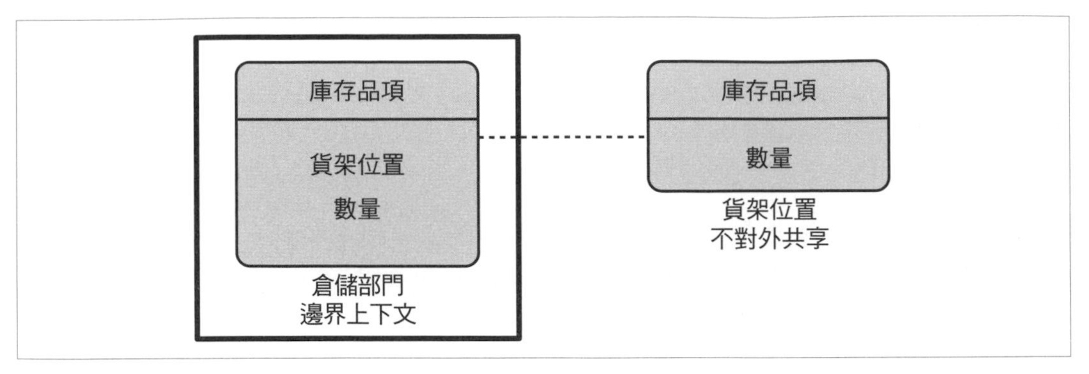

圖 2-15　共用模型可以決定隱藏不應對外共享的資訊

共用模型

我們也可以有出現在多個邊界上下文中的概念。在圖 2-14 中，我們看到 Stock Item 在兩邊都存在。這是什麼意思？ Stock Item 是重複的嗎？考慮這個問題的方法是，從概念上講，財務和倉儲都需要了解我們的庫存品項。財務部門需要了解庫存價值以便能確定公司的估值，而倉儲部門需要知道庫存品項，才知道在倉儲中哪裡可以找到品項，以便將訂單打包出貨。

當你遇到這樣的情況時，像庫存品項這樣的共用模型在不同的邊界上下文中可能具有不同的含義，因此可能被稱為不同的事物。我們可能很樂意在金融中保留「庫存品項」這個名稱，但在財務中我們可能會稱它們為「資產」（asset），因為這就是它們在這種情況下所扮演的角色。我們在兩個位置都儲存有關庫存品項的資訊，但資訊是不同的。財務儲存有關庫存品項的價值，倉儲則儲存與品項存放位置相關的資訊。我們可能仍然需要將這兩個本地概念與品項的全域概念聯繫起來，並且我們可能想要查找關於該庫存品項的通用共享資訊，例如它們的名稱或供應商，我們可以使用如圖 2-13 所示的技術來管理這些查詢。

將匯總和邊界上下文對映到微服務

匯總和邊界上下文都能提供我們具有明確定義介面的內聚單位與更廣泛系統對接。匯總是一個獨立的狀態機器，它專注於我們系統中的單個領域概念，而邊界上下文表示相關匯總的集合，同樣具有與更廣闊世界的顯式介面。

因此，兩者都可以很好地作為服務邊界。剛開始時，正如我已經提到的，你希望減少所使用的服務數量。因此，你可能應該針對包含整個邊界上下文的服務。當你穩定後並決定將這些服務分解成更小的服務時，你需要記住匯總本身並不希望被拆分，因為一個微服務可以管理一個或多個匯總，但我們不希望一個匯總由多個微服務管理。

烏龜下面還是烏龜

一開始，你可能會識別出許多粗粒度的邊界上下文，但是這些邊界上下文又可以包含更多的邊界上下文。例如，你可以將倉儲分解為與訂單履行、庫存管理或收貨相關的功能。在考慮微服務的邊界時，首先考慮更大、更粗粒度的上下文，然後在尋找拆分這些縫隙的好處時沿著這些嵌套上下文再進行細分。

這裡的一個技巧是，即使你稍後才決定將一個對整個邊界上下文塑模的服務拆分成更小的服務，你仍然可以向外界隱藏這個決定，也許是透過向消費者提供更粗粒度的 API。將服務分解成更小部分的決定可說是一個實作決定，所以如果可以的話，我們不妨隱藏它。在圖 2-16 中，我們看到了一個例子。我們已將 `Warehouse` 拆分為 `Inventory` 和 `Shipping`。就外界而言，仍然只有 `Warehouse` 微服務，但在內部，我們進一步分解了一些東西，讓 `Inventory` 管理 `Stock Item` 並讓 `Shipping` 管理 `Shipment`。請記住，我們希望在單個微服務中保留單個匯總的所有權。

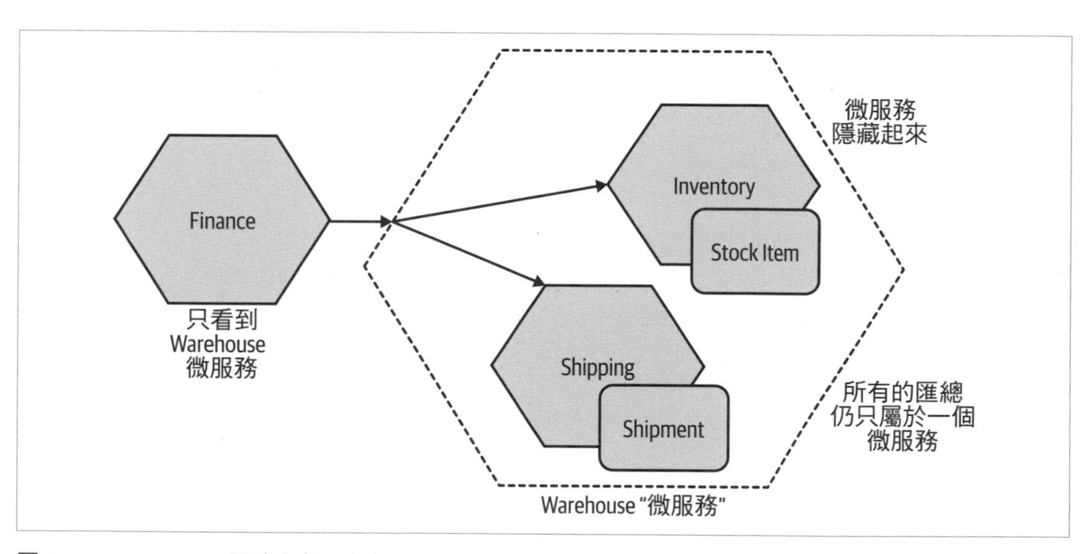

圖 2-16　`Warehouse` 服務內部已經拆分為 `Inventory` 和 `Shipping` 微服務

這是資訊隱藏的另一種形式，我們隱藏了一個關於內部實作的決定，如果這個實作細節在未來再次發生變化，我們的消費者也不會發現。

另一個偏好嵌套方法的原因可能是將你的架構分塊以簡化測試。例如，在測試使用倉儲的服務時，我不必對倉儲上下文中的每個服務進行 stub，只需使用較粗粒度的 API 即可測試。而在考慮到更大範圍的測試時，這也可以為你提供一個隔離單元。例如，我可能會決定進行端到端測試，在其中我在倉儲上下文中啟動所有服務，但對於所有其他協作者，我可能會刪除它們。我們將在第 9 章探索更多關於測試和隔離的內容。

事件風暴

事件風暴（*Event Storming*）是由 Alberto Brandolini 所開發的一種技術，是一種協作式腦力激盪練習，目的要幫助呈現領域模型。與其讓架構師坐在角落裡提出他們自己對領域模型的描述[14]，事件風暴將技術和非技術利害關係人聚集在一起進行聯合演習。這個想法是，透過使領域模型的開發成為一項聯合活動，最終你們會得到一個共享、聯合的世界觀。

在這一點上值得一提的是，雖然透過事件風暴定義的領域模型可用於實作事件驅動系統，但事實上，對映非常簡單，你也可以使用這樣的領域模型來建置更多的請求 / 回應導向系統。

後勤安排

Alberto 對如何運行事件風暴有一些非常具體的看法，我非常同意其中的一些觀點。首先，讓每個人都在同一個空間裡，這通常是最困難的一步，而讓人們的日程一致可能也是一個問題，就像找到一個足夠大的房間一樣。這些問題在 COVID-19 爆發之前的世界中都是真實的，但是當我在英國因疫情而封鎖的期間寫這篇文章時，我意識到這個步驟在未來可能會更加成為問題。不過，關鍵是讓所有利害關係人同時出席。你需要塑模計畫中各個相關領域的代表：使用者、主題專家、產品負責人，也就是最適合代表領域中每個部分的人。

當每個人都在同一個空間時，Alberto 建議移走所有椅子，以確保每個人都起身並參與其中。作為一個背部不好的人，雖然我理解這種策略，但我承認它可能並不適合所有人。我同意 Alberto 的一點是，需要有一個可以進行塑模的大空間。一個常見的解決方案是將一大張的棕色紙釘在房間的牆壁上，讓所有的牆壁都可以用來獲取資訊。

主要的塑模工具是便條紙，用來捕捉各種概念，不同顏色的便條紙代表不同的概念。

14 如果這是你，我沒有不尊重的意思，但我自己已經不止一次這樣做了。

過程

這個練習從參與者識別**領域事件**（*domain event*）開始，這些代表系統中發生的事情，也就是它們是你們關心的事實。「下單」（Order Placed）將是我們在 MusicCorp 上下文中關心的事件，「付款」（Payment Received）也是如此。這些被記錄在橘色便條紙上。正是在這一點上，我對 Alberto 的結構有點不同意，因為事件是你將要捕捉最多的事物，而橘色便條紙卻出奇地難以掌握[15]。

接下來，參與者確定導致這些事件發生的指令。指令是人類（軟體的使用者）為做某事而做出的決定。在這裡，你試圖了解系統的邊界，並確定系統中的關鍵人類角色。命令被捕捉在藍色便條紙上。

事件風暴會議中的技術人員應該聽取他們的非技術同事在這裡所提出的意見。這個練習的一個關鍵部分是不要讓任何當前的實作扭曲了對領域是什麼的看法（稍後會出現）。在這個階段，你希望創建一個空間，可以在其中從關鍵利害關係人獲取、並公開他們頭腦中的概念。

捕捉完這事件和指令之後，接下來是匯總。你在此階段擁有的事件不僅有助於共享系統中發生的事情，而且還能突顯顯潛在的匯總可能是什麼。想想前面提到的領域事件「Order Placed」。這裡的名詞「Order」很可能是一個潛在的匯總。「Placed」描述了訂單可能發生的事情，因此這很可能是匯總生命週期的一部分。匯總由黃色便條紙表示，與該匯總相關聯的命令和事件被移動並聚集在該匯總周圍。這也有助於你了解匯總如何相互關聯，因為來自一個匯總的事件可能會觸發另一個匯總的行為。

識別出匯總後，它們被分組到邊界上下文中。邊界上下文最常遵循公司的組織結構，練習的參與者可以很好地了解組織的哪些部分使用了哪些匯總。

事件風暴比我剛剛描述的要多得多，而這只是一個簡短的概述。要更詳細地了解事件風暴，我建議你閱讀 Alberto Brandolini 所著的《*EventStorming*》（Leanpub，目前正進行中）[16]。

微服務領域驅動設計範例

我們已經探索了 DDD 如何在微服務的上下文中工作，所以讓我們總結一下這種方法對我們有哪些用處。

---

15 我的意思是，為什麼不是黃色？那是最常見的顏色！

16 Alberto Brandolini《*EventStorming*》（Victoria, BC: Leanpub，即將推出）。

首先，使 DDD 如此強大的很大一部分原因，是邊界上下文能明確地隱藏資訊，為更廣泛的系統提供清晰的邊界，同時隱藏能夠在不影響其他部分的情況下改變的內部複雜性系統；邊界上下文對 DDD 非常重要。這代表當我們採用 DDD 方法時，無論我們是否意識到，我們也在採用資訊隱藏，正如我們所見，這對於幫助找到穩定的微服務邊界是很重要的。

其次，在定義微服務端點時，專注於定義一種常用、通用的語言非常有幫助。它巧妙地為我們提供了一個共享詞彙表，可供我們在提出 API、事件格式等時候使用。它還有助於解決 API 標準化在關於允許邊界上下文內變更語言的問題，這個在邊界內的變更會影響邊界本身。

我們對系統實作的變更通常是關於企業希望對系統行為進行的變更。我們正在改變向客戶公開的功能，也就是我們的能力。如果我們的系統沿著代表我們領域的邊界上下文分解，我們想要進行的任何變更更有可能被隔離到單個微服務邊界中，這將減少了我們需要進行變更的位置數量，並允許我們快速部署該變更。

從根本上說，DDD 將業務領域置於我們正在建置的軟體核心位置，它鼓勵我們將業務語言導入我們的程式碼和服務設計中，這有助於提高軟體建置人員的領域專業知識。反過來也有助於建立對我們軟體使用者的理解和同理心，並在技術交付、產品開發和終端使用者之間建立更好的溝通。如果你有興趣轉向流式團隊，DDD 可以巧妙地作為一種機制來使技術架構與更廣泛的組織結構保持一致。在我們越來越多地試圖打破 IT 和「業務」之間的孤島世界裡，這並不是一件壞事。

業務領域邊界的替代方案

正如我所概述的，DDD 在建置微服務架構時非常有用，但認為這是你在尋找微服務邊界時應該考慮的唯一技術是錯誤的。事實上，我經常將多種方法與 DDD 結合使用來幫助確定應該如何（以及是否）拆分系統。讓我們看看在尋找邊界時我們可能會考慮的其他一些因素。

易變性

我越來越常聽到反對全領域導向的分解，通常是提倡易變性是分解的主要驅動因素。基於易變性的分解讓你能識別出系統中曾經歷頻繁變更的部分，然後將該功能提取到他們自己的服務中，在那裡他們可以更有效地工作。從概念上講，我對此沒有問題，但將其視為唯一的方法並沒有幫助，尤其是當我們在考慮可能將我們推向微服務的不同驅動因素時。例如，如果我最大的問題與擴展應用程式的需求有關，那麼基於易變性的分解不太可能帶來很大的好處。

基於易變性的分解背後的思維方式在雙模式 IT 等方法中也很明顯。Gartner 提出的一個概念，雙模式 IT 會根據不同系統的快慢速度將世界巧妙地分為「模式 1」（又名記錄系統）和「模式 2」（又名創新系統）。我們被告知，模式 1 系統不會有太大變化，也不需要太多業務參與。模式 2 則是行動所在，系統需要快速變更並且需要業務的密切參與。暫時擱置這種分類方案中固有的過度簡化，它還暗示了一種非常固定的世界觀，並掩蓋了隨著公司尋求「走向數位化」而在整個行業中顯而易見的各種轉變。過去不需要太多改變的公司系統的一部分突然變更了，以便開闢新的市場機會並以他們以前無法想像的方式為客戶提供服務。

讓我們回到 MusicCorp。它第一次涉足我們現在所說的數位化領域只是擁有一個網頁，它在 90 年代中期提供的只是一份待售商品清單，但你必須致電 MusicCorp 才能下訂單。這只不過是報紙上的一則廣告，然後線上訂購成為一件事，整個倉儲，直到那時還只是使用書面在處理，所以必須數位化。誰會知道或許 MusicCorp 在某個階段不得不考慮以數位方式提供音樂！儘管你可能認為 MusicCorp 已經落後於時代，但你仍然可以理解公司經歷的劇變，因為他們了解不斷變化的技術和客戶行為會如何對無法輕易預見的業務部分帶來重大改變 .

我不喜歡雙模式 IT 的概念，因為它成為人們將難以改變的東西轉變成一個漂亮整潔的盒子，並說「我們不需要處理那裡（模式 1）的問題」的一種方式。這是公司可以採用的另一種模型，以確保實際上無需變更任何內容。它還避免了一個事實，就是功能的變更經常需要變更「記錄系統」（模式 1）以允許變更「創新系統」（模式 2）。根據我的經驗，採用雙模式 IT 的組織最終會出現兩種速度，不是慢，就是更慢。

為了公平對待基於波動率分解的支援者，他們當中許多人不一定推薦像雙模式 IT 這樣的簡單模型。事實上，如果主要驅動因素是快速上市，我發現這種技術在幫助確定邊界方面非常有用，在這種情況下，提取正在改變或需要經常改變的功能非常有意義。但同樣地，你的目標決定了最適用的機制。

資料

你持有和管理的資料性質可以驅使你進行不同形式的分解。例如，你可能希望限制處理個人識別資訊（PII）的服務，以降低資料洩露風險並簡化 GDPR 等事項的監督和實作。

對於我最近的一個客戶，一家我們稱之為 PaymentCo 的支付公司，某些類型資料的使用直接影響了我們關於系統分解的決策。PaymentCo 處理信用卡資料，這意味著其系統需要符合支付卡行業（PCI）標準規定的各種要求，以了解如何管理這些資料。作為這種合規性的一部分，公司的系統和流程需要接受審計查核。PaymentCo 需要處理完整的信用卡資料，其數量代表其系統必須符合 PCI Level 1，這是最嚴格的級別，資料管理相關的系統和實作需要每一季接受外部評估。

許多 PCI 的要求是常識，但要確保整個系統符合這些要求會是相當繁重的，尤其是當系統需要由外部方審核時。因此，該公司希望將處理完整信用卡資料的系統部分分離出來，這意味著只有系統的一個子集需要這種額外的監督級別。在圖 2-17 中，我們看到了我們所提出的設計簡化形式。在綠色區域（由綠色虛線包圍）中運行的服務永遠不會看到任何信用卡資訊，該資料僅限於紅色區域（由紅色虛線包圍）中的行程（和網路）。gateway 將呼叫轉移到適當的服務（和適當的區域），當信用卡資訊通過這個 gateway 時，實際上也還在紅色區域。

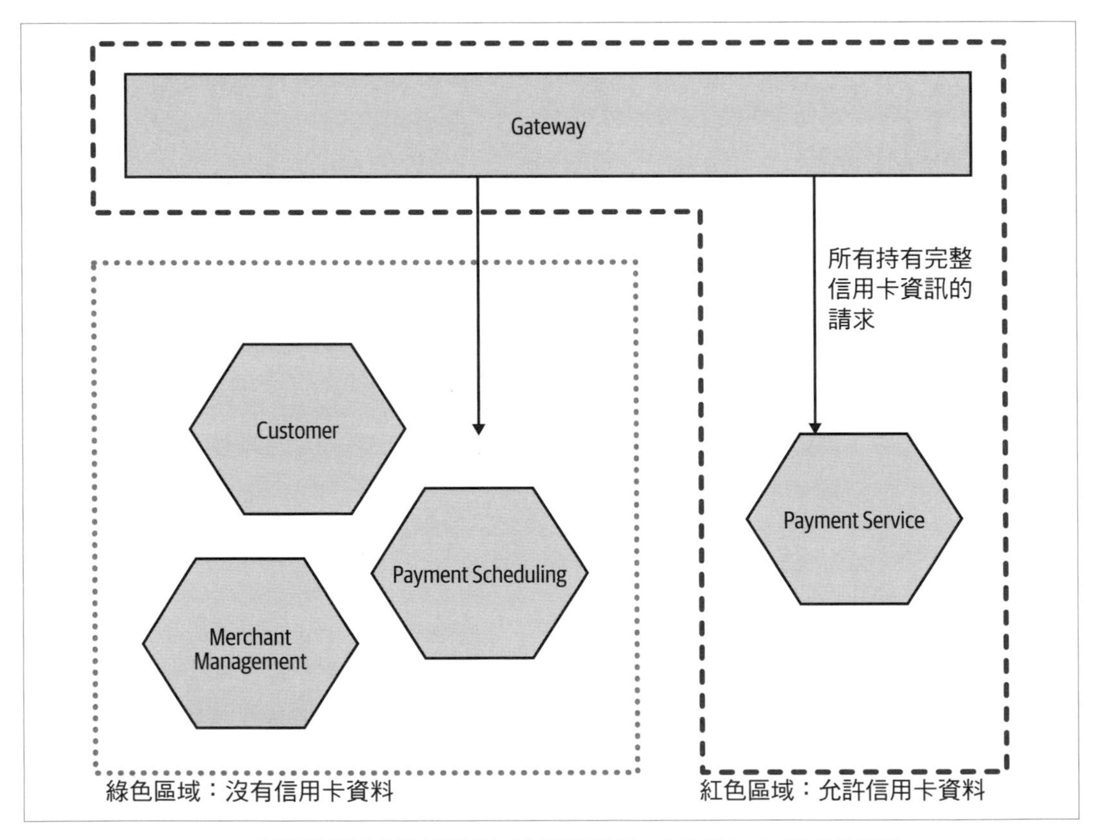

圖 2-17 PaymentCo 根據對信用卡資訊的使用來隔離流程，以限制 PCI 要求的範圍

由於信用卡資訊永遠不會流入綠色區域，因此該區域內的所有服務都可以免除完整的 PCI 審計，而紅色區域的服務在此類監督的範圍內。在完成設計時，我們竭盡所能限制這個紅色區域中必須存在的東西。需要注意的是，我們必須確保信用卡資訊永遠不會流向綠色區域，如果綠色區域中的微服務可以請求此資訊，或者該資訊是否可以通過紅色區域中的微服務，那麼清晰的分隔線將被打破。

資料隔離通常是由各種隱私和安全問題來驅動的，我們將在第 11 章回到這個主題和 PaymentCo 的例子。

技術

使用不同技術的需要也可能是尋找邊界的一個因素。你可以在單個運行的微服務中容納不同的資料庫，但是如果你想混合不同的執行時期模型，你可能會面臨挑戰。如果你確定你的部分功能需要在像是 Rust 語言這樣的執行時期中實作，使你能夠獲得額外的效能改進，這最終成為一個主要的驅動因素。

當然，我們必須意識到，如果將其作為一般的分解手段，這可以推動我們走向何方。我們在一開始所討論的經典三層架構，如圖 2-18 中再次展示，是將相關技術組合在一起的一個例子。正如我們已經探討過的，這通常不是理想的架構。

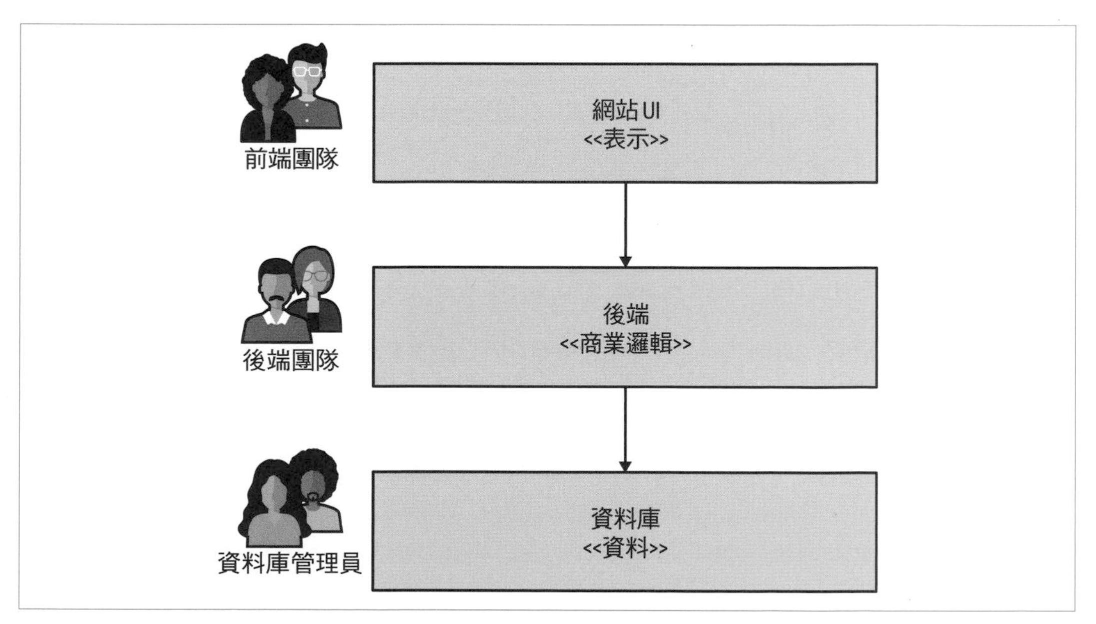

圖 2-18　傳統的三層架構往往受技術邊界來驅動

組織

正如我在第 1 章中介紹康威定律時所確定的，組織結構和你最終將得到的系統架構之間存在著內在的相互作用。除了顯示這種關聯的研究之外，在我自己的經驗中，我一次又一次地看到這種情況。你是如何組織自己的，最終會推動你的系統架構，無論好壞。在幫助我們定義服務邊界時，我們必須將其視為決策的關鍵部分。

定義一個其所有權將跨越多個不同團隊的服務邊界不太可能產生我們想要的結果，這部分我們將在第 15 章進一步探討，因為微服務的共享所有權是一件令人擔憂的事情。因此，在考慮在何時何地定義邊界時，我們必須考慮既有的組織結構，在某些情況下，我們甚至應該考慮改變組織結構以支援我們想要的架構。

當然，如果我們的組織結構也發生變化，我們也必須考慮會發生什麼。這是否意味著我們現在必須重新建構我們的軟體？好吧，在最壞的情況下，它可能會導致我們檢查現在需要拆分的既有微服務，因為它包含的功能現在可能由兩個獨立的團隊擁有，而在此之前，是由一個團隊負責這兩個部分。另一方面，組織變更通常只需要既有微服務的所有者進行變更。思考一下有一種情況，負責倉儲運營的團隊以前也處理過有關確定要從供應商訂購多少品項的功能。假設我們決定將這一職責轉移到一個專門的預測團隊，該團隊希望從當前的銷售和計劃的促銷活動中提取資訊來確定需要訂購的商品。如果倉儲團隊有專門的供應商訂購微服務，則可以將其轉移到新的預測團隊。另一方面，倘若此功能之前已經整合到範圍更大的倉儲系統中，則可能需要將其拆分出來。

即使是在既有的組織架構中進行，我們仍將面對無法在對的地方設定邊界的危險。多年前，我和幾位同事為一位加州的客戶服務，幫助該公司採用一些更簡潔的程式碼實務，並更往自動化測試發展。我們從一些容易實現的目標開始著手，如服務分解，但發現更令人擔憂的事情，我不能夠太深入地解釋那個應用程式在做什麼，但可以透露，它是一個擁有廣大全球使用者的公眾應用程式（public-facing application）。

團隊和系統都在成長。起初是某人的願景，到現在整個系統包含了越來越多的功能，也服務越來越多的使用者，最後，該組織決定讓在巴西的新開發團隊承擔一些工作來提高團隊的戰力。系統被拆分成前後兩部分，應用程式的前端部分基本上是無狀態的，實作為一般大眾使用的網站，如圖 2-19 所示；而系統的後端部分只是一個以資料儲存機制之上的遠端程序呼叫（remote procedure call，RPC）介面。基本上，想像你已經取得程式碼基礎中屬於你的儲存庫分層（repository layer），並將其變成獨立的服務。

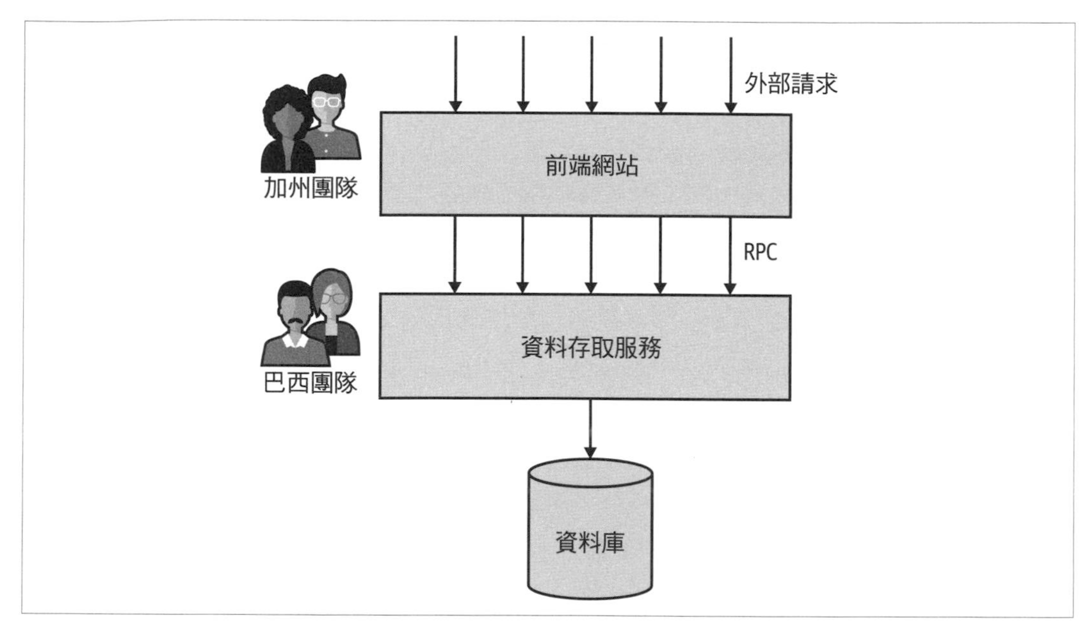

圖 2-19 跨越技術縫隙的服務邊界

兩個服務都必須經常變更，並且使用 RPC 風格的低階方法呼叫，然而，那實在太過脆弱（我們會在第 4 章進一步討論這個主題）。另外，服務介面也過於囉嗦，造成一些效能的問題，因而需要複雜的 RPC 批次處理機制，我稱之為「洋蔥架構」（onion architecture），因為它有很多層，而且一層一層往下剝時，它確實讓我淚流不停。

現在從表面上看，沿著地理 / 組織來分割原先的單體式系統是非常合理的，我們將在第 15 章中繼續探討這個主題。然而在這裡，團隊選擇在原先的行程內 API（in-process API）並做了水平分割，而不是貫穿堆疊採取聚焦於業務的垂直分割。較好的模型是加州的團隊擁有一個端到端水平分割，包含前端和資料存取的部分，而巴西團隊擁有另一部分。

內部分層與外部分層

我希望你現在可以看到，我不喜歡水平分層架構。不過，分層可以佔有一席之地。在微服務邊界內，劃定不同層以使程式碼更易於管理是完全明智的。當這種分層成為繪製微服務和所有權邊界的機制時，就會出現問題。

混合模型和例外

我希望到目前為止還清楚，就你如何找到這些界限而言，我並不是固執謹守規條。如果你遵循資訊隱藏的準則並欣賞耦合和內聚的相互作用，那麼你可能會避免你所選擇之任何機制的一些最嚴重的陷阱。我碰巧認為透過專注於這些想法，你更有可能最終獲得領域導向的架構，但那是順其自然發展的。然而事實是，混合模型通常是有原因的，即使你決定選擇「領域導向」作為定義微服務邊界的主要機制。

到目前為止，我們概述的不同機制之間也有很多潛在的相互作用。在這裡你的選擇太狹窄會導致你遵循規條而非做正確的事情。如果你的重點是提高交付速度，那麼基於易變性的分解可能很有意義，但如果這導致你提取跨越組織邊界的服務，那麼可想而知，你變更的速度會因交付競爭（delivery contention）而受到影響。

我可能會根據我對業務領域的理解定義一個不錯的 `Warehouse` 服務，但是如果該系統的一部分需要用 C++ 實作、而另一部分需要用 Kotlin 實作，那麼你就必須沿著這些技術路線進一步分解。

組織和領域驅動的服務邊界是我自己的起點，但這只是我的預設方法。一般來說，我在此處概述的許多因素都會起作用，哪些因素會影響你的決定，取決於你所要解決的問題。你需要查看自己的具體情況，以確定哪種方式最適合你，希望我已經為你提供了一些不同的選擇來考慮。請記住，如果有人說「唯一的方法就是 X！」他們可能只是向你推銷更多的規條。你可以做得更好的。

說了這麼多，讓我們透過更詳細地探索領域驅動設計來深入探討領域塑模的主題。

總結

在本章中，你已經了解了什麼構成了良好的微服務邊界，以及如何在我們的問題空間中找到縫隙，進而為我們提供低耦合和強內聚的雙重好處。詳細了解我們的領域可以成為幫助我們找到這些縫隙的重要工具，並且透過將我們的微服務與這些邊界對齊，我們確保廠商的系統有機會保持這些優點的完整性。此外，我們還得到了關於如何進一步細分微服務的提示。

Eric Evans 在《*Domain-Driven Design*》中所提出的想法，對我們為服務尋找合理的邊界非常有用，我在這裡只是觸及了表面，Eric 的書說明地更詳細。如果你想更深入，我推薦 Vaughn Vernon 的《*Implementing Domain-Driven Design*》[17] 幫助你理解這種方法的實用性，而如果你正在尋找更精簡的內容，Vernon 的《*Domain-Driven Design Distilled*》[18] 也是一個很好的濃縮概述。

本章的大部分內容都描述了我們如何找到微服務的邊界。但是，如果你已經擁有單體式應用程式並希望遷移到微服務架構，那會發生什麼？我們將在下一章更詳細地探討這個主題。

17 Vaughn Vernon，《*Implementing Domain-Driven Design*》（Upper Saddle River, NJ: Addison-Wesley, 2013）。
18 Vaughn Vernon，《*Domain-Driven Design Distilled*》（Boston: Addison-Wesley, 2016）。

第三章

拆分單體

許多閱讀本書的人可能不是全新開始設計系統，但就算你是，以微服務作為起點可能也不是個好主意，原因我們在第 1 章中探討過。你們當中的許多人已經有一個既有的系統，可能是某種形式的單體架構，而你希望將其遷移到微服務架構。

在本章中，我將概述一些初始步驟、模式和一般提示，為你指引方向轉換到微服務架構。

擁有一個目標

微服務不是目標。擁有微服務不會「贏」。採用微服務架構應該是一個有意識的決定，一個基於理性決策的決定。只有當你無法找到任何更簡單的方法在當前架構下實作最終目標時，你才應該考慮遷移到微服務架構。

如果沒有清楚地了解你要實作的目標，你可能會陷入將活動與結果混淆的陷阱。我見過一些團隊沉迷於創建微服務卻從未問過原因。考慮到微服務可能引入新的複雜性來源，這在極端情況下是有問題的。

當你專注於微服務而不是最終目標時，也代表你可能會停止考慮其他可能可以帶來你所尋找之改變的方法。例如，微服務可以幫助你擴展系統，但通常應該要先考慮許多替代的擴展技術。在負載平衡器（load balancer）後面多運行一些既有單體系統的副本可能會幫助你更有效地擴展系統，而不是對微服務進行複雜而冗長的分解。

微服務並不容易。先嘗試簡單的東西。

最後，如果沒有明確的目標，就很難知道從哪裡開始。你應該首先創建哪個微服務？如果你對於要實作的目標沒有全面的了解，你就只是在憑感覺行事。

因此，在考慮微服務之前，請清楚你要實作的變更，並考慮更簡單的方法來實作該最終目標。如果微服務確實是前進的最佳方式，那麼就根據最終目標來追蹤你的進度，並根據需要來變更路線。

漸進式遷移

> 如果你進行一次大爆炸重寫，唯一能保證的是你會獲得一個大爆炸。
>
> —Martin Fowler

如果你已經決定拆分既有的單體系統是正確的做法，我強烈建議你在單體系統上進行切割時一次提取一點。漸進式的作法會在過程中幫助你了解微服務，同時還能限制出錯的影響（事情總會出錯！）。將我們的單體式系統想成一塊大理石，我們可以炸開它，但結果恐難周全，一步一步慢慢處理會是比較合理的。

將龐大的旅程分成許多小步驟，每個步驟都可以執行和學習；如果說是個退步，那也只是一小步。無論哪種方式，你都可以從中學習，並且你採取的下一步將受到之前步驟的影響。

將事情分解成更小的部分還可以讓你識別快速勝利並從中學習，這有助於使下一步變得更容易，並有助於加速推動。透過一次拆分一個微服務，你還可以逐步釋放它們帶來的價值，而不必等待大爆炸部署。

所有這些都導向了我對關注微服務的人一貫的建議：如果你認為微服務是個好主意，那就從小處著手，選擇一兩個功能領域實作成微服務，並將它們部署到正式環境中，然後反思創建新的微服務是否有幫助你更接近最終目標。

在你投入生產之前，你不會體會到微服務架構所帶來真正的恐懼、痛苦和苦難。

單體式應用很少是敵人

雖然我在本書的開頭已經說明了某種形式的單體架構可以是一個完全有效的選擇，但我有必要重申單體架構本質上並不壞，因此不應被視為敵人。不要專注於「沒有單體」，而是專注於你預期變更架構所能帶來的好處。

在轉向微服務後，保留既有的單體系統是很普遍的，儘管容量通常會減少。例如，為了提高應用程式處理更多負載的能力，可以透過移除當前存在瓶頸的功能的 10%，將剩餘的 90% 留在單體系統中來滿足這一要求。

許多人發現單體和微服務共存的現實是「混亂」，但真實世界運行系統的架構從來都不是乾淨、純淨的。如果你想要一個「乾淨」的架構，請務必將你可能擁有的系統架構的理想化版本列印出來，但前提是你擁有完美的遠見和無限的資金。真正的系統架構是一個不斷發展的東西，必須隨著需求和知識的變化而改造。技巧是在於要習慣這個想法，我將在第 16 章中談到這一點。

透過讓你的微服務遷移成為一個漸進的過程，你可以逐步消除既有的單體架構，在過程中提供改進，同時重要的是知道何時該停止。

在非常罕見的情況下，單體式應用的消亡可能是一個硬性要求。根據我的經驗，這通常僅限於以下情況：既有的單體以已死或垂死的技術為基礎、與需要退役的基礎設施相關聯，或者可能是你想要放棄的昂貴第三方系統。即使在這些情況下，出於我所概述的原因，也需要採用漸進式分解方法。

過早分解的危險

當你對領域的理解不明確時，創建微服務是有危險的，舉個發生在我前公司 Thoughtworks 的例子來說明可能會導致的問題。公司有個產品叫 Snap CI，是個託管持續整合和持續交付的工具（我們將在第 7 章討論這些概念）。該團隊之前曾研究過類似的工具 GoCD，這是一種現代開源的持續交付工具，可以在本地部署而不是託管在雲端中。

儘管在 Snap CI 和 GoCD 專案之間很早就有一些程式碼重利用，但最終 Snap CI 變成了一個全新的程式碼基礎。儘管如此，該團隊之前在 CD 工具領域的經驗鼓勵他們更快地確定邊界並將其系統建置為一組微服務。

然而，幾個月後，很明顯地 Snap CI 的使用情境已經非常不同，以致於最初對服務邊界的看法並不完全正確，這導致跨服務進行了大量變更，並且相關的變更成本很高。最終，團隊將這些服務合併回一個單體系統，讓團隊成員有時間更好地了解應該存在的邊界。一年後，該團隊能夠將單體系統拆分為微服務，事實證明其邊界更加穩定。這絕不是我所見過這種情況唯一的例子，過早地將系統分解為微服務可能需要付出高昂的代價，尤其是當你不熟悉該領域時。在許多方面，由於這個原因，擁有想要分解為微服務的既有程式碼基礎比從一開始就嘗試使用微服務要容易得多。

要先拆分什麼？

一旦你牢牢掌握了**為什麼**認為微服務是一個好主意，你就可以使用這種理解來確定要先創建哪些微服務的優先級別。想要擴展應用程式？當前限制系統處理負載能力的功能將在列表中名列前茅。想要縮短上市時間？查看系統的易變性以識別變更最頻繁的那些功能，並查看它們是否可以作為微服務工作。你可以使用 CodeScene（*https://www.codescene.com*）等靜態分析工具快速找到程式碼基礎中的易變部分。你可以在圖 3-1 中看到來自 CodeScene 的視圖範例，我們在其中可以看到開源 Apache Zookeeper 專案中的熱點。

但是你還必須考慮哪些分解是可行的。某些功能可以深入到既有的單體式應用程式中，以致於無法了解如何將其分解。或者，所討論的功能可能對應用程式非常重要，以致於任何變更都被視為高風險。亦或是，你要遷移的功能可能已經有些獨立，因此提取看起來非常簡單。

從根本上說，決定將哪些功能拆分為微服務最終將是這兩種力量之間的平衡，也就是提取的容易程度與首先提取微服務的好處。

我對前幾個微服務的建議是請選擇偏向「簡單」那端的事情，因為我們認為微服務對實作我們端到端目標有一定的影響，但我們認為這會是唾手可得的成果。像這樣的過渡是很重要的，尤其是可能需要數月或數年的過渡期，以便儘早獲得動能。因此，你需要一些快速的勝利。

另一方面，如果你嘗試提取你認為最簡單的微服務但無法使其運作時，則可能值得重新考慮微服務是否真的適合你和你的組織。

獲得一些成功並吸取一些教訓後，你將能夠更好地處理更複雜的提取，這些提取也可能在更關鍵的功能領域中運行。

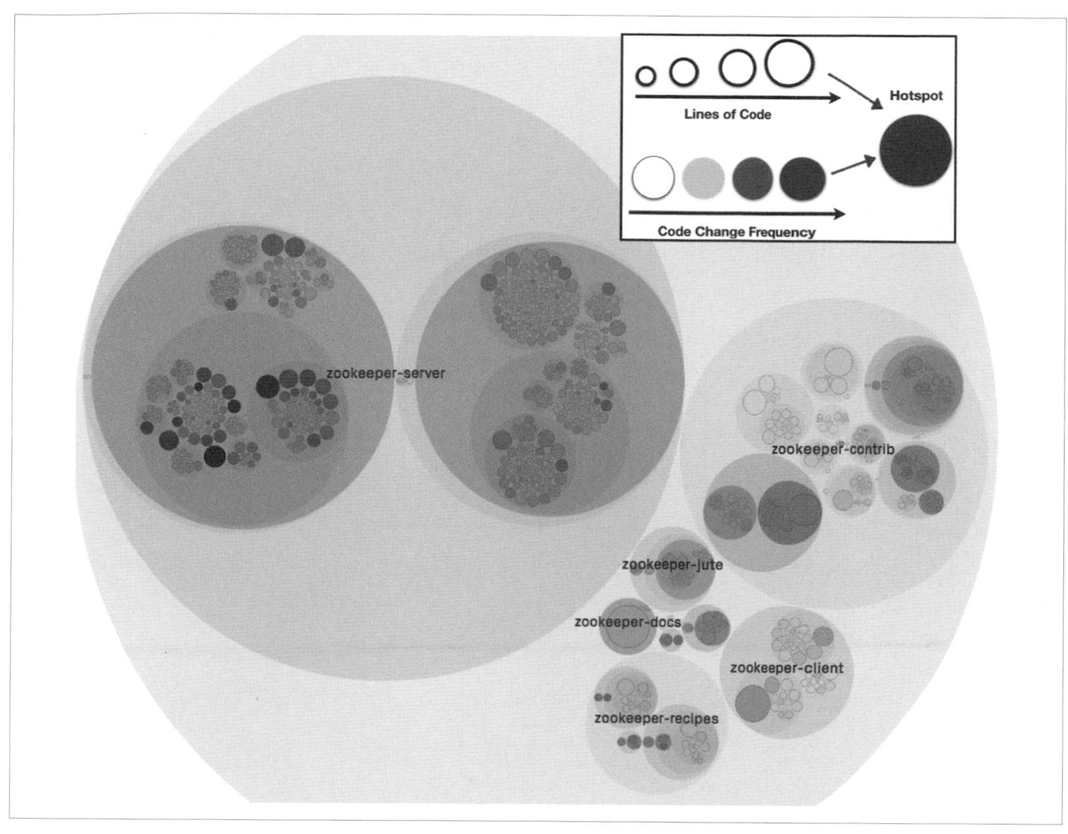

圖 3-1 CodeScene 中的熱點視圖，幫助識別程式碼基礎中頻繁變更的部分

按層分解

你已經確定了要提取的第一個微服務，那接下來的步驟是什麼？我們可以將分解拆分成更小的步驟。

如果我們考慮以網頁為基礎的傳統三層技術堆疊（services stack），那麼我們可以從使用者介面、後端應用程式程式碼和資料方面查看我們想要提取的功能。

從微服務到使用者介面的對映通常不是 1 對 1 的（這是我們在第 14 章中更深入探討的主題）。因此，提取與微服務相關的使用者介面功能可以被視為一個單獨的步驟。我會在這裡提醒大家注意忽略等式中的使用者介面部分。我見過太多組織只關注分解後端功能的好處，這通常會導致任何架構重組都採用過於孤立的方法。有的時候最大的好處可能來自 UI 的分解，因此忽略這一點會很危險。UI 的分解往往落後於後端的微服務分解，因為在微服務可用之前，很難看到 UI 分解的可能性；所以只要確保沒有落後太多。

如果我們接著查看後端程式碼和相關儲存，在提取微服務時，這兩者都在範圍內是很重要的。讓我們看一下圖 3-2，我們希望從中提取與管理客戶願望清單相關的功能。有一些應用程式程式碼存在於單體中，一些相關的資料儲存在資料庫中。那麼我們應該先提取哪一個呢？

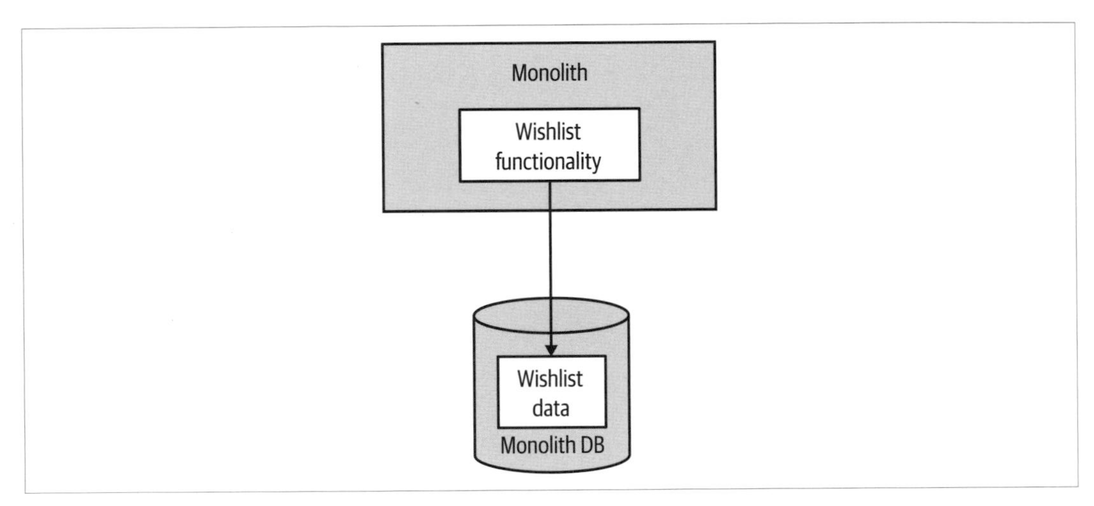

圖 3-2　既有單體式應用程式中願望清單的程式碼和資料

程式碼優先

在圖 3-3 中，我們將與願望清單功能相關的程式碼提取到一個新的微服務中。在這個階段，願望清單的資料保留在單體資料庫中，因為我們還沒有完成分解，直到我們也把與新的 `Wishlist` 微服務相關的資料移出。

根據我的經驗，這往往是最常見的第一步。這樣做的主要原因是它往往會帶來更多的短期效益。如果我們將資料留在單體資料庫中，我們就會為未來儲存很多痛苦，因此也需要解決這個問題，但我們已經從新的微服務中獲益良多。

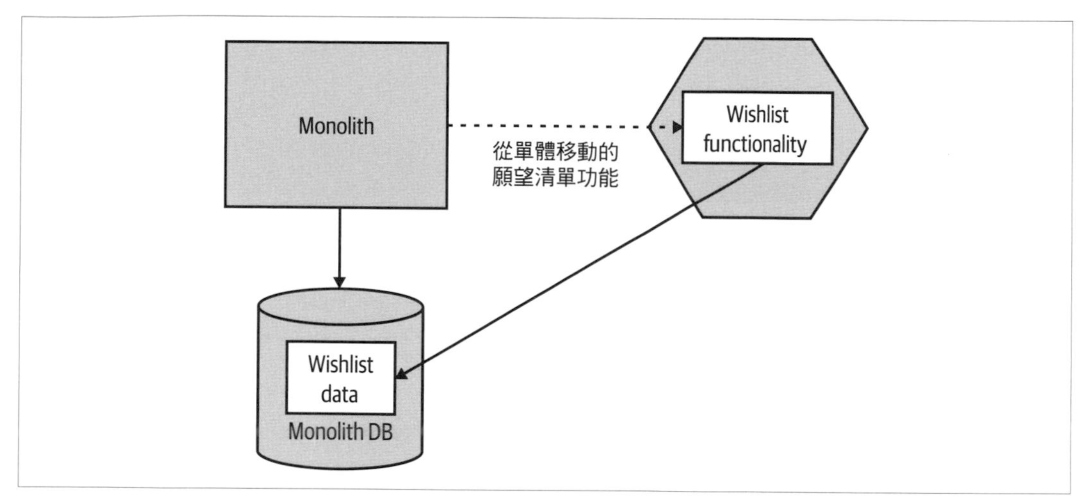

圖 3-3　首先將願望清單程式碼移動到新的微服務中，將資料留在單體資料庫中

提取應用程式程式碼往往比從資料庫中提取內容更容易。如果我們發現無法乾淨地提取應用程式程式碼，我們可以中止任何進一步的工作，避免對資料庫進行梳理的需要。然而，如果應用程式程式碼被乾淨地提取，但卻無法提取資料，我們可能會遇到麻煩。因此，即使你決定在提取資料之前提取應用程式程式碼，你也需要查看相關的資料儲存，並對提取是否可行以及你將如何進行有一些想法。因此，請在開始之前草擬如何提取應用程式程式碼和資料。

資料優先

在圖 3-4 中，我們看到在應用程式程式碼之前首先提取資料。我很少看到這種方法，但在你不確定資料是否能被乾淨地分離的情況下，這種方法很有用；在此，你可以證明這一點，然後再繼續進行希望是更簡單的應用程式碼提取。

這種方法在短期內的主要好處是消除了對微服務完全提取的風險，它迫使你預先處理一些問題，像是資料庫中缺乏強制的資料完整性，或缺乏跨兩組資料的交易性操作。我們將在本章後面簡要介紹這兩個問題的含義。

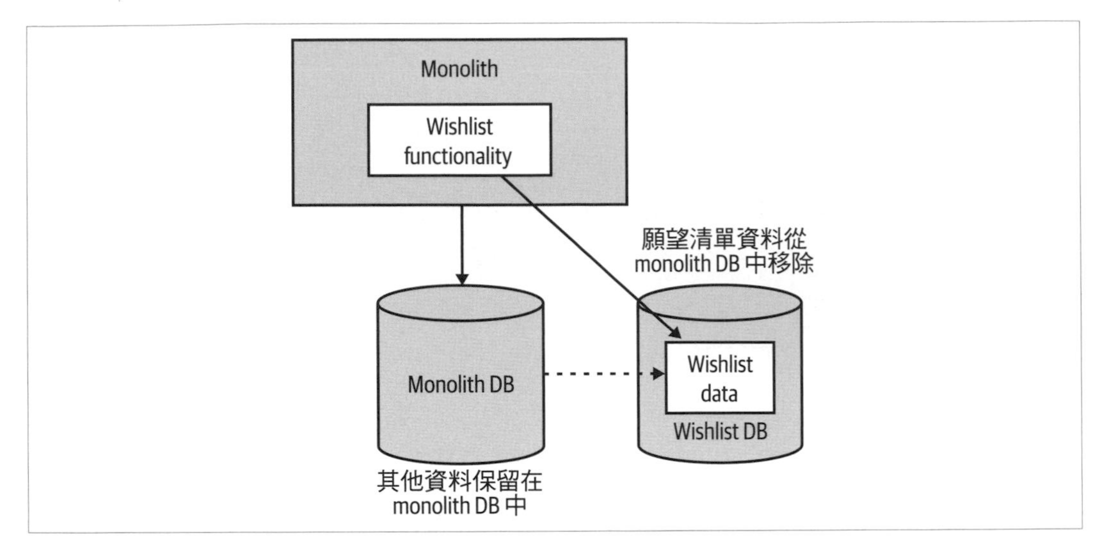

圖 3-4　首先提取與願望清單功能相關的表格

有用的分解模式

許多模式可用於幫助分解既有系統。在我的《*Monolith to Microservices*》一書中詳細探討了其中的許多內容[1]。我不在這裡重複所有內容，但我將分享其中一些概述，讓你了解有哪些可能。

絞殺榕模式

在系統重寫期間經常使用的一種技術是**絞殺榕模式**（strangler fig pattern,），這是 Martin Fowler（*https://oreil.ly/u33bI*）受一種植物的啟發創造出的術語，該模式描述了隨著時間的推移，用新系統包裝舊系統的過程，允許新系統逐步接管越來越多舊系統的功能。

圖 3-5 所示的方法很簡單。你攔截對既有系統的呼叫，在我們的例子中是既有的單體式應用程式。如果在我們的新微服務架構中實作了對該功能的呼叫，則該呼叫會被重新導到微服務。如果功能仍然由單體提供，則允許呼叫繼續到單體本身。

這種模式的美妙之處在於，它通常可以在不對底層單體式應用程式進行任何變更的情況下完成。單體式應用甚至不知道它已經被新的系統「包在一起」了。

1 Sam Newman《*Monolith to Microservices*》（Sebastopol: O'Reilly, 2019）。繁體中文版書名為《單體式系統到微服務》，由碁峰資訊出版。

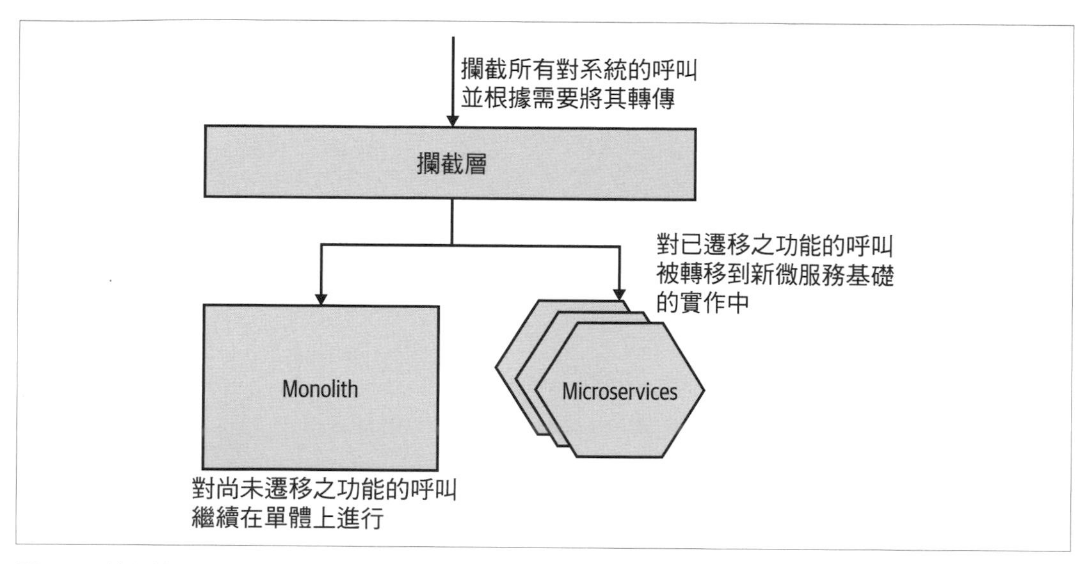

圖 3-5　絞殺榕模式概述

平行運行

當從久經考驗的既有應用程式架構所提供的功能切換到以微服務為基礎的新奇架構時，可能會有些緊張，尤其是當要遷移的功能對你組織來說很重要的時候。

確保新功能正常運行而不危及既有系統行為的一種方法，是利用平行運行模式。將某功能的單體實作和新的微服務實作平行運行，為相同的請求提供服務並比較二者之結果。我們將在第 252 頁的「平行運行」中更詳細地探討這種模式。

功能切換

功能切換（feature toggle）是一種機制，允許關閉或打開功能，或在某些功能的兩種不同實作之間切換。功能切換是一種具有良好普遍適用性的模式，但它作為微服務遷移的一部分特別有用。

正如我在絞殺榕應用程式中概述的那樣，在過渡期間，我們通常會在單體式應用中保留既有功能，並且我們希望能夠在不同版本的功能之間切換，就是在單體式應用中的功能和新微服務中的功能之間切換。透過使用 HTTP 代理的絞殺榕模式範例，我們可以在代理層中實作功能切換，以允許一個簡單控制項能在實作之間切換。

關於功能切換的更廣泛介紹，我推薦可以看 Pete Hodgson 的文章〈Feature Toggles (aka Feature Flags)〉[2]。

資料分解問題

當我們開始拆分資料庫時，可能會導致許多問題。以下是一些你可能面臨的挑戰，以及一些有用的提示。

效能

資料庫，尤其是關聯資料庫，擅長跨資料表連接資料；事實上我們把這件事視為理所當然。但一般來說，當我們以微服務的名義拆分資料庫時，我們最終不得不將連接的操作從資料層向上移到微服務本身。儘管我們很努力嘗試，但這可能不會太快。

圖 3-6 說明了我們在 MusicCorp 中所處的情形。我們決定提取我們的目錄功能，它可以管理和公開有關音樂家、曲目和專輯的資訊。目前，我們在單體式應用中與目錄相關的程式碼使用 `Albums` 資料表來儲存有關我們可能出售的 CD 資訊。這些專輯最終會在我們的 `Ledger` 資料表中被引用，這是我們追蹤所有銷售的地方。`Ledger` 資料表中的列記錄了商品的銷售日期，以及一個表示售出商品的識別碼。我們範例中的識別碼稱為 SKU（庫存單位），這是零售系統中的常見做法[3]。

在每個月底，我們需要產生一份報告來看我們最暢銷的 CD。`Ledger` 資料表可幫助我們了解哪個 SKU 的銷量最高，但有關該 SKU 的資訊只在 `Albums` 資料表中。我們想讓報告好看且易於閱讀，因此與其只說「我們售出了 400 張 SKU 123 並賺了 1,596 美元」，我們可以添加有關所售產品的更多資訊，改說「我們售出了 400 張 *Now That's What I Call Death Polka* 並賺了 1,596 美元」。為此，我們的 finance 程式碼觸發的資料庫查詢需要將 `Ledger` 資料表中的資訊連接到 `Albums` 資料表中，如圖 3-6 所示。

2 Pete Hodgson 的文章〈Feature Toggles (aka Feature Flags)〉，martinfowler.com, October 9, 2017, *https://oreil.ly/XiU2t*。

3 這很顯然是對現實世界系統外觀的簡化。例如，我們將在財務分類帳中記錄我們售出物品的價格似乎是合理的！

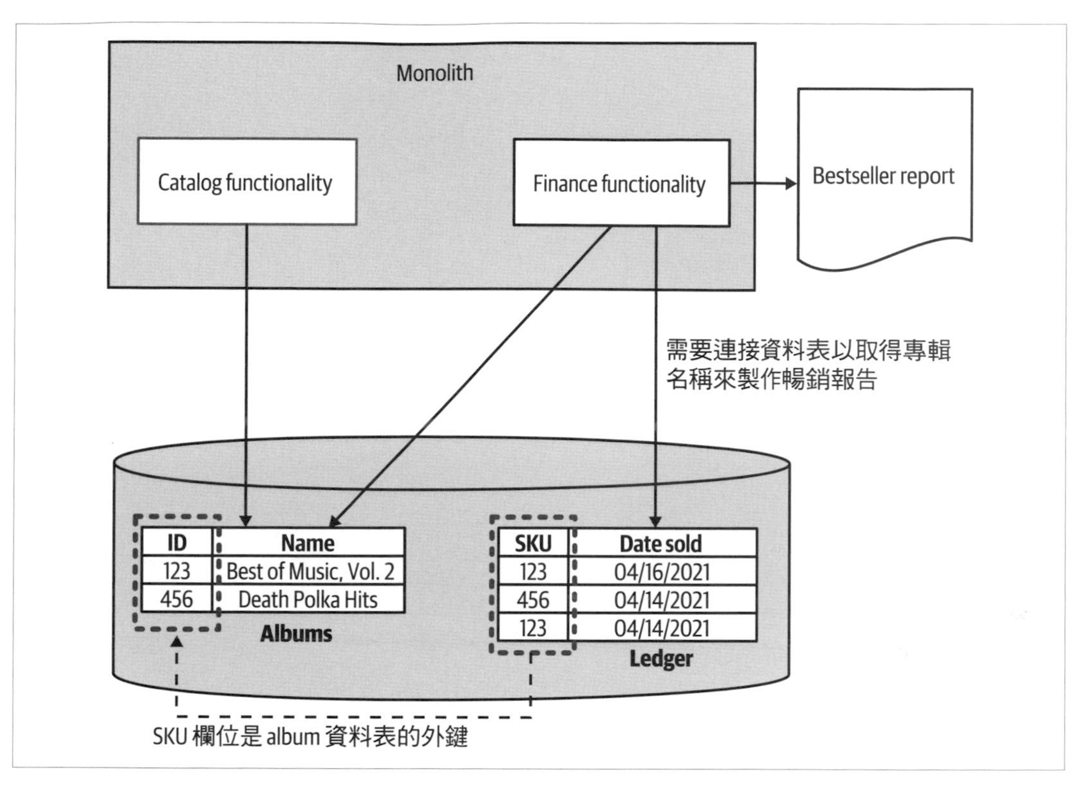

圖 3-6 單體資料庫中的連接操作

在我們以微服務為基礎的新世界中，我們新的 `Finance` 微服務負責產生暢銷報告，但在本地沒有專輯資料，所以需要從我們新的 `Catalog` 微服務中獲取這些資料，如圖 3-7 所示。在產生報告時，`Finance` 微服務首先查詢 `Ledger` 資料表，提取上個月最暢銷的 SKU 列表。此時，我們在本地擁有的唯一資訊是 SKU 列表和每個 SKU 的銷售數量。

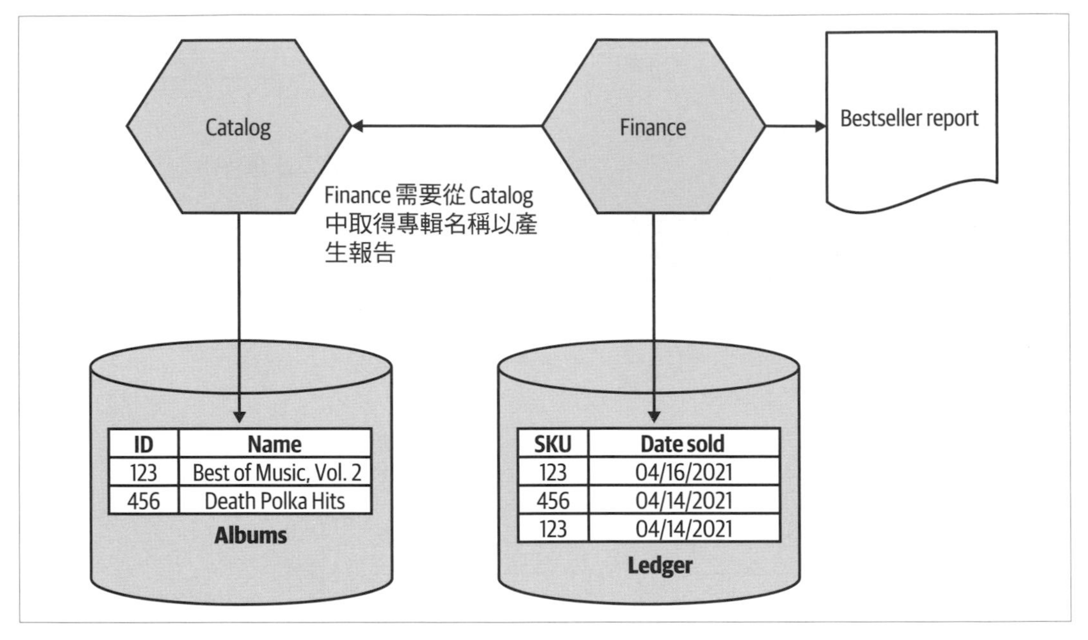

圖 3-7 用服務呼叫替換資料庫連接操作

接下來，我們需要呼叫 `Catalog` 微服務，請求有關每個 SKU 的資訊。這個請求反過來會導致 `Catalog` 微服務在自己的資料庫上進行本地 `SELECT`。

從邏輯上講，連接操作仍在發生，但現在是發生在 `Finance` 微服務內部，而不是在資料庫中。連接已從資料層轉移到應用程式程式碼層；但不幸的是，此操作的效率不會像在資料庫中連接時那樣有效。我們已經從一個只有一個 `SELECT` 陳述式的世界，到一個新的世界，在這個世界中，我們有一個針對 `Ledger` 資料表的 `SELECT` 查詢，然後是對 `Catalog` 微服務的呼叫，這反過來又觸發了一個針對 `Albums` 表的 `SELECT` 陳述式，如圖 3-7 所示。

在這種情況下，如果此操作的整體延遲沒有增加，我會感到**非常**驚訝。在這個特殊範例中，這可能不是一個重大問題，因為此報告每月產生一次，因此可以積極使用快取（aggressively cached）（我們將在第 404 頁的「快取」中更詳細地探討此主題）。但如果這是一個頻繁的操作，那可能更會造成問題。我們可以透過允許在 `Catalog` 微服務中批量查找 SKU，或者甚至透過在本地快取所需的專輯資訊，來減輕這種延遲增加可能造成的影響。

資料的完整性

資料庫可用於確保我們資料的完整性。回到圖 3-6，由於 `Album` 資料表和 `Ledger` 資料表在同一個資料庫中，我們可以（也可能會）定義 `Ledger` 資料表和 `Album` 資料表中各列之間的外鍵關係，這將確保我們始終能夠從 `Ledger` 資料表中的記錄瀏覽回關於售出專輯的資訊，因為如果它們在 `Ledger` 中被引用，我們將無法從 `Album` 資料表中刪除記錄。

由於這些資料表現在位於不同的資料庫中，我們不再能夠強制執行資料模型的完整性。沒有什麼可以阻止我們刪除 `Album` 資料表中的某一列，這在我們試圖準確找出售出的品項時會導致問題。

某種程度上，你只需要習慣一個事實，也就是你不能再依賴你的資料庫來強制執行實體間關係的完整性。顯然，對於保留在單個資料庫中的資料，這不是問題。

儘管「應對模式」（coping pattern）對於我們處理這個問題而言是一個較好的方法，我們還有許多變通辦法。我們可以在 `Album` 資料表中使用軟刪除（soft delete），這樣我們實際上不會刪除記錄，只是將其標記為已刪除；另一種選擇是在進行銷售時將專輯名稱複製到 `Ledger` 資料表中，但我們必須解決我們希望如何處理專輯名稱的同步變更。

交易

我們當中許多人已經開始依賴從管理交易資料中所獲得的保證。基於這種確定性，我們以某種方式建置了應用程式，知道我們可以依靠資料庫為我們處理許多事情。但是一旦我們開始在多個資料庫之間拆分資料，那我們就會失去所習慣之 ACID 交易的安全性（我會在第 6 章中解釋這個縮寫 ACID，並更深入地討論 ACID 交易）。

對於從一個所有狀態變化都可以在單一交易邊界中管理的系統轉移到分散式系統的人來說，這可能是個衝擊，而通常會有的反應是尋求實作分散式交易以重新獲得 ACID 交易在更簡單的架構中帶給我們的保證。不幸的是，正如我們將在第 163 頁的「資料庫交易」中深入介紹的，分散式交易不僅實作起來很複雜，即使做得很好，我們對於範圍更小的資料庫交易所期望的，它們實際上也沒有提供相同的保證。

正如我們將在第 170 頁的「Sagas」中繼續探索的，分散式交易有替代（和更好的）機制來管理跨多個微服務的狀態變更，但它們帶來了新的複雜性來源。與資料完整性一樣，我們必須接受這個事實，也就是我們可能出於非常好的原因拆分了資料庫，然而我們將遇到一系列新的問題。

工具

變更資料庫是困難的，原因有很多，其中之一是只有少數可用工具能使我們輕鬆地進行變更。透過程式碼，我們在 IDE 中設置了重構工具，而且我們還有一個額外的好處，就是我們正在變更的系統基本上是無狀態的。透過資料庫，我們正在變更的事物具有狀態，而且我們也還缺乏良好的重構型工具。

有許多工具可以幫助你管理變更關聯資料庫模式的過程，但大多數都遵循相同的模式。每個綱要的變更都被定義在版本控制的 delta 腳本中，然後這些腳本用冪等方法（idempotent manner）以嚴格的順序運行。Rails 遷移就是以這種方式運行，我多年前協助創建的工具 DBDeploy 也是如此。

現在，如果人們還沒有以這種方式工作的工具，我會向人們推薦 Flyway（*https://flywaydb.org*）或 Liquibase（*https://www.liquibase.org*）來實作相同的結果。

報告資料庫

作為從我們的單體式應用程式中提取微服務的一部分，我們還將資料庫分解了，因為我們想隱藏對內部資料儲存的訪問。透過隱藏對資料庫的直接訪問，我們能夠更好地創建穩定的介面，進而使得獨立部署成為可能。不幸的是，當我們確實有合法的範例從多個微服務訪問資料時，或者當這些資料是在資料庫中，而不是透過 REST API 之類的方法提供時，這會給我們帶來問題。

使用報告資料庫，我們改為創建一個專為外部訪問而設計的資料庫，而且我們讓微服務負責將資料從內部儲存推送到外部可訪問的報告資料庫，如圖 3-8 所示。

報告資料庫允許我們隱藏內部狀態管理，同時仍然在資料庫中顯示資料，這可能非常有用。例如，你可能希望允許人們運行臨時定義的 SQL 查詢、運行大規模的連結查詢或利用預期能夠訪問 SQL 端點的既有工具鏈，報告資料庫是這個問題的一個很好的解決方案。

這裡有兩個關鍵需要強調。首先，我們還是要練習資訊隱藏，所以我們應該在報告資料庫中只公開最基本的資料，這意味著報告資料庫中的內容可能只是微服務所儲存的資料的一個子集。然而，由於這不是直接對映，因此它創造了為報告資料庫提供一個完全根據消費者的要求定制綱要設計的機會，這可能涉及使用完全不同的綱要，甚至可能是不同類型的資料庫技術。

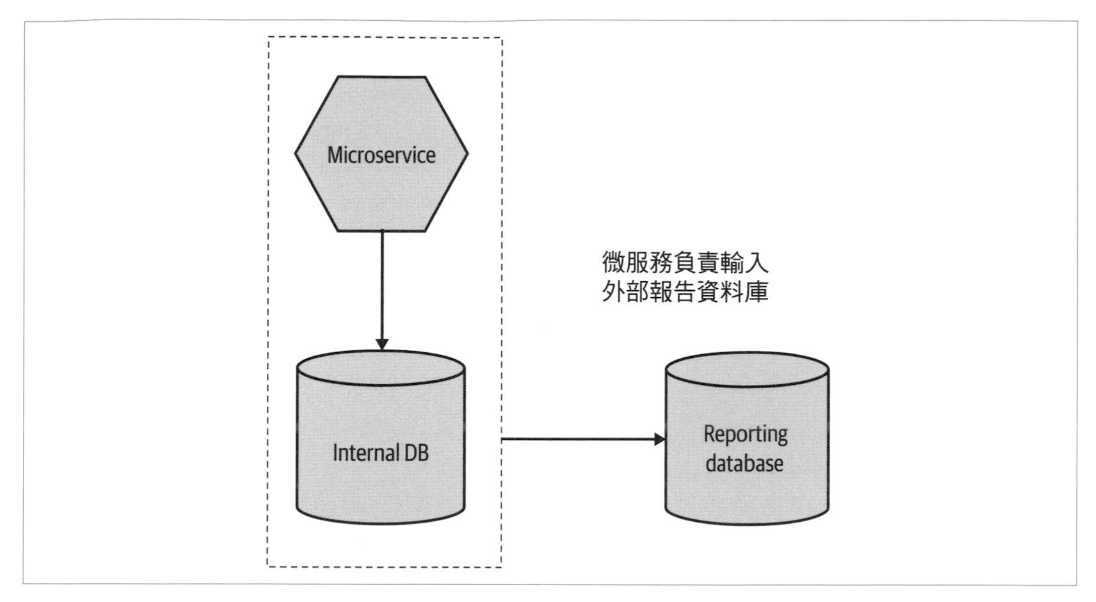

圖 3-8　報告資料庫綱要概述

第二個關鍵點是報告資料庫應該像任何其他微服務端點一樣被對待，微服務維護者的工作是確保即使微服務變更其內部實作細節也能保持該端點的相容性。從內部狀態到報告資料庫的對映是微服務開發人員的責任。

總結

因此，為了將事情提煉出來，在進行將功能從單體架構遷移到微服務架構的工作時，你必須清楚地了解你預期實作的**目標**。這個目標將影響你的工作方式，也將幫助你了解你是否正朝著正確的方向前進。

遷移應該是漸進式的。進行變更，推出該變更，對其進行評估，然後再進行一次。甚至拆分一個微服務的行為本身也可以分解為一系列小步驟。

如果你想更詳細地探索本章中的任何概念，我的另一本書《*Monolith to Microservices*》（O'Reilly）深入探討了這個主題。繁體中文版《單體式系統到微服務》由碁峰資訊出版。

本章的大部分內容都是較高層次的概述，然而，在下一章中，當我們研究微服務如何相互溝通時，我們將開始獲得更多技術。

第四章

微服務的溝通風格

讓微服務之間正確溝通對許多人來說是有問題的，我覺得很大程度上是由於人們傾向選擇一種技術方法，而沒有先考慮他們可能想要不同類型的溝通方式。在本章中，我將嘗試梳理不同的溝通風格，以幫助你了解每種風格的優缺點，以及哪種最適合你的問題空間。

我們將研究同步阻塞和異步非阻塞溝通機制，並且比較請求 / 回應協作與事件驅動協作。

到本章結束時，你應該更好地理解可選擇的不同選項，以及一些基礎知識，當我們在後續章節中研究更詳細的實作問題時將很有幫助。

從行程內到行程間

好吧，讓我們先把簡單的事情說清楚，或至少是我所希望簡單的事情。也就是說，跨網路的不同行程之間的呼叫（行程間）與單個行程之內的呼叫（行程內）非常不同。一方面，我們可以忽略這種區別。例如，很容易想到一個物件對另一個物件進行方法呼叫，然後將此互動對映到兩個透過網路溝通的微服務。撇開微服務不僅是物件這一事實不談，這種想法會給我們帶來很多麻煩。

讓我們來看看其中的一些差異，以及它們如何改變你對微服務之間互動的看法。

效能

行程內呼叫的效能與行程間呼叫的效能有著根本上的不同。當我進行行程內呼叫時，底層編譯器和執行時期（runtime）可以進行一整套最佳化以減少呼叫的影響，包括內聯呼叫，就好像從來沒有呼叫一樣。行程間呼叫不可能進行這樣的最佳化，必須發送資料包。與行程內呼叫的開銷相比，行程間呼叫的開銷預期會很大，後者是非常可以衡量的，僅僅在資料中心往返傳輸一個資料包就可以以毫秒來衡量，而進行方法呼叫的開銷是你不需要擔心的。

這通常會導致你想要重新思考 API。一個在行程內有意義的 API 在行程間的情況下可能沒有意義。我可以在行程內跨 API 邊界進行一千次呼叫而無需擔心。我想在兩個微服務之間進行一千次網路呼叫嗎？也許不是。

當我將參數傳送給方法時，我傳入的資料結構通常不會移動，更有可能的是我傳送了一個指向記憶體位置的指標。將物件或資料結構傳送給另一個方法不需要分配更多記憶體來複製資料。

另一方面，當透過網路在微服務之間進行呼叫時，資料實際上必須序列化為某種可以透過網路傳輸的形式，然後需要在另一端發送和反序列化資料。因此，我們可能需要更加注意在行程之間發送資料酬載的大小。你最後一次注意到在行程內傳送的資料結構的大小是什麼時候？現實情況是，你很可能不需要知道；現在你知道了。這可能會導致你減少發送或接收的資料量（如果我們考慮資訊隱藏，這可能不是一件壞事），選擇更有效的序列化機制，甚至將資料卸載到文件系統，並透過傳送對該文件位置的引用來代替。

這些差異可能不會立即給你帶來問題，但你肯定需要注意它們。我見過很多試圖向開發者隱瞞網路呼叫正在發生的這個事實。我們希望創建抽象來隱藏細節是使我們能夠更有效地做更多事情的重要原因，但有時我們創建的抽象隱藏了太多。開發者需要知道他們正在做的事情是否會導致網路呼叫；否則，如果你最終因為奇怪的服務間互動而導致一些討厭的效能瓶頸，你就不該感到驚訝，因為這些互動對撰寫程式碼的開發人員而言是看不見的。

改變介面

當我們考慮對流程內的介面進行變更時，推出變更的行為是很直接的。實作介面的程式碼和呼叫介面的程式碼都封裝在同一個行程中。事實上，如果我使用具有重構功能的 IDE 變更方法簽名，通常 IDE 本身會自動重構對該方法的呼叫。要推出這樣的變更可以以原子（atomic）方式完成，就是將介面的兩邊都打包在一個行程中。

然而，透過微服務之間的溝通，暴露介面的微服務和使用該介面的消費微服務是可單獨部署的微服務。當對微服務介面進行向後不相容的變更時，我們不是需要與消費者進行鎖步部署（lockstep deployment），確保他們更新以使用新介面，就是需要想辦法分階段推出新的微服務契約。我們將在本章後續更詳細地探討這個概念。

錯誤處理

在一個行程中，如果我呼叫一個方法，錯誤的本質往往非常直覺。簡單地說，錯誤要麼是預期並易於處理的，要麼是災難性的，以致於我們只是將錯誤向上傳播到呼叫堆疊。總體而言，錯誤是確定的。

對於分散式系統，錯誤的性質可能不同。你很容易受到許多你無法控制的錯誤所影響；像是網路逾時、下游微服務可能暫時無法使用、網路斷線、容器因消耗過多記憶體而被強制關閉，還有在極端情況下，資料中心的某些部分可能會著火[1]。

在《分散式系統》[2]一書中，Andrew Tanenbaum 和 Maarten Steen 舉出了在查看行程間溝通時可以看到的五種失敗模式類型。以下是一個簡化過的版本：

崩潰失敗（*Crash failure*）

一切都很好，直到伺服器崩潰。重新啟動！

遺漏失敗（*Omission failure*）

你發送了一些東西，但沒有得到回應。也包括你所預期下游微服務觸發訊息（也許包括事件）但它卻停止的情況。

時間失敗（*Timing failure*）

有些事情發生得太晚了（你沒有及時得到它），或者有些事情發生得太早了！

回應失敗（*Response failure*）

你得到了回應，但似乎是錯誤的。例如，你要求提供訂單摘要，但回應中缺少所需的資訊。

任意失敗（*Arbitrary failure*）

又稱為拜占庭失敗（Byzantine failure），這是指出現問題，但參與者無法就失敗是否發生（或為什麼發生）達成共識。就如它聽起來的，這是一個糟糕的時期。

許多的這些錯誤在本質上通常是暫時的，它們是可能會消失的短暫問題。考慮一種情況：我們向微服務發送請求但沒有收到回覆（一種遺漏失敗），這可能意味著下游微服務一開始就沒有收到請求，所以我們需要再次發送。其他問題不容易處理，可能需要人

1 真實的故事。

2 Maarten van Steen 和 Andrew S. Tanenbaum 所合著的《*Distributed Systems*，第 3 版》。（Scotts Valley, CA: CreateSpace Independent Publishing Platform，2017）。

工干預。因此，擁有一組更豐富的語意來返回錯誤以允許客戶端採取適當行動的方式，變得很重要。

HTTP 是了解這方面重要性的一個協定例子。每個 HTTP 回應都有一組代碼，400 和 500 系列代碼是保留給錯誤。400 系列錯誤代碼是請求錯誤，基本上，下游服務告訴客戶端原始請求有問題。因此，這可能是你應該放棄的事情，例如，重試 `404 Not Found` 有什麼意義嗎？500 系列回應代碼與下游問題相關，其中的一個子集向客戶端表明該問題可能是暫時的。例如，`503 Service Unavailable` 表示下游伺服器無法處理請求，但它可能是一個臨時的狀態；在這種情況下，上游客戶端可能會決定重試請求。另一方面，如果客戶端收到 `501 Not Implemented` 回應，重試可能不會有太大幫助。

無論你是否選擇以 HTTP 為基礎的協定來進行微服務之間的溝通，如果你對錯誤的性質擁有豐富的語意集，那麼你將使客戶端更容易執行補償操作，這反過來應該能幫助你建置更強大的系統。

行程間溝通技術：有很多選擇

> 在這個時間越來越少而選擇越來越多的時代，我們明顯的選擇就是忽略一些基本的東西。
>
> —Seth Godin

我們可用於行程間溝通的技術範圍非常廣泛。因此，我們常常會因選擇而負擔過重。我經常發現人們會被他們熟悉的技術所吸引，或者只是被他們從會議中了解到的最新熱門技術所吸引。但問題在於，當你購買特定的技術選項時，往往也購買一系列隨之而來的想法和限制，而這些限制條件可能不適合你，因為技術背後的思考方式實際上可能與你試圖解決的問題不一致。

如果你正在嘗試建置網站，那麼像 Angular 或 React 這樣的單頁應用程式技術並不適合。同樣地，試圖使用 Kafka 進行請求 / 回應確實不是一個好主意，因為它是為更多以事件為基礎的互動而設計的（我們稍後會介紹這些主題）。然而我一次又一次地看到技術被用在錯誤的地方。人們選擇閃亮的新技術（如微服務）而沒有考慮它是否真的適合他們的問題。

因此，當談到我們可用於微服務之間溝通的一系列令人眼花繚亂的技術時，我認為首先需要討論你想要的溝通風格很重要，然後才尋找合適的技術來實作這種風格。考慮到這一點，我們來看一下我多年來一直使用的模型來區分微服務對微服務之間溝通的不同方法，這反過來又可以幫助你過濾你想看的技術選項。

微服務溝通的風格

在圖 4-1 中，我們看到了我用於思考不同溝通風格的模型輪廓。這個模型並不是說完全詳盡（我不是想在這裡提出一個大統一的行程間溝通理論），但它為考慮最廣泛使用於微服務架構的不同溝通風格，提供了一個很好的高層級概述。

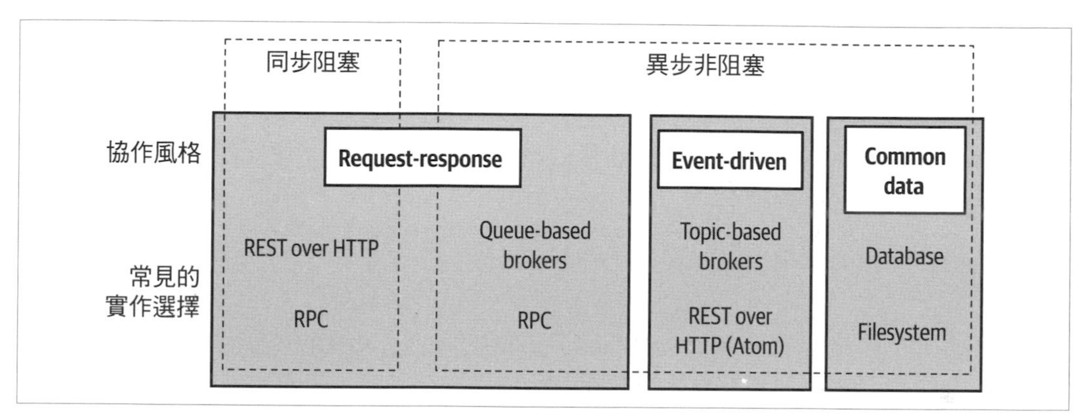

圖 4-1　微服務之間不同風格的溝通以及範例實作技術

我們很快就會更詳細地研究這個模型的不同元素，首先我想先簡要地概述它們：

同步阻塞（*Synchronous blocking*）

　一個微服務呼叫另一個微服務並阻止操作等待回應。

異步非阻塞（*Asynchronous nonblocking*）

　發出呼叫的微服務能夠繼續處理，不論是否接收到呼叫。

請求 / 回應（*Request-response*）

　一個微服務向另一個微服務發送請求，要求做某事。它預期收到一個回應通知結果。

事件驅動（*Event-driven*）

　微服務觸發事件，其他微服務使用這些事件並做出相應的反應。發送事件的微服務並不知道哪些微服務（如果有）消費它所發出的事件。

通用資料（*Common data*）

　通常不被視為一種溝通方式，微服務透過一些共享資料來源來進行協作。

當使用這個模型幫助團隊決定正確的方法時，我花了很多時間來了解他們運作的環境。他們對可靠溝通、可接受延遲和溝通量方面的需求都將在技術選擇中起作用。但總體來說，我傾向於從決定是請求 / 回應、還是事件驅動的協作方式更適合給定的情境來開始。如果我正在考慮請求 / 回應，那麼同步和異步實作對我來說仍然可用，所以還有第二個選擇要做；但是，如果選擇事件驅動的協作方式，我的實作選擇將僅限於異步非阻塞。

在選擇超出溝通方式的正確技術時，還有許多其他考慮因素會發揮作用，例如，對低延遲溝通的需求、與安全相關的方面或擴展的能力。在不考慮特定問題空間的要求（和限制）的情況下，你不太可能做出合理的技術選擇。當我們在第 5 章中查看技術選項時，我們將討論其中的一些問題。

連連看

需要注意的是，整個微服務架構可能具有多種協作風格，這通常是常態。一些互動僅作為請求 / 回應有意義，而其他互動則是作為事件驅動有意義。事實上，單個微服務實作了多種形式的協作是很常見的。思考一個情境，一個 `Order` 微服務，它公開了一個請求 / 回應 API，允許下單或變更訂單，然後在進行這些變更時觸發事件。

話雖如此，讓我們更詳細了解這些不同的溝通方式。

模式：同步阻塞

透過同步阻塞呼叫，微服務向下游行程（可能是另一個微服務）發送某種呼叫、並阻塞直到呼叫完成，並且可能直到收到回應。在圖 4-2 中，`Order Processor` 微服務向 `Loyalty` 微服務發送呼叫，通知它應該將一些點數添加到客戶的帳戶中。

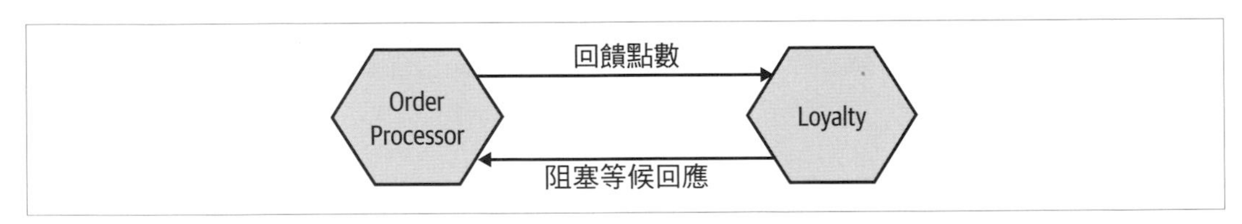

圖 4-2　`Order Processor` 向 `Loyalty` 微服務發送同步呼叫、阻塞並等待回應

通常，同步阻塞呼叫是指等待下游行程回應的呼叫，這可能是因為一些進一步的操作需要呼叫的結果，或者只是因為它想確保呼叫成功，當呼叫不成功時就執行某種重試。結果，幾乎每個我看到的同步阻塞呼叫也構成了請求 / 回應呼叫，接下來我們將很快看到這一點。

優點

同步阻塞呼叫有一些簡單而熟悉的東西。我們許多人都學過以基本同步的方式進行編程，像腳本一樣閱讀一段程式碼，每一行依次執行，而下一行程式碼等待輪到它做某事。你會使用行程間呼叫的大多數情況可能是以同步的、阻塞的方式完成的，例如，在資料庫上運行 SQL 查詢，或者對下游 API 發出 HTTP 請求。

當從一個不那麼分散式的架構（例如單行程的單體架構）遷移時，有很多全新的事情發生，堅持那些熟悉的想法是有意義的。

缺點

同步呼叫的主要挑戰是所發生的固有時空耦合，這是我們在第 2 章中簡要探討的主題。當 `Order Processor` 在前面的範例中呼叫 `Loyalty` 時，`Loyalty` 微服務需要能被訪問，這樣呼叫才會成功；如果 `Loyalty` 微服務無法使用，則呼叫將失敗，`Order Processor` 需要確定要執行的補償操作類型，可能涉及立即重試、緩沖呼叫以稍後重試，或可能完全放棄。

這種耦合是雙向的。使用這種整合方式，回應通常是透過相同的入站網路連接發送到上游微服務。因此，如果 `Loyalty` 微服務想要將回應發送回 `Order Processor`，但上游實例隨後死亡，則回應將丟失。這裡的時空耦合不僅是兩個微服務之間，而是在這些微服務的兩個特定實例之間。

由於呼叫的發送方正在阻塞並等待下游微服務回應，因此如果下游微服務回應緩慢，或者網路有延遲的問題，那麼呼叫的發送方將被阻塞長時間等待回應。如果 `Loyalty` 微服務負載很大並且對請求的回應速度很慢，這反過來會導致 `Order Processor` 回應緩慢。

因此，與使用異步呼叫相比，使用同步呼叫會使系統更容易受到下游中斷引起的連帶問題影響。

在哪裡使用

對於簡單的微服務架構，我在使用同步、阻塞呼叫方面沒有什麼大問題，對於許多人而言，他們的熟悉程度是掌握分散式系統的一個優勢。

對我來說，當你開始有更多的呼叫鏈時，這些類型的呼叫會開始出現問題，例如，在圖 4-3 中，我們有個來自 MusicCorp 的範例流程，我們正在檢查潛在詐騙活動的付款。`Order Processor` 呼叫 `Payment` 微服務來接受付款，`Payment` 微服務接著想檢查 `Fraud Detection` 微服務是否應該允許這樣做，接著 `Fraud Detection` 微服務需要從 `Customer` 微服務中獲取資訊。

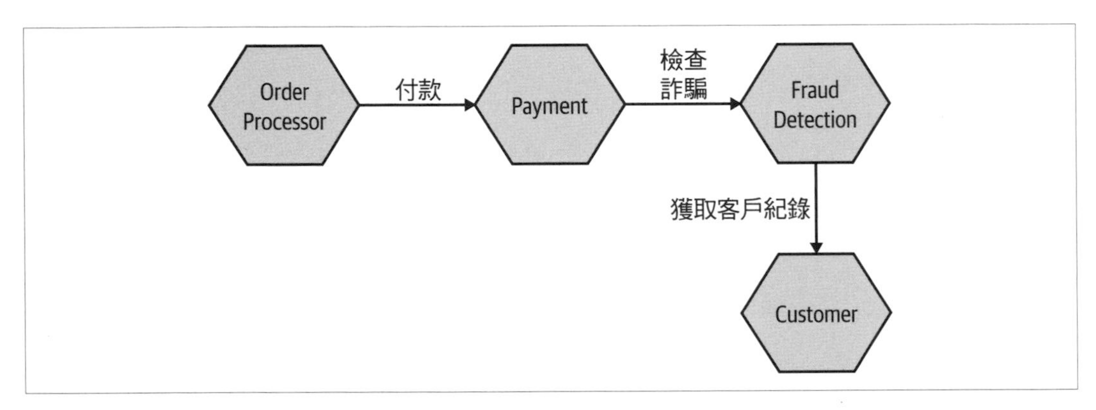

圖 4-3　在訂單處理流程中檢查潛在的詐騙行為

如果所有這些呼叫都是同步和阻塞的，我們可能會面臨許多問題。所涉及的四個微服務中的任何一個有問題，或它們之間的網路呼叫中發生問題，都可能導致整個操作失敗。除了這一點之外，事實上，這些長鏈會造成嚴重的*資源競爭*（*resource contention*）。在幕後，`Order Processor` 可能打開了網路連接，等待 `Payment` 的回應。`Payment` 依次打開網路連接，等待 `Fraud Detection` 的回應，以此類推。擁有大量需要保持開啟狀態的連接可能會對正在運行的系統產生影響，因為你更有可能遇到可用連接用完或網路擁塞加劇的問題。

為了改善這種情況，首先我們可以重新檢查微服務之間的互動。例如，也許我們將 `Fraud Detection` 的使用從主要購買流程中移除，如圖 4-4 所示，而讓它在後台運行。如果發現特定客戶有問題，他們的記錄會相應更新，這可以在付款過程的早期進行檢查。實際上，這意味著我們正在並行執行其中的一些工作。透過縮短呼叫鏈的長度，我們將看到整體的運作延遲得到改善，並且我們會將我們的一項微服務（`Fraud Detection`）從購買流程的關鍵路徑中移除，使我們在關鍵操作中少了一個需要擔心的對象。

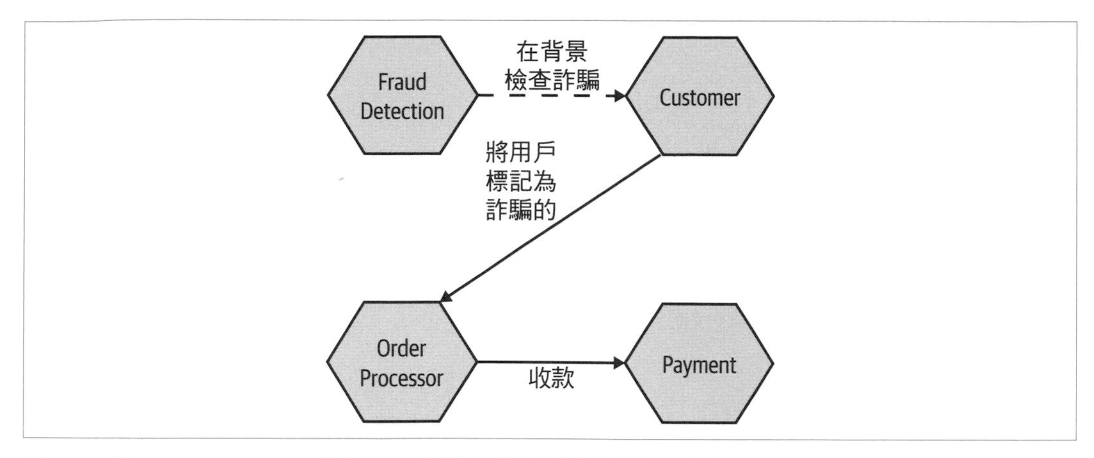

圖 4-4　將 Fraud Detection 移至後台行程可以減少對呼叫鏈長度的擔憂

當然，我們也可以在不改變這裡工作流程的情況下，用某種非阻塞互動風格來代替阻塞呼叫的使用，我們接下來將探討這種方法。

模式：異步非阻塞

透過異步溝通，用網路發送呼叫的行為不會阻礙發出呼叫的微服務，它能夠進行任何其他處理而無需等待回應。異步非阻塞溝通有多種形式，但我們將更詳細地研究我在微服務架構中最常看到的三種風格：

透過通用資料進行溝通（*Communication through common data*）

　上游微服務變更了一些通用資料，稍後一個或多個微服務會使用這些資料。

請求 / 回應（*Request-response*）

　一個微服務向另一個微服務發送請求，要求它做某事。當請求的操作完成時，無論成功與否，上游微服務都會收到回應。具體來說，上游微服務的任何實例都應該能夠處理回應。

事件驅動的互動（*Event-driven interaction*）

　微服務廣播一個事件，這事件可被視為是關於已發生事情的事實陳述。其他微服務可以監聽他們感興趣的事件並做出相應的反應。

優點

透過異步非阻塞溝通，發出初始呼叫的微服務和接收呼叫的微服務（或多個微服務）暫時解耦（decouple）。接收呼叫的微服務不需要在呼叫發生的同時可以被訪問，這意味著我們避免了我們在第 2 章中討論的時間解耦問題（參閱第 40 頁的「關於時空耦合的簡要說明」）。

如果呼叫觸發的功能需要很長時間來處理，這種溝通方式也是有益的。讓我們回到 MusicCorp 的例子，特別是寄送包裹的過程。在圖 4-5 中，`Order Processor` 已經收到付款並決定是時候寄送包裹了，因此它向 `Warehouse` 微服務發送呼叫。找到 CD、將它們從貨架上取下來、將它們打包並被取走的過程可能需要數小時，甚至可能需要數天，具體取決於實際寄送過程的運作方式。因此，`Order Processor` 向 `Warehouse` 發出異步非阻塞呼叫、並稍後讓 `Warehouse` 回呼叫來通知 `Order Processor` 其進度是有意義的。這是異步請求 / 回應溝通的一種形式。

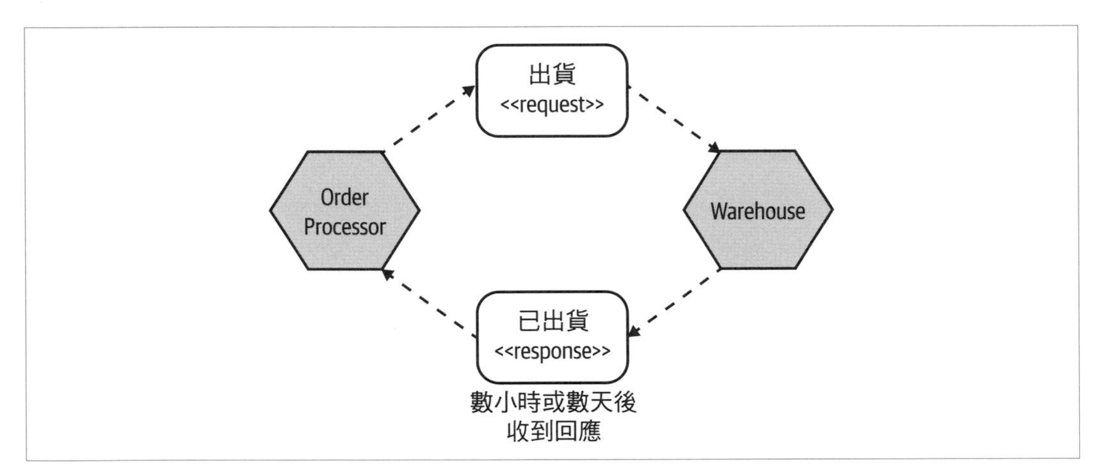

圖 4-5　`Order Processor` 啟動打包和運送訂單的流程，該流程以異步方式完成

如果我們嘗試對同步阻塞呼叫做類似的事情，那麼我們就必須重構 `Order Processor` 和 `Warehouse` 之間的互動——讓 `Order Processor` 開啟連接、發送請求、在呼叫執行緒（thread）中阻止任何進一步的操作，並等待可能是幾小時或幾天的回應，這是不可行的。

缺點

相對於同步阻塞溝通，異步非阻塞溝通的主要缺點是複雜程度和選擇的範圍。正如我們已經概述的那樣，有多種不同風格的異步溝通可供選擇，哪一種才適合你呢？當我們開始深入研究這些不同風格的溝通是如何實作時，我們可能會看到一個令人眼花繚亂的技術清單。

如果異步溝通沒有對映到你的計算思維模型，那麼一開始採用異步溝通方式將會很有挑戰。當我們詳細查看異步溝通的各種風格時，我們將進一步探索，有很多不同、有趣的方式可以讓你自己陷入很多麻煩。

異步 / 等待和異步仍然阻塞時

與許多計算領域一樣，我們可以在不同的上下文中使用相同的術語來表示非常不同的含義。有一種似乎特別流行的編程風格是使用像 async/await 這樣的結構來處理潛在的異步資料來源，但採用阻塞的同步風格。

在範例 4-1 中，我們看到了一個非常簡單的 JavaScript 範例。貨幣匯率在一天中頻繁波動，我們透過訊息仲介接收這些資訊。我們定義了一個 `Promise`，一般而言一個 promise 是指將在未來某個時刻解析為狀態的東西。在我們的例子中，我們的 `eurToGbp` 最終將解析成為下一個歐元兌英鎊的匯率。

範例 4-1 以阻塞、同步方式處理潛在異步呼叫的範例

```
async function f() {

  let eurToGbp = new Promise((resolve, reject) => {
    // 查詢歐元和英鎊之間最新匯率的程式碼
    ...
  });

  var latestRate = await eurToGbp; ❶
  process(latestRate); ❷
}
```

❶ 等待獲取最新的 EUR-to-GBP 匯率。

❷ 在 promise 完成之前不會運行。

當我們使用 await 引用 eurToGbp 時，我們會阻塞直到 latestRate 的狀態被滿足，也就是直到我們解析 eurToGbp 的狀態才會到達 process[3]。

儘管我們的匯率是以異步方式接收的，但在這種情況下使用 await 代表我們將阻塞，直到解決 latestRate 的狀態。因此，即使我們用來獲取匯率的底層技術本質上可以被認為是異步的（例如，等待匯率），但從我們的程式碼的角度來看，這本質上是一種同步的、阻塞的互動。

在哪裡使用

最後，在考慮異步溝通是否適合你時，你還必須考慮要選擇哪種**類型**的異步溝通，因為每種類型都有自己的權衡。不過，總體來說，有些特定的使用情形會讓我接觸某種形式的異步溝通。正如我們在圖 4-5 中探討的那樣，長時間運行的流程是一個明顯的適用情境；此外，如果你擁有無法輕鬆重構的長呼叫鏈，則可能也是一個不錯的使用情境。當我們查看三種最常見的異步溝通形式（請求 / 回應呼叫、事件驅動的溝通和透過通用資料的溝通）時，我們將深入探討這一點。

模式：透過通用資料進行溝通

透過通用資料進行溝通是一種跨越多種實作的溝通方式。當一個微服務將資料放入一個定義好的位置，然後另一個微服務（或可能是多個微服務）使用該資料時，就會使用這種模式。它可以像一個微服務在某個位置放置一個檔案一樣簡單，然後在某個時間點另一個微服務會拿起該文件並對其進行處理。這種整合方式在本質上是異步的。

這種風格的一個例子可在圖 4-6 中看到，其中 New Product Importer 創建一個文件，然後下游的 Inventory 和 Catalog 微服務會讀取該文件。

這種模式在某些方面將是你最常見的一般行程間溝通模式，但有時我們根本無法將其視為一種溝通模式，我認為主要原因是因為行程間的溝通往往是間接的，以致於很難被發現。

3 請注意，這非常精簡，例如，我完全省略了錯誤處理程式碼。如果你想了解有關 async/await 的更多資訊，特別是在 JavaScript 中，現代 JavaScript 教程（*https://javascript.info*）會是個很好的開始。

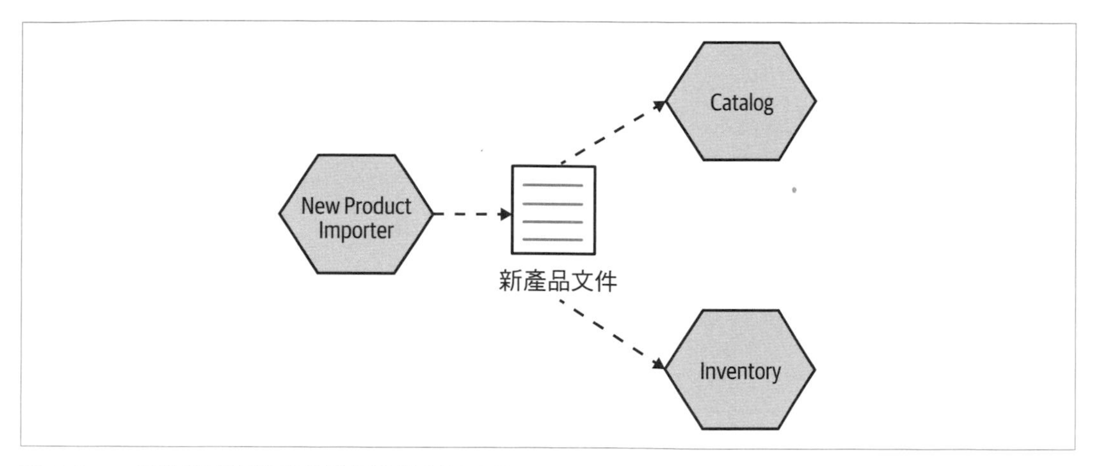

圖 4-6　一個微服務寫出其他微服務使用的文件

實作

要實作此模式，你需要某種持久的資料儲存。在許多情況下，一個文件系統就足夠了。我建置了許多系統，它們只是定期掃描檔案系統，注意新檔案的存在，並相應地對其做出反應。當然，你也可以使用某種強大的分散式記憶體儲存。值得注意的是，任何要對這些資料採取行動的下游微服務都需要自己的機制來識別新資料是否可用，而輪詢（polling）是解決這個問題的常用方法。

這種模式的兩個常見範例是資料湖（data lake）和資料倉儲（data warehouse）。在這兩種情況下，這些解決方案通常是設計來處理大量資料，可以說它們在耦合方面存在於光譜的兩端。在資料湖中，資料來源以他們認為合適的格式上傳原始資料，這些原始資料的下游消費者應該知道如何處理這些資訊。對於資料倉儲，倉儲本身就是一個結構化的資料儲存，將資料推送到資料倉儲的微服務需要知道資料倉儲的結構，如果結構以向後不相容的方式發生變化，那麼這些生產者將需要更新。

對於資料倉儲和資料湖，假設資訊流是單一方向的，也就是一個微服務將資料發布到通用資料儲存，下游消費者讀取該資料並執行適當的操作。這種單向流動可以使資訊流動更容易推理。一個更有問題的實作方式是使用共享資料庫，其中多個微服務同時讀寫同一個資料儲存，我們在第 2 章探討共用耦合時討論了一個例子，如圖 4-7 顯示了 `Order Processor` 和 `Warehouse` 都在更新相同的紀錄。

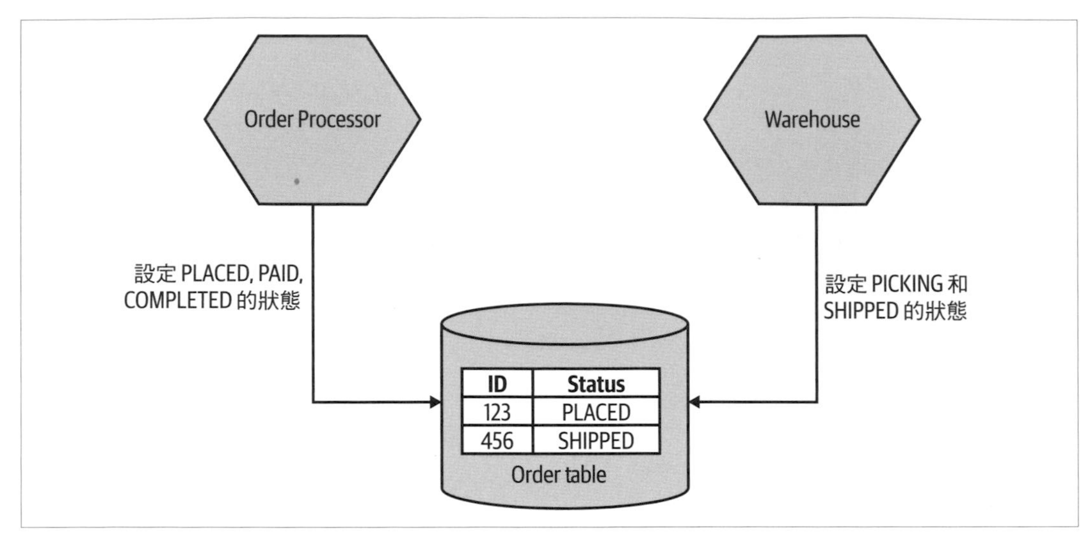

圖 4-7　Order Processor 和 Warehouse 都更新相同訂單紀錄的常見耦合範例

優點

這種模式可以使用普遍了解的技術非常簡單的實作，只要你能讀寫檔案或讀寫資料庫，你就能使用這個模式。使用普及且易於理解的技術還可以實作不同類型系統之間的互通性，包括較舊的大型主機（mainframe）應用程式、或可訂製的現成（customizable off-the-shelf，COTS）軟體產品。資料量在這裡也不是什麼問題，如果你一次發送大量資料，這種模式也可以很好地工作。

缺點

下游消費的微服務通常會透過某種輪詢機制、或透過週期性觸發的定時作業來知道有新的資料需要處理，這意味著這種機制在低延遲情況下可能不太有用。當然，你可以將這種模式與其他類型的呼叫結合，通知下游的微服務有新資料可用。例如，我可以寫一份檔案到檔案共享系統，然後向感興趣的微服務發送呼叫，通知它有它可能需要的新資料。這可以縮小資料被發布和被處理之間的差距。不過，一般來說，如果你使用這種模式來處理非常大量的資料，那麼低延遲在你的要求清單上就不太可能是高的。如果你對發送更大量的資料並更「即時」地處理資料感興趣，那麼使用某種像 Kafka 這樣的串流技術會更合適。

如果你還記得我們在圖 4-7 中對共用耦合的探索，那麼另一個很大的缺點應該是相當明顯的，也就是通用資料儲存會成為潛在的耦合來源。如果該資料儲存以某種方式變更結構，則可能會中斷微服務之間的溝通。

溝通的強健性也將歸結為底層資料儲存的強健性。嚴格來說，這不是缺點，但需要注意。如果你將文件放在文件系統上，你可能需要確保文件系統本身不會以有趣的方式失敗。

在哪裡使用

這種模式真正閃耀的地方在於使那些在可使用之技術上可能受限制的行程之間的互通性。從微服務的角度來看，讓既有系統與你微服務的 GRPC 介面對話或訂閱其 Kafka 主題可能更方便，但從消費者的角度來看則不然。老舊的系統可能對它們所能支援的技術有限制，並且可能會有昂貴的變更成本。另一方面，即使是舊的大型主機系統也應該能夠從檔案中讀取資料。這當然完全取決於使用被廣泛支援的資料儲存技術，我也可以使用像是 Redis 快取之類的東西來實作這種模式。但是你的舊主機系統可以與 Redis 溝通嗎？

這種模式的另一個主要優點是在於共享大量的資料。如果你需要將千兆位元大小的檔案發送到檔案系統、或將幾百萬筆資料加到資料庫中，那麼這種模式會是正確的選擇。

模式：請求 / 回應溝通

透過請求 / 回應，微服務向下游服務發送請求，要求它做某事，並預期收到帶有請求結果的回應。這種互動可以透過同步阻塞呼叫進行，也可以以異步非阻塞方式實作。這種互動的簡單範例如圖 4-8 所示，其中 `Chart` 微服務整理不同類型的最暢銷 CD，向 `Inventory` 微服務發送請求，詢問某些 CD 目前的庫存水準。

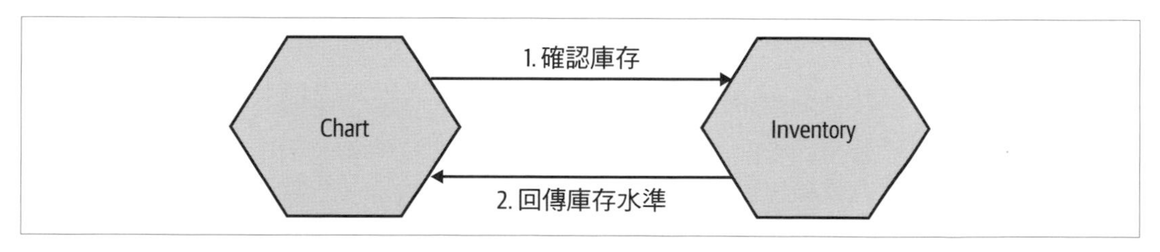

圖 4-8　`Chart` 微服務向 `Inventory` 發送請求，詢問庫存水準

像這樣從其他微服務中擷取資料是請求 / 回應呼叫的常見範例；但有的時候，只是需要確保事情有完成即可。在圖 4-9 中，Warehouse 微服務收到來自 Order Processor 的請求，要求它保留庫存。Order Processor 只需要知道庫存已成功保留，就可以繼續接受付款。如果無法保留庫存（或許是因為某品項已經沒有了），則可以取消付款。在這種需要按特定順序完成呼叫的情況下，使用請求 / 回應呼叫是司空見慣的事。

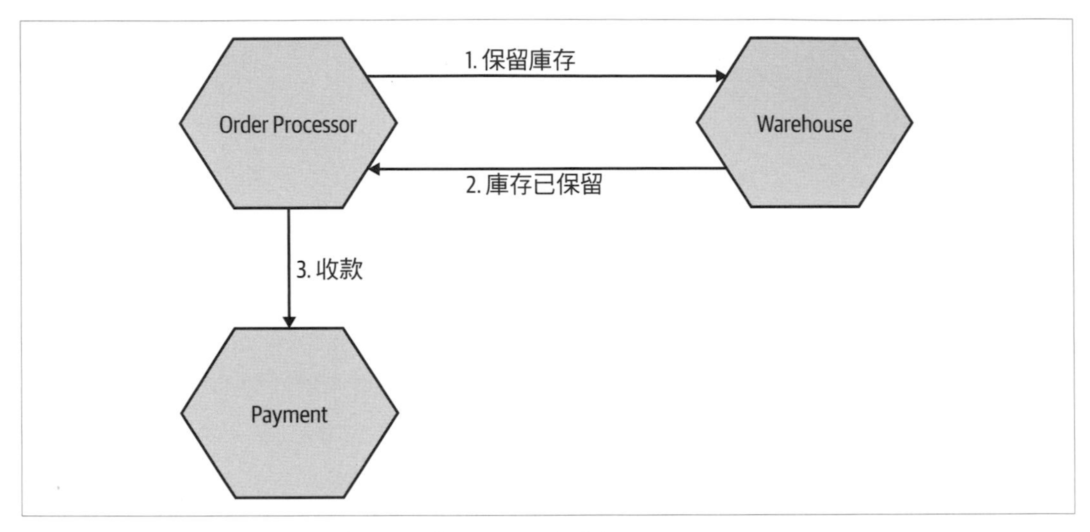

圖 4-9　Order Processor 需要確保在收款前可以保留庫存

指令和請求

我曾聽說過人們在談論發送指令，而非討論發送請求，特別是在異步請求 / 回應溝通的上下文中。**指令**一詞背後的意圖可以說與**請求**相同，也就是上游微服務要求下游微服務做某事。

不過，就個人而言，我更喜歡**請求**一詞。指令意味著必須遵守的命令，它可能導致人們覺得必須執行指令的情況；請求則意味著可以拒絕的東西。正確的做法是，微服務根據每個請求的具體情況進行檢查，並根據自己的內部邏輯，決定是否應該對該請求採取行動。如果它被發送的請求違反了內部邏輯，微服務應該拒絕它。雖然這是一個微妙的差別，但我覺得**指令**這個詞所表達的意思並不一樣。

我會繼續堅持使用**請求**而不是**指令**，但無論你決定使用什麼術語，只要記住微服務在適當的時候可以拒絕請求 / 指令。

實作：同步與異步

像這樣的請求 / 回應呼叫可以以同步阻塞或異步非阻塞方式實作。透過同步呼叫，你通常會看到一個與下游微服務之間打開的網路連接，並透過此連接發送請求。當上游微服務等待下游微服務回應時，連接保持打開狀態。在這種情況下，發送回應的微服務並非真的需要知道關於發送請求之微服務的任何資訊，因為它只是透過入站連接回傳資訊。如果該連接終止，可能是因為上游或下游微服務實例終止，那麼我們可能就會遇到問題。

對於異步請求 / 回應，事情就不那麼簡單了。讓我們重新審視與保留庫存相關的過程。在圖 4-10 中，保留存貨的請求作為訊息透過某種訊息仲介發送（我們將在本章後面探討訊息仲介）。訊息不是從 `Order Processor` 直接發送到 `Inventory` 微服務，而是位於佇列（queue）中。`Inventory` 微服務在可以的時候使用從佇列中取得的訊息。它讀取請求，執行保留庫存的相關工作，然後需要將回應發送回 `Order Processor` 正在讀取的佇列。`Inventory` 微服務需要知道將回應發送到哪裡。在我們的範例中，它將此回應發送回另一個佇列，而該佇列又由 `Order Processor` 使用。

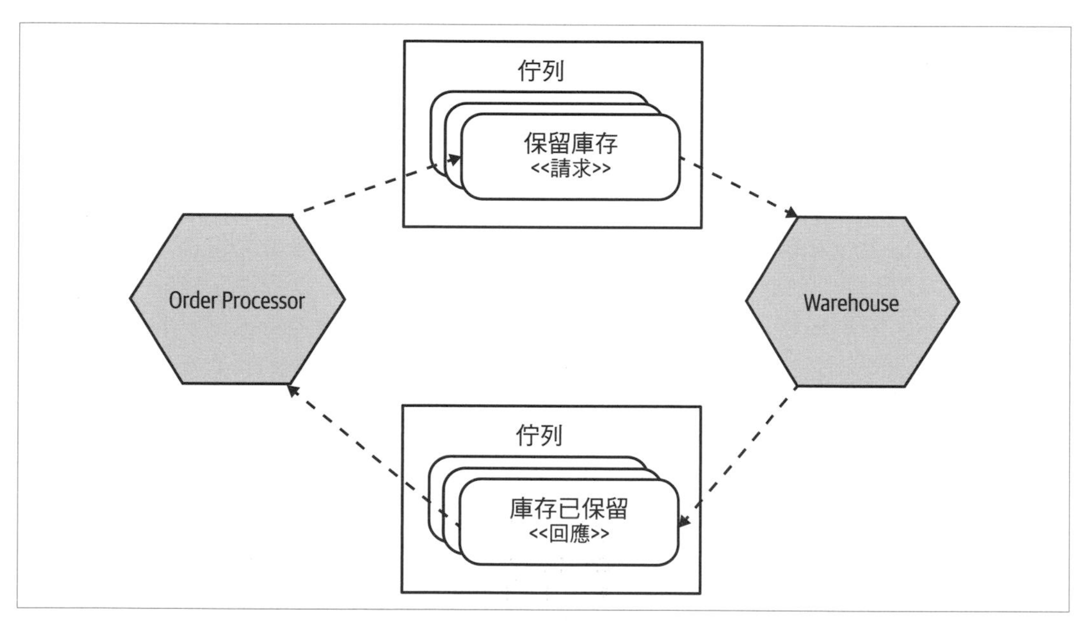

圖 4-10　使用佇列發送庫存預訂請求

因此，對於異步非阻塞的互動，接收請求的微服務需要隱式地知道將回應發送到哪裡，或者被告知回應應該去哪裡。使用佇列時，我們還有一個額外的好處，即多個請求可以緩存在佇列中等待被處理。這在無法夠快地處理請求的情況下可以提供幫助。微服務可以在準備好的時候接收下一個請求，而不是被太多的呼叫所淹沒。當然，很大程度上取決於吸收這些請求的佇列。

當微服務以這種方式收到回應時，它可能需要將回應與原始請求相關聯。這可能具有挑戰性，因為可能已經過了很多時間，並且根據所使用協定的性質，回應可能不會返回到同一個發送請求的微服務實例。在我們的範例中，我們將保留庫存作為下單的一部分，因此需要知道如何將「庫存已保留」的回應與給定訂單相關聯，以便我們可以繼續處理該特定訂單。一種處理此問題的簡單方法，是將與原始請求關聯的任何狀態儲存到資料庫中，這樣當回應到來時，接收實例可以重新加載任何關聯狀態並相應地採取行動。

最後一點：所有形式的請求 / 回應互動都可能需要某種形式的逾時（time-out）處理，以避免系統被阻塞並等待可能永遠不會發生的事情之問題。此逾時功能的實作方式可能因實作技術而異，但這是必需的。我們將在第 12 章更詳細地討論逾時。

平行與順序呼叫

在處理請求 / 回應互動時，你會經常遇到需要進行多次呼叫才能繼續進行某些處理的情況。

考慮一種情況，MusicCorp 需要檢查來自三個不同庫存商的某商品價格，我們透過發出 API 呼叫來完成此操作。在決定我們要從哪一家訂購新庫存之前，我們希望從所有三個庫存商那裡獲得價格。我們可以決定按順序進行三個呼叫，也就是等待每個呼叫完成，然後再進行下一個呼叫。在這種情況下，我們等待的時間是每個呼叫的延遲總和。如果對每個供應商的 API 呼叫需要一秒鐘才能回傳，那麼我們將等待三秒才能決定應該向誰訂購。

更好的選擇是平行運行這三個請求，那麼操作的整體延遲將取決於最慢的 API 呼叫，而不是每個 API 呼叫的延遲總和。

像 async/await 這樣的回應式延伸模組和機制在平行運行呼叫方面非常有用，這可以顯著改善某些操作的延遲。

在哪裡使用

請求 / 回應呼叫對於在進一步處理之前需要請求結果的任何情況都非常有意義。它們也非常適合微服務想要知道呼叫是否不成功的情況，以便可以執行某種補償操作，例如重試。如果兩者都符合你的情況，那麼請求 / 回應是一種明智的方法；剩下的唯一問題是決定同步還是異步實作，這與我們之前討論的權衡相同。

模式：事件驅動的溝通

與請求 / 回應呼叫相比，事件驅動的溝通看起來很奇怪。與微服務要求其他微服務做某事不同，微服務發出的事件可能會或可能不會被其他微服務接收。它在本質上是一種異步互動，因為事件偵聽器將在它們自己的執行緒上運行。

事件是關於已經發生的事情的聲明，幾乎總是在發送事件的微服務世界中發生的事情。發送事件的微服務不知道其他微服務使用該事件的意圖，實際上它甚至可能不知道其他微服務的存在，只要在需要的時候發送事件，它就完成所有的任務。

在圖 4-11 中，我們看到 `Warehouse` 觸發與打包訂單過程相關的事件。這些事件由兩個微服務 `Notifications` 和 `Inventory` 接收，並做出相應的反應。`Notifications` 微服務會發送一封電子郵件向我們的客戶更新訂單狀態的變化，而 `Inventory` 微服務可以在商品打包到客戶訂單中時更新庫存水準。

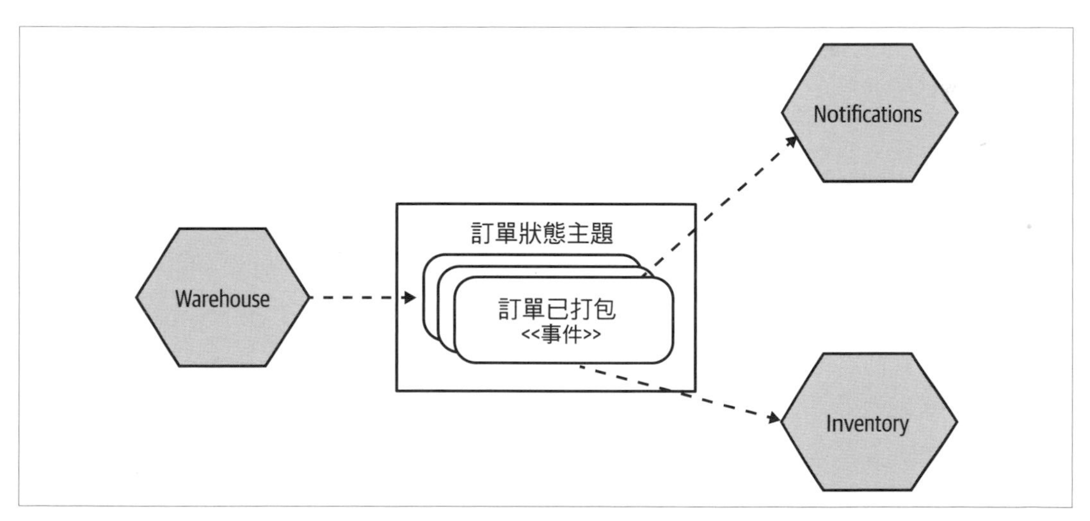

圖 4-11　`Warehouse` 發出一些下游微服務訂閱的事件

Warehouse 只是廣播事件，假設感興趣的各方會做出相應的反應。它不知道事件的接收者是誰，這使得事件驅動的互動通常更加鬆散耦合。當你將其與請求 / 回應呼叫進行比較時，你可能需要一段時間才能理解責任倒置。對於請求 / 回應，我們可能希望 Warehouse 在適當的時候告訴 Notifications 微服務發送電子郵件。在這樣的模型中，Warehouse 需要知道哪些事件需要通知客戶。但在事件驅動的互動中，我們將這一責任推到了 Notifications 微服務中。

事件背後的意圖可被認為是請求的反面。事件發射器（event emitter）讓接收者決定做什麼，透過請求 / 回應，發送請求的微服務知道應該做什麼，並告訴其他微服務它認為接下來需要發生什麼。這當然意味著在請求 / 回應中，請求者必須知道下游接收者可以做什麼，這也代表了更大程度的領域耦合。透過事件驅動的協作，事件發射器不需要知道任何下游微服務能夠做什麼，實際上甚至可能不知道它們的存在，因此，耦合大大降低。

我們在事件驅動的互動中看到的責任分配，可以反映我們在試圖創建更多自治團隊的組織中所看到的責任分配。我們不是集中承擔所有責任，而是希望將其推入團隊本身，讓他們以更自主的方式運作，我們將在第 15 章重新討論這個概念。在這裡，我們將責任從 Warehouse 推到 Notifications 和 Inventory 中，這可以幫助我們降低 Warehouse 等微服務的複雜性，並使我們的系統中的「智慧」能更均勻的分布。當我們在第 6 章比較編排（choreography）和編配（orchestration）時，我們將更詳細地探討這個想法。

事件和訊息

有時我會看到訊息和事件這兩個術語被混淆了。事件是一個事實，對發生的事情的陳述，以及一些關於究竟發生了什麼的資訊。訊息則是我們透過異步溝通機制發送的東西，比如訊息仲介。

透過事件驅動的協作，我們希望廣播該事件，而實作該廣播機制的典型方法是將事件放入訊息中。訊息為媒介，而事件為資料酬載（payload）。

同樣地，我們可能希望將請求作為訊息的資料酬載發送，在這種情況下，我們將以一種異步請求 / 回應形式來實作。

實作

這裡我們需要考慮兩個主要方面：我們的微服務發送事件方式，以及我們的消費者發現這些事件發生的方式。

傳統上來說，像 RabbitMQ 這樣的訊息仲介會嘗試處理這兩個問題。生產者（producer）使用 API 向仲介（broker）發布事件，而仲介處理訂閱，讓消費者（consumer）在事件到達時收到通知。這些仲介甚至可以處理消費者的狀態，例如，透過幫助追蹤他們以前看到的訊息。這些系統通常被設計為具有可擴展性（scalable）和彈性（resilient），但這並不是免費的。它會增加開發過程的複雜性，因為它是你在開發及測試服務時可能需要執行的其他系統。此外，可能還需要額外的機器和專業知識來保持該基礎設施啟動並正常運行；然而，一旦順利運作起來，它將是實作鬆散耦合、事件驅動之架構的高效方法。基本上，我是它的超級粉絲。

不過，千萬要小心中間介（middleware）的世界，訊息仲介只是其中的一小部分。佇列本身是非常合理、有用的東西。然而，供應商往往希望將大量軟體與它們一起打包，這可能導致越來越多的邏輯（smarts）被納入中間件，從 Enterprise Service Bus 之類的東西就可以證明這一點。請確認你知道你在做什麼：讓中間件保持單純而無知，將邏輯與智慧留給端點。

另一種方法是嘗試使用 HTTP 作為傳播事件的一種方式。Atom 是一種符合 REST 的規格，它針對發布資源 feed（來源）定義語意（及其他事項）。許多客戶端程式庫允許我們創建和使用這些 feed。因此，我們的使用者服務可以在發生變動時將事件發布到這樣的 feed，消費者只要輪詢這個 feed，就能尋找相關的變動。一方面，我們可以重用既有的 Atom 規格和任何相關的程式庫，這非常有用；另一方面，我們知道 HTTP 非常善於處理大規模的東西，但不擅長因應低延遲的需求（有些訊息仲介在這方面很出色）。而且我們仍得必須處理一個事實，就是消費者需要追蹤它們看過什麼訊息，並且管理自己的輪詢時程。

我看到人們耗費大量時間，實作越來越多訊息仲介者現成就有提供的行為，設法讓 Atom 適用於某些使用範例。例如，**競爭消費者**（*Competing Consumer*）模式描述一種做法，在當中，你讓多個工作者實例（worker instance）相互競奪訊息，這非常適用於擴展工作者數量來處理一串獨立的作業；然而，我們希望避免兩個以上的工作者看到同一個訊息，因為那只會造成不必要的浪費。使用訊息仲介時，標準佇列會處理這件事。使用 Atom 時，我們必須在所有的工作者之間管理我們自己的共用狀態，盡量減少重複耗費力氣的可能性。

如果你已經有良好、彈性的訊息仲介者可使用，請考慮利用它來處理事件的發布與訂閱；如果沒有，請參考 Atom，但要注意沉沒成本謬誤（sunk cost fallacy）。如果你發現自己想要訊息仲介所提供的越來越多支援，那麼在某個時間點，你可能會想要改變你的做法。

就我們透過這些異步協定實際發送的內容而言，與同步溝通相同的考慮也適用。如果你目前對使用 JSON 編碼請求和回應感到滿意，就繼續使用它吧。

事件中有什麼？

在圖 4-12 中，我們看到 `Customer` 微服務正在廣播一個事件，通知相關各方新使用者已在系統中註冊。下游的兩個微服務 `Loyalty` 和 `Notifications` 關心這個事件。`Loyalty` 微服務透過為新使用者設置帳戶來回應接收事件，以便他們可以開始賺取點數；而 `Notifications` 微服務向新註冊的使用者發送一封電子郵件，歡迎他們享受 MusicCorp 的奇妙樂趣。

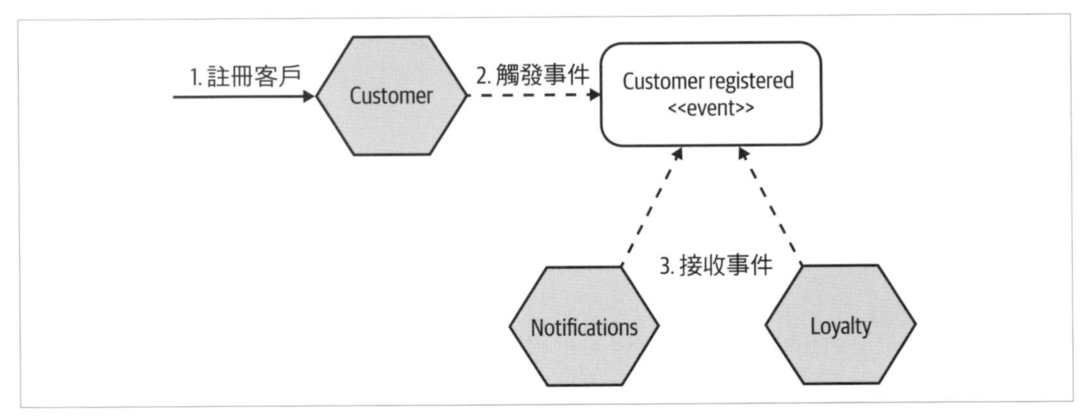

圖 4-12　當新使用者註冊時，`Notifications` 和 `Loyalty` 微服務會收到一個事件

透過請求，我們要求微服務做某事並提供執行請求操作所需的資訊。對於事件，我們正在廣播其他單位*必定*感興趣的事實，但是由於發送事件的微服務不能也不應該知道誰接收事件，我們該如何知道其他單位可能需要從事件中獲得哪些資訊？究竟什麼應該在事件中呢？

只有個 ID

有一種選擇是讓事件只包含新註冊使用者的識別碼，如圖 4-13 所示。`Loyalty` 微服務只需要這個識別碼來創建匹配的忠誠帳戶，所以它擁有它需要的所有資訊。然而，雖然 Notifications 微服務知道它需要在收到此類事件時發送歡迎電子郵件，但它需要額外的資訊來完成它的工作，至少是一個電子郵件地址，可能還需要客戶的姓名或是個人風格的電子郵件。由於 Notifications 微服務未收到此資訊，因此它別無選擇，只能從 Customer 微服務中獲取此資訊，如圖 4-13 所示。

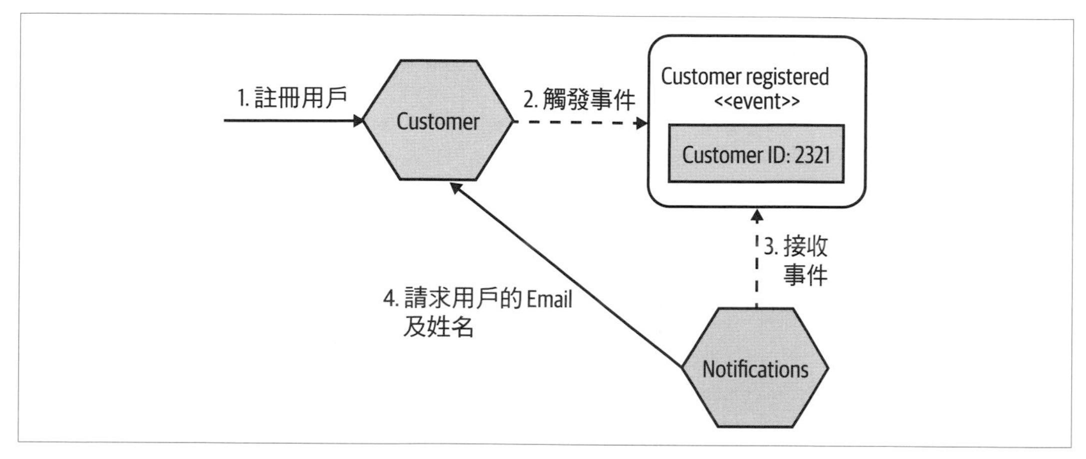

圖 4-13　Notifications 微服務需要向 Customer 微服務請求未包含在事件中的更多詳細資訊

這種方法有一些缺點。首先，Notifications 微服務現在必須了解 Customer 微服務，從而增加了額外的領域耦合。正如我們在第 2 章中所討論的，雖然領域耦合處於耦合光譜中較鬆那端，但我們仍然希望盡可能避免它。如果 Notifications 微服務收到的事件包含它需要的所有資訊，就不需要這個回調。來自接收微服務的回調還可能導致另一個主要缺點，也就是在有大量接收微服務的情況下，發送事件的微服務可能會因此收到大量請求。想像一下，如果五個不同的微服務都收到相同的客戶創建事件，並且都需要請求額外的資訊，代表它們都必須立即向 Customer 微服務發送請求以獲得他們需要的資訊。隨著對特定事件感興趣的微服務數量增加，這些呼叫的影響可能會變得更顯著。

完全詳細的事件

我更喜歡的另一種方法是將所有內容都放入一個你很樂意透過 API 來共享的事件中。如果你讓 Notifications 微服務詢問某位客戶的電子郵件地址和姓名，為什麼不一開始就將這些資訊放在事件中呢？在圖 4-14 中，我們看到了這種方法，Notifications 現在更加自給自足，無需與 Customer 微服務溝通即可完成其工作。事實上，它可能永遠不需要知道 Customer 微服務的存在。

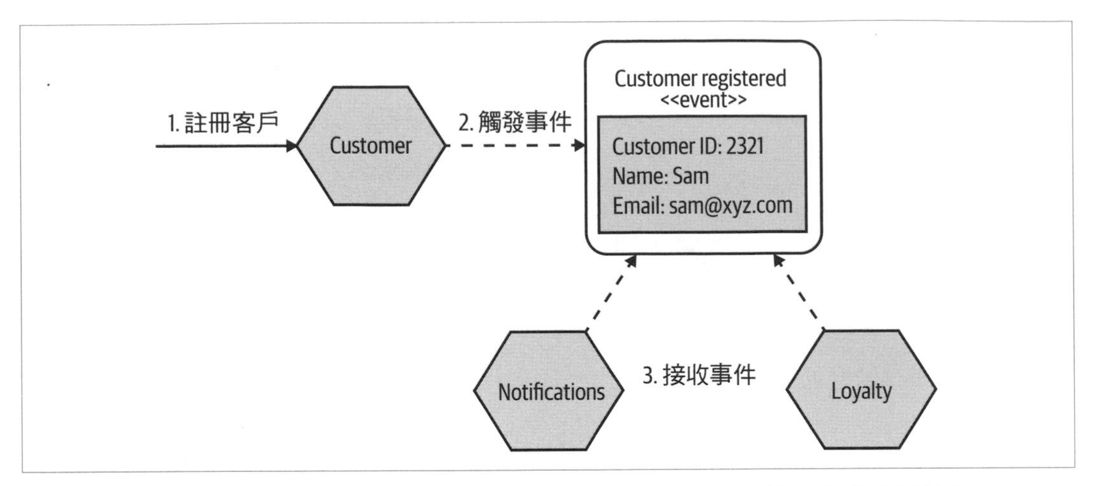

圖 4-14　包含更多資訊的事件可以允許接收的微服務採取行動，而無需進一步呼叫事件源

除了可以允許鬆散耦合這一事實之外，具有更多資訊的事件還可以兼作特定實體所發生事情的歷史記錄，這可以幫助你實作審計系統的一部分，或者甚至提供在給定時間點重建一個實體的能力，代表了這些事件可以用作事件源的一部分，我們將在下面簡要探討這個概念。

雖然這種方法絕對是我的首要選擇，但它並非沒有缺點。首先，如果與事件相關的資料很大，我們可能會擔心事件的大小。現代訊息仲介（假設你正在使用一個來實作你事件廣播的機制）對訊息大小的限制相當寬鬆：Kafka 中一條訊息的預設大小上限為 1 MB，而最新版本的 RabbitMQ 對單個訊息理論的上限為 512 MB（低於之前的 2 GB 限制！），儘管人們可以預期像這樣的大訊息會有一些有趣的性能問題，但即使是 Kafka 的訊息最大容量為 1 MB，也給了我們很大的空間來發送大量的資料。最終，如果你想進入一個開始擔心事件大小的空間，那麼我建議採用混合方法，其中一些資訊包含在事件中，但可以查找其他（更大的）資料，如果需要的話。

在圖 4-14 中，`Loyalty` 不需要知道客戶的電子郵件地址或姓名，但它仍然透過事件接收。如果我們試圖限制哪些微服務可以查看哪些類型的資料，這可能會造成擔憂。例如，我可能想限制哪些微服務可以查看個人身分資訊（或 PII）、付款信用卡詳細資訊或類似的敏感資訊資料。一種解決這個問題的方法可能是發送兩種不同類型的事件：一種包含 PII 並且可以被某些微服務看到、另一種不包括 PII 並且可以更廣泛地廣播。這在管理不同事件的可見性上，以及確保兩個事件都被觸發上增加了複雜性。如果一個微服務發出第一類事件，但在第二類事件發出前死亡，會發生什麼事？

另一個考慮是，一旦我們將資料放入一個事件中，它就會成為我們與外界簽訂契約的一部分。我們必須意識到，如果我們從事件中刪除一個字段，可能會對外部方造成破壞。資訊隱藏仍然是事件驅動協作中的一個重要概念，我們在事件中放入的資料越多，外部各方對事件的假設就越多。我的一般原則是，如果我願意透過請求 / 回應 API 共享相同的資料，我就可以將資訊放入事件中。

在哪裡使用

事件驅動的協作在需要廣播資訊的情況下，以及在你樂於顛覆意圖的情況下蓬勃發展。擺脫告訴其他事情該做什麼的模式，而是讓下游微服務自己解決這個問題，這點具有很大的吸引力。

在你更關注鬆散耦合而不是其他因素的情況下，事件驅動的協作將具有明顯的吸引力。

需要注意的是，這種協作方式經常會出現新的複雜性來源，尤其是在你對它的接觸有限的情況下。如果你不確定這種溝通形式，請記住，我們的微服務架構可以（並且很可能會）包含不同互動風格的混合。你不一定要全部採用事件驅動的協作，也許就從一個事件開始。

就我個人而言，我發現自己幾乎預設採用事件驅動的協作。我的大腦似乎以這樣一種方式重塑自己，以致於這些類型的交流對我來說似乎是*顯而易見*的。但這並不完全有幫助，因為除了說*感覺*正確之外，試圖解釋*為什麼*會這樣可能會很棘手。但這只是我自己固有的偏見，根據我自己的經驗，我很自然地被*我*所知道的吸引；很有可能我對這種互動形式的吸引幾乎完全是由我之前在過度耦合系統中的糟糕經歷所驅動的。我可能只是一個一直重複打最後一場仗的將軍，而沒有考慮到也許這一次真的是不同的。

拋開我自己的偏見，我要說的是，我看到更多的團隊用事件驅動的互動代替請求 / 回應互動，而不是相反的情況。

謹慎行事

有些異步的東西看起來很有趣，對吧？事件驅動的架構似乎導致了更為解耦合、更具擴展性的系統。但是這些溝通風格確實增加複雜性。這不僅是管理發布和訂閱訊息所需的複雜性（正如我們剛剛討論的），還有我們可能面臨的其他問題。例如，在考慮長時間運行的異步請求 / 回應時，我們必須考慮回應返回時要做什麼。它會返回到發起請求的同一個節點嗎？如果是這樣，如果該節點關閉會發生什麼情況呢？如果不是，我是否需要將資訊儲存在某處以便我可以做出相應的反應？如果你擁有合適的 API，那麼短暫的異步會較容易管理，但即便如此，對於習慣於行程內同步訊息呼叫的程式設計師來說，這是全然不同的思維方式。

來講個警世的故事吧！回顧 2006 年，我正在為一家銀行建置定價系統。檢視市場活動，並且判斷投資組合中的哪些項目需要重新定價。一旦我們確定了要處理事項清單，我們就把這些都放到一個訊息佇列中。我們建立一整個緩衝池的定價工作者，以便根據請求數量彈性地縮放系統的處理能力，這些工作者採取 Competing Consumer 模式，每一個工作者盡可能快速地處理訊息，直到全部清空。

該系統已經啟動並運行，我們感到相當得意。但有一天，就在我們發布了一個版本之後，我們遇到了一個棘手的問題：我們的工作者（worker）不停地掛掉、不停地掛掉。

最終，我們找到了問題所在。有個錯誤悄悄地發生，是某種類型的定價請求會導致工作者崩潰。我們使用的是一個交易處理佇列：當工作者死亡時，它的請求鎖定就會逾時，並且定價請求會被放回佇列中，然後另一個工作者取得它後也跟著掛掉。這就是 Martin Fowler 所說的災難性失敗轉移（catastrophic failover）的經典範例（*https://oreil.ly/8HwcP*）。

除了臭蟲本身，我們也未針對佇列裡的任務指定最大重試次數的限制，我們修復臭蟲，並且組態最大重試次數。然而，我們也意識到，我們需要某種機制檢視及重演這些不良訊息。最終，我們不得不實作訊息醫院（message hospital）（或無效信件佇列，dead letter queue），假如訊息發生失敗，就會被送到這裡。另外，我們也建立 UI 來查看那些訊息，並且在必要時進行重試。如果你只熟悉同步的點對點溝通，這類問題就不是那麼容易瞭解。

事件驅動架構和異步編程的相關複雜性讓我相信，你應該謹慎地開始採用這些想法。請確保你備好良好的監控機制，並好好考慮使用關聯 ID，它允許你跨行程邊界的追蹤請求，我們將在第 10 章深入介紹。

我還強烈建議閱讀 Gregor Hohpe 和 Bobby Woolf 所共同著作的《*Enterprise Integration Patterns*[4]》，其中包含了有關你可能希望在此領域考慮的不同訊息傳送模式的更多詳細資訊。

4 Gregor Hohpe 和 Bobby Woolf 共同合著的《*Enterprise Integration Patterns*》（Boston: Addison-Wesley, 2003）。

不過，我們也必須誠實對待我們可能認為「更簡單」的整合方式，也就是與了解事情是否有效相關的問題，不僅限於異步形式的整合。對於同步的、阻塞的呼叫，如果出現逾時，是否是因為請求丟失而下游方沒有收到？還是請求通過了，但回應丟失了？在那種情況下你會怎麼做？如果你選擇重試，但原始請求確實通過了，那該怎麼辦？（嗯，這就是冪等性（idempotency）可以使用的時機了，我們將在第 12 章中討論這個主題。）

可以說，在故障處理方面，同步阻塞呼叫可能會給我們帶來同樣多的麻煩，因為我們需要確定事情是否發生（或沒有發生）。只是這些令人頭痛的問題我們比較熟悉而已！

總結

我在本章分解了微服務溝通的一些關鍵風格，並討論了各種權衡。雖然並不總是有一個*正確*的選擇，但希望我已經詳細地提供關於同步和異步呼叫、事件驅動和請求 / 回應溝通方式的足夠資訊，以幫助你對某些上下文進行正確的呼叫。我自己對異步、事件驅動的協作之偏見不僅是我經驗使然，也是我對一般耦合的厭惡。但這種溝通方式伴隨著不可忽視的複雜性，而且每種情況都是獨一無二的。

在本章中，我簡要提到了一些可用於實作這些互動風格的具體技術。我們現在準備開始本書的第二部分：實作。在下一章中，我們將更深入地探索如何實作微服務溝通。

第二部分

實作

第五章

實作微服務溝通

正如我們在前一章中討論的，你對技術的選擇應該在很大程度上是取決於你想要的溝通方式。在同步阻塞或異步非阻塞呼叫、請求 / 回應或事件驅動的協作之間做出決定，將會幫助你減少可能會很長的技術列表。在本章中，我們將了解一些常用於微服務溝通的技術。

尋找理想的技術

關於一個微服務如何與另一個微服務溝通，有一系列令人眼花繚亂的選項。但哪個是正確的呢？SOAP？XML-RPC？REST？gRPC？然而，新的選擇總是會不斷出現，所以在我們討論具體的技術之前，讓我們想一下我們想要從所選擇的技術中得到什麼。

使向後相容變得容易

在對微服務進行變更時，我們需要確保不會破壞與任何消費微服務的相容性。因此，我們希望確保我們選擇的任何技術都可以輕鬆進行向後相容的變更，像添加新字這種簡單操作不應該破壞客戶端。在理想情況下，我們還希望能夠驗證我們所做的變更是向後相容的，並且在我們將微服務部署到正式環境前有辦法能獲得這種回饋資訊。

使你的介面明確

微服務向外界公開的介面必須是明確的，這一點很重要，這代表著微服務的消費者很清楚微服務公開了哪些功能。但這也意味著從事微服務的開發者很清楚哪些功能需要對外部保持完整，我們希望避免對微服務的變更導致相容性意外中斷的情況。

顯式綱要可以在很大程度上幫助確保微服務公開的介面是顯式的。我們可以看到有些技術必須使用綱要，但對於其他技術，綱要的使用是非必選的。無論哪種方式，我都強烈鼓勵使用顯式綱要，並且有足夠的支援文件來明確消費者可以預期微服務提供哪些功能。

保持你的 API 技術中立

如果你在 IT 行業工作超過 15 分鐘，就不需要我告訴你我們在一個瞬息萬變的空間中工作。唯一不變的事就是改變。新的工具、框架和語言一直不斷出現，實作這些新想法可以幫助我們更快、更有效地工作。現在，你可能是一家 .NET 商店。但是一年後，或者五年後呢？如果你想嘗試另一種可能使你更有效率的技術堆疊呢？

我非常喜歡保持我的選擇開放，這就是為什麼我如此喜歡微服務，也是為什麼我認為確保用於微服務之間溝通的 API 技術中立是非常重要的，因為這意味著避免整合了能決定我們可以使用哪些技術堆疊來實作微服務的技術。

為消費者提供簡單的服務

我們希望讓消費者可以輕鬆使用我們的微服務。如果使用成本很高，那麼擁有一個精心分解的微服務並沒有多大意義！讓我們想想是什麼讓消費者可以輕鬆地使用我們出色的新服務。理想上，我們希望讓我們的客戶在技術選擇上有充分的自由；另一方面，提供客戶端程式庫可以讓服務更容易被使用。然而，這些程式庫通常與我們想要實作的其他事情不相容。例如，我們可能會使用客戶端程式庫來讓消費者覺得服務很容易使用，但這樣做很可能伴隨著耦合度增加的代價。

隱藏內部實作細節

我們不希望消費者被綁定到我們的內部實作，因為那會導致耦合增加，也就是，若我們想要改變微服務內部的東西，就必須要求消費者跟著改變，那樣會增加變更的成本，而這也正是我們試圖避免的結果。這也表示，我們比較不可能進行變更，唯恐必須升級我們的消費者而可能導致服務的技術債增加。因此，任何促使我們暴露內部表示（internal representation）之細節的技術都應該避免。

技術選擇

有一大堆技術我們可以研究，但與其籠統地看一長串選擇，我將強調一些最流行和最有趣的選擇。以下是我們將要研究的選項：

遠端程序呼叫（*Remote procedure calls*）

允許在遠端行程上呼叫本地方法呼叫的框架。常見選項包括 SOAP 和 gRPC。

REST

這是一種架構風格，在其中你公開了可以使用一組常用動詞（GET、POST）來訪問的資源（客戶、訂單等）。REST 的內容遠不止這些，但我們很快就會談到這一點。

GraphQL

一種相對較新的協定，允許消費者定義自定義查詢，這些查詢可以從多個下游微服務中獲取資訊、過濾結果以僅返回需要的內容。

訊息仲介（*Message brokers*）

允許透過佇列或主題進行異步溝通的中間件。

遠端程序呼叫

遠端程序呼叫（Remote Procedure Call，RPC）是指進行本地呼叫並使其在某處遠端服務上執行的技術。有許多不同的 RPC 實作可以使用，這領域中的大多數技術都需要一個顯式綱要，例如 SOAP 或 gRPC。在 RPC 的上下文中，綱要通常被稱為介面定義語言（interface definition language，IDL），而 SOAP 將其綱要格式稱為 Web 服務定義語言（Web Service Definition Language，WSDL）。使用單獨的綱要可以更輕鬆地為不同的技術堆疊生成客戶端和伺服端 stub。例如，我可以讓一個 Java 伺服器公開一個 SOAP 介面，以及由該介面相同的 WSDL 定義生成的 .NET 客戶端。其他技術，如 Java RMI，需要客戶端和伺服器之間有更緊密的耦合，要求兩者使用相同的底層技術，但不需要顯式服務定義，因為服務定義是由 Java 類型定義隱含提供的。然而，所有這些技術都具有相同的核心特徵：它們使遠端呼叫看起來像本地呼叫。

一般來說，使用 RPC 技術意味著你購買了序列化協定。RPC 框架定義了資料序列化和反序列化的方式。例如，gRPC 為此使用 protocol buffer 序列化格式。有些實作綁定到特定的網路協定（如 SOAP，它名義上使用 HTTP），而其他實作可能允許你使用不同類型的網路協定，這些協定可以提供附加功能。例如，TCP 提供關於交付的保證，而 UDP 不提供，但它的開銷要低得多。這可以讓你針對不同的使用情形來使用不同的網路技術。

具有顯式架構的 RPC 框架使得生成客戶端程式碼變得非常容易。這可以避免對客戶端程式庫的需求，因為任何客戶端都可以根據此服務規範生成自己的程式碼。但要使客戶端程式碼生成工作，客戶端需要某種方式獲取綱要。換句話說，消費者需要在計劃進行呼叫之前訪問綱要。Avro RPC 在這裡是一個有趣的異類，因為它可以選擇將完整綱要與資料酬載一起發送，進而允許客戶端動態解釋綱要。

易於生成客戶端程式碼是 RPC 的主要賣點之一。理論上，我可以只進行一個普通的方法呼叫，而忽略其餘部分的事實，這是個巨大的好處。

挑戰

正如我們所見，RPC 提供了一些巨大的優勢，但也並非沒有缺點，而且某些 RPC 實作可能比其他實作更成問題。這些問題中有許多是可以解決的，但它們值得進一步探索。

技術耦合。 某些 RPC 機制，如 Java RMI，與特定平台密切相關，這會限制客戶端和伺服器中可以使用的技術。Thrift 和 gRPC 對替代語言的支援令人印象深刻，這可以在一定程度上減少這種缺點，但請注意，RPC 技術有時會限制互通性。

在某種程度上，這種技術耦合可以是一種暴露內部技術實作細節的形式。例如，RMI 的使用不僅將客戶端與 JVM 聯繫起來，而且還將伺服器聯繫起來。

公平地說，有許多 RPC 實作沒有這個限制，而 gRPC、SOAP 和 Thrift 都是允許不同技術堆疊之間互操作的例子。

本地呼叫與遠端呼叫不同。 RPC 的核心思想是隱藏遠端呼叫的複雜性，然而這可能會導致隱藏太多。在某些形式的 RPC 中，驅使遠端方法呼叫看似本地方法呼叫的力量掩蓋了「兩者非常不同」的事實。我可以進行大量本地的行程內呼叫，而不必太擔心效能；但是，使用 RPC，序列化（marshalling）與反序列化（unmarshalling）資料酬載（payload）的成本可能很大，更不用說是跨網路傳送資訊所耗費的時間。這意味著你需要以不同的方式思考遠端介面與本地介面的 API 設計。不經縝密思考就採用本地 API 並試圖使其成為服務邊界，可能會給你帶來更多麻煩。在一些最糟糕的例子中，如果抽象過於不透明，開發人員可能會在不知情的情況下使用遠端呼叫。

你還需要考慮網路本身。很多人都知道，分散式計算的第一個謬論是「網路是可靠的」（*https://oreil.ly/8J4Vh*）。事實上，網路**並不**可靠，即使你的客戶端以及同你通話的伺服器是正常的，它也一定會失敗。它們可能會快速失敗，也可能緩慢失敗，甚至可以使你的資料封包格式錯誤。你應該假設你的網路受到惡意實體的困擾，這些實體隨時準備發洩它們的憤怒。因此，你可能會在更簡單的單體式軟體中遇到可能從未見過的失敗模式類型。失敗可能因為遠端伺服器回傳錯誤而引起，或者你的呼叫有問題，你能夠分辨其中的差別嗎？如果可以，你能做些什麼嗎？當遠端伺服器開始回應緩慢時，你會怎麼做？我們將在第 12 章時討論這個主題。

脆弱性。 一些最流行的 RPC 實作會導致一些令人討厭的脆弱性（brittleness），Java RMI 就是一個很好的例子。讓我們考慮一個非常簡單的 Java 介面，我們決定為我們的 Customer 微服務創建一個遠端 API。範例 5-1 宣告了我們要遠端公開的方法，Java RMI 為我們的方法生成客戶端和伺服器端 stub。

範例 5-1 使用 Java RMI 定義服務端點

```
import java.rmi.Remote;
import java.rmi.RemoteException;

public interface CustomerRemote extends Remote {
  public Customer findCustomer(String id) throws RemoteException;

  public Customer createCustomer(
    String firstname, String surname, String emailAddress)
    throws RemoteException;
}
```

在此介面中，createCustomer 取得名字、姓氏和電子郵件地址。假使我們決定允許只使用電子郵件地址創建 Customer 物件，會發生什麼？此時我們可以添加一個新方法，非常簡單如下所示：

```
...
public Customer createCustomer(String emailAddress) throws RemoteException;
...
```

問題是，現在我們也需要重新生成客戶端 stub。想要使用新方法的客戶端需要新的 stub，而且，根據規格變更的本質，無需用到新方法的消費者可能也必須更新它們的 stub，當然，這是可管理的，但僅限於某種程度。在現實情況中，像這樣的變化相當普遍。RPC 端點通常最終擁有大量用於以不同方式創建物件或與物件互動的方法，部分原因是我們仍然將這些遠端呼叫視為本地呼叫。

但是，還有另一種脆弱性。讓我們看看我們的 Customer 物件是什麼樣子的：

```
public class Customer implements Serializable {
  private String firstName;
  private String surname;
  private String emailAddress;
  private String age;
}
```

假使儘管我們在 `Customer` 物件中公開了 `age` 字段，但我們的消費者從未使用過它，該怎麼辦？我們決定要刪除此字段，如果伺服器實作從它的型別定義中刪除了 `age`，但並沒有對所有消費者做同樣的事情，那麼即使他們從未使用過該字段，在消費者端與反序列化 `Customer` 對象相關的程式碼也會發生破壞。要推出此變更，我們需要變更客戶端程式碼以支援新定義，並在推出新版本伺服器的同時部署這些更新的客戶端。對任何促進使用二進制 stub 生成的 RPC 機制而言，這是個重大的挑戰：你無法分離客戶端和伺服器部署，如果你使用這項技術，鎖步發布（lockstep releases）可能會成你未來的問題。

如果我們想重構 `Customer` 物件，即使我們沒有刪除字段也會出現類似的問題——例如，如果我們想將 `firstName` 和 `surname` 封裝到一個新的 `naming` 型別中以使其更易於管理。當然，我們可以透過傳送字典型別作為我們呼叫的參數來解決這個問題，但是在這一點上，我們便失去了許多生成 stub 的好處，因為我們仍然需要手動匹配和提取我們想要的字段。

在實務中，用作跨線路二進制序列化一部分的對象可以被認為是「僅限擴大的型別」（expand-only type）。這種脆弱性導致型別暴露在外並變成一堆欄位，其中一些不再使用但無法安全去除。

在哪裡使用

儘管有它的缺點，但事實上我滿喜歡 RPC，而且更現代的實作，如 gRPC 非常出色，而其他實作則存在重大問題，這會讓我對它們望而卻步。例如，Java RMI 在脆弱性和有限的技術選擇方面存在許多問題，而從開發者的角度來看，尤其是與更現代的選擇相比時，SOAP 是相當重量級的。

如果你要選擇此模型，請注意與 RPC 相關的一些潛在陷阱。不要將你的遠端呼叫抽象到網路完全隱藏的程度，並確保你可以改進伺服器介面，而不必堅持為客戶端進行鎖步升級。例如，為你的客戶端程式碼找到合適的平衡點很重要。確保你的客戶不會忘記將要進行網路呼叫的事實。客戶端程式庫通常在 RPC 的上下文中使用，如果結構不正確，它們可能會出現問題，我們會很快地討論到這些問題。

如果我正在尋找這個領域的選項，gRPC 將排在我列表的最上面，為了利用 HTTP/2 的優勢，它具有一些令人印象深刻的效能特徵和良好的一般易用性。我也很欣賞圍繞 gRPC 的生態系統，包括像 Protolock（*https://protolock.dev*）這樣的工具，我們將在本章稍後討論綱要時討論。

gRPC 非常適合同步的請求 / 回應模型，但也可以與反應式擴展一起工作。每當我在對於客戶端和伺服器端都有很好的控制權的情況下時，它在我的列表中很重要。如果你必須支援可能需要與微服務溝通的各種其他應用程式，則需要根據伺服器端綱要編譯客戶端程式碼就可能會出現問題。在這種情況下，某種形式的 REST over HTTP API 可能更合適。

REST

Representational State Transfer（REST）是一種受網路啟發的架構風格。REST 風格背後有許多原則和限制，但是當我們在微服務世界中面臨整合挑戰時，以及當我們為我們的服務介面尋找 RPC 的替代方案時，我們將專注於那些真正對我們有幫助的原則和限制。

考慮 REST 時最重要的是資源的概念。你可以將資源視為服務本身知道的事物，例如 `Customer`。伺服器根據請求對此 `Customer` 創建不同的表示。資源在外部的顯示方式與其內部儲存的方式完全分離。例如，客戶端可能會要求 `Customer` 的 JSON 表示，即使它以完全不同的格式儲存。一旦客戶擁有該 `Customer` 的表示，它就可以請求變更它，伺服器可能會也可能不會遵守它們。

REST 有許多不同的風格，我在這裡只簡要介紹它們。我強烈建議你閱讀 Richardson Maturity Model（*https://oreil.ly/AlDzu*），其中比較了不同風格的 REST。

REST 本身並沒有真正談論底層協定，儘管它最常用於 HTTP。我以前見過使用非常不同協定的 REST 實作，儘管這可能需要大量的工作。HTTP 作為規範的一部分提供給我們的一些功能（例如動詞），讓透過 HTTP 實作 REST 更容易，而對於其他協定，你必須自己處理這些功能。

REST 以及 HTTP

HTTP 本身定義了一些非常適合 REST 風格的有用功能。例如，HTTP 動詞（例如 GET、POST 和 PUT）在 HTTP 規範中已經具有很好理解的含義，即它們應該如何處理資源。REST 架構風格實際上告訴我們這些動詞在所有資源上的行為方式應該相同，而 HTTP 規範恰好定義了一堆我們可以使用的動詞。例如，GET 以冪等方式檢索資源，POST 創建新資源。這意味著我們可以避免許多不同的 `createCustomer` 或 `editCustomer` 方法。相反地，我們可以簡單地 POST 一個客戶表示來請求伺服器創建一個新資源，然後我們可以發起一個 GET 請求來檢索一個資源的表示。從概念上講，在這些情況下，有一個客戶資源形式的**端點**，我們可以對其執行的操作都包含在 HTTP 協定中。

HTTP 還帶來了一個龐大的支援工具和技術生態系統。我們開始使用像 Varnish 這樣的 HTTP 快取代理、和像 mod_proxy 這樣的負載平衡器（load balancer），而且許多監控工具已經對 HTTP 提供了很多現成的支援。這些建置模塊使我們能夠處理大量 HTTP 流量並以相當透明的方式巧妙地導流它們。我們還可以透過 HTTP 使用所有可用的安全控制來保護我們的溝通，從基本身分驗證到客戶端憑證，HTTP 生態系統為我們提供了許多工具來簡化資安流程，我們將在第 11 章中更多地探討該主題。也就是說，要獲得這些好處，你必須很好地使用 HTTP。使用不當，它可能與既有的任何其他技術一樣不安全且難以擴展；但是，正確使用它，你會得到很多幫助。

請注意，HTTP 也可用於實作 RPC。例如，SOAP 透過 HTTP 被傳送，但遺憾的是它使用的規範很少。動詞被忽略，像 HTTP 錯誤程式碼這樣的簡單事物也會被忽略。另一方面，gRPC 旨在利用 HTTP/2 的功能，例如透過單個連接發送多個請求 / 回應流的能力。但是當然，在使用 gRPC 時，你不是使用 REST，因為你已經在用 HTTP 了！

超媒體即應用程式狀態引擎

REST 引進的另一個原則可以幫助我們避免客戶端和伺服器之間的耦合，就是**超媒體即應用程式狀態引擎**（*hypermedia as the engine of application state*，縮寫為 HATEOAS）的概念。這是一個相當密集的措辭和一個相當有趣的概念，所以讓我們把它分解一下。

超媒體是一個概念，其中一段內容包含指向各種格式（例如，文字、圖像、聲音）的其他各種內容的連結。這對你來說應該很熟悉，因為它正是一般網頁中發生的事情：你可以點擊連結（一種超媒體控制項的形式）來查看相關內容。HATEOAS 背後的想法是客戶端應該透過這些指向其他資源的連結與伺服器互動（可能導致狀態轉移）。透過知道要觸發哪個 URI，客戶端不需要知道使用者究竟在伺服器上的什麼位置；相反地，客戶端尋找及瀏覽連結以找到它需要的東西。

這是一個有點奇怪的概念，所以讓我們先退後一步，想一想人們是如何與網頁互動，我們所建立的網頁內含豐富的超媒體控制項（hypermedia control）。

試想 Amazon.com 購物網站。購物車的位置隨著時間而改變。圖形已變更，連結已變更，但身為人類，我們仍很聰明，可以認得購物車，知道它是什麼，並與之互動。我們了解購物車的含義，即使用於表示它的確切形式和底層控制項已變更。我們知道，如果我們要查看購物車，這就是我們要與之互動的控制項。這就是網頁如何隨著時間的推移而逐漸變化的方式。只要使用者和網站之間的這些隱性契約仍然得到滿足，變更就不必是破壞性的。

使用超媒體控制項時，我們正試圖讓我們的電子消費者達到相同的「智能」水準。讓我們看一下可能用於 MusicCorp 的超媒體控制項。在範例 5-2 中，我們存取了代表給定專輯之目錄項（catalog entry）的資源，除了有關專輯的資訊外，我們還看到了許多超媒體控制項。

範例 *5-2* 專輯列表中使用的超媒體控制項

```
<album>
  <name>Give Blood</name>
  <link rel="/artist" href="/artist/theBrakes" /> ❶
  <description>
    Awesome, short, brutish, funny and loud. Must buy!
  </description>
  <link rel="/instantpurchase" href="/instantPurchase/1234" /> ❷
</album>
```

❶ 這個超媒體控制項向我們展示了哪裡可以找到有關音樂家的資訊。

❷ 如果我們想購買專輯，我們現在知道要去哪裡購買。

在本文件中，我們有兩個超媒體控制項。讀取此類文件的客戶端需要知道，與 `artist` 有關的控制項是它需要瀏覽以獲取有關音樂家資訊的地方，並且 `instantpurchase` 是用於購買專輯之協定的一部分。使用者必須理解 API 的語意，就像人類需要理解在購物網站上購物車是準備要購買之品項所在的地方一樣。

作為客戶端，我不需要知道訪問哪個 URI scheme 來購買專輯，我只需要存取資源，找到購買控制項，然後瀏覽到該控制項。購買控制項可能會改變位置，URI 可能變動，或者該網站甚至可能將我完全發送到另一個服務，身為客戶端的我並不在意，這樣做為我們提供了大量的客戶端和伺服器之間的解耦合。

在此，相當程度上，我們從底層細節中被抽離。只要客戶端仍然可以找到與其對協定的理解相匹配的控制項，我們就可以完全改變控制項呈現方式的實作，就像購物車控制項可能從一個簡單的連結變成一個更複雜的連結，如 JavaScript 控制項。我們還可以自由地向文件新增控制項，或許表示我們可以對相關資源執行的新狀態轉移。只有當我們從根本上改變其中一個控制項的語意使其行為非常不同，或者如果我們完全移除一個控制項時，才會破壞到我們的消費者。

理論是，透過使用這些控制項讓客戶端和伺服器解耦合，隨著時間的推移，我們獲得了顯著的好處，有望抵消啟動和運行這些協定所需時間的增加。不幸的是，雖然這些想法在理論上看起來都很合理，但我發現這種形式的 REST 很少被實踐，原因我還沒有完全理解，這使得 HATEOAS 對我來說是一個更為難那些已經致力於使用 REST 的人推廣的概念。從根本上說，REST 中的許多想法都基於創建分散式超媒體系統，而這並不是大多數人最終所建置的。

挑戰

就易用性而言，從歷史上看，你無法像使用 RPC 實作那樣為 REST over HTTP 應用程式協定生成客戶端程式碼。這通常導致人們創建 REST API，提供客戶端程式庫供消費者使用。這些客戶端程式庫提供你 API 的綁定，以簡化客戶端整合。問題是客戶端程式庫可能會在客戶端和伺服器之間的耦合方面帶來一些挑戰，我們將在第 143 頁的「DRY 和微服務世界中程式碼重利用的風險」中討論這一點。

近年來，這個問題有所緩解。源自 Swagger 專案的 OpenAPI 規範（*https://oreil.ly/Idr1p*）現在能讓你在 REST 端點上定義足夠的資訊，以生成各種語言的客戶端程式碼。根據我的經驗，我還沒有看到很多團隊實際使用過這個功能，即使他們已經在使用 Swagger 來撰寫文件，我懷疑這可能是由於在目前的 API 中改使用這功能的困難所致。而且我也擔心一個過去用於撰寫文件的規範，現在用於更明確的契約，可能會導致更複雜的規範。例如，將 OpenAPI 綱要與 protocol buffer 綱要進行比較，形成了鮮明的對比。儘管如此，儘管我有所保留，但現在存在此選項是件好事。

效能也可能是一個問題。REST over HTTP 資料酬載實際上可以比 SOAP 更緊湊，因為 REST 支援替代格式，如 JSON 甚至二進制，但它仍然遠不及 Thrift 那樣精簡的二進制協定。每個請求的 HTTP 開銷也可能是低延遲要求的一個問題。當前使用的所有主流 HTTP 協定都需要在底層使用傳輸控制協定（Transmission Control Protocol，TCP），與其他網路協定相比效率低下，並且一些 RPC 實作允許你使用 TCP 的替代網路協定，例如使用者資料包協定（User Datagram Protocol，UDP）。

由於需要使用 TCP 而對 HTTP 的限制正在得到解決。目前正在敲定的 HTTP/3 正在轉向使用更新的 QUIC 協定。QUIC 提供與 TCP 相同類型的能力（例如比 UDP 更好的保證），但也有一些重大的改進，已被證明可以改善延遲和減少頻寬。HTTP/3 可能需要幾年時間才能對公眾網際網路產生廣泛影響，但假設組織可以在其自己的網路中比這更早受益似乎是合理的。

特別是對於 HATEOAS，你可能會遇到其他效能問題。由於客戶端需要瀏覽多個控制項以找到給定操作的正確端點，這可能會導致非常繁瑣的協定，因為每個操作可能需要多次往返。歸根究柢，這就是一種權衡。如果你決定採用 HATEOAS 風格的 REST，我建議首先讓你的客戶瀏覽這些控制項，然後在必要時進行最佳化。請記住，使用 HTTP 為我們提供了大量現成的協助，如我們先前提過的。關於過早最佳化的罪惡，先前已經詳細說明過，這裡不再贅述。另外，請注意，這些做法當中有許多被發展來建立分散式超文件系統（distributed hypertext system），但不是所有的方法都適合！有時你會發現自己只想要良好的老派 RPC。

儘管有這些缺點，REST over HTTP 是服務到服務互動的明智預設選擇。如果你想了解更多資訊，我推薦 Jim Webber、Savas Parastatidis 和 Ian Robinson 所合著的《*REST in Practice: Hypermedia and Systems Architecture*》（O'Reilly），其中深入介紹了 HTTP 上的 REST 主題。

在哪裡使用

如果你希望盡可能地允許來自廣泛客戶端的訪問，那麼以 REST-over-HTTP 為基礎的 API，由於在業界被廣泛使用，會是你同步請求 / 回應介面的明智選擇。如果認為 REST API 只是一個「對大多數事情來說已經足夠好」的選擇是錯誤的，但確實有一些道理。這是大多數人都熟悉的一種廣為人知的介面風格，而且它保證了多種技術的互通性。

在很大程度上，由於 HTTP 的功能以及 REST 建立在這些功能上（而不是隱藏它們）的程度，以 REST 為基礎的 API 在你想要大規模和有效快取請求的情況下表現很出色。正是出於這個原因，它們是將 API 暴露給外部方或客戶端介面的明顯選擇。然而，與更有效率的溝通協定相比，它們可能會受到影響，儘管你可以在以 REST 為基礎的 API 之上建置異步互動協定，但與一般微服務對微服務之溝通的替代方案相比，這並不是一個很好的選擇。

儘管在理智上我很欣賞 HATEOAS 背後的目標，但我沒有看到太多證據顯示從長遠來看，實作這種 REST 風格的額外工作會帶來有價值的好處，我也不記得在過去幾年中，任何曾與我交談過的實作微服務架構團隊可以說明使用 HATEOAS 的價值。我自己的經驗顯然只是一組資料，我不懷疑對某些人來說 HATEOAS 可能運作良好，但這個概念似乎並沒有我想像的那麼流行。可能是 HATEOAS 背後的概念對我們來說太陌生了，我們無法掌握，或者可能是這個領域缺乏工具或標準，或者模型可能不適用於我們最終建置的那種系統。當然，也有可能 HATEOAS 背後的概念與我們建置微服務的方式並沒有很好地融合。

因此，用在邊界上，它效果很好，對於微服務之間基於同步請求 / 回應的溝通，它也很棒。

GraphQL

近年來，GraphQL（*https://graphql.org*）越來越受歡迎，這在很大程度上是因為它在某個特定領域表現出色。因為它使客戶端設備可以定義查詢，進而避免需要發出多個請求來擷取相同的資訊。這在受限於客戶端設備效能方面可以提供顯著的改善，並且還可以避免需要實作定制的伺服器端匯總。

舉一個簡單的例子，假設一個行動裝置想要顯示一個頁面來顯示使用者最新訂單的概述。該頁面需要包含一些有關使用者的資訊，以及有關客戶最近五筆訂單的資訊。該畫面只需要使用者記錄中的幾個字段，以及每筆訂單的日期、金額和出貨狀態。行動裝置可以向兩個下游微服務發出呼叫以擷取所需資訊，但這將進行多次呼叫，包括撤回實際上不需要的資訊。尤其是對於行動裝置，這可能是一種浪費，因為它使用了比需要更多的行動數據流量，並且可能需要更長的時間。

GraphQL 允許行動裝置發出單個查詢，該查詢可以拉回所有必需的資訊。為此，你需要一個向客戶端設備公開 GraphQL 端點的微服務。此 GraphQL 端點是所有客戶端查詢的入口，並公開一個供客戶端設備使用的綱要。該綱要公開了客戶端可用的型別，並且還可以使用一個漂亮的圖像查詢建置器（graphical query builder）來簡化建立這些查詢。透過減少呼叫次數和客戶端設備擷取的資料量，你可以巧妙地應對在使用微服務架構建置使用者介面時出現的一些挑戰。

挑戰

在早期，有個挑戰是缺乏對 GraphQL 規範支援的程式語言，JavaScript 是最初的唯一選擇。現在已經有了很大的改進，現在所有主要技術都支援該規範。事實上，GraphQL 和各種實作都有很大的改進，這使得 GraphQL 的風險比幾年前低很多。儘管如此，你可能希望了解該技術還存在的一些挑戰。

首先，客戶端設備可以發出動態變化的查詢，我聽說有一些團隊在使用 GraphQL 查詢時遇到問題，由於此功能而導致在伺服器端造成巨大的負載。當我們將 GraphQL 與 SQL 之類的東西進行比較時，我們會看到類似的問題。一條昂貴的 SQL 陳述式可能會導致資料庫出現重大問題，並可能對更廣泛的系統產生巨大影響。同樣的問題也適用於 GraphQL，不同之處在於，對於 SQL，我們至少有資料庫的查詢規劃器之類的工具，可以幫助我們診斷有問題的查詢，而 GraphQL 的類似問題可能更難追蹤。伺服器端的請求限制是一種潛在的解決方案，但由於呼叫的執行可能分布在多個微服務中，這並不是直接的。

與普通的以 REST 為基礎的 HTTP API 相比，快取也更加複雜。使用以 REST 為基礎的 API，我可以設置許多回應標頭之一，以幫助客戶端設備或中間快取（如內容交付網路（CDN））快取回應，以便它們不需要再次請求。而這在 GraphQL 中是不可能的。我在這個問題上看到的建議似乎只是將 ID 與每個返回的資源相關聯（請記住，GraphQL 查詢可能包含多個資源），然後讓客戶端設備根據該 ID 快取請求。據我所知，這使得在沒有額外工作的情況下使用 CDN 或快取反向代理非常困難。

儘管我已經看到了一些針對此問題的具體解決方案（例如在 JavaScript Apollo 實作中所找到的），但在 GraphQL 的初始開發過程中，快取感覺像是有意或無意地被忽略了。如果你發出的查詢本質上是針對特定使用者的，那麼這種缺乏請求級快取的情況當然不會成為交易破壞者，因為你的快取命中率可能很低。不過，我確實想知道，這種限制是否意味著你最終仍會為客戶端設備提供混合解決方案，其中一些（更通用的）請求透過普通的以 REST 為基礎的 HTTP API，而其他請求則透過 GraphQL。

另一個問題是，雖然 GraphQL 理論上可以處理寫入，但它似乎不太適合讀取，這導致團隊使用 GraphQL 進行讀取、但使用 REST 進行寫入的情況。

最後一個問題可能完全是主觀的，但我仍然認為值得提出。GraphQL 讓你感覺就像是在處理資料，這可以強化這樣一種想法，也就是你正在與之交談的微服務只是資料庫的包裝器。事實上，我已經看到很多人將 GraphQL 與 OData 進行比較，OData 是一種設計為用於從資料庫訪問資料的通用 API 技術。正如我們已經詳細討論的那樣，將微服務視為資料庫的包裝器的想法可能會帶來很大的問題。微服務透過網路介面公開功能。其中一些功能可能需要或導致資料被公開，但它們仍然應該有自己的內部邏輯和行為。不要僅僅因為你使用 GraphQL，就認為你的微服務只不過是資料庫上的 API，非常重要的是，你的 GraphQL API 不能與微服務的底層資料儲存有耦合。

在哪裡使用

GraphQL 的最佳使用地點是在系統邊界（perimeter），將功能暴露給外部客戶端，這些客戶端通常是 GUI，有鑑於行動裝置向終端使用者提供資料的能力有限、以及行動網路的性質，它顯然適合行動裝置。但是 GraphQL 也被用於外部 API，GitHub 是 GraphQL 的早期採用者。如果你有一個外部 API，通常需要外部客戶端進行多次呼叫才能獲取所需的資訊，那麼 GraphQL 可以幫助使 API 更加有效率和更友善。

從根本上說，GraphQL 是一種呼叫匯總和過濾機制，因此在微服務架構的上下文中，它將用來匯總對多個下游微服務的呼叫。因此，它不能取代一般微服務對微服務之間的溝通。

GraphQL 的一種替代方法是考慮使用替代模式，例如後端為前端（BFF）模式，我們將在第 14 章中探討它，並將其與 GraphQL 和其他匯總技術進行比較。

訊息仲介

訊息仲介是中間單位，通常稱為中間件（middleware），位於行程之間以管理它們之間的溝通。它們是幫助實作微服務之間異步溝通受歡迎的選擇，因為它們提供了各種強大的功能。

正如我們之前所討論的，訊息是一個通用概念，它定義了訊息仲介發送的內容。訊息可以包含請求、回應或事件。微服務不是直接與另一個微服務溝通，而是向訊息仲介提供一條訊息，其中包含有關訊息應該如何發送的資訊。

主題和佇列

訊息仲介傾向於提供佇列（queue）或主題（topic），或兩者兼而有之。佇列通常是點對點的。發送者將訊息放入佇列，消費者從該佇列中讀取。使用以主題為基礎的系統，多個消費者可以訂閱一個主題，每個訂閱的消費者都將收到該訊息的副本。

一個消費者可以代表一個或多個微服務，這通常塑模為一個消費者組。當你有多個微服務實例並且你希望其中任何一個都能夠接收訊息時，這將非常有用。在圖 5-1 中，我們看到一個範例，其中 `Order Processor` 具有三個已部署的實例，它們都屬於同一個消費者組。當一條訊息放入佇列時，只有消費者組的一個成員會收到該訊息，這代表佇列充當負載分配機制。這是我們在第 4 章中所簡要提到的競爭消費者模式的一個例子。

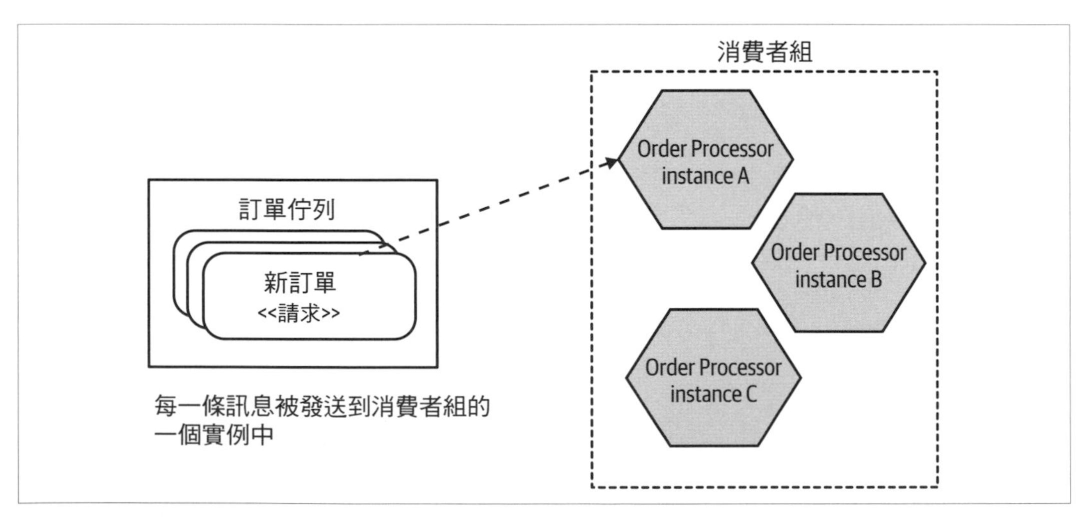

圖 5-1　一個佇列允許一個消費者組

透過主題，你可以擁有多個消費者組。在圖 5-2 中，一個表示正在支付的訂單事件被放置在訂單狀態主題上。該事件的副本由 Warehouse 微服務和 Notifications 微服務接收，它們位於不同的消費者組中。每個消費者組只有一個實例會看到該事件。

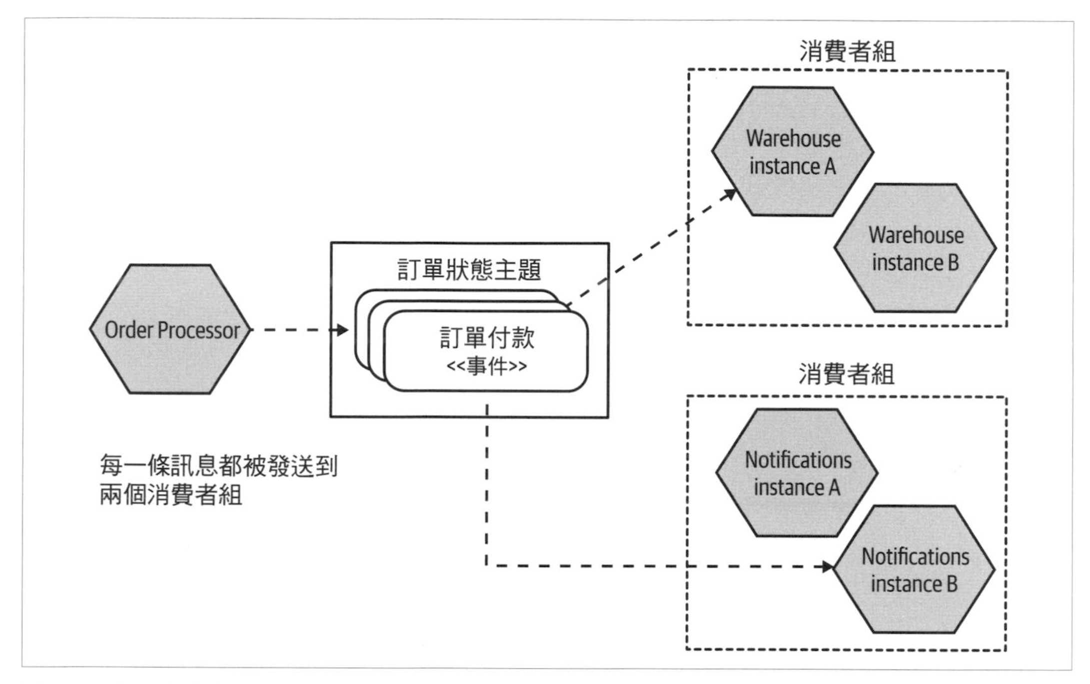

圖 5-2　主題允許多個訂閱者接收相同的訊息，這對於事件廣播很有用

乍看之下，佇列就像一個具有單個消費者組的主題。兩者之間有很大的區別在於，當透過佇列發送訊息時，知道訊息將發送到什麼地方；而對於主題，此資訊對訊息的發送者是隱藏的，也就是發送者不知道誰（如果有人）最終會收到訊息。

主題非常適合以事件為基礎的協作，而佇列更適合請求 / 回應溝通。然而，這應該被視為一般指導而不是嚴格的規則。

保證傳送

那麼為什麼要使用訊息仲介呢？從根本上說，它們提供了一些對異步溝通非常有用的功能。它們提供的屬性各不相同，但最有趣的功能是保證傳送（guaranteed delivery），所有廣泛使用的訊息仲介都以某種方式支援這一點。保證傳送描述了仲介的承諾，以確保訊息被傳送。

從發送訊息的微服務角度來看，這可能非常有用。如果下游目的地不可用，這將不是問題，因為仲介將保留訊息，直到它可以被傳送。這可以減少上游微服務需要擔心事情的數量。將其與同步直接呼叫（例如 HTTP 請求）進行比較，如果下游目的地無法到達，上游微服務將需要弄清楚如何處理該請求，它應該重試呼叫還是放棄呢？

為了保證傳送工作，訊息仲介需要確保任何尚未傳送的訊息將以持久的方式保存，直到它們可以被傳送。為了兌現這一承諾，訊息仲介通常會作為某種以叢集（cluster-based）的系統運行，以確保失去一個機器不會導致訊息丟失。正確運行訊息仲介通常涉及很多工作，部分原因是管理以叢集為基礎的軟體所面臨的挑戰。通常，如果訊息仲介設置不正確，保證傳送的承諾可能會受到破壞。例如，RabbitMQ 要求叢集中的實例透過相對低延遲的網路進行溝通，否則，實例可能會開始對目前正在處理訊息的狀態感到困惑，進而導致資料丟失。我強調這個特殊的限制並不是為了說明 RabbitMQ 在任何方面都是不好的，所有的訊息仲介都有關於如何運行它們以實作保證傳送的承諾限制。如果你打算經營自己的訊息仲介，請務必仔細閱讀文件。

另外值得注意的是，任何特定訊息仲介透過保證傳送的含義可能會有所不同。因此同樣地，閱讀文件是一個很好的開始。

信任

訊息仲介的一大吸引力是保證傳送的屬性，但要使其發揮作用，你不僅需要信任創建訊息仲介的人，還需要信任訊息仲介的運作方式。如果你所建置的系統基於保證傳送的假設，然而由於底層訊息仲介的問題，而證明情況並非如此，則可能會導致重大問題。當然，希望是你將這項工作轉移到由比你做得更好的人所創建的軟體上。最終，你必須決定你想在多大程度上信任你正在使用的訊息仲介。

其他特點

除了保證傳送之外，訊息仲介還可以提供其他你可能覺得有用的特點。

大多數訊息仲介可以保證訊息的傳送順序，但這並不普遍，即使如此，這種保證的範圍也可能是有限的。例如，使用 Kafka，只能在單個分區內保證排序。如果你不能確定訊息會按順序收到，你的消費者可能需要進行一些彌補，可能是透過推遲處理不按順序收到的訊息，直到任何丟失的訊息都被收到。

有一些仲介提供寫入交易，例如，Kafka 允許你在單個交易中寫入多個主題。另一些仲介還可以提供讀取交易性，我在透過 Java 訊息服務（JMS） API 使用多個仲介時利用了這一點。如果你希望在從仲介中刪除訊息之前確保消費者可以處理該訊息，這將非常有用。

一些訊息仲介承諾的另一個有爭議的功能是一次傳送（once delivery）。一種提供保證傳送更簡單的方法是允許重新發送訊息，但這可能導致消費者不止一次看到相同的訊息（即使這是一種罕見的情況）。大多數訊息仲介會盡其所能減少這種可能，或者向消費者隱瞞這一事實，但一些訊息仲介更進一步，保證只傳送一次。這是一個複雜的主題，因為我曾與一些專家交談過，他們指出在所有情況下都無法保證一次傳送，而其他專家則表示，基本上你可以透過一些簡單的變通辦法來做到這一點。無論哪種方式，如果你選擇的訊息仲介聲稱要實作這一點，那麼就要**非常**小心地注意它是如何實作的。更好的是，以這種方式建置消費者，讓他們對於可能不止收到一次訊息並且可以處理這種情況作好準備。一個非常簡單的例子是每條訊息都有一個 ID，消費者可以在每次收到訊息時檢查它。如果已經處理了具有該 ID 的訊息，則可以忽略較新的訊息。

選擇

有很多種訊息仲介，受歡迎的範例包括 RabbitMQ、ActiveMQ 和 Kafka（我們將在稍後進一步探討）。主要的公有雲供應商還提供各種扮演此角色的產品，從可以安裝在自己的基礎設施上的那些仲介的託管版本，到給特定平台的定制實作。例如，AWS 有 Simple Queue Service（SQS）、Simple Notification Service（SNS）和 Kinesis，所有這些都提供不同風格的完全託管仲介。SQS 實際上是 AWS 發布的第二個產品，早在 2006 年就推出了。

Kafka

Kafka 作為一個特定的代理是很值得強調的，在很大程度上是因為它最近很受歡迎。這種流行的部分原因是 Kafka 用於幫助移動大量資料，作為實作流程處理管道的一部分，這有助於從批次導向的處理轉變為更即時的處理。

Kafka 有一些特點值得強調。首先，它是為超大規模而設計的，它是由 LinkedIn 內部建置的，目的是用一個平台代替多個既有的訊息叢集。Kafka 旨在支援多個消費者和生產者，我曾與一家大型技術公司的一位專家聊過，該公司擁有超過 5 萬名生產者和消費者在同一個叢集上工作。公平來說，很少有組織在這種規模水平上存在問題，但對於某些組織而言，輕鬆擴展 Kafka 的能力（相對而言）可能非常有用。

Kafka 的另一個相當獨特的特性是訊息耐久性（message permanence）。對於一般的訊息仲介，一旦最後一個消費者收到一條訊息，訊息仲介就不再需要保留該訊息。使用 Kafka，訊息可以儲存一段可配置的時間，這意味著訊息可以永久儲存。這可以允許消費者重新接收他們已經處理過的訊息，或者允許新部署的消費者處理之前發送的訊息。

最後，Kafka 已經推出了對流程處理的內建支援。與使用 Kafka 將訊息發送到像 Apache Flink 這樣的專用流程處理工具不同，一些任務可以直接在 Kafka 內部完成。使用 KSQL，你可以定義類似 SQL 的陳述式，這些陳述式可以動態處理一個或多個主題，這可以為你提供類似於動態更新的物化資料庫檢視（materialized database view），資料來源是 Kafka 主題而不是資料庫。這些功能為分散式系統中的資料管理方式開闢了一些非常有趣的可能性。如果你想更詳細地探索這些想法，我可以推薦 Ben Stopford 的《*Designing Event-Driven Systems*》（O'Reilly）（我必須推薦 Ben 的書，因為我幫它寫了前言！）。為了更深入地了解 Kafka，我建議閱讀由 Neha Narkhede、Gwen Shapira 和 Todd Palino 所共同著作的《*Kafka: The Definitive Guide*》（O'Reilly）。

序列化格式

一些我們研究過的技術，特別是一些有關 RPC 實作，可以為你做出關於資料如何序列化和反序列化的選擇。例如，使用 gRPC，發送的任何資料都將轉換為 protocol buffer 格式（protocol buffer format）。但是，許多技術選項在我們如何為網路呼叫隱藏資料方面給了我們很大的自由。若選擇 Kafka 作為你訊息仲介的首選，你可以發送多種格式的訊息。那麼你應該選擇哪種格式呢？

文字格式

標準文字格式（textual format）的使用為客戶在如何使用資源方面提供了很大的彈性。REST API 通常為請求和回應主體使用文字格式，即使理論上你可以很高興地透過 HTTP 發送二進制資料。事實上，這就是 gRPC 的工作原理：在底層使用 HTTP，但發送二進制 protocol buffer。

JSON 已經取代 XML 作為首選的文字序列化格式。你可以指出發生這種情況的多種原因，但主要原因是 API 的主要使用者之一通常是瀏覽器，而 JSON 非常適合這種情況。JSON 流行的部分原因是對 XML 的強烈反對，支援者將其相較於 XML，相對緊湊性和簡單性列為另一個制勝因素。現實情況是，JSON 資料酬載（payload）的大小與 XML 資料酬載的大小之間很少有巨大差異，特別是因為這些資料酬載通常是經過壓縮的。還值得指出的是，JSON 的一些簡單性是有代價的，在我們急於採用更簡單的協定時，該綱要已經被淘汰了（稍後會詳細介紹）。

Avro 則是一種有趣的序列化格式。它以 JSON 作為底層結構，並使用它來定義以綱要為基礎的格式。Avro 作為訊息有效載荷的一種格式很受歡迎，部分原因是它能夠將綱要作為有效載荷的一部分發送，這可以更容易地支援多種不同的訊息傳送格式。

不過，就我個人而言，我仍然是 XML 的粉絲，因為有些工具有更好的支援更好。例如，如果我只想提取資料酬載的某些部分（我們將在第 133 頁的「處理微服務之間的變更」中詳細討論這種技術），我可以使用 XPATH，這是一個很好理解的標準，有很多工具支援，甚至 CSS 選擇器，許多人覺得這更容易。使用 JSON，我有 JSONPath，但這並沒有得到廣泛支援。我覺得奇怪的是，人們選擇使用 JSON，因為它既好用又輕量化，卻又試圖將一些存在於 XML 的觀念（像是超媒體控制項）強加進去。不過，我承認可能是少數，JSON 確實是大多數人的首選格式！

二進制格式

雖然文字格式有很多好處，例如讓人們更容易閱讀它們並提供與不同工具和技術的大量互通性，但如果你開始擔心資料酬載大小、或寫入和讀取有效載荷的效率。而 protocol buffer 已經存在一段時間了，並且經常在 gRPC 的範圍之外使用，它們可能代表了以微服務為基礎的溝通是最流行的二進制序列化（binary serialization）格式。

然而，這個空間很大，並且已經根據各種要求開發了許多其他格式。例如。Simple Binary Encoding（*https://oreil.ly/p8UbH*）、Cap'n Proto（*https://capnproto.org* 和 FlatBuffers（*https://oreil.ly/VdqVB*）等。儘管針對這些格式中的每一種都有大量的基準，突顯了它們與 protocol buffer、JSON 或其他格式相比的相關優勢，但基準存在一個基本問題，因為它們可能不一定代表你將如何使用它們。如果你想從序列化格式中提取最後幾個位元，或者將讀取或寫入這些資料酬載所需的時間縮短幾微秒，我強烈建議你對這些不同的格式進行自己的比較。根據我的經驗，絕大多數系統很少需要擔心此類最佳化，因為它們通常可以透過發送更少的資料或根本不進行呼叫來實作他們正在尋找的改進。但是，如果你正在建置一個超低延遲的分散式系統，請確保你準備好進入二進制序列化格式的領域。

綱要

一次又一次出現的討論，我們是否應該使用綱要（schema）來定義我們的端點所公開的內容以及他們接受什麼。綱要可以有多種不同的類型，選擇序列化格式通常會定義你可以使用哪種綱要技術。如果你使用原始 XML，你將使用 XML Schema Definition（XSD）；如果你使用原始 JSON，就會使用 JSON Schema。我們提到的一些技術選擇（特別是 RPC 選項的一個相當大的子集）需要使用顯式綱要，所以如果你選擇了這些技術，你就必須使用綱要。SOAP 透過使用 WSDL 來工作，而 gRPC 需要使用 protocol buffer 規範。我們探索過的其他技術選擇使綱要的使用成為可選擇的，這就是事情變得更有趣的地方。

正如我已經討論過的，我贊成為微服務端點使用顯式綱要，主要有兩個原因。首先，它們在明確表示微服務端點公開的內容和它可以接受的內容方面大有幫助。這使得從事微服務的開發者和他們的消費者可以更輕鬆。綱要可能無法取代對良好文件的需求，但它們肯定有助於減少所需的文件數量。

不過，我喜歡顯式綱要的另一個原因是它們如何幫助捕獲微服務端點的意外損壞。稍後我們將探討如何處理微服務之間的變更，但首先值得探討的是不同類型的破壞和綱要可以發揮的作用。

結構契約破壞與語意契約破壞

從廣義上來說，我們可以將契約破壞分為兩類：結構（*structural*）破壞和語意（*semantic*）破壞。結構破壞是指端點的結構以一種方式改變，無法相容消費者，這可能表示欄位或方法被刪除，或者新的必填欄位被新增。語意破壞是指微服務端點的結構保持不變，但行為發生變化，破壞了消費者預期的情況。

我們舉一個簡單的例子。你有一個高度複雜的 `Hard Calculations` 微服務，它在其端點上公開了一個 `calculate` 方法。這個 `calculate` 方法需要兩個整數，這兩個都是必填欄位。如果你變更 `Hard Calculations`，使得現在 `calculate` 方法只需要一個整數，那麼消費者就會崩潰，因為他們會發送帶有兩個整數的請求，但 `Hard Calculations` 微服務會拒絕這些請求。這是結構變化的一個例子，一般來說，這樣的變化較容易被發現。

另一個語意變化問題比較大，這是端點的結構沒有改變但行為改變的情形。回到我們的 `calculate` 方法，想像在第一個版本中，兩個提供的整數相加並返回結果，到現在為止都還好；現在我們變更 `Hard Calculations`，以便 `calculate` 方法將整數相乘並返回結果，這時 `calculate` 方法的語意發生了變化，可能會打破消費者的預期。

你應該使用綱要嗎？

透過使用綱要並比較不同版本的綱要，我們可以捕捉到結構破壞，要抓到語意破壞則需要使用測試。如果你沒有綱要，或者你有綱要但決定不為了相容性比較綱要的變更，那麼在投入生產之前捕獲結構損壞的負擔也落在測試上。可以說，這種情況有點類似於程式語言中的靜態型別（static typing）和動態型別（dynamic typing）。對於靜態型別語言，型別在編譯時是固定的，如果你的程式碼對不允許的類型實例執行某些操作（例如呼叫不存在的方法），那麼編譯器可以捕獲這個錯誤，這可以讓你將測試工作集中在其他類型的問題上；但是，對於動態類型語言，你的一些測試將需要捕獲編譯器為靜態型別語言挑選的錯誤。

現在我對靜態型別語言和動態型別語言都滿能接受的，而且我發現我自己使用這兩種語言都滿有生產力的（相對而言）。當然，動態型別語言為你提供了一些顯著的好處，對很多人來說，這些好處可以證明放棄編譯時的資安是合理的；不過，就我個人而言，如果我們將討論帶回微服務互動，我還沒有發現在綱要與「無綱要」溝通方面存在類似的平衡權衡。簡單地說，我認為擁有一個明確的綱要比擁有無綱要溝通的任何預期好處都要好。

實際上，問題並不在於你是否有用綱要，而是該綱要是否是**顯式**的。如果你正在使用綱要 API 中的資料，你仍然對其中應該包含哪些資料以及該資料的結構方式抱有預期，你將處理資料的程式碼在撰寫時考慮到有關資料結構的一組假設。在這種情況下，我認為你確實有一個綱要，但它只是完全隱式而不是顯式[1]。我對顯式綱要的很多渴望是由這樣一個事實所驅動的，也就是我認為與關於微服務公開（或不公開）什麼的可能性。

無綱要端點的主要論點似乎是綱要需要更多的工作並且沒有提供足夠的價值。以我的拙見，這一部分是想像力的失敗，一部分是良好的工具在幫助綱要捕獲結構破壞以具有更多價值時的失敗。

最終，綱要提供的許多內容是客戶端和伺服器之間結構契約一部分的顯式表示，它們有助於使事情變得明確，並且可以極大地幫助團隊之間的溝通以及作為安全網的工作。在變更成本降低的情況下，例如，當客戶端和伺服器都歸同一個團隊所有時，我對沒有綱要反而更輕鬆。

處理微服務之間的變更

在「它們應該有多大？」之後，這可能是我收到的有關微服務的最常見問題。也就是「你該如何處理版本控制？」當被問到這個問題時，很少會詢問你應該使用哪種編號方案，而是更多地詢問你如何處理微服務之間契約的變更。

你如何處理變化實際上分為兩個主題。稍後，我們將看看如果你需要進行重大變更會發生什麼事。但在此之前，讓我們先看看你可以採取哪些措施來避免進行重大變更。

避免重大改變

如果你想避免進行重大變更，有幾個關鍵想法值得探索，其中許多我們在本章開頭已經涉及。如果你可以將這些想法付諸實踐，你會發現允許獨立變更微服務變得更加容易。

---

1 Martin Fowler 在無綱要資料儲存（*https://oreil.ly/Ew8Jq*）的上下文中更詳細地探討了這一點。

擴展變更（*Expansion changes*）

向微服務介面添加新內容；不要刪除舊的東西。

寬容的讀者（*Tolerant reader*）

在使用微服務介面時，要靈活地滿足你的預期。

正確的技術（*Right technology*）

選擇可以更輕鬆地對介面進行向後相容變更的技術。

顯式介面（*Explicit interface*）

明確說明微服務公開的內容，這使客戶端和微服務維護人員更容易理解可以自由變更的內容。

及早捕捉意外的重大變化（*Catch accidental breaking changes early*）

有適當的機制來捕捉介面變更，這些變更會在部署這些變更之前破壞生產中的消費者。

這些想法確實相互加強，並且許多想法建立在我們經常討論的資訊隱藏的關鍵概念之上。讓我們依序來看看每個想法。

擴展變更

可能最容易開始的地方是只向微服務契約添加新內容，而不刪除任何其他內容。考慮向負載添加新字段的範例，假設客戶端以某種方式容忍此類變更，這應該不會產生實質性影響。例如，向客戶記錄添加新的 `dateOfBirth` 字段應該沒問題。

讀者容錯模式

微服務的消費者如何實作可以為簡化向後相容的變更帶來很多影響。具體來說，我們希望避免客戶端程式碼與微服務介面綁定得太緊。讓我們考慮一個 `Email` 微服務，它的工作是不時向我們的客戶發送電子郵件。它被要求向 ID 為 1234 的客戶發送一封「訂單已發貨」電子郵件，另外它關閉並檢索具有該 ID 的客戶並返回類似於範例 5-3 中所示的回應。

範例 5-3　來自 Customer 服務的範例回應

```
<customer>
  <firstname>Sam</firstname>
  <lastname>Newman</lastname>
  <email>sam@magpiebrain.com</email>
  <telephoneNumber>555-1234-5678</telephoneNumber>
</customer>
```

現在，要發送電子郵件，Eamil 微服務只需要 firstname、lastname 和 email 欄位。我們不需要知道 telephoneNumber。我們只想簡單地取出我們關心的那些欄位而忽略其餘的。一些綁定技術，尤其是強型別語言使用的綁定技術，可以嘗試綁定所有欄位，無論消費者是否需要。如果我們意識到沒有人在使用該 telephoneNumber 並決定將其刪除，那會發生什麼情況？這可能會導致消費者不必要地崩潰。

同樣地，如果我們想重構我們的 Customer 物件以支援更多細節，可能會添加一些進一步的結構，如範例 5-4 中那樣該怎麼辦？我們的 Eamil 服務想要的資料仍然存在，具有相同的名稱，但是如果我們的程式碼對 firstname 和 lastname 欄位的儲存位置做出非常明確的假設，那麼它可能會再次中斷。在這種情況下，我們可以改為使用 XPath 來提取我們所關心的欄位，只要我們能找到它們，就可以對這些欄位的位置產生矛盾。這種模式──實作一個讀者，能夠忽略我們不在意的變更──就是 Martin Fowler 所說的讀者容錯模式（tolerant reader）（*https://oreil.ly/G65yf*）。

範例 5-4　重組的 Customer 資源：資料都還在，但我們的消費者能找到嗎？

```
<customer>
  <naming>
    <firstname>Sam</firstname>
    <lastname>Newman</lastname>
    <nickname>Magpiebrain</nickname>
    <fullname>Sam "Magpiebrain" Newman</fullname>
  </naming>
  <email>sam@magpiebrain.com</email>
</customer>
```

客戶端嘗試在使用服務時盡可能靈活的範例證明了 Postel 定律（*https://oreil.ly/GVqeI*）（也稱為**強健性原則**（*robustness principle*）），其中指出：「在你所做的事情上要保守，在接受別人的東西時要自由。」這條智慧的原始背景是設備在網路上的互動，你應該期待各種奇怪的事情發生。在基於微服務的互動環境中，它引導我們嘗試建置我們的客戶端程式碼以容忍資料酬載的變化。

正確的技術

正如我們已經探討過的，在允許我們變更介面方面，某些技術可能會更加脆弱，我也已經強調了我個人對 Java RMI 的挫敗感。另一方面，一些整合實作不遺餘力地在不破壞客戶端的情況下盡可能輕鬆地進行變更。簡而言之，protocol buffer（用作 gRPC 一部分的序列化格式）具有欄位編號的概念。protocol buffer 中的每個條目都必須定義一個欄位編號，客戶端程式碼預期找到該編號。若有添加新欄位，客戶端也不會在意。Avro 允許綱要與資料酬載一起發送，允許客戶端潛在地解釋資料酬載，就像動態類型一樣。

在更極端的情況下，HATEOAS 的 REST 概念主要是讓客戶端能夠使用 REST 端點，即使它們透過使用前面討論的超媒體連結而發生變化。當然，這確實會要求你接受整個 HATEOAS 的心態。

顯式介面

我是微服務的忠實粉絲，它展示了顯式綱要，來表示其端點在做什麼。擁有明確的綱要可以讓消費者清楚他們可以期待什麼，但它也讓從事微服務的開發者更清楚哪些事情應該保持不變以確保你不會破壞消費者。換句話說，顯式綱要在使資訊隱藏的邊界更加明確的方面有很大的幫助，因為綱要中公開的內容根據定義不是隱藏的。

RPC 的顯式綱要被創建很久了，實際上是許多 RPC 實作的要求。另一方面，REST 通常將綱要的概念視為可選的，以致於我發現 REST 端點的顯式綱要非常罕見。隨著前面提到的 OpenAPI 規範越來越受到關注，JSON Schema 規範也越來越成熟，這種情況正在發生變化。

異步訊息傳送協定在這個領域掙扎得更多。你可以很容易地為訊息的資料酬載建立一個綱要，事實上，這是一個經常使用 Avro 的領域。然而，擁有一個顯式介面需要更進一步。如果我們考慮一個觸發事件的微服務，它會暴露哪些事件？現在正在進行一些為以事件為基礎的端點製作顯式綱要的嘗試。一個是 AsyncAPI（*https://www.asyncapi.com*），它吸引了許多大牌使用者，但最受關注的似乎是 CloudEvents（*https://cloudevents.io*），這是一項由雲端原生計算基金會（CNCF）支援的規範。Azure 的事件網格產品支援 CloudEvents 格式，這是支援這種格式不同供應商的標誌，應該有助於互通性。但這仍然是一個相當新的領域，所以看看未來幾年事情會如何發展會蠻有趣。

語意化版本控制

如果作為客戶，你只查看服務的版本號就可以知道是否可以與之整合，那不是很好嗎？**語意化版本控制**（*http://semver.org*）是一個允許這樣做的規範。對於語意化版本控制，每個版本號都採用 `MAJOR.MINOR.PATCH` 的形式。當 `MAJOR` 數字增加時，意味著進行了向後不相容的變更。當 `MINOR` 增加時，添加了應該向後相容的新功能。最後，對 `PATCH` 的變更表明已對既有功能進行了錯誤修復。

要了解語意化版本控制有多大用處，讓我們看一個簡單的範例。我們的支援平台應用程式是為 `Customer` 服務的 1.2.0 版而建置的。如果添加了新功能，導致 `Customer` 服務變更為 1.3.0，我們的支援平台應用程式應該不會看到行為變化，也不應該進行任何變更。但是，我們不能保證我們可以針對客戶服務的 1.1.0 版工作，因為我們可能依賴於 1.2.0 版本中添加的功能。如果客戶服務的新 2.0.0 版本發布，我們也可能需要對我們的應用程式進行變更。

你可以決定為服務使用語意版本，如果你將它們共存，甚至可以為服務上的單個端點使用語意版本，我們將在下一節中詳述。

這種版本控制方案允許我們將大量資訊和預期打包到這三個字段中。完整的規範用非常簡單的術語概述了客戶對這些數字變化的預期，它可以簡化關於變化是否應該影響消費者的溝通過程。但不幸的是，我還沒有看到這種方法在分散式系統中使用得夠多，所以無法理解它在這種情況下的有效性，並且自本書第一版以來，這種方法並沒有真正改變。

及早捕捉意外的重大變化

有一點非常重要的是，我們必須盡快找到會破壞消費者的變更，因為即使我們選擇了最好的技術，微服務中無心的變更也可能破壞消費者。正如我們已經提到的，假設我們使用某種工具來幫助比較綱要版本，使用綱要可以幫助我們獲取結構變化。有多種工具可以針對不同的綱要類型執行此操作。我們有用於 protocol buffer 的 Protolock（*https://oreil.ly/wwxBx*）、用於 JSON Schema 的 json-schema-diff-validator（*https://oreil.ly/COSIr*），以及用於 OpenAPI 規範的 openapi-diff[2]。在這個領域似乎一直在出現更多

2 請注意，此空間中實際上有三個同名的不同工具！*https://github.com/Azure/openapi-diff* 上的 openapi-diff 工具似乎最接近實際通過或失敗相容性的工具。

的工具。但是，你正在尋找的東西不僅會報告兩個綱要之間的差異，還會根據相容性來報告通過或是失敗。如果發現不相容的綱要，這將使你 CI 建置失敗，進而保證你的微服務不會被部署。

開放資源 Confluent Schema Registry（*https://oreil.ly/qcggd*）支援 JSON Schema、Avro 和 protocol buffer，並且能夠比較新上傳的版本以實作向後相容性。儘管它是作為使用 Kafka 生態系統的一部分而建置的，並且需要 Kafka 運行，但沒有什麼可以阻止你使用它來儲存和驗證用於非以 Kafka 為基礎之溝通的綱要。

綱要比較工具可以幫助我們發現結構上的破壞，但是語意上的破壞呢？或者，如果你一開始就沒有使用綱要呢？然後我們正在考慮測試。我們將在第 272 頁的「契約測試和消費者驅動契約測試（CDC）」中更詳細地探討這個主題，但我想強調消費者驅動的契約測試，它在這方面有明顯的幫助，其中 Pact 是一個專門針對此問題很好的工具例子。請記住，如果你沒有綱要，那麼你的測試將不得不做更多的工作來捕捉重大變更。

如果你支援多個不同的客戶端程式庫，使用你支援的每個程式庫針對最新服務運行測試是另一種可以提供幫助的技術。一旦你意識到你要破壞消費者，你就會選擇完全避免這種破壞，或是接受它並開始與負責消費服務的人進行正確的對話。

管理破壞性變更

因此，你已盡最大努力確保對微服務介面所做的變更向後相容，但你已經意識到，你必須做出將會構成破壞性變更的變更。在這種情況下你能做什麼呢？你會有三個主要選項：

鎖步部署（*Lockstep deployment*）

　要求暴露介面的微服務和該介面的所有消費者同時變更。

共存不相容的微服務版本（*Coexist Incompatible Microservice Versions*）

　並排運行新舊版本的微服務。

模擬舊介面（*Emulate the old interface*）

　讓你的微服務公開新介面並模擬舊介面。

鎖步部署

當然，鎖步部署與獨立部署背道而馳。如果我們希望能夠部署我們微服務的新版本，並對其介面進行重大變更，但仍以獨立的方式執行此操作，我們需要給我們的消費者時間升級到新介面，這將使我們進入我要考慮的以下兩個選項。

共存不相容的微服務版本

另一個經常被引用的版本控制解決方案，是讓不同版本的服務同時上線，讓較舊的消費者將他們的流量傳送到舊版本，讓新的消費者看到新版本，如圖 5-3 所示。這是 Netflix 在改變舊消費者的成本太高的情況下少用的方法，特別是在遺留設備仍與舊版本 API 綁定的罕見情況下。我個人不是這個想法的粉絲，並且理解為什麼 Netflix 很少使用它。首先，如果我需要修復服務中的內部錯誤，我現在必須修復和部署兩組不同的服務，這可能意味著我必須為服務的程式碼基礎產生分支（branch）程式碼基礎，這常常發生問題。其次，這也表示，我需要費心將消費者導到正確的微服務。這種行為不可避免地最終會出現在某個地方的中間件中，或者出現在一堆 `nginx` 指令稿中，讓系統的行為更難被理解。最後，考慮我們的服務可能管理的任何永續儲存狀態（persistent state），由任一版本服務建立的使用者必須被儲存，並且被所有服務看到，不論最初是用哪個版本建立資料的，這會是額外的複雜度根源。

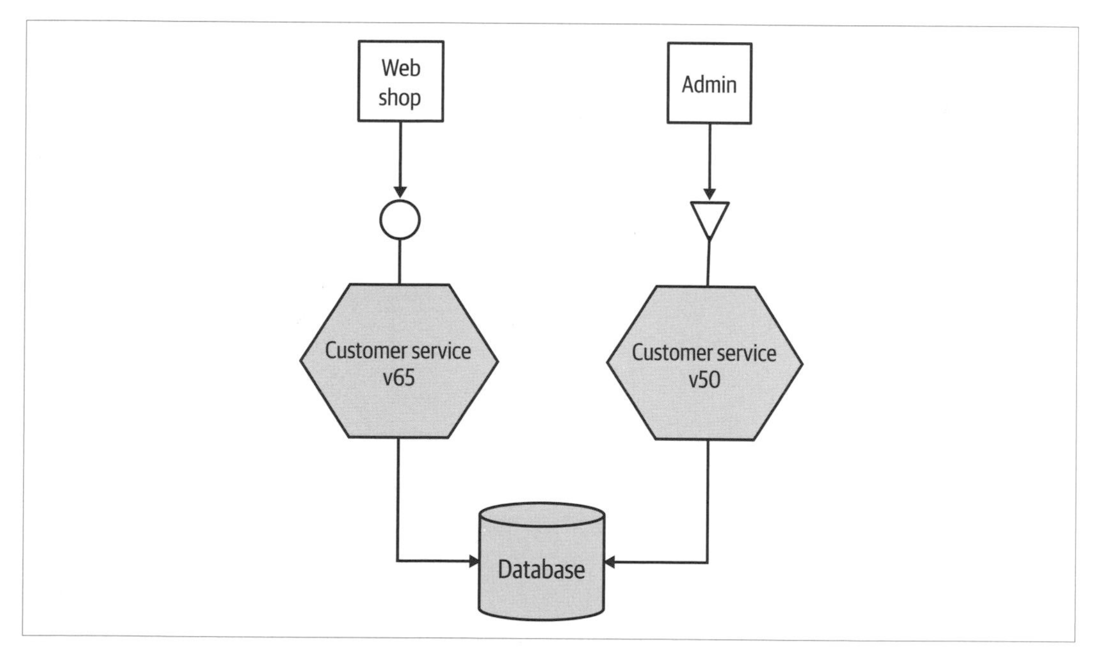

圖 5-3　運行同一服務的多個版本以支援舊端點

短時間內讓不同的服務版本並存是非常合理的，尤其是當你在做類似灰度發布（canary release）工作的時候（我們將在第 249 頁的「漸進式交付」中更多地討論這種模式）。在這些情況下，我們可以只在幾分鐘或幾個小時內共存多個版本，而且我們通常只會同時提供兩個不同版本的服務。消費者升級到較新版本的時間越長，就越應該考慮在相同微服務中讓不同端點共存，而不是讓完全不同版本的微服務共存。就一般專案而言，我還是不認為這樣做是值得的。

模擬舊介面

如果我們已竭盡所能避免引入破壞性的介面變更，那麼我們的下一個工作就是限制影響。我們想要避免的是強迫消費者與我們同步升級，因為我們總是希望保持彼此獨立發布微服務的能力。我成功使用的一種方法是在同一個正在運行的服務中同時存在新舊介面。因此，如果我們想要發布重大變更，我們會部署一個新版本的服務，該版本同時公開端點的舊版本和新版本。

這使我們能夠盡快推出新的微服務以及新的介面，同時為消費者留出時間轉移。一旦所有消費者不再使用舊端點，你可以將其連同任何關聯程式碼一起刪除，如圖 5-4 所示。

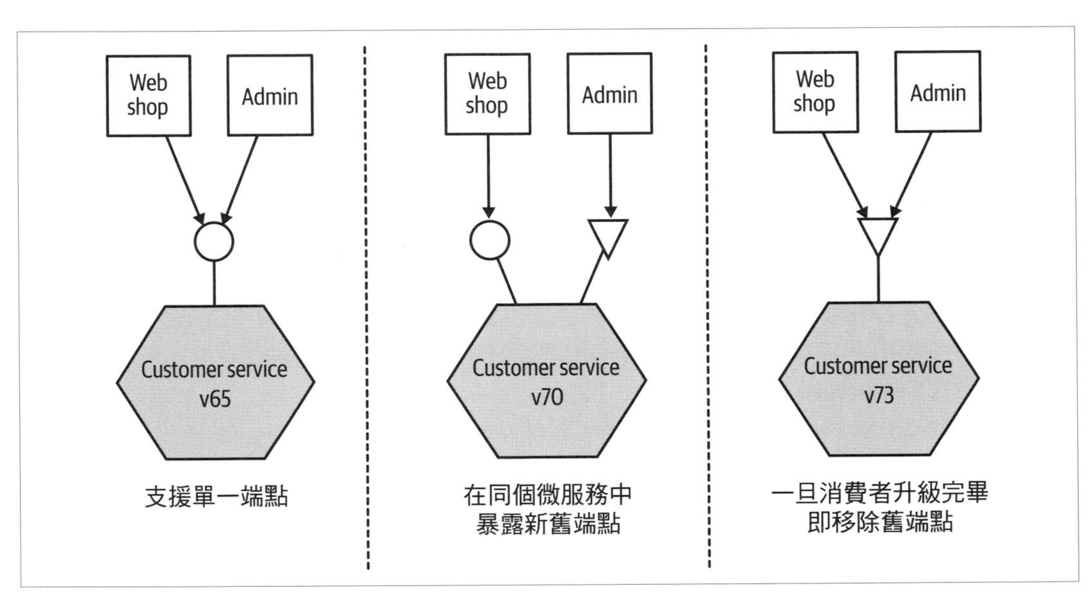

圖 5-4　一種模擬舊端點並暴露新的向後不相容端點的微服務

當我上次使用這種方法時，我們已經把自己的消費者數量和所做的破壞性變更的數量弄得一團糟，這意味著我們實際上共存了三個不同版本的端點。這並不是我推薦的東西！保留所有程式碼以及確保它們都能正常工作所需的相關測試絕對是一個額外的負擔。為了使這更易於管理，我們在內部將所有對 V1 端點的請求轉換為 V2 請求，然後將 V2 請求轉換為 V3 端點，這代表我們可以清楚地描繪出當舊端點淘汰時哪些程式碼將被淘汰。

這實際上是擴展和收縮（expand and contract）模式的一個範例，允許我逐步採納破壞性變更。我們**擴展**了我們提供的功能，同時支援做某件事的新、舊方法。一旦舊的服務消費者以新的方法做事，我們就會**收縮**我們的 API，移除舊的功能。

如果你要讓多個端點共存，你需要一種方法讓呼叫者相應地傳送他們的請求。對於使用 HTTP 的系統，我已經在請求標頭（header）URI 本身中看到了這兩個版本號，例如，*/v1/customer/* 或 */v2/customer/*，我不知道哪種方法最合理。一方面，我喜歡 URI 保持不透明以阻止客戶端寫死 URI 模板，但另一方面，這種方法確實使事情變得非常明顯並且可以簡化請求繞送。

對於 RPC，事情可能會有點棘手。我曾使用 protocol buffer 來處理這件事，將我的方法放在不同的命名空間（例如 `v1.createCustomer` 和 `v2.createCustomer`），但是當你試圖支援透過網路發送的相同型別之不同版本時，這種方法可能才是造成你痛苦的開端。

我比較喜歡哪種方法？

對於同一團隊同時管理微服務和所有消費者的情況，我對有限情況下的鎖步發布（lockstep release）比較放心。假設這確實是一次性的情況，那麼在影響僅限於單個團隊的情況下這樣做是合理的。不過，我對此非常謹慎，因為一次性活動可能會變得像往常一樣，並且存在可獨立部署性的危險。若是過於頻繁地使用鎖步部署，不久後你就會得到一個分散式的單體式應用。

正如我們所討論的，同一個微服務的不同版本共存可能會出現問題，只有在我們計劃在短時間內並行運行微服務版本的情況下，我才會考慮這樣做。現實情況是，當你需要給消費者時間進行升級時，你可能需要數週或更長時間。在其他可能共存微服務版本的情況下，可能作為藍綠部署（blue-green deploymen）或灰度發布的一部分，所涉及的持續時間要短得多，抵消了這種方法的缺點。

我的一般偏好是盡可能使用舊端點的模擬。在我看來，實作模擬的挑戰比共存的微服務版本更容易應對。

社會契約

你會選擇哪種方法在很大程度上取決於消費者對如何進行這些變更的預期。保留舊介面可能會產生成本。理想情況下，你希望將其關閉並儘快刪除相關的程式碼和基礎設施。另一方面，你希望給消費者盡可能較多的時間來做出改變。請記住，在許多情況下，你所做的向後不相容的變更通常是消費者要求的，並且 / 或者實際上最終會使他們受益的事情。當然，微服務維護者的需求和消費者的需求之間存在平衡，這是需要討論的。

我發現在很多情況下，該如何處理這些變化從來沒有被討論過，造成了各式各樣的挑戰。與綱要一樣，在如何進行向後不相容的變更方面具有一定程度的明確性，可以大大簡化事情。

你不一定需要大量的文件和大型會議來就如何處理變化達成共識，但假設你不走鎖步發布的路線，我建議微服務的所有者和消費者都需要清楚以下幾點：

- 你將如何提出介面需要變更的問題？
- 消費者和微服務團隊將如何協作以就變更的形式達成共識？
- 誰來負責更新消費者的工作？
- 變更達成一致後，消費者需要在多長時間內切換到新介面，然後才能將其刪除？

請記住，有效微服務架構的祕訣之一是採用消費者至上的方法。你的微服務可供其他消費者呼叫。消費者的需求是最重要的，如果你對微服務進行變更會導致上游消費者出現問題，則需要考慮到這一點。

當然，在某些情況下，可能無法變更使用者。我從 Netflix 聽說他們在使用舊版 Netflix API 的舊版機上盒上遇到了問題（至少在歷史上如此）。這些機上盒無法輕鬆升級，因此除非舊版機上盒的數量下降到可以禁用其支援的水平，舊的端點必須保持可用。阻止舊消費者訪問你端點的決定有時最終會導致財務問題，因為支援舊介面需要多少錢，與你從這些消費者那裡賺多少錢相平衡。

追蹤使用情況

即使你同意消費者應該停止使用舊介面的時間，你會知道他們是否真的停用了嗎？確保你為微服務公開的每個端點都都有日誌紀錄會有所幫助，同時確保你擁有某種客戶端識別碼，這樣你就可以與有疑問的團隊聊天，如果你需要與他們合作以讓他們遠離你的舊介面。這可能就像在發出 HTTP 請求時要求消費者將他們的識別碼放在使用者代理標頭中一樣簡單，或者你可以要求所有呼叫都透過某種 API gateway 進行，客戶端則需要金鑰來識別自己。

極端措施

因此，假設你知道消費者仍在使用你想要刪除的舊介面，並且他們非常緩慢地轉移到新版本，你能採取哪些措施呢？首先要做的就是和他們談談，或許你可以幫助他們做出改變。如果所有其他方法都失敗了，即使他們同意升級，他們仍然沒有升級，那有一些我曾看過的極端技術可以派上用場。

在一家大型科技公司，我們討論了它如何處理這個問題。在內部，在舊介面退役之前，公司有非常慷慨的一年時間。我問它如何知道消費者是否仍在使用舊介面，該公司回答說它並沒有真正追蹤這些資訊，一年後，它只是關閉了舊介面。而公司內部認為，如果這導致消費者崩潰，那是消費微服務團隊的錯，因為他們有一年的時間來做出改變，但他們並沒有這樣做。當然，這種方法對很多人來說不可行（我說它太極端了！）。這也導致了很大程度的低效率；由於不知道是否使用了舊介面，該公司拒絕了在一年過去之前將其刪除的機會。就個人而言，即使我建議在一段時間後關閉端點，我仍然肯定會希望追蹤誰將受到影響。

我看到的另一個極端措施實際上是在棄用程式庫的情況下，但理論上它也可以用於微服務端點。其中一個例子是人們試圖在組織內部停用一個舊的程式庫，轉而使用更新更好的程式庫。儘管將程式碼轉移到使用新程式庫方面做了大量工作，但有一些團隊仍在拖延。解決方案是在舊程式庫中插入睡眠，使它對呼叫的回應更慢（透過日誌紀錄顯示正在發生的事情）。隨著時間的推移，這個推動棄用的團隊只是不斷增加睡眠的持續時間，直到最終其他團隊收到訊息。在考慮這樣的事情之前，你顯然必須非常確定你已經用盡了其他合理的努力來讓消費者升級！

DRY 和微服務世界中程式碼重利用的風險

DRY 是開發人員經常聽到的縮寫，代表著 don't repeat yourself。雖然它的定義有時被簡化為盡量避免重複程式碼，但 DRY 更準確地意味著我們想要避免重複我們系統的*行為與知識*。一般來說，這是非常明智的建議。有很多行程式碼做同樣的事情會使你的程式碼基礎比需要的來得更大，因此更難維護。當你想要變更行為時，由於該行為在系統的許多部分都重複出現時，很容易忘記哪裡需要變更，這可能會導致臭蟲產生。因此，在一般情況下，遵循 DRY 原則是很合理的。

DRY 促使我們創建可以重利用的程式碼。我們將重複的程式碼抽取出來，然後我們可以從多個地方呼叫它們，或許我們可以製作一個到處可利用的共用程式庫！然而，事實證明，在微服務環境中共享程式碼比這更複雜。與往常一樣，我們要考慮的選擇不止這一種。

透過程式庫來共享程式碼

我們想要不惜一切代價避免的一件事就是微服務與消費者過度耦合，以致於微服務本身的任何小變化都可能對消費者造成不必要的變化。然而，有時候，共享程式碼的使用會造成這種耦合。例如，在一個客戶端，我們有共通領域物件的程式庫，代表我們系統中使用的核心實體（core entities）。我們所有的服務都使用這個程式庫，但是當對其中一個服務進行變更時，所有服務都必須更新。我們的系統透過訊息佇列進行溝通，在這些佇列裡，失效的內容也必須被清空，但如果你忘記這件事，恐怕會吃到一些苦頭。

如果你對共享程式碼的使用曾經洩露到服務邊界之外，那麼你就引入了某種潛在的耦合形式。使用日誌程式之類的共用程式碼很好，因為它們是外部世界不可見的內部概念。網站 realestate.com.au 利用量身訂做的服務模板來創建新服務。該公司沒有共用這份程式碼，而是為每個新服務複製它，以確保耦合不會悄悄潛入。

透過程式庫來共用程式碼，真正重要的是你不能一次更新程式庫的所有使用。儘管多個微服務可能都使用同一個程式庫，但它們通常需要透過將該程式庫打包到微服務部署中來實作。要升級正在使用程式庫的版本，你需要重新部署微服務。如果你想同時在任何地方更新同一個程式庫，它可能會導致同時廣泛部署多個不同的微服務，並帶來所有相關的麻煩。

因此，如果你使用程式庫進行跨微服務邊界的程式碼重利用，你必須接受一個程式庫的多個不同版本可能同時存在。你當然可以隨著時間的推移將所有這些更新到最新版本，但只要你同意這一事實，那麼無論如何都可以透過程式庫來重利用程式碼。如果你確實需要完全在同一時間為所有使用者更新該程式碼，那麼你實際上需要考慮透過專用微服務來重利用程式碼。

不過，有一個與透過程式庫來重利用相關的特定使用情形值得我們進一步探索。

客戶端程式庫

我接觸過的某些團隊堅持認為，為你的服務創建客戶端程式庫，是建置服務時不可或缺的部分，其論點是，這樣做使服務容易使用，並避免重複使用服務本身所需要的程式碼。

當然，問題是如果由同一批人創建伺服器 API 和客戶端 API，那麼伺服器上應該存在的邏輯就會開始洩露到客戶端。我真的瞭解，因為我做過這樣的事情。滲入客戶端程式庫的邏輯越多，內聚性就越開始瓦解，你會發現必須變更多個客戶端才能順利推出伺服器的修補程式。另外，你也限制了技術的選項，尤其是在你強制要求客戶端程式必須被使用的情況下。

我喜歡的客戶端程式庫典範是 Amazon Web Services（AWS）的客戶端程式庫。它可以直接呼叫底層 SOAP 或 REST Web 服務，但每個人最終只使用各種 SDK 中的一種，這些 SDK 提供對底層 API 的抽象。但是，這些 SDK 是廣大的 AWS 社群所撰寫的，或者由 AWS 內部的人員撰寫，而不是由 API 本身的工作者撰寫。這種程度的分離似乎有效並避免了客戶端程式庫的一些陷阱。這種做法之所以可行的部分原因是，客戶端主導升級會何時發生。如果你自己要開始處理客戶端程式庫，請確認情況亦是如此。

Netflix 特別重視客戶端程式庫，但我擔心人們會純粹從避免程式碼重複的角度來看待這一點。事實上，Netflix 使用的客戶端程式庫與確保其系統的可靠性和可擴展性同樣重要。Netflix 客戶端程式庫處理服務發掘、失敗模式、日誌紀錄和其他實際上與服務本身性質無關的方面。如果沒有這些共用的客戶端，就很難確保每個客戶端和伺服器溝通，在 Netflix 大規模的運作下都表現良好。這些客戶端程式庫確實使啟動和運行變得容易並提高了生產力，同時還確保了系統運行良好。然而，根據 Netflix 中的至少一位人士稱，隨著時間的推移，這導致客戶端和伺服器之間出現一定程度的耦合，而且問題有點棘手。

如果你正在考慮採取客戶端程式庫方法，那麼務必將處理底層傳輸協定的客戶端程式碼（處理像是服務發掘和服務失敗之類的事情）與目標服務本身相關的事情區隔開來。你需要決定是否堅持使用客戶端程式庫，或者允許人們使用不同的技術堆疊呼叫底層 API。最後，請確認由客戶端主導何時升級自己的客戶端程式庫：務必確保我們能夠保持獨立地發布彼此的服務！

服務發掘

一旦你擁有多個微服務，你無可避免地會想要知道每一個微服務究竟在哪裡。也許你想知道在給定環境中有哪些微服務正在執行，以便知道應該監視什麼。也許這就像知道你的 `Accounts` 微服務在哪裡一樣簡單，好讓它的消費者知道可以在哪裡找到它。或者，你可能只是想讓組織中的開發者輕鬆了解可用的 API，好讓他們不必從頭自行打造。從廣義上講，所有這些使用情形都屬於**服務發掘**（*service discovery*）的範疇。而且，使用微服務時，通常我們有很多不同的選擇可以利用。

我們將看到的所有解決方案都分兩部分處理。首先，提供了一些機制來讓實例註冊自己，並說：「我在這裡！」其次，提供了一種讓我們在服務註冊後能查找到它的方法。然而，當我們考慮不斷破壞和部署新服務實例的環境時，服務發掘會變得更加複雜。理想情況下，我們會想要挑選我們喜歡的解決方法。

讓我們看看一些最常見的服務交付（service delivery）解決方案，並以此來考慮我們的選擇。

網域名稱系統（DNS）

從簡單的開始談起。DNS 讓我們將名稱與一台或多台機器的 IP 位址相關聯。例如，我們可以決定我們的 `Accounts` 微服務總是在 *accounts.musiccorp.net* 上被找到。然後，讓這個進入點指向執行該服務之主機的 IP 位址，或者我們將其解析到負載平衡器，該負載平衡器在多個實例之間分配負載，這代表我們必須在部署服務的過程中處理更新這些條目。

在處理不同環境中的服務實例時，我看到基於約定的域模板（domain template）運作得很好，例如，我們可能有一個定義為 *<servicename>-<environment>.musiccorp.net* 的模板，為我們提供了像是 *accounts-uat.musiccorp.net* 或 *accounts-dev.musiccorp.net* 之類的條目。

處理不同環境的更進階方法是針對不同的環境使用不同的網域名稱伺服器，因此，我可以假設 *accounts.musiccorp.net* 是我總能找到 `Accounts` 微服務的地方，但它可以根據我在哪裡做查詢而解析到不同的主機。如果你已經讓你的環境座落於不同的網路區段（network segment），並且可以妥善地管理自己的 DNS 伺服器和條目（entry），那麼這可能是一個非常巧妙的解決方案，但如果你並未從這種設置中獲得其他好處，相較之下，它可是不算少的工作量。

DNS 有許多優點，主要是它是一種易於理解且普遍被使用的標準，幾乎所有技術堆疊都支援。不幸的是，雖然存在許多用於管理組織內部 DNS 的服務，但似乎很少有服務是為我們處理高度可支配主機的環境而設計的，這使得更新 DNS 條目有些痛苦。Amazon 的 Route 53 服務在這方面做得非常好，但我還沒有看到一樣好的自託管選項，然而，Consul 在這裡可能對我們有點幫助（我們稍後會討論）。除了更新 DNS 條目的問題外，DNS 規範本身也會給我們帶來一些議題。

網域名稱的 DNS 條目具有*存活時間*（TTL），讓客戶端知道這個條目的保存期限。當我們想要將主機改變成網域名稱所參照的對象時，我們會更新條目，但必須假設客戶端將緊抓著舊的 IP，至少維持 TTL 所指定的時間。DNS 條目可以快取在多個位置（甚至 JVM 也會快取 DNS 條目，除非你告訴它不這樣做），而且，被快取的地方越多，條目就越陳舊。

解決此問題的一種方法是將你服務的域名條目指向負載平衡器，負載平衡器又指向你的服務實例，如圖 5-5 所示。當你部署一個新實例時，你可以從負載平衡器條目中取出舊實例，再把新的實例加上去。有些人使用 DNS 輪詢（round-robin），其中 DNS 條目本身指向的是一組機器。這種技術非常棘手，因為客戶端對底層主機是隱藏的，因此如果其中一台主機出問題的話，客戶端就無法輕易地停止傳送流量到那台主機。

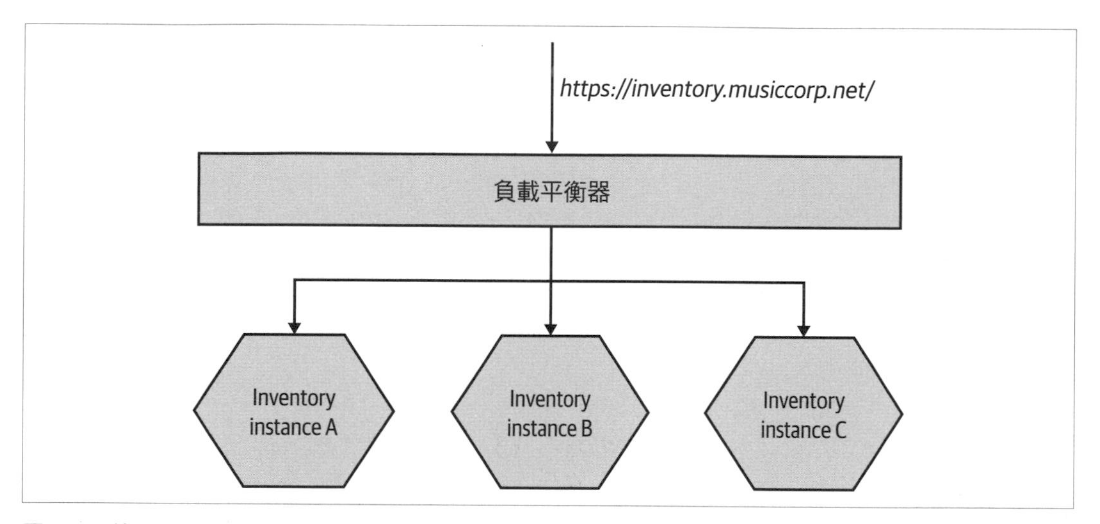

圖 5-5　使用 DNS 解析負載平衡器以避免陳舊的 DNS 條目

如前所述，DNS 已廣為人知並得到廣泛支援。但它確實有一兩個缺點，我建議你在選擇更複雜的解法之前先研究一下它是否適合你。在你只有單個節點的情況，讓 DNS 直接指向主機可能沒問題，但在你需要多個主機實例的情況，請將 DNS 條目解析到負載平衡器中，這些負載平衡器可以根據需要將單個主機投入或是退出停止服務。

動態服務註冊

DNS 作為在高度動態環境中查找節點的一種方式，其缺點導致了許多替代系統，其中大多數牽涉到由服務本身向中央機制註冊，這樣便能夠提供稍後查詢這些服務的能力。一般來說，這些系統不僅僅提供服務的註冊與發掘，這可能有好有壞，所以我們將只看幾個選項，讓你了解有什麼可以運用。

ZooKeeper

ZooKeeper（*http://zookeeper.apache.org*）最初被開發作為 Hadoop 專案的一部分。它被使用於形形色色的情境中，包括配置管理（configuration management）、服務之間的資料同步、領導人選舉（leader election）、訊息佇列，以及（對我們有用）作為命名服務（naming service）。

與許多類似的系統一樣，ZooKeeper 必須在叢集中執行多個節點，以提供各種保障，這代表你應該預期至少執行三個 Zookeeper 節點。ZooKeeper 大部分的心力都圍繞確保資料在這些節點之間能安全地被複製，並且在節點發生失敗時都能維持一致。

基本上，ZooKeeper 提供階層式名稱空間（hierarchical namespace）來儲存資訊，客戶端可以在階層結構中插入新節點、變更它們或查詢它們。此外，他們可以添加觀察點到節點，以便在節點發生改變時被告知。這代表我們可以在此結構中儲存有關我們服務的位置資訊，並在它們發生變化時通知客戶端。ZooKeeper 經常用於通用的配置儲存機制，因此你還可以在其中儲存服務特定的配置，允許你執行像是動態變更日誌層級、或關閉正在執行系統的功能等任務。

事實上，還有比動態服務註冊更好的解決方案，以致於我現在會在這個使用情形中主動避免使用 ZooKeeper。

Consul

和 ZooKeeper 一樣，Consul（*http://www.consul.io*）支援配置管理和服務發掘。，但比起 ZooKeeper，Consul 更進一步支援一些重要的使用情形。例如，它開放了一個用於服務發掘的 HTTP 介面，而 Consul 的殺手級功能之一是它實際上提供了一個現成的 DNS 伺服器；更具體地說，它可以提供 SRV 記錄，針對特定名稱提供 IP 以及埠口（port）。這意味著如果你系統的一部分已經使用 DNS 並且可以支援 SRV 記錄，你可以直接加入 Consul 並開始使用它，而無需對既有系統進行任何變更。

Consul 還內建了你可能會覺得有用的其他功能，例如對節點執行健康檢查的能力。因此，Consul 可以很好地與其他專用的監控工具功能重疊，然而，你比較可能使用 Consul 作為此資訊的來源，然後將其納入更全面的監控設置中。

Consul 使用 RESTful HTTP 介面來處理從註冊服務、查詢鍵 / 值儲存，或插入健康檢查的所有事情，這使得它很容易跟不同技術堆疊進行整合。Consul 也有一套可以很好地配合它的工具，進一步提高了它的實用性。其中一個例子是 consul-template（*https://oreil.ly/llwVQ*），它提供了一種根據 Consul 中的條目更新文字文件的方法。乍看之下，這似乎並沒有那麼有趣，直到你考慮到這樣一個事實：即使用 consul-template 讓你現在可以變更 Consul 中的值（可能是微服務的位置或配置值），並且讓你的整個系統中的配置文件系統動態更新；突然之間，任何從文字文件讀取配置的程式都可以動態更新其文字文件，而無需了解有關 Consul 本身的任何資訊。一個很好的範例是使用 HAProxy 之類的軟體負載平衡器，在負載平衡器池中動態添加或刪除節點。

另一個與 Consul 整合良好的工具是 Vault，我們將在第 328 頁的「密鑰」中重新討論這個機密管理工具。機密管理可能很痛苦，但 Consul 和 Vault 的結合肯定會讓你更容易一點。

etcd 和 Kubernetes

如果你在一個管理容器工作負載的平台上運行，你很可能已經擁有服務發掘的機制。Kubernetes 也不例外，它部分來自 etcd（*https://etcd.io*），這是一個與 Kubernetes 綁在一起的配置管理儲存。etcd 具有類似於 Consul 的功能，Kubernetes 使用它來管理各種配置資訊。

我們將在第 240 頁的「Kubernetes 與容器編配」中更詳細地探索 Kubernetes，但簡而言之，服務發掘在 Kubernetes 上的工作方式是，你在 pod 中部署一個容器，然後服務動態識別哪些 pod 應該透過對與 pod 關聯的中介資料（metadata）進行模式匹配，使之成為服務的一部分。這是一個非常優雅且強大的機制。然後，對服務的請求將被導到其中一個構成該服務的 pod。

Kubernetes 現成的功能很可能導致你只想使用核心平台附帶的功能，並避免使用 Consul 等專用工具，對於許多人來說，這很有意義，尤其是如果你對更廣泛的 Consul 工具生態系統不感興趣。但是，如果你在混合環境中運行，其中你的工作負載在 Kubernetes 和其他地方執行，那麼擁有一個可以跨兩個平台使用的專用服務發掘工具可能是必經之路。

推出你自己的系統

一種我自己使用過也在其他地方看過的方法是，推出自己的系統。在一個專案中，我們大量使用 AWS，它提供了向實例添加標籤的能力。在啟動服務實例時，我會應用標籤來幫助定義實例是什麼以及它的用途，這些允許一些豐富的中介資料與指定的主機相關聯，例如：

- service = accounts
- environment = production
- version = 154

然後，我使用 AWS API 查詢與給定 AWS 帳戶關聯的所有實例，以便找到我關心的機器。在這裡，AWS 本身處理與每個實例關聯的中介資料的儲存，並為我們提供查詢它的能力。接著，我建置了用於與這些實例互動的命令行（command-line）工具，並提供了圖形介面來一目了然地查看實例狀態。如果你能以編程方式收集有關服務介面的資訊，那麼所有這些都將變得非常簡單。

上一次我這樣做的時候，我們還有像是 AWS API 的服務能查找它們的服務依賴項（service dependencies），但你沒有理由不能這樣做。很顯然，如果你希望在下游服務的位置發生變化時向上游服務發出警報，那麼你就必須靠自己了。

如今，這不是我要走的路。這個領域的工具已經足夠成熟，所以我們不用重新發明輪子，更不用重新創建一個更糟糕的輪子。

別忘記人類！

到目前為止，我們看到的系統使服務實例可以輕鬆地註冊自己、並查找需要與之溝通的其他服務。但作為人類，我們有時也需要這些資訊，以人類使用資訊的方式提供資訊，可能是透過使用 API 將這些細節提取到人性化的註冊表中（我們稍後會討論的主題），這可能是非常重要的。

服務網格和 API gateway

很少有與微服務相關的技術領域像服務網格和 API gateway 那樣受到如此多的關注、炒作和混淆。這兩者都有自己的位置，但令人困惑的是，它們的職責也可能重疊。API gateway 尤其容易被濫用（和錯誤推銷），因此了解這些類型的技術是否適合我們的微服務架構非常重要。與其嘗試提供有關你可以使用這些產品做什麼的詳細介紹，不如提供一個概述，說明它們的適用範圍、它們如何提供幫助以及要避免的一些陷阱。

用典型資料中心的說法，我們將「東西向」流量視為來自資料中心內部，而「南北向」流量與從外部進入或離開資料中心的互動有關。從網路的角度來看，資料中心是什麼已經成為一個有點模糊的概念，因此出於我們的目的，我們將更廣泛地討論網路邊界（networked perimeter），這可能涉及整個資料中心、Kubernetes 叢集，或者可能只是一個虛擬網路概念，例如在同一虛擬 LAN 上運行的一組機器。

一般來說，API gateway 會位於你系統的邊界（perimeter）並處理南北向流量，它主要涉及的是管理從外部世界到你的內部微服務的訪問。另一方面，服務網格只處理邊界內微服務之間的溝通，也就是屬於東西向流量，如圖 5-6 所示。

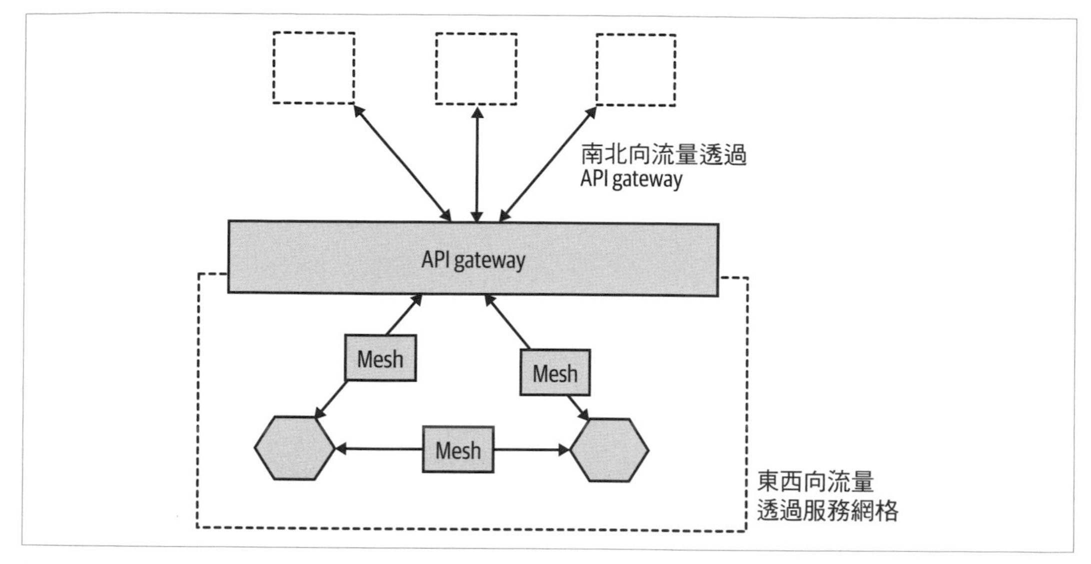

圖 5-6　API gateway 和服務網格的使用概述

服務網格和 API gateway 可能允許微服務共享程式碼，而無需創建新的客戶端程式庫或新的微服務。簡而言之，服務網格和 API gateway 可以作為微服務之間的代理（proxy）。這可能意味著它們可用於實作一些微服務無法知道的行為，否則這些行為可能必須在程式碼中完成，例如服務發掘或日誌紀錄。

如果你使用 API gateway 或服務網格來為你的微服務實作共享、通用的行為，那麼這種行為必須完全通用。換句話說，代理中的行為與個別微服務的任何特定行為無關。

現在，在解釋完這些後，我還必須解釋說，這世界並不總是那麼明確區分的。許多 API gateway 也嘗試為東西向流量提供功能，但這是我們稍後將討論的內容。首先，讓我們看看 API gateway 以及它們可以做的事情。

API gateway

由於更關注南北流量，API gateway 在微服務環境中主要負責將來自外部各方的請求對映到內部微服務。這種責任類似於使用簡單的 HTTP 代理可以實作的功能，實際上 API gateway 通常在既有 HTTP 代理產品之上建置更多功能，它們主要用作反向代理（reverse proxy）。此外，API gateway 可用於實作外部方的 API 金鑰、日誌紀錄、速率限制等機制。有些 API gateway 通常還針對外部消費者提供開發者入口網站（developer portal）。

API gateway 的部分混淆與歷史有關。不久前，人們對所謂的「API 經濟」產生了巨大的興趣，業界已經開始了解為託管解決方案提供 API 的力量，從像是 Salesforce 等等的 SaaS 產品到 AWS 等平台，因為很明顯 API 為客戶提供了更多使用軟體的彈性。這導致許多人開始查看他們已經擁有的軟體，並考慮不僅要透過 GUI，還透過 API 向客戶公開該功能的好處，希望能開闢更大的市場機會，並且賺更多的錢。在這種興趣中，出現了一批 API gateway 產品，以幫助實作這些目標。他們的功能集很大程度上主要在於為第三方管理 API 金鑰、執行速率限制以及為收費目的而追蹤使用情形。現實情況是，雖然 API 被證明是向某些客戶提供服務的絕佳方式，但 API 經濟的規模並不像某些人希望的那麼大，許多公司發現他們所購買的 API gateway 產品充滿了他們實際不需要的功能。

很多時候，API gateway 的實際用途只是管理透過公開的網際網路從組織自己的 GUI 客戶端（網頁、本地行動應用程式）訪問組織的微服務。沒有「第三方」。Kubernetes 需要某種形式的 API gateway 是必不可少的，因為 Kubernetes 本身只在叢集內處理網路，而沒有處理叢集本身收到或是發出的溝通。但在這樣的範例中，為外部第三方訪問設計的 API gateway 是非常多此一舉的。

因此，如果你想要一個 API gateway，請非常清楚你對它的預期。事實上，我想說得更遠一點，你應該避免擁有一個做太多事情的 API gateway，我們接下來會談到這一點。

在哪裡使用它們

一旦你開始了解你的使用情境，就可以更輕鬆地了解你需要哪種類型的 gateway。如果這只是暴露在 Kubernetes 中運行的微服務情況，你可以運行自己的反向代理，或者更好的是，你可以查看像 Ambassador 這樣專門的產品，它是根據該範例從頭開始建置的。如果你真的發現自己需要管理訪問 API 的大量第三方使用者，那麼可能還有其他產品可以考慮。事實上，你可能最終會混合使用多個 gateway 來更好地將關注點區分開來，我看到在許多情況下這是明智的，儘管關於增加整體系統複雜性和增加網路躍點（hop）的常見警告仍然適用。

我不時參與和供應商的直接合作，以幫助其選擇工具。我可以毫不猶豫地說，我在 API gateway 領域經歷過比在其他任何領域都更多的錯誤推銷、糟糕或殘酷的行為，因此，你在本章中找不到對某些供應商產品的參考。我把這歸結為由創投支援的公司為 API 經濟的繁榮時期建立了一個產品，卻發現這個市場並不存在，因此他們在兩條戰線上作戰：他們也在爭奪少數真正需要更複雜的 gateway 所提供之服務的使用者，同時也失去了為滿足絕大多數更簡單需求而建置更專注的 API gateway 產品的業務。

需要避免什麼

部分原因是由於一些 API gateway 供應商明顯的絕望，人們對這些產品的功能提出了各式各樣的要求，這導致了對這些產品的大量濫用，反過來又令人遺憾地不信任這個本質上相當簡單的概念。我見過濫用 API gateway 的兩個重要範例是呼叫匯總（call aggregation）和協定重寫（protocol rewriting），但我也看到更廣泛地推動使用 API gateway 進行邊界（perimeter）（東西向）呼叫。

在本章中，我們已經簡要介紹了像 GraphQL 這樣的協定，在我們需要進行大量呼叫然後匯總和過濾結果的情況下幫助我們，但是人們往往也很想在 API gateway 層中解決這個問題。一開始天真地認為：你組合了幾個呼叫並返回一個資料酬載，接著你開始進行另一個下游呼叫作為同一匯總流的一部分，然後你開始想要添加條件邏輯，不久你就會意識到自己已經將核心業務流程添加到不適合的第三方工具中。

如果你需要進行呼叫匯總和過濾，那麼可以看看 GraphQL 或 BFF 模式的潛力，這些我們將在第 14 章中介紹。如果你正在執行的呼叫匯總基本上是一個業務流程，那麼更應該透過一個顯式塑模的 saga 來完成，我們將在第 6 章中介紹。

除了匯總之外，協定改寫也經常被推崇為 API gateway 應該使用的東西。我記得一位不具名的供應商非常積極地宣傳其產品可以「將任何 SOAP API 變更為 REST API」的想法。首先，REST 是一種完整的架構思維方式，是無法簡單地在代理層中實作。其次，協定重寫，也就是這個產品試圖要做的事情，不應該在中間層完成，因為它會將過多的行為推到錯誤的地方。

協定重寫能力和 API gateway 內部呼叫匯總的實作，其主要問題是我們違反了保持管道靜默和端點智慧的規則。我們系統中的「智慧」希望存在於我們的程式碼中，在那裡我們可以完全控制它們。這個例子中的 API gateway 是一個管道，而我們希望它盡可能簡單。借助微服務，我們正在推動一種模型，在該模型中，可以透過可獨立部署性進行變更並更輕鬆地發布；將智慧保留在我們的微服務中有助於實作這一點。如果我們現在還必須在中間層進行變更，事情就會變得更複雜。有鑑於 API gateway 的重要性，對它們的變更通常受到嚴格控制，也似乎不太可能讓個別的團隊自由地改變這些通常集中管理的服務。這意味著什麼？若要對你的軟體進行變更，你最終需要 API gateway 團隊來為你進行變更。洩露到 API gateway（或企業服務匯流排（enterprise service bus））中的行為越多，越有可能發生交接、增加協調和減緩交付的風險。

最後一個問題是使用 API gateway 作為所有微服務間呼叫的中介，可能非常有問題的。如果我們在兩個微服務之間插入一個 API gateway 或一個普通的網路代理，那麼我們通常至少添加了一個網路躍點。從微服務 A 到微服務 B 的呼叫，首先從 A 到 API gateway，然後從 API gateway 再到 B。我們必須考慮額外網路呼叫的延遲影響以及代理正在執行任何操作的開銷。我們接下來要探討的服務網格更適合解決這個問題。

服務網格

使用服務網格（service mesh），與微服務間溝通相關的通用功能被推送到網格中，這減少了微服務需要在內部實作的功能，同時還為完成某些事情的方式提供一致性。

服務網格實作的常見功能包括雙向 TLS、關聯 ID、服務發掘和負載平衡等。一般來說，從一個微服務到下一個微服務，這種類型的功能是相當通用的，因此我們最終會使用共用程式庫來處理它。但是隨後你必須處理如果不同的微服務運行不同版本的程式庫會發生什麼，或者如果你在不同的執行時期環境（runtime）撰寫微服務會發生什麼。

至少從歷史上看，Netflix 會要求所有非本地網路溝通都必須在 JVM 到 JVM 之間完成，這是為了確保可以重利用經過試驗和測試的通用程式庫，這些程式庫是管理微服務之間有效溝通的重要部分。不夠，透過使用服務網格，我們有可能在用不同程式語言所撰寫的微服務之間重用通用的微服務功能。服務網格在跨不同團隊創建的微服務實作的標準行為方面也非常有用，尤其是在 Kubernetes 上，已經逐漸成為你可能為自助部署和管理微服務的任何特定平台的假定部分。

跨微服務輕鬆實作通用行為是服務網格的一大優勢。如果此通用功能僅透過共用程式庫實作，則變更此行為將需要每個微服務引入該程式庫的新版本，並在該變更生效之前進行部署。使用服務網格，你可以更靈活地在微服務之間的溝通方面進行變更，而無需重建和重新部署。

運作方式

一般來說，使用微服務架構時，我們希望南北向流量少於東西向流量。一個南北向呼叫（例如下訂單）可能會導致多個東西向呼叫，這意味著在考慮任何類型的邊界內呼叫代理時，我們必須意識到這些額外呼叫可能導致的開銷，這是服務網格建置方式的核心考慮因素。

服務網格有不同的形狀和大小，但它們的共通點是，它們架構的基礎是試圖限制對代理之呼叫所造成的影響，主要是透過將代理行程分布在與微服務實例相同的實體機器上運行來實作的，以確保遠端網路呼叫的數量受到限制。在圖 5-7 中，我們看到了這一點，也就是 `Order Processor` 正在向 `Payment` 微服務發送請求。此呼叫首先在本地導到與 `Order Processor` 運行在同一台機器上的代理實例，然後再透過其本地代理實例繼續傳到

Payment 微服務。Order Processor 認為它正在發起一個正常的網路呼叫，卻不知道呼叫是在機器本地繞送的，這明顯更快（並且也不太容易出現分區）。

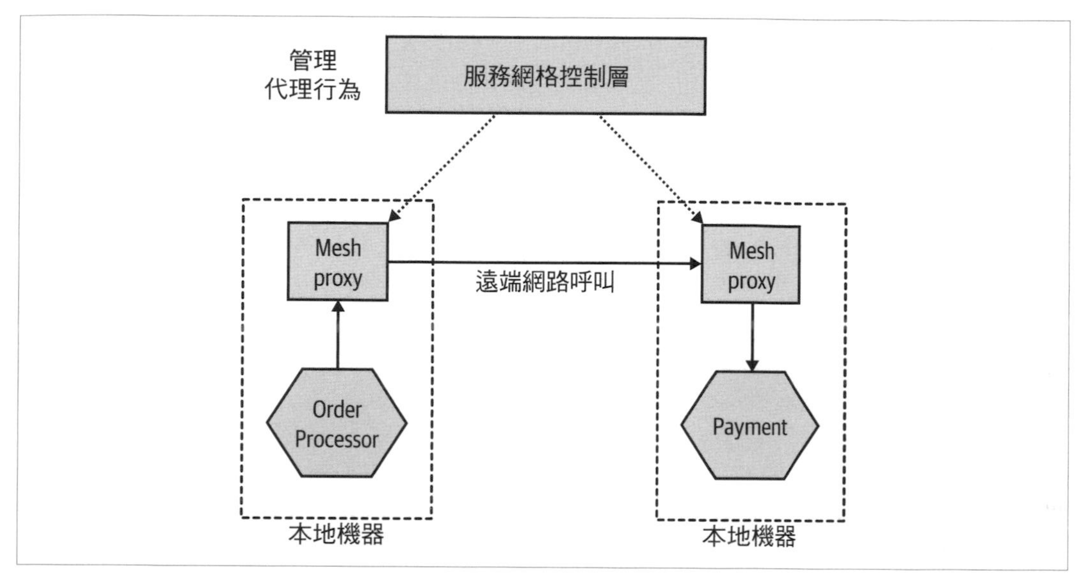

圖 5-7　部署了一個服務網格來處理所有直接的微服務間溝通

控制層（control plane）將位於本地網格代理（mesh proxy）的最上層，既是可以變更這些代理行為的地方，也是可以收集有關代理正在做什麼的資訊之所在。

在 Kubernetes 上部署時，你可以將每個微服務實例部署在具有自己本地代理的 pod 中。單個 pod 始終部署為單個單元，因此你始終知道你有可用的代理。此外，單個代理掛掉只會影響那個單一的 pod，此設置還允許你針對不同目的對每個代理進行不同配置。我們將在第 240 頁的「Kubernetes 與容器編配」中更詳細地了解這些概念。

許多服務網格實作使用了 Envoy（*https://www.envoyproxy.io*）代理作為這些本地運行行程的基礎。Envoy 是一個輕量級的 C++ 代理，通常用作服務網格和其他類型以代理為基礎的軟體建置模塊，例如，它是 Istio 和 Ambassador 的重要建置模塊。

這些代理依次由控制層所管理；這將是一組軟體，可以幫助你查看正在發生的事情並控制正在執行的操作。例如，當使用服務網格實作雙向 TLS 時，控制層將用於分發客戶端和伺服器憑證。

服務網格不是 smart pipe 嗎？

因此，所有關於將常見行為推入服務網格的討論，可能會讓你們某些人心中警鈴大作：這種方法是不是會面臨與企業服務匯流排或過於臃腫的 API gateway 相同的問題？我們是否面臨將太多「智慧」推入我們服務網格的風險？

這裡要記住的關鍵是，我們放入網格中的常見行為並不特定於任何一個微服務，沒有業務功能洩露到外部。我們正在配置通用的東西，像是如何處理請求逾時。就可能希望在每個微服務的基礎上調整的通用行為而言，這通常可以很好地滿足，而無需在中央平台上完成工作。例如，使用 Istio，我可以在自助服務的基礎上透過變更我的服務定義來定義我的逾時要求。

你需要嗎？

當服務網格的使用開始流行時，就在本書第一版發布後，我看到了這個想法的很多優點，但也看到了很多這領域中的東西流失。不同的部署模型被提出、建置，然後被放棄，在這個領域提供解決方案的公司數量急劇增加；但即使是那些已經存在很長時間的工具，也明顯缺乏穩定性。Linkerd（*https://linkerd.io*）可以說是這個領域的先驅，它在從 v1 到 v2 的轉變中，從頭開始重新打造它的產品。Istio（*https://istio.io*）是 Google 授權的服務網格，花了數年時間才發布了最初的 1.0 版本，即使如此，它的架構隨後也發生了重大變化（有點諷刺，雖然是合理的，其控制層轉向更加單體式的部署模型）。

在過去五年的大部分時間裡，當我被問到「我們應該要有一個服務網格嗎？」我的建議是「如果你能等六個月再做出選擇，那就等六個月。」我對這個想法深信不疑，但對其穩定性感到擔憂。像服務網格這樣的東西並不是我個人想要冒很多風險的地方，但它非常關鍵，對於一切正常運作來說非常重要，你會把它放在你的關鍵路徑上。就我對它的重視程度而言，它與選擇訊息仲介或雲端供應商一樣重要。

從那時起，我很高興地說，這個領域已經成熟。流失在某種程度上已經放緩，但我們仍然擁有（健康的）多元化的供應商。也就是說，服務網格並不適合所有人。首先，如果你不在 Kubernetes 上，你的選擇會很有限。其次，它們確實增加了複雜性。如果你有五個微服務，我認為你不能輕易地證明服務網格的合理性（如果你只有五個微服務，你是否可以證明 Kubernetes 是合理的，這待商議！）。對於擁有更多微服務的組織，尤其是如果他們希望選擇用不同的程式語言撰寫這些微服務時，服務網格非常值得一看。不過，你需要做你該做的功課，因為在服務網格之間切換會是痛苦的！

Monzo 是一家公開談論其使用服務網格對於允許其大規模運行其架構而言非常重要的組織。事實證明，它使用 Linkerd v1 來幫助管理微服務間 RPC 呼叫非常有益。有趣的是，Monzo 不得不處理（*https://oreil.ly/5dLGC*）服務網格遷移的痛苦，以幫助當它在 Linkerd v1 的舊架構不再滿足其要求時實作所需的規模。最後，它有效地轉移到了使用 Envoy proxy 的內部服務網格。

其他協定呢？

API gateway 和服務網格主要用於處理與 HTTP 相關的呼叫。因此可以透過這些產品管理 REST、SOAP、gRPC 等。但是，當你開始查看透過其他協定進行溝通時，例如使用訊息仲介（如 Kafka）時，事情會變得更加模糊。通常，此時服務網格會被繞過，而是直接與代理本身進行溝通。這代表你不能假設你的服務網格能夠充當微服務之間所有呼叫的中介。

文件服務

透過將我們的系統分解為更細粒度的微服務，我們希望以 API 的形式公開大量的縫隙，人們可以使用這些縫隙來做許多有希望的事情。如果你的發掘正確，我們就知道事情在哪裡。但是我們怎麼知道這些東西做什麼或如何使用它們呢？一種選擇顯然是擁有相關 API 的文件。當然，文件通常可能已經過時。理想情況下，我們會確保我們的文件始終與微服務 API 保持同步，並在我們知道服務端點的位置時輕鬆查看此文件。

顯式綱要

擁有明確的顯示綱要確實可以讓人更容易理解任何給定端點所公開的內容，但僅靠它們本身通常是不夠的。正如我們已經討論過的，綱要有助於顯示結構，但它們在幫助傳達端點的行為方面並不太夠，因此，仍然需要良好的文件來幫助消費者了解如何使用端點。當然，值得注意的是，如果你決定不使用顯式綱要，你的文件最終會做*更多*的工作。你需要解釋端點的作用，並記錄介面的結構和細節。此外，如果沒有明確的綱要，檢測你的文件是否與真實端點保持同步會更加困難。陳舊的文件是一個持續存在的問題，但至少一個明確的綱要可以給你更多的機會讓它保持最新狀態。

我已經介紹了 OpenAPI 作為綱要格式，但它在提供文件方面也非常有效，而且現在有很多開放資源和商業工具可以支援使用 OpenAPI 描述符（descriptor）來幫助創建有用的入口網站（portal），讓開發者能閱讀文件。值得注意的是，用來查看 OpenAPI 的開源入口網站似乎有點初階，像是我很難找到一個支援搜尋功能的入口網站。對於 Kubernetes

上的人來說，Ambassador 的開發者入口（*https://oreil.ly/8pg12*）非常有趣。Ambassador 已經成為 Kubernetes 的 API gateway 的熱門選項，其開發者入口能夠自動發現可用的 OpenAPI 端點；能部署新的微服務並自動提供其文件的想法對我來說非常有吸引力。

過去，我們缺乏對以事件為基礎的介面文件有很好的支援，而現在至少我們有選擇。AsyncAPI 格式最初是由 OpenAPI 改編而成的，而且現在我們還有 CloudEvents，它是一個 CNCF 專案我沒有使用過，但我更喜歡 CloudEvents，純粹是因為它似乎具有豐富的整合和支援，這很大程度上是由於它與 CNCF 的關聯，至少從歷史上看，與 AsyncAPI 相比，CloudEvents 在事件格式方面似乎更嚴格，只有 JSON 得到了適當的支援，直到 protocol buffer 支援在之前被移除後最近重新引入，所以這可能將是一個考慮因素。

自我描述的系統

在 SOA 早期發展階段，出現了通用描述、探索與整合（Universal Description、Discovery、Integration，UDDI）的標準來幫助我們了解什麼服務正在執行。這些方法是非常重量級的，導致了一些替代技術來嘗試理解我們的系統。Martin Fowler 討論了人性化註冊（*https://oreil.ly/UI0YJ*）的概念，這是一種更輕量級的方法，人們可以在這種方法中記錄有關組織中服務的資訊，例如 wiki。

了解我們的系統及其行為方式很重要，特別是在我們到達一定的規模的情況下。我們已經介紹了許多不同的技術，幫助我們直接了解我們的系統。透過追蹤下游服務的健康狀況，以及幫助我們查看呼叫鏈的相關性 ID，我們可以獲得關於我們的服務如何相互關聯的真實資料。使用像是 Consul 這樣的服務發掘系統，我們可以看到我們的微服務在哪裡執行；而 OpenAPI 和 CloudEvents 等機制可以幫助我們查看任何給定端點上的託管功能，而我們的健康檢查頁面和監控系統讓我們了解整個系統和個別服務的健康狀況。

所有這些資訊都可以透過程序化的方式來提供，這些資料使我們的 humane registry 比一個毫無疑問會過時的簡單 wiki 頁面來得更強大；相反地，我們應該使用 humane registry 來處理和顯示我們的系統將發出的所有資訊。透過建立自訂儀表板，我們可以匯集大量可用資訊來幫助我們了解我們的生態系統。

無論如何，從一些像靜態網頁或 wiki 這樣簡單的東西開始，或許從即時系統中擷取一些資料；然而隨著時間的推移，希望能獲取越來越多的資訊，因此讓這些資訊易於取得，是管理大規模運行這些系統所帶來新興複雜性的關鍵工具。

我曾與許多存在這些問題的公司談過，這些公司最終建立了簡單的內部註冊表來整理服務相關的中介資料。其中一些註冊管理機構只是抓取原始碼儲存庫，尋找中介資料文件來建置服務列表。這些資訊可以與來自 Consul 或 etcd 等服務發掘系統的真實資料合併，以建置更豐富的畫面來了解正在執行的內容、以及你可以與之交談的對象。

《*Financial Times*》建立了 Biz Ops 來幫助解決這個問題。該公司擁有數百個由世界各地團隊開發的服務。Biz Ops 工具（圖 5-8）為公司提供了一個地方，除了有關其他 IT 基礎設施服務（例如網路和文件伺服器）的資訊之外，你還可以在其中找到有關其微服務的大量有用資訊。Biz Ops 建立在圖形資料庫之上，在收集哪些資料以及如何塑模資訊方面具有很大的彈性。

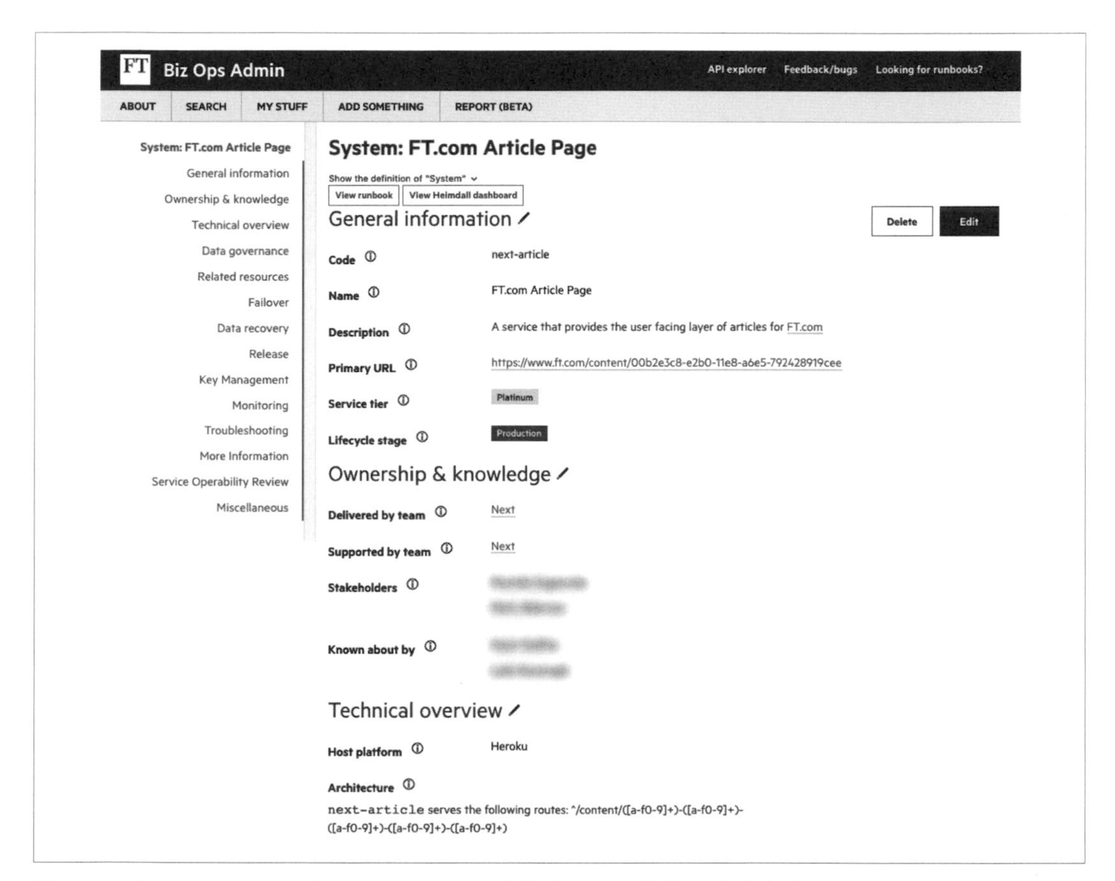

圖 5-8 《Financial Times》Biz Ops 工具，用於整理有關其微服務的資訊

然而，Biz Ops 工具比我見過的大多數類似工具還要完善，該工具計算它所謂的系統可操作性分數，如圖 5-9 所示。這個想法是服務和他們的團隊應該做一些事情來確保服務可以很容易地操作，這可以從確保團隊在註冊表中提供正確的資訊，到確保服務進行適當的健康檢查。系統可操作性得分一旦計算出來，就可以讓團隊一目了然地看到是否有需要修復的東西。

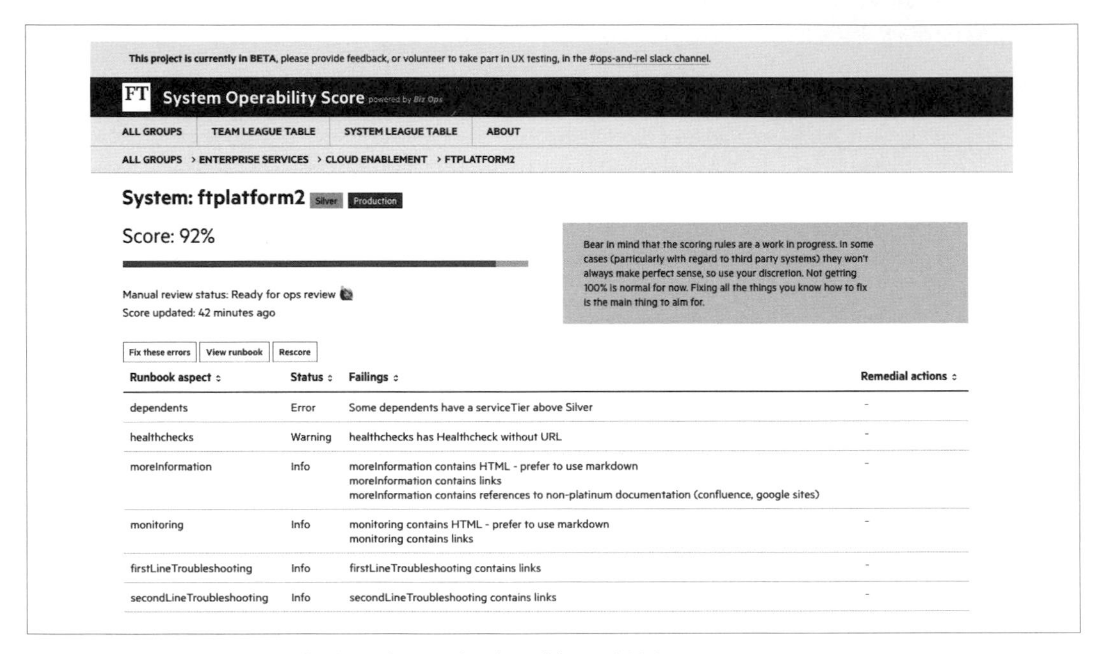

圖 5-9　《Financial Times》微服務的服務可操作性評分範例

這是一個正在成長的領域。在開源世界中，Spotify 的 Backstage（*https://backstage.io*）工具提供了一種類似於 Biz Ops 建置服務目錄的機制，帶有插件模型以允許複雜的添加，例如能夠觸發創建新的微服務或從 Kubernetes 叢集中提取即時資訊。Ambassador 自己的服務目錄（*https://oreil.ly/7o649*）較狹隘地只關注 Kubernetes 中服務的可見性，這意味著它可能不像英國《*Financial Times*》的 Biz Ops 那樣具有普遍吸引力，但我仍然很高興看到這個想法的一些新觀點更普及。

總結

因此，我們在本章中涵蓋了很多內容，讓我們來拆解其中的一些：

- 首先，請確保你嘗試解決的問題指示了你的技術選擇。根據你的背景和首選的溝通方式，選擇最適合你的技術，不要陷入了先選擇技術的陷阱。第 4 章首次介紹並在圖 5-10 中再次展示的微服務之間的溝通風格，總結來說可以指引你的決策，但僅僅遵循此模型並不能代替坐下來思考清楚自己的情況。

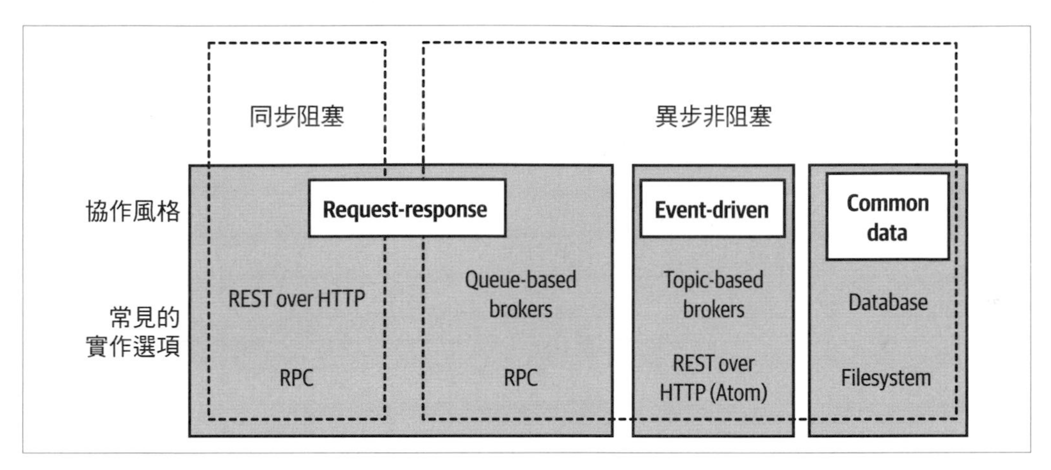

圖 5-10　不同風格的微服務間溝通，以及範例實作技術

- 無論你做出何種選擇，都應考慮使用綱要，這在一定程度上有助於使你的契約更加明確，同時也有助於捕捉意外的破壞性變更。
- 在可能的情況下，努力進行向後相容的變更，以確保獨立部署的可能性仍然存在。
- 如果你確實必須進行向後不相容的變更，請找到方法，讓消費者有時間進行升級以避免鎖步部署。
- 請考慮你可以做些什麼來幫助向人們展示有關端點的資訊，可以考慮使用 humane registry 等來幫助理解混亂。

我們已經研究了如何實作兩個微服務之間的呼叫，但是當我們需要協調多個微服務之間的操作時會發生什麼情況呢？這將是我們下一章的重點。

第六章

工作流程

在前兩章中，我們研究了關於一個微服務如何與另一個微服務對話的微服務主題。但也許是為了實作一個業務流程時，我們希望多個微服務共同協作，那會發生什麼事情呢？如何在分散式系統中塑模和實作這些類型的工作流程可能是一件棘手的事情。

在本章中，我們將了解與使用分散式交易解決這個問題相關的陷阱，我們還將了解 sagas，這是一個可以幫助我們以更令人滿意的方式為微服務工作流程塑模的概念。

資料庫交易

一般而言，當我們在計算環境中考慮交易時，我們會想到將要發生的一個或多個我們希望將其視為單個單元的操作。在同一整體操作中進行多項變更時，我們希望確認所有的變更是否都已完成。如果在這些變更發生時發生錯誤，我們還希望有一種方法可以自行清理。通常，這會導致我們使用像是資料庫交易（database transaction）之類的東西。

對於資料庫，我們使用交易來確保已成功進行一個或多個狀態的變更，這可能包括刪除、插入或變更資料。在關聯資料庫中，這可能涉及在單個交易中更新多張表。

ACID 交易

通常，當我們談論資料庫交易時，我們談論的是 ACID 交易。ACID 是一個首字母的縮寫詞，概述了資料庫交易的重要屬性，這些屬性導向我們可以依賴的系統來確保資料儲存的持久性和一致性。*ACID* 代表原子性、一致性、隔離性和持久性，以下是這些屬性為我們提供的資訊：

原子性（*Atomicity*）

確保交易中嘗試的操作全部完成或全部失敗。如果我們嘗試進行的任何變更由於某種原因失敗，則整個操作將中止，就好像從未進行過任何變更一樣。

一致性（*Consistency*）

當對我們的資料庫進行變更時，我們確保它處於有效且一致的狀態。

隔離性（*Isolation*）

允許多個交易同時運行而互不干擾。這是透過確保在一個交易期間所做的任何臨時狀態變更對其他交易而言是隱形的來實作。

持久性（*Durability*）

確保一旦交易完成，我們有信心在發生某些系統故障時資料不會丟失。

值得注意的是，並非所有資料庫都提供 ACID 交易。我用過的所有關聯資料庫系統都是如此，許多較新的 NoSQL 資料庫（如 Neo4j）也是如此。多年來，MongoDB 僅在對單個文件進行變更時支援 ACID 交易，如果你想對多個文件進行原子更新（atomic update），可能會導致問題 [1]。

這裡不是詳細探討這些概念的書，為了簡潔起見，我當然簡化了其中的一些描述。對於那些想進一步探索這些概念的人，我推薦《*Designing Data-Intensive Applications*》[2]。我們將在接下來的內容中主要關注原子性，這並不是說其他屬性不重要，但如何處理資料庫操作的原子性往往是我們開始將功能分解為微服務時所遇到的第一個問題。

1 這已經改變了，支援多文件 ACID 交易作為 Mongo 4.0 的一部分發布。Mongo 的這個功能我自己沒用過，我只知道它的存在！

2 Martin Kleppmann，《*Designing Data-Intensive Applications*》（Sebastopol: O'Reilly, 2017）。

依舊是 ACID，但缺乏原子性？

我想明確一點，在使用微服務時，我們仍然可以使用 ACID 風格的交易。例如，微服務可以自由地使用 ACID 交易對其資料庫進行操作，只是這些交易的範圍被縮減為在單個微服務中本地發生的狀態變更。參考圖 6-1。在這裡，我們正在追蹤將新客戶加入 MusicCorp 所涉及的流程。我們已經完成了流程，這涉及將使用者 `2346` 的 `Status` 從 `PENDING` 變更為 `VERIFIED`。由於註冊已完成，我們還想從 `PendingEnrollments` 表中刪除匹配的列。對於單個資料庫，這是在單個 ACID 資料庫交易的範圍內完成的，這些狀態變更要不就是會發生，不然就是都不發生。

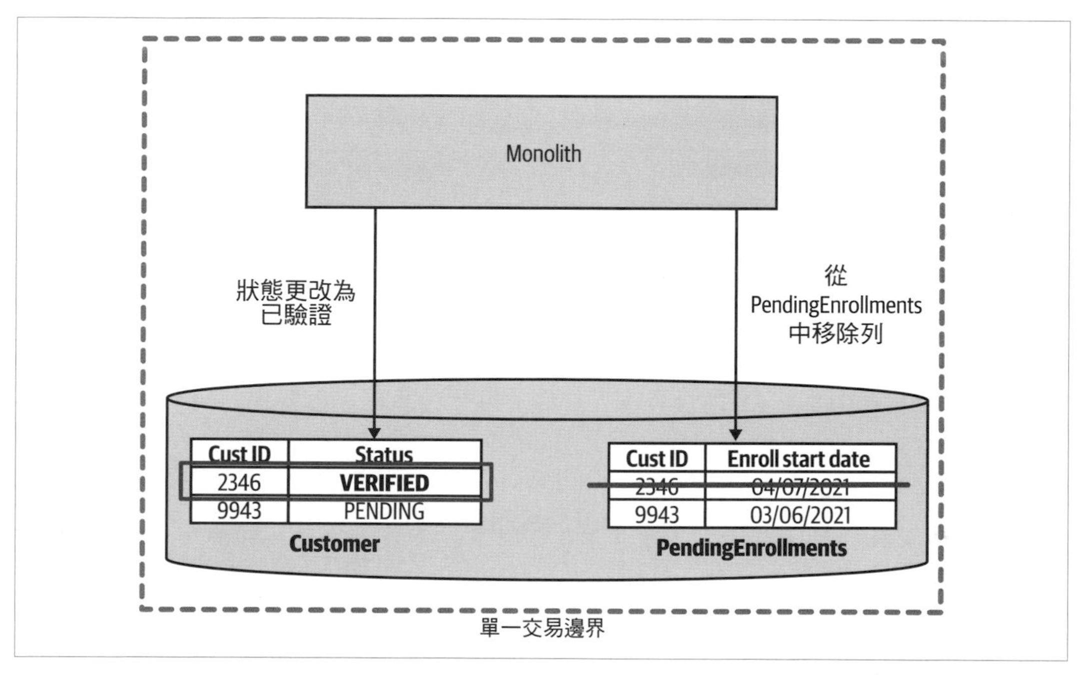

圖 6-1　在單個 ACID 交易範圍內更新兩個表

將圖 6-1 與圖 6-2 進行比較，其中我們進行了完全相同的變更，但每次變更都在不同的資料庫中進行，這代表有兩個交易需要考慮，而每個交易的成功或失敗都是獨立的。

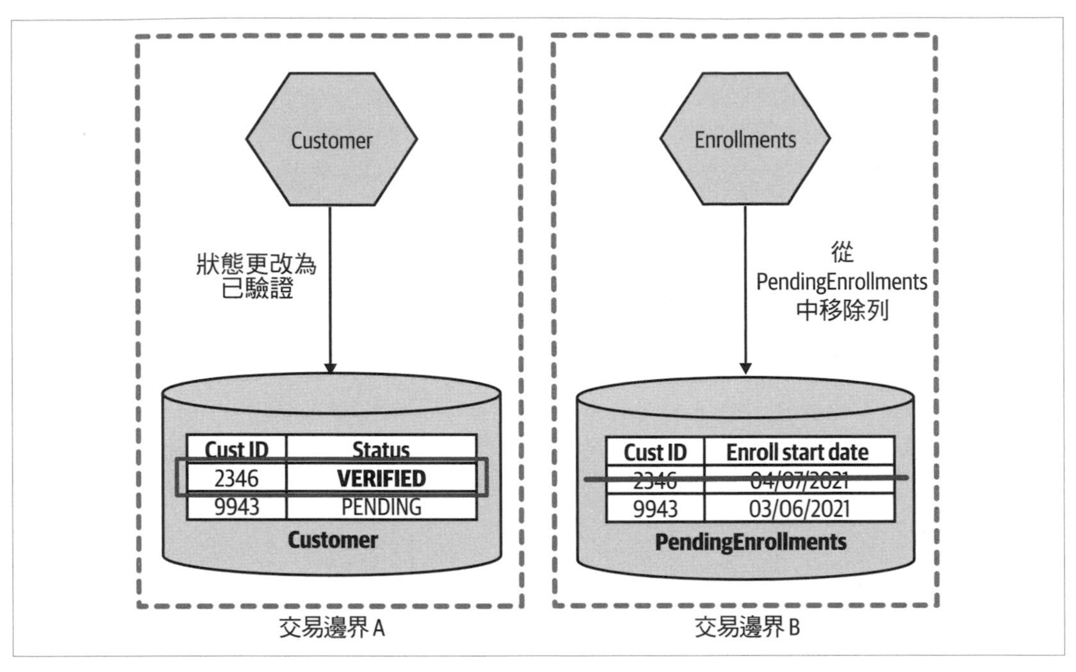

圖 6-2　Customer 和 Enrollments 微服務所做的變更，現在在兩個不同的交易範圍內完成

我們可以決定對這兩個交易進行排序，當然，只有當我們可以變更 Customer 表中的列時，才從 PendingEnrollments 表中刪除其中一列。但是，如果從 PendingEnrollments 表中刪除操作失敗，我們仍然需要思考該怎麼做，我們需要自己實作所有邏輯。不過，能夠重新排序步驟以更好地處理這些使用情形可能是一個非常實用的想法（我們將在探索 sagas 時再談論這部分）。但從根本上說，我們必須接受，透過將這個操作分解成兩個獨立的資料庫交易，我們已經失去了整個操作的原子性保證。

缺乏這種原子性可能會導致嚴重的問題，特別是如果我們正在遷移以前依賴此屬性的系統。通常，人們開始考慮的第一個選項仍然是使用單個交易，但現在已經跨越多個行程，也就是分散式交易。不幸的是，正如我們將看到的，分散式交易可能不是正確的前進方向。讓我們看一下實作分散式交易的最常見演算法之一，即兩階段提交（two-phase commit），作為整體探索與分散式交易相關的挑戰的一種方式。

分散式交易——兩階段提交

兩階段提交算法（*two-phase commit algorithm*，2PC）經常被用來嘗試讓我們能夠在分散式系統中進行交易性變更，其中多個單獨的行程可能需要作為整體操作的一部分進行更新。分散式交易，更具體地說是兩階段提交，經常被正轉向微服務架構的團隊視為能解決他們所面臨之挑戰的一種方式。但正如我們將看到的，它們可能無法解決你的問題，反而可能給你的系統帶來更多混亂。

2PC 分為兩個階段（因此稱為**兩階段提交**）：投票階段和提交階段。在**投票階段**（*voting phase*），中央協調者（coordinator）聯繫所有將成為交易一部分的工作者，並要求確認是否可以進行某些狀態變更。在圖 6-3 中，我們看到兩個請求：一個將客戶狀態變更為 `VERIFIED`，另一個請求從 `PendingEnrollments` 表中刪除一筆。當所有工作者都同意他們要求的狀態變更可以發生時，則算法進入下一階段；如果有任何一個工作者說無法進行變更，可能是因為請求的狀態變更違反了某些本地條件，則整個操作將中止。

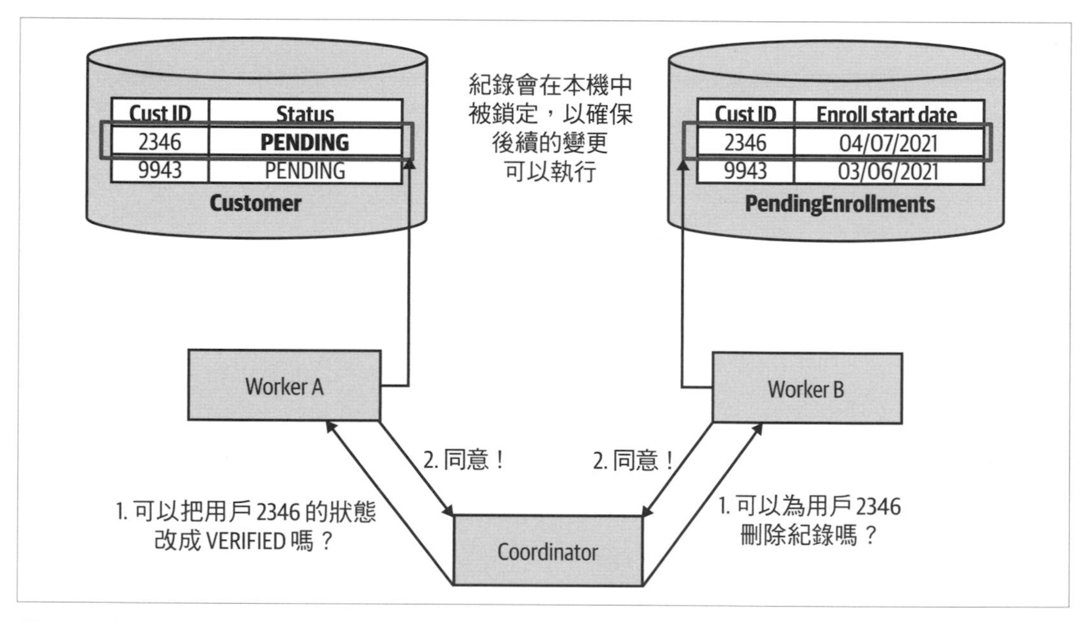

圖 6-3　在兩階段提交的第一階段，工作者投票決定他們是否可以執行一些本地狀態變更

重要的是要強調變更不會在工作者表示可以進行變更後立即生效。相反地，工作者保證它能夠在未來的某個時候做出改變。工作者如何做出這樣的保證？例如，在圖 6-3 中，`WORKER A` 表示將能夠變更 `Customer` 表中紀錄的狀態，將該特定客戶的狀態更新為 `VERIFIED`。如果稍後某個不同的操作刪除了該行，或者進行了一些其他較小的變更，這

仍然意味著稍後對 `VERIFIED` 的變更無效，該怎麼辦？為了保證以後可以對 `VERIFIED` 進行變更，`WORKER A` 可能必須鎖定紀錄以確保不會發生其他變更。

如果有任何工作者沒有投票支援提交，則需要向所有各方發送回滾（rollback）訊息以確保他們可以在本地進行清理，這允許工作者釋放他們可能持有的任何鎖定。如果所有工作者都同意進行變更，我們將進入提交階段，如圖 6-4 所示。在這裡，實際進行了變更，並釋放了相關聯的鎖定。

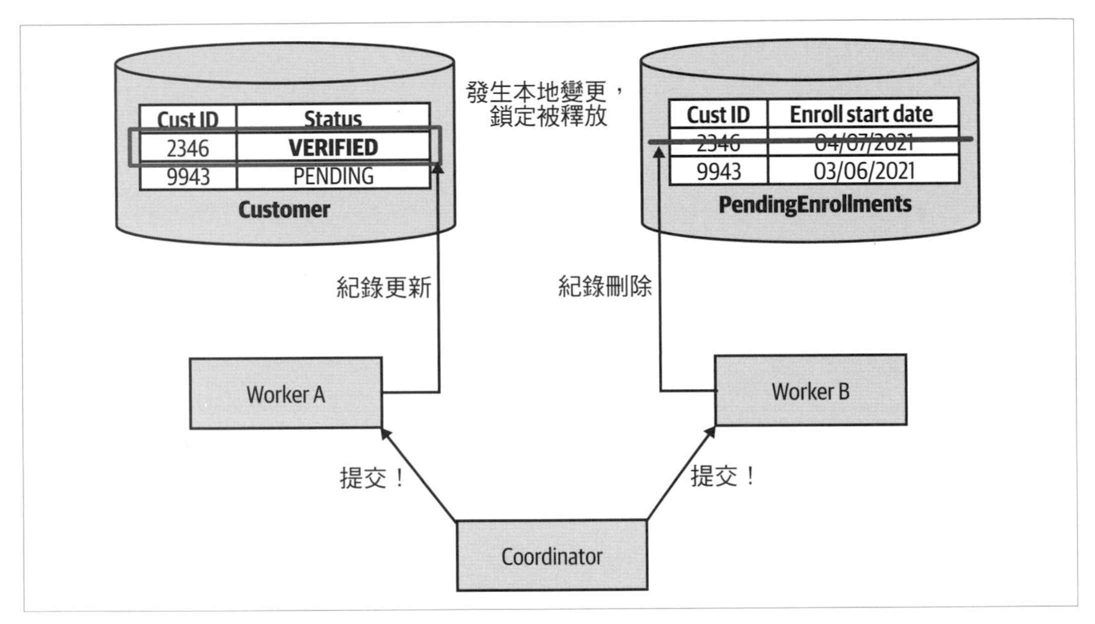

圖 6-4　在兩階段提交的提交階段，變更實際發生了

需要注意的是，在這樣的系統中，我們不能以任何方式保證這些提交會在完全相同的時間發生。`Coordinator` 需要向所有參與者發送提交請求，並且該訊息可能會在不同時間到達並被處理，這代表如果我們可以直接觀察任一工作者的狀態，我們有可能看到對 `WORKER A` 所做的變更，但尚未對 `WORKER B` 進行變更。`Coordinator` 和兩階段提交的參與者之間的延遲越多，工作者處理回應的速度就越慢，這種不一致的畫面可能也越大。回到我們對 ACID 的定義，**隔離性**確保我們在交易期間看不到中間狀態，但是透過這種兩階段提交，我們失去了這樣的保證。

當兩階段提交執行時，其核心通常只是協調分散式鎖定，工作者需要鎖定本地資源以確保可以在第二階段進行提交。在單行程系統中管理鎖定和避免鎖死並不好玩。現在想像一下在多個參與者之間協調鎖定的挑戰，它並不是太好看。

有許多與兩階段提交相關的失敗模式，但我們沒有時間去探討。考慮一下這個問題：工作者投票繼續交易但在被要求提交時卻沒有反應，那我們應該怎麼做呢？其中有些失敗模式可以自動處理，但有些會使系統處於需要維運人員手動修復的狀態。

你擁有的參與者越多，系統中的延遲越多，兩階段提交的問題就越多。2PC 是一種在系統注入大量延遲的快速方法，尤其是在鎖定範圍很大或交易持續時間很長的情況下。正是因為這個原因，兩階段提交通常只用於非常短暫的操作；操作花費的時間越長，你鎖定資源的時間就越長！

分散式交易——先不要

基於到目前為止所概述的所有原因，我強烈建議你避免使用分散式交易（如兩階段提交）來協調微服務中的狀態變更。那你還能做什麼？

第一個選擇可能是一開始不要將資料分開。如果你希望以真原子性且一致的方式管理狀態片段，並且在沒有 ACID 風格交易的情況下無法確定如何明智地獲取這些特徵，那麼將該狀態保留在一個資料庫中，並把管理這些狀態的功能保留在單個服務中（或在你的單體式應用中）。如果你正在確定在何處拆分單體式應用，以及哪些分解可能較容易（或困難），那麼你很可能會認為拆分當前在交易中管理的資料太難處理了，而選擇在系統的其他區域工作，以後再來討論這個問題。

但是，如果你確實需要拆分這些資料，但又不想承擔管理分散式交易的所有痛苦，會發生什麼情況呢？如何在多個服務中執行操作但避免鎖定？如果操作需要幾分鐘、幾天甚至幾個月，該怎麼辦？在這種情況下，你可以考慮另一種方法：saga。

資料庫分散式交易

我反對普遍使用分散式交易來協調微服務之間的狀態變更。在這種情況下，每個微服務都在管理自己的本地持久狀態（例如，在其資料庫中）。分散式交易算法正在成功地用於一些大型資料庫，Google 的 Spanner 就是這樣的一個系統；在這種系統，從應用程式的角度，分散式交易由底層資料庫透明地應用，分散式交易只用於協調單個邏輯資料庫內的狀態變更（儘管可能分布在多台機器上，並且可能跨越多個資料中心）。

Google 在 Spanner 上取得的成就令人印象深刻，但也值得注意的是，它為完成這項工作所做的努力讓你了解其中的挑戰，可以說它涉及非常昂貴的資料中心和以衛星為基礎的原子鐘（真的）。為了更好地了解 Spanner 如何完成這項工作，我推薦這場演講：「Google Cloud Spanner: Global Consistency at Scale」[3]。

Sagas

與兩階段提交不同，*saga* 的設計算法可以協調多個狀態變化，但避免了長時間鎖定資源的需要。saga 透過將所涉及的步驟塑模為可以各自執行的獨立活動來實作這一點。使用 sagas 帶來了額外的好處，也就是迫使我們明確地為我們的業務流程塑模，這可能會帶來顯著的益處。

核心思想首先由 Hector Garcia-Molina 和 Kenneth Salem 在「Sagas」中概述[4]，闡述如何最好地處理稱為**長期交易**（*long lived transactions*，LLTs）的操作。這些交易可能需要很長時間（幾分鐘、幾小時，甚至幾天），並且作為該過程的一部分，需要對資料庫進行變更。

如果直接將 LLT 對映到一般的資料庫交易，則一筆資料庫交易將跨越 LLT 的整個生命週期。這可能導致在 LLT 發生時，多筆紀錄甚至整個表被長時間鎖定，如果其他行程試圖讀取或修改這些鎖定的資源，則會導致嚴重問題。

相反地，該論文的作者建議我們應該將這些 LLTs 分解為一系列交易，每個交易都可以獨立處理。這個想法是，這些「子」交易中每一個的持續時間都會更短，並且只會修改受整個 LLT 影響的部分資料。因此，由於鎖定的範圍和持續時間大幅減少，底層資料庫中的競爭也將大大減少。

雖然 sagas 最初被設想為一種幫助針對單一資料之 LLT 的機制，但該模型同樣適用於協調跨多個服務的變更。我們可以將單個業務流程分解為一組協作服務會用到的呼叫，這就是一個 saga。

3 Robert Kubis，「Google Cloud Spanner: Global Consistency at Scal」，，2017 年 11 月 7 日，YouTube 影片，33:22，*https://oreil.ly/XHvY5*。

4 Hector Garcia-Molina 和 Kenneth Salem，「Sagas」，*ACM Sigmod Record* 16, no. 3 (1987): 249-59。

在我們繼續之前，你需要了解在 ACID 術語中，saga 並沒有如我們所習慣於一般的資料庫中的原子性。當我們將 LLT 分解為個別的交易時，我們在 saga 本身層面上並沒有原子性；但我們確實對整個 saga 中的每個單獨交易都有原子性，因為如果需要，每一筆交易都可以與 ACID 交易變更有關。saga 提供給我們的資訊足以推斷它處於哪個狀態，並由我們來處理這件事的影響。

讓我們看一下 MusicCorp 的簡單訂單履行流程，如圖 6-5 所示，我們可以使用它在微服務架構的上下文中進一步探索 saga。

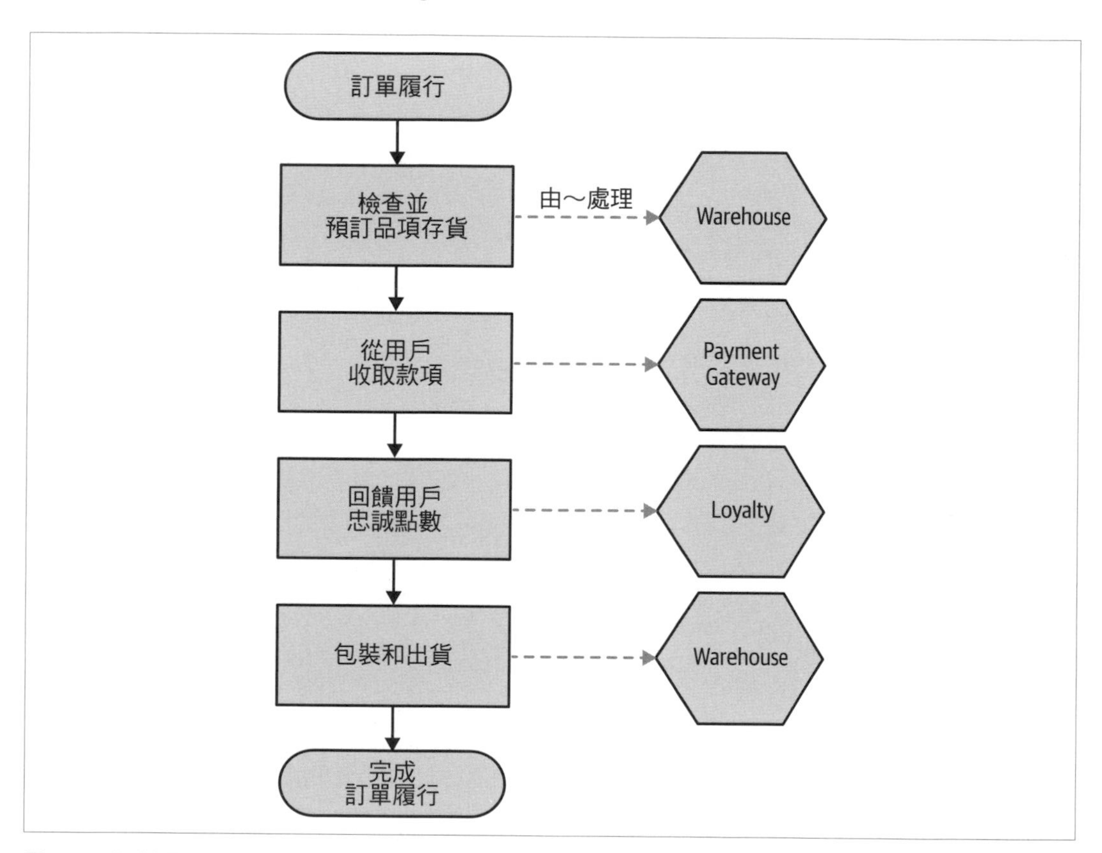

圖 6-5　訂單履行流程的範例，以及負責執行操作的服務

在這裡，訂單履行過程被表示為一個單一的 saga，此流程中的每個步驟都代表一個可由不同服務執行的操作。在每個服務中，任何狀態變更都可以在本地 ACID 交易中處理。例如，當我們使用 `Warehouse` 服務檢查和預訂庫存時，`Warehouse` 服務內部可能會在其本地 `Reservation` 表中創建一行來記錄這個預訂，而此變更將在正常的資料庫交易中處理。

Sagas 失敗模式

將 saga 分解為獨立的交易後，我們需要考慮如何處理失敗，或者更具體地說，如何在發生失敗時進行恢復。最初的 saga 論文描述了兩種類型的恢復：向後恢復和向前恢復。

向後恢復（*Backward recovery*）包含了恢復失敗和事後清理（就是指回滾（rollback）），為了做到這點，我們需要定義補償操作，使我們能夠撤銷先前所提交的交易。**向前恢復**（*Forward recovery*）允許我們從故障發生之處開始並繼續處理。為此，我們需要能夠重試交易，這反過來代表我們的系統正在保留足夠的資訊以允許進行此重試。

根據正在塑模的業務流程性質，你可能預期任何失敗模式都會觸發向後恢復、向前恢復或兩者的混合。

需要注意的是，saga 允許我們從**業務**失敗（*business* failures）中恢復，而不是**技術**失敗（*technical* failures），這一點非常重要。例如，如果我們嘗試從使用者那裡收款，但使用者的資金不足，那麼這就是 saga 應該處理的業務失敗。另一方面，如果 `Payment Gateway` 逾時或拋出 `500 Internal Service Error`，則這是我們需要分開處理的技術失敗。saga 假設底層元件工作正常，底層系統是可靠的，然後我們正在協調可靠元件的工作。我們將在第 12 章中探討一些可以使我們的技術元件更可靠的方法，但是關於更多 sags 的這種限制，我推薦 Uwe Friedrichsen 的著作《The Limits of the Saga Pattern》（*https://oreil.ly/II0an*）。

Sagas 回滾

對於 ACID 交易，如果遇到問題，我們會在提交發生之前觸發回滾。回滾之後，就像什麼都沒發生過，也就是我們試圖做出的改變並沒有發生。但是，在我們的 saga 中，我們涉及多個交易，其中一些可能在我們決定回滾整個操作之前已經提交。那麼我們如何在交易已經提交之後回滾交易呢？

讓我們回到處理訂單的範例，如圖 6-5 所示。考慮潛在的失敗模式，我們已經嘗試打包該物品，結果發現倉儲中找不到該品項，如圖 6-6 所示。我們的系統認為該品項存在，但它只是不在貨架上！

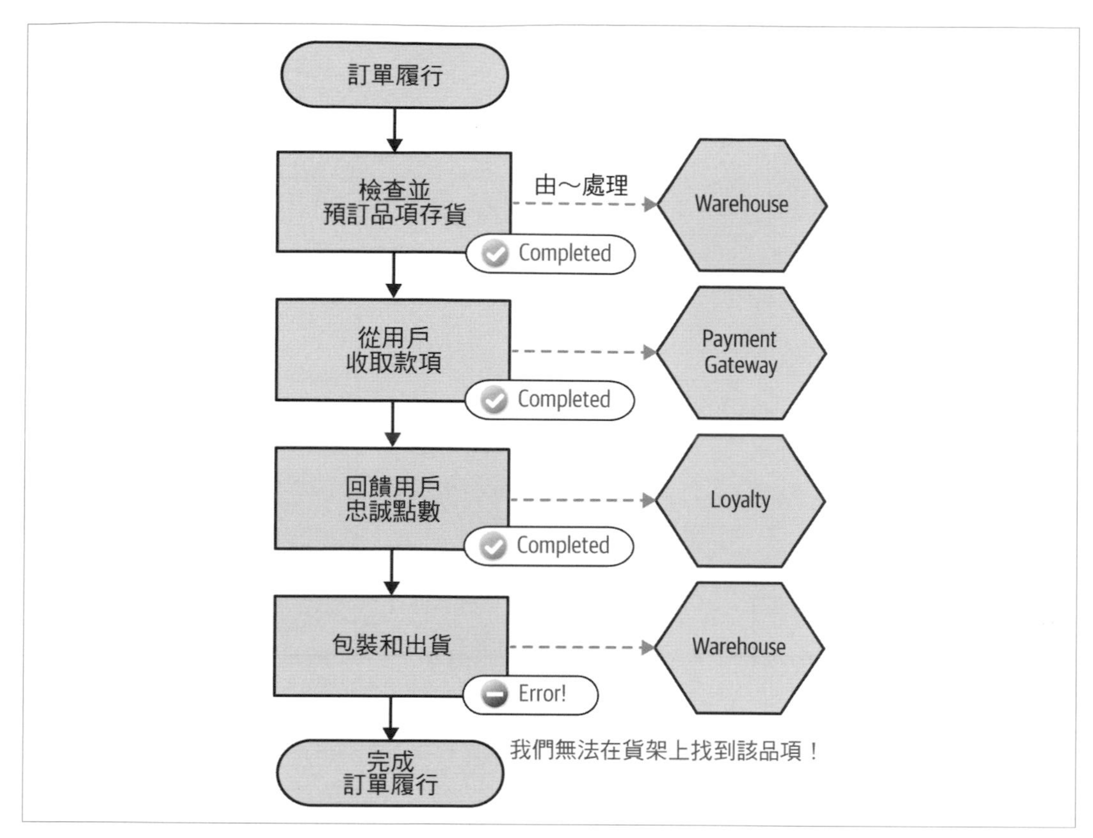

圖 6-6　我們試圖包裝我們的物品，但我們在倉儲中找不到它

現在，讓我們假設我們決定只回滾整個訂單，而不是讓客戶可以選擇將商品延後交貨，但問題是我們已經收取訂單款項，也回饋了忠誠點數。

如果這些步驟都在單一資料庫交易中完成，一個簡單的回滾就能把它全部清理乾淨。但是，訂單履行過程中的每個步驟都由不同的服務呼叫處理，每個服務呼叫都在不同的交易範圍內運行。整個操作無法簡單地「回滾」。

相反地，如果要實作回滾，則需要實作補償交易。補償交易（*compensating transaction*）是撤銷先前所提交之交易的操作。為了回滾我們的訂單履行過程，我們將為 saga 中已經提交的每個步驟觸發補償交易，如圖 6-7 所示。

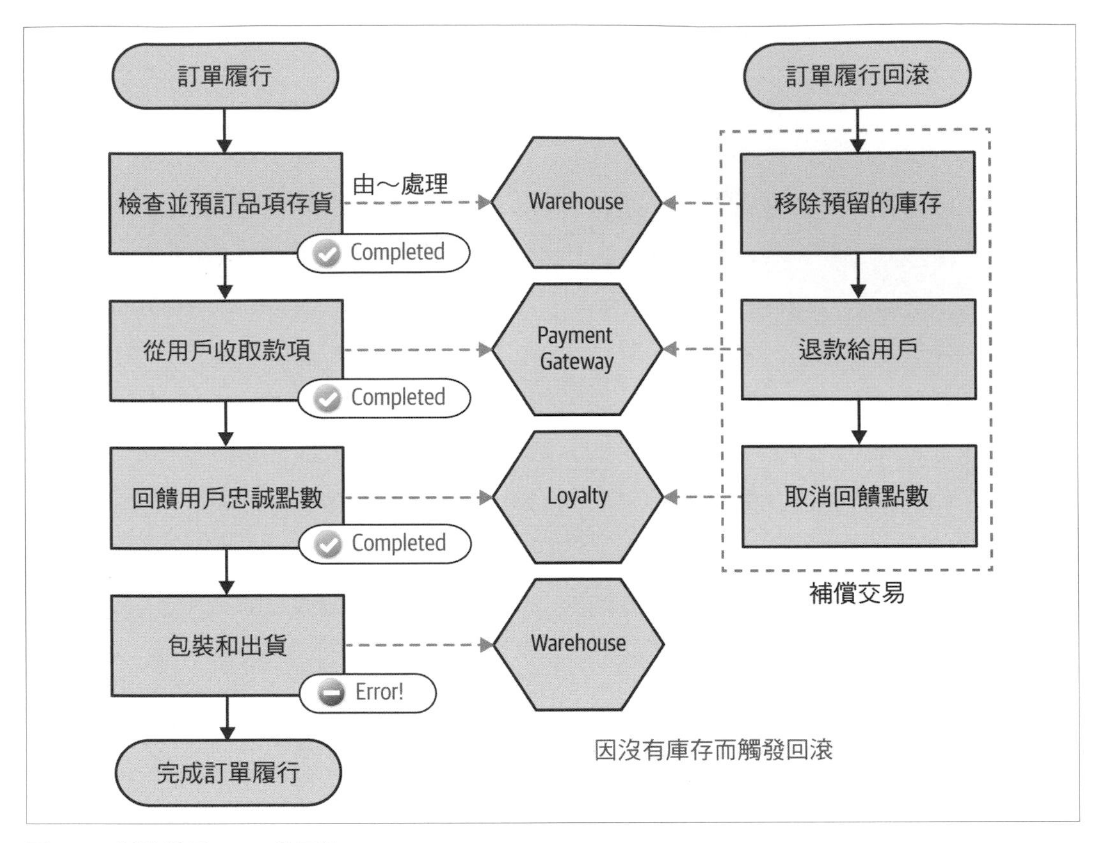

圖 6-7　觸發整個 saga 的回滾

值得指出的是，這些補償交易的行為可能與正常資料庫回滾的行為不完全相同。資料庫回滾發生在提交之前，而在回滾之後，就好像交易從未發生過一樣。在這種情況下，當然，這些交易**確實**發生了，我們正創建一筆新交易來恢復原始交易所做的變更，但我們無法回滾時間，讓原始交易好像沒有發生過一樣。

因為我們無法乾淨地恢復交易，所以我們說這些補償交易是**語意上的回滾**（*semantic rollbacks*）。我們不能總是清理所有內容，但對於我們的 saga 而言，我們做的已經足夠。例如，我們的步驟之一可能包含向使用者發送電子郵件，告訴他們訂單正在處理中。如果我們決定回滾，則無法取消發送電子郵件[5]！相反地，我們的補償交易可能會導致向使用者發送第二封電子郵件，通知他們訂單出現問題，已經取消了。

5　我們真的不能，我試過了！

與回滾相關的資訊在系統中持續存在是完全合適的。事實上，這可能是非常重要的資訊。出於多種原因，你可能希望在 `Order` 微服務中保留此撤銷訂單的紀錄、以及關於發生了什麼事的資訊。

重新排序工作流程步驟以減少回滾

在圖 6-7 中，我們可以透過重新排序原始工作流程中的步驟，使我們可能的回滾場景變得更簡單一些。一個簡單的變更是僅在訂單實際發送時才回饋點數，如圖 6-8 所示。

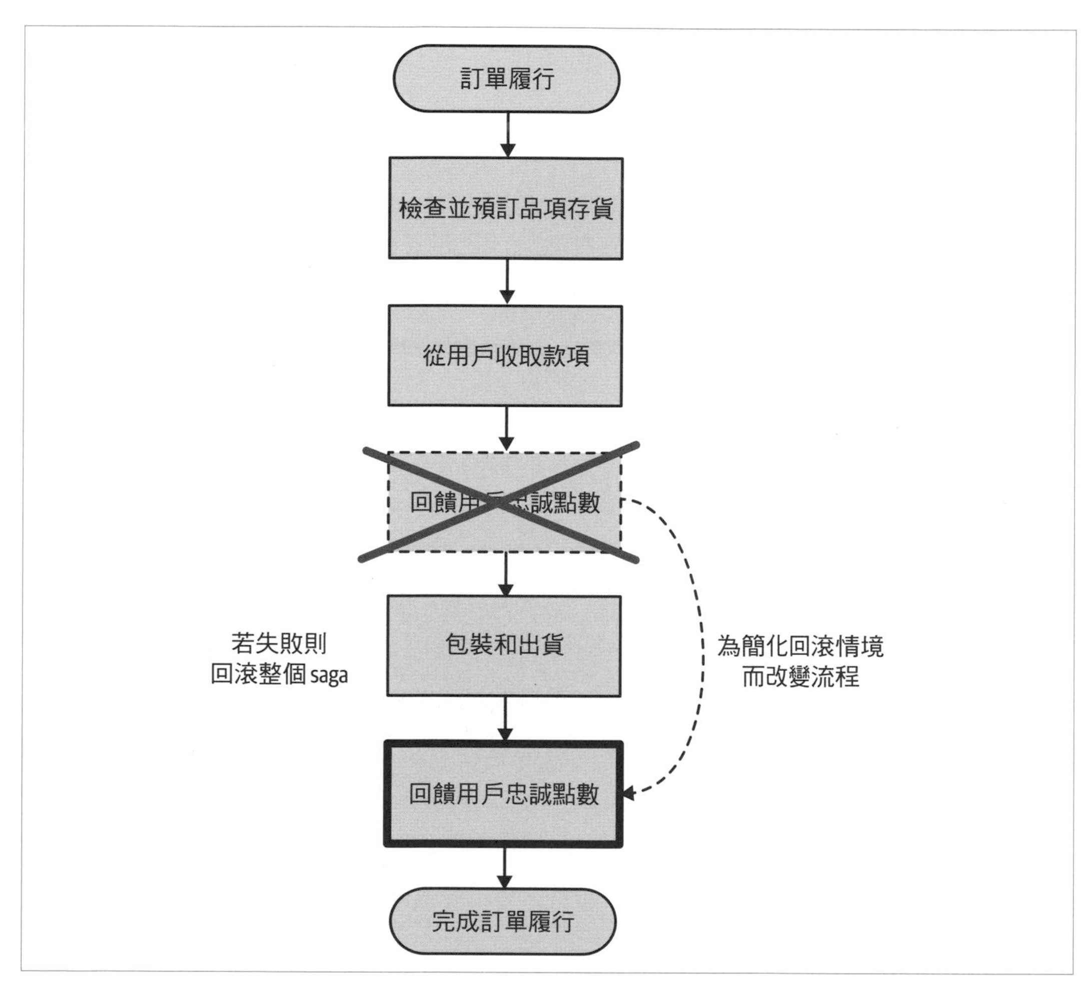

圖 6-8　在 saga 後期移動步驟可以減少發生失敗時必須回滾的內容

這樣，如果我們在嘗試包裝和發送訂單時遇到問題，我們就不必擔心該階段會回滾。有時，你可以透過調整工作流程的執行方式來簡化回滾操作。透過將那些最有可能失敗的步驟提前，使你能更早地讓流程失敗，就可以避免觸發之後的補償交易，因為這些步驟甚至沒有機會被觸發。

如果可以適應這些變化，則可以使你的生活更加輕鬆，甚至無需為某些步驟創建補償交易。有一點特別重要，如果實作補償交易很困難，你可以將過程中的某個步驟往後移至永遠不需要回滾的階段。

混合 fail-backward 與 fail-forward 的情形

混合使用失敗恢復模式是完全合適的。有些失敗可能需要回滾失敗（fail backward），有些則會向前失敗（fail forward）。例如，對於訂單處理，一旦我們從客戶那裡拿了錢，並且品項已經包裝好，剩下的唯一步驟就是派送包裹。如果由於某種原因我們無法派送包裹（也許我們使用的送貨公司今天的貨車沒有空間來接受訂單），那麼回滾整個訂單似乎很奇怪。相反地，我們可能只是重試調度（可能在第二天排隊），而且如果失敗，我們需要人工干預來解決這種情況。

實作 sagas

到目前為止，我們已經研究了 saga 如何工作的邏輯模型，但我們需要更深入地研究實作 saga 本身的方法。我們可以看看兩種風格的 saga 實作。*orchestrated sagas* 更緊密地遵循原始解決方案領域，主要依靠集中協調和追蹤。這些可以與 *choreographed sagas* 進行比較，後者避免了集中協調的需要，有利於更鬆散耦合的模型，但會造成追蹤 saga 的進度更加複雜。

Orchestrated sagas

Orchestrated sagas 使用中央協調者（從現在開始我們將稱之為**編排器**（*orchestrator*））來定義執行順序並觸發任何所需的補償動作。你可以將 orchestrated sagas 視為一種命令和控制的方法：orchestrator 控制發生的事情和時間，由此可以很好地了解任何給定的 saga 正在發生的事情。

以圖 6-5 中的訂單履行流程為例，讓我們看看這個中央協調流程如何作為一組協作服務工作，如圖 6-9 所示。

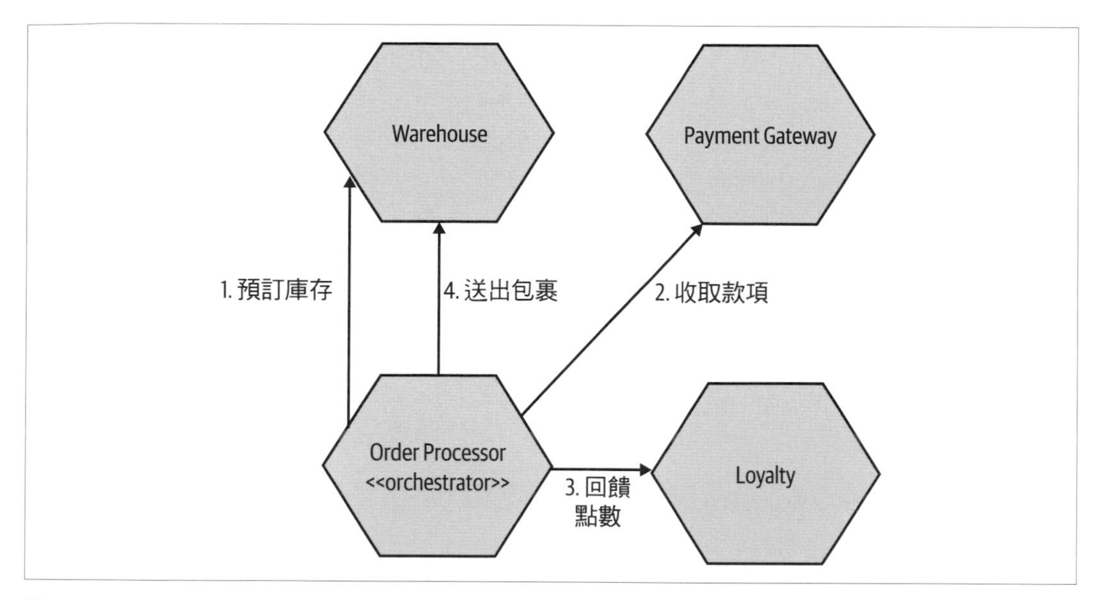

圖 6-9　如何使用 orchestrated sagas 來實作我們的訂單履行流程的範例

在這裡，我們的 `Order Processor` 扮演 orchestrator 的角色，協調我們的履行過程。它知道執行操作需要哪些服務，並決定何時呼叫這些服務。如果呼叫失敗，它可以決定要做什麼。一般來說，orchestrated sagas 傾向於大量使用服務之間的請求 / 回應互動：`Order Processor` 向服務（例如 `Payment Gateway`）發送請求，並預期回應讓它知道請求是否成功並提供請求的結果。

讓我們的業務流程在 `Order Processor` 中顯式塑模是非常有幫助的，它使我們能夠查看系統中的一個位置並了解該流程應該如何運作。這可以使新人上手更容易，並能更好地了解系統的核心部分。

但是，有一些缺點需要考慮。首先，就其性質而言，這是一種有點耦合的方法。我們的 `Order Processor` 需要了解所有相關服務，進而導致更高程度的領域耦合。雖然領域耦合本質上並不壞，但如果可能，我們仍然希望將其保持在最低限度。在這裡，我們的 `Order Processor` 需要了解並控制這麼多事情，這種形式的耦合很難避免。

另一個更微妙的問題是，原本應該被推送到服務中的邏輯可能會開始被 orchestrator 吸收。如果這種情況開始發生，你可能會發現你的服務變得缺乏活力，它們自己的行為變少了，只是從像是 `Order Processor` 之類的 orchestrator 那裡接受命令。重要的是，你仍然將構成這些編排流程的服務視為擁有自己本地狀態和行為的實體，它們負責自己的本地狀態機器。

如果有邏輯可以中心化的地方，那麼它就會中心化！

避免編配流程過度集中的一種方法，是確保你有不同的服務為不同的流程扮演 orchestrator 的角色。你可能有一個 `Order Processor` 微服務來處理下單，一個 `Returns` 微服務來處理退貨和退款流程，一個 `Goods Receiving` 微服務來處理新庫存的送達和上架，等等。像我們 `Warehouse` 這樣的微服務可以被所有這些 orchestrator 使用，這樣的模型使你可以更輕鬆地將功能保留在 `Warehouse` 微服務本身中，進而允許你在所有流程中重利用功能。

業務流程管理工具

業務流程塑模（Business process modeling，BPM）工具已經問世多年。大致來說，它們旨在允許非開發者定義業務流程，通常使用視覺化拖放工具。這個想法是，開發者將創建這些流程的建置模塊，然後非開發者將這些建置模塊連接到更大的流程中。這些工具的使用似乎非常適合作為實作 orchestrated saga 的一種方式，事實上，流程編配幾乎是 BPM 工具的主要使用情形（或者，反過來，使用 BPM 工具使你不得不採用編排）。

根據我的經驗，我非常不喜歡 BPM 工具。主要原因是中心自負，也就是非開發者將定義業務流程，這在我的經驗中幾乎從來都不是真的。針對非開發者的工具最終會被開發者使用，不幸的是，這些工具的工作方式往往與開發者喜歡的工作方式不同。他們通常需要使用 GUI 來變更流程，創建的流程可能難以（或不可能）進行版本控制，流程本身的設計可能沒有考慮到測試等等。

如果你的開發者要實作你的業務流程，請讓他們使用他們了解和理解、並適合他們工作流程的工具。一般來說，這表示就讓他們使用程式碼來實作這些東西！如果你需要了解業務流程的實作方式或運作方式，那麼從程式碼中將工作流程視覺化表現出來，比起使用視覺化的工作流程來描述程式碼該如何進行要容易得多。

人們正在努力創建對開發者更友善的 BPM 工具。開發者對這些工具的反饋似乎不盡相同，但這些工具對某些人來說效果很好，看到人們試圖改進這些框架是好事。如果你覺得需要進一步探索這些工具，請查看 Camunda（*https://camunda.com*）和 Zeebe（*https://github.com/camunda-cloud/zeebe*），內容是針對微服務開發者的編配框架，它們都是開放資源；倘若我決定使用 BPM 工具，這將是我的首選。

Choreographed sagas

Choreographed saga 的目標為在多個協作服務之間分配 saga 操作的責任。如果 orchestration 是一種命令和控制方法，那麼 choreographed saga 代表了一種信任但驗證的架構。正如我們將在圖 6-10 的範例中所看到的，choreographed saga 通常會大量使用事件來進行服務之間的協作。

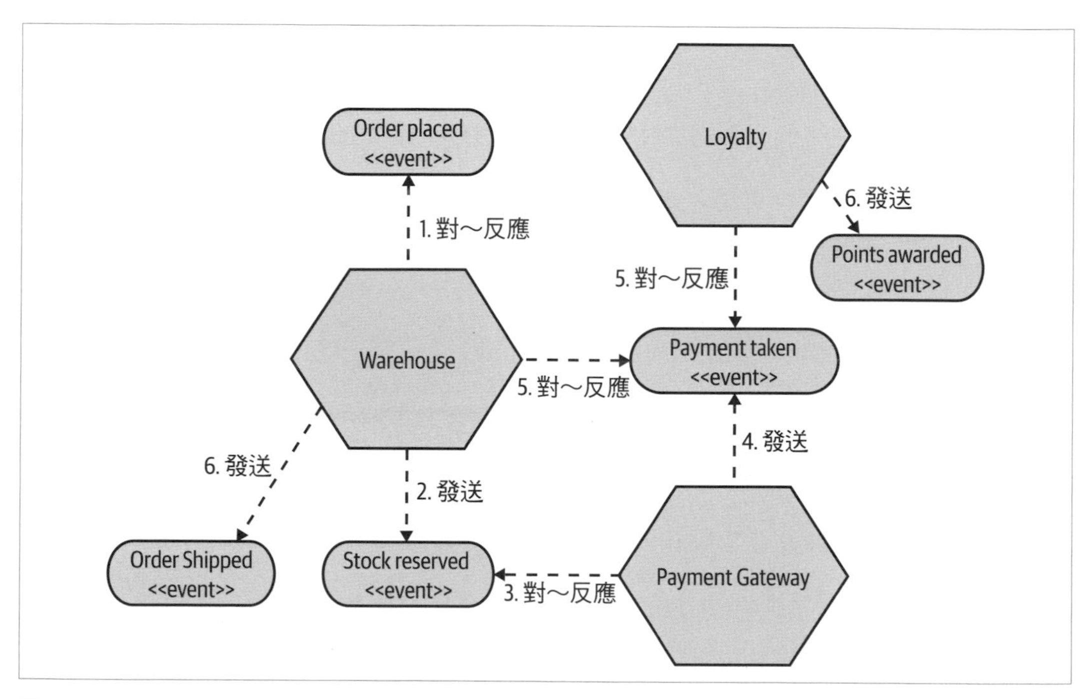

圖 6-10　用於實作訂單履行的 choreographed sagas 範例

這裡有相當多的事情，因此值得更詳細地探討。首先，這些微服務對接收到的事件做出反應。從概念上講，事件在系統中廣播，感興趣的各方能夠接收它們。請記住，正如我們在第 4 章中討論的，你不是將事件發送**到**微服務，你只需將事件發送出去，對這些事件感興趣的微服務就能夠接收它們並採取相應的行動。在我們的範例中，當 `Warehouse` 服務收到第一個 `Order Placed` 事件時，它知道它的工作是保留適當的庫存並在完成後觸發一個事件；如果無法收到庫存，`Warehouse` 將需要引發適當的事件（可能是 `Insufficient Stock` 事件），這可能會導致訂單被撤銷。

我們還在這個例子中看到了事件如何促進並行處理。當 `Payment Taken` 事件被 `Payment Gateway` 觸發時，它會在 `Loyalty` 和 `Warehouse` 微服務中引起反應：`Warehouse` 的反應是發送包裹，而 `Loyalty` 微服務的反應是回饋點數。

通常，你會使用某種訊息仲介來管理事件的可靠廣播和傳送。多個微服務可能會對同一個事件做出反應，這就是你可以使用主題（topic）的地方。對某種類型的事件感興趣的各方將訂閱特定的主題，而不必擔心這些事件來自哪裡，並且仲介確保主題的持久性以及其上的事件成功交付給訂閱者。例如，我們可能有一個 `Recommendation` 服務，它也監聽 `Order Placed` 事件並使用它來建置你可能喜歡的音樂資料庫。

在前面的架構中，沒有一個服務知道任何其他微服務。他們只需要知道在收到某個事件時該怎麼做，這讓我們已經大大減少了領域耦合的數量。從本質上講，這造成較少耦合的架構。由於這流程的實作被分解並分布在三個微服務中，所以我們也避免了邏輯中心化的疑慮（如果你沒有一個可以將邏輯中心化的地方，那麼它就不會中心化！）。

這樣做的另一面是，可能更難弄清楚正在發生的事情。透過 orchestration，我們的流程在我們的 orchestrator 中明確塑模。現在，在這種架構下，你將如何為流程建立一個心智圖？你必須獨立地查看每項服務的行為，並在你自己的腦海中重新建構這張圖，即使是這樣一個簡單的業務流程，也不是那麼簡單。

缺乏對我們業務流程的明確表示已經夠糟糕了，但我們還缺乏一種方法來知道 saga 處於什麼狀態，這可能會使我們無法在需要時附加補償操作。我們可以將一些責任推給執行補償操作的各個服務，但從根本上說，我們需要一種方法來了解某個 saga 所處的狀態以進行某些類型的恢復。缺乏一個中心位置來詢問 saga 的狀態是一個大問題，而我們在使用 orchestration 時會遇到，那麼我們該如何解決這個問題呢？

其中一個執行此操作的最簡單方法，是透過消費正在發出的事件來投影關於 saga 的狀態。如果我們為 saga 生成一個唯一的 ID，也就是所謂的關聯 *ID*（*correlation ID*），我們可以將它放入所有作為該 saga 之一部分而發送出的事件中。當我們的一個服務對一個事件做出反應時，關聯 ID 被提取出來並用於任何本地日誌紀錄過程，並且它還會與任何進一步的呼叫或被觸發的事件一起傳送到下游。然後我們可以有一個服務，它的工作只是清理所有這些事件，並展示每個訂單所處的狀態，如果其他服務不能自己做的話，也許可以用編程方式執行操作，以解決作為履行過程之一部分的問題。我認為某種形式的關聯 ID 對於像這樣 choreographed saga 是不可或缺的，但關聯 ID 也有很多更普遍的價值，我們在第 10 章中會更深入地探討了這一點。

混搭風格

雖然 orchestrated saga 和 choreographed saga 對 saga 的實作方式似乎截然相反，但你可以容易地考慮混合和匹配模型。在你的系統中可能有一些業務流程更自然地適合一種或另一種模型，你也可能有一個混合風格的 saga。例如，在訂單履行範例中，在

`Warehouse` 服務的邊界內，在管理訂單的包裝和配送時，即使原始請求是作為更大的 choreographed saga 之一部分所提出的，我們也可以使用編配流程[6]。

如果你決定混合風格，重要的是你仍然有一種清晰的方式來了解 saga 所處的狀態，以及作為 saga 的一部分已經發生了哪些活動，否則，理解失敗模式就會變得複雜，並且很難從失敗中恢復。

> **追蹤呼叫**
>
> 不論你選擇 orchestrated saga 還是 choreographed saga，在使用多個微服務來實作業務流程時，通常都希望能夠追蹤與流程相關的所有呼叫。這有時只是為了幫助你了解業務流程是否正常工作，或者可能是為了幫助你診斷問題。在第 10 章中，我們將介紹關聯 ID 和日誌匯總等概念，以及它們如何在這方面提供幫助。

我應該使用 choreography 或 orchestration（或是混合）？

choreographed sagas 的實作可能為你和你的團隊帶來可能不熟悉的想法。他們通常假設大量使用事件驅動的協作，這並未被廣泛理解。然而，根據我的經驗，追蹤 saga 進度所帶來的額外複雜性，幾乎總是被擁有更鬆散耦合架構而有的好處抵銷。

撇開我個人的喜好不談，我所給出關於 orchestrated saga 和 choreographed saga 的一般建議是，當一個團隊擁有整個 saga 的實作時，我在使用 orchestrated sagas 時會非常容易。在這種情況下，更內在耦合的架構在團隊邊界內更容易管理。如果你有多個團隊參與，我非常喜歡分解程度更高的 choreographed saga，因為更容易將實作 saga 的責任分配給團隊，更鬆散耦合的架構允許這些團隊能更獨立地工作。

值得注意的是，一般情況下，使用 orchestration 時，你可能更傾向使用基於請求 / 回應的呼叫，而用 choreography 時則會更傾向使用事件。這不是硬性規定，只是一般觀察。我自己是傾向於 choreography，可能是因為我傾向於事件驅動的互動模型。如果你發現使用事件驅動的協作很難理解，那麼 choreography 可能不適合你。

---

6 這超出了本書的範圍，但 Hector Garcia-Molina 和 Kenneth Salem 繼續探索如何「嵌入」多個 saga 以實作更複雜的流程。想閱讀有關此主題的更多資訊，請參閱 Hector Garcia-Molina 等人的共同著作《Modeling Long-Running Activities as Nested Sagas》，*Data Engineering* 14，no. 1（1991 年 3 月：14-18）。

Sagas 與分散式交易

我希望我現在拆解好了，由於分散式交易帶來了一些重大挑戰，因此除了一些非常具體的情況外，我傾向避免使用它們。Pat Helland 是分散式系統的先驅，他總結了我們今天建置的各種應用程式中實作分散式交易所帶來的基本挑戰[7]：

> 在大多數分散式交易系統中，單一節點的失敗會導致交易提交停滯，這反過來會導致應用程式陷入困境。在這樣的系統中，它變得越大，系統就越有可能出現故障。當駕駛一架需要所有引擎運作的飛機時，添加引擎會降低飛機的可用性。

根據我的經驗，將業務流程顯式塑模為 saga 避免了分散式交易的許多挑戰，同時還有一個額外的好處，即使原本可能為隱式塑模的流程，對於你的開發者來說更加明確且明顯。讓你系統的核心業務流程成為一流的概念將具有許多優勢。

總結

正如我們所見，在我們的微服務架構中實作工作流程的途徑，歸結為對我們要實作的業務流程進行顯式塑模，這讓我們回到在我們微服務架構中對業務領域的各個方面進行塑模的想法。如果我們主要根據我們的業務領域來定義微服務邊界，那麼對業務流程進行顯式塑模是有意義的。

無論你決定更傾向於 choreography 還是 orchestration，希望你能夠更好地了解哪種模型更適合你的問題。

如果你想更詳細地探索這個領域，Gregor Hohpe 和 Bobby Woolf 的《*Enterprise Integration Patterns*》雖然沒有明確涵蓋 saga，但提供了許多在實作不同類型的工作流程時非常有用的模式[8]。我也推薦 Bernd Ruecker 的《*Practical Process Automation*》[9]，Bernd 的書更關注了 saga 的 orchestration 方面，但它包含了有用的資訊，使其成為本主題的後續。

現在我們已經了解了我們的微服務如何相互溝通和協調，但首先我們該如何建置它們？在下一章中，我們將研究如何在微服務架構的上下文中應用原始碼控制、持續整合和持續交付。

---

7 參閱 Pat Helland，「Life Beyond Distributed Transactions: An Apostate's Opinion」，*acmqueue* 14，no.5（2016 年 12 月 12 日）。

8 Gregor Hohpe 和 Bobby Woolf 的共同著作《*Enterprise Integration Patterns*》（Boston: Addison-Wesley, 2003）。

9 Bernd Ruecker，《*Practical Process Automation*》（Sebastopol: O'Reilly, 2021）。

第七章

建置

我們花了很多時間來介紹微服務的設計方面，但我們需要開始更深入地了解你的開發過程可能需要如何改變以適應這種新的架構風格。在接下來的章節中，我們將了解如何部署和測試我們的微服務，但在此之前，我們需要先了解當開發者準備好簽入（check in）變更時會發生什麼事呢？

我們將透過回顧一些基本概念，也就是持續整合和持續交付來開始這個探索。無論你可能使用哪種系統架構，它們都是重要的概念，但微服務帶來了許多獨特的問題。從那裡，我們將研究管道（pipeline）以及不同的管理服務原始碼的方式。

有關持續整合的簡介

持續整合（*Continuous integration*，CI）已經存在多年，但是，值得我們花一些時間來了解基礎知識，因為有一些不同的選項需要考慮，尤其是當我們考慮微服務、建置和版本控制儲存庫之間的對映時。

使用 CI 時，其核心目標是讓每個人彼此保持同步，我們透過經常確認新簽入的程式碼與既有程式碼正確整合來實作這一目標。為此，CI 伺服器檢測到程式碼被提交（commit），將程式碼簽出（check out）並進行一些驗證工作（verification），例如確保程式碼編譯成功並且通過測試。做為最低限度，我們希望這種整合每天都能完成，儘管在實務上，在我工作過的團隊中開發者實際上每天多次整合他們的變更。

作為這個過程的一部分，我們經常創建用於進一步驗證的產出物（artifact），例如部署一個正在運行的服務來進行測試（我們將在第 9 章深入探討測試）。理想情況下，我們希望只建置這些產出物一次，並將它們用於該版本程式碼的所有部署中，這樣我們就可以避免一遍又一遍地做同樣的事情，並且我們可以確認我們部署的產出物正是我們要測試的東西。為了使這些產出物能夠被重利用，我們將它們放在某種儲存庫（repository）中，不是由 CI 工具本身提供就是在單獨的系統中。

稍後我們將更深入地研究產出物的作用，我們也將在第 9 章深入研究測試這個主題。

CI 有很多好處。透過使用靜態分析和測試，我們可以快速獲得有關程式碼品質的回饋資訊。此外，CI 還允許我們自動創建二進制產出物。建置產出物所需的所有程式碼本身都是受版本控制的，因此我們可以根據需要來重新創建產出物。我們還可以從部署的產出物追溯到程式碼，並且，根據 CI 工具本身的功能，我們還可以看到在程式碼和產出物上已經做過了哪些測試。如果使用基礎設施作為程式碼，我們還可以對配置微服務基礎設施所需的所有程式碼、以及微服務本身的程式碼進行版本控制，進而提高變更的透明度並使其更容易重現建置。基於這些原因，CI 才能發展得如此成功。

你真的在進行 CI 嗎？

CI 是讓我們能夠迅速且輕鬆地進行變更的關鍵實務，如果沒有它，邁向微服務的旅程將會非常痛苦。我猜想你可能正在自己的組織中使用 CI 工具，但這可能與實際進行 CI 不同。我見過很多人將使用 CI 工具與實際進行 CI 混淆在一起。使用適當的 CI 工具將幫助你進行 CI，但是使用像 Jenkins、CircleCI、Travis 這樣的工具或許多其他選項，並不能保證你實際上正確地進行 CI。

那麼怎麼知道你是否真的在實作 CI？我非常喜歡 Jez Humble 所提出的三個問題，測試人們是否真的了解 CI 是什麼，請試問你自己這些相同的問題，可能會很有趣：

你每天簽入主線（*mainline*）一次嗎？

你需要確保你的程式碼真的有整合成功，如果沒有經常檢查你的程式碼，再加上其他人的頻繁變更，最後會讓未來的整合工作變得更困難。即使你是使用短期分支（short-lived branch）來管理變更，也要盡量頻繁地整合到單一主線中，頻率至少每天一次。

你是否有一套測試來驗證你的變更？

若沒有測試，我們只知道我們的整合在語法上是有效的，但我們不知道它是否破壞了系統的行為。沒有驗證我們的程式碼是否按預期運行的 CI 就不算是 CI。

當建制版本被破壞時，修復它是否為團隊的首要任務？

綠色建置版本（green build）表示我們的變更已經安全地被整合，紅色建置版本（red build）表示最後的變更可能沒有整合成功，你必須停止所有與修復它無關的進一步簽入，設法先讓它重新變成綠色建置版本。如果你累積更多變更，修復建置版本所需耗費的時間將大幅增加。我曾經與建置版本毀損數日的團隊一起工作，當時，團隊費了九牛二虎之力才重獲綠色建置版本。

分支模型

很少有關於建置和部署的話題，像使用原始碼分支進行功能開發那樣引起如此多的爭議。原始碼中的分支允許獨立完成開發，而不會中斷其他人正在完成的工作。從表面上看，為正在處理的每個功能創建一個原始碼分支似乎是一個有用的概念，這也被稱為特性分支。

問題在於，當你在進行功能分支時，你並沒有定期將你的變更與其他人整合。從根本上說，你正在*延遲整合*。當你最終決定將你的變更與其他所有人整合時，你將會進行更複雜的合併。

另一種方法是讓每個人都簽入相同的原始碼「主幹」。為了防止變更影響其他人，使用功能開關（feature flags）等技術來「隱藏」未完成的工作。每個人都在同一個主幹上工作的技術稱為*主幹開發*。

圍繞這個主題的討論是微妙的，但我自己的看法是，頻繁整合的好處以及對整合的驗證都是很重要的，以致於主幹開發是我首選的開發風格。此外，實作功能開關的工作在漸進式交付方面通常很有幫助，我們將在第 8 章中探討這一概念。

請小心分支

儘早整合且經常整合，以避免使用長期分支進行功能開發，應考慮主幹開發。如果你真的必須使用分支，請保持是短暫的！

除了我自己的軼事經驗之外，越來越多的研究表明，減少分支數量和採用主幹開發是有效的。DORA 和 Puppet[1] 的 2016 年 State of DevOps 報告對全球組織的交付實踐進行了嚴格的研究，並研究了高績效團隊通常使用的實務：

> 我們發現在合併到主幹之前擁有生命週期非常短（不到一天）的分支，並且少於三個活動分支的總數，是持續交付的重要方面，並且都有助於提高效能。每天將程式碼合併到主幹中也是如此。

State of DevOps 報告在後來的幾年中繼續更深入地探討這個主題，並繼續尋找這種方法有效性的證據。

在開源開發中，branch-heavy 方法仍然很常見，通常是透過採用「GitFlow」開發模型。值得注意的是，開源開發與正常的日常開發不同，開源開發的特點是大量臨時的貢獻來自缺乏時間的「未被信任」提交者，他們的變更需要由少數「被信任」的貢獻者進行審查。典型的日常版權軟體（closed source）開發，通常由一個緊密結合的團隊完成，該團隊的成員都擁有提交的權限，即使他們決定採用某種形式的程式碼審查過程。因此，對開源開發有用的方法可能不適合用於你的日常工作。即便如此，2019 年 State of DevOps 報告[2] 進一步探討了這個主題，並對一些關於開源開發和「長期存在」分支的影響提供有趣的見解：

> 我們的研究成果擴展到某些領域的開源開發：
>
> - 越早提交程式碼越好：在開源專案中，許多人觀察到，更快地合併補丁（*patch*）以防止 *rebase* 有助於開發者更快地行動。
> - 小批量工作更好：大型「補丁炸彈」比那些較小、更具可讀性的補丁集更難且更慢地合併到專案中，因為維護人員需要更多時間來審查變更。
>
> 無論你是在做封閉的程式碼基礎還是開源專案，短期分支、小而可讀的補丁以及變更的自動測試可以使每個人都更有效率。

建置管道和持續交付

在做 CI 的早期，我當時在 Thoughtworks 的同事和我意識到有時在建置版本包含多個階段的價值。測試是一種非常常見的情況，在這種情況下，這會發揮作用。我可能有很多

1 Alanna Brown、Nicole Forsgren、Jez Humble、Nigel Kersten 和 Gene Kim 所發表的《*2016 State of DevOps Report*》，*https://oreil.ly/YqEEh*。

2 Nicole Forsgren、Dustin Smith、Jez Humble 和 Jessie Frazelle 的共同著作《*Accelerate: State of DevOps 2019*》，*https://oreil.ly/mfkIJ*。

快速、小範圍的測試，以及少量慢速、大範圍的測試。如果我們一起運行所有測試，並且如果我們正在等待大範圍的緩慢測試完成，那麼當我們的快速測試失敗時，我們可能無法獲得快速回饋。如果快速測試失敗，那麼運行緩慢測試可能沒有多大意義！這個問題的一個解決方案是在我們的建置版本中有不同的階段，創建所謂的**建置管道**（*build pipeline*）。因此，我們可以為所有快速測試設置一個專用階段，我們首先運行它，如果它們都通過，我們就為緩慢測試運行一個單獨的階段。

這個建置管道概念為我們提供了一種很好的方式來追蹤我們軟體的進度，因為它清除了每個階段，幫助我們深入了解我們的軟體品質。我們創建了一個可部署的產出物，它最終將被部署到生產中，並在整個管道中使用這個產出物。在我們的上下文中，這個產出物將與我們要部署的微服務相關。在圖 7-1 中，我們看到了這種情況：在管道的每個階段都使用相同的產出物，這讓我們對於軟體能在正式環境中可以運作越來越有信心。

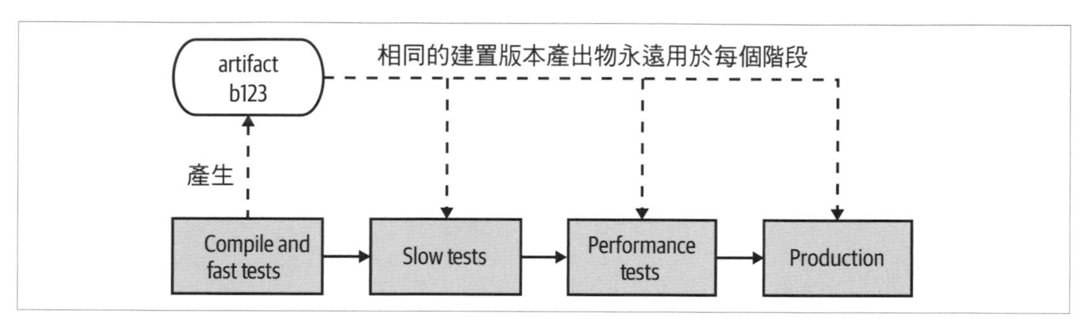

圖 7-1　我們 Catalog 服務的簡單發布過程塑模為建置管道

持續交付（*Continuous delivery*，CD）建立在這個概念之上，正如 Jez Humble 和 Dave Farley 的同名書中所述[3]，CD 是一種讓我們不斷得到關於每次程式碼簽入之完備性的回饋意見，並且進一步將每個及所有程式碼簽入當作候選釋出版。

為了完全擁抱這個概念，我們需要對將我們的軟體從簽入到上線所涉及的所有流程進行塑模，並且知道經過清理的特定可釋出版本在哪裡。在 CD 中，我們透過對軟體必須經歷的每個階段（手動或自動）進行塑模來實作這一點。在圖 7-1 中為我們的 `Catalog` 服務分享了一個範例。現在大多數 CI 工具都能支援一下定義和視覺化建置管道的狀態。

3　有關更多詳細資訊，請參閱 Jez Humble 和 David Farley 的《*Continuous Delivery: Reliable Software Releases Through Build, Test, and Deployment Automation*》（Upper Saddle River, NJ: Addison-Wesley, 2010）。

如果新的 `Catalog` 服務通過了在管道階段執行的任何檢查，則它可以繼續進行下一步。如果它沒有通過其中一個階段，我們的 CI 工具可以讓我們知道建置版本已經通過了哪些階段，並且可以了解失敗的內容。如果我們需要做一些事情來修復它，我們會進行變更並簽入，讓我們微服務的新版本在可用於部署之前嘗試並通過所有階段。在圖 7-2 中，我們看到了一個範例：`build-120` 在快速測試階段失敗，`build-121` 在效能測試中失敗，但 `build-122` 通過了每個階段上線。

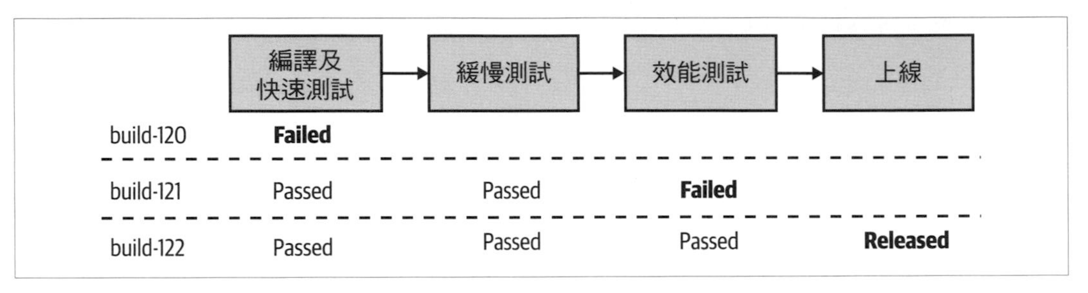

圖 7-2　當我們的 `Catalog` 服務通過建置管道的每個步驟時才會被部署

持續交付與持續部署

我有時會看到對**持續交付**和**持續部署**這兩個術語的混淆。正如我們已經討論過的，持續交付是一個概念，其中每個簽入都被視為一個候選版本，我們可以透過評估每個候選版本的品質來決定它是否準備好部署。另一方面，透過持續部署，所有簽入都必須使用自動化機制（例如測試）進行驗證，並且任何通過這些驗證檢查的軟體都會自動部署，無需人工干預。因此，持續部署可以被視為持續交付的延伸。沒有持續交付，就無法進行持續部署。但是你可以在不進行持續部署的情況下進行持續交付。

持續部署並不適合所有人。許多人希望透過一些人工互動來決定是否應該部署軟體，這與持續交付完全相容。然而，採用持續交付確實意味著持續關注最佳化你的上線路徑，增加的可見性使得更容易看到應該進行最佳化的地方。簽入後流程中的人工參與通常是一個需要解決的瓶頸，可以看到從手動回歸測試到自動功能測試的轉變。因此，隨著你越來越多地自動化建置、部署和發布過程，你可能會發現自己越來越接近持續部署。

工具

理想情況下，你需要一個將持續交付作為一流概念的工具。我見過很多人試圖破解和擴展 CI 工具來製作 CD，這通常導致複雜的系統遠不如從一開始就內建 CD 的工具那麼容易使用。完全支援 CD 的工具允許你定義和視覺化這些管道，為你整個軟體上線路徑塑模。隨著我們某個版本的程式碼在管道中移動，當它通過這些自動驗證階段的其中一個，它就會進入下一個階段。

某些階段可能是手動的。例如，如果我們有手動使用者驗收測試（UAT）流程，我應該能夠使用 CD 工具對其進行塑模。我可以看到下一個可用的建置版本準備部署到我們的 UAT 環境中，部署它，然後如果它通過我們的手動檢查，則將該階段標記為成功，以便它可以移動到下一個階段。如果後續階段是自動化的，它將自動觸發。

權衡和環境

當我們透過這個管道移動我們的微服務產出物時，我們的微服務被部署到不同的環境中。不同的環境為著不同的目的，它們可能具有不同的特性。

先建置管道，進而確定你需要什麼樣的環境，這本身就是一種平衡行為。在管道的初期，我們正在尋找有關我們軟體完備性的快速回饋。如果出現問題，我們希望盡快讓開發者知道，因為我們越早獲得有關問題發生的回饋，修復它的速度就越快。隨著我們的軟體越來越接近生產，我們希望更加確定該軟體能夠正常工作，因此我們將部署到越來越正式的環境中。我們可以在圖 7-3 中看到這種權衡。

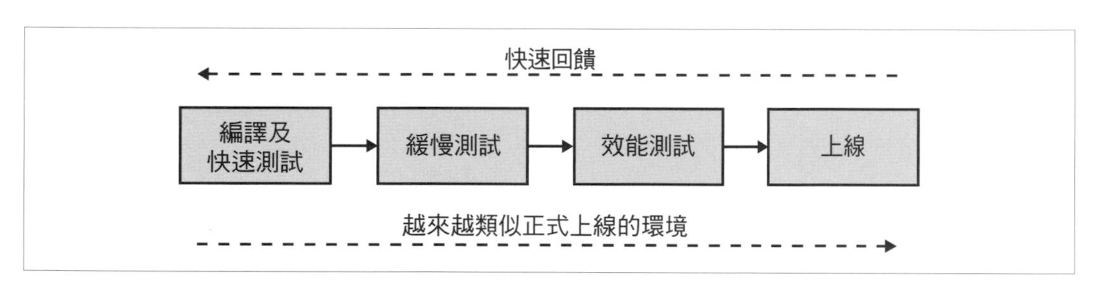

圖 7-3　平衡建置管道以實作快速回饋和類似上線的執行環境

你在開發筆電上獲得最快的回饋，但類似正式上線的環境遠非這樣。你可以將每次提交都推出到真實還原正式環境的環境中，但這可能需要更長的時間並且成本更高。因此，找到平衡才是關鍵，繼續審查快速回饋和對類似正式環境需求之間的權衡可能是一項非常重要的持續活動。

創建類似正式環境所面臨的挑戰也是為什麼越來越多的人在正式環境中進行一些測試形式的部分原因，包括冒煙測試（smoke testing）和平行運行（parallel runs）等技術。我們將在第 8 章回到這個主題。

原始碼產出物的創建

當我們將微服務移動到不同的環境中時，我們實際上必須要部署一些東西。而事實證明，對於可以用來部署的產出物類型，你有許多不同的選項。通常，你創建的產出物在很大程度上取決於你所選擇採用的部署技術，我們將在下一章深入探討這一點，但我想告訴你一些非常重要的技巧，讓你知道如何創建產出物來適應你的 CI/CD 建置過程。

為簡單起見，我們將避開我們正在創建的產出物類型，先暫時將其視為單個可部署的 blob。現在，我們需要考慮兩個重要的規則。首先，正如我之前提到的，我們應該只建置一次產出物，一遍又一遍地建置相同的東西是浪費時間並且對地球不利，如果建置的配置每次都不完全相同，理論上會導致問題。在某些程式語言上，不同的 build flag 可以使軟體的行為完全不同。其次，你驗證的原始碼產出物應該是你所部署的！如果你建置一個微服務，測試它，說「太好了，它可以運作！」然後再次建置它部署到正式環境中，但你怎麼知道你驗證的軟體是你部署的軟體呢？

將這兩個想法放在一起，我們有一個非常簡單的方法，最好在管道的初期建置你可部署的產出物，而且只建置一次物。我通常會在編譯程式碼（如果需要）並運行我的快速測試後執行此操作。創建後，此產出物將儲存在適當的儲存庫中，有可能是 Artifactory 或 Nexus 之類的東西，或者可能是容器（container registry）。你對部署產出物的選擇可能決定了產出物儲存的性質。然後，這個相同的產出物可以用於管道中的所有階段，直到並包括部署到正式環境中。回到我們之前的管道，我們可以在圖 7-4 中看到，我們在管道的第一階段為 `Catalog` 服務創建了一個產出物，然後部署相同的 `build-123` 產出物作為緩慢測試、效能測試及上線各階段的一部分。

如果要跨多個環境使用相同的產出物，任何因環境而異的配置方面都需要保留在產出物本身之外。一個簡單的例子，我可能想要配置應用程式日誌，以便在執行緩慢測試階段時記錄 `DEBUG` 級別及以上的所有內容，為我提供更多資訊來診斷測試失敗的原因。不過，我可能會決定將其變更為 `INFO` 以減少效能測試和上線部署的日誌量。

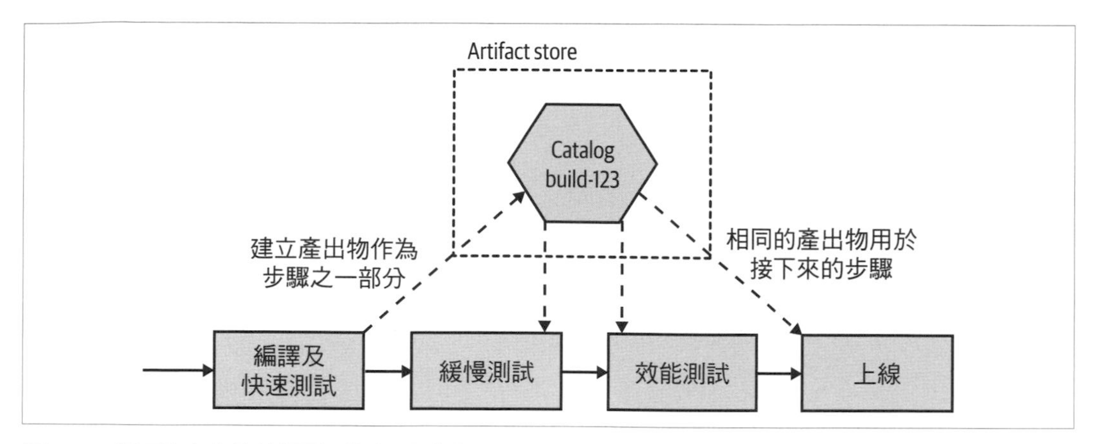

圖 7-4　相同的產出物被部署到每個環境中

產出物的創建技巧

為你的微服務建置一次部署產出物。在你想要部署該版本微服務的任何地方重複使用此產出物。保持你的部署產出物與環境無關，也就是將特定環境的配置儲存在別的地方。

將原始碼和建置對映到微服務

我們已經看過一個可以引起爭議的話題：功能分支與主幹開發，但事實證明，這一章的爭論還沒有結束。另一個可能會引起不同意見的主題是微服務的程式碼組織。我有自己的偏好，但在我們開始之前，讓我們探索一下有哪些主要的選項可以讓我們為微服務來組織程式碼。

一個巨大的儲存庫，一個巨大的建置

如果我們從最簡單的選項開始，我們可以將所有內容混為一談。如圖 7-5 所示，我們有一個單一的、巨大的儲存庫來儲存我們所有的程式碼，並且我們只有一個建置版本。對該原始碼儲存庫的任何簽入都會觸發我們的建置，我們將在其中運行與所有微服務相關的所有驗證步驟並產生多個產出物，所有產出物都與同一個建置相關。

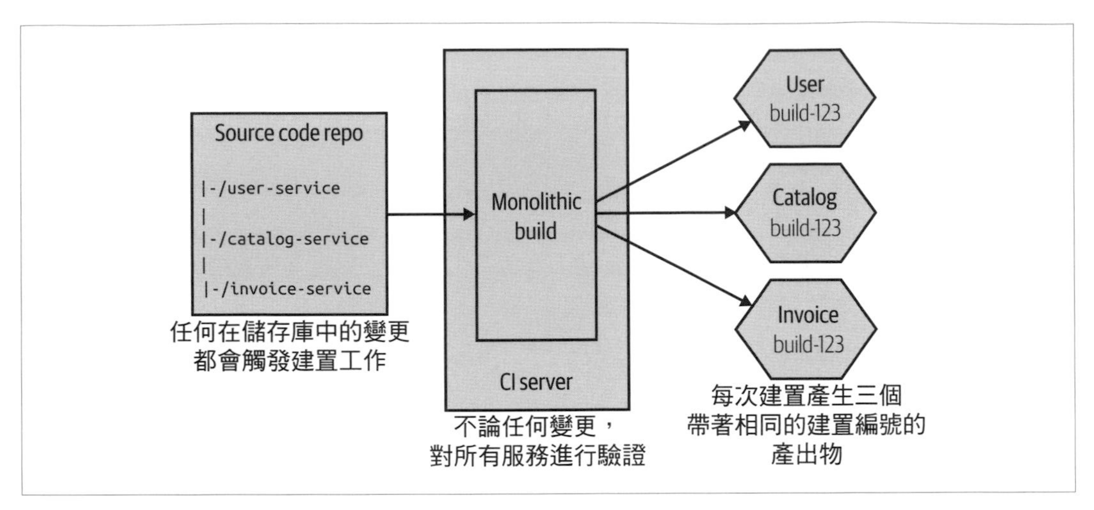

圖 7-5　為所有微服務使用單一原始碼儲存庫和 CI 建置

與其他方法相比，這從表面上看似乎要簡單得多，因為要關注的儲存庫更少，概念上也更簡單的建置。從開發者的角度來看，事情也很簡單，只要簽入程式碼。如果我必須同時處理多個服務，只需要擔心一次提交。

如果你接受鎖步發布（lockstep release）的想法，那麼這個模型可以運作得非常好，在當中，你不介意一次部署多個服務。一般來說，這絕對是一種需要避免的模式，但在專案的初期，尤其是如果只有一個團隊在處理所有事情時，這種模式在短時間內可能很合理。

現在讓我解釋一下這種方法的一些重大缺點。如果我對單一服務進行一行變更，舉例來說，改變圖 7-5 中 `User` 服務中的行為，*所有*其他服務都必須跟著驗證和建置。這可能需要比想像中來得更多的時間，因為我在等待可能不需要測試的東西。這會影響我們的循環迭代時間（cycle time），也就是我們將單一變更從開發轉移到上線的速度。然而，更麻煩的是知道哪些產出物應該或不應該部署。我現在是否需要部署所有被建置的服務來將我的小變更上線？這很難說，因為僅僅透過閱讀提交（commit）所附帶的訊息來猜測哪些服務*真的*發生了變化是很困難的。使用這種方法的組織通常會退回到將所有東西都部署在一起的情況，這絕對是我們想要避免的事情。

此外，如果我對 `User` 服務的一行變更破壞了建置，則在修復該中斷之前就無法對其他服務進行其他變更。想想若有多個團隊共用這個龐大建置的情況，那麼該由誰負責呢？

可以說，這種方法是 monorepo 的一種形式。然而，在實踐中，我見過的大多數 monorepo 實作將多個建置對映到 repo 的不同部分，我們將在稍後更深入地探討這一點。因此，對於那些想要建置多個可獨立部署的微服務的人來說，你可以將這種將一個 repo 對映到單一建置的模式視為**最糟糕的** monorepo 形式。

在實踐中，除了在專案的最初階段，我幾乎從未見過使用這種方法，老實說，以下兩種方法中的任何一種都更適合，因此我們將重點關注它們。

模式：每個微服務有一個儲存庫（aka Multirepo）

對於每個微服務一個儲存庫的模式（與 monorepo 模式相比，通常稱為 *multirepo* 模式），每個微服務的程式碼都儲存在其自己的原始碼儲存庫中，如圖 7-6 所示。這種方法導致原始碼變更和 CI 建置之間的直接對映。

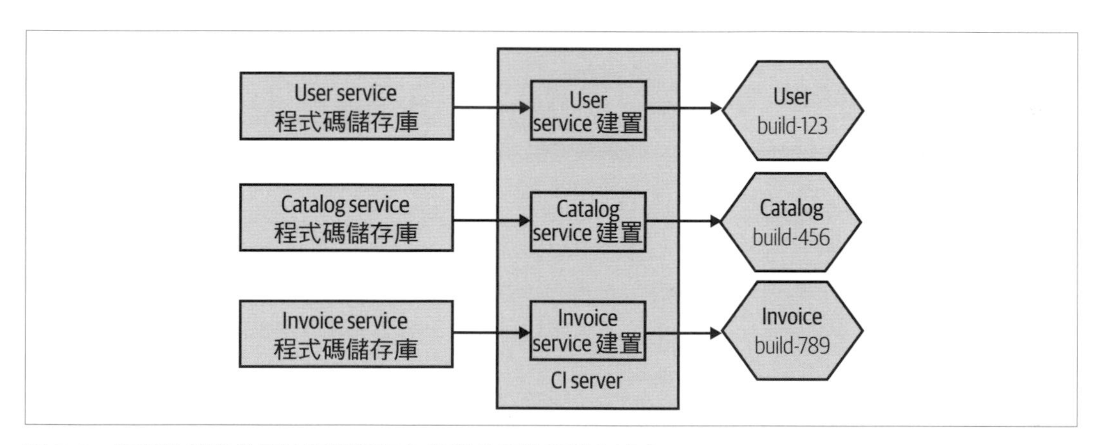

圖 7-6　每個微服務的原始碼都儲存在分開的原始碼儲存庫中

對 `User` 原始碼儲存庫的任何變更都會觸發相匹配的建置，如果通過，我將有一個新版本的 `User` 微服務可用於部署。每個微服務有一個單獨的儲存庫還允許你在每個儲存庫的基礎上變更所有權，如果你想為你的微服務考慮一個強大所有權模型（稍後會詳細介紹），這是很合理的。

然而，這種模式的直接性質確實帶來了一些挑戰。具體來說，開發者可能會發現自己一次處理多個儲存庫，如果他們試圖一次跨多個儲存庫進行變更，就會非常痛苦。此外，無法以原子的方式跨不同的儲存庫進行變更，至少在 Git 中不能。

跨儲存庫重利用程式碼

使用此模式時，沒有什麼可以阻止微服務依賴於不同儲存庫中管理的其他程式碼。執行此操作的一個簡單機制是將要重利用的程式碼打包到一個程式庫中，然後該程式庫成為下游微服務的顯式依賴項。我們可以在圖 7-7 中看到一個範例，其中 `Invoice` 和 `Payroll` 服務都使用了 `Connection` 程式庫。

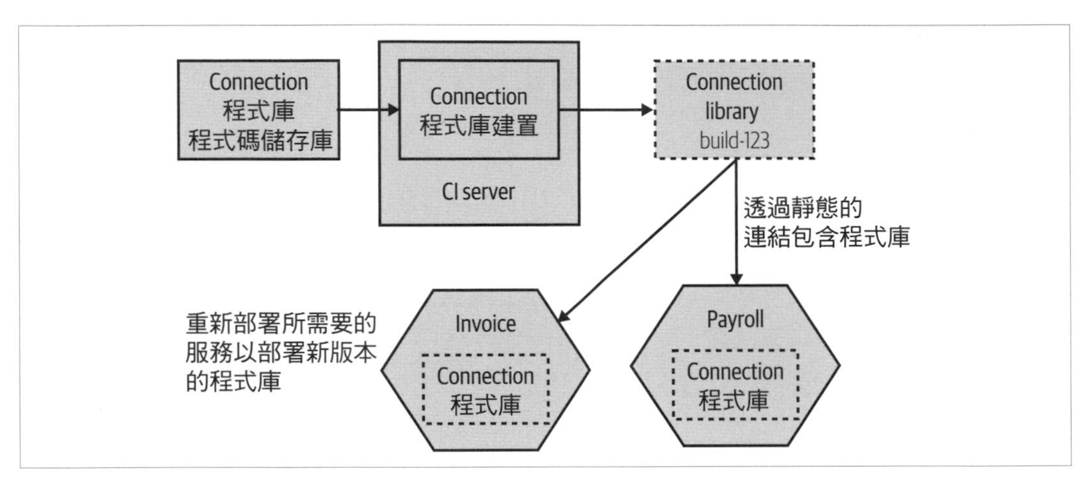

圖 7-7　跨不同儲存庫重利用程式碼

如果你想對 `Connection` 程式庫進行變更，則必須在匹配的原始碼儲存庫中進行變更、並等待其建置完成，進而為你提供一個新版本的產出物。要使用這個新版本的程式庫實際部署新版本的 `Invoice` 或 `Payroll` 服務，你需要變更它們使用的 `Connection` 程式庫版本。這可能需要手動變更（如果你依賴於特定版本），或者可以將其配置為動態發生，具體取決於你所使用之 CI 工具的性質。這背後的概念在 Jez Humble 和 Dave Farley 合著的《*Continuous Delivery*》一書中有更詳細的概述[4]。

當然，要記住的重要一點是，如果你想推出新版本的 `Connection` 程式庫，那麼你還需要部署新建置的 `Invoice` 和 `Payroll` 服務。請記住，我們在第 143 頁的「DRY 和微服務世界中程式碼重利用的風險」中所探討有關重利用和微服務的所有警告仍然適用——如果你選擇透過程式庫重利用程式碼，那麼你必須接受這些變更不能以原子方式推出的事實，否則會破壞我們獨立部署的目標。你還必須意識到，要了解某些微服務是否正在使用特定版本的程式庫可能更具挑戰性，如果你試圖放棄使用舊版本的程式庫，可能會出現問題。

4　請參閱《*Continuous Delivery*》書中的「Managing Dependency Graphs」，第 363~373 頁。

跨多個儲存庫工作

那麼，除了透過程式庫重利用程式碼之外，我們還可以如何跨多個儲存庫進行變更？讓我們再看一個例子。在圖 7-8 中，我想變更 Inventory 服務公開的 API，並且我還需要更新 Shipping 服務，以便它可以使用新的變更。如果 Inventory 和 Shipping 的程式碼在同一個儲存庫中，我可以提交一次程式碼；反之，我必須將變更分成兩次提交——一次用於 Inventory，另一次用於 Shipping。

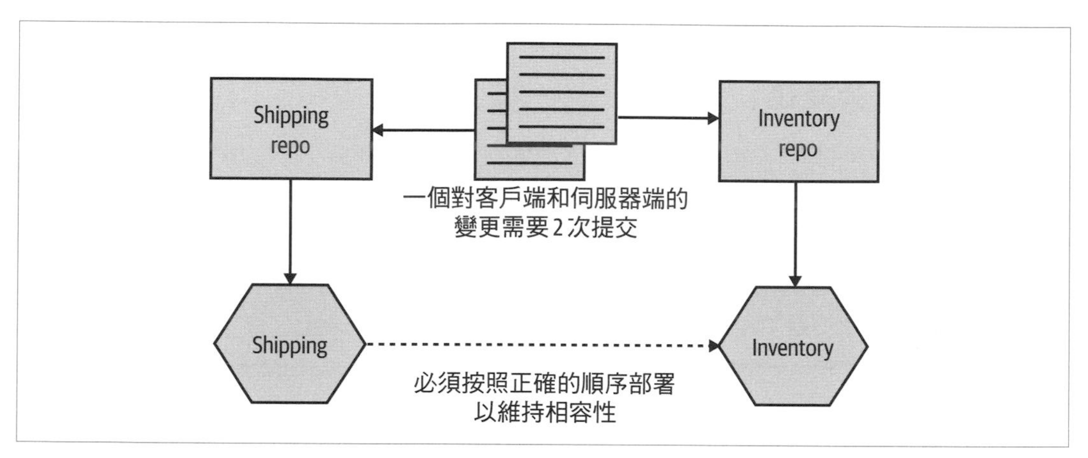

圖 7-8 跨儲存庫邊界的變更需要多次提交

如果一個提交失敗但另一個提交成功，拆分這些變更可能會導致問題。舉例來說，我可能需要進行兩個變更來回滾此變更，如果其他人同時簽入，這可能會變得很複雜。現實情況是，在這種特定情況下，無論如何，我可能都希望在某種程度上進行提交。在我變更 Shipping 服務中的任何客戶端程式碼之前，我想確保變更 Inventory 服務的提交有效，如果 API 中的新功能不存在，那麼使用它的客戶端程式碼就毫無意義。

我和很多人談過，他們發現缺乏原子部署（atomic deployment）是一個重大問題。我當然可以理解這帶來的複雜性，但我認為在大多數情況下它指向一個更大的潛在問題。如果你不斷地跨多個微服務進行變更，那麼你的服務邊界可能不會在正確的位置上，這可能代表你的服務之間存在太多耦合。正如我們已經討論過的，我們正在嘗試最佳化我們的架構和微服務邊界，以便變更更有可能應用到微服務邊界內。跨邊界的變更應該是例外，而不是常態。

事實上，我認為跨多個 repos 工作的痛苦有助於強制執行微服務邊界，因為它迫使你仔細考慮這些邊界在哪裡，以及它們之間互動的性質。

如果你不斷地跨多個微服務進行變更，則你的微服務邊界可能位於錯誤的位置。如果你發現這種情況，可能值得考慮將微服務重新合併在一起。

然後，作為正常工作流程的一部分，必須從多個儲存庫中提取並推送到多個儲存庫。根據我的經驗，這可以透過使用支援多個儲存庫的 IDE（這是我過去五年中使用的所有 IDE 都可以處理的東西）、或透過撰寫簡單的包裹指令稿（wrapper script）來簡化處理命令時的流程。

在哪裡使用這種模式

使用每個微服務一個儲存庫的方法對於小型團隊和大型團隊一樣有效，但是如果你發現自己跨微服務邊界進行了大量變更，那麼它可能就不適合你，我們接下來討論的 monorepo 模式可能會更合適。儘管在服務邊界上進行大量變更可以被視為出現問題的警告信號，正如我們之前討論過的。它還可以使程式碼重利用比使用 monorepo 方法更複雜，因為你需要依賴打包到版本產出物中的程式碼。

模式：Monorepo

使用 monorepo 方法，多個微服務（或其他類型的專案）的程式碼儲存在同一個原始碼儲存庫中。我見過一個團隊只使用 monorepo 來管理其所有服務原始碼控制的情況，儘管這個概念已經被一些非常大的科技公司推廣，其中多個團隊和數百甚至數千名開發者都可以在相同的原始碼儲存庫中工作。

透過將所有原始碼放在同一個儲存庫中，你能以原子方式跨多個專案進行原始碼變更，並允許從一個專案到下一個專案的更細微化的程式碼重利用。Google 可能是使用 monorepo 方法的最著名例子，雖然它並不是唯一的例子。儘管這種方法還有一些其他的好處，例如提高其他人程式碼的可見性，但採用這種模式的主要原因是因為能夠簡單地重利用程式碼，並能做出影響多個不同專案的變更，通常被認為是採用這種模式的主要原因。

如果我們以剛剛討論的範例為例，我們希望對 `Inventory` 進行變更，以便它公開一些新行為，並更新 `Shipping` 服務以利用我們公開的這項新功能，那麼這些變更可以是在一次提交中就完成，如圖 7-9 所示。

當然，與前面討論的 multirepo 模式一樣，我們仍然需要處理部署方面的問題。如果我們想避免鎖步部署，我們可能需要仔細考慮部署的順序。

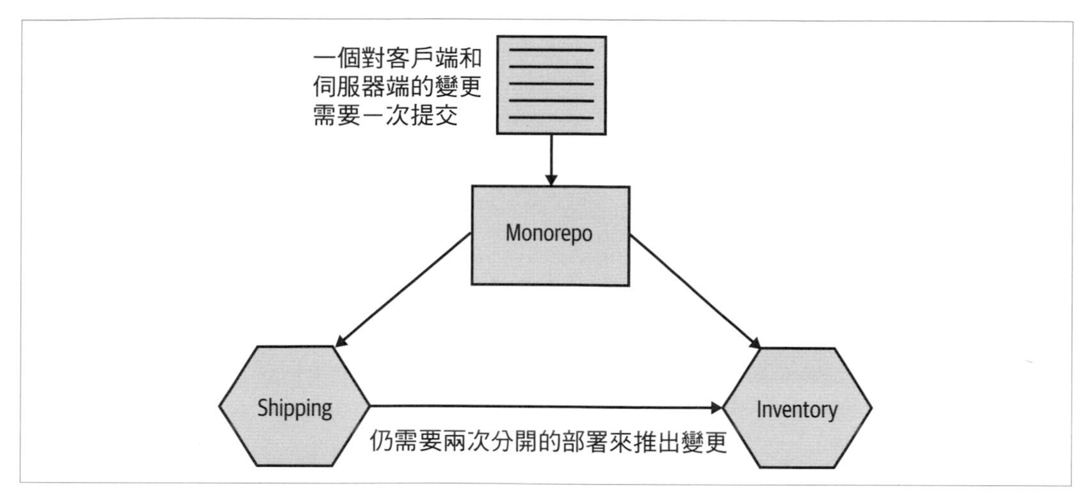

圖 7-9　使用單一提交在兩個微服務之間使用 monorepo 進行變更

原子提交與原子部署

能夠跨多個服務進行原子提交（atomic commits）並不能提供原子部署（atomic rollout）。如果你發現自己想要一次跨多個服務變更程式碼、並同時將其全部部署到正式環境中，這違反了可獨立部署性的核心原則。有關這方面的更多資訊，請參閱第 143 頁的「DRY 和微服務世界中程式碼重利用的風險」。

對映到建置版本

每個微服務都有一個原始碼儲存庫，從原始碼到建置過程的對映很簡單。該原始碼儲存庫中的任何變更都可以觸發匹配的 CI 建置。使用 monorepo，它會變得更複雜一些。

一個簡單的起點是將 monorepo 內的文件夾對映到建置，如圖 7-10 所示。例如，對 `user-service` 文件夾所做的變更將觸發 `User` 服務建置。如果你簽入的程式碼變更了 `user-service` 文件夾以及 `catalog-service` 文件夾中的文件，則 `User` 建置和 `Catalog` 建置都會被觸發。

隨著涉及的文件夾結構越來越多，這會變得更加複雜。在較大的專案中，你可能會遇到多個不同的文件夾想要觸發同一個建置，並且某些文件夾會觸發多個建置。簡單來說，你可能有一個所有微服務都使用的「公共」文件夾，對它的變更會導致所有微服務重新建置。在更複雜的一端，團隊最終需要採用更多以圖為基礎的建置工具，例如開源的 Bazel（*https://bazel.build*）工具來更有效地管理這些依賴項（Bazel 是 Google 自己內部的開源版本建置工具）。實作一個新的建置系統可能是一項重大的任務，所以這不是件容易的事，但如果沒有這樣的工具，Google 自己的 monorepo 是不可能的。

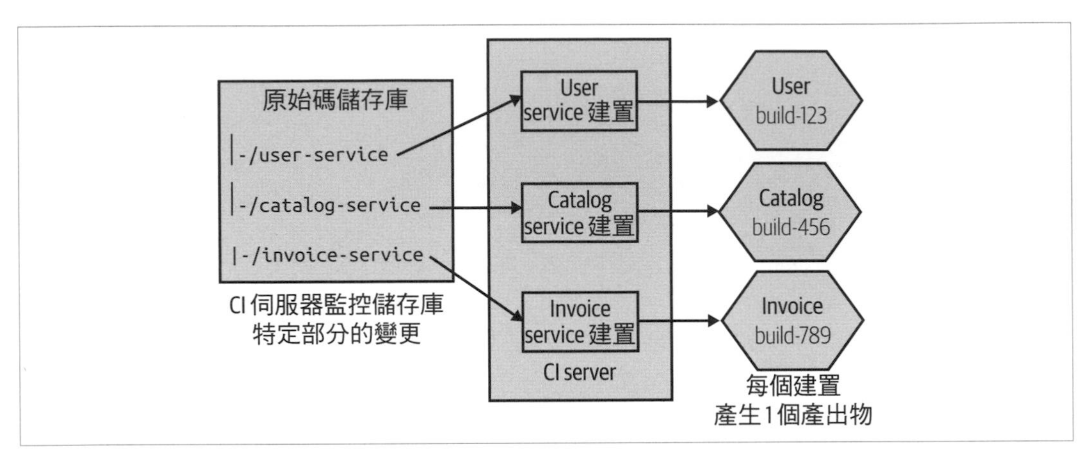

圖 7-10　單一原始碼儲存庫中具有對映到獨立建置的子目錄

monorepo 方法的好處之一是我們可以在專案之間進行細微化的重利用。對於多儲存庫模型，如果我想重利用其他人的程式碼，它可能必須打包為版本化的產出物，然後我可以將其作為建置版本的一部分包含在內（例如 Nuget 套件、JAR 檔或 NPM）。由於我們重利用的單位是一個程式庫，我們可能會引入比我們真正想要的更多程式碼。從理論上講，使用 monorepo，我可以只依賴來自另一個專案的單一原始檔案（source file），儘管這當然會導致我有一個更複雜的建置對映。

定義所有權

由於團隊規模較小，程式碼基礎規模較小，monorepos 很可能與你習慣的傳統建置和原始碼管理工具配合得很好。但是，隨著你的 monorepo 變得越來越大，你可能需要開始尋找不同類型的工具。我們將在第 15 章中更詳細地探討所有權模型，但與此同時，當我們考慮原始碼控制時，值得簡要探討它是如何發揮作用的。

Martin Fowler 之前曾寫過（*https://oreil.ly/nNNWd*）關於不同所有權模型的文章，概述了所有權從**強所有權**（*strong ownership*）到**弱所有權**（*weak ownership*）再到**集體所有權**（*collective ownership*）的變化規模。自從 Martin 捕捉到這些術語後，在開發實踐上發生了變化，因此或許值得重新審視和重新定義這些術語。

擁有強所有權，某些程式碼由特定的一群人所擁有。如果該組之外的人想要進行變更，則他們必須要求程式碼所有人為他們進行變更。弱所有權仍然具有定義所有者的概念，但允許所有權組之外的人進行變更，儘管這之中的任何變更都必須由所有權組中的某個人審查和接受。這將涵蓋在合併提取請求之前發送給核心所有權團隊進行審查的提取請求，而集體所有權則是任何開發者都可以變更任何程式碼片段。

如果開發者數量較少（一般為 20 人或更少），你就可以實行集體所有權，也就是任何開發者都可以變更任何其他微服務。但是，隨著你擁有更多的人員，你更有可能想要採用強所有權或弱所有權模型來創建更明確的責任邊界。如果他們的原始碼控制工具不支援更細微化的所有權控制，這可能會給使用 monorepos 的團隊帶來挑戰。

一些原始碼工具允許你指定特定目錄的所有權，甚至是單一儲存庫中的特定文件路徑。在開發自己的原始碼控制系統之前，Google 最初在 Perforce 上為其 monorepo 實作了這個系統，這也是 GitHub 自 2016 年以來支援的東西（*https://oreil.ly/zxmXn*）。使用 GitHub，你可以創建一個 `CODEOWNERS` 文件，它允許你將所有者對映到目錄或文件路徑。你可以在範例 7-1 中看到一些來自 GitHub 自己的文件範例，這些範例展示了這些系統可以帶來的各種彈性。

範例 *7-1*　如何在 *GitHub* 中 CODEOWNERS 文件的特定目錄裡指定所有權的範例

```
# In this example, @doctocat owns any files in the build/logs
# directory at the root of the repository and any of its
# subdirectories.
/build/logs/ @doctocat

# In this example, @octocat owns any file in an apps directory
# anywhere in your repository.
apps/ @octocat

# In this example, @doctocat owns any file in the `/docs`
# directory in the root of your repository.
/docs/ @doctocat
```

GitHub 自己的程式碼所有權概念確保每當對相關文件提出提取請求時，都會要求原始檔案的程式碼所有者進行審查。對於較大的提取請求，這可能是一個問題，因為你最終可能需要多個審閱者的簽字，但無論如何，有很多很好的理由實現較小的提取請求。

工具

Google 自己的 monorepo 很龐大，需要大量的工程才能使其大規模運行。考慮像是歷經多代的以圖形為基礎的建置系統、加快建置時間的分散式物件連接器（distributed object linker）、IDE 外掛和可以動態檢查依賴文件的文字編輯器之類的東西，這是一項非常巨大的工作。隨著 Google 的成長，它越來越受到 Perforce 使用的限制，最終不得不創建自己專有的原始碼控制工具 Piper。2007 年至 2008 年，當我在 Google 做這部分的工作時，有一百多人維護各種開發者工具，其中很大一部分工作用於處理 monorepo 方法所造成的影響。當然，如果你擁有數以萬計的工程師，那麼你就可以證明這一點。

有關 Google 使用 monorepo 背後基本原理的更詳細概述，我推薦 Rachel Potvin 和 Josh Levenberg 所撰寫的「Why Google Stores Billions of Lines of Code in a Single Repository」（*https://oreil.ly/wMyH3*）[5]。事實上，我建議任何認為「我們應該使用 monorepo，因為 Google 這樣做！」的人都必須閱讀它。你的組織可能不是 Google，並且可能沒有 Google 類型的問題、限制和資源。換句話說，你最終得到的任何 monorepo 都可能和 Google 的不同。

Microsoft 遇到了類似的規模問題。它採用 Git 來幫助管理 Windows 的主要原始碼儲存庫。此程式碼基礎的完整工作目錄大約有 270 GB 的原始檔案[6]。下載所有資料需要很長時間，而且也沒有必要，因為開發者最終只需要處理整個系統的一小部分。因此，Microsoft 必須創建一個專用的虛擬文件系統，VFS for Git（以前稱為 GVFS），以確保僅下載那些開發者實際需要的源文件。

VFS for Git 是一項令人印象深刻的成就，Google 自己的工具鏈也是如此，儘管對此類公司來說，證明對此類技術進行投資的合理性要容易得多。還值得指出的是，雖然 Git 的 VFS 是開放資源，但我還沒有遇到過 Microsoft 以外的團隊使用它，而 Google 自己支援其 monorepo 的大部分工具鏈都是封閉軟體（Bazel 是一個明顯的例外，但它不清楚 Bazel 在多大程度上實際反映了 Google 內部使用的內容）。

Markus Oberlehner 的著作《*Monorepos in the Wild*》（*https://oreil.ly/1SR0A*）介紹了 Lerna（*https://lerna.js.org*），這是一個由 Babel JavaScript 編譯器背後的團隊所創建的工具。Lerna 旨在使從同一原始碼儲存庫在產生多個版本化產出物時變得更加容易。我無法直接談論 Lerna 在這項任務上的效率（除了許多其他顯著的缺陷，我不是位有經驗的 JavaScript 開發者），但從表面上看，似乎可以在某種程度上簡化這種方法。

monorepo 有多「mono」？

Google 不會將其所有程式碼都儲存在 monorepo 中。有一些專案，特別是那些正在公開開發的專案，是在其他地方儲存。儘管如此，至少根據之前提到的 ACM 文章，截至 2016 年，Google 有 95% 的程式碼儲存在 monorepo 中。在其他組織裡，monorepo

5 Rachel Potvin 和 Josh Levenberg 的「Why Google Stores Billions of Lines of Code in a Single Repository」，*Communications of the ACM* 59, no. 7 (July 2016): 78-87。

6 請見 Git Virtual File System Design History（*https://oreil.ly/SM7d4*）。

可能僅限於一個系統或少數系統，這代表公司可以為組織的不同部分擁有少量的 monorepos。

我曾與一些團隊談過，他們每個團隊都實作自己的 monorepo。雖然從技術上講，這可能與這種模式的原始定義不符（通常是指多個團隊共享同一個儲存庫），但我仍然認為它比其他任何東西都更「monorepo」。在這種情況下，每個團隊都有自己的 monorepo，完全在其控制之下，該團隊擁有的所有微服務程式碼都儲存在該團隊的 monorepo 中，如圖 7-11 所示。

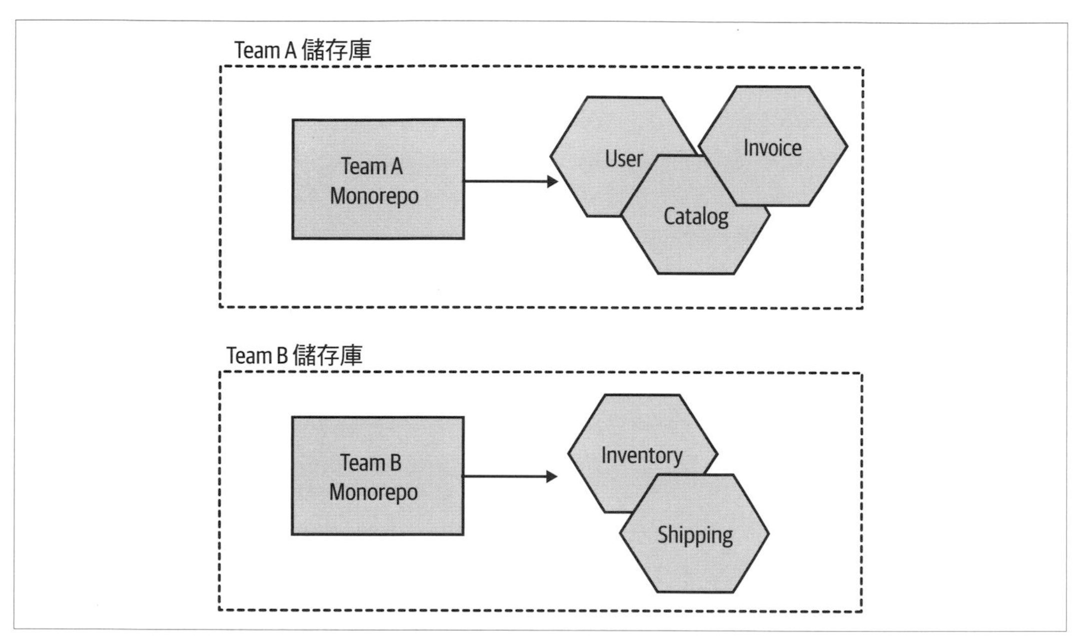

圖 7-11　每個團隊都有自己 monorepo 模式的變形

對於實行集體所有權的團隊來說，這種模型有很多好處，可以說提供了 monorepo 方法的大部分優勢，同時規避了一些大規模時會發生的挑戰。就在既有組織所有權邊界內工作而言，這種「中途之家」很有意義，並且可以在一定程度上減輕對更大規模使用這種模式的擔憂。

在哪裡使用這種模式

一些大規模工作的組織發現 monorepo 方法非常適合他們。我們已經提到了 Google 和 Microsoft，我們可以將 Facebook、Twitter 和 Uber 添加到列表中。這些組織都有一個共同點，就是它們都是以技術為中心的大型公司，能夠投入大量資源來充分利用這種模式。我認為 monorepos 運作良好的地方是在光譜的另一端，開發者和團隊的數量較少。對於 10 到 20 個開發者，使用 monorepo 方法可以更輕鬆地管理所有權邊界並保持建置過程簡單。但中間組織的痛點似乎出現了，那些有規模的組織開始解決需要新工具或工作方式的問題，但沒有餘裕來投資這些想法。

我會使用哪種方法？

根據我的經驗，monorepo 方法的主要優勢，也就是更細微化的重利用和原子提交，似乎並沒有超過大規模出現的挑戰。對於較小的團隊，任何一種方法都可以，但是隨著規模擴大，我覺得每個微服務一個儲存庫（multirepos）的方法更直接。從根本上說，我擔心的是跨服務變更的刺激、更混亂的所有權界限以及對 monorepos 可以帶來的新工具的需求。

我反覆看到的一個問題是，一開始的組織規模很小，集體所有權（所以是 monorepos）最初運作良好，後來很難轉向不同的模型，因為 monorepo 的概念是如此根深蒂固。隨著交付組織的發展，monorepo 的痛苦持續增加，但遷移到替代方法的成本也在增加。這對於快速成長的組織來說更具挑戰性，因為通常只有在快速成長發生之後問題才會變得明顯，此時遷移到 multirepos 方法的成本看起來太高了，這可能會導致沉沒成本謬誤。到目前為止，你已經為使 monorepo 運作投入了大量資金，認為只要多一點投資，它就會像以前一樣工作，對嗎？也許並不是，但這是一個勇敢的決定，他們能夠認識到他們是一擲千金，並做出改變路線的決定。

可以透過使用細微化的所有權控制來緩解對所有權和 monorepos 的擔憂，但這往往需要工具以及更大的努力。隨著有關 monorepos 的工具成熟度提高，我對此的看法可能會改變，但儘管在以圖形為基礎的建置工具的開源開發方面做了很多工作，但我仍然看到這些工具鏈的使用率很低，所以這對我來說是 multirepos。

總結

我們在本章中介紹了一些重要的想法，無論你最終是否使用微服務，它們都應該對你有幫助。從持續交付到主幹開發，從 monorepos 到 multirepos，有關這些想法還有很多方面需要探索。我已經為你提供了大量資源和進一步的延伸閱讀，但現在是我們繼續深入探討一個重要主題的時候了：部署。

第八章

部署

部署單體式應用程式是相當簡單的過程，然而，因為相互依存的關係，微服務是完全不一樣的。當我寫這本書的第一版時，我已經在本章為你介紹了關於許多各式各樣的選擇。從那時候開始，Kubernetes 脫穎而出，Function as a Service（FaaS）平台也為我們提供了更多方法來思考如何真正地運行我們的軟體。

儘管技術在過去十年中可能發生了變化，但我認為與建置軟體相關的許多核心原則並沒有改變。事實上，我認為徹底理解這些基本概念更為重要，因為它們可以幫助我們理解要如何駕馭這種混亂的新技術格局。依循這樣的想法，本章節將重點介紹一些與部署相關的核心原則，這些原則在理解上很重要，同時還展示了不同的可用工具是如何幫助（或阻礙）將這些原則付諸實踐。

在開始之前，先讓我們來觀察一下，當我們從系統架構的邏輯視角轉向真正的物理上的部署拓撲（topology）時，會發生什麼事情。

從邏輯上到物理上

到目前為止，當我們討論微服務時，我們是從邏輯意義上來談論，而不是從物理意義上。我們可以討論我們的 `Invoice` 微服務如何與 `Order` 微服務進行溝通，如圖 8-1 所示，而不需要實際以物理拓撲來查看這些服務是如何進行部署的。邏輯的架構視圖通常會將底層的物理部署問題抽象化，而這個概念需要針對本章的範圍而有所改變。

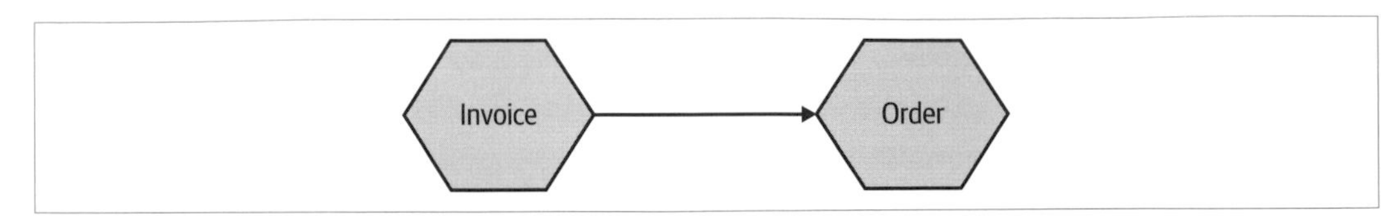

圖 8-1　兩個微服務的簡單邏輯視圖

當涉及到在實際運行微服務時，這種微服務的邏輯視圖可以將大量的複雜性隱藏起來，讓我們來看看像這樣的圖表可能隱藏了哪些細節。

多個實例

當我們考慮兩個微服務的部署拓撲時（如圖 8-2 所示），這並不像一對一對話那麼簡單。首先，在一個服務中，我們可能會擁有多個實例，而擁有多個服務的實例可以允許你處理更多負載量，還可以提高系統的強健性，因為可以更容易容許單一實例的失敗發生。因此，我們可能會有一個或多個 `Invoice` 實例與一個或多個 `Order` 實例進行溝通，而實例之間的溝通究竟是如何處理，這取決於溝通機制的性質，但如果假設在這種情況下，我們使用以 HTTP 為基礎的 API，負載平衡器就足以處理傳送請求到不同的實例，如圖 8-2 所示。

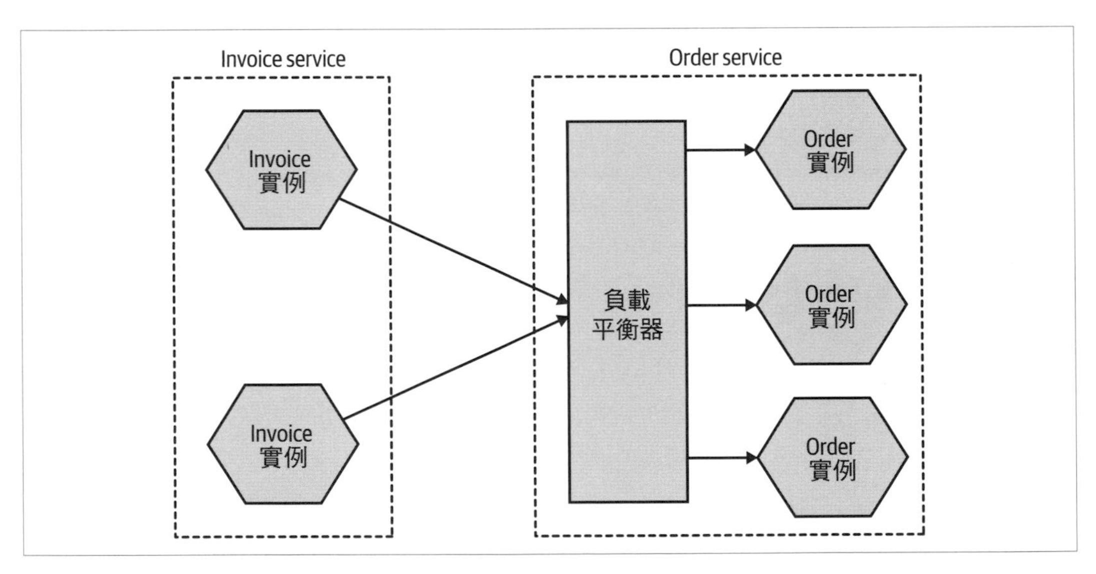

圖 8-2　使用負載平衡器將請求投射到 `Order` 微服務的特定實例

你所需的實例數量取決於應用程式的性質——需要評估所需的冗餘、預期的負載水平等，以得出一個可行的數字。你可能還需要考慮這些實例將在哪裡運行。若是基於強健性的原因而有多個服務實例，你可能希望確保這些實例並非都在相同的底層硬體上。更進一步地，這可能需要你將不同的實例分佈在多台機器和不同的資料中心，以防止整個資料中心無法使用。這可能會導致部署拓撲類似於圖 8-3。

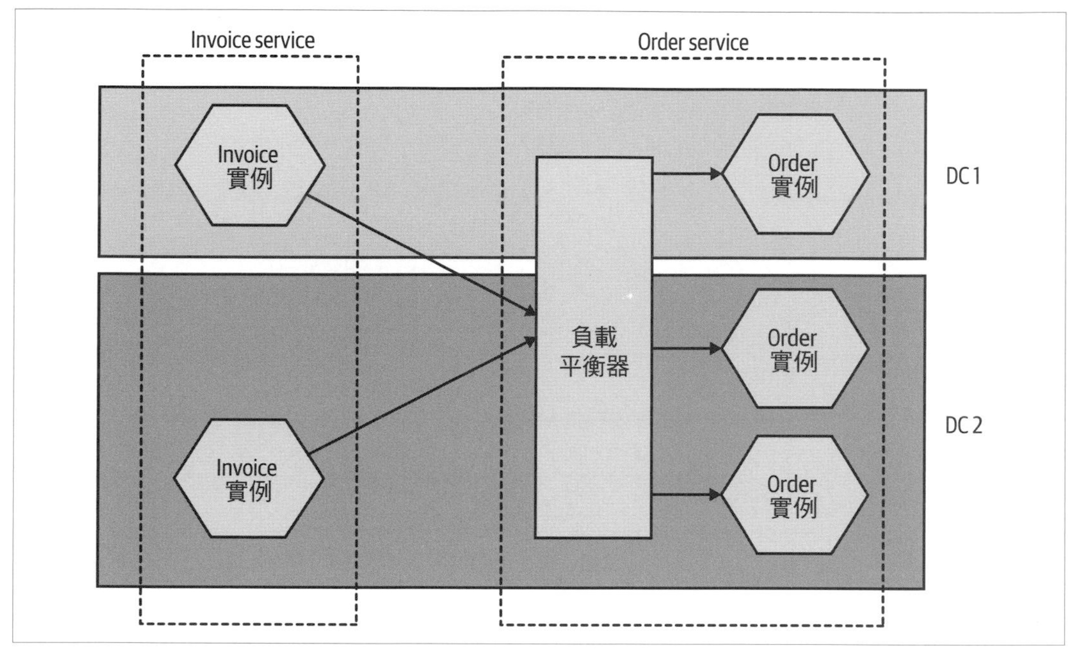

圖 8-3　橫跨多個不同的資料中心的分佈實例

這似乎太過謹慎了——整個資料中心都無法使用的可能性有多大？好吧，我無法在每種情況下都回答這個問題，但至少在與主要雲端供應商交涉時，這絕對是必須考慮的問題。當涉及到託管虛擬機器之類的東西時，AWS、Azure 和 Google 都不會為你提供單一機器的 SLA，也不會為你提供單個可用區的 SLA（最接近於資料中心的供應者）。而實際上，這意味著你所部署的任何解決方案都應該分佈在多個可用區域中。

資料庫

再更進一步，我們還有一個一直忽略的主要元件——資料庫。正如已經討論過的，我們希望微服務能隱藏其內部的管理狀態，因此被用於微服務管理其狀態的任何資料庫都被認為需要隱藏其內部，這導致了大家常說的「不要共享資料庫」，希望我現在已經充分說明了這一點。

但是當我們考慮到有多個微服務實例這個事實時，這是如何運行的呢？每個微服務實例都應該有自己的資料庫嗎？答案為不是。在大多數情況下，如果我訪問我的 `Order` 服務的任何實例，我希望能夠獲取有關同一訂單的資訊，所以我們需要在同一邏輯服務的不同實例之間有某種程度的共享狀態。如圖 8-4 所示。

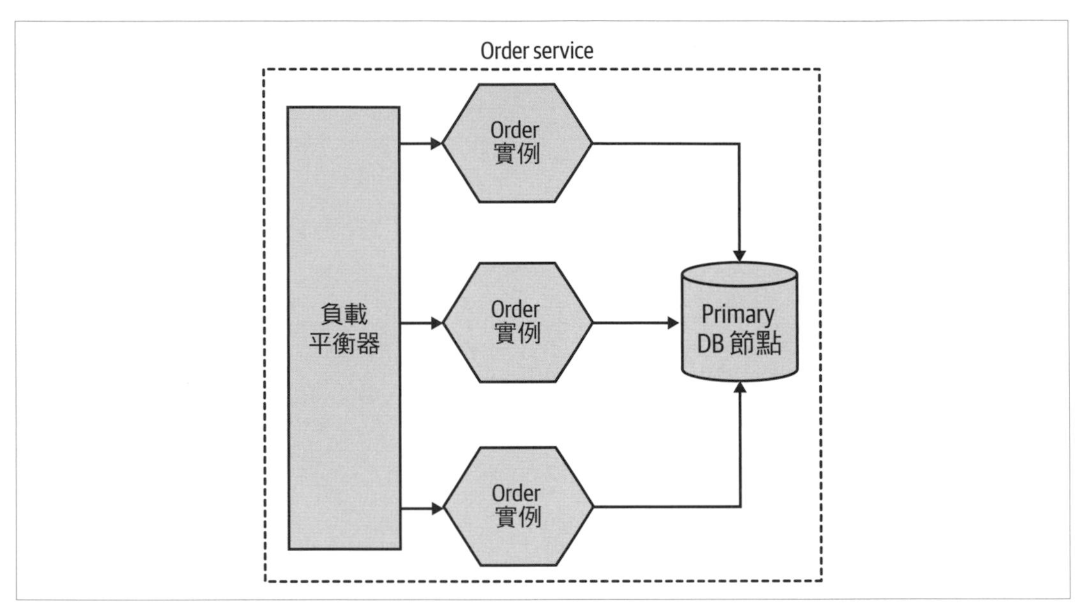

圖 8-4　同一個微服務的多個實例可以共享一個資料庫

但這是否違反了我們「不共享資料庫」的原則？其實並不然。我們主要的顧慮之一是，當橫跨多個不同的微服務共享一個資料庫時，與訪問和操作該狀態相關的邏輯正分佈在不同的微服務中，但是這裡的資料是由**同一個**微服務的不同實例所共享，訪問和操作狀態的邏輯仍然保存在單個邏輯微服務中。

資料庫部署與擴展

目前為止，與我們的微服務一樣，我們主要是在邏輯意義上談論資料庫。在圖 8-3 中，我們忽略了對底層資料庫冗餘或擴展需求的任何顧慮。

從廣義上來說，基於各種原因，物理上的資料庫部署可能託管在多台機器上。一個常見的範例是在主節點和一個或多個指定用於唯讀（read-only）目的的節點（這些節點通常稱為唯讀複本（read replicas））之間拆分讀取和寫入的負載。如果我們為我們的 `Order` 服務實作這個想法，我們最終可能會遇到如圖 8-5 所示的情況。

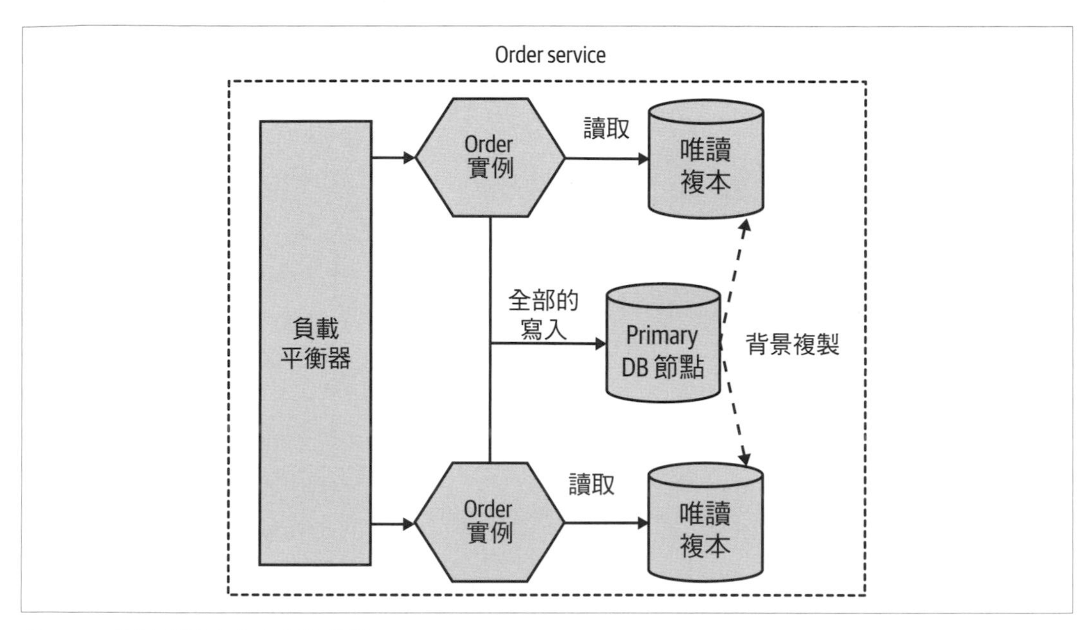

圖 8-5　使用唯讀複本來分散負載

所有唯讀的流量都流向其中一個唯讀複本節點，你可以透過添加額外的讀取節點來進一步擴展讀取流量。由於相關資料庫的工作方式，透過添加額外的機器來擴展寫入將更加困難（通常需要 sharding 模型，這會增加額外的複雜性），因此將唯讀流量移動到這些唯讀複本通常可以在寫入節點上釋放更多容量以允許更多的擴展。

除了這個複雜的圖之外，同一個資料庫的基礎設施可以支援多個邏輯上獨立的資料庫，因此 `Invoice` 和 `Order` 的資料庫可能都由相同的底層資料庫引擎和硬體提供服務，如圖 8-6 所示。這將會帶來很大的好處──它允許你把硬體集中起來為多個微服務提供服務，除了可以降低成本，還可以幫助減少資料庫本身的管理工作。

這裡需要意識到一個重點，儘管這兩個資料庫可能是從同一個硬體和資料庫引擎上所運行的，但它們仍然是邏輯上獨立的資料庫，它們不能相互干擾（除非你允許）。另一個需要主要考量的是，如果這個共享資料庫的基礎設施發生故障，可能會影響到多個微服務，這可能會產生災難性的影響。

根據我的經驗，基於我概述過的成本原因，管理自己的基礎設施並以「內部」方式運行的組織往往更有可能從共享資料庫基礎設施中託管多個不同的資料庫。配置和管理硬體是很痛苦的（至少從歷史上看，資料庫不太可能在虛擬化的基礎設施上運行），所以你希望減少這種情況。

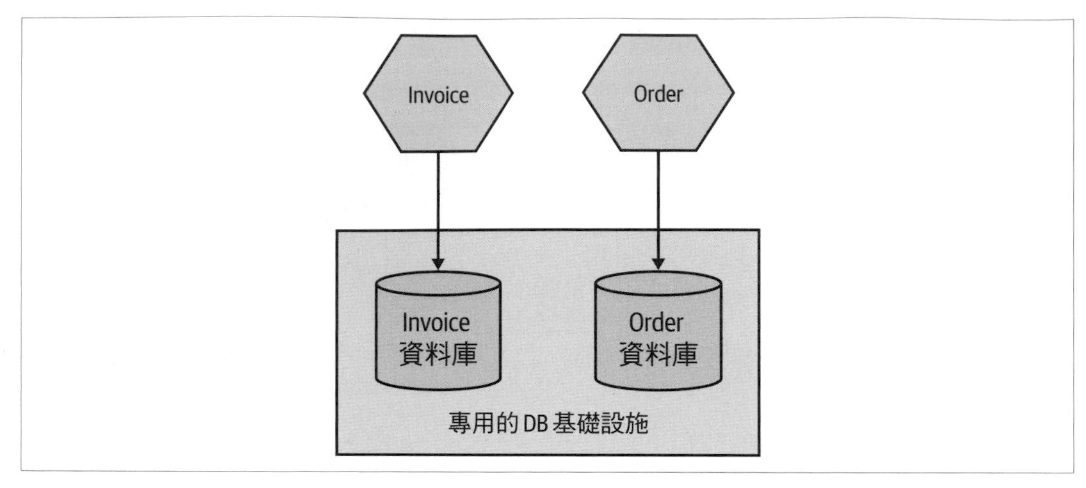

圖 8-6　同一個物理資料庫基礎設施所承載兩個邏輯獨立的資料庫

另一方面，在公有雲供應商上運行的團隊更有可能在每個微服務的基礎上提供專用的資料庫基礎設施，如圖 8-7 所示。相比之下，配置和管理此基礎設施的成本要來得低很多。例如，AWS 的雲端關聯式資料庫服務（Relational Database Service，RDS）可以自動處理備份、升級和複合可用區域容錯移轉（multiavailability zone failover）等問題。其他公有雲供應商也提供類似產品，這使得你的微服務能擁有更多具成本效益的獨立基礎設施，能為每個微服務所有者提供更多控制的權限，而不必依賴共享服務。

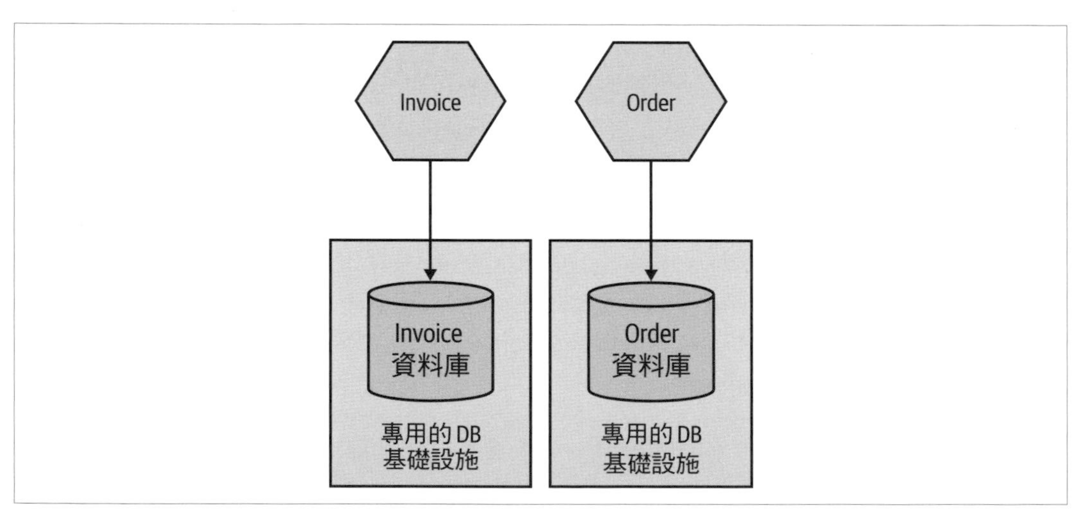

圖 8-7　每個微服務都使用自己專用的資料庫基礎設施

環境

當你部署軟體時，它會在一個環境中運行。每個環境通常用於不同的目的，並且根據你所開發軟體的方式、以及你的軟體部署到終端使用者的方式，確切可能所擁有的環境數量將有很大差異。一些環境會有正式資料，而另一些則沒有。為了測試的目的，將任何不存在的服務替換為虛假的服務，某些環境中可能包含所有服務；其他則可能只含有少量的服務。

通常，我們認為我們的軟體在許多模擬環境（preproduction）中移動，每個環境都服務於某個目的，用以允許開發軟體並測試其生產準備情況——我們在「權衡和環境」中探討了這一點（第 189 頁）。從開發者筆電到持續整合伺服器、整合測試環境等等，你環境的確切性質和數量將取決於許多因素，但主要還是取決於你所選擇的軟體開發方式。在圖 8-8 中，我們看到 MusicCorp 的 `Catalog` 微服務的管道，微服務在最終進入正式環境之前會先經過不同的環境，而我們的使用者將在這些不同的環境中使用新的軟體。

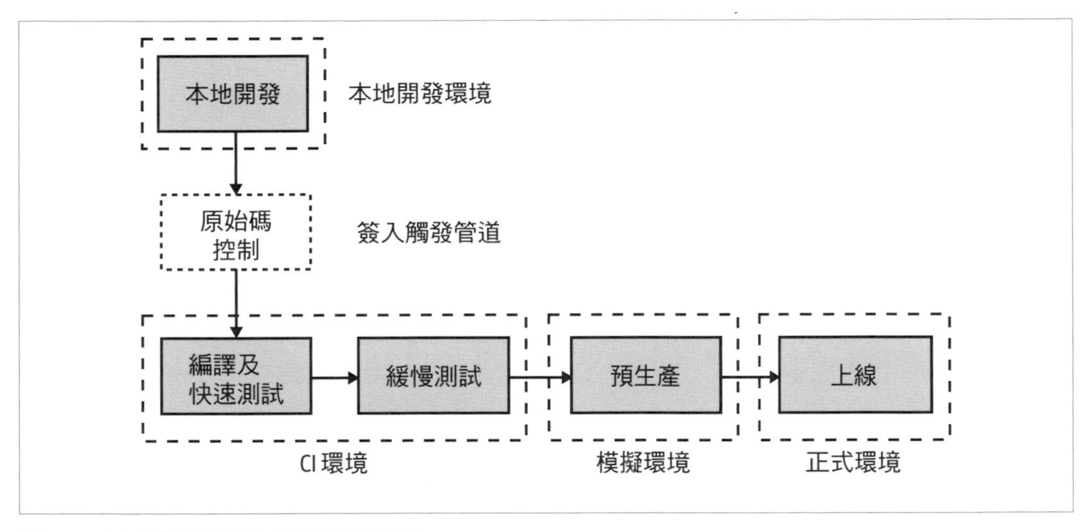

圖 8-8　用於不同部分管道的不同環境

我們微服務所運行的第一個環境是開發者在簽入之前處理程式碼的地方——可能是他們內部的筆電。在提交程式碼之後，CI 過程開始快速的測試。快速和緩慢測試階段都會部署到我們的 CI 環境中。如果緩慢測試通過，微服務將部署到模擬環境中以允許手動驗證（這是可自由選擇的，但對許多人來說仍然很重要）。如果此手動驗證通過，則將微服務部署到正式環境中。

在理想的情況下，此過程中的每個環境都是正式環境的精確副本，這將使我們更加相信我們的軟體到正式環境時會正常運作。然而，在現實中，由於成本太高，我們通常負擔不起能運行整個正式環境的眾多副本。

我們還希望在此過程中能更早地調整環境以實作快速回饋，因為儘早知道軟體是否有效是非常重要的，這樣我們才能在需要時快速地修復問題。我們越早知道軟體的問題，修復它的速度就越快，中斷所導致的影響就越小。在我們內部的筆電上發現問題，比在預生產測試中發現問題要來得好很多，但同樣地，在預生產測試中發現問題可能比在正式環境中發現問題要好得多（儘管我們將在第 9 章探討一些重要的權衡）。

這意味著較接近開發者的環境將被調整以提供快速回饋，這可能會影響它們的「類生產」程度。但是隨著環境越來越接近正式環境，我們會希望它們越來越像最終的正式環境，以確保我們能即時發現問題。

作為該操作的一個簡單範例，讓我們重新檢視之前的 `Catalog` 服務範例並查看不同的環境。在圖 8-9 中，內部開發者的筆電將我們的服務部署為內部運行的單一實例。該軟體的建置速度快，但部署為單一實例，且運行在一個與我們在正式環境中所預期截然不同的硬體上。在 CI 環境中，我們部署了服務的兩個副本進行測試，以確保我們的負載平衡邏輯正常工作。我們將兩個實例部署到同一台機器上——這可以降低成本並加快速度，並且在流程的這個階段仍然能給我們足夠的回饋。

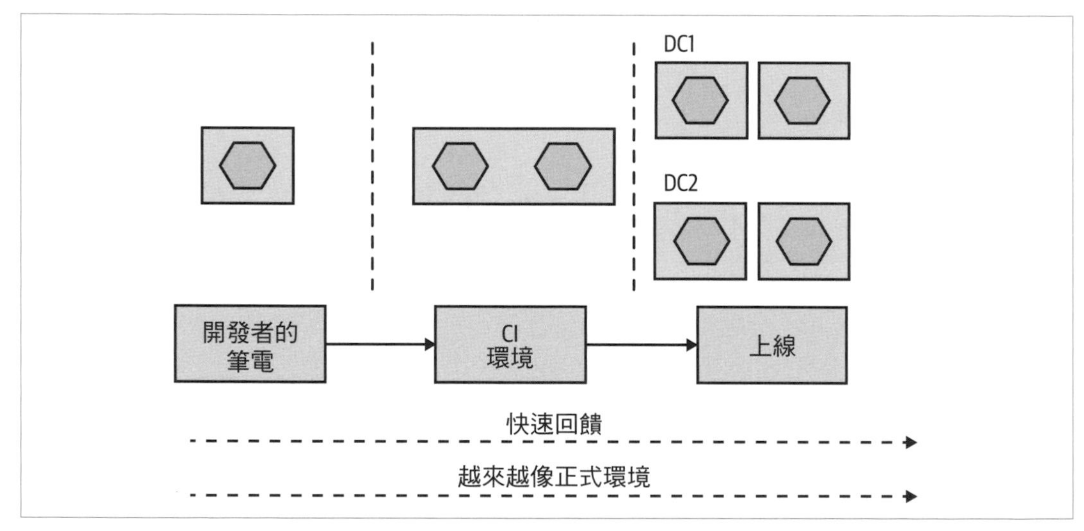

圖 8-9　微服務在從一個環境到另一個環境的部署方式上可能有所不同

最後，在正式環境中，我們的微服務部署為四個實例，分佈在四台機器上，這些機器又分佈在兩個不同的資料中心。

這只是你可能使用環境的一個範例。根據你正在建置的內容和部署方式，你需要的確切設置將會有很大差異。例如，如果你需要為每個客戶部署一個軟體副本，你需要擁有多個正式環境。

不過，最關鍵的是，你微服務的確切拓撲會因環境而異。因此，你需要找到方法來改變從一個環境到另一個環境的實例數量，以及任何特定環境的配置。你還希望一次性建置你的服務實例，因此任何特定環境的資訊都需要與部署的服務產出物分開。

你如何從一個環境到另一個環境改變你的微服務拓撲結構，很大程度上是取決於你用於部署的機制及拓撲的變化程度。如果從一個環境到另一個環境的唯一變化是微服務實例的數量，這可能就像參數化這個值一樣簡單，以允許不同的數字作為部署活動的一部分傳入。

因此，總而言之，單一邏輯微服務可以部署到多個環境中。從一個環境到另一個環境，每個微服務的實例數量可能會根據每個環境的要求而有所不同。

微服務部署的原理

面對如何部署微服務的眾多選擇，我認為在這方面建立一些核心原則很重要。無論你最終做出何種選擇，對這些原則的深刻理解都將使你處於有利的地位。我們將很快詳細地介紹每個原則。在開始之前，以下是將涵蓋的核心思想：

隔離執行（*Isolated execution*）

: 以隔離的方式運行微服務實例，使其擁有自己的計算資源，並且它們的執行不會影響附近其他微服務實例的運行。

專注於自動化（*Focus on automation*）

: 隨著微服務數量的增加，自動化變得越來越重要。專注於選擇允許高度自動化的技術，並將自動化作為你文化的核心部分。

基礎設施即程式碼（*Infrastructure as code*）

: 代表你基礎設施的配置，以簡化自動化並促進資訊共享。將此程式碼儲存在原始碼控制中以允許重新創建環境。

零停機部署（*Zero-downtime deployment*）

進一步提高可獨立部署性，確保部署新版本的微服務不會對服務使用者（無論是人類還是其他微服務）造成任何停機時間。

預期狀態管理（*Desired state management*）

使用將微服務維持在定義狀態的平台，在出現中斷或流量增加的情況下根據所需來啟動新實例。

隔離執行

特別是在微服務進行過程的前期，你可能會被誘使將所有微服務實例放在同一台機器上（可以是一台實體機器或一台虛擬機器），如圖 8-10 所示。純粹從主機管理的角度來看，這樣的模型更簡單。在一個團隊管理基礎設施而另一個團隊管理軟體的世界中，基礎設施團隊的工作負載通常取決於它必須管理的主機數量。如果將更多服務囊括到單一主機上，則主機管理的工作負載不會隨著服務數量而增加。

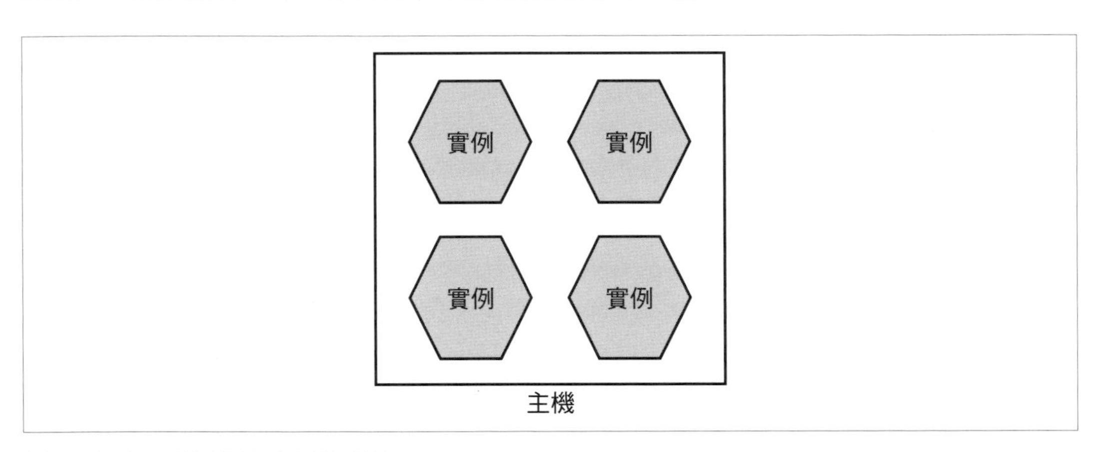

圖 8-10 每一個主機有多個微服務

但是，這種模型存在一些挑戰。首先，它會使監控變得更加困難。例如，當我們在追蹤 CPU 時，我們需要獨立於其他服務來追蹤某個服務的 CPU 嗎？還是我必須關注整個主機的 CPU？此外，副作用也很難避免，如果一項服務負載很大，它最終可能會減少了系統其他部分可用的資源。這是線上時尚零售商 Gilt（*https://oreil.ly/yRrWG*）所遇到的問題。從 Ruby on Rails 開始，Gilt 決定轉向微服務，以便更容易地擴展應用程式，並更好地是應不斷增加的開發者數量。最初，Gilt 在一個機器上共存了許多微服務，但其中一個微服務的負載不均會對在該主機上運行的其他所有服務產生不利影響，這也使得對主機故障的衝擊分析（impact analysis）變得更加複雜——讓單一主機停止運行可能會引起嚴重的連鎖反應。

服務的部署也可能稍微複雜一些，因為要確保一個部署不會影響另一個部署，這會導致額外的麻煩產生。例如，如果每個微服務都需要在共享主機上安裝不同的（並且可能相互矛盾的）依賴項，我們該如何使其運作呢？

這種模型還會抑制團隊的自主性（autonomy），如果不同團隊的服務安裝在同一台主機上，誰能夠為他們的服務組態這個主機？最終可能由某個中央團隊負責，這表示需要更多協調與合作，才能夠讓服務順利被部署。

從根本上說，在同一台機器（虛擬或實體）上運行大量微服務實例，最終會徹底破壞整個微服務的關鍵原則之一——可獨立部署性，因此，我們確實希望獨立運行微服務實例，如圖 8-11 所示。

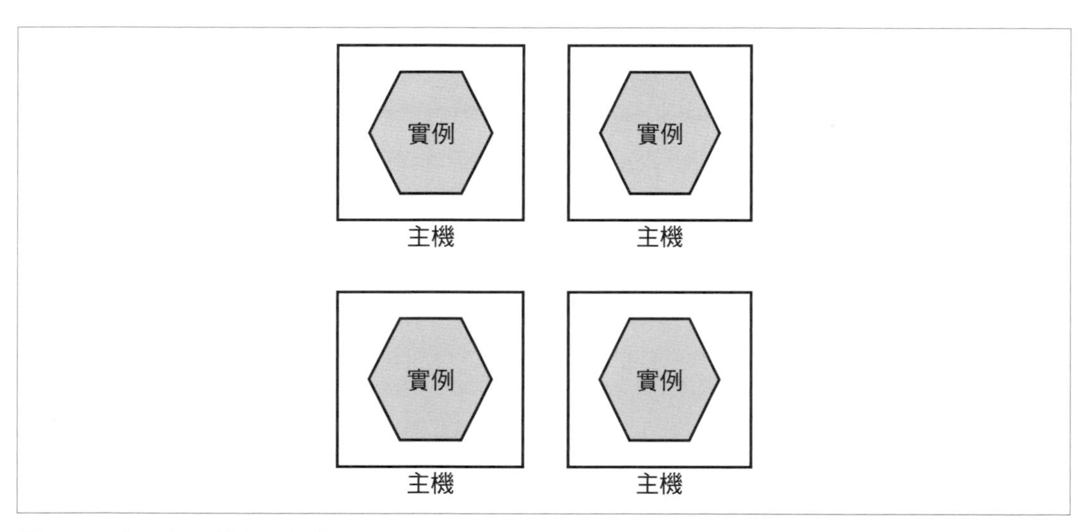

圖 8-11　每一個主機有一個微服務

每個微服務實例都有自己獨立的執行環境，它可以安裝自己的依賴項，並擁有自己的一組封閉資源。

正如我的老同事 Neal Ford 所說，許多關於部署與主機管理的工作實務皆企圖以最佳化的方式處理資源稀有性，在過去，如果我們想要另一台機器來實作隔離，我們唯一的選擇就是購買或租用另一台實體機器。這通常需要很長的準備時間，並導致長期的財務負擔。根據我的經驗，客戶每兩到三年配置新伺服器的情況並不少見，並且試圖在這些時程表之外獲得更多機器是很困難的。然而，隨需計算平台（on-demand computing platform）大幅減低計算資源的成本，而且，虛擬化技術的改善意味著更大的彈性，即使是由內部管理的基礎設施也是如此。

隨著容器化（containerization）的加入，我們有比以往更多的選擇來配置隔離的執行環境。如圖 8-12 所示，從廣義上講，我們從為我們的服務提供專用實體機器的極端情況，該情況給我們提供了最好的隔離但可能成本最高，到另一端的容器，而此容器給我們提供了較弱的隔離但成本效益更高，供應速度更快。我們將在本章後面回到有關技術的一些細節，例如容器化。

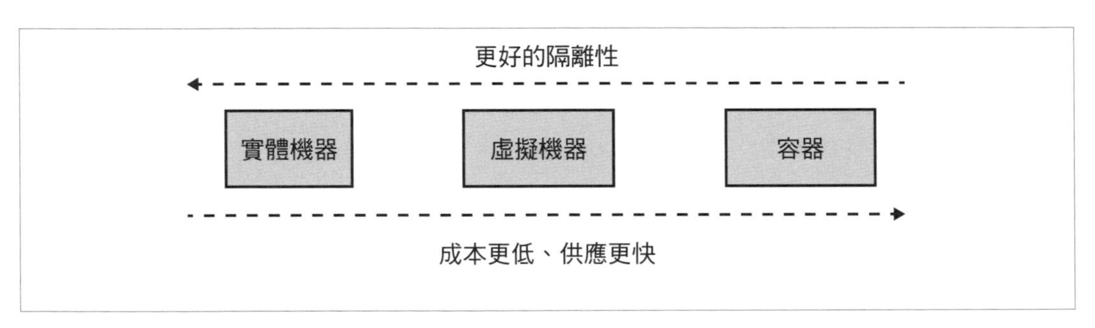

圖 8-12　隔離模型的不同權衡

如果你將微服務部署到更抽象的平台（例如 AWS Lambda 或 Heroku）上，則會為你提供這種隔離。根據平台本身的性質，你很可能希望你的微服務實例最終在一個容器或專用虛擬機器中運行。

一般來說，容器相關的隔離已經得到了充分的改善，使其成為微服務工作負載的自然選擇。容器和虛擬機器之間的隔離差異已經縮小到對於絕大多數工作負載來說，容器已經「足夠好了」，這在很大程度上就是為什麼它們是如此受歡迎的選擇，而且在大多數情況下它們往往是被預設選項。

專注於自動化

隨著你添加更多微服務，你將有更多移動的部分需要處理——更多流程、更多需要配置的內容、更多需要監控的實例。搬遷到微服務將會使營運增添複雜性，如果你主要以手動方式管理營運流程，這意味著更多的服務將需要越來越多的人力。

相反地，你需要不懈地關注自動化，選擇允許以自動方式完成工作的工具和技術，最好是能夠以基礎設施即程式碼（我們將很快介紹）。

隨著微服務數量的增加，自動化變得越來越重要。認真考慮允許高度自動化的技術，並將自動化作為你文化的核心部分。

自動化也是你確保開發者仍然保持高效率的方式，讓開發者能夠自主提供個別的服務或整組的服務是讓他們的生活更輕鬆的關鍵。

挑選能夠實現自動化的技術要從用來管理主機的工具開始。你能寫一行程式碼來啟動或關閉虛擬機器嗎？你能自動部署你撰寫的軟體嗎？你可以在沒有人工干預的情況下部署資料庫的變更嗎？如果你想控制微服務架構的複雜性，那麼接受自動化文化將是關鍵。

關於自動化能力的兩個研究範例

給你幾個具體的例子來解釋良好的自動化能力。澳洲公司 realestate.com.au（REA）為澳洲和亞太其他地區的零售和商業客戶提供房地產清單。多年來，REA 已經讓它的平台朝向分散式微服務的設計發展。當它開始這個轉變時，它不得不花費大量時間來使服務相關的工具恰到好處——使開發者能夠輕鬆地配置機器、部署他們的程式碼和監控他們的服務，這導致了需要完成前置作業才能真正開始。

在此實踐的前三個月，REA 僅能夠將兩個新的微服務上線，開發團隊全權負責服務的整個建置、部署和支援。在接下來的三個月中，有 10 到 15 項服務以類似的方式上線。到第 18 個月結束時，REA 有 70 多項服務投入生產。

我們之前提到 Gilt 的經歷也證實了這種模式。同樣地，特別是幫助開發者的工具，自動化推動了 Gilt 使用微服務的爆炸式增長。在開始搬遷到微服務一年後，Gilt 有大約 10 個微服務上線；到 2012 年，超過 100；2014 年，有超過 450 個微服務上線——或者說 Gilt 的每個開發者大約負責 3 個微服務。這種微服務與開發者的比例在微服務使用成熟的組織中並不少見，《*Financial Times*》是一家具有類似比例的公司。

基礎設施即程式碼（IAC）

進一步考慮自動化的概念，基礎設施即程式碼（IAC）是一個透過使用機器可讀的程式碼來對你的基礎設施進行配置。你可以在 Chef 或 Puppet 文件中定義你的服務配置，或者撰寫一些 bash 腳本來進行設置——但是無論最終使用什麼工具，你的系統都可以透過使用原始碼進入已知狀態。換句話說，IAC 的概念可以被視為實作自動化的一種方式。不過，我認為它值得擁有自己地位，因為它說明了應該**如何**實作自動化。基礎設施即程式碼將軟體開發中的概念帶入了營運領域，透過程式碼定義我們的基礎設施，而這個配置可以隨意進行版本控制、測試和重複動作。有關此主題的更多資訊，我推薦由 Kief Morris 寫的《*Infrastructure as code*》，第 2 版[1]。

從理論上講，你可以使用任何程式語言來應用基礎設施即程式碼的概念，但在這個領域有一些專業工具，例如 Puppet、Chef、Ansible 等，這些都已經在早期的 CFEngine 中取得了領先地位，這些工具是宣告式的（declarative）——它們允許你以文字形式來定義你所預期的機器（或其他資源集），並且當應用這些腳本時，基礎設施將進入該狀態。最近的工具已經超出了配置機器的範圍，轉而研究如何配置整套雲端資源——Terraform 在這個領域非常成功，而且我也非常高興看到 Pulumi 的潛力，它的目標是做一些類似的事情，儘管允許人們使用普通的程式語言，而不是這些工具經常使用的特定領域的語言。AWS CloudFormation 和 AWS Cloud Development Kit（CDK）是特定於平台工具的範例，在這種情況下僅支援 AWS——儘管值得注意的是，即使我只使用 AWS，我更喜歡較靈活的跨平台，例如 Terraform。

版本系統控制著你的基礎設施程式碼，可以讓你透明地了解哪些人進行了變更，而這是稽核人員會喜歡的。它還可以更輕鬆地在所設定的時間點重現環境，這在嘗試追蹤問題時特別有用。在一個令人難忘的例子中，也是法庭案件的一部分，我的一個客戶不得不在幾年前的特定時間重新創建了一個完整的作業系統，包括作業系統的補丁級別和訊息仲介的內容。如果環境配置儲存在版本系統控制中，他們的工作會輕鬆許多——但事實上，他們最終花了三個多月的時間，透過瀏覽電子郵件和發布說明，費盡千辛萬苦地嘗試重建早期正式環境的樣貌，以及嘗試找出哪些人員做了什麼。儘管這個案件已經進行了非常長的時間，但直到我結束與客戶的合作時，問題仍未解決。

零停機部署（Zero-downtime deployment）

正如我已經說過數次的那樣，獨立部署的能力非常重要。然而，它也不是絕對的品質保證。一個東西到底有多獨立？在本章之前，我們主要著重於避免實作耦合的可獨立部署性。在本章前面，我們談到了提供具有隔離執行環境的微服務實例的重要性，以確保它在物理部署層次具有一定程度的獨立性。但其實我們可以再更進一步。

實作零停機部署的能力是允許開發和部署微服務的一大進步。如果沒有零停機部署，我可能不得不在發布軟體時與上游消費者進行協調，以提醒他們潛在的中斷風險。

《*Financial Times*》的 Sarah Wells 將實作零停機部署的能力視為提高交付速度的最大好處，憑著發布時不會打擾到使用者的自信，《*Financial Times*》能夠大幅提高發布的頻率。此外，在工作時間內可以更輕鬆地完成零停機的時間發布。這樣做不僅可以提高參

1 Kief Morris，《*Infrastructure as code*》，第 2 版（Sebastopol: O'Reilly, 2020）。

與發布人員的生活品質（與晚上和週末加班相比），一個有好好休息的團隊在白天工作時也不太可能犯錯，並且當遇到需要解決問題時，也會得到許多同事的支援。

這裡的目標是上游消費者根本不應該察覺到發布在進行，這個目標的成功與否，有很大程度是取決於你的微服務性質。如果你已經在你的微服務和消費者之間使用中間件支援的異步溝通，這可能很容易實作——發送給你的訊息將在你備份時傳送。但是，如果你正在使用同步基礎的溝通，這可能會造成更多問題。

這時，像滾動升級（rolling upgrade）這樣的概念就可以派上用場，在這一領域，使用像 Kubernetes 這樣的平台會讓你的生活變得更輕鬆。透過滾動升級，你的微服務在部署新版本之前不會完全關閉，而是隨著運作新版本軟體的新實例增加，你的微服務實例會慢慢減少。不過，值得注意的是，如果你要尋找的是有助於零停機部署的東西，那麼實作 Kubernetes 可能是大材小用。像藍綠部署機制也可以同樣有效地運作（我們將在第 250 頁的「將部署與發布分開」中進行更多探討）。

在處理像是長連接（long-lived connection）問題等可能存在額外的挑戰。如果你在建置微服務時考慮到零停機時間部署，那麼與採用既有系統架構並接著嘗試改變此概念相比，你可能會輕鬆得多。無論最初是否能夠為你的服務實作零停機時間部署，如果你能做到這一點，你一定也會欣賞這種提高層次的獨立性。

預期狀態管理

預期狀態管理（*desired state management*）是指能夠對你的應用程式指定基礎設施需求的能力，並且無需人工干預即可維護。如果正在運行的系統發生變化，不再維持你預期的狀態，則底層平台會採取必要的步驟將系統回復到預期狀態。

有一個簡單的例子可以說明預期狀態管理是如何運作的。你可以指定微服務所需的實例數量，也可以指定這些實例需要多少記憶體和 CPU，然後一些底層平台採用這種配置並應用它，使系統進入預期狀態。除其他事項外，由平台確定哪些機器還有多餘的資源可供分配以運行請求的實例數量。如圖 8-13 所示，如果其中一個實例有問題，平台會識別出當前狀態與預期狀態不匹配，並透過啟動替換實例來採取適當的行動。

預期狀態管理的美妙之處在於平台本身管理預期狀態的維護方式，它可以讓開發和維修人員不必擔心事情該如何完成——首先他們只需要專注在定義預期狀態。這也意味著，如果出現問題，例如實例失敗、底層硬體故障或資料中心關閉，平台可以自行處理問題，而無需人工干預。

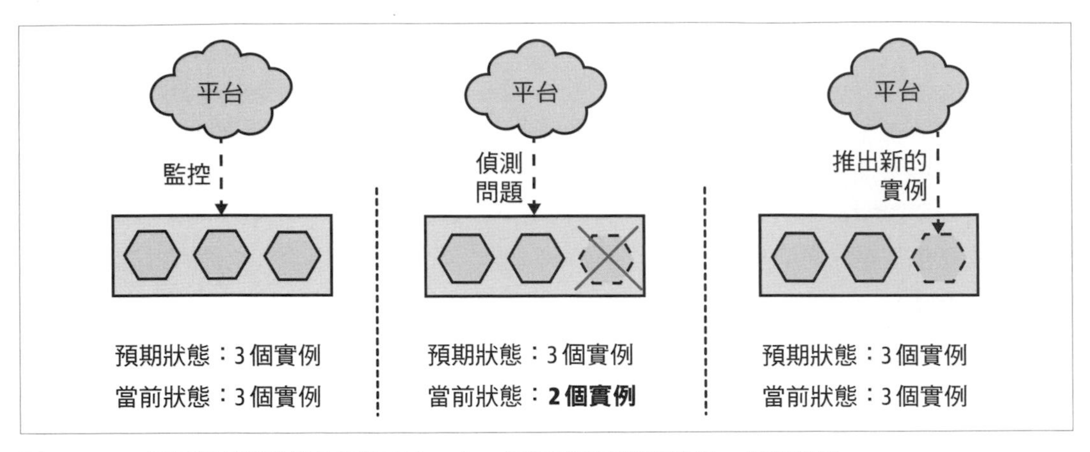

圖 8-13　一個提供預期狀態管理的平台，在一個實例出問題時啟動一個新實例

雖然可以建置自己的工具鏈來應用預期狀態管理，但通常都會使用已經有支援的平台。Kubernetes 就是包含這一想法的工具，你還可以使用一些概念，如 Azure 或 AWS 等公有雲供應商上的自動拓展群組（autosacling group）等，來實作類似的想法。另一個可以提供此功能的平台是 Nomad（*https://nomadproject.io*）。Kubernetes 專注於部署和管理容器基礎的工作負載，而 Nomad 擁有一個非常靈活的模型，可以運作其他類型的應用程式工作負載，例如 Java 應用程式、VM、Hadoop 作業等。如果你想要一個管理混合工作負載的平台，並且仍然使用預期狀態管理等概念，那麼可能值得試試。

這些平台了解資源潛在的可用性，並且能夠將預期狀態的請求與可用資源相匹配（或者告訴你這是不可能的）。身為維運人員，你離底層配置較遠——可以表達一些簡單的想法，例如「我希望將四個實例分佈在兩個資料中心」，並依賴你的平台來完成。不同的平台提供不同等級的控制——如果需要，你可以定義預期狀態來使其變得更加複雜。

如果你忘記使用預期狀態管理，有時會導致問題。我記得在回家之前我關閉了 AWS 上的一個開發叢集的狀態，我關閉了託管的虛擬機器實例（由 AWS 的 EC2 產品提供）以省點錢——確保它們不會使用過夜。然而，我發現只要我終止了一個實例，另一個實例就會自動彈出。我花了一段時間才發現，原來我已經配置了一個自動擴展群組來確保有一定數量的機器，AWS 看到一個實例終止就啟動替代實例。我像在玩打地鼠一般，花了 15 分鐘才發現問題的所在，問題是 EC2 是按小時收取費用，即使一個實例只運行了 1 分鐘，我們也需要支付一小時的費用。所以我結束一天的混亂撞牆期後，其結果是相當昂貴的。在某種程度上，這是成功的表徵（至少我是這麼告訴自己的）——我們之前設置了自動擴展群組，它們剛剛運作到我甚至忘記它們的存在。這個問題，我們只需要編寫一段程式在關閉叢集時停用自動擴展群組，就能在未來解決。

先決條件

為了利用預期狀態管理，平台需要某種方式來自動啟動微服務的實例。因此，微服務實例能擁有完全自動化的部署形式是預期狀態管理明確的先決條件。你可能還需要仔細考慮啟動實例所需的時間。如果你使用預期狀態管理來確保有足夠的計算資源來處理使用者負載，那麼如果一個實例終止，你將需要盡快替換實例以填補空缺。如果供應新實例需要很長時間，你可能需要有足夠的容量來處理實例終止時的負載，以便給自己足夠的喘息空間來創建新副本。

雖然你可以為自己撰寫一個預期狀態管理的解決方案，但我不相信這是有效利用時間的方式。如果你接受這個想法，我認為你所使用的平台最好是將預期狀態管理視為一種很厲害的作法。由於這意味著要掌握可能代表新部署平台的內容以及所有相關的想法和工具，因此你可能希望延遲採用預期狀態管理，直到你的一些微服務已經開始運行了。這將使你能夠在熟悉新技術之前先熟悉微服務的基礎知識。當你有很多事情需要管理時，像 Kubernetes 這樣的平台真的很有幫助——如果你只有幾個行程需要擔心，你可以等到以後再使用這些工具。

GitOps

GitOps 是 Weaveworks 首創一個相當新的概念，它將預期狀態管理和基礎設施即程式碼的概念結合在一起。GitOps 最初是在使用 Kubernetes 的背景下構想出來的，雖然它描述了其他人以前使用過的工作流程，但這也是相關工具的重點所在。

使用 GitOps，你基礎設施的預期狀態會在程式碼中定義，並儲存在原始碼控制中。當對此預期狀態進行變更時，某些工具可以確保將此更新後的預期狀態應用於正在運作的系統。這個想法是為開發者提供一個簡化的工作流程來處理他們的應用程式。

如果你使用過 Chef 或 Puppet 這樣的基礎設施配置工具，這種模型對於管理基礎設施是很熟悉的。使用 Chef Server 或 Puppet Master 時，你會有一個集中式系統，能夠在變更發生的同時，動態地傳送這些變更。而 GitOps 的轉變在於，不僅僅在基礎設施，該工具正在利用 Kubernetes 內部的功能來幫助管理應用程式。

像 Flux（*https://oreil.ly/YWS1T*）這樣的工具，會使接受這些想法變得更加容易。當然，值得注意的是，雖然工具可以讓你更輕鬆地改變工作方式，但它們不能強迫你採用新的工作方法。換句話說，若僅僅因為你已經有 Flux（或其他像 GitOps 的工具），並不代表著你正在接受預期狀態管理或基礎設施即程式碼的想法。

如果你在 Kubernetes 的環境中，採用像 Flux 之類的工具及其促進的工作流程，可能會加速引入預期狀態管理和基礎設施即程式碼等概念，只要確保你不會忽視基本概念的目標，並被這個領域中所有新技術所迷惑了！

部署選項

當談到我們可以用於微服務工作負載的方法和工具時，我們有很多選擇，但是我們應該根據我剛剛所概述的原則來看待這些選項。我們希望我們的微服務以隔離的方式運行，並且最好以一種避免停機的方式進行部署。我們希望我們所選擇的工具能夠接受自動化，在程式碼中定義我們的基礎設施和應用程式配置，並理想地為我們管理預期的狀態。

在查看它們實作這些想法的效果之前，讓我們先簡單地總結一下各種部署選項：

實體機器（*Physical machine*）

微服務實例直接部署在實體機器上，沒有虛擬化。

虛擬機器（*Virtual machine*）

微服務實例部署到虛擬機器上。

容器（*Container*）

微服務實例在虛擬機器或實體機器上作為單獨的容器運行，該容器執行時期可能由容器編配工具（如 Kubernetes）管理。

應用程式容器（*Application container*）

微服務實例在管理其他實例的應用程式容器中運行，通常在同一時間運行。

平台即服務（*Platform as a Service (PaaS)*）

一個用於部署微服務實例的高度抽象平台，通常將用於運行在微服務底層伺服器的所有概念抽象化。範例包括 Heroku、Google App Engine 和 AWS Beanstalk。

函式即服務（*Function as a Service (FaaS)*）

一個微服務實例被部署為一個或多個函式，這些函式由底層平台（如 AWS Lambda 或 Azure Functions）運行和管理。換句話說，FaaS 是一種特定類型的 PaaS，但考慮到最近這個想法的流行、以及它所提出關於從微服務對映到已部署產出物的問題，這是非常值得探索的。

實體機器

這是一種越來越少見的選項，你可能會發現自己將微服務直接部署到實體機器上。「直接」是指你和底層硬體之間沒有虛擬化或容器化。由於一些不同的原因，這種情況變得越來越不常見。首先，直接部署到實體硬體上會導致整個資產的利用率降低。如果我有一個在實體機器上運行的微服務實例，而我只使用了硬體所提供的一半 CPU、記憶體或 I/O，那麼剩餘的資源就被浪費了。這個問題導致了大多數計算基礎設施的虛擬化，允許你在同一台實體機器上共存多個虛擬機器。這使你的基礎設施利用率更高，在成本效益方面具有明顯的優勢。

如果你可以直接訪問實體硬體而不選擇虛擬化，那麼在同一台機器上包括多個微服務是一種誘因——當然，這違反了我們所談到的關於為你的服務提供隔離執行環境的原則。你可以使用 Puppet 或 Chef 等工具來配置機器——這會幫助實作基礎設施即程式碼。但問題是，如果你僅在單個實體機器的級別上工作，那麼實作預期狀態管理、零停機部署等概念，會需要我們在更高的抽象級別上工作，並使用最上層的某些管理資源。這些類型的系統更常與虛擬機器結合使用，我們稍後將進一步探討。

一般來說，我現在幾乎從來沒有看過將微服務直接部署到實體機器上，並且你可能需要在你的情況下有非常具體的要求（或限制），以證明這種方法的合理性，比起虛擬化或容器化可能會帶來更多的彈性。

虛擬機器

虛擬化已經改變了資料中心，它允許我們將既有的實體機器組合成更小的虛擬機器。像 VMware 或主要雲端供應商所使用的傳統虛擬化、託管虛擬機器基礎設施（如 AWS 的 EC2 服務），這在提高計算基礎設施的利用率方面產生了巨大的好處，同時減少了主機管理的開銷。

從根本上說，虛擬化允許你將底層機器拆分為多個較小的「虛擬」機器，這些機器對於虛擬機器內部運行的軟體來說就像普通伺服器一樣。你還可以將底層 CPU、記憶體、I/O 和儲存功能的一部分分配給每個虛擬機器，在我們的文件中允許你將微服務實例的更多隔離執行環境填充到單一實體機器上。

每個虛擬機器都包含一個完整的作業系統和一組資源，可供在 VM 內運行的軟體使用。當每個實例部署到單獨的 VM 上時，這可確保你在實例之間具有非常好的隔離性。每個微服務實例都可以根據自己的內部需求，來整體配置 VM 中的作業系統，但是，我們仍然存在一個問題。如果運作這些虛擬機器的底層硬體出現故障，我們可能會丟失多個微服務實例。有一些方法可以幫助解決該特定問題，包括我們之前討論過的預期狀態管理等方式。

虛擬化的成本

當你將越來越多的虛擬機器囊括到相同的底層硬體上時，你會發現就 VM 本身可用的計算資源而言，你所獲得的收益是遞減的。為什麼會這樣呢？

把我們的實體機器想像成是一個裝襪子的抽屜。如果我們在抽屜裡放了很多木製隔艙，我們可以多放些襪子還是少放些襪子？答案是更少，因為隔艙本身也佔用空間！我們的抽屜可能更容易整理整齊，也許我們現在也可以決定將衣服放在其中一個空間，而不僅僅是襪子，但更多的分隔艙意味著整體空間的減少。

在虛擬化世界中，我們的成本與我們的襪子抽屜分隔艙相似。要了解這種成本的來源，讓我們先來看看大多數虛擬化是如何完成的。圖 8-14 顯示了兩種類型的虛擬化比較。在左側是所謂的**型 *2* 虛擬化**所涉及的各個層級，在右側，是**基於容器的虛擬化**，我們將在稍後進行更多探討。

型 2 虛擬化是由 AWS、VMware、vSphere、Xen 和 KVM 所實作的類型（型 1 虛擬化是指 VM 直接在硬體上執行，而不是在另一個作業系統之上的技術）。在我們的實體基礎設施上，我們有一個主機作業系統（host operating system），在這個作業系統上，我們運作一個叫 *hypervisor*（*虛擬機器管理程式*）的東西，它有兩個關鍵的工作。首先，它將 CPU 和記憶體等資源從虛擬主機對映到實體主機；其次，它扮演控制層的角色，讓我們操縱虛擬機器本身。

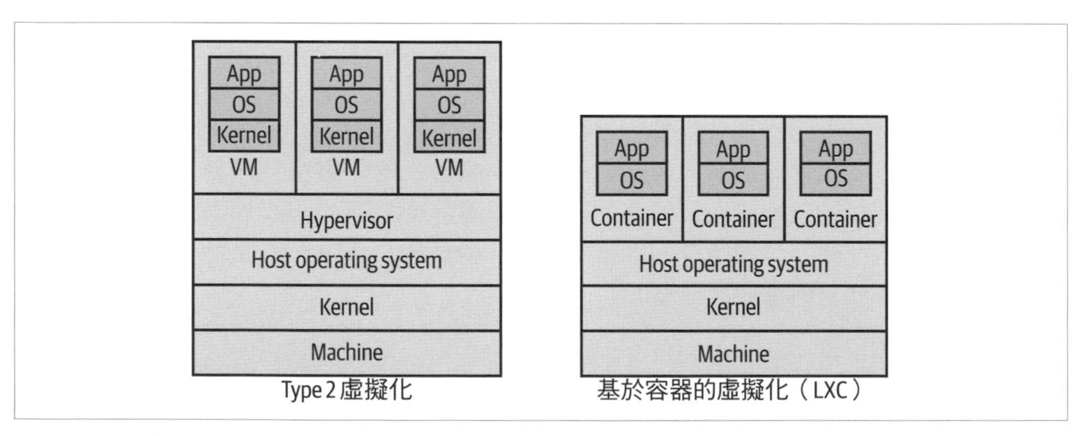

圖 8-14　標準型 2 虛擬化和輕量級容器的比較

在虛擬機器內部，我們得到了看起來完全不同的主機。他們可以使用自己的內核（kernal）運作自己的作業系統。這可以被認為是幾乎完全密封的機器，獨立於底層的實體主機以及由 hypervisor 管理的其他虛擬機器。

型 2 虛擬化的問題在於這裡的 hypervisor 需要騰出資源來完成它的工作，這會佔用原本可以用作他途的 CPU、I/O 和記憶體。hypervisor 所管理的主機越多，它需要的資源就越多。在某一點上，這種開銷成為進一步分割實體基礎設施的限制因素。在實務上，這意味著將實體機器切成越來越小的部分，通常會造成收益遞減，因為越來越高比例的資源被投入 hypervisor 的基本開銷中。

適合微服務嗎？

回到我們的原則，虛擬機器在隔離方面做得很好，但需要付出代價。它們的自動化難易程度因所使用的技術而有所差異——例如，Google Cloud、Azure 或 AWS 上的託管虛擬機器都可以透過支援良好的 API 和基於這些 API 所建置的工具生態系統來輕鬆實作自動化。此外，這些平台提供了自動擴展群組等概念，有助於實作預期狀態管理。實作零停機部署需要更多的工作，但如果你所使用的 VM 平台為你提供了良好的 API，那麼建置模塊就在那裡。問題在於，許多人正在使用由傳統虛擬化平台（如 VMware 提供的虛擬化平台）提供的託管 VMs，雖然理論上它們可能允許自動化，但通常不會在這種情況下使用。相反地，這些平台往往由專門營運團隊集中控制，因此直接針對它們進行自動化的能力可能會受到限制。

儘管事實證明容器在微服務工作負載中更受歡迎，但許多組織已經使用虛擬機器來運作大規模微服務系統，效果非常好。Netflix 是微服務的經典代表之一，它透過 EC2 在 AWS 的託管虛擬機器之上建置了大部分的微服務。如果你需要它們所帶來更嚴格的隔離級別，或者你無法將應用程式容器化，VMs 可能是一個不錯的選擇。

容器

自本書第一版以來，容器已成為伺服器端軟體部署中的主導概念，並且對於許多人來說，容器已成為囊括和運作微服務架構的實際選擇。由 Docker 推廣的容器概念，並與 Kubernetes 等支援容器編配平台相結合，已成為許多人大規模運行微服務架構的首選。

在我們了解為什麼會發生這種情況，以及容器、Kubernetes 和 Docker 之間的關係之前，我們應該首先探索容器到底是什麼，並具體看看它與虛擬機器有何不同。

不同的隔離

容器首先出現在 UNIX 風格的作業系統上，並且多年來在這些作業系統（例如 Linux）上確實只是一個可行的前景。儘管 Windows 容器非常重要，但迄今為止，容器對 Linux 作業系統的影響最大。

在 Linux 上，行程是由給定的使用者運作，並依據權限的設置方式來具有某些功能，而行程可以產生其他行程。例如，如果我在終端中啟動一個行程，該行程通常被認為是終端行程的子行程。Linux 內核的工作是維護這棵行程樹，確保只有被允許的使用者才能訪問這些行程。此外，Linux 內核能夠為這些不同的行程分配資源——這是建置一個可行的多使用者作業系統的重要組成部分，你不會希望一個使用者的活動終止了系統其他部分。

在同一台機器上運作的容器會使用相同的底層內核（儘管我們很快會探討這個規則的例外情況）。你可以將容器視為整個系統行程樹中子樹上的抽象化，而不是直接管理行程，內核完成所有繁重的工作。這些容器可以為它們分配實體資源，這也是內核為我們處理的。這種通用方法已經以多種形式出現，例如 Solaris Zones 和 OpenVZ，但正是透過 LXC，這種想法才進入了 Linux 作業系統的主流。當 Docker 對容器提供更高級別的抽象時，Linux 容器的概念得到進一步發展，一開始在幕後使用 LXC，然後完全替換它。

如果我們查看圖 8-14 中運行容器的主機圖，將其與型 2 虛擬化進行比較時，我們會發現一些差異。首先，我們不需要 hypervisor。其次，容器似乎沒有內核——這是因為它使用了底層機器的內核。在圖 8-15 中，我們可以更清楚地看到這一點。一個容器可以運作自己的作業系統，但該作業系統使用共享內核的一部分——每個容器的行程樹都存在於這個內核中。只要它們都可以作為相同底層內核的一部分運行，這意味著我們的主機作業系統可以運行 Ubuntu 和我們的容器 CentOS。

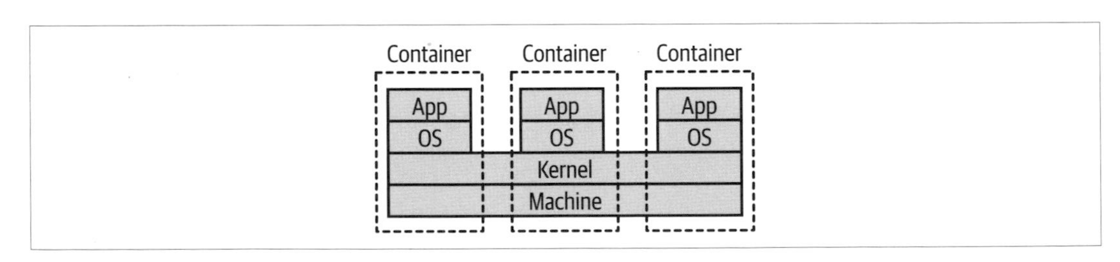

圖 8-15　通常，同一台機器上的容器會共享相同的內核

藉由使用容器，我們不僅受益於不需要 hypervisor 而省下的成本，我們也在回饋方面有所收穫。Linux 容器的配置速度比完全的虛擬機器（full-fat virtual machine）來得快很多。虛擬機器需要好幾分鐘才能啟動的情況並不少見——然而對於 Linux 容器，啟動可能只需要幾秒。你還可以在為容器分配資源方面，對容器本身進行更細微的控制，這讓我們更容易調整設置，以充分利用底層的硬體。

由於容器更輕量的特性，與虛擬機器相比，我們可以在相同的硬體上運行更多的容器。透過為每個容器部署一個服務，如圖 8-16 所示，我們可以在一定程度上與其他容器隔離（儘管這並不完美），並且如果我們想要運行每個容器，這比在自己的 VM 中提供服務更能有效節省成本。回到我們之前的襪子抽屜比喻，對於容器，襪子抽屜分隔艙比 VM 更薄，這意味著可以有更高比例的位置可用於放置襪子。

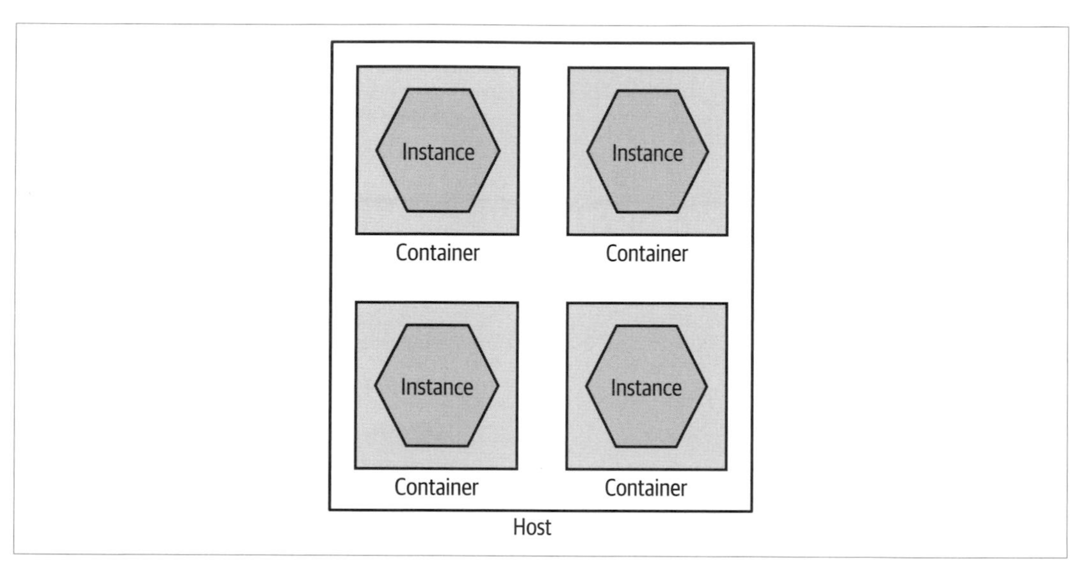

圖 8-16　在獨立的容器中運行服務

容器也可以很好地與完全虛擬化（full-fat virtualization）一起使用，而且實際上這也很常見。我見過不止一個專案提供一個大型的 AWS EC2 實例，並在其上運行多個容器，以獲得兩全其美的結果：一個 EC2 形式的短期隨需應變計算平台，加上運行在其上高度彈性且迅速敏捷的容器。

不完美

然而，Linux 容器並非沒有問題。想像一下，我有很多微服務在主機上的自己容器內運行。外界如何看到它們呢？你必須利用某種方式將外部世界繞送到底層容器，許多

hypervisor 可以透過一般虛擬化來為你完成這些工作。使用像 LXC 這樣早期的技術是你必須自己處理的事情——這是 Docker 對容器有巨大幫助的一個領域。

另一個要記住的是，從資源的角度來看，這些容器可以被認為是隔離的——當你從虛擬機器中獲得或透過擁有單獨的實體機器，我可以為每個容器分配專用的 CPU、記憶體等——但這不一定是相同程度的隔離。早期，有許多來自一個容器的行程有記錄留存的已知方式，可以中斷並與其他容器或底層主機互動。

為了解決這些問題已經投入了很多工作，容器編配系統和底層容器執行時期，在檢查如何更好地運行容器工作負載方面做得很好，因此這種隔離得到了改善，但你需要適當考慮你想要運行的各種工作負載。我自己的指導方針是，一般而言，你應該將容器視為隔離執行信任軟體的好方法。如果你正在運行其他人撰寫的程式碼，並且擔心惡意第三方試圖繞過容器級別的隔離，那麼你需要對處理此類情況的當前技術水平進行一些更深入的檢查——其中一些我們待會討論到。

Windows 容器

從歷史上看，Windows 使用者會對他們同時代的 Linux 使用者投以渴望的眼光，因為容器是 Windows 作業系統所不具備的東西。然而，在過去幾年中，這種情況發生了變化，容器現在是一個完全被支援的概念。這遲來的功能，實際上是和支援 Linux 中同類功能使容器能以運作的底層 Windows 作業系統及內核有關。為了使容器工作，隨著 Windows Server 2016 的交付，這種情況發生了很大變化，從那時開始，Windows 容器一直不斷地在發展。

採用 Windows 容器的最初障礙之一是 Windows 作業系統本身的大小。請記住，你需要在每個容器內運行一個作業系統，因此在下載容器映像時，你也在下載一個作業系統。然而，Windows 很大，以致於容器變得非常沉重，不僅在圖像的大小方面，而且也在運行它們所需的資源方面。

Microsoft 對此做出了反應，創建了一個名為 Windows Nano Server 的精簡作業系統。這個想法是 Nano Server 應該有一個小規模的作業系統，並且能夠運行像微服務實例這樣的東西。除此之外，Microsoft 還支援更大的 Windows Server Core，用以支援將舊版 Windows 應用程式作為容器運行。但問題是，相較於 Linux 的作業系統，這些東西仍然相當大——早期版本的 Nano Server 大小仍然超過 1 GB，而像 Alpine 這樣的小規模 Linux 作業系統只佔用幾兆位元。

雖然 Microsoft 一直在嘗試縮小 Nano Server 的大小，但這種大小差距仍然存在。但實際上，由於可以用快取跨容器鏡像的公共層方式，這可能不是一個大問題。

Windows 容器世界中特別令人感興趣的是它們支援不同級別的隔離。標準的 Windows 容器使用行程隔離，就像 Linux 容器一樣。透過行程隔離，每個容器都運行在同一底層內核的一部分中，該內核管理著容器之間的隔離。使用 Windows 容器，還可以選擇透過在自己的 Hyper-V VM 中運行容器來提供更多隔離。這為你提供了更接近於完全虛擬化的隔離級別，但好處是你可以在啟動容器時在 Hyper-V 或行程隔離之間進行選擇——圖像也就不需要變更。

靈活地在不同類型的隔離中運作圖像可以帶來好處。在某些情況下，你的威脅模型可能會要求你在運行的行程之間進行更強的隔離，而不是簡單的行程級別隔離。例如，你可能在自己的行程旁邊運行「未受信任的」第三方程式碼。在這種情況下，能夠將這些容器工作負載作為 Hyper-V 容器運行非常有用。請注意，當然，Hyper-V 隔離可能會在啟用（spin-up）時間和執行時期（runtime）成本方面產生影響，也更接近於正常虛擬化。

模糊的界線

越來越多人在尋找既能有 VM 所提供更強的隔離性，同時又具有容器輕量之特性的解決方案，有些例子包括 Microsoft 的 Hyper-V 容器，它允許使用單獨的內核，以及 Firecracker（*https://oreil.ly/o9rBz*），它被混淆地稱為基於內核的 VM。Firecracker 已被證明作為 AWS Lambda 等服務產品的實作細節很受歡迎，因為在這種情況下，需要將工作負載從不同的使用者中完全隔離開來，同時仍試圖縮短啟用時間並減少工作負載的運營足跡。

Docker

在 Docker 的出現將概念推向主流之前，容器的使用是有限的。Docker 工具鏈處理有關容器的大部分工作。Docker 管理容器供應，為你處理一些網路問題，甚至提供自己的註冊表概念，允許你儲存 Docker 應用程式。在 Docker 之前，我們沒有容器「映像」的概念——這方面，加上一組更好的容器處理工具，可以幫助容器變得更容易使用。

Docker 的映像抽象對我們來說很有用，因為我們的微服務該如何實作的細節是隱藏的。我們已經為我們的微服務建置了一個 Docker 映像作為建置產出物，並將映像儲存在 Docker 註冊表中，然後我們就可以開始了。當你啟動一個 Docker 映像的實例時，你有一套通用的工具來管理這個實例，無論使用什麼底層技術——用 Go、Python、NodeJS 或其他任何語言撰寫的微服務都可以被同樣套用。

Docker 還可以減輕為開發和測試目的在內部運作大量服務的一些缺點。從前，我可能使用過像 Vagrant 這樣的工具，它允許我在我的開發機器上託管多個獨立的 VMs，這將允許我有一個類似生產的 VM 在內部運行我的服務實例。不過，這是一種非常沉重的方法，而且我可以運轉的虛擬機器數量有限。使用 Docker，可以很容易地直接在我的開發者機器上運行 Docker，極可能是使用 Docker Desktop（*https://oreil.ly/g19BE*）。現在我可以為我的微服務實例建置一個 Docker 映像，或者拉下一個預建置的映像，然後在內部運行它。這些 Docker 映像可以，也應該與我最終將在生產中運作的容器映像相同。

當 Docker 首次出現時，它的範圍僅限於在一台機器上管理容器，這樣會對用途產生限制——如果你想跨多台機器管理容器怎麼辦？如果你想保持系統穩健、如果你有一台機器掛掉了、又或者如果你只想運作足夠的容器來處理系統的負載，這些都是無法避免的。為了解決這個問題，Docker 推出了兩種完全不同的產品，混淆地稱為「Docker Swarm」和「Docker Swarm Mode」——誰說命名很難呢？不過，確實，當涉及到跨多台機器管理大量容器時，Kubernetes 仍是這裡的佼佼者，即使你可能使用 Docker 工具鏈來建置和管理個別的容器。

適合微服務

容器作為一個概念非常適用於微服務，Docker 使容器概念也變得更加可行。我們得到了隔離，但成本是可控的。我們還隱藏了底層技術，這允許我們混合不同的技術堆疊。但是，在實作諸如預期狀態管理之類的概念時，我們需要 Kubernetes 來處理它。

Kubernetes 非常重要，也值得進行更詳細的討論，因此我們將在本章稍後部分再介紹。但是現在只需將其視為跨許多機器管理容器的一種方式，這對目前來說已經足夠了。

應用程式容器

如果你熟悉將 IIS 或 Java 應用程式後面的 .NET 應用程式部署到 Weblogic 或 Tomcat 之類的東西中，你一定非常熟悉多個不同的服務或應用程式位於單一應用程式容器（application container）中的模型，而容器又位於單一主機中，如圖 8-17 所示。這個想法是，你服務所在的應用程式容器為你在可管理性方面帶來了好處，例如提供叢集資源，讓你將多個實例組織在一起，並且處理監控工具之類的東西。

這種設置還有一個好處，可以減少語言執行時期的開銷。考慮在單一 Java servlet 容器中運行五個 Java 服務，而我只需耗費單一 JVM 的開銷，不同於在同一主機上運行五個獨立的 JVMs。話雖如此，我仍然覺得這些應用程式容器有足夠的缺點，你應該督促自己去確認是否真的需要它們。

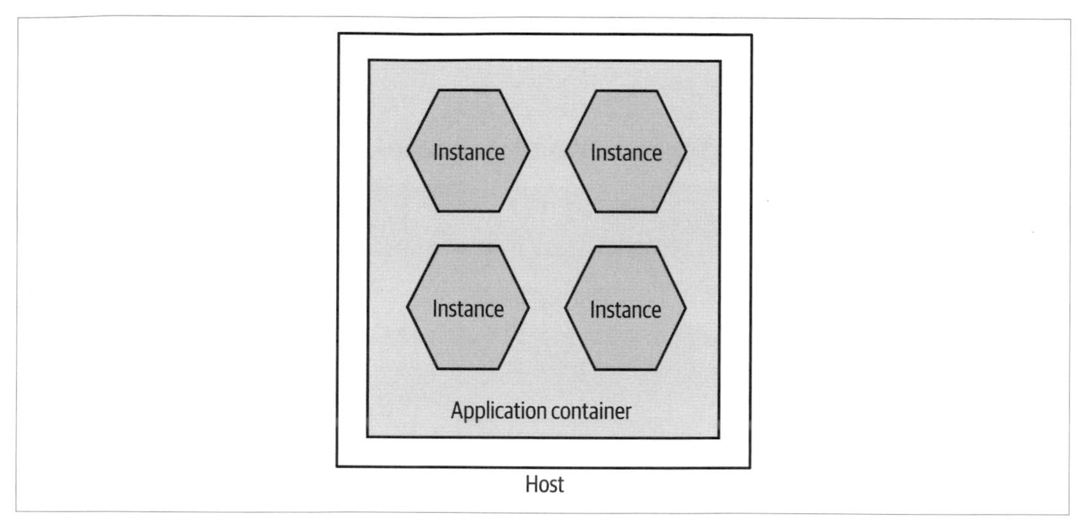

圖 8-17　每個應用程式容器有多個微服務

第一個缺點是它們無法避免地限制了技術選擇，而你必須遵循某個技術堆疊。這不僅會限制實作服務本身的技術選擇，還會侷限了你在系統自動化和管理方面的選擇。正如我們稍後將討論的，我們可以解決管理多台主機開銷的方法之一是自動化，因此限制我們解決此問題的選項很可能會造成雙重傷害。

我也懷疑這些應用程式容器所提供功能的一些價值，當中許多人吹捧管理叢集以支援共用的記憶體工作階段狀態的能力，這是我們想要盡量避免的東西，因為這在擴展我們的服務時會帶來挑戰。當我們考慮想要在微服務世界中進行的聯合監控機制時，它們提供的監控功能亦顯不足，正如我們將在第 10 章中看到的那樣，其中許多的啟用時間也很慢，會影響開發者的反饋循環。

此外還有其他問題，嘗試在 JVM 等平台之上對應用程式進行適當的生命週期管理可能會出現問題，而且比簡單地重新啟動 JVM 還來得複雜。關於資源利用與執行緒的分析甚至更複雜，因為你有多個應用程式共用著同一個行程。請記得，即使你確實從特定技術的容器中獲益，但它們也不是免費的，除了它們當中許多為商用軟體（故需付費）之外，它們本身也會增加一些與資源有關的基本開銷。

最終，這種方法再次嘗試最佳化可能不再適用的稀缺資源。無論你是否決定為每個主機擁有多個服務作為部署模型，我強烈建議你考慮以自我完備的可部署微服務作為產出物，每個微服務實例都作為自己的隔離行程來運行。

從根本上說，對於採用微服務架構的人越來越少的主要原因之一，是該模型在提供隔離性上的不足。

平台即服務（Platform as a Service，PaaS）

使用平台即服務（PaaS）時，是在比單一主機更高階的抽象級別上作業，其中一些平台依賴於採用特定技術的產出物，例如 Java WAR 檔或 Ruby gem，並自動為你供應並執行它。其中一些平台會以透明化的方式嘗試為你縮放系統；其他則將允許你對服務可能運行的節點數量進行一些控制，而它們則處理其餘的部分。

與我撰寫第一版時的情況一樣，大多數最好、最完善的 PaaS 解決方案都是主機託管的。Heroku 為提供對開發者友善的介面設定了基準，可以說仍然是 PaaS 的黃金標準，儘管過去幾年其功能集的增長有限。像 Heroku 這樣的平台不僅僅運行你的應用程式實例，它們還提供了例如為你運行資料庫實例之類的功能——而這些對於你來說可能會非常痛苦。

當 PaaS 解決方案運行良好時，它們確實會運作得很順利。但是，當它們不太適合你的情況時，通常無法控制並深入底層修正問題，這也是你必須權衡取捨的一部分。我想說的是，根據我的經驗，PaaS 解決方案越是「智能」，出錯的機率就越多。我使用過不止一種 PaaS，試圖根據應用程式的使用情況進行自動縮放，但效果很差。驅動這些智能的啟發式方法往往針對一般的應用程式，而不是為你特別量身定制的，因此你的應用程式越不標準，它就越有可能無法充分融入 PaaS。

由於良好的 PaaS 解決方案可以為你處理非常多的事情，因此它們可以成為處理我們因擁有更多變動元件而增加開銷的絕佳方式。換句話說，我仍然不確定我們是否在這個領域擁有所有模型，而且有限的自我託管選項意味著這種方法可能不適合你。當我寫第一版時，我希望我們能在這個領域看到更多的成長，但它並沒有像我預期的那樣發生。反之，我認為主要由公有雲供應商提供的無伺服器產品的成長已經開始滿足這種需求。他們不是提供用於託管應用程式的黑盒平台，而是為訊息仲介、資料庫、儲存等提供交鑰匙管理解決方案，允許我們混合和匹配我們喜歡的部分來建置我們所需要的東西。正是在這種背景下，函式即服務這一種特定類型的無伺服器產品，受到了很大的關注。

評估 PaaS 產品對微服務的適用性很困難，因為它們有多種形式和規模。例如，Heroku 看起來與 Netlify 大不相同，但兩者都可以用作微服務的部署平台，具體取決於應用程式的性質。

函式即服務（Function as a Service，FaaS）

在過去的幾年裡，唯一在炒作方面（至少在微服務的背景下）更接近 Kubernetes 的技術是無伺服器。無伺服器實際上是許多不同技術的總稱，從使用它們的人的角度來看，底層電腦並不重要。管理和配置機器的細節已經從你這裡拿走了。據我所知，Ken Fromm（*https://oreil.ly/hM2uq*）創造了無伺服器（*serverless*）一詞，而根據他的說法：

> 「無伺服器」一詞並不意味著不再涉及伺服器，這只是代表開發者不再需要考慮那麼多。計算資源可用作服務，而無需有關物理容量或限制進行管理。越來越多的服務供應商承擔管理伺服器、資料儲存和其他基礎設施資源的責任。開發者可以建立自己的開源解決方案，但這意味著他們必須管理伺服器、佇列和負載。
>
> — 節錄自 Ken Fromm
> 「Why the Future of Software And Apps Is Serverless」

函式即服務（FaaS）已成為無伺服器的重要組成部分，以致於對許多人來說，這兩個術語可以互換。但很不幸地，因為它忽略了其他無伺服器產品（如資料庫、佇列、儲存解決方案等）的重要性。雖然如此，它還是說明了 FaaS 所引起的熱烈興趣，因為它主導了討論聲量。

正是 AWS 於 2014 年推出的 Lambda 產品點燃了 FaaS 的高度關注。在一個層面上，這個概念非常簡單。你部署了一些程式碼（函式），該程式碼處於休眠狀態，直到發生某些事情才會觸發該程式碼，而你負責決定觸發的點是什麼——它可能是到達某個位置的檔案、出現在訊息佇列中的項目、透過 HTTP 傳入的呼叫或其他內容。

當你的函式觸發時，它會自動運行；當它完成時，它會自動關閉。底層平台根據需要來處理啟用（spin up）或停用（spin down）這些函式，並將會處理函式的並行執行（concurrent execution），以便你可以在適當的時候同時運行多個副本。

這樣的好處很多。未運行的程式碼不會讓你有所花費——你只需要為使用的內容付費。這可以使 FaaS 成為在負載低或不可預測的情況下絕佳的選擇。底層平台為你處理上下旋轉的函式，也為你提供一定程度隱密性高的可用性和強健性，而你不需要做任何工作。從根本上說，與許多其他無伺服器產品一樣，使用 FaaS 平台可以讓你大幅減少所擔心的營運開銷。

限制

其實，所有我所知道的 FaaS 實作都使用了某種容器技術。這對你來說是隱藏的——通常你不必擔心建置一個將要被運行的容器，你只需要提供一些套件形式的程式碼。但是，這意味著你對可以運行的內容缺乏一定程度的控制，因此，你就需要 FaaS 供應商來支援你所選擇的語言。就主要的雲端供應商而言，Azure Functions 在這裡做得最好，支援各種不同的運行，而相比之下，Google Cloud 自己的 Cloud Functions 產品支援的語言很少（在撰寫本文時，Google 僅支援 Go，一些 Node 版本和 Python）。值得注意的是，AWS 現在確實允許你為你的函式定義自己的自定義執行時期環境（runtime），理論上應要使你能夠實作對現成語言的支援，儘管這會成為你必須維護的另一項營開銷。

這種對底層執行時期環境控制的缺乏也延伸到了缺乏對分配給每個函式呼叫之資源的控制。在 Google Cloud、Azure 和 AWS 中，你只能控制分配給每個函式的記憶體。這反過來似乎意味著將一定數量的 CPU 和 I/O 分配給你的函式執行時期，你卻無法直接控制這些方面。這可能代表你最終不得不為函式提供更多記憶體，即使它其實並不需要，而只是為了獲得你需要的 CPU。最後，如果你覺得需要對你的函式可用資源做很多微調，那麼我覺得，至少在這個階段，FaaS 可能不是你的好選擇。

要注意的另一個限制是，呼叫函式會對其可執行時間有所限制。例如，Google Cloud 函式目前的執行時間上限為 9 分鐘，而 AWS Lambda 函式最多可以運行 15 分鐘，而如果需要，Azure 函式可以永遠執行（取決於你所採用的計畫類型）。就我個人而言，我認為如果你有長時間執行的函式，這可能代表函式並不適合處理這項問題。

最後，大多數函式呼叫被認為是無狀態的。從概念上講，這意味著函式無法訪問先前函式呼叫所留下的狀態，除非該狀態儲存在其他地方（例如，在資料庫中）。這使得很難將多個函式連接在一起——考慮一個函式來協調對其他下游函式的一系列呼叫。有一個值得注意的例外，Azure Durable 函式（*https://oreil.ly/I6ZSc*），它以一種非常有趣的方式解決了這個問題。Durable 函式能支援暫停給定函式的狀態，並允許它在呼叫停止的地方重新啟動——但這一切都是透過使用回應式延伸模組（reactive extensions）來透明地處理。我認為這是一個比 AWS 自己的 Step 函式對開發者更友善的解決方案，後者是使用基於 JSON 的配置能將多個函式聯繫在一起。

WebAssembly（Wasm）

Wasm 是一個官方標準，最初定義的目的是替開發者提供一種在客戶端瀏覽器上運行用各種程式語言撰寫的沙盒程式的方法。Wasm 定義了打包格式和執行時期的環境，它的目標是讓任意程式碼能在客戶端設備上以安全有效的方式運行，這可以讓你在使用一般的 Web 瀏覽器時創建更複雜的客戶端應用程式。舉一個具體的例子，eBay 使用 Wasm 將條碼掃描器軟體交付到網路，該軟體的核心是用 C++ 所撰寫的，以前只能用於原生 Android 或 iOS 應用程式[2]。

The WebAssembly System Interface（WASI）被定義為一種讓 Wasm 脫離瀏覽器、並在任何可以找到相容 WASI 實作的地方工作的方式，其中一種方式，是在 Fastly 或 Cloudflare 等內容交付網路上運行 Wasm 的能力。

由於其輕量級的特性和其核心規範中內建的強大沙盒概念，Wasm 很有可能挑戰使用容器作為伺服器端應用程式的首選部署格式。從短期來看，會阻礙它的可能是可用於運行 Wasm 的伺服器端平台，例如，雖然理論上你可以在 Kubernetes 上運行 Wasm，但最終還是需要將 Wasm 嵌入到容器中，這可以說是有點多此一舉，因為你在（相對）更重量級的容器中運行較輕量級的部署。

為了充分發揮 Wasm 的潛力，可能需要一個原生支援 WASI 的伺服器端部署平台，至少從理論上來說，像 Nomad 這樣的調度程式更適合支援 Wasm，因為它支援可插式驅動程式模型。時間會證明這一切！

挑戰

除了我們剛剛看到的限制之外，你在使用 FaaS 時可能還會遇到一些其他的挑戰。

有一個當務之急是要解決 FaaS 經常提出的一個問題，也就是啟用（spin-up）時間的概念。從概念上來說，除非需要，否則函式根本不會執行，這代表著必須啟動它們才能為傳入的請求提供服務。現在，對於某些執行時期（runtime），啟動新版本的執行需要很長時間——通常稱為「冷啟動」（cold start）時間。JVM 和 .NET 執行時期受此影響很大，因此冷啟動時間對於使用這些執行時期的函式往往非常重要。

2 Senthil Padmanabhan 和 Pranav Jha 所共同著作的「WebAssembly at eBay: A Real-World Use Case」，eBay，2019 年 5 月 22 日，*https://oreil.ly/SfvHT*。

但實際上，這些執行時期很少冷啟動，至少在 AWS 上，執行時期都是保持「溫暖」的，以便傳入的請求由已經啟動且正在執行的實例提供服務。由於 FaaS 供應商在幕後進行了最佳化，因此在這種情況下現在很難衡量「冷啟動」的影響。儘管如此，如果這是個問題，堅持使用執行時期具有快速啟用時間的語言（Go、Python、Node 和 Ruby）可以有效地迴避這個問題。

最後，函式的動態擴展方面實際上可能最終會成為一個問題。函式會在觸發時啟動，我使用過的所有平台對於並行函式呼叫的最大上限都有硬性的規定，這是你可能需要注意的。我曾和不止一個團隊談過，他們遇到函式擴展的問題，並使其基礎設施中沒有相同擴展屬性的其他部分不堪負荷。Bustle 的 Steve Faulkner 分享了一個這樣的例子（*https://oreil.ly/tFdCk*），其中擴展函式使 Bustle 的 Redis 基礎設施過載，進而導致正式環境有問題。如果系統的一部分可以動態擴展而系統的其他部分卻不能，那麼你可能會發現這種不匹配將會導致令人頭痛的問題。

對映到微服務

到目前為止，在我們對各種部署選項的討論中，從微服務實例到部署機制的對映非常簡單。單一微服務實例可以部署到虛擬機器上，打包為單一容器，甚至可以放到應用程式容器（如 Tomcat 或 IIS）上。有了 FaaS，事情則會變得更加混亂。

每個微服務一個函式。 顯然地，現在可以將單一微服務實例部署為單一個函式，如圖 8-18 所示。這可能是一個明智的開始，保留了微服務實例作為部署單元的概念，這是我們迄今為止探索最多的模型。

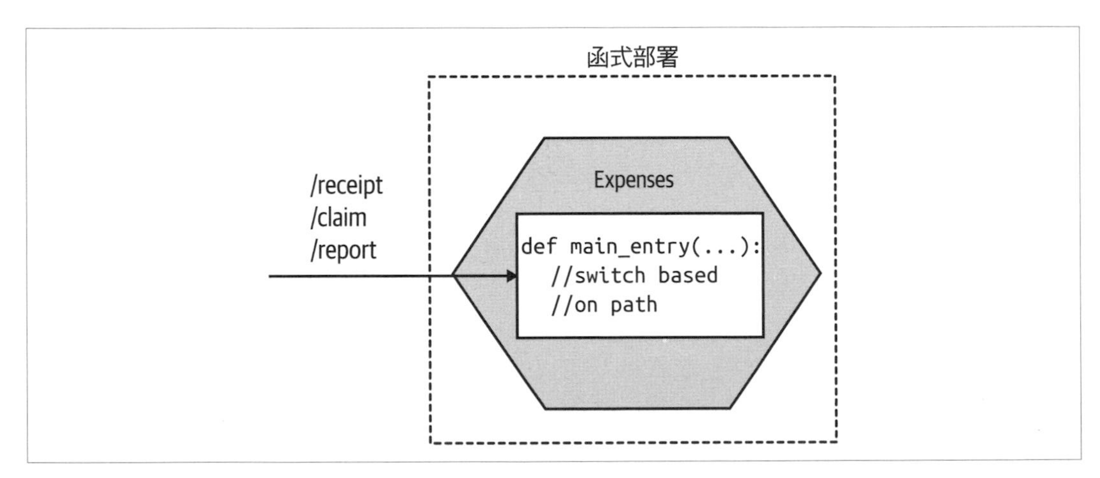

圖 8-18　我們的 Expenses 服務作為單一函式的實作

呼叫時，FaaS 平台將在你部署的函式中觸發單個入口點。這意味著，如果你要為整個服務部署一個函式，則需要有某種方式從該入口點分派微服務中的不同功能。如果你將 `Expenses` 服務實作以 REST 為基礎的微服務，你可能會公開各種資源，例如 `/receipt`、`/claim` 或 `/report`。使用此模型，對這些資源中的任何一個請求都將透過同一入口點進入，因此你會需要依據入站請求路徑將入站呼叫引導到適當的功能部分。

每個聚合一個函式。 那麼我們如何將微服務實例分解成更小的函式呢？如果你正在使用領域驅動設計，你可能已經對聚合（作為單一實體進行管理的對象集合，通常指的是現實世界的概念）進行了顯式塑模。如果你的微服務實例處理多個聚合，對我來說，一個有意義的模型是為每個聚合分解一個函式，如圖 8-19 所示。這確保了單一聚合的所有邏輯都自含在函式內部，從而更容易確保聚合的生命週期管理能一致的實作。

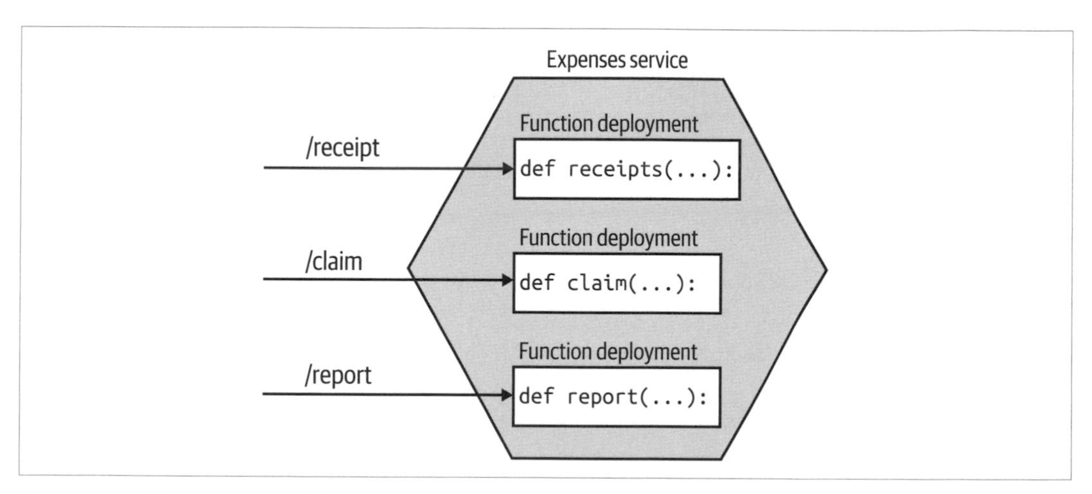

圖 8-19　一個 Expenses 服務被部署為多個函式，每個函式處理不同的聚合

使用此模型，我們的微服務實例不再對映到單一部署單元。相反地，我們的微服務現在更像是一個由多個不同函式組成的邏輯概念，理論上可以相互獨立部署。

有一些需要注意的問題。首先，我強烈建議你維護一個粗粒度（coarser-grained）的外部介面。對於上游消費者，他們仍在與 `Expenses` 服務交談——他們並不知道請求被對映到較小範圍的聚合，這確保了如果你改變主意並想要重組事物、甚至重新建構聚合模型，你不會影響到上游消費者。

第二個問題與資料有關。這些聚合是否應該繼續使用共享資料庫？我在這個問題上比較不在意。假設同一個團隊管理這些所有的函式，並且從概念上講它仍然是一個單一的「服務」，我認為他們仍然使用相同的資料庫，如圖 8-20 所示。

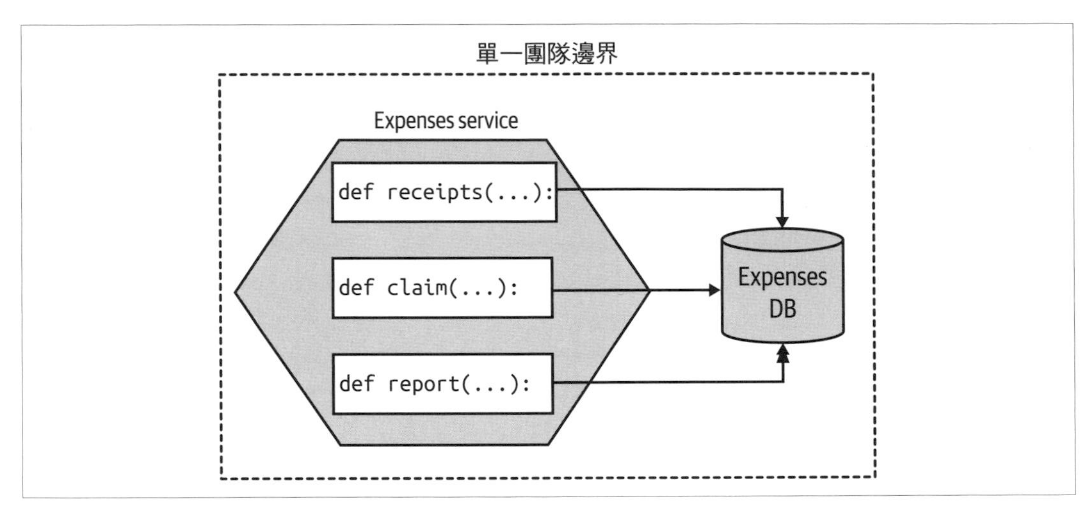

圖 8-20　不同的函式使用同一個資料庫，因為它們在邏輯上都是同一個微服務的一部分，並且由同一個團隊所管理

但是，隨著時間的推移，如果每個聚合函式的需求出現分歧，我傾向將它們的資料使用區分開來，如圖 8-21 所示，尤其是如果你開始看到資料層中的耦合損害了你能簡單變更它們的能力。在這個階段，你可能會說，這些函式現在本身就是一個微服務了，儘管正如我剛才所解釋的，對於上游消費者而言，仍然把這些函式視為單一微服務可能是有價值的。

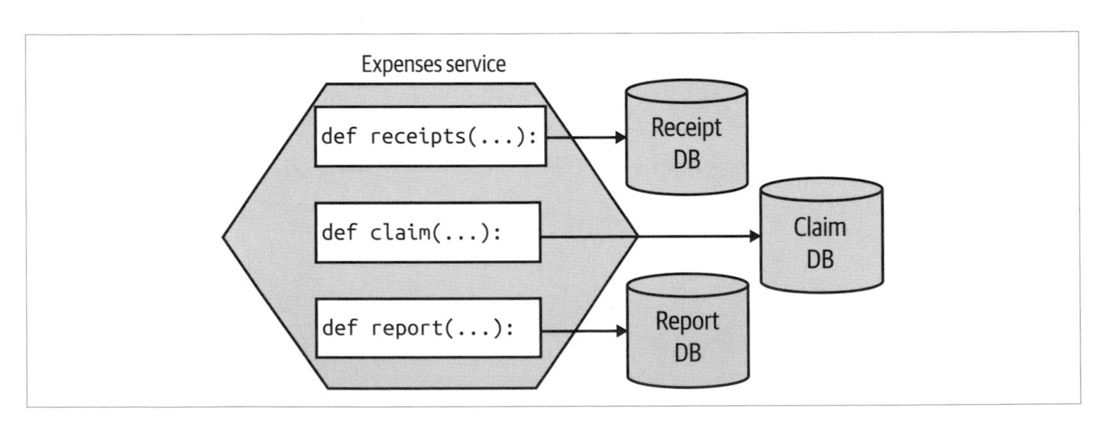

圖 8-21　每個函式使用自己的資料庫

這種從單一微服務到多個細微化可部署單元的對映，在某種程度上扭曲了我們之前對微服務的定義，我們通常認為一個微服務是一個可獨立部署的單元——現在一個微服務由**多個不同的**獨立可部署單元組成。從概念上講，在這個例子中，微服務更像是一個邏輯概念而不是物理概念。

變得更加細粒狀。 如果你想變得更小，則很容易將每個聚合的函式分解成更小的部分。我會在這裡更加謹慎，除了這可能會產生的函式爆炸之外，它還違反了其中一個聚合的核心原則——就是我們希望將其視為一個單一的單元，以確保我們可以更好地管理聚合本身的完整性。

我以前曾想過要把一個聚合中的每個狀態轉換成都具有自己的函式，但由於與不一致相關的問題，我已經放棄了這個想法。當你有不同的可獨立部署的東西時，每個東西都管理整體狀態轉換的不同部分，會使得要確保事情能正確完成變得非常困難。它把我們帶入了在第 6 章討論過的 sagas 空間。在實作複雜的業務流程時，sagas 之類的概念很重要，而且工作也是合理的。但是，我很難看到可以由單個函式在管理單個匯總的級別上，增加這種複雜性的價值。

前進的辦法

我仍然相信，對於大多數開發者來說，未來將使用一個對他們隱藏大部分底層細節的平台。多年來，就找到正確平衡的東西而言，Heroku 是我覺得最接近找到正確平衡點的東西，但現在我們有了 FaaS 和無伺服器產品更廣泛的生態系統，它們描繪了一條不同的道路。

FaaS 仍有一些問題需要解決，但我覺得，雖然當前的產品系列仍需要改變，以解決其中的問題，但這還是大多數開發者最終會使用的平台。考慮到這些限制，並非所有應用程式都能完全融入 FaaS 生態系統，但對於那些適合的應用程式，人們已經看到了顯著的好處。隨著越來越多的工作進入 Kubernetes 所支援的 FaaS 產品，那些不能直接使用主要雲端服務供應商所提供之 FasS 解決方案的人，將越來越能夠利用這種新的工作方式。

因此，雖然 FaaS 可能並不適用於所有情況，但我肯定會督促人們去探索它。對於正在考慮遷移到以雲端為基礎的 Kubernetes 解決方案的客戶，我一直力勸其中的一些人先去探索 FaaS，因為它可以提供他們所需的一切，同時也隱藏顯著的複雜性並卸載大量工作。

我看到越來越多的組織將 FaaS 用作更廣泛解決方案的一部分，為適合的特定使用情形來選擇 FaaS。有個很好的例子是 BBC，它使用 Lambda 函式作為其提供 BBC 新聞網站核心技術堆疊的一部分，整個系統是混合使用 Lambda 和 EC2 實例——在 Lambda 函式呼叫過於昂貴的情況下，通常會使用 EC2 實例[3]。

哪個部署選項適合你呢？

哎呀！我們有很多選擇對吧？我可能沒有提供太多幫助，但是我會竭盡全力分享每種選項的優缺點。如果你已經到了這一步，你可能會對於應該做什麼感到困惑。

好吧，在我繼續之前，我真的希望不用多說，如果你目前正在做的事情適合你，那就繼續做吧！不要讓流行左右了你的技術決定。

如果你認為確實需要改變部署微服務的方式，那麼讓我大略提點一下我們已經討論過的大部分內容，並提出一些有用的指導。

重新審視我們的微服務部署原則，我們所關注其中一個最重要的方面是，確保我們微服務的隔離性，但若僅僅以此為指導原則，可能會導致我們為每個微服務實例使用專用的實體機器！這當然可能會非常昂貴，而且正如我們已經討論過的，倘若我們沿著這個方式進行，我們將無法使用一些非常強大的工具。

權衡考量在這裡比比皆是，例如平衡成本與易用性、隔離性、熟悉度等等，這可能會變得一發不可收拾。因此，讓我們回顧一些規則，我想稱之為「Sam 關於確定部署位置非常基本的經驗法則」：

1. 如果它沒有壞，就別修理它[4]。
2. 盡可能地放棄你那滿滿的控制權，然後再試著放棄一點點。如果你可以很高興地將所有工作卸載到像 Heroku（或 FaaS 平台）這樣好的 PaaS 上，那就去做吧。你覺得你真的有需要修補每一個最後的設置嗎？
3. 容器化你的微服務並非沒有痛苦，但它是有關隔離成本的一個非常好的折衷方案，並且對內部開發有一些奇妙的好處，同時仍然讓你對發生的事情有一定程度的控制。期待你會在未來使用 Kubernetes。

3 Johnathan Ishmael 所寫的文章「Optimising Serverless for BBC Online」，Technology and Creativity at the BBC（blog），2021 年 1 月 26 日，*https://oreil.ly/gkSdp*。

4 我可能還沒想出這個規則。

很多人都在宣傳「Kubernetes 或破滅！」我覺得這沒有幫助。如果你在公有雲上，並且你的問題適合 FaaS 作為部署模型，那麼就這樣做，並且略過 Kubernetes，這樣你的開發者可能會更有效率。正如我們將在第 16 章中詳細討論的，不要害怕鎖定會讓你陷入自己製造的混亂之中。

找到了像 Heroku 或 Zeit 這樣很棒的 PaaS，並且有一個適合平台限制的應用程式？那就把所有的工作都推到平台上，花更多的時間在你的產品上。從開發者的角度來看，Heroku 和 Zeit 都是非常棒的平台，並具有出色的可用性。畢竟，你的開發者不應該感到高興嗎？

對於其他人來說，容器化是必經之路，這意味著我們需要談談 Kubernetes。

Puppet、Chef 和其他工具的作用？

本章自第一版以來發生了重大變化，這部分是由於整個行業在不斷發展，但也由於新技術變得越來越有用。新技術的出現也導致其他技術的作用削減——因此我們看到 Puppet、Chef、Ansible 和 Salt 等工具在部署微服務架構方面的作用比 2014 年要來得小很多。

造成這種情況的主要原因最根本是因為容器的興起。Puppet 和 Chef 等工具的強大之處在於，它們為你提供了一種將機器置於預期狀態的方法，並以某種程式碼形式定義了預期狀態。你可以定義預期的執行時期、配置文件的位置等，以一種可以非常肯定的方式，在同一台機器上一次又一次地運行，確保它始終可以進入相同的狀態。

大多數人建置容器的方式是定義一個 Dockerfile，這允許你定義與 Puppet 或 Chef 相同的要求，但又有一點不同。重新部署時容器會被吹走，因此每個容器的創建都是從頭開始（我在這裡稍微簡化了一些），這意味著在 Puppet 和 Chef 中處理那些在同一台機器上反覆執行的工具所產生的複雜性已經不需要了。

Puppet、Chef 和類似的工具仍然非常有用，但它們的角色現在已被推出容器並進一步向下堆疊。人們使用這些工具來管理遺留的應用程式和基礎設施，或者用來建置執行容器工作負載的叢集。但與過去相比之下，開發者已經更不可能接觸到這些工具。

基礎設施即程式碼的概念仍然非常重要，只是開發者可能使用的工具類型發生了變化。例如，對於那些使用雲端的人來說，Terraform（*http://terraform.io*）之類的東西對於配置雲端基礎設施非常有用。最近，我成為了 Pulumi 的忠實粉絲（*http://pulumi.com*），它避開使用領域特定語言（domain-specific languages，DSL），轉而使用一般的程式語言來幫助開發者管理他們的雲端基礎設施。隨著交付團隊對運行的世界之掌控權越來越大，我非常看好 Pulumi 的前景，我猜想 Puppet、Chef 等雖然仍在操作中有些用處，但可能會越來越遠離日常的開發活動。

Kubernetes 與容器編配

隨著容器開始受到重視，許多人開始尋找如何跨多台機器管理容器的解決方案。Docker 在這方面做了兩次嘗試（分別使用 Docker Swarm 和 Docker Swarm Mode），而 Rancher 和 CoreOS 等公司也提出了自己的看法，像 Mesos 這樣的通用平台則被用來在其他類型的工作負載中執行容器。最終，儘管在這些產品上付出了很多努力，但 Kubernetes 在過去幾年中已經主導了這個領域。

在我們談論 Kubernetes 本身之前，我們首先應該討論為什麼需要這樣的工具。

容器編配的範例

從廣義上來說，Kubernetes 可以被描述為一個容器編配（container orchestration）平台，或者使用一個已經沒人使用的術語：一個容器調度器（container scheduler）。那麼這些平台是什麼？我們為什麼需要它們？

容器是透過在底層機器上隔離一組資源來創建的。Docker 之類的工具允許我們定義容器的外觀，並在機器上創建該容器的實例。但大多數解決方案要求我們的軟體定義在多台機器上，也許是為了處理足夠的負載，或者確保系統有足夠的冗餘來容忍單個節點的失敗，而容器編排平台處理容器工作負載的執行方式和位置。在這種情況下，「調度」一詞開始變得更有意義。維運人員說：「我希望這件事能執行」，然後 orchestrator 會確定如何安排該作業——尋找可用資源，必要時會重新分配資源，並為維運人員處理細節部分。

各種容器編配平台還為我們處理預期狀態管理，確保維護一組容器（在我們的例子中為微服務實例）的預期狀態。它們還允許我們指定我們希望如何分配這些工作負載，進而讓我們針對資源利用率、行程之間的延遲或強健性原因進行最佳化。

如果沒有這樣的工具，你將不得不管理你容器的分配，這點我可以用親身經歷告訴你，很快就過時了，而撰寫腳本來管理啟動並將容器實例連網其實並不有趣。

從廣義上來說，包括 Kubernetes 在內的所有容器編配平台都以某種形式提供了這些功能。如果你查看 Mesos 或 Nomad 等通用調度器，以及 AWS 的 ECS、Docker Swarm Mode 等託管解決方案，你就會看到類似的功能集。但基於我們即將探討到的原因，Kubernetes 在這個領域中佔有一席之地，而且它還有一兩個有趣的概念值得簡要探討。

關於 Kubernetes 概念的簡單介紹

Kubernetes 中還有許多其他概念，所以希望你能諒解我沒有深入研究所有的概念，這也絕對可以證明這一本書的出版是絕對沒有問題的。我將在這裡概述你在第一次開始使用此工具時需要的重要想法。首先，我們先來了解一下叢集的概念，如圖 8-22 所示。

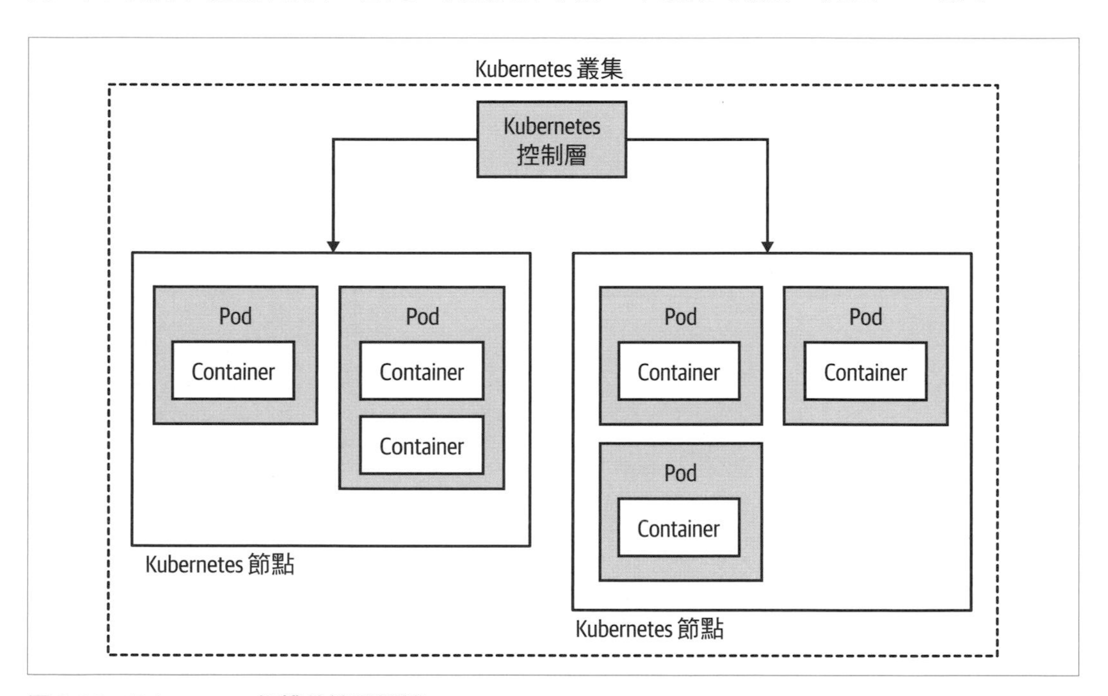

圖 8-22　Kubernetes 拓撲的簡單概述

從根本上來說，Kubernetes 叢集是由兩部分組成。第一，有一組稱為節點的機器，將在這些機器上執行工作負載。其次，有一組控制軟體來管理這些節點，稱為控制層（control plane），這些節點可能在後台運行實體機器或虛擬機器。Kubernetes 不是調度容器，而是調度稱為 *pod* 的東西，一個 pod 是由一個或多個將被部署在一起的容器組成。

通常，一個 pod 中只有一個容器——例如，一個微服務實例。在某些很少見的情況下，將多個容器部署在一起是合理的。有一個很好的範例是使用 Sidecar 代理，例如 Envoy，這通常作為服務網格的一部分，我們在第 150 頁的「服務網格和 API gateway」中討論過這個主題。

下一個需要了解的概念稱為服務。在 Kubernetes 的上下文中，你可以將服務視為穩定的路由端點（routing endpoint）——基本上，這是一種從你運行的 pod 對映到叢集內可用穩定網路介面的方法。而 Kubernetes 處理叢集內的路由，如圖 8-23 所示。

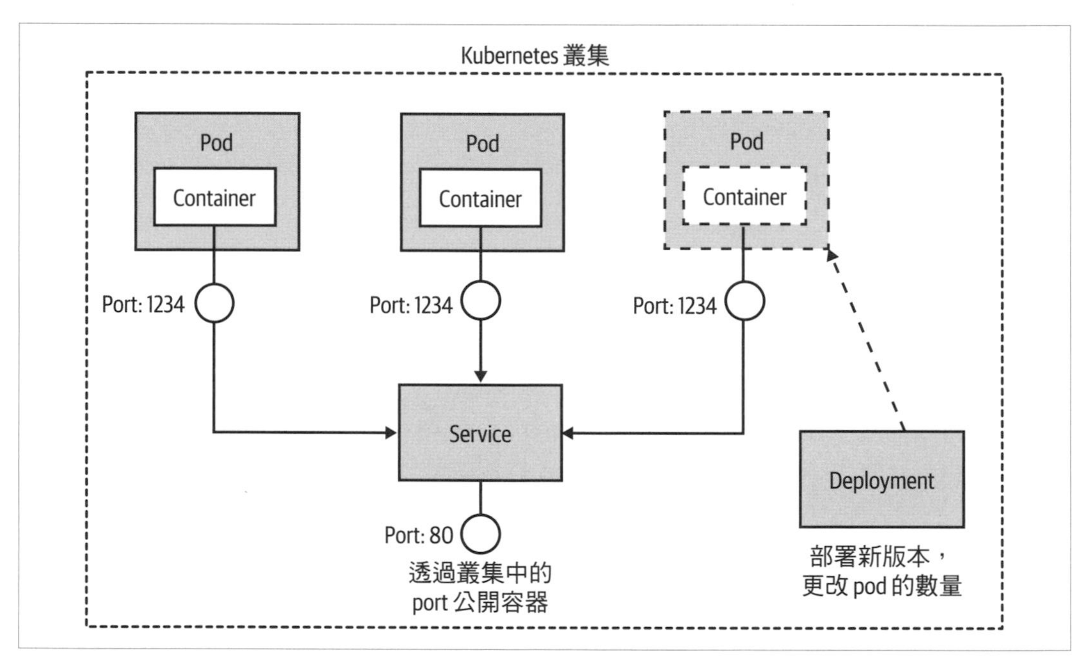

圖 8-23　pod、服務和部署一起工作的方式

這個想法是，一個給定的 pod 可以被認為是短暫的，因為它會因各種原因關閉，但是整個服務仍然存在。而該服務的存在是為了傳送能進出 pod 的呼叫，並且可以處理正在關閉的 pod 或正在啟動的新 pod。純粹從術語的角度來看，這可能會讓你很困惑，我們更

普遍地談論部署服務，但在 Kubernetes 中，你並不部署服務，而是部署對映到服務的 pod。可能需要一段時間才能解決這個問題。

接下來，我們有一個**複本集**（*replica set*）。你可以使用複本集來定義一組 pod 的預期狀態。也就是說，你只需要指名「我想要四個這樣的 pod」的地方，Kubernetes 會為你處理剩下的部分。在實際操作中，你不再需要直接使用複本集，相反地，它們都是透過**部署**來為你處理，這是我們將研究的最後一個概念。部署是將變更應用於 pod 和複本集的方式。透過部署，你可以執行例如發布滾動升級（因此你可以逐步將 pod 替換為較新版本以避免停機）、回滾、擴大節點數量等操作。

因此，若要部署你的微服務，你需要定義一個 *pod*，它將在其中包含你的微服務實例。若你定義了一個 *service*，它會讓 Kubernetes 知道你的微服務將如何被訪問，並且你使用**部署**將會變更應用到正在運行的 pod。為了簡潔起見，我在這裡省略了很多東西，這樣是不是較容易理解了呢？

Multitenancy 與 Federation

從效率的角度來看，你會希望將所有可用的計算資源集中在同一個 Kubernetes 叢集中，並讓整個組織的所有工作負載都在那裡運行。這會讓你更好地利用底層資源，因為未使用的資源可以自由地重新分配給需要它們的任何人，而這相應地降低了成本。

而挑戰在於，雖然 Kubernetes 能夠很好地管理不同目的的微服務，但它在平台的「多租戶」（Multitenancy）方面存在侷限性。你組織中的不同部門可能希望對各種資源進行不同程度的控制，而 Kubernetes 中並沒有內建這類型的控制。因此就試圖將 Kubernetes 的範圍限制在一定程度上來說，這一決定似乎是明智的，而為了解決這個問題，組織似乎探索了幾種不同的途徑。

第一個選擇是，採用一個建置在 Kubernetes 之上的平台來提供這些功能。例如，來自 Red Hat 的 OpenShift 具有一組多樣的訪問控制和其他功能，這些功能是為大型組織而建置的，可以使 Multitenancy 稍微容易一些。除了使用這些平台帶來的任何財務上的影響之外，為了讓它們工作，你有時必須使用你所選擇的供應商所提供的抽象概念——這意味著你的開發者不僅需要知道如何使用 Kubernetes，還需要知道如何使用 Kubernetes 來使用該特定供應商的平台。

另一種方法是考慮一個聯邦模型（federated model），如圖 8-24 所示。你可以使用 federation 來擁有多個獨立的叢集，並帶有一些能允許你在需要時跨所有叢集進行變更的上方軟體層。在許多情況下，人們會直接在一個叢集上工作，這會給他們一種非常熟悉的 Kubernetes 體驗，但在某些情況下，假使這些叢集位於不同的地理區域，並且你希望部署你的應用程式有能力可以處理整個叢集的損失，你可能會希望跨多個叢集來分散這些應用程式。

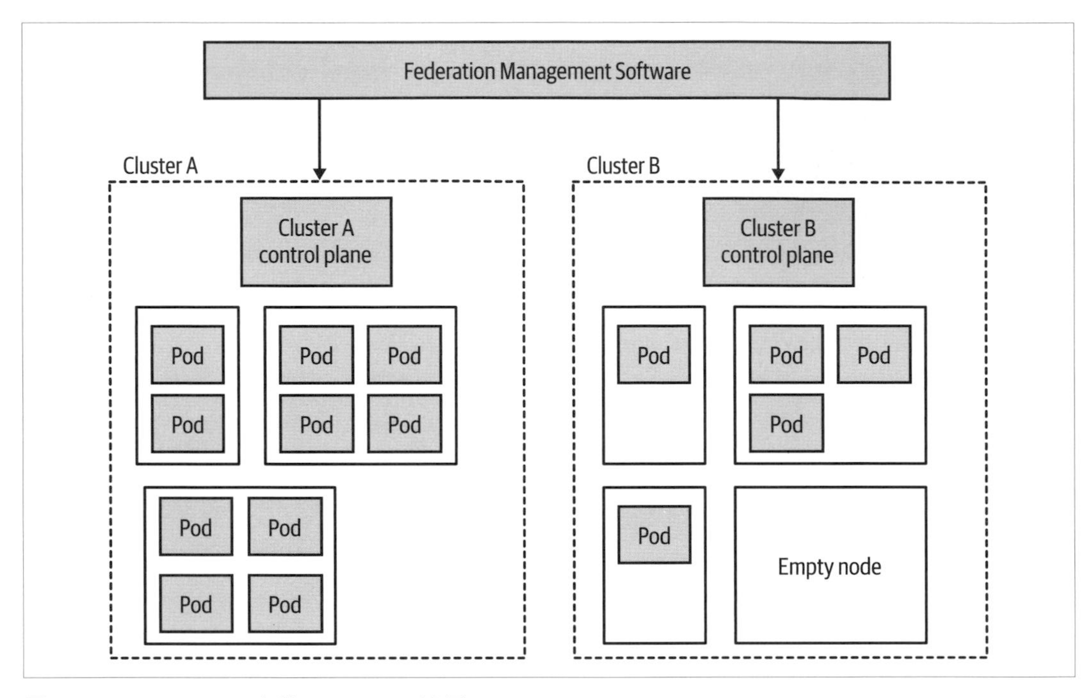

圖 8-24　Kubernetes 中的 federation 範例

聯邦的性質使得資源圈更具挑戰性。正如我們在圖 8-24 中看到的，叢集 A 被充分利用了，而叢集 B 則有很多未使用的容量。如果我們想在叢集 A 上運行更多的工作負載，那麼只有在我們給它更多資源的情況下才可能這樣做，例如將叢集 B 上的空節點移動到叢集 A。將節點從一個叢集移動到另一個叢集的難易程度取決於所使用 federation 軟體的性質，但我可以想像這是一個不普遍的變化。請記住，單個節點可以是一個叢集或另一個叢集的一部分，因此不能同時為叢集 A 和叢集 B 運行 pod。

值得注意的是，當我們考慮到升級叢集這個挑戰時，擁有多個叢集可能是有好處的，因為將微服務轉移到新升級的叢集可能比在原地升級叢集更容易且更安全。

從根本上說，這些都是有關規模的挑戰。對某些組織而言，永遠不會遇到這些問題，因為你非常樂意共享一個叢集，而對於其他希望在更大範圍內提高效率的組織來說，這肯定會是你想更詳細探索的領域。而應該注意的是，對於 Kubernetes federation 應該的模樣，有許多不同的願景，並且有許多不同的工具鏈來管理它們。

Kubernetes 背後的背景

Kubernetes 最初是 Google 的一個開源專案，其靈感來自於早期的容器管理系統 Omega 和 Borg。Kubernetes 中的許多核心概念也都是以如何在 Google 內部管理容器工作負載的概念為基礎，儘管它們的目標略有不同。Borg 在全球範圍內大規模運行系統，在全球資料中心處理數萬甚至數十萬個容器。如果你想更詳細地了解並比較這三個 Google 平台背後的不同思維方式，我推薦由 Brendan Burns 等人所共同著作的「Borg、Omega 和 Kubernetes」（*https://oreil.ly/fVCSS*），雖然這是 Google 為中心的觀點，但是個滿好的概述。

雖然 Kubernetes 與 Borg 和 Omega 有一些共同點，但大規模工作並不是該專案背後的主要驅動力。Nomad 和 Mesos（都是從 Borg 那裡得到了提示）在需要數千台機器叢集的情況下找到了一個利基，如 Apple 使用 Mesos for Siri[5] 或 Roblox 使用 Nomad（*https://oreil.ly/tyWof*）。

Kubernetes 希望從 Google 中汲取創意，但提供比 Borg 或 Omega 更友善的開發體驗。從純粹的利他主義角度看待 Google 投入大量工程精力來創建開源工具的決定，雖然我確信這是某些人的意圖，但現實情況是，這與 Google 從公有雲領域特別是在和 AWS 的競爭中所看到的風險有關。

在公有雲的市場中，Google Cloud 雖然已經佔有一席之地，但仍遠遠落後於 Azure 和 AWS，也有分析認為它被 Alibaba Cloud 擠到了第四位。儘管市占率不斷提高，但它仍離 Google 想要達到的目標很遠。

最主要的憂慮是，強大的市場領導者 AWS 最終可能幾乎壟斷整個雲端計算領域，此外，還有一個擔憂是針對從一個供應商遷移到另一個供應商的成本，這意味著這種市場主導的地位將很難改變。然後，Kubernetes 出現了，它承諾能夠提供一個標準平台來運行可以由多個供應商所運行的容器工作負載，希望這將使人們可以從一個供應商遷移到另一個供應商，並且避免了只有 AWS 可選的未來。

因此，你可以將 Kubernetes 視為 Google 對更廣泛 IT 產業的慷慨貢獻，或是 Google 試圖在快速發展的公有雲領域保持相關性。我認為這兩件事毫無疑問都是對的。

5 由 Daniel Bryant 所著的《Apple Rebuilds Siri Backend Services Using Apache Mesos》，InfoQ，2015 年 5 月 3 日，*https://oreil.ly/NLUMX*。

Cloud Native Computing Federation

Cloud Native Computing Federation（CNCF）是非營利組織 Linux 基金會的其中一個分會。CNCF 專注於策劃專案生態系統，以幫助促進雲端原生開發，儘管在實踐中，這代表支援 Kubernetes 和與 Kubernetes 一起工作或以 Kubernetes 本身建置為基礎的專案。專案本身不是由 CNCF 創建或直接開發的，相反地，你可以將 CNCF 視為一個地方，在此有些專案原本可能單獨開發，但現在可以共同託管，並且可以開發通用標準和互通性。

透這種方式，CNCF 讓我想起了 Apache 軟體基金會的角色——與 CNCF 一樣，作為 Apache 軟體基金會一部分的專案，通常代表著一定程度的品質和更廣泛的得到社群支援。CNCF 託管的所有專案都是開源的，儘管這些專案的開發很可能是由商業實體所驅動的。

除了幫助指導這些相關專案的開發，CNCF 還會舉辦活動，提供文件和培訓材料，並定義 Kubernetes 相關的各種認證計畫。組織本身有來自整個產業的成員，儘管較小的團隊或獨立人士可能很難在組織中發揮很大作用，但跨產業支援的程度（包括許多相互競爭的公司）令人印象深刻。

作為局外人，CNCF 似乎在幫助宣傳其所策劃專案的用處上，取得了很大的成功，它也是一個可以公開討論重大專案演變的地方，這確保了大量廣泛的投入。CNCF 在 Kubernetes 的成功中發揮了重要作用——這是很容易想像，如果沒有它，我們在這個領域的格局仍然是支離破碎的。

平台和可攜性

你經常會聽到 Kubernetes 被描述為「平台」，不過，就開發者所理解的，它並不是真正的平台，它真正為你提供的只是運行容器工作負載的能力。大多數使用 Kubernetes 的人最終都透過安裝支援的軟體（例如服務網格、訊息仲介、日誌匯總工具等）來組裝自己的平台。在較大的組織中，這最終會由平台工程團隊負責，他們將這個平台組合在一起並管理它，並幫助開發者有效地使用該平台。

這既是一種祝福，同時也是一種詛咒。由於相當相容的工具生態系統（在很大程度上要感謝 CNCF 的工作），使這種混合方法成為可能，這代表你可以根據特定任務來選擇你所喜歡的工具，但它也可能導致選擇障礙——我們很容易因為擁有太多的選擇而猶豫不決。像 Red Hat 的 OpenShift 這樣的產品在一定程度上剝奪了我們的選擇權，因為它們為我們提供了一個現成的平台，並且已經為我們做出了一些決定。

這意味著，儘管 Kubernetes 在基礎級別為容器執行提供了可移植的抽象，但實際上它並不像在一個叢集上運行一個應用程式並預期它也能在其他地方運行那麼簡單。你的應用程式、操作和開發者工作流程很可能必須仰賴於你自己所定義的平台。從一個 Kubernetes 叢集遷移到另一個叢集可能還需要你在新目標上重建該平台。我與許多使用 Kubernetes 的組織進行過交談，主要是因為他們擔心在單一供應商上被困住，但這些組織還沒有理解這種細微的差別——在 Kubernetes 上建置的應用程式理論上是可以跨 Kubernetes 叢集移動的，但這不總是能在現實中應用。

Helm、Operators 和 CRDs

Kubernetes 領域中，有一個持續混亂的領域，就是如何管理第三方應用程式和子系統的部署以及生命週期。若考慮需要在 Kubernetes 叢集上運行 Kafka，你可以創建自己的 pod、服務和部署規範並自己運行它們，但是如何管理對 Kafka 設置的升級更新呢？你可能想要如何處理其他常見的維護任務，例如升級正在運行的狀態軟體？

有許多工具可以使你能夠在更合理的抽象級別管理這些類型的應用程式。這個想法是有人為 Kafka 創建了一個類似於套件的東西，然後你以更黑箱的方式在你的 Kubernetes 叢集上運行它。該領域最著名的兩個解決方案是 Operator 和 Helm。Helm 將自己標榜為 Kubernetes 的「消失的套件管理器」，雖然 Operator 可以管理初始安裝，但它似乎更專注於應用程式的持續性管理。令人困惑的是，雖然你可以將 Operator 和 Helm 視為彼此的替代品，但你也可以在某些情況下同時使用它們（Helm 用於初始安裝，Operator 則用於生命週期操作）。

這個領域最近的演變是一種稱為自定義資源（custom resource definition）或 CRD 的東西。使用 CRD，你可以擴展核心 Kubernetes API，這允許你將新行為插入叢集中。CRD 的好處在於它們可以無縫地整合到既有的命令行介面、訪問控制等中，因此你的自定義擴展不會讓人感覺像是外來的加入。它們基本上允許你實作自己的 Kubernetes 抽象，想想我們之前討論過的 pod、複本集、服務和部署抽象，使用 CRD，你就可以添加到組合中了。

從管理少量配置到控制 Istio 等服務網格、或 Kafka 等以叢集為基礎的軟體，你都可以使用 CRD。有如此靈活且強大的概念，我發現很難去解釋 CRD 最好要用在哪裡，而且我似乎也沒有和那些我接觸過的專家達成共識。整個領域似乎仍然沒有像我希望的那樣迅速穩定下來，也沒有像我希望的那樣達成共識，這就是 Kubernetes 生態系統的一個趨勢。

Knative

Knative（*https://knative.dev*）是一個開源專案，是在幕後使用 Kubernetes，旨在為開發者提供 FaaS 風格的工作流程。從根本上說 Kubernetes 對開發者並不太友善，尤其是當我們將其與 Heroku 或類似平台的可用性進行比較時。Knative 的目標是將 FaaS 的開發者經驗帶到 Kubernetes，並向開發者隱藏 Kubernetes 的複雜性。反過來，這應該意味著開發團隊能夠更輕鬆地管理其軟體的整個生命週期。

我們已經在第 5 章討論過服務網格，並特別提到了 Istio。服務網格對於 Knative 的運作十分重要。雖然 Knative 在理論上允許你插入不同的服務網格，但目前只有 Istio 被認為是穩定的（另外也支援其他網格，如 Ambassador 和 Gloo 仍處於 alpha 階段）。實際上，這代表如果你想採用 Knative，你還必須額外購買 Istio。

Kubernetes 和 Istio 這兩個主要由 Goolge 所驅動的專案，他們花了很長時間才達到可以被認為是穩定的。Kubernetes 在 1.0 版本發布後仍然有重大變化，直到最近，將支援 Knative 的 Istio 才完全重新架構。這種交付穩定、生產就緒的專案讓我認為 Knative 可能需要更長的時間才能讓我們大多數人使用。雖然一些組織正在使用它，你可能也可以使用它，但經驗告訴我，在發生一些痛苦遷移的重大轉變之前，它只會要這麼長的時間。也因為這個原因，我建議正在考慮為其 Kubernetes 叢集提供類似 FaaS 產品的較保守組織，可以將目光投向別處——例如像 Open-FaaS 之類，已經被世界各地的組織用於正式環境中的專案而不是需要一個底層的服務網格。但是，如果你現在確實已經在使用 Knative，倘若將來遇到奇怪的事故問題，請不要感到驚訝。

另一個要注意的是，看到 Google 決定不讓 Knative 成為 CNCF 的一部分，實在令人遺憾，只能假設這是因為 Google 想要自己推動這個工具發展。Kubernetes 在推出時對許多人來說是一個令人困惑的前景，部分原因是它反映了 Google 關於如何管理容器的心態。Kubernetes 已經從廣大的產業參與中獲益良多，但糟糕的是 Google 已經決定不再對於 Knative 所擁有同樣廣大的產業參與感興趣。

未來願景

展望未來，我沒有看到 Kubernetes 會很快停止的跡象，我完全希望看到更多的組織為私人雲端而開始實作他們自己的 Kubernetes 叢集，或在公有雲環境中使用託管叢集。然而，我認為我們現在看到的情況是，開發者必須直接學習如何使用 Kubernetes，這將是一個相對短暫的曇花一現。Kubernetes 擅長管理容器工作負載並為其他事物提供平台，不過，這並不是對開發者友善的體驗。隨著 Knative 的推動，Google 本身已經向我們展示了這一點，我認為我們將繼續看到 Kubernetes 隱藏在更高級別的抽象層之下。所以在未來，我希望 Kubernetes 無處不在，只是你不知道而已。

這並不是說開發者可以忘記他們正在建置分佈式系統，他們仍然需要了解這種類型的架構所帶來的無數挑戰，只是他們不必擔心他們的軟體該如何對映到底層計算資源的細節。

你應該使用它嗎？

所以對於那些還沒有完全付費的 Kubernetest 使用者，你應該加入嗎？讓我先分享一些指導方針。首先，實作和管理你自己的 Kubernetes 叢集並不適合膽小的人，因為這是一項非常重大的任務。你的開發者使用 Kubernetes 安裝所獲得的體驗品質，在很大程度上取決於運行叢集之團隊效率。基於這個原因，與我接觸過的一些大型組織都已經將這項工作外包給了專業公司。

更好的做法是使用完全託管的叢集。如果你可以使用公有雲，那麼請使用完全託管的解決方案，例如 Google、Azure 和 AWS 所提供的解決方案。不過，我要說的是，如果你能夠使用公有雲，那麼請思考一下 Kubernetes 是否真的是你想要的。如果你想要一個對開發者友善的平台來處理微服務的部署和生命週期，那麼我們已經看過的 FaaS 平台可能會非常合適；你還可以查看其他類似 PaaS 的產品，例如 Azure Web Apps、Google App Engine 或一些較小的供應商，例如 Zeit 或 Heroku。

在你決定開始使用 Kubernetes 之前，請讓一些你的管理者和開發者先使用看看，開發者可以開始在內部運行一些輕量級的東西，例如 minikube 或 MicroK8s，在他們的筆電上給他們一些非常接近完整 Kubernetes 體驗的東西，而管理平台的人員可能需要對其有更深入的了解。 Katacoda（*https://www.katacoda.com*）上有一些很棒的線上課程，可以幫助你掌握核心概念，而 CNCF 也提供了很多這方面的培訓教材。在你下定決心之前，你需要確保真正使用這些東西的人可以自在地使用它。

不要認為你一定必須使用 Kubernetes，「只因為其他人都這樣做」。選擇 Kubernetes 的理由與選擇微服務的理由一樣危險。Kubernetes 雖然很好，但並不適合所有人，因此請自行評估。但坦白說，如果你只有少數的開發者且只有少數的微服務，那麼即使使用完全託管的平台，Kubernetes 也可能大材小用。

漸進式交付

在過去十年左右的時間裡，我們在向使用者部署軟體方面變得更加聰明。新技術的出現是由許多不同的使用範例驅動的，且來自於 IT 產業的許多不同部分，但主要都集中在降低推出新軟體行為的風險上。如果發布軟體的風險降低，我們可以更頻繁地發表軟體。

在軟體上線之前，我們會執行許多活動，幫助我們在問題影響真實使用者之前先發現問題。預生產測試（preproduction testing）是其中很重要的組成部分，不過，正如我們將在第 9 章討論的，這只能讓我們走到這而已。

在 Nicole Forsgren、Jez Humble 和 Gene Kim 的共同著作《*Accelerate*》中[6]，他們從廣泛的研究中得出了明確的證據，顯示出高績效公司比低績效公司更頻繁地部署，同時變更的失敗率也要來得低很多。

當涉及到發表軟體時，「快速行動、打破陳規」的想法似乎並不真正適合。頻繁發布和較低的故障率是相輔相成的，那些已經意識到這一點的組織已經改變了他們對發布軟體的看法。

這些組織利用功能切換、灰度發布、平行運行等技術，我們將在本節中詳細介紹這些。我們對發布功能看法的轉變屬於所謂的漸進式交付的範疇。功能以受控的方式發布給使用者，而不是大爆炸式的部署，我們可以聰明地知道誰可以看到哪些功能，例如，透過向我們的一部分使用者推出我們軟體的新版本。

從根本上來說，所有這些技術的核心是我們對發表軟體看法的一個簡單轉變。也就是說，我們可以將部署和發布的概念區分開來。

將部署與發布分開

《*Continuous Delivery*》的共同作者 Jez Humble 提出了將這兩個想法分開的理由，並將其作為低風險軟體發布的核心原則（*https://oreil.ly/VzpLc*）：

> 部署是當你將某個版本的軟體安裝到特定環境時，通常是指正式環境，會發生的情況；而發布則是指你的使用者可以使用系統或其某些部分，例如功能。

Jez 認為，透過將這兩個想法分開，我們可以確保我們的軟體在其正式環境中工作，而我們的使用者也不會遇到故障。藍綠部署是這個概念最簡單的例子之一。假定你有一個軟體版本（藍色），然後你在正式環境中部署一個新版本和舊版本（綠色）。你檢查以確保新版本正按預期在運轉，如果是，則重新將使用者導向以查看軟體的新版本；如果你在切換前發現問題，則不會影響到任何使用者。

雖然藍綠部署是這一原則的最簡單例子之一，但當我們接受這個概念時，我們可以使用許多更複雜的技術。

6 Nicole Forsgren、Jez Humble 和 Gene Kim 共同著作的《*Accelerate: The Science of Building and Scaling High Performing Technology Organizations*》（Portland, OR: IT Revolution, 2018）。

漸進式交付

以開發者為中心的產業分析公司 RedMonk 的聯合創辦人 James Governor，首先創造（*https://oreil.ly/1nFrg*）了漸進式交付（*progressive delivery*）這個專業用語，以涵蓋該領域使用的許多不同技術。他繼續將漸進式交付描述為「對爆炸半徑進行細微化控制的持續交付」（*https://oreil.ly/opHOq*），因此它是持續交付的延伸，也是一種賦予我們能力的技術，控制我們新發布軟體的潛在影響。

LaunchDarkly 的 Adam Zimman 抓住了這個主題，並描述了（*https://oreil.ly/zeeNc*）漸進式交付如何影響「業務」。從這個角度來看，我們需要轉變對於新功能如何傳送到我們的客戶那裡的思考，它不再是單一的釋出（rollout），它現在可以是一個階段性的活動。但重要的是，正如 Adam 所說，漸進式交付可以「將功能的控制權委託給對結果負有最大責任的所有者」，進而賦予產品負責人權力。然而，要使其發揮作用，有問題的產品負責人需要了解所使用的漸進式交付技術的機制，這代表產品負責人在技術上要有一定的技術知識，或者要從對技術精通的合適人員中獲得支援。

我們已經將藍綠部署作為一種漸進式交付技術進行了討論，現在讓我們再簡單地多介紹一些。

功能切換

透過功能切換（feature toggles），又稱為功能開關（feature flags），我們將部署的功能隱藏在可用於關閉或打開功能的切換後面。這最常用作以主幹開發為基礎的一部分，其中尚未完成的功能可以簽入和部署，但仍對終端使用者隱藏，但除此之外還有很多其他的應用程式，這對於在指定時間打開某功能或關閉造成問題的功能，非常有用。

你還可以以更細微的方式使用功能切換，也許允許開關會依據發出請求的使用者性質具有不同的狀態。舉例來說，你可以讓一組使用者看到某個功能已開啟（可能是 Beta 測試組），而大多數人認為該功能已關閉，這可以幫助你實作灰度釋出（又稱金絲雀釋出（canary rollout）），這是我們接下來將討論到的，這存在於管理功能切換的完全託管解決方案，包括 LaunchDarkly（*http://launchdarkly.com*）和 Split（*https://www.split.io*）。儘管這些平台令人印象深刻，但我認為你可以從更簡單的事情開始——只需一個配置文件就可以開始，然後在你開始推動如何使用切換時查看這些技術。

為了更深入地了解功能切換的世界，我衷心推薦 Pete Hodgson 的文章〈Feature Toggles（aka Feature Flags）〉（*https://oreil.ly/5B9ie*），其中詳細介紹如何實作它們以及使用它們的許多不同方式。

灰度發布

> 人非聖賢，孰能無過，但若要把事情真的搞糟了，則只需要一台電腦[7]。

我們都會犯錯，而電腦可以讓我們比以往任何時候都更快、更大規模地犯錯。有鑑於錯誤是不可避免的（相信我，它們是不可避免的），那麼做一些事情讓我們能夠限制這些錯誤的影響是有意義的。灰度發布（canary release）就是這樣的一種技術。

這是以進入礦井的金絲雀為命名，其作為礦工的早期警告系統，用來警告礦工存在危險氣體。灰度發布的想法是，只有我們使用者中一群有限的子集使用者能看到新的功能，如果部署出現問題，那麼只有我們的一部分客戶會受到影響；如果該功能適用於 Canary 組，則可以將其推出給更多使用者，直到每個人都看到新版本為止。

對於微服務架構，可以在單一微服務級別配置切換開關，打開（或關閉）外部世界或其他微服務對該功能的請求。另一種技術是讓一個微服務的兩個不同版本並排運行，並使用切換來繞送到舊版本或新版本。在這裡，canary 實作必須在路由 / 網路路徑中的某個地方，而不是在一個微服務中。

當我第一次灰度發布時，我們是手動控制發布，我們可以配置看到新功能的流量百分比，在一週內，我們逐漸增加了這一比例，直到每個人都看到了新功能。這一週以來，我們一直關注錯誤率、錯誤報告等。如今，更常見的是以自動化方式處理這個過程。例如，像 Spinnaker（*https://www.spinnaker.io*）這樣的工具能夠根據指標自動增加呼叫，如果錯誤率處於可接受的水平，則增加對新微服務版本的呼叫百分比。

平行運行

透過灰度發布，對功能的請求將會由舊版本或是由新版本來提供，這意味著我們無法比較兩個版本的功能如何處理相同的請求，如果你想確保新功能的工作方式與舊版本的功能完全相同，這對你來說非常重要。

透過平行運行（parallel run），你完全可以做到這一點。你可以平行運行相同功能的兩個不同實作，並向兩個實作發送對該功能的請求。對於微服務架構來說，最明顯的方法可能是將服務呼叫分派到同一服務的兩個不同版本並比較結果。另一種方法是在同一服務內共存功能的兩種實作，這通常可以更容易的比較兩者。

---

7 這句諺語一般說是出自於生物學家 Paul Ehrlich，但其實真正的來源並不清楚（*https://oreil.ly/3SOop*）。

在執行這兩個實作時，重要的是要意識到你可能只想要其中一個呼叫的結果。一種實作被認為是事實來源——這是你目前信任的實作，通常也是既有的實作。根據你用平行運行來比較的功能性質，你可能需要仔細考慮這個細微的差別——像是你並不想向客戶發送兩個相同的訂單更新，或者寄發兩次發票。

我在《單體式系統到微服務》一書的第 3 章中更詳細地探討了平行運行模式[8]。在那裡我探討了它在幫助將功能從單體式系統遷移到微服務架構方面的用途，我們希望在其中確保我們新微服務的行為與在單體式系統中的同等功能相同。在另一種情況下，GitHub 在重新運作其程式碼基礎的核心部分時利用了這種模式，並發布了一個開放資源的工具 Scientist（*https://oreil.ly/LXtNJ*）來幫助完成這個過程，在此，透過 Scientist 比較呼叫，平行運行能在單一行程中完成。

透過藍綠部署、功能切換、灰度發布和平行運行，我們剛剛接觸了漸進式交付領域的基本概念。這些想法可以很好地協作（例如，我們已經介紹如何使用功能切換來實作灰度發布），但你可能想要讓自己輕鬆一下。首先，請記得將部署的兩個概念分開，然後，開始尋找能幫助你更頻繁但安全部署軟體的方法。接著，與你的產品負責人或其他業務利害關係人合作，了解其中一些技術能如何幫助你加快速度，同時也有助於減少失敗。

總結

好的，所以我們在這裡介紹了很多內容。在我們繼續之前，讓我們簡要回顧一下。首先，讓我們提醒自己之前概述的部署原則：

隔離執行（*Isolated execution*）

　以隔離的方式運行微服務實例，使其擁有自己的計算資源，並且它們的執行不會影響附近其他微服務實例的運行。

專注於自動化（*Focus on automation*）

　選擇允許高度自動化的技術，並將自動化作為你文化的核心部分。

基礎設施即程式碼（*Infrastructure as code*）

　代表你基礎設施的配置，以簡化自動化並促進資訊共享。將此程式碼儲存原始碼控制中以允許重新創建環境。

8 Sam Newman 的著作《*Monolith to Microservices*》（Sebastopol: O'Reilly, 2019）。

零停機部署（*Zero-downtime deployment*）

進一步提高可獨立部署性，確保部署新版本的微服務不會對服務使用者（無論是人類還是其他微服務）造成任何停機時間。

預期狀態管理（*Desired state management*）

使用將微服務維持在定義狀態的平台，在出現中斷或流量增加的情況下根據所需來啟動新實例。

此外，我分享我自己如何選擇正確部署平台的指南：

1. 如果它沒有壞，就不要修理它[9]。
2. 盡可能地放棄你那滿滿的控制權，然後再試著放棄一點點。如果你可以很高興地將所有工作卸載到像 Heroku（或 FaaS 平台）這樣好的 PaaS 上，那麼就去做吧。你覺得你真的需要修補每一個最後的設置嗎？
3. 容器化你的微服務並非不是沒有痛苦，而是有關隔離成本的一個非常好的折衷方案，並且對內部開發有一些奇妙的好處，同時仍然讓你對發生的事情有一定程度的控制。期待你會在未來使用 Kubernetes。

了解**你自己**的需求是非常重要的。Kubernetes 可能非常適合你，但也許還有其他更簡單的東西也同樣適用你。不要為選擇更簡單的解決方案而感到羞恥，也不要太擔心將工作分配給其他人。如果我可以將工作推送到公有雲，那麼我會去做，因為它讓我可以專注在自己的工作。

最重要的是，這個領域正在經歷大量的流失。我希望我已經讓你對這個領域的關鍵技術有了一些了解，也分享了一些可能比當前熱門技術更長遠的原則概念。無論接下來會發生什麼，希望你已經準備好從容應對。

在下一章節中，我們將更深入地探討我們在這裡簡要提到的一個主題：測試我們的微服務以確保它們真的在運作。

9 我可能還沒想出這個規則。

第九章

測試

從我第一次開始寫程式碼以來，自動化測試的領域有了顯著的進步，每個月似乎都有一些新的工具或技術讓自動化測試變得更好。但是，當我們的程式碼跨越分散式系統時，如何有效並且高效地測試它的功能仍然存在著挑戰。本章分析了與測試細微化系統相關的問題，並提供了一些解決方案，以幫助你確保可以放心地發布新的功能。

測試涉及了很多方面，即使我們只討論自動化測試，這其中也有很多需要考慮的，而要使用微服務，我們又為其添加了另一個層次的複雜性。了解可以執行哪些類型的測試是很重要的，這有助於我們在兩種拉扯力量之間取得平衡點，就是一方面我們想要盡快讓軟體上線，又要同時確保軟體具有足夠的品質。鑑於整個測試的範圍非常廣，我不會嘗試對該主題進行廣泛的探索；反之，本章主要關注在微服務架構的測試與非分散式系統（如單行程單體式應用）相比有何不同。

自本書第一版以來，進行測試的地方也發生了變化。以前，測試主要在軟體上線之前進行；然而，我們現在更加考慮應該在應用程式上線後對其進行測試，這進一步模糊了開發和上線相關活動之間的界限，這也是我們將在本章中探討的內容，然後在第 10 章中更全面地探討正式環境中的測試。

測試的類型

像許多顧問一樣，我偶爾會使用象限作為對世界進行分類的一種方式，我對此感到不好意思，而且我開始擔心這本書不會使用象限。幸運的是，Brian Marick 為合適的測試提出了一個出色的分類系統。圖 9-1 說明了來自 Lisa Crispin 和 Janet Gregory 的書《*Agile Testing*》[1] 的 Marick 象限的變化，它有助於對不同類型的測試進行分類。

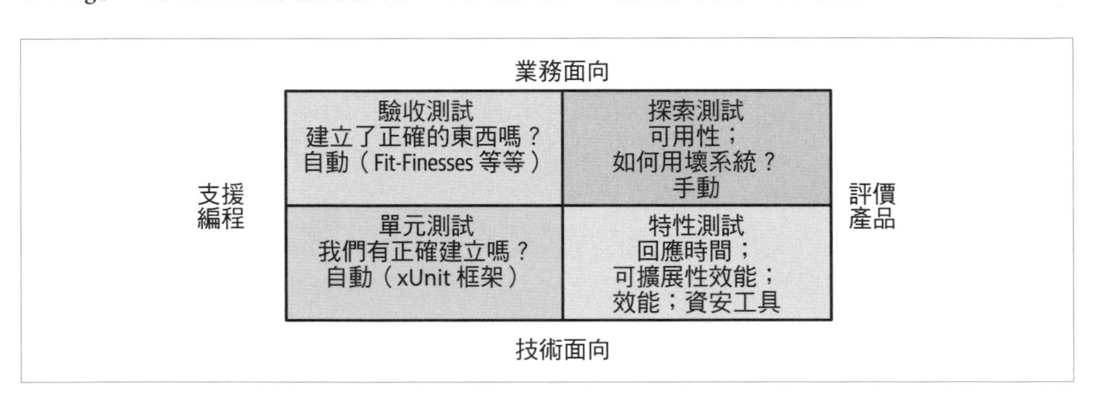

圖 9-1　Brian Marick 的測試象限。Lisa Crispin 和 Janet Gregory 共同著作《Agile Testing: A Practical Guide for Testers and Agile Teams》（Addison-Wesley）© 2009

在象限的底部，我們有**技術面向**的測試，也就是首先幫助開發者創建系統的測試。像是效能測試的屬性測試及小範圍的單元測試都屬於這一類，這些通常都是自動化的。象限的上半部分的測試包括那些幫助非技術利害關係人能了解你的系統是如何工作，我們稱之為**業務面向**的測試，可能是大範圍的端到端測試，如左上角的驗收測試；或使用者針對 UAT 系統所做的手動測試，如右上角的探索測試所示。

在這一點上，值得一提的是，這些測試中的絕大多數都集中在**預生產**驗證上。具體來說，我們正在使用這些測試來確保軟體在部署到正式環境之前具有足夠的品質。通常，這些測試是通過或是失敗，將是決定是否應該部署軟體的門控條件。

一旦我們真正進入正式環境，我們就會更多地看到測試我們軟體的價值。我們將在本章後面更多討論這兩個想法之間的平衡，但現在值得強調的是 Marick 的測試象限在這方面的侷限性。

1　Lisa Crispin 和 Janet Gregory 的共同著作《*Agile Testing: A Practical Guide for Testers and Agile Teams*》（Upper Saddle River, NJ: Addison-Wesley, 2008）。

在這個象限圖中，每一種測試各具一席之地。每個你所想要進行測試究竟要做什麼程度，取決於你系統的本質，但很關鍵的地方是在測試系統方面你擁有很多不同的選擇。最近的趨勢是避免任何大規模的手動測試，而是盡可能地自動化重複測試，而我當然同意這種方法。如果你目前正在進行大量的手動測試，我建議你在繼續微服務的道路之前解決這個問題，因為假如你無法快速有效地驗證你的軟體，就無法從微服務中獲得許多好處。

手動探索測試

一般來說，除了任何可能發生的組織轉變之外，從單體架構到微服務架構的轉變對探索測試的影響最小。正如我們將在第 427 頁的「走向流式團隊」中的探討，我們希望應用程式的使用者介面也能按團隊劃分，在這種情況下，手動測試的所有權很可能會發生變化。

自動化某些任務的能力，例如驗證事物的外觀，以前僅限於手動探索測試。能實現視覺斷言（visual assertions）工具的成熟使我們能夠開始自動化那些以前該手動完成的任務，但是，你不應將此視為不進行手動測試的理由；相反地，你應該將其視為一個機會，讓測試人員有時間專注於較少重複的**探索**測試。

如果做得好，手動探索測試在很大程度上是關於發現問題，所留出的時間能以終端使用者的身分來探索應用程式可以發現原本不明顯的問題。在自動化測試無法實作的情況下，手動測試也可能是至關重要的，也許是因為撰寫測試的成本。自動化是有關消除重複性任務，讓人們騰出時間去做更有創造性的臨時活動。因此，將自動化視為一種方式能釋放我們腦力，讓我們去作最擅長的事情。

就本章而言，我們主要忽略手動探索測試，這並不是說這種類型的測試不重要，只是本章的範圍主要集中在測試微服務與測試更典型的單體式應用程式之間的區別。但是當論及自動化測試時，每種測試我們想要多少數量？另一個模型將幫助我們回答這個問題、並了解有可能存在哪些權衡取捨。

測試範圍

在《*Succeeding with Agile*》一書中[2]，Mike Cohn 概述了一個稱為 Test Pyramid（測試金字塔）的模型，以幫助解釋你需要哪些類型的自動化測試。金字塔不僅可以幫助我們考慮測試的範圍，還可以幫助我們思考針對不同類型測試的比例。他的原始模型將自動化測試拆分為 Unit（單元）測試、Service（服務）測試和 UI（使用者介面）測試，如圖 9-2 所示。

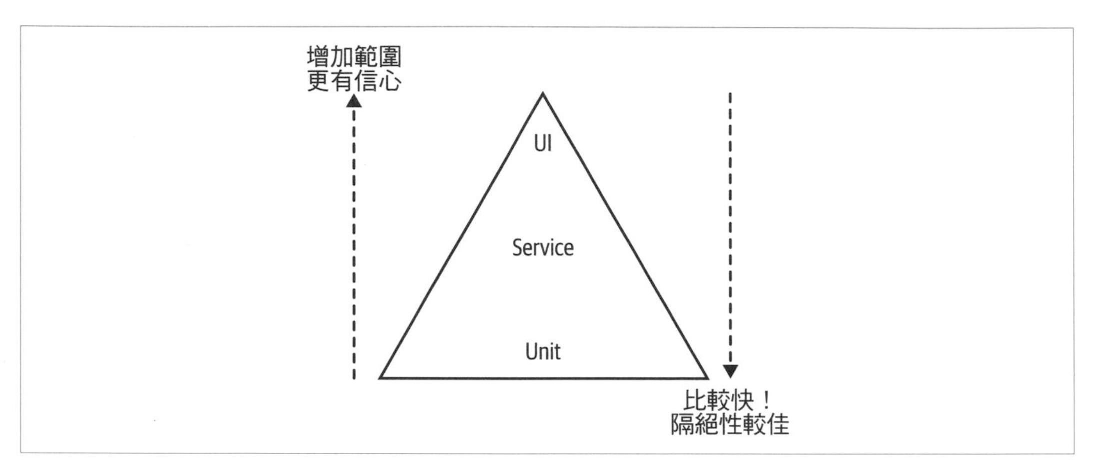

圖 9-2　Mike Cohn 的測試金字塔。Mike Cohn《Succeeding with Agile: Software Development Using Scrum》，第 1 版，© 2010

閱讀金字塔時要了解的關鍵是，隨著我們沿著金字塔向上爬，測試範圍會增加，我們對被測試功能有效的信心也會增加。另一方面，隨著測試運行時間的延長，回饋循環時間也會增加，並且當測試失敗時，可能更難確定哪個功能已損壞。當我們沿著金字塔向下走時，通常測試會變得比較快，因此我們得到更快的回饋循環，我們可以更快地發現損壞的功能，我們持續整合的建置也更快，而且我們不太可能在發現我們損壞某些東西之前轉移到新任務上。當那些較小範圍的測試失敗時，我們也傾向於知道故障的地方，通常可以追溯到確切的程式碼行，每個測試都被更好地隔離，使我們更容易理解和修復故障。反過來說，如果我們只測試了一行程式碼，我們就不太可能相信我們的系統作為一個整體可以運作！

這個模型的問題在於，所有這些術語對不同的人都有不同的含義，尤其服務會過載，並且有許多單元測試的定義。如果我只測試一行程式碼，那測試是否會是單元測試呢？我的答案是肯定的；如果我測試多個函式或類別，它仍然會是單元測試嗎？我的答案是否

2　Mike Cohn，《*Succeeding with Agile*》（Upper Saddle River, NJ: Addison-Wesley, 2009）。

定的，但很多人可能會不同意！我傾向於堅持使用 *Unit* 和 *Service* 的名稱，儘管它們的定義有點模糊，另外，我還喜歡將 *UI* 測試稱為**端到端**測試，接下來我都這麼做。

實際上，每個我工作過的團隊都使用了與 Cohn 在金字塔中所使用的名稱不同的測試名稱。不管你要怎麼稱呼它們，關鍵是你需要不同範圍的功能自動化測試來用於不同的目的。

考慮到混淆的可能，因此有必要研究一下這些不同分層的含義。

讓我們看一個實際的例子。在圖 9-3 中，有我們的客服中心應用程式和我們的主網站，它們都與我們的 `Customer` 微服務互動以擷取、檢視和編輯使用者詳細資訊。我們的 `Customer` 微服務反過來與我們的 `Loyalty` 微服務對話，我們的使用者透過購買 Justin Bieber 的 CD 來累積點數。這顯然是我們整個 MusicCorp 系統的一小部分，但它足以讓我們深入研究我們可能想要測試的幾個不同場景。

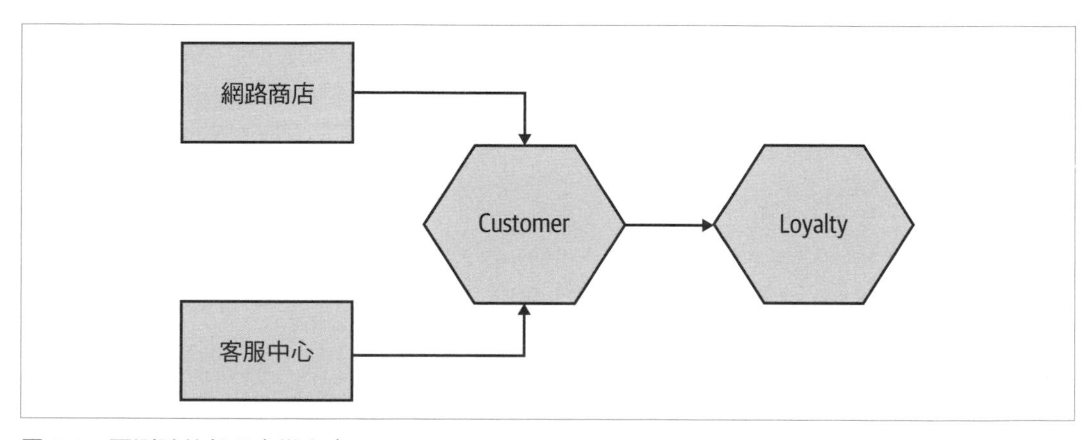

圖 9-3　要測試的部分音樂商店

單元測試

單元測試通常測試一個函式或方法呼叫，**測試驅動設計**（*test-driven design*，TDD）所衍生的測試將屬於這一類，由基於屬性的測試（property-based testing）相關技術所產生的各種測試也屬於此類。我們不會在這裡啟動微服務，而是限制使用外部文件或網路連接。一般而言，你需要進行大量此類測試，若做得對的話，在現代硬體上它們非常快速，你可以預期在不到一分鐘的時間內執行數以千計的測試。我知道很多人在內部變更文件時會自動執行這些測試，尤其是對於解釋型語言，這可以提供非常快的回饋循環。

單元測試可以協助我們開發者，因此以 Marick 的用語來說，它們是技術面向的，而不是業務面向的，它們也是我們希望捕獲大多數臭蟲的地方。因此，在我們的範例中，當我們考慮 Customer 微服務時，單元測試將單獨覆蓋一小部分程式碼，如圖 9-4 所示。

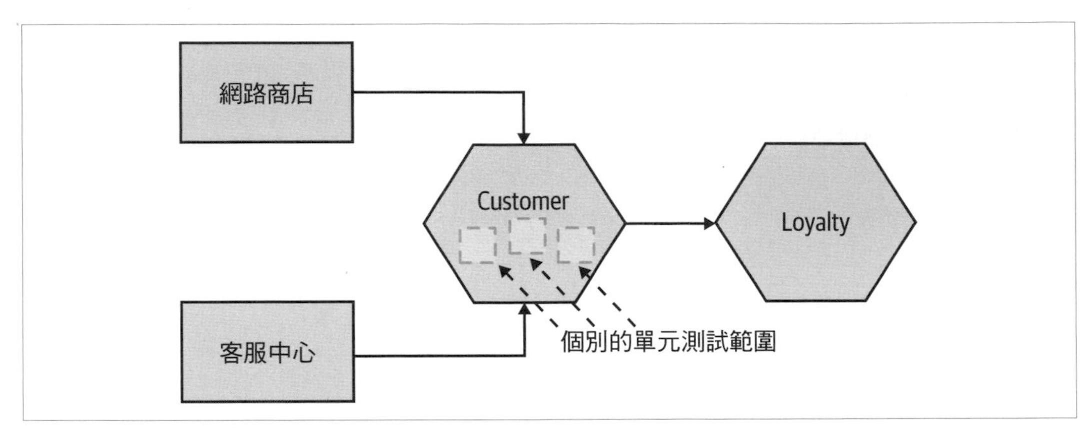

圖 9-4 範例系統的單元測試範圍

這些測試的主要目標是為我們提供關於我們的功能是否非常快速且正確的反饋。單元測試對於程式碼重構的支援也很重要，讓我們能安全順利地重新組織程式碼，因為我們知道如果我們犯了錯誤，我們的小範圍測試會馬上抓出這個問題。

服務測試

服務測試旨在繞過使用者介面並直接測試我們的微服務。在單體式應用程式中，我們可能只是測試為 UI 提供服務的一組類別。對於包含多個微服務的系統，服務測試將測試個別微服務的能力。

透過以這種方式針對單一微服務運行測試，我們對服務將按照我們預期的方式運行更有信心，但我們仍然保持測試範圍的隔絕離性。測試失敗的原因應該僅限於被測試的微服務。為了實作這種隔離性，我們需要 stub 所有外部協作者，以便只有微服務本身在範圍內，如圖 9-5 所示。

其中一些測試可能與我們的小範圍單元測試一樣快，但如果你決定針對真實資料庫進行測試，或透過網路存取被 stub（模擬及替換）的下游協作者，則測試時間可能會增加。這些測試所涵蓋的範圍比簡單的單元測試更大，因此當它們失敗時，與單元測試相比，更難檢測出問題所在。然而，它們的變動元件（moving part）較少，因而不像大範圍測試那樣脆弱。

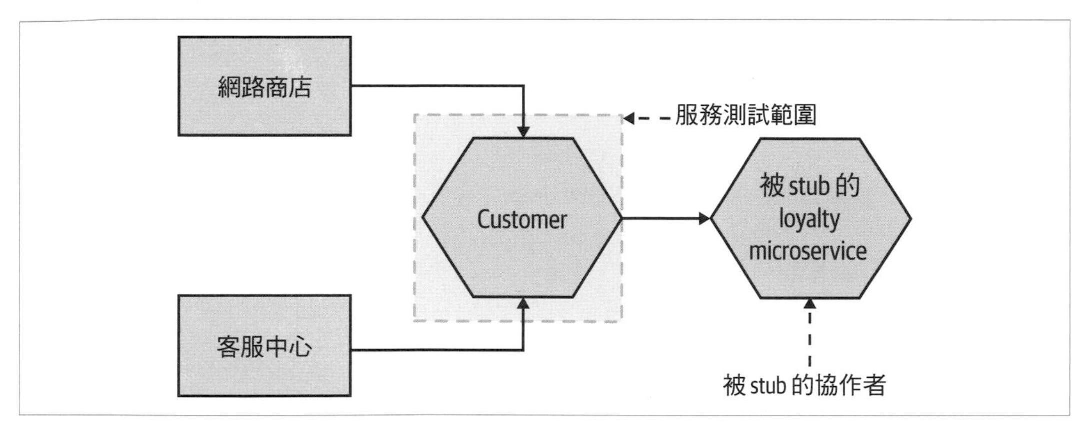

圖 9-5　範例系統上的服務測試範圍

端到端測試

端到端測試是針對整個系統運行的測試。它們通常會透過瀏覽器驅動 GUI，但也可以輕易地模擬其他類型的使用者互動，例如上傳檔案。

這些測試涵蓋了很多上執行緒程式碼，如圖 9-6 所示。因此，當它們通過測試時，你會感覺良好，對那些被測試的程式碼將在正式環境中順利運作充滿信心。然而，測試範圍增加也有缺點，正如我們很快就會看到的那樣，在微服務上下文中進行端到端測試可能非常棘手。

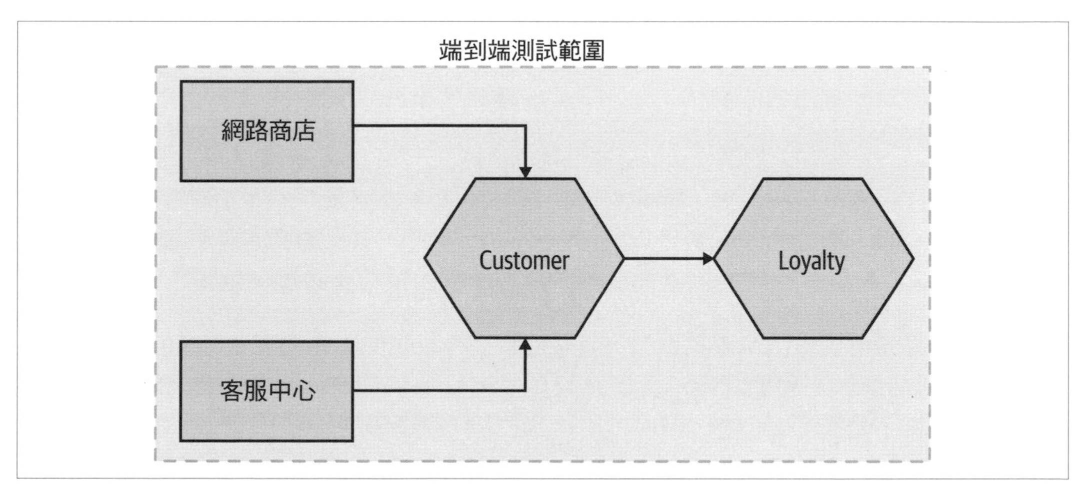

圖 9-6　範例系統的端到端測試範圍

那整合測試如何呢？

你可能會注意到我其實並沒有明確描述整合測試，這是故意的，因為我發現這個詞經常被不同的人用來描述不同類型的測試。對於某些人來說，整合測試可能只查看兩個服務之間的互動，或者程式碼和資料庫之間的綁定；但對於其他人，整合測試最終與完整的端到端測試相同。我試圖在本章中使用更明確的術語，我希望你可以容易地將你稱為「整合測試」的任何內容與我在此處使用的術語進行匹配。

權衡取捨

我們在金字塔所涵蓋不同類型的測試中，所努力爭取的是一種合理的平衡。我們希望快速地得到回饋，也希望對我們的系統運作有信心。

單元測試的範圍很小，因此當它們失敗時，我們可以快速找到問題。它們撰寫起來也很快，執行起來也很快。隨著我們的測試範圍越來越大，我們對我們的系統越來越有信心，但我們的反饋也開始受到影響，因為測試需要花費更多時間，而它們的撰寫和維護成本也更高。

你會經常調整每種類型的測試所需要的數量，來找到最佳均衡的狀態。是否發現你的測試組的執行時間太長？當較大範圍的測試（如服務測試或端到端測試）發生失敗時，我們會撰寫一個較小範圍的單元測試以更快發現問題，希望用更快、更小範圍的單元測試替換一些更大範圍但更慢的測試；另一方面，當一個臭蟲進到正式環境中時，這可能代表你錯過了測試。

那麼，如果這些測試各有利弊，你想要針對每一種做多少測試？基本原則是，每往金字塔下方移動一層，需要的測試數量可能多出一個數量級，但重要的是你要知道確實擁有不同類型的自動化測試，了解你當前的平衡是否會給你帶來問題也很重要！

舉例來說，我開發了一個單體式系統，其中我們有 4,000 個單元測試、1,000 個服務測試和 60 個端到端測試。我們判斷，從反饋的角度來看，我們有太多的服務和端到端測試（後者最糟糕，嚴重影響回饋循環），所以我們努力用範圍較小的範圍測試來替換範圍較大的測試。

一個常見的反模式通常被稱為**測試甜筒**（*test snow cone*）或倒金字塔（inverted pyramid）。在其中，幾乎沒有小範圍的測試，所有測試涵蓋度都集中在大範圍的測試中。這些專案的測試執行速度通常非常緩慢，回饋循環非常長。如果這些測試作為持續整合的一部分運行，你將不會得到很多建置版本，而且建置時間的本質意味著，當有東西損毀時，建置工作可能要中斷很長一段時間。

實作服務測試

整體來看，實作單元測試是一件相當簡單的事情，而且有大量文件解釋如何撰寫它們。服務測試和端到端測試則是更有趣的，尤其是在微服務的上下文中，所以這就是我們接下來要關注的。

我們的服務測試想要測試整個微服務中的一部分功能，並且只測試那個微服務。因此，如果我們想為圖 9-3 中的 `Customer` 微服務撰寫一個服務測試，我們將部署一個 `Customer` 微服務的實例，並且如前所述，我們希望 stub 我們的 `Loyalty` 微服務，能更好地確保任何的測試中斷可以對映到 `Customer` 微服務本身的問題。

正如我們在第 7 章中所探討的，一旦我們簽入我們的軟體，自動化建置做的第一件事就是為我們的微服務創建一個二進制產出物。例如，為該版本的軟體創建一個容器鏡像。因此部署它非常簡單，但是我們如何假造下游協作者的情形呢？

我們的服務測試組需要對下游協作者進行 stub，並配置被測試的微服務以連接到 stub service，然後，我們需要配置 stub 以將回應傳送回來，模擬真實世界的微服務。

Mock 或 Stub

當我談論 stub 下游協作者時，我的意思是我們創建了一個 stub service，針對來自被測試的微服務的已知請求進行預設回應。例如，我可能會告訴我的 stub `Loyalty` service，當它收到詢問客戶 123 的餘額時，應該返回 15,000，不管 stub 是否被呼叫 0 次、1 次或 100 次。這項機制的一個變形是使用 mock 而不是 stub。

在使用 mock 時，我實際上更進一步並確保進行了呼叫，如果未進行預期呼叫，則會導致測試失敗。實作這種方法需要我們對造假的協作者更加了解，如果過度使用它會導致測試變得脆弱。然而，如前所述，stub 並不關心它被呼叫了 0 次、1 次還是多次。

但有時，mock 對於確保預期的副作用發生非常有用。例如，我可能想檢查創建使用者時是否為該使用者設置了新的點數餘額。stub 與 mock 之間的平衡很微妙，在服務測試和單元測試中都充滿了挑戰。不過，總體來說，我在服務測試中使用 stub 遠多於 mock。有關此權衡取捨的更深入討論，請參考 Steve Freeman 和 Nat Pryce 共同著作的《*Growing Object-Oriented Software, Guided by Tests*》[3]。

一般來說，我很少使用 mock 來進行這種測試，然而若是擁有一個可以同時實作 mock 和 stub 的工具是很有用的。

雖然我覺得 stub 和 mock 實際上區別很大，但我知道這種區別可能會讓某些人感到困惑，尤其是當有些人使用其他術語時，例如 *fakes*、*spies* 和 *dummies*。Gerard Meszaros 將所有這些東西（包括 stub 和模擬）稱為「測試替身」（test double）（*https://oreil.ly/8Pp2y*）。

更聰明的 stub service

就 stub service 而言，我通常自行打造。我使用過各種機制，從 Apache Web 伺服器或 nginx 到嵌入式 Jetty 容器，甚至由命令行啟動的 Python Web Server 的所有內容來為此類測試使用情形啟動 stub 伺服器。在創建這些 stub 時，我可能一次又一次地複製了相同的工作。我在 Thoughtworks 的老同事 Brandon Byars 使用了名為 mountebank（*http://www.mbtest.org*）的 stub/mock server，這可能為我們當中的許多人節省了大量工作。

你可以將 mountebank 視為一個可透過 HTTP 編程的小型軟體裝置，它恰好是用 NodeJS 撰寫的，但這一事實對任何呼叫服務都是完全不透明的。當 mountebank 啟動時，你向它發送命令，告訴它創建一個或多個「冒牌者」（imposter），這些冒牌者將使用特定協定（目前支援 TCP、HTTP、HTTPS 和 SMTP）在給定埠口上回應，以及這些冒牌者在收到請求時應該傳送什麼回應。如果你想將其當作 mock，它還支援設定預期狀況（setting expectations）。由於單個 mountebank 實例可以支援創建多個冒牌者，因此你可以使用它來 stub 多個下游微服務。

mountebank 確實有自動化功能測試之外的用途。例如，Capital One 利用 mountebank 替換既有的 mock 基礎設施，以進行大規模效能測試[4]。

---

3 Steve Freeman 和 Nat Pryce 共同著作的《*Growing Object-Oriented Software, Guided by Tests*》（Upper Saddle River, NJ: Addison-Wesley, 2009）。

4 由 Jason D. Valentino 所發表的文章，「Moving One of Capital One's Largest Customer-Facing Apps to AWS」，Capital One Tech，2017 年 5 月 24 日，*https://oreil.ly/5UM5W*。

mountebank 的一個限制是它不支援訊息協定的 stub。舉例來說，如果你想確保透過訊息仲介正確發送（並且可能接收）一個事件，你不得不在別處尋找解決方案，而這是 Pact 可能能夠提供幫助的一個領域，而我們稍後會更詳細地介紹。

因此，如果我們只想為我們的 Customer 微服務運行我們的服務測試，我們可以在同一台機器上啟動 Customer 微服務和作為 Loyalty 微服務的 mountebank 實例。如果這些測試通過，我就可以立即部署 Customer 服務！或者我可以嗎？那些呼叫 Customer 的服務，就是客服中心和網路商店怎麼辦？我們知道我們是否進行了可能會破壞它們的變更嗎？當然，我們已經忘記了金字塔頂端的重要測試：端到端測試。

實作那些棘手的端到端測試

在微服務系統中，我們透過使用者介面公開許多微服務提供的功能。Mike Cohn 的金字塔中概述的端到端測試的重點是，透過這些使用者介面驅動功能對下面的所有內容進行驅動，進而為我們提供有關整個系統品質的一些反饋。

因此，要實作端到端測試，我們需要將多個微服務部署在一起，然後針對所有微服務進行測試。很明顯地，這個測試的範圍要來得大很多，從而使我們對系統的運作更有信心！另一方面，這些測試可能會變慢，使診斷失敗變得更加困難。讓我們使用前面的範例來深入研究它們，看看該如何將這些測試融入實際情況中。

想像一下，若我們想要推出一個新版本的 Customer 微服務，我們希望盡快將變更部署上線，但又擔心我們可能引入了會破壞服務台或網路商店的變更。讓我們先一起部署所有的服務，並針對客服中心和網路商店運行一些測試，看看我們是否引入了臭蟲。現在，有一種簡單的方法是直接將這些測試添加到我們的客戶服務管道的末端，如圖 9-7 所示。

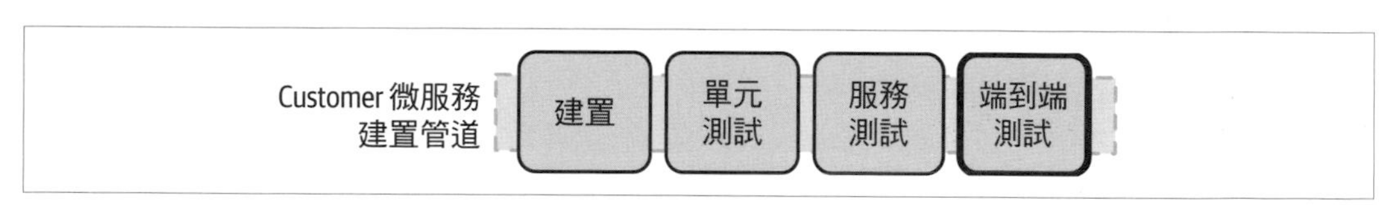

圖 9-7　添加我們的端到端測試階段：做法正確嗎？

到目前為止都還不錯，但是我們必須問自己的第一個問題是，我們應該使用哪個版本的其他微服務？我們是否應該針對客服中心和網路商店的上線版本進行測試嗎？這是一個合理的假設，但如果服務台或網路商店的新版本排隊等待上線怎麼辦？那我們應該怎麼做呢？

有另一個問題，如果我們有一組 `Customer` 端到端測試要部署大量微服務、並對它們執行測試，那麼其他微服務運行的端到端測試呢？如果它們正在測試相同的東西，我們可能會發現自己涵蓋了許多相同的範圍，並且可能會重複部署所有這些微服務的大部分工作。

我們可以透過將多個管道「fan-in」到單一端到端測試階段來優雅地處理這兩個問題。在這裡，當多個不同建置中的一個被觸發時，可能會導致共享的建置步驟被觸發。例如，在圖 9-8 中，四個微服務中任何一個的成功建置最終都會觸發共享的端到端測試階段。一些有較佳建置管道支援的 CI 工具將啟用現成的 fan-in 模型。

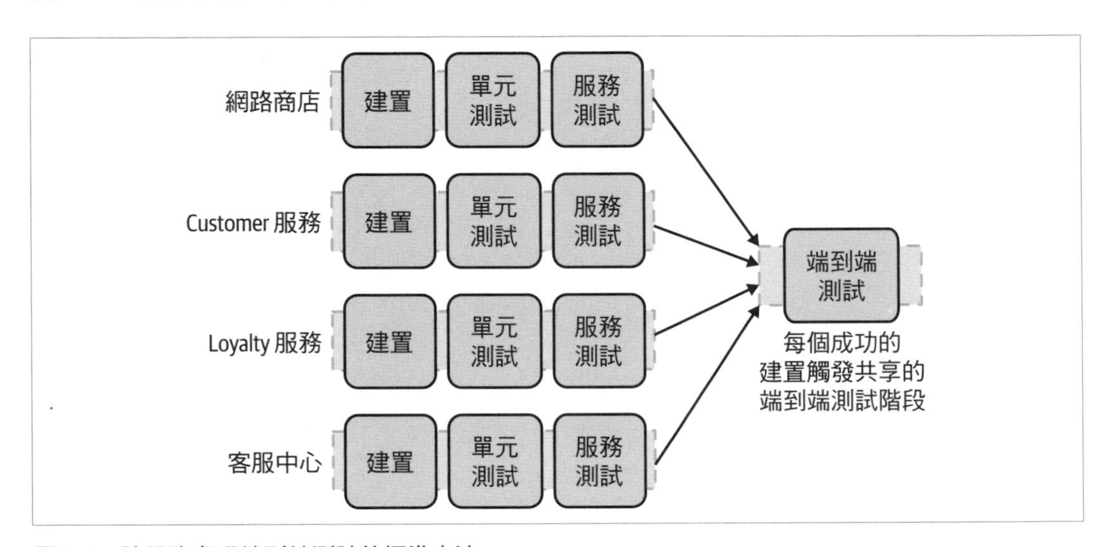

圖 9-8 跨服務處理端到端測試的標準方法

因此，每當我們的一項服務發生變化時，我們都會在該服務的內部執行測試，如果這些測試通過，我們就會觸發整合測試。但不幸的是，端到端測試還是有很多缺點。

詭異測試和脆弱測試

隨著測試範圍的增加，變動元件的數量也跟著增加，這些變動元件可能會導致測試失敗，這些失敗並不表示被測試的功能已損壞，但代表發生了一些其他問題。例如，如果我們有一個測試來驗證我們是否可以為一張 CD 下訂單，而且我們正在對四個或五個微服務運行該測試，如果其中任何一個出現故障，我們可能會遇到與該測試本身無關的失敗，同樣地，一個暫時性的網路故障可能導致測試失敗，但與受測功能無關。

變動元件越多，我們的測試就越脆弱（brittle），它們的確定性也就越低。如果你的測試**偶爾**失敗，但大部分人都只是重新執行它們，因為之後可能會再次成功通過，那麼這就是詭異測試（flaky test）。涵蓋許多不同行程的測試並不是唯一的罪魁禍首，在多執行緒（和跨多個行程）上執行功能的測試也經常有問題，一個失敗可能意味著競爭條件或等候逾時，或者功能實際上已損壞。詭異測試是敵人，在發生失敗時，它們並未提供我們很多資訊。我們重新執行我們的 CI 建置，希望它們稍後會再次通過，結果卻發現簽入堆積如山，突然間我們發現自己有大量損壞的功能。

當我們檢測到詭異測試時，我們必須盡最大努力將其剷除，否則，我們就會開始對「總是那樣失敗」的測試組失去信心。帶有詭異測試的測試組可能會成為 Diane Vaughan 所說的**異常正常化**（*normalization of deviance*）的受害者，換句話說，隨著時間的推移，我們會習慣於錯誤的事情，以致於我們開始接受它們是正常的而不是問題[5]。這非常人性化的傾向意味著我們需要盡快找到並消除這些詭異測試，在我們開始假設失敗的測試可接受之前。

在「Eradicating Non-Determinism in Tests」中[6]，Martin Fowler 提倡一種方法：如果你有詭異測試，你應該追蹤它們，如果你不能立即修復它們，請將它們從測試組中刪除，以便你可以處理它們。看看你是否可以改寫它們以避免用多執行緒的方式執行測試程式碼，看看能不能讓底層環境更加穩定。更好的做法是，看看你是否可以用一個比較不會出現問題的較小範圍測試來代替詭異測試。在某些情況下，改變受測試的軟體使其更易於測試也可能是正確的前進方向。

由誰撰寫這些端到端測試？

對於作為特定微服務管道一部分運行的測試，合理的起點是讓擁有該服務的團隊來撰寫這些測試（我們將在第 15 章中更深入討論服務所有權）。但是，如果我們考慮到我們可能涉及多個團隊，並且端到端測試的步驟實際上在團隊之間有效地共享，那麼，誰應該撰寫和負責這些測試呢？

我已經看到這裡引起了許多問題，因為這些測試變得對任何人都是開放的，所有團隊都被授予添加測試的權限，而無需了解整體測試組的健康狀況，這通常會導致測試範例爆增，有時會造成我們之前討論的測試甜筒。我也看過一些情況，因為這些測試沒有實際且明顯的所有權，所以某些人的測試結果被忽略了，當發生毀損時，大家都認為這是別人的問題，所以他們不在乎測試是否通過。

5 Diane Vaughan《*The Challenger Launch Decision: Risky Technology, Culture, and Deviance at NASA*》（Chicago: University of Chicago Press, 1996）。

6 Martin Fowler，「Eradicating Non-Determinism in Tests」，martinfowler.com，2011 年 4 月 14 日，*https://oreil.ly/7Ve7*。

這裡有一個解決方案是，將某些端到端測試指定為特定團隊的責任，即使它們可能跨越多個不同團隊正在處理的微服務。這是我第一次從 Emily Bache 那裡了解到的方法 [7]。這個想法是，即使我們在管道中使用了「fan-in」階段，他們也會將端到端測試組拆分為擁有不同團隊的功能組，我們將在圖 9-9 中看到。

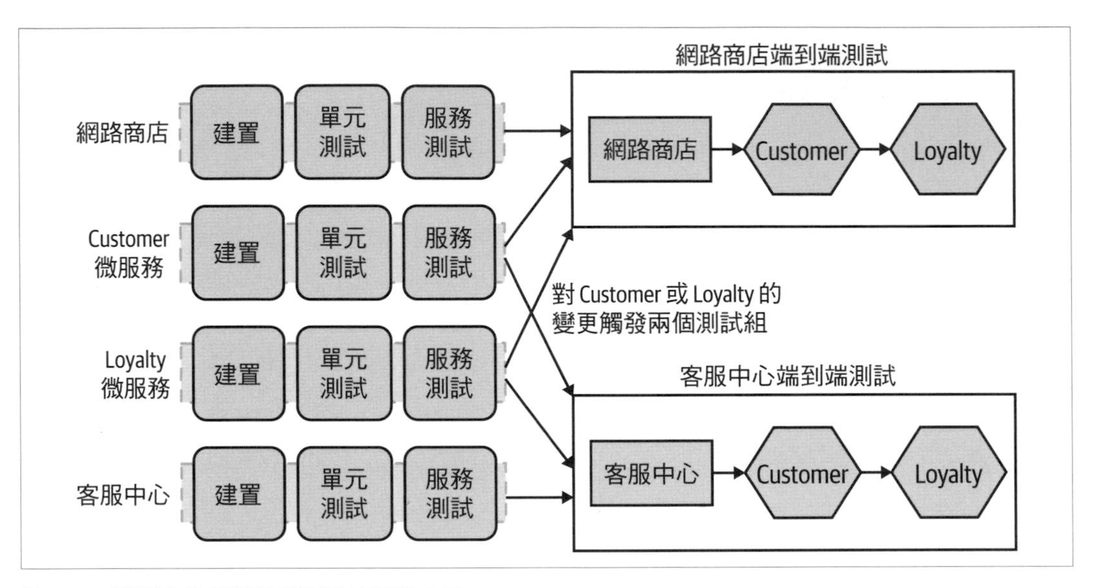

圖 9-9　跨服務處理端到端測試的標準方法

在此特定範例中，透過服務測試階段對 `Web Shop` 的變更將觸發關聯的端到端測試，測試組是由擁有 `Web Shop` 的同一團隊所擁有的。同樣地，對 `Helpdesk` 的任何變更也只會觸發相關的端到端測試，但是對 `Customer` 或 `Loyalty` 的變更兩組測試都會觸發，這可能導致我們遇到這樣一種情況：對 `Loyalty` 微服務所做的變更可能會破壞兩組端到端測試，這可能需要擁有這兩個測試組的團隊追蹤 `Loyalty` 微服務的所有者進行修復。儘管這個模型在 Emily 的範例中有所幫助，但正如我們所見，它仍然存在挑戰。從根本上來說，讓一個團隊自己負責測試是有問題的，因為來自不同團隊的人可能會導致這些測試失敗。

有時，組織的決定是讓專門的團隊撰寫這些測試，但這可能是災難性的，因為開發軟體的團隊變得與程式碼測試越來越疏遠，循環時間會增加，因為服務所有者最終等待測試團隊為其剛剛建立的功能撰寫端到端測試。也因為另一個團隊撰寫這些測試，撰寫服務的團隊較少參與，因此不太可能知道如何執行和修復這些測試。很不幸的，這仍然

7　Emily Bache，「End-to-End Automated Testing in a Microservices Architecture—Emily Bache」，NDC Conferences，2017 年 7 月 5 日，YouTube 影片，56:48，NDC Oslo 2017，*https://oreil.ly/QX3EK*。

是一種常見的組織模式，但我所看到的是，每當團隊疏於為他們當初寫的程式碼撰寫測試時，就會造成重大損害。

把這方面做好真的很難，我們一方面不想重複工作，另一方面也不想完全集中讓建置服務的團隊離事物太遠。如果你能找到一種乾淨的方式將端到端測試分配給特定團隊，那就去做吧；如果不是，而你找不到刪除端到端測試並用其他東西替換它們的方法，那麼你可能需要將端到端測試組視為共享的程式碼基礎，但這需要具有共同所有權。團隊可以自由簽入此套件，但維持整體測試組健康的責任必須由開發服務的各個團隊一同承擔。如果你想在多個團隊中廣泛使用端到端測試，我認為這種方法是必不可少的。最終，我相信在一定級別的組織規模上，出於這個原因，你需要遠離跨團隊的端到端測試。

端到端測試應該執行多久？

這些端到端測試可能需要一段時間，可能需要長達一天的時間才能運行，在我參與的一個專案中，完整的回歸測試組竟然需要六個星期！我很少看到團隊妥善規劃他們的端到端測試組以減少測試覆蓋率的重疊，或者花足夠的時間來提高它們的速度。

這種緩慢的速度，再加上這些測試往往不太穩定，可能是一個主要的問題。一個測試組需要一整天的時間並且經常出現與損壞功能無關的損壞，這絕對是一場災難。即使你的功能**出現**故障，你也可能需要花費數小時才能發現，而此時你可能已經繼續其他活動，要將大腦的上下文切換回來，以便解決這個問題，是一件很痛苦的事情。

我們可以透過平行運行測試來改善其中的一些問題。舉例來說，可以使用 Selenium Grid 等工具，但是這種方法並不能替代實際了解需要測試的內容、並主動**刪除**不再需要的測試。

移除測試有時是一項令人擔憂的工作，我懷疑嘗試這樣做的人與想要取消某些機場安全措施的人有很多共同之處。無論安全措施多麼無效，任何關於取消它們而引起一些下意識的情緒性反應，同聲譴責有關單位不關心人們的死活，或者想要讓恐怖分子趁虛而入，很難就某物增加的價值與它帶來的負擔進行平衡的對話，而這也可能是一個關於風險 / 報酬的困難權衡。刪除了某個測試，你也許會得到感謝，但是如果你刪除的測試引進了臭蟲，你肯定會受到指責。然而，當涉及到更大範圍的測試組時，這正是我們必須能夠做到的。如果 20 個不同的測試涵蓋相同的功能，也許我們可以去掉其中的一半，因為這 20 個測試需要花費 10 分鐘來執行！這需要更好地了解風險，而這正是人類所不擅長的，結果，這種對更大範圍、高負擔測試的聰明管理行為很少發生。希望人們更傾向於這樣做與讓它實際發生完全不是同一回事。

堆積如山

當涉及到開發者的生產力時，與端到端測試相關的回饋循環太長不僅僅是一個問題，使用冗長的測試組，任何中斷都需要一段時間來修復，這減少了我們預期端到端測試能通過的時間總量。如果我們只部署已經成功通過所有測試的軟體（我們理應這樣做！），這意味著我們的服務很少能夠部署到正式環境中。

這可能會導致堆積（pile-up）。在修復損壞的整合測試階段時，更多來自上游團隊的變更可能會堆積，除了這會使建置工作變得更難修復之外，這代表要部署的變更範圍會增加。處理此問題有個理想的方法，就是如果端到端測試失敗，就不允許人們簽入程式碼，但鑑於測試組時間冗長，這往往是不切實際的。舉例來說，「你們 30 個開發者在我們修復這個長達 7 小時的建置工作之前不要簽入！」但是，允許簽入損壞的端到端測試組確實解決了錯誤的問題。如果你允許簽入損壞的建置，則建置工作可能會保持損壞的時間更長，進而削減了其作為向你提供有關程式碼品質快速反饋之一種方式的有效性。正確的答案是要使測試組更快。

部署的範圍越大，發布的風險也越高，我們就越有可能破壞某些東西，所以我們要確保我們可以頻繁地發布小的且經過充分測試的變更。當端到端測試減慢我們發布小變更的能力時，它們最終可能弊大於利。

Metaversion

透過端到端測試步驟，很容易開始思考，*我知道這些版本的所有這些服務都可以一同運作，那麼為什麼不將它們全部部署在一起呢*？這很快就變成了這樣的反思：*為什麼針對整個系統使用版本編號呢*？引用 Brandon Byars（*https://oreil.ly/r7Mzz*）的話，出自「現在你有 2.1.0 的問題。」

透過將針對多個服務所做的變更一起進行版本控制，我們有效地接受了同時變更和部署多個服務是可以被接受的想法，這也成為了常態。然而，在這樣做的過程中，我們放棄了微服務架構的主要優勢之一：能夠獨立於其他服務單獨部署一項服務。

很多時候，接受多個服務一起部署的方法會陷入服務變得耦合的情況。不久之後，原本獨立的服務漸漸糾結在一起，而你永遠不會注意到，因為你從未嘗試單獨部署它們。最後，你會陷入混亂，你必須同時協調多個服務的部署，正如我們之前討論的那樣，這種耦合可能會讓我們處於比使用一個單體式應用程式更糟糕的地步。

這是非常不好的。

缺乏可獨立測試性

我們經常回到可獨立部署性這一主題，這個主題是促進團隊以更自主的方式工作的重要性質，也讓交付軟體更有效率。如果你的團隊獨立工作，那麼他們應該能夠獨立進行測試。正如我們所見，端到端測試會降低團隊的自主性，並可能迫使提高協作的層級，同時也會帶來相關的挑戰。

對可獨立測試性（independent testability）的推動，將延伸到我們對與測試相關之基礎設施的使用。一般來說，我看到人們不得不使用共享測試環境，在其中執行來自多個團隊的測試，這樣的環境通常受到高度限制，任何問題都可能導致重大問題。理想情況下，如果你希望你的團隊能夠以獨立的方式進行開發和測試，他們也應該擁有自己的測試環境。

《*Accelerate*》一書中的研究總結說道，高績效團隊更有可能「按需求進行大部分測試，而不需要整合測試環境[8]」。

你應該避免端到端測試嗎？

儘管存在上述缺點，但對於許多使用者而言，端到端測試仍可以透過少量微服務來進行管理，並且在這些情況下它們仍然非常合理。但是若有 3、4、10 或 20 個服務會發生什麼呢？很快地，這些測試組會變得非常臃腫，並且，在最壞的情況下，它們可能會在被測試場景中導致類似笛卡爾式的大爆炸。

事實上，即使有少量微服務，當你有多個團隊共用端到端測試時，這些測試也會變得困難。使用共享的端到端測試組，你會破壞可獨立部署性的目標。原先你團隊部署微服務的能力，現在需要讓一個由多個團隊共享的測試組能通過。

當我們使用前述的端到端測試時，我們試圖解決的關鍵問題之一是什麼呢？我們正在努力確保當我們將新服務部署上線時，我們的變更不會破壞到消費者使用。現在，正如我們在第 132 頁的「結構契約破壞與語意契約破壞」中詳細介紹的那樣，為我們的微服務介面提供顯示綱要可以幫助我們捕捉結構破壞，這絕對可以減少對更複雜的端到端測試的需求。

8 Nicole Forsgren、Jez Humble 和 Gene Kim 共同合著的《*Accelerate: The Science of Building and Scaling High Performing Technology Organizations*》（Portland, OR: IT Revolution, 2018）。

但是，綱要無法識別語意破壞，意即由於向後不相容而導致中斷的行為變化。端到端測試絕對可以幫助捕獲這些語意破壞，但這樣做的代價很大。理想情況下，我們希望擁有某種類型的測試，可以檢測語意破壞的變更並在限縮的範圍內運行，進而提高測試的隔離性（再更進一步提高反饋速度）。這就是契約測試和消費者驅動的契約測試的使用意義。

契約測試和消費者驅動契約測試（CDC）

透過**契約測試**（*contract test*），其微服務使用外部服務的團隊撰寫測試來描述它預期外部服務的行為方式，這不是關於測試你自己的微服務，而是關於指定你預期外部服務的行為方式。這些契約測試有用的主要原因之一，是它們可以針對你所使用的代表外部服務的任何 stub 或 mock 運行。當你運行自己的 stub 時，你的契約測試應該通過，就像它們應該通過真正的外部服務一樣。

當用作**消費者驅動契約測試**（*consumer-driven contract*，CDC）的一部分時，契約測試變得非常有用。契約測試實際上是消費者（上游）微服務預期生產者（下游）微服務如何表現之明確的、程序化的表示。使用 CDC，消費者團隊確保與生產者團隊共享這些契約測試，以允許生產者團隊確保其微服務滿足這些預期。通常，這是透過讓下游生產者團隊為每個消費微服務運行消費者契約來完成的，作為將在每個建置上運行之測試組的一部分。從測試反饋的角度來看，非常重要的是，這些測試只需要針對單一生產者獨立地執行，因此它們可以比它們可能取代的端到端測試更快，也更可靠。

舉個例子，讓我們回顧一下之前的場景。`Customer` 微服務有兩個獨立的消費者：服務台和線上商店，這兩個消費應用程式都對 `Customer` 微服務的行為方式有預期。在此範例中，你為每個消費者創建一組測試：一個代表服務台對 `Customer` 微服務的預期，另一組代表獻上商店的預期。

因為這些 CDC 是對 `Customer` 微服務應該如何表現的預期，所以我們只需要運行 `Customer` 微服務本身，這意味著我們具有與服務測試相同的有效測試範圍。它們具有相似的效能特徵，並且排除任何外部依賴項，只需要我們運行 `Customer` 微服務本身。

這裡有一個好做法，讓生產者和消費者團隊的人員共同創建測試，因此也許來自線上商店和客服中心團隊的人員與來自客戶服務團隊的人員一起參與。可以說，消費者驅動契約同樣是為了在需要的時候，能夠在微服務和使用它們的團隊之間建立清晰的溝通和協作。事實上，實作 CDC 只是使團隊間必須擁有的溝通更加明確。在跨團隊協作中，CDC 是對 Conway 定律的明確提醒。

CDC 在測試金字塔中與服務測試處於同一級別，儘管測試的重點非常不同，如圖 9-10 所示。這些測試著重在消費者將如何使用服務。與服務測試相比，如果它們中斷，則觸發條件將會有很大不同。如果這些 CDC 之一在建置 `Customer` 服務期間中斷，則哪個消費者會受到影響是很明顯的，此時，你可以修復問題，也可以按照我們在第 133 頁的「處理微服務之間的變更」中所討論的方式開始討論是否要引入重大變更。因此，借助 CDC，我們可以在我們的軟體上線之前識別出重大變更，而無需使用可能昂貴的端到端測試。

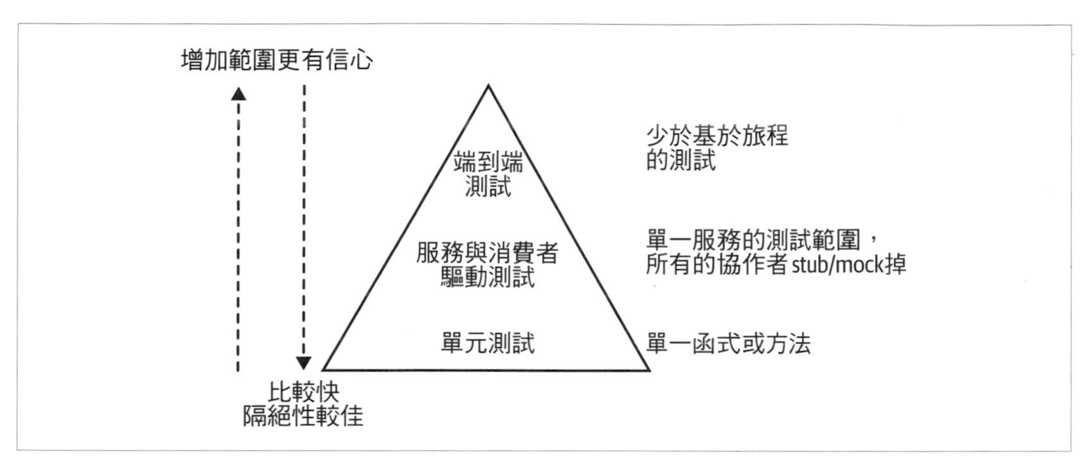

圖 9-10　將消費者驅動的測試整合到測試金字塔中

Pact

Pact（*https://pact.io*）是一種消費者驅動的測試工具，最初是在 realestate.com.au 內部開發的，但現在是開放資源。Pact 最初僅用於 Ruby 並且只專注於 HTTP 協定，現在支援多種語言和平台，例如 JVM、JavaScript、Python 和 .NET，並且還可以用於訊息互動。

使用 Pact，首先你使用支援語言之一的 DSL 來定義生產者的預期，然後你啟動一個內部 Pact 伺服器，並針對它運行此預期以創建 Pact 規格檔。Pact 檔案只是一個正式的 JSON 規格；當然，你可以手動撰寫這些東西，但使用特定於語言的 SDK 要來得容易很多。

該模型的一個非常好的特性是，用於生成 Pact 檔案的內部運行 mock server 也可以作為下游微服務的內部 stub。透過在內部定義你的預期，你正在定義這個本地 stub service 應該如何回應，這可以取代對 mountebank 等工具的需求（或你自己的手動 stub 或 mock 解決方案）。

在生產者端，你透過使用 JSON Pact 規格來驅動對微服務的呼叫並驗證回應來驗證此消費者規格是否得到滿足。為此，生產者需要訪問 Pact 檔案。正如我們之前在第 191 頁的「將原始碼和建置對映到微服務」中討論的那樣，我們希望消費者和生產者隸屬於不同建置。這代表著我們需要某種方式讓這個將被生成到消費者建置中的 JSON 檔能由生產者來提供。

你可以將 Pact 檔案儲存在 CI/CD 工具的產出物儲存庫中，或者你可以使用 Pact Broker（*https://oreil.ly/kHTkY*），它允許你儲存多個版本的 Pact 規格，這可以讓你針對多個不同類型的消費者來運行消費者驅動契約測試。例如，如果你想針對正式環境中的消費者版本和最近建置的消費者版本進行測試。

Pact Broker 實際上具有許多有用的功能，除了充當可以儲存契約的地方之外，你還可以了解這些契約的驗證時間。此外，因為 Pact Broker 知道消費者和生產者之間的關係，所以它能夠向你展示哪些微服務依賴於哪些其他微服務。

其他選項

Pact 並不是關於消費者驅動契約之執行工具的唯一選擇。Spring Cloud Contract（*https://oreil.ly/fjufx*）就是其中一個例子。然而，值得注意的是，與 Pact 從一開始就被設計為支援不同的技術堆疊不同，Spring Cloud Contract 實際上只在純 JVM 生態系統中有用。

關於對話

在 Agile 中，故事（story）通常被當作是對話（conversation）的預設文字（placeholder），CDC 也是這樣，它們編纂一組關於服務 API 應該如何的討論，當它們中斷時，它們成為關於 API 應該如何發展的對話的觸發點。

重要的是，要了解 CDC 需要消費者和生產服務之間的良好溝通和信任。如果雙方在同一個團隊中（或者是同一個人），那麼這應該不難。但是，如果你正在使用由第三方提供的服務，你可能沒有足夠的溝通頻率或信任度來使 CDC 發揮作用。在這些情況下，你可能不得不在*無法完全信任*的元件周圍進行有限的較大範圍的整合測試。或者，如果你正在為成千上萬的潛在消費者創建 API，例如使用公開可用的 Web 服務 API，你可能必須自行扮演消費者的角色（或者可能與你的部分消費者一起合作）來定義這些測試。毀損大量的外部消費者是一個非常糟糕的主意，所以如果有這層顧慮，CDC 的重要性就會增加！

最後的話

正如本章前面詳細概述的那樣，端到端測試有許多缺點，隨著添加更多的被測試變動元件，這些缺點會顯著地增加。透過與已經大規模實作微服務一段時間的人們交談，我了解到他們之中的大多數人，會隨著時間的推移完全消除了端到端測試的需要，轉而採用其他機制來驗證其軟體的品質。例如，顯式綱要和 CDC 的使用、正式環境的測試，或者我們討論過的一些漸進式交付技術，例如灰度發布。

你可以在上線部署之前查看端到端測試的運行情況作為輔助輪（training wheels）。當你學習 CDC 的工作方式並改進你的上線監控和部署技術時，這些端到端測試可能會形成一個有用的安全網，你可以用循環時間來降低風險。但是，隨著你改進其他領域，並且隨著創建端到端測試的相對成本增加，你可以開始減少對端到端測試的依賴，直至不再需要它們。然而。在沒有完全理解你丟失了什麼的情況下，放棄端到端測試可能是一個壞主意。

很顯然地，你會比我更了解你自己組織的風險狀況，但我會敦促你仔細思考你實際需要進行多少端到端測試。

開發者體驗

隨著開發者發現需要在越來越多的微服務上工作時，可能會出現的重大挑戰之一是，開發者的體驗可能會開始受到影響，原因很簡單，因為他們試圖在本地運行越來越多的微服務。這通常發生的情況，是在開發者需要運行連接多個非 stub 微服務的大範圍測試。

這成為問題的速度將取決於許多因素：一個開發者需要在本地運行多少個微服務，這些微服務是用哪些技術堆疊撰寫的，本地機器的能力都能發揮作用。就其初始佔用空間而言，一些技術堆疊更需要資源，基於特別是 JVM 的微服務，另一方面，一些技術堆疊可以產生具有更快、更輕量資源佔用的微服務，也許這將讓你在本地運行更多微服務。

應對這一挑戰的一種方法是讓開發者在雲端環境中進行開發和測試工作，這個想法是你可以擁有更多可用資源來運行你需要的微服務。除了此模型要求必須連接到雲端資源這一事實之外，另一個主要問題是你的回饋循環可能會受到影響，如果你需要在本地變更程式碼並將此程式碼的新版本（或本地建置的產出物）上傳到雲端，則可能會明顯地延遲到你的開發和測試循環，尤其是當你在網路受到限制的世界。

完整的雲端開發是解決回饋循環問題的一種可能性，現在由 AWS 擁有的 Cloud9 等以雲端為基礎的 IDE 已經說明了這是可能的；然而，雖然這樣的事情可能是未來的發展，但對於我們絕大多數人來說肯定不是現在。

從根本上說，我確實認為使用雲端環境允許開發者在他們的開發和測試週期中運行更多的微服務，這其實並沒有抓住重點，除了反而導致更高的成本之外，還比需要的更複雜。理想情況下，你希望開發者只需要運行他們實際使用的微服務，如果開發者所在的團隊擁有五個微服務，那麼該開發者需要能夠盡可能有效地運行這些微服務，為了獲得快速反饋，我總是傾向於讓他們在本地運行。

但是，如果你的團隊所擁有的五個微服務想要呼叫其他團隊所擁有的其他系統和微服務怎麼辦？若沒有它們，本地開發和測試環境將無法執行嗎？在這裡，stub 再次派上用場。我應該能夠建立本地 stub 來模擬超出我團隊範圍的微服務。你應該在本地執行的是你正在處理的微服務。如果你在一個需要處理數百種不同微服務的組織中工作，那麼你將面臨更大的問題需要處理，這也將是我們在第 464 頁「強大與集體所有權」中更深入探討的主題。

從預生產測試到上線後測試

從歷史上看，測試的大部分重點是在我們上線之前測試我們的系統。透過測試，我們正在定義一系列模型，我們希望藉由這些模型來證明我們的系統在功能和非功能方面，是否按我們所希望的方式運作和表現。但是如果我們的模型不完美，當我們的系統被不當使用時，我們就會遇到問題，臭蟲會潛入上線，新的失敗模式被發現，而使用者將會以我們無法預料的方式使用系統。

對此的一種常見的反應是定義越來越多的測試，並改進我們的模型，以儘早發現更多問題、並減少我們在正式環境運行系統時遇到的問題數量。然而，在某個時刻，我們不得不接受我們用這種方法會使收益遞減。透過在部署之前進行測試，我們無法將失敗的可能性降低歸零。

分散式系統的複雜性使得我們在上線之前，要捕獲所有可能發生的潛在問題是不可行的。

一般而言，測試的目的是向我們提供有關我們的軟體是否具有足夠品質的反饋。在理想情況下，我們希望盡快獲得反饋，並且我們希望能夠在終端使用者遇到問題之前發現我們的軟體是否存在問題。這就是為什麼在我們發布軟體之前要進行大量測試的原因。

但是，將我們自己限制只能在預正式環境中進行測試會妨礙我們，我們正在減少可以發現問題的地方，並且我們還消除了在最重要的位置（將要使用軟體的地方）測試軟體品質的可能性。

我們可以也應該考慮在正式環境中應用測試，這可以以很安全的方式完成，並且可以提供比預生產測試更高品質的反饋，而且正如我們所見，無論你是否有意識到，這很可能是你目前已經在做的事情。

上線後測試的類型

我們可以在正式環境中進行一長串從簡單到複雜的不同測試。首先，讓我們考慮一些像 ping 檢查（ping check）這樣簡單的事情，以確保微服務處於活動狀態。簡單地檢查微服務實例是否正在運行是一種測試，我們只是不認為它是一種測試，因為它是一種通常由「操作」人員處理的活動。但從根本上說，像確定微服務是否啟動這樣簡單的事情是可以被視為測試，我們經常在我們的軟體上運行。

冒煙測試（smoke test）是上線後測試的另一個例子，冒煙測試通常作為部署活動的一部分，可確保部署的軟體正常運行。這些冒煙測試通常會在真正的、正在運行的軟體發布給使用者之前進行（稍後會詳細介紹）。

我們在第 8 章中介紹的灰度發布也是一種關於測試的機制，我們向一小部分使用者發布了我們軟體的新版本，以「測試」它是否正常工作。如果確定是正常運作，也許我們可以以完全自動化的方式，將軟體推送到我們更多的使用者。

上線後測試的另一個範例是，將假的使用者行為注入系統以確保其按預期工作，舉例來說，為假使用者下訂單，或在真實正式系統中註冊新的（假的）使用者。這種類型的測試有時會被反對，因為人們擔心它可能對正式系統產生影響。因此，如果你創建這樣的測試，請確保它們是安全的。

使上線後測試安全

如果你決定在正式環境中進行測試，你也應該這樣做，重要的是測試不會因著引入系統不穩定或污染正式資料而導致正式環境出問題。例如 ping 一個微服務實例以確保其處於活動狀態這樣簡單的操作，這很可能是安全操作。如果這會導致系統不穩定，你可能會遇到非常嚴重的問題需要解決，除非你不小心將健康檢查系統設成內部拒絕的服務攻擊。

冒煙測試通常是安全的，因為它們執行的操作通常在軟體發布之前，並且是在軟體上完成。正如我們在第 250 頁的「將部署與發布分開」中所探討的那樣，將部署與發布的概念分開可能非常有用。對於上線後測試，在發布之前對部署上線的軟體進行的測試應該是安全的。

人們往往最關心像是將假的使用者行為注入系統之類事情的安全性。我們不希望訂單真的出貨或真的付款，這是需要適當注意和關注的事情。儘管存在挑戰，但這種類型的測試可能會非常有益。我們將在第 309 頁的「語意監控」中回到這一點。

平均修復時間超過平均故障間隔時間？

因此，透過研究藍綠部署或灰度發布等技術，我們找到了一種更接近、甚至是在正式環境進行測試的方法，並且我們還建立了工具來幫助我們在發生故障時進行管理。使用這些方法是預設我們無法在實際發布軟體之前發現所有問題。

有時，花費同樣的精力來更好地修復發生的問題，比添加更多的自動化功能測試更有助益，在 Web 營運領域，這通常被稱為最佳化**平均故障間隔時間**（*MTBF*）和最佳化**平均修復時間**（*MTTR*）之間的權衡。

減少恢復時間的技術可以像非常快速的回滾（rollback），再搭配良好的監控（我們將在第 10 章中討論）。如果我們能及早發現正式環境中的問題並及早回滾，我們就可以減少對使用者的影響。

對於不同的組織，MTBF 和 MTTR 之間的權衡會有所不同，這很大程度上，是取決於了解故障在正式環境中的真正影響。然而，我看到的大多數組織都花時間創建功能測試組，通常很少或根本不花精力在更好的監控或失敗回復機制。因此，雖然他們可以減少最初發生的缺陷數量，但他們無法消除所有缺陷，並且如果在上線後突然出現問題，他們也沒有做好處理的準備。

除了 MTBF 和 MTTR 之間的權衡之外，還存在著權衡取捨。例如，如果你試著釐清是否真的有人將會使用你的軟體，在建置強大的軟體之前，現在就需要拿出一些東西來證明你的想法或商業模式，這可能更有意義。在此情況下，測試可能有點「殺雞用牛刀」，因為不知道你的想法是否能有效的影響遠大於正式環境中存在著缺陷，在這些情況下，完全避免在上線前進行測試是非常明智的。

跨功能測試

本章的大部分內容都集中在測試特定的功能，以及在測試基於微服務的系統時有何不同，然而，還有另一類測試需要討論。**非功能性需求**（*nonfunctional requirements*）是一個總稱，用於描述你的系統所表現出來的那些不能像普通功能一樣簡單實作的特徵，包括了網頁的可接受延遲、系統應支援的使用者數量、你的使用者介面對殘障人士的可訪問性或使用者資料的安全性等方面。

非功能性這一詞所涵蓋的一些內容，雖然不太合我的意，但在本質上似乎非常實用。我以前的同事 Sarah Taraporewalla 提出了**跨功能需求**（*cross-functional requirements*，CFR）這個詞，我非常喜歡這個詞，因為它更說明了這些系統行為實際上只是作為大量跨功能工作的結果而出現的。

許多（甚至是大多數）CFR 實際上只能在正式環境才會遇到。換句話說，我們可以定義測試策略來幫助我們了解現在是否正朝著實作這些目標邁進。而這些類型的測試屬於特性測試象限，此類測試的一個很好的例子就是效能測試，我們將在稍後進行更深入的討論。

你可能希望在單一微服務層級追蹤某些 CFR。例如，你可能認為支付服務所需的服務持久性明顯更高，但你對音樂推薦服務則允許較長的服務暫停時間，因為你知道即使有 10 分鐘左右的時間無法推薦 Metallica 之類的天團或音樂家，你的核心業務還是能夠生存下去，這些權衡最終將對你設計和發展系統的方式產生重大影響，並且基於微服務系統的細微化本質再次為你提供更多機會進行這些權衡。在查看給定微服務或團隊可能必須負責的 CFR 時，它們通常會作為團隊服務級別目標（service-level objectives，SLO）的一部分，這是我們在第 303 頁「我們做得好嗎？」中進一步探討的主題。

與 CFR 相關的測試也應該遵循金字塔的原則。有些測試必須是端到端的，例如負載測試，但其他測試則不然。舉例來說，一旦你在端到端負載測試中發現了效能瓶頸，就撰寫一個範圍較小的測試來幫助你在未來發現問題。其他 CFR 則很容易適合較快速的測試。我記得在一個專案中，我們一直堅持確保我們的 HTML 標記使用適當的輔助功能來幫助殘障人士使用我們的網站，檢查生成的標記以確保可以非常快速地完成適當的控制，而無需任何網路往返。

很多時候，我們都會太晚將 CFR 納入考慮範圍。我強烈建議你儘早查看你的 CFR，並定期審查它們。

效能測試

效能測試值得明確指出，以確保我們的某些跨功能需求能夠得到滿足。在將系統分解為更小的微服務時，我們會增加跨網路邊界進行的呼叫數量。以前的操作可能涉及一個資料庫呼叫，現在可能涉及跨越網路邊界到其他服務的三個或四個呼叫，以及匹配數量的資料庫呼叫。所有這些都會降低我們系統的運行速度，特別是追蹤延遲的來源很重要。當你有一個由多個同步呼叫組成的呼叫鏈時，如果呼叫鏈的任何部分開始運作緩慢，一切都會受到影響，並可能導致重大影響，這使得有辦法測試你應用程式的效能，比使用更單一的系統更為重要。此類測試延遲的原因通常是因為最初沒有足夠的系統可供測試。我可以理解這個問題，但它經常導致遇到許多問題障礙。效能測試通常只在第一次上線之前進行，如果有的話，千萬不要落入這個陷阱。

與功能測試一樣，你可能想要混合使用，你可能決定隔離個別服務的效能測試，但先從檢查系統中核心旅程的測試開始。你或許能夠進行端到端的旅程測試，並簡單地批量運行這些測試。

為了產生有價值的結果，你通常需要在模擬客戶數量逐漸增加的情況下來執行特定的場景，這使你可以查看呼叫延遲如何隨負載增加而變化，也代表著效能測試可能需要花一段間來執行。此外，你會希望系統盡可能地符合正式環境，以確保你所看到的結果說明著你對正式系統的預期效能。而這可能意味著你需要獲取更多類似於正式系統的資料量，並且可能需要更多機器來匹配基礎設施，這些任務可能具有挑戰性。即使你努力使效能環境像真正的正式環境一樣，測試在追蹤瓶頸方面仍然有價值。請注意，你可能會得到「誤判為非」（false negatives）的結果，甚至更糟的是「誤判為是」（false positives）的結果。

由於執行效能測試需要時間，因此在每次簽入時執行它們並不總是可行的。大部分的做法是每天執行一個子集，每週執行一個更大的集合。無論你選擇哪種方法，請確保盡可能定期運行測試。越久沒有執行效能測試，就越難追查真正的問題所在。效能問題尤其難以解決，因此如果你能夠減少為了追查新問題所需檢視的提交數量，你就會輕鬆很多。

另外，務必確保你也會查看結果。我遇到過很多團隊，他們投入了大量工作來實作和執行測試，但從未真正檢查結果，這讓我感到非常驚訝。這通常是因為人們不知道「好的」結果是什麼。而你真的需要有目標，當你提供要用作更廣泛架構一部分的微服務時，通常會有你所承諾交付的特定預期，也就是之前提到的 SLO。如果作為其中的一部分，你承諾提供一定水平的效能，那麼任何自動化測試都可以向你提供有關是否可能達到（並有望超過）該目標的反饋。

用以代替特定的效能目標，自動化效能測試仍然非常有用。如果你做出的改變導致效能急劇下降，它還可以幫助你了解微服務的效能會如何隨著你的變更而變化。因此，如果從一個建置版本到下一個建置版本的效能差異太大，則特定目標的替代方案可能會導致測試失敗。

效能測試需要與了解真實系統效能（我們將在第 10 章詳細討論）同時進行。理想情況下，你將在效能測試環境中使用與正式環境中的相同工具來呈現系統行為，這種方法可以讓你比較相似的東西。

強健性測試

微服務架構的可靠性通常取決於其最薄弱的環節，因此我們的微服務通常會內建一些機制，使它們提高強健性，以提高系統的可靠性。我們將在第 366 頁的「穩定性模式」中深入探討這個主題，但範例包括在負載平衡器後面運行多個微服務實例以容忍實例失敗，或使用斷路器（circuit breaker）以編程方式處理無法被聯繫的下游微服務。

在這種情況下，進行一些測試，讓你重新創建某些故障以確保你的微服務作為一個整體繼續運行，會很有用。就其性質而言，這些測試實作起來可能有點棘手。舉例來說，你可能需要在被測試的微服務和外部 stub 之間創建人工網路等候逾時。也就是說，這些測試可能是值得的，特別是如果你正在創建將在多個微服務中使用的共用功能時，例如使用預設的服務網格實作來處理斷路器。

總結

總結一下，我在本章中所介紹的是一種全面性的測試方法，希望能為你提供關於如何測試系統的一般性指導方針。以下是一些基本原則：

- 最佳化快速反饋，並相應地分離測試類型。
- 避免需要跨越多個團隊的端到端測試，考慮使用消費者驅動契約。
- 使用消費者驅動契約為團隊之間的對話提供焦點。
- 嘗試了解在正式環境中投入更多精力以進行測試，並更快地檢測問題之間的權衡取捨（針對 MTBF 與 MTTR 進行最佳化）。
- 嘗試在上線後進行測試！

如果你有興趣閱讀有關測試的更多資訊，我推薦由 Lisa Crispin 和 Janet Gregory 合著的《*Agile Testing*》（Addison-Wesley），其中詳細地介紹了測試象限的使用。為了更深入地了解測試金字塔，以及一些程式碼範例和更多工具參考，我還推薦 Ham Vocke 的《The Practical Test Pyramid》[9]。

本章主要著重在確保我們的程式碼在上線之前能夠正常工作，但我們也開始考慮在應用程式上線後對其進行測試，這是我們需要更詳細探索的事情。而事實證明，對於要理解我們的軟體在正式環境中的行為，微服務帶來了諸多的挑戰，這也是我們接下來將更深入討論的主題。

9 Ham Vocke《The Practical Test Pyramid》，martinfowler.com，2018 年 2 月 26 日，*https://oreil.ly/J7lc6*。

第十章

從監控到可觀察性

正如到目前為止所說明的，我希望將我們的系統分解為更小、更細微化的微服務，這會帶來許多好處。此外，正如我們更深入的介紹說明，它還增添了一些新的複雜性。在任何情況下，這種增加的複雜性比理解我們系統在正式環境中的行為更為明顯。很快地，你就會發現適用於相對簡單的單行程單體式應用程式的工具和技術將不再適用於你的微服務架構。

在本章中，我們將著重在與監控微服務架構相關的挑戰，我將說明雖然新工具可以提供幫助，但從根本上來說，當涉及到需要釐清整體情況時，你可能需要改變整個在正式環境中的思考方式。此外，我們還將討論對可觀察性概念的日益重視，了解如何使我們向系統提出問題，以便我們可以找出問題所在。

正式環境的痛苦

在你將微服務架構上線並為實際流量提供服務之前，你不會真正體會到微服務架構所帶來的潛在痛苦。

破壞、恐慌和混亂

想像一個場景：這是一個安靜的星期五下午，團隊期待能早點溜去酒吧，展開美好的週末生活，然後突然收到了一封電子郵件，說網站出問題了！因為你公司的狀況，Twitter 訊息在公司裡此起彼落，你的老闆也一直在你耳邊碎念。就這樣，一個平靜的週末就這麼毀了。

很少有人能像以下 Twitter 發文總結了這個問題：

> 我們用微服務取代了單體式應用，這樣每次中斷都可能更像是一場謀殺之謎[1]。

我們的第一步是追蹤問題所在，並找出造成問題的原因，但如果我們的嫌疑名單很長，這就會變得困難。

在單行程單體式應用中，我們至少有一個非常明顯的地方可以開始我們的調查。網站太慢？這是單體式系統。網站給出奇怪的錯誤？這也是單體式系統。CPU 運轉了 100%？有燒焦的味道？說到這裡，你應該明白了[2]，單一故障點將使故障調查變得稍微單純一點！

現在讓我們考慮一下我們自己以微服務為基礎的系統。我們為使用者提供的功能由多個微服務提供，其中一些微服務與更多微服務溝通以完成其任務。這種方法有很多優點（這是好的，否則本書就是在浪費時間），但在監控領域，我們面臨著更複雜的問題。

我們現在有多個伺服器要監控、多個日誌檔需要過濾，以及多個可能因網路延遲所導致問題的地方，這代表我們失敗的機率上升，需要調查的事情也增加了。那麼我們該如何處理呢？我們需要先釐清哪些是混亂且糾結在一起的，這也是我們每個人在星期五下午或任何時候最不想處理的事情。

首先，我們需要監控小事情並提供聚合或匯總（aggregation）以讓我們看到更整體性的情況，然後，作為調查的一部分，我們需要確保我們有可用的工具將這些資料來切片和切塊。最後，我們需要透過在正式環境中測試等概念來更明智地考慮系統的健康狀況。我們將在本章中討論這些必要步驟的每一步。讓我們開始吧！

單一微服務，單一伺服器

圖 10-1 展示了一個非常簡單的設置：一台主機執行了一個微服務實例。現在我們需要監控它，以便知道問題出現的時間點，如此一來我們就可以修復它。那麼我們應該尋找什麼呢？

1 Honestly Black Lives Matter (@honest_update)，2015 年 10 月 7 日，晚上 7:10，*https://oreil.ly/Z28BA*。

2 火災作為系統中斷的原因並不是一個完全牽強的想法。我曾經在儲存區域網路（SAN）著火導致生產中斷後提供幫助。我們花了好幾天才被告知發生了火災，這又是另一個故事了。

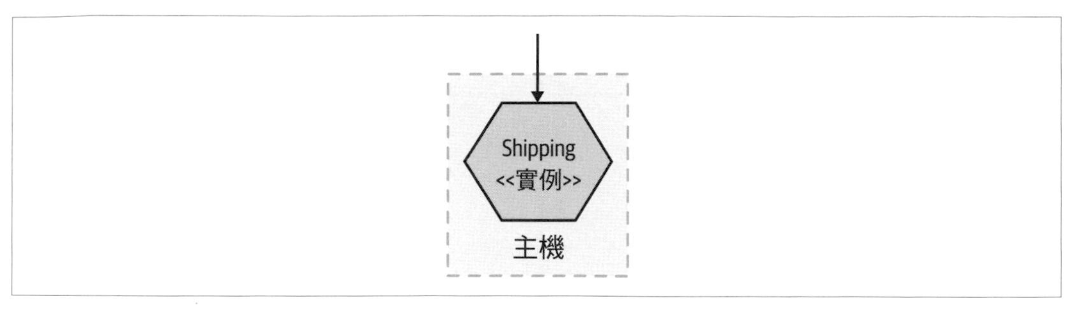

圖 10-1　單一主機上的單一微服務實例

首先，我們要從主機（host）本身獲得資訊，CPU、記憶體等這些所有東西都是很有用的。接下來，我們需要查看來自微服務實例本身的日誌，如果使用者報告錯誤，我們應該能夠在這些日誌中發現錯誤，希望這能給我們提供一種方法來找出問題所在。此時，對於我們的單一主機，我們可能只需在本地登入主機並使用命令行工具查看日誌即可。

最後，我們可能想要從外部觀察並監控應用程式本身，至少，監控微服務的回應時間是個不錯的方法。如果你的微服務實例前面有一個 Web 伺服器，你或許可以只查看 Web 伺服器的日誌。或者，你可以進階一點，使用如健康檢查端點之類的東西來查看微服務是否已啟動且「健康」（我們稍後將探討這代表的意義）。

時間流逝，而負載增加，我們會發現系統需要進行擴展…

單一微服務，多台伺服器

現在我們有多個運行在不同主機上的服務副本，如圖 10-2 所示，對不同實例的請求透過負載平衡器來分發。現在事情開始變得有點棘手。我們仍然希望像以前一樣監控所有相同的事情，但我們需要以一種可以隔離問題的方式進行監控。當 CPU 高時，我們是否可以在所有主機上看到這個問題，這代表服務本身存在問題嗎？或者它是否隔離在一台主機上，或許暗示主機本身有問題？還是這是某個流氓 OS 造成的？

在這一點上，我們仍然希望追蹤主機層級的指標，甚至可能在它們超過某種閾值（threshold）時發出警訊，但是現在我們想先了解它們在所有主機以及單一主機中的情況。換句話說，我們希望將它們匯總起來，並仍然能夠深入探索。因此，我們需要可以從主機中收集所有這些指標，讓我們對它們進行切片和切塊的探索。

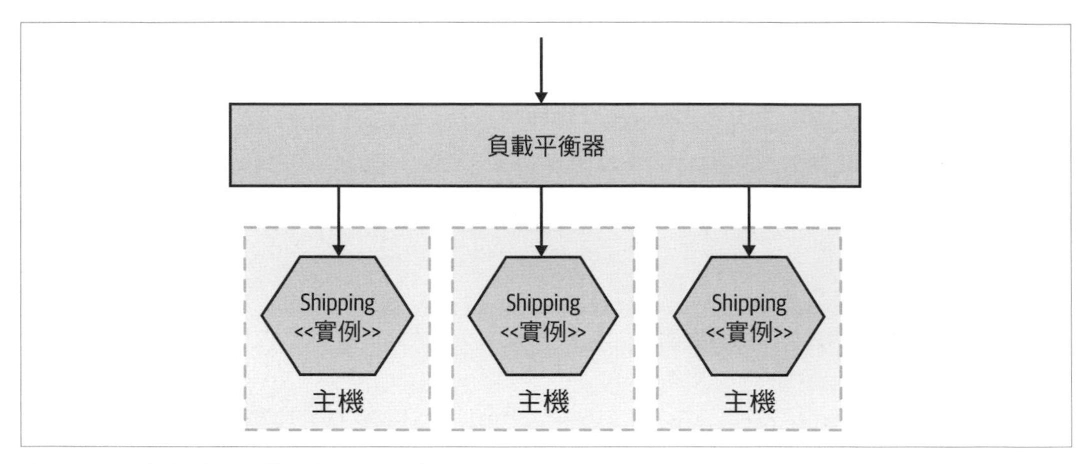

圖 10-2　分佈在多個主機上的單一服務

然後我們會有自己的日誌。由於我們的服務在多個伺服器上運行，我們可能會厭倦必須登入每一台機器才能夠查看它們。不過，僅僅使用幾個主機時，我們可以使用像是 SSH multiplexer（多工器）之類的工具，讓我們在多個主機上運行相同的命令，然後在龐大監視器的幫助下，在我們的微服務日誌上執行 `grep "Error"`，我們就可以找到問題所在。我的意思是，這不是很好的方法，但它可以在一段時間內運作得很好，雖然時間是很短暫的。

對於追蹤回應時間之類的任務，我們可以在負載平衡器上捕獲下游微服務呼叫的回應時間。然而，我們還必須考慮如果負載平衡器成為我們系統中的瓶頸，可能會需要在負載平衡器和微服務本身捕獲回應時間。在這一點上，我們也更關心健康服務的標準，因為我們將配置在我們的負載平衡器以便從應用程式中刪除不健康的節點。希望當我們到達這裡時，至少對健康的標準有了一些了解。

多個服務，多台伺服器

在圖 10-3 中，事情變得更有趣了。多個服務正在協作為我們的使用者提供功能，這些服務運行在多個主機上，無論是實體主機還是虛擬主機。你該如何在多個主機上的數千行日誌中找到你正在尋找的錯誤呢？你要如何確定伺服器是否行為異常，或者是系統問題呢？你如何追溯在多個主機之間的呼叫鏈深處所發現的錯誤、並找出導致該錯誤的原因？

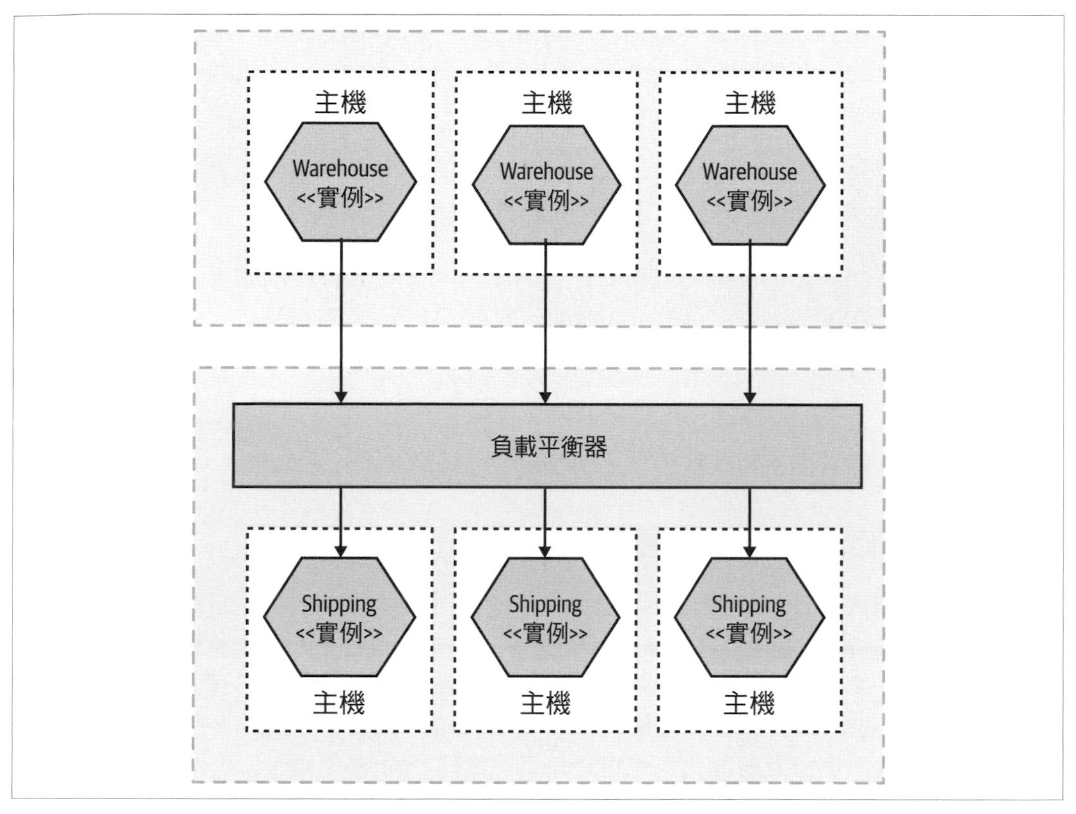

圖 10-3　分佈在多個主機上的多個協作服務

像是指標和日誌等資訊的匯總，在實作這一目標方面發揮著至關重要的作用，但這並不是我們唯一需要考慮的事情。我們需要先釐清如何過濾大量湧入的資料並嘗試理解這一切。最重要的是，這主要是關於思考方式的轉變，從相當靜態的監控環境到更活躍的可觀察性和上線後測試世界。

可觀察性與監控

我們將開始深入研究該如何開始解決我們剛剛概述的一些問題，但在此之前，我認為我們需要先了解一個從我寫第一版以來就廣受歡迎的用語——**可觀察性**（*observability*）。

在一般情況下，可觀察性的概念已經存在了幾十年，但直到最近才出現在軟體開發中。系統的可觀察性是指你可以從外部輸出了解系統內部狀態的程度，這通常需要對你的軟體有更全面的了解，更多地將其視為一個系統而不是一組不同的實體。

在實踐中，系統越可以被觀察，當出現問題時，我們就越容易發現問題所在。我們對外部輸出的理解有助於我們更快地追蹤潛在的問題。但挑戰在於，我們通常需要創建這些外部輸出，並使用不同類型的工具來理解輸出。

另一方面，監控是我們要做的事情。我們看著系統並監控它，如果你只關注監控活動，而不考慮你預期該活動實作什麼，事情就會開始出錯。

較傳統的監控方法會讓你提前考慮可能出現的問題，並定義警報機制。但是隨著系統變得越來越分散，你會遇到從未遇到過的問題。使用高度可觀察的系統，會讓你擁有一系列能以不同方式詢問的外部輸出，並擁有可觀察系統的具體結果是你可以向正式系統來提出以前從未想過要問的問題。

因此，我們可以將監控視為一種活動，而可觀察性是系統的一個特性。

可觀察性的支柱？沒那麼快

有些人試圖將可觀察性的概念提煉為幾個核心概念。有些人以指標、日誌紀錄和分散式追蹤的形式來作為可觀察性的「三大支柱」。New Relic 甚至創造了 MELT（metrics 指標、event 事件、logs 日誌、traces 追蹤）一詞，雖然這個詞還沒有真正流行起來，但至少 New Relic 正在嘗試中。雖然這個簡單的模型最初對我很有吸引力，但隨著時間的推移，我真的擺脫了這種過於簡化但也可能錯過重點的想法。

首先，以這種方式將系統的特性簡化為實作細節，這對我來說似乎是很落後的。可觀察性是一種特性，我可以透過多種方式實作該特性，而過分關注具體的實作細節會帶來把注意力放在活動與結果上的風險。這類似於現今的 IT 世界，在那裡成千上百個的組織已經愛上了建置以微服務為基礎的系統，而沒有真正了解他們想要實作的目標！

其次，這些概念之間總有具體的界限嗎？我認為其中有許多是重疊的。如果需要，我可以將指標放入日誌檔中；同樣地，我也可以從一系列日誌行來建置分散式追蹤，而且大部分也都是這樣做的。

可觀察性是指你可以根據外部輸入了解系統正在做什麼的程度。日誌、事件和指標可能會幫助你讓事情變得可觀察，但一定要專注於使系統易於理解，而不是投入大量工具。

諷刺的是，我認為推崇這種簡化的敘述是一種向你推銷工具的方式，你需要一個用於指標的工具、一個用於日誌的工具，以及另一個用於追蹤的工具！你需要以不同的方式發送所有這些資訊！在嘗試推銷產品時，透過打勾的方式來銷售功能要容易得多，而不是談論結果。正如我所說，我可以用極端的觀點提出這一點，但現在是 2021 年，我正在努力讓我的想法更積極一些[3]。

而有爭議的是，所有這三個（或四個）概念實際上只是更通用概念的具體範例。從根本上說，我們可以從我們的系統中獲得任何資訊，包含任何這些外部輸出，籠統地看作一個事件。一個特定的事件可能包含少量或大量資訊，可能包含 CPU 速率、有關付款失敗的資訊、一位使用者已登入的事實或任何數量的資訊。我們可以從這個事件流中投射一個追蹤（假設我們可以關聯這些事件）、一個可搜尋的索引或一個數字的匯總。儘管目前我們選擇以不同的方式收集這些資訊，使用不同的工具和不同的協定，但我們當前的工具鏈不應該限制我們在如何最好地獲取所需資訊方面的思考。

當談到使你的系統可觀察時，請考慮你需要從系統中收集和詢問事件的輸出。你可能現在需要使用不同的工具來公開不同類型的事件，但將來可能就不是這樣了。

可觀察性的建置模塊

那麼我們需要什麼呢？我們需要知道我們軟體使用者是快樂的。如果有問題，最好是在使用者自己發現問題之前，我們就已經發現問題了。當問題確實發生時，我們需要釐清我們可以採取哪些措施來讓系統重新啟動並運行，一旦確定之後，我們希望手頭上有足夠的資訊來弄清楚問題所在以及我們該如何避免問題再次發生。

在本章的其餘部分，我們將研究如何實作這一切。我們將介紹一些有助於提高系統架構可觀察性的建置模塊：

日誌匯總（*Log aggregation*）
: 跨多個微服務收集資訊，這是任何監控或可觀察性解決方案的重要組成部分

指標匯總（*Metrics aggregation*）
: 從我們的微服務和基礎設施中獲取原始資料，以幫助檢測問題、推動容量規畫，甚至可能擴展我們的應用程式

分散式追蹤（*Distributed tracing*）
: 追蹤跨多個微服務邊界的呼叫流以找出問題所在，並獲得準確的延遲資訊

3 我並沒有說我成功了。

我們做得好嗎？（*Are you doing OK?*）

查看錯誤預算、SLA、SLO 等，了解如何將它們用來確保我們的微服務能滿足其消費者需求的一部分

警報（*Alerting*）

你應該注意哪些呢？一個好的警報是什麼樣的呢？

語意監控（*Semantic monitoring*）

以不同方式思考我們系統的健康狀況，以及應該在凌晨 3 點叫醒我們的事情是什麼

上線後測試（*Testing in production*）

各種上線後測試之技術的總結

讓我們從啟動和執行最簡單的事情開始，但它會多次證明其價值，那就是日誌匯總。

日誌匯總

即使是適度的微服務架構中也有許多伺服器和微服務實例，使用登入機器或 SSH 多工（SSH-multiplexing）的方式來擷取日誌並不能真正解決問題；相反地，我們希望使用專門的子系統來捕捉我們的日誌並使它們集中可用。

日誌將很快成為幫助你了解正式系統中所發生事情的最重要機制之一。對於更簡單的部署架構，我們的日誌檔，包括我們放入其中的內容以及我們如何對待它們，這通常都是事後的想法。隨著系統趨分散式，它們將成為一個重要的工具，不僅可以在你發現問題時幫助你診斷問題所在，還可以告訴你首先該注意的問題。

正如我們稍後將討論的那樣，該領域有多種工具，但它們的操作方式大致相同，如圖 10-4 所示。行程（如我們的微服務實例）登入到它們的本地檔案系統，而本地常駐程式（daemon）定期收集此日誌，並將其轉發到維運人員可以查詢的某個儲存之中。這些系統的優點之一是，你的微服務架構在很大程度上可能不知道它們的存在。你不需要變更程式碼即可使用某種特殊的 API，你只需要登入本地檔案系統。不過，你確實需要了解有關此日誌傳送過程的失敗模式，尤其是當你想了解日誌可能會丟失的情況。

現在，我希望你有意識到我試圖避免把事情變得教條化。與其只是說你**必須**做 X 或 Y，我想試著提供背景和指導，並解釋某些決定的細微差別，也就是說，我嘗試為你提供工具來為你的背景做出正確的選擇。但是在日誌匯總的主題上，我將給出一個全體適用的建議：你應該將實作日誌匯總工具視為實作微服務架構的**先決**條件。

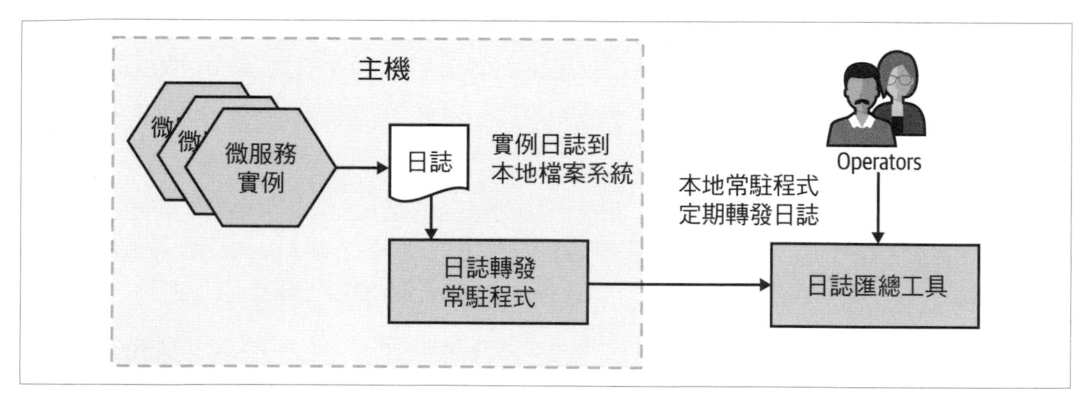

圖 10-4　作為日誌匯總的一部分該如何收集日誌的概述

我提出這個觀點的原因有兩個方面。首先，日誌匯總非常有用，對於那些將日誌檔視為錯誤資訊的人來說，這可能會很驚訝，但請相信我，如果做得好的話，日誌匯總會非常有價值，特別是與另一個概念——關聯 ID，一起使用的時候，我們將很快會介紹到這部分。

其次，與微服務架構可能帶來的其他痛苦來源相比，實作日誌匯總並沒有那麼困難。如果你的組織無法成功實作一個簡單的日誌匯總解決方案，則可能會發現微服務架構的其他方面無法處理。因此，請考慮使用此類解決方案的實作來測試你的組織是否準備好應對接下來的挑戰。

在其他任何事情之前

在你執行任何其他操作來建置微服務架構之前，請啟用並執行日誌匯總工具，並將其視為建置微服務架構的先決條件。

日誌匯總有其侷限性，這麼說也是正確的。隨著時間的推移，你可能希望查看更複雜的工具來增強甚至替換日誌匯總提供的某些功能。儘管如此，它仍然是一個很好的起點。

通用格式

如果你要匯總日誌，你會希望能夠對它們執行查詢以提取有用的資訊。為此，選擇一種合理的標準日誌格式很重要，否則你的查詢最終將變得難以撰寫或可能無法撰寫。另外，你也希望日期、時間、微服務名稱、日誌層級等資訊位於每個日誌中的相同位置。

某些日誌轉發代理（log forwarding agent）可以讓你能夠在將日誌轉發到中央日誌儲存之前重新格式化。就個人而言，我會盡可能避免這種情況，但問題是重新格式化日誌可能需要大量計算，以致於我已經看到 CPU 被捆綁執行此任務所導致實際的正式環境問題，比較好的方式是更改日誌，因為它們是由你的微服務本身所撰寫的。我會繼續使用日誌轉發代理將日誌重新格式化在我無法變更原始日誌格式的地方，例如，遺留或第三方軟體。

我本以為在我撰寫本書第一版後的時間裡，日誌紀錄的通用行業標準會受到關注，但這似乎並沒有發生。而且格式存在許多變形，它們通常涉及採用 Apache 和 nginx 等 Web 伺服器所支援的標準訪問日誌格式，並透過添加更多資料欄位對其進行擴展。關鍵在於，在你自己的微服務架構中，你要選擇一種內部的標準化格式。

如果你使用相當簡單的日誌格式，你將只發出一行一行簡單的文字，這些文字在日誌行（log line）的特定位置具有特定的資訊。在範例 10-1 中，我們會看到了一個格式的範例。

範例 10-1　一些範例日誌

```
15-02-2020 16:00:58 Order INFO [abc-123] Customer 2112 has placed order 988827
15-02-2020 16:01:01 Payment INFO [abc-123] Payment $20.99 for 988827 by cust 2112
```

日誌匯總工具需要知道如何解析（parse）這個字串，來提取我們可能想要查詢的資訊，例如時間戳記、微服務名稱或日誌層級。在這個例子中，這是可行的，因為這些資料片段出現在我們日誌中的靜態位置，日期是第一欄，時間是第二欄，依此類推。但是，如果我們要查找與特定使用者相關的日誌行，則問題會很大，因為使用者 ID 在兩個日誌行中所顯示的位置不同。這就是我們可能開始考慮寫出更多結構化日誌行的地方，也許是使用 JSON 格式，以便我們可以在一致的位置找到使用者或訂單 ID 等資訊。同樣地，需要配置日誌匯總工具以從日誌中解析和提取所需的資訊。另一件要注意的事情是，如果你記錄 JSON，那麼在沒有額外工具來解析所需值的情況下，人們想要直接讀取可能會變得更加困難，簡單地在純文字檢視器中讀取日誌可能不會非常有用。

關聯日誌行

由於大量服務互動以提供任何特定的終端使用者功能，一個發起呼叫可能最終產生多個下游服務呼叫。例如，讓我們考慮 MusicCorp 中的一個範例，如圖 10-5 所示。我們正在為使用者註冊我們新的串流服務，使用者選擇他們所選擇的串流套餐並點擊提交。在幕後，當在 UI 中的按鈕被點擊時，它會擊中位於我們系統邊界（perimeter）的 `Gateway`，這反過來將呼叫傳送給 `Streaming` 微服務，然後此微服務與 `Payment` 溝通以進行第一筆付款，使用 `Customer` 微服務更新此使用者現已啟用串流音樂的事實，並使用我們的 `Email` 微服務向使用者發送電子郵件，確認他們現在已訂閱。

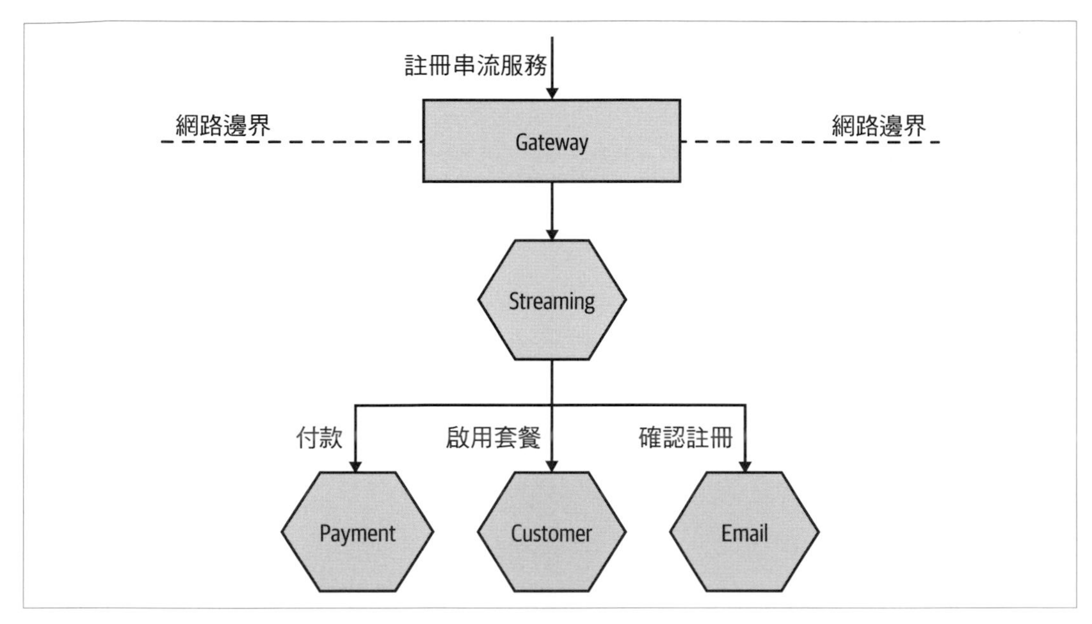

圖 10-5　與註冊使用者相關跨多個微服務的一系列呼叫

如果對 `Payment` 微服務的呼叫最終產生了一個奇怪的錯誤，會發生什麼事呢？我們將在第 12 章詳細討論處理失敗，但要考慮到如何診斷問題所在的困難度。

問題是唯一記錄錯誤的微服務是我們的 `Payment` 微服務。如果幸運的話，我們可以弄清楚是哪個請求導致了問題，甚至可以查看呼叫的參數。但是我們無法在更廣泛的上下文中看到這個錯誤的發生。在這個特定的範例中，即使我們假設每次互動只生成一個日誌行，我們也會有五個日誌行，其中包含有關此呼叫流的資訊，能夠看到這些日誌行組合在一起是非常有用的。

有一種有用的方法是使用關聯 ID，這是我們在第 6 章討論 saga 時第一個提到的。進行第一次呼叫時，你會生成一個唯一 ID，該 ID 將用來關聯與該請求相關的所有後續呼叫。在圖 10-6 中，我們在 `Gateway` 中生成此 ID，然後將其作為參數傳送給所有後續呼叫。

由此呼叫所引起的任何微服務活動，其日誌紀錄都將與相同的關聯 ID 一起被記錄下來，我們將其放置在每筆日誌行中的相同位置，如範例 10-2 所示。這使得以後可以輕鬆提取與特定關聯 ID 相關聯的所有日誌。

範例 10-2　在日誌行中的固定位置使用關聯 ID

```
15-02-2020 16:01:01 Gateway INFO [abc-123] Signup for streaming
15-02-2020 16:01:02 Streaming INFO [abc-123] Cust 773 signs up ...
15-02-2020 16:01:03 Customer INFO [abc-123] Streaming package added ...
15-02-2020 16:01:03 Email INFO [abc-123] Send streaming welcome ...
15-02-2020 16:01:03 Payment ERROR [abc-123] ValidatePayment ...
```

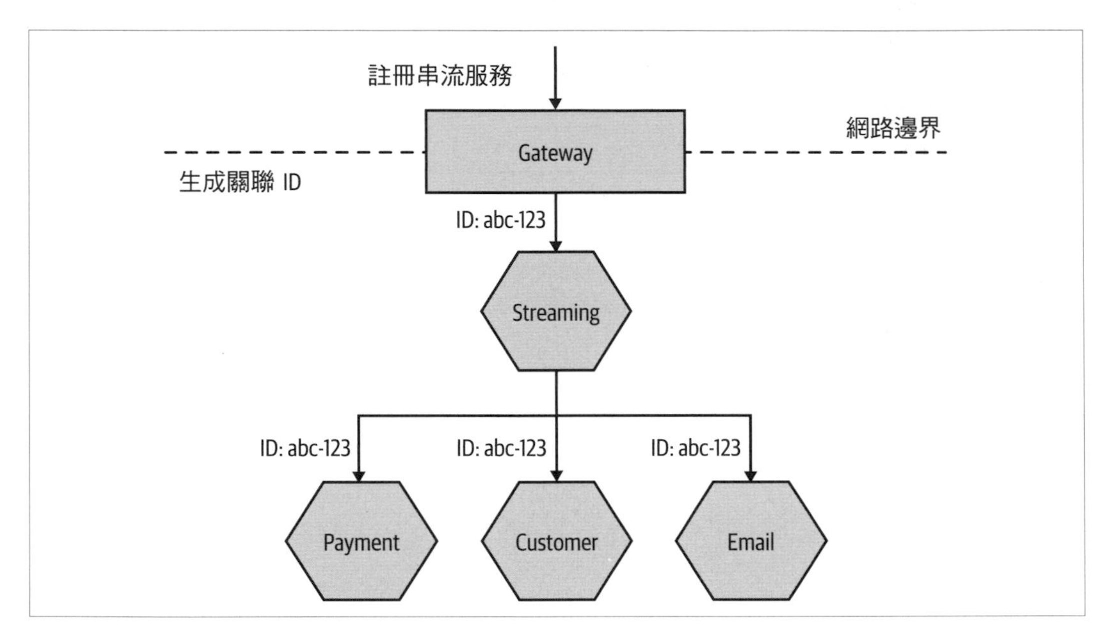

圖 10-6　為一組呼叫生成關聯 ID

當然，你需要確保每個服務都知道要傳送關聯的 ID，這就是你需要標準化並在整個系統中加強這一點的地方，但是一旦你完成了這些，實際上你可以創建工具來追蹤各種互動情形，此類工具可用於追蹤事件風暴或奇怪的極端情形，甚至可用於識別特別昂貴的交易，因為你可以想像整級聯（cascade）的呼叫。

日誌中的關聯 ID 是那些一開始看起來沒什麼用的東西，但隨著時間的推移，它們會變得**非常**有用。不幸的是，要將它們改造到系統中可能會很痛苦，也正是出於這個原因，我強烈建議你儘早在日誌紀錄中實作關聯 ID。在這方面，日誌當然只能帶你進行到這裡，其餘某些類型的問題可以透過分散式追蹤工具更好地解決，我們將在稍後進行探討。但儘管如此，日誌檔中一個簡單的關聯 ID 最初可能非常有用，這代表你可以推遲使用一個專用的追蹤工具，直到你的系統足夠複雜到一定需要用它。

完成日誌匯總後，請盡快獲取關聯 ID。一開始很容易做，以後會很難改造，關聯 ID 將大大提高你日誌的價值。

時間點

在查看日誌行列表時，我們可能會誤以為我們看到的是準確的時序表，這將幫助我們了解發生的事情以及發生的順序，畢竟，我們日誌的每一行都包含一個日期和時間。那麼為什麼我們不能用它來確定事情發生的順序呢？在範例 10-2 中的呼叫序列，我們看到來自 `Gateway` 的日誌行，然後是來自 `Streaming`、`Customer`、`Email` 的日誌，然後是 `Payment` 微服務。我們可能會得出結論，這是呼叫實際發生的順序，可惜的是，我們不能總是指望這是真的。

日誌行是在運行這些微服務實例的機器上生成的，在本地寫入後，這些日誌在某些時候會被轉發，這意味著日誌行中的日期戳記是在運行微服務的機器上生成的。但不幸的是，我們無法保證這些不同機器上的時鐘是同步的，這代表運行 `Email` 微服務機器上的時鐘可能比運行 `Payment` 機器上的時鐘提前幾秒鐘，而這可能導致它看起來像是在 `Payment` 中發生之前在 `Email` 微服務中發生的事情，但這可能只是因為這種時鐘偏移。

時鐘偏移問題會導致分散式系統中的各種問題，而確實存在一些協定來嘗試減少系統中的時鐘偏移，網路時間協定（Network Time Protocol，NTP）是最廣泛使用的例子。然而，NTP 並不能保證有效，即使它有效，它所能做的也只是減少偏移，而不是消除偏移。如果你有一連串發生得很近的呼叫，你可能會發現，即使是跨機器的一秒鐘偏移也足以讓你對呼叫序列的理解完全改變。

從根本上說，這意味著我們在日誌時間的方面有兩個限制，我們無法獲得整個呼叫流程的完全準確的時間資訊，也無法理解因果關係。

在幫助解決這個問題以便我們了解事物的真實順序方面，Leslie Lamport[4] 提出了一個「logical clock system」，其中使用計數器來追蹤呼叫的順序。如果你願意，你可以實作類似的方案，並且該方案存在許多變形，但是，就我個人而言，如果我想要關於呼叫順序更準確的資訊，而且我還想要更準確的時間，我會更傾向於使用分散式追蹤工具，它將為我解決這兩個問題。我們將在本章後面更深入探討分散式追蹤。

4 Leslie Lamport，「Time, Clocks, and the Ordering of Events in a Distributed System」，*Communications of the ACM* 21，no.7（1978 年 7 月）：558-65，*https://oreil.ly/qzYmh*。

實作

在我們的行業中，很少有領域像日誌匯總一樣有爭議，而且這個領域存在著各式各樣的解決方案。

一個熱門的日誌匯總開源工具鏈，是利用像 Fluentd（*https://www.fluentd.org*）這樣的日誌轉發代理，並使用 Kibana（*https://oreil.ly/zw8ds*）將日誌發送到 Elasticsearch（*https://oreil.ly/m0Evo*）作為一種對結果日誌流進行切片和切塊的方法。這個技術堆疊的最大挑戰往往是管理 Elasticsearch 本身的開銷，但如果你需要為其他目的運行 Elasticsearch，或者如果你使用託管供應商，這可能就不會是個問題。關於使用此工具鏈，我還要提醒有兩個額外的注意事項。首先，很多人把 Elasticsearch 當作資料庫來行銷，但就個人而言，這一直讓我感到不安，因為要把一個一直標榜為搜尋索引的東西重新貼上資料庫的標籤，可能會帶來很大的問題。我們隱含地對資料庫的行為方式做出假設，並相應地對待它們，將它們視為重要資料的事實來源。但是按照設計，搜尋索引並不是事實的來源，而是對事實來源的投射。Elasticsearch 過去曾遇到過讓我停下來思考的問題[5]，雖然我確信其中許多問題已經解決，但我自己對這些問題的解讀，並將其視為資料庫時，使我對在某些情況下使用 Elasticseach 時仍持謹慎態度。如果你已經可以重新編制索引，那麼擁有一個偶爾會丟失資料的搜尋索引就不是問題，但把它當成資料庫來對待則完全是另一回事。如果我正在使用這個技術堆疊，並且無法承受丟失日誌資訊的後果，我會想確保在出錯的情況下，我可以重新索引原始日誌。

第二關注的重點不是 Elasticsearch 和 Kibana 的技術方面，而是這些專案背後的公司 Elastic 的行為。最近，Elastic 決定將核心 Elasticsearch 資料庫和 Kibana 的原始碼授權，從廣泛使用和接受的開源授權（Apache 2.0）變更為非開源伺服器端公共授權（SSPL）[6]。授權變更的驅使因素似乎是因為 Elastic 對 AWS 等組織基於該技術成功推出了商業產品，進而削弱了 Elastic 自己的商業產品而感到沮喪。除了擔心 SSPL 本質上可能是「病毒性的」（與 GNU 通用公共授權的方式類似）之外，這一決定還激怒了許多人，有超過一千人為 Elasticsearch 貢獻了程式碼，並期望他們對開源產品有所貢獻，但更諷刺的是，Elasticsearch 本身，以及整個 Elastic 公司的大部分，都是建立在 Lucene（*https://lucene.apache.org*）開源專案的技術之上。在撰寫本文時，可以預見地，AWS 已承諾在之前使用的開放資源 Apache 2.0 授權下創建並維護 Elasticsearch 和 Kibana 的開源分支。

---

5 請參閱 Kyle Kingsbury 在「Jepsen: Elasticsearch」中對 Elasticsearch 1.1.0 的分析，*https://oreil.ly/uO9wU*，和「Jepsen: Elasticsearch」中對 Elasticsearch 1.5.0 的分析，*https://oreil.ly/8fBCt*。

6 Renato Losio，「Elastic Changes Licences for Elasticsearch and Kibana: AWS Forks Both」，InfoQ，2021 年 1 月 25 日，*https://oreil.ly/VdWzD*。

在許多方面，Kibana 是一個值得稱讚的嘗試，它創建了一個開源的替代方案，來代替 Splunk 等昂貴的商業選擇。儘管 Splunk 看起來不錯，但每一位和我談論過的 Splunk 使用者都告訴我，它在授權費用和硬體成本方面的價格可能高得令人瞠目結舌。不過，其中許多客戶確實看到了它的價值，也就是說，那裡有大量的商業選擇。我個人是 Humio（*https://www.humio.com*）的忠實粉絲，很多人喜歡使用 Datadog（*https://www.datadoghq.com*）來進行日誌匯總，而你也可以使用一些公有雲供應商所提供之基本但可行的現成日誌匯總解決方案，例如 CloudWatch for AWS 或 Application Insights for Azure。

現實情況是，你在這個領域有大量的選擇，從開放資源到商業軟體，從自託管到完全託管。如果你想建置一個微服務架構，這應該不會是個很難解決的事情。

缺點

日誌是快速從正在運行的系統中獲取資訊的絕佳且簡單的方法。我仍然相信，對於早期的微服務架構，在提高應用程式在正式環境中的可見性方面，很少有地方能比日誌更能帶來投資回報，它們將成為資訊收集和診斷的命脈。也就是說，你確實需要了解日誌的一些潛在重大挑戰。

首先，正如我們已經提到的，由於時鐘偏移，我們不能總是依賴它們來了解呼叫發生的順序。機器之間的這種時鐘偏移也意味著一系列呼叫的準確計時會有問題，這可能會限制日誌在追蹤延遲瓶頸方面的有用性。

但是，日誌的主要問題在於，隨著你擁有更多微服務和更多的呼叫，最終會產生大量的資料和負載，這可能會導致需要更多高昂成本的硬體，並且還會增加你向服務供應商支付的費用（因為某些供應商按使用收費）。根據你的日誌匯總工具鏈的建置方式，這也可能導致擴展的挑戰。有一些日誌匯總解決方案嘗試在接收日誌資料時創建索引以加快查詢速度，但問題在於維護索引的計算成本很高，你收到的日誌越多，索引就越大，這可能會變得越麻煩。因此這導致需要更有針對性地進行記錄以減少此問題，這反過來又會產生更多的工作，這就有可能使你推遲紀錄本來有價值的資訊。我與一個以 SaaS 為基礎的開發者工具管理 Elasticsearch 叢集的團隊談過，他們發現它所能運行的最大 Elasticsearch 叢集只能為其一個產品處理六週的日誌紀錄，導致團隊必須不斷地轉移資料以保持可管理性。而我喜歡 Humio 的部分原因是開發者是為此而建置的，而不是為了維護索引，他們專注於使用一些智能解決方案來有效率並可擴展地獲取資料，以嘗試縮短查詢時間。

即使你確實有一個可以儲存所需日誌量的解決方案，這些日誌最終也可能包含許多有價值和敏感的資訊，代表你可能必須限制對日誌的訪問（這可能會使你在正式環境對微服務擁有集體所有權的努力進一步複雜化），而且這些日誌可能成為惡意第三方的目標，因此，你可能需要考慮不記錄某些類型的資訊（我們將在第 345 頁的「簡樸一點」中談到，如果你不儲存資料，它就不會被盜取），以減少未經授權之訪問的影響。

指標匯總

與查看不同主機日誌的挑戰一樣，我們需要尋找更好的方法來收集和查看有關我們系統的資料。當我們查看更複雜系統的指標時，可能很難知道「好」的定義是什麼。我們網站每秒看到近 50 個 4XX HTTP 的錯誤程式碼。這不好嗎？從中午開始，目錄服務的 CPU 負載增加了 20%，這有什麼問題嗎？知道何時該恐慌、何時候該放鬆的祕訣是收集關於你系統在足夠長的時間內如何表現的指標，以便出現清晰的模式。

在更複雜的環境中，我們將非常頻繁地配置新的微服務實例，因此我們希望我們所選擇的系統能夠非常輕鬆地從新主機收集指標，我們希望能夠查看為整個系統匯總的指標，例如 CPU 的平均負載，但我們也希望為特定服務的所有實例匯總該指標，甚至是該服務的一個實例，這代表我們需要能夠將中介資料（metadata）與指標（metrics）相關聯，以便我們推斷出這種結構。

了解趨勢的另一個主要好處是容量規劃。我們是否達到了極限？什麼時候我們會需要更多的主機？過去，當我們購買實體主機時，這通常是一項年度工作。在基礎設施即服務（IaaS）供應商提供的隨需運算（on-demand computing）能力的新時代，我們可以在幾分鐘甚至幾秒鐘內擴大或縮小規模，這代表如果我們了解我們的使用模式，我們就可以確保我們有足夠的基礎設施來滿足我們的需求。我們在追蹤趨勢並知道如何處理它們方面越聰明，我們的系統就越具有成本效益和回應能力。

由於此類資料的性質，我們可能希望以不同的分辨率去儲存和報告這些指標。例如，我可能希望在過去 30 分鐘內以每 10 秒一個樣本的分辨率為我的伺服器提供一個 CPU 樣本，以便更好地對當前正在發生的情況做出反應。另一方面，我的伺服器上個月的 CPU 樣本可能只需要用於一般趨勢分析，因此我可能會對每小時計算平均 CPU 樣本感到滿意，這通常在標準指標平台上就可以完成，以幫助縮短查詢時間並減少資料的儲存。對於像 CPU 速率這樣簡單的事情，這可能沒問題，但是匯總舊資料的過程確實會導致我們丟失資訊，而需要匯總這些資料的問題在於，你通常必須事先決定匯總什麼，你也必須提前猜測哪些資訊可以丟失。

標準度量工具對於理解趨勢或簡單的失敗模式來說絕對是很好的。事實上，它們可能是至關重要的，但它們通常無助於讓我們的系統更易於觀察，因為它們限制了我們想要提出的問題類型。當我們從回應時間、CPU 或磁碟空間使用等簡單資訊轉向更廣泛地思考我們想要捕獲的資訊類型時，事情就會開始變得有趣。

低基數與高基數

許多工具，尤其是最近的工具，已經被建置來適應高基數資料的儲存和檢索。有多種方法可以描述基數（cardinality），但你可以將其視為在特定資料點中可以輕鬆查詢的欄位（field）數。我們可能想要查詢資料的潛在欄位越多，我們需要支援的基數就越高。從根本上說，這對於時間序列資料庫會帶來更多問題，原因我不會在這裡多說，但這與許多這些系統的建置方式有關。

舉例來說，我可能想要捕獲和查詢隨時間變化的微服務名稱、客戶 ID、請求 ID、軟體內部版本編號和產品 ID，然後我決定在哪一階段捕獲有關機器的資訊，包括作業系統、系統架構、雲端供應商等。我可能需要為我收集的每個資料點捕獲所有這些資訊。隨著我可能想要查詢的事物數量增加，基數也會增加，並且系統會遇到更多問題，而這些問題並不是在考慮到這個使用情形的情況下所建置的。正如 Honeycomb 的創始人 Charity Majors[7] 所解釋的那樣：

> 它本質上歸結為指標。該指標是一個資料點、一個帶有名稱和一些識別標籤的數字。你可以獲得的所有上下文都必須填充到這些標籤中。但是，由於指標儲存在磁碟上的方式，寫入所有這些標籤的成本非常的高。儲存指標非常便宜，但儲存標籤很昂貴。每個指標儲存了大量標籤將使你的儲存引擎快速停止。

實際上，如果你嘗試將更高基數的資料放入其中，那麼以低基數建置的系統將遇到很大的困難。舉例來說，像 Prometheus 這樣的系統被建置來儲存相當簡單的資訊，例如某台機器的 CPU 速率。在許多方面，我們可以將 Prometheus 和類似工具視為傳統指標儲存和查詢的絕佳實作，但缺乏支援更高基數資料的能力可能會成為一個限制因素。Prometheus 開發者對此限制非常開放（*https://oreil.ly/LCoVM*）：

> 請記住，鍵 / 值標籤所對應的每個唯一組合都代表一個新的時間序列，這會顯著增加儲存的資料量。不要使用標籤來儲存具有高基數（許多不同的標籤值）的維度，例如使用者 *ID*、電子郵件地址或其他無限制的值。

7 Charity Majors，「Metrics: Not the Observability Droids You're Looking For」，Honeycomb（部落格），2017 年 10 月 24 日，*https://oreil.ly/TEETp*。

能夠處理高基數的系統更能夠讓你對系統提出許多不同的問題，這通常是你事先不知道需要問的問題。現在，這可能是一個難以理解的概念，特別是如果你一直在使用更「傳統」的工具愉快地管理你的單行程單體系統。即使是那些擁有較大系統的人也只能使用基數較低的系統，這通常是因為他們別無選擇。但隨著系統複雜性的增加，你需要提高系統提供的輸出品質，以提高其可觀察性，這代表收集更多資訊並擁有可讓你對這些資料進行切片和切塊的工具。

實作

自本書第一版以來，Prometheus 已成為使用收集和匯總指標的熱門開源工具，並且在我之前可能推薦使用 Graphite（在第一版中得到了我的推薦）的情況下，Prometheus 可以是一個合理的替代品，該商業領域也得到了極大擴展，新的供應商和舊的供應商都針對微服務使用者建置或重組既有解決方案。

但請記住，我對低基數資料與高基數資料的擔憂，因為處理低基數資料而建置的系統將很難改造來支援高基數的儲存和處理。如果你正在尋找能夠儲存和管理高基數資料的系統，允許對系統行為進行更複雜的觀察（和質疑），我強烈建議你查閱 Honeycomb（*https://www.honeycomb.io/visualize*）或 Lightstep (*https://lightstep.com*)。儘管這些工具通常被視為分散式追蹤的解決方案（我們將在後面詳細介紹），但它們在儲存、過濾和查詢高基數資料方面具有很強的能力。

監控和可觀察性系統都是正式系統

隨著幫助我們管理微服務架構的工具越來越多，我們必須記住，這些工具本身就是正式系統。日誌匯總平台、分散式追蹤工具、警報系統等都是關鍵任務的應用程式，與我們自己的軟體一樣重要，甚至更為重要。在維護正式環境的監控工具上，我們也需要付出與在編寫及維護軟體時同等的心力。

我們還應該認識到，這些工具可能成為外部攻擊的潛在媒介。在撰寫本文時，美國政府和世界各地的其他組織正在處理來自 SolarWinds 網路管理軟體的漏洞。儘管漏洞的確切性質仍在探索中，但據說這就是所謂的供應鏈攻擊（supply chain attack）。一旦安裝在使用者網站上（美國 500 大中有 425 家使用 SolarWinds），該軟體就允許惡意第三方獲得對使用者網路的外部訪問，包括美國財政部的網路。

分散式追蹤

到目前為止，我主要是在談論獨自收集資訊。是的，我們正在匯總這些資訊，但了解捕獲這些資訊的更廣泛上下文可能是個關鍵。從根本上說，微服務架構是一組協同工作以執行某種任務的流程，我們在第 6 章探索了協調這些活動的各種不同方式。在正式環境中的行為，我們能夠看到我們微服務之間的關係，這可以幫助我們更好地了解我們系統的行為方式，並評估問題的影響，或者更好地釐清沒有按我們預期運作的原因所在。

隨著我們的系統變得越來越複雜，因此有一種透過我們系統查看這些蹤跡的方法變得很重要。我們需要能夠提取這些不同的資料，以便為我們提供一組關聯呼叫的聯合視圖。正如我們已經看到的，做一些簡單的事情，例如將關聯 ID 放入我們的日誌檔中是一個好的開始，但這是一個相當簡單的解決方案，特別是當我們最終不得不創建我們自己的自定義工具來幫助對資料進行視覺化、切片和切塊，而這就是分散式追蹤派上用場的地方了。

如何運作

儘管具體的實作有所不同，但從廣義上講，分散式追蹤工具都是以類似的方式運作的。一個執行緒內的本地活動在一個 *span* 中被捕獲，這些獨立的 span 使用某些唯一識別碼進行關聯，然後將 span 發送到中央收集器，中央收集器能夠將這些相關 span 建置為一個 *trace*。在圖 10-7 中，我們看到了 Honeycomb 的一張圖片，它顯示了一個橫跨微服務架構的 trace。

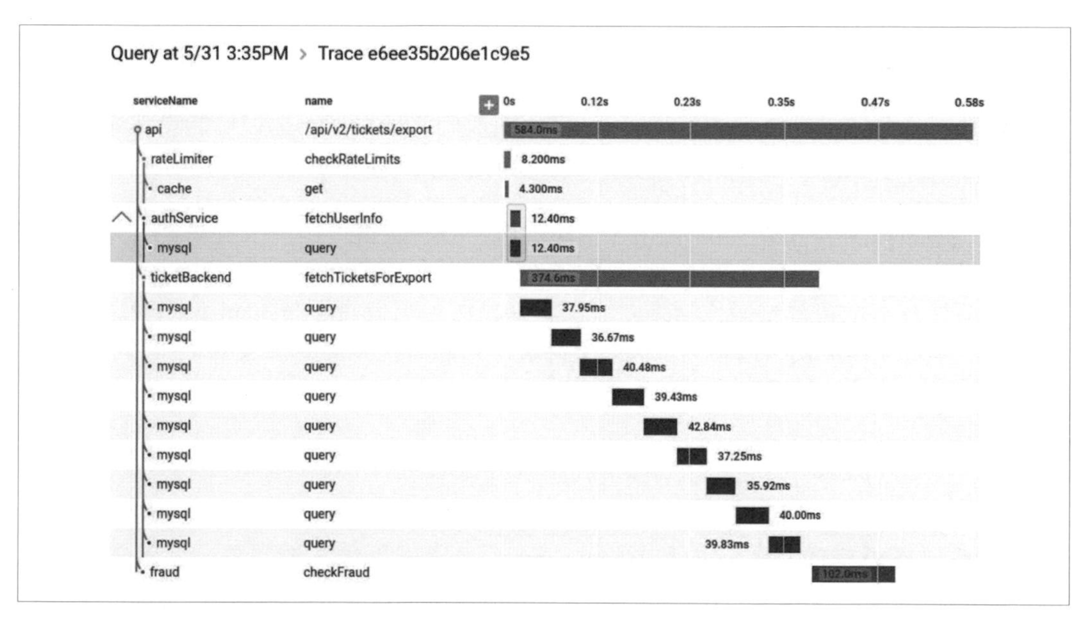

圖 10-7　Honeycomb 中顯示的分散式追蹤，可以讓你識別跨多個微服務的操作所花費的時間

這些 span 允許你收集大量資訊，而你所收集到的確切資料將取決於你所使用的協定，但在 OpenTracing API 的情況下，每個 span 包含開始和結束時間、與 span 關聯的一組日誌以及一組任意的鍵 / 值配對，這對以後進行查詢很有幫助（可用於發送諸如使用者 ID、訂單 ID、主機名稱、內部版本編號等內容）。

收集足夠的資訊以允許我們追蹤系統中的呼叫，這會對系統本身產生直接影響，進而導致需要某種形式的抽樣，其中一些資訊從我們的追蹤收集中明確地被排除，以確保系統仍然可以運行。而挑戰在於確保刪除正確的資訊，並且我們仍然收集足夠的樣本以允許我們正確推斷觀察結果。

抽樣策略可以是非常基本的。Google 的 Dapper 系統啟發了後來出現的許多分散式追蹤工具，它執行了高度激進的隨機抽樣，對一定比例的呼叫進行了抽樣，僅此而已。舉例來說，Jaeger 在預設設置下只會捕獲千分之一的呼叫。這裡的概念是捕獲足夠的資訊以了解我們的系統正在做什麼，但不要捕獲太多系統本身無法處理的資訊。Honeycomb 和 Lightstep 等工具可以提供比這種簡單的隨機抽樣更細緻、更動態的抽樣。動態抽樣的一個例子可能是你會需要為某些類型的事件提供更多樣本，例如，你可能想要對任何會產生錯誤的東西進行抽樣，但如果它們都非常相似，那麼你會非常樂意每 100 次成功操作中只抽樣 1 次。

實作分散式追蹤

為你的系統啟動和運行分散式追蹤需要做一些事情。首先，你需要在微服務中捕獲 span 資訊。如果你正在使用 OpenTracing 或較新的 OpenTelemetry API 等標準 API，你可能會發現某些第三方程式庫和框架將支援這些內建的 API，並且已經發送有用資訊（例如，自動捕獲關於 HTTP 呼叫的資訊）。但即使他們這樣做了，你很可能仍然希望檢測自己的程式碼，並提供有關你的微服務在任何特定時間點正在做什麼的有用資訊。

接下來，你需要某種方式將此 span 資訊發送到你的收集器，你可能將此資料直接從你的微服務實例發送到中央收集器，但使用本地轉發代理是更為常見的。因此，與日誌匯總一樣，你在本地運行一個代理到你的微服務實例，它會定期將 span 資訊發送到中央收集器。本地代理的使用通常允許一些更高級的功能，例如變更抽樣或添加附加標籤，並且還可以更有效地緩衝正在發送的資訊。

最後，當然，你會需要一個能夠接收這些資訊並理解這一切的收集器。

在開放資源的領域，Jaeger 已成為分散式追蹤的熱門選擇。對於商業工具來說，我首先查看已經提到的 Lightstep 和 Honeycomb。不過，我建議你選擇一些致力於支援 OpenTelemetry API 的選項。OpenTelemetry（*https://opentelemetry.io*）是一個開放的 API

規格，它使諸如資料庫驅動程式或 Web 框架之類的程式碼現成可用更容易支援追蹤，它還可以讓你在收集方面更容易在不同收集端的供應商之間移動。基於早期 OpenTracing 和 OpenConsensus API 所做的工作，該 API 現在得到了廣泛的行業支援。

我們做得好嗎？

我們已經討論了很多關於你作為系統維運人員可以做的事情，包含你需要的心態、你可能需要收集的資訊。但是你怎麼知道你是否做得太多？還是做得不夠？你怎麼知道你的工作是否夠好了？或者你的系統是否運作得好？

隨著系統變得越來越複雜，系統「向上」或「向下」的二元概念開始變得越來越沒意義。使用單行程單體系統，更容易將系統健康視為黑白品質。但是分散式系統呢？如果微服務的一個實例無法訪問，這會是一個問題嗎？如果可訪問，微服務是否「健康」呢？如果我們的 `Returns` 微服務可用，但它提供的一半功能需要使用當前遇到問題的下游 `Inventory` 微服務，那該怎麼辦？這是否代表我們認為 `Returns` 微服務健康或不健康？

隨著事情變得越來越複雜，退後一步從不同的角度思考問題變得越來越重要。以蜂窩為例。你可以觀察一隻蜜蜂並確定它不快樂，也許它失去了一隻翅膀，因此不能再飛了。對於那隻蜜蜂來說，這當然是一個問題，但是你能從中得出關於蜂窩本身健康狀況的任何觀察嗎？答案是否定的，你需要以更全面的方式查看蜂窩的健康狀況。一隻蜜蜂生病並不意味著整個蜂窩都生病了。

我們可以嘗試確定服務是否**健康**，例如透過決定什麼是好的 CPU 標準，或者什麼是可接受的回應時間。如果我們的監控系統檢測到實際值超出此安全標準，我們可以觸發警報。然而，在許多方面，這些值與我們實際想要追蹤的內容相距一步之遙，換句話說，**系統是否在工作**？服務之間的互動越複雜，我們就越無法透過獨立地查看一個指標來實際回答這個問題。

所以我們可以收集到很多資訊，但這些資訊本身並不能幫助我們回答系統是否可以正常運作的問題。為此，我們需要開始更多地思考並定義可接受的行為模式。在**網站可靠性工程**（*site reliability engineering*，SRE）領域已經做了很多工作，其重點是我們如何確保我們的系統在允許變更的同時更可靠。在這個出發點上，我們有一些有用的概念需要探索。

我們即將進入字首縮寫的領域。

服務層級協議

服務層級協議（*service-level agreement*，SLA）是建置系統的人和使用系統的人之間達成的協定，它不僅描述了使用者可以期待什麼，還描述如果系統沒有達到可接受的行為水平會發生什麼。 SLA 往往處於事物的「最低限度」的水平，通常到了這樣的地步，如果系統只是剛剛實作其目標，終端使用者仍然會不滿意。舉例來說，AWS 為其運算服務制定了 SLA。很明顯地，單個 EC2 實例（託管虛擬機器[8]）的正常運行時間（uptime）沒有有效的保證，AWS 表示它會盡最大努力確保給定實例的正常運行時間為 90%，但如果沒有實作，那麼它不會在實例不可用的給定小時內向你收費。現在，如果你的 EC2 實例在給定的小時內始終無法達到 90% 的可用性，進而導致系統嚴重不穩定，你可能不會被收取費用，但你也會很不高興。根據我的經驗，AWS 在實踐中取得的成果遠遠超過 SLA 所概述的內容，而 SLA 通常就是這種情況。

服務層級目標

將 SLA 對映到團隊是有問題的，尤其是當 SLA 有點廣泛和跨領域時。在團隊層級，我們改為討論**服務層級目標**（*service-level objective*，SLO）。SLO 定義了團隊註冊提供的內容。實作組織中每個團隊的 SLO 將滿足（並且可能大大超過）組織的 SLA 要求。範例 SLO 可能包括給定操作的預期正常運行時間或可接受的回應時間等內容。

將 SLO 視為團隊需要為組織實作其 SLA 所做的工作過於簡單化。如果整個組織都實作了其所有 SLO，我們會假設所有 SLA 也已實作，但 SLO 可以涉及 SLA 中未概述的其他目標，而這可能是有抱負的，也可能是面向內部的（嘗試進行一些內部變更）。SLO 通常可以反映出團隊本身想要實作但可能與 SLA 無關的東西。

服務層級指標

為了確定我們是否達到了 SLO，我們需要收集真實的資料，這也就是我們的**服務層級指標**（*service-level indicators*，SLI）。SLI 是衡量我們軟體所做的事情。例如，它可以是流程的回應時間、註冊的使用者、向使用者提出的錯誤或下訂單。我們需要收集並顯示這些 SLI，以確保我們符合我們的 SLO。

錯誤預算

當我們嘗試新事物時，我們會給我們的系統注入更多潛在的不穩定性。因此，維護（或改進）系統穩定性的願望可能會導致不鼓勵進行變更，而**錯誤預算**試圖透過確定系統中可接受的錯誤量來避免這個問題。

8 大部分來說，AWS 現在的確提供了裸機實例，這讓我有點摸不著頭腦。

如果你已經決定使用 SLO，那麼計算你的錯誤預算應該非常清楚。舉例來說，你可能會說你的微服務需要每季度有 99.9% 的時間是可用的，全年無休，這代表你實際上每季度可以休息 2 小時 11 分鐘。就該 SLO 而言，這是你的錯誤預算。

錯誤預算可以幫助你清楚地了解你所實作（或未實作）的 SLO 情況，進而使你能夠評估承擔的風險以利做出更好的決策。如果你在本季度的錯誤預算範圍內遠低於預算，也許你可以推出用新程式語言撰寫的微服務。如果你已經超出了錯誤預算，也許你會推遲部署，而是將團隊的更多時間集中在提高系統的可靠性上。

錯誤預算與為團隊提供嘗試新事物的喘息空間一樣重要。

警報

有時（希望很少，但可能比我們所希望的要多），我們的系統中會發生一些事情，需要通知維運人員採取人工行動。微服務可能因此意外變得不可用，我們可能會看到比預期更多的錯誤，或者整個系統可能對我們的使用者來說已無法使用。在這些情況下，我們需要讓人們了解正在發生的事情，以便他們可以嘗試解決問題。

問題在於，對於微服務架構，考慮到呼叫次數較多、行程數量較多以及底層基礎設施更加複雜，這往往會出現問題。微服務環境中的挑戰是準確地確定哪些類型的問題應該告知人們、以及應該如何告知他們。

有些問題比其他問題更嚴重

當出現問題時，我們想知道它，或是，我們想知道嗎？所有的問題都一樣嗎？隨著問題來源的增加，能夠確定這些問題的優先順序以決定是否以及如何涉及維運人員變得更加重要。一般來說，我自己在警報時會問的最大問題是：「這個問題是否應該導致有人在凌晨 3 點被叫醒？」。

多年以前，我在 Google 園區待過一段時間時，看到了這種想法的一個例子。山景城一棟建築的接待區有一架舊機器，作為一種展示品。我注意到了一些事情。首先，這些伺服器不在伺服器機殼中，它們只是裸主機板插入機架而已。不過，我注意到的主要事情是硬碟是由魔鬼氈連接的。我問其中一位 Google 員工為什麼會這樣。他回答「硬碟故障太多了，我們不想把它們擰進去。我們只是把它們撕掉，扔進垃圾箱，然後用魔鬼氈裝上一個新的。」。

Google 建置的系統假設硬碟會出現故障，它最佳化了這些伺服器的設計，以確保硬碟更換盡可能簡單。由於系統的建置是為了容忍硬碟的故障，雖然最終更換硬碟很重要，但單一硬碟故障很可能不會導致任何使用者可見的重大問題。Google 資料中心有數千台伺服器，人們每天的任務就是沿著一排機器架走動並隨時更換硬碟。當然，故障是一個問題，但可以透過常規方式來處理。硬碟故障被認為是例行公事，並不值得在正常工作時間之外打電話給某人，但也許只是他們需要在正常工作日被告知的事情。

隨著潛在問題來源的增加，你需要更好地確定導致各種類型警報之事件的優先順序，否則，你很可能會發現自己很難將瑣碎的事情與緊急的事情區分開來。

警示麻痺

一般來說，過多的警報會導致重大問題。1979 年，美國 Three Mile Island 核電站發生反應爐部分熔毀，對該事件的調查突顯了一個事實，舊式設施的維運人員被他們看到的警報所淹沒，以致於無法確定需要採取什麼樣的行動。有一個警報指示需要解決的基本問題，但這對維運人員來說並不是很明顯，因為同時發出了許多其他警報。在對該事件的公開聽證會上，其中一名接線員 Craig Faust 回憶說：「我本來希望扔掉報警面板，因為它沒有給我們任何有用的資訊。」事故報告的結論是，控制室「嚴重不足以管理事故[9]」。

最近，我們看到了在 737 Max 飛機發生的一系列事件中發出過多警報的問題，其中包括兩次獨立的空難，總共造成 346 人死亡。美國國家運輸安全委員會（NTSB）對問題的初步報告[10]提醒注意在現實條件下觸發的那些令人困惑的警報，並被認為是導致墜機的因素。以下內容來自報告：

> 人為因素研究已經確定，對於非正常情況，例如涉及系統故障和多個警報的情況，可能需要多個機組人員採取多種行動，讓飛行員了解哪些行動必須優先是至關重要的。在跨多個飛機系統實作功能的情況下尤其如此，因為高度整合的系統架構中的一個系統出現故障，這可能會在每個介面系統記錄故障時，向機組人員呈現多個警報和指示……因此，系統互動和駕駛艙介面旨在幫助引導飛行員執行最高優先級的操作，這是非常重要的。

所以在這裡我們談論的是操作核反應爐和駕駛飛機。我懷疑你們其中的許多人現在很想知道這到底與你正在建置的系統有什麼關係。現在有可能（如果不太可能）你沒有建置這樣的安全關鍵系統，但是我們可以從這些範例中學到很多東西。兩者都涉及高度複雜、相互關聯的系統，其中一個領域的問題可能會導致另一個領域的問題。當我們產生

9 美國總統三哩島事故委員會，*The Need for Change, the Legacy of TMI: Report of the President' s Commission on the Accident at Three Mile Island*（Washington, DC: The Commission, 1979）。

10 國家運輸安全委員會，*Safety Recommendation Report: Assumptions Used in the Safety Assessment Process and the Effects of Multiple Alerts and Indications on Pilot Performance*（Washington, DC: NTSB, 2019）。

過多的警報，或者我們沒有讓維運人員能夠優先處理那些該被關注的警報時，災難就會隨之而來。用警報壓倒維運人員可能會導致真正的問題。以下內容節錄自報告中：

> 此外，對飛行員對多個或同時發生的異常情況的反應及事故資料的研究表明，多個相互競爭的警報可能會超出可用的心理資源，並且注意力不集中會導致反應延遲或優先級不足。

因此，對於簡單地向維運人員發出更多警報要三思而後行，因為你可能得不到想要的結果。

> **Alarm 與 Alert**
>
> 在更廣泛地研究警報主題時，我發現了許多非常有用的研究和實踐，這些研究和實踐來自許多上下文，其中許多並沒有專門討論 IT 系統中的警報。在工程及其他領域研究此主題時，通常會遇到術語 *alarm*，而我們傾向於在 IT 中更常使用術語 *alert*。我曾與一些覺得這兩個術語有區別的人談論過，但奇怪的是，人們對於這兩個術語之間的區別似乎不太一致。基於大多數人似乎認為 *alert* 和 *alarm* 這兩個術語實際上是相同的、且事實上人們對這兩者之間的區別並不一致，我決定為這本書將 *alert* 這個術語標準化。

實作更好的警報

所以我們要避免有太多的警報，以及沒有用的警報。我們可以查看哪些指南來幫助我們創建更好的警報？

Steven Shorrock 在他的文章「Alarm Design: From Nuclear Power to WebOps」[11] 中延伸了這個主題，這是一本很好的讀物，也是在該領域進行更多閱讀的一個很好的起點。以下內容節錄自文章：

> [警報] 的目的是將使用者的注意力引向需要及時關注的操作或設備的重要方面。

以外部軟體開發的工作為借鏡，我們有一套對所有地方都很有用的規則，工程設備和材料使用者協會（EEMUA）提出了和我一樣好的警報的描述：

11 Steven Shorrock，「Alarm Design: From Nuclear Power to WebOps」，Humanistic Systems（部落格），2015 年 10 月 16 日，*https://oreil.ly/RCHDL*。

相關的（*Relevant*）

確保警報是有價值的。

獨特的（*Unique*）

確保警報不會複製另一個警報。

及時的（*Timely*）

我們需要足夠快地獲得警報以利用它。

優先的（*Prioritized*）

為維運人員提供足夠的資訊以決定處理警報的順序。

可以理解的（*Understandable*）

警報中的資訊需要清晰易讀。

診斷（*Diagnostic*）

需要弄清楚什麼是錯的。

諮詢（*Advisory*）

幫助維運人員了解需要採取哪些措施。

聚焦（*Focusing*）

提醒注意最重要的問題。

回顧我在生產支援部門工作的職業生涯，想到我不得不處理的警報很少遵循這些規則，這令人沮喪。

不幸的是，向我們的警報系統提供資訊的人和實際接收警報的人往往是不同的人。再次節錄自 Shorrock 的文章：

> 了解警報處理的性質以及相關的設計問題，可以幫助你成為一個進入狀況的使用者，幫助實作最好的警報系統來支援你的工作。

一種有助於減少爭奪我們注意力的警報數量，其技術涉及改變我們對哪些問題需要我們在第一時間將它們引起維運人員注意的看法。讓我們接下來探討這個主題。

語意監控

透過語意監控，我們正在為我們的系統可接受的語意定義一個模型。系統必須具備哪些特性才能讓我們認為它在可接受的範圍內運行？在很大程度上，語意監控需要我們改變行為。與其尋找錯誤的存在，我們還需要不斷地問一個問題：系統是否按照我們預期的方式運行？如果它的行為正確，那麼這可以更好地幫助我們了解如何優先處理我們看到的錯誤。

接下來要解決的是如何為正確運行的系統定義模型。你可以使用這種方法獲得非常正式的效果（確切來說，有些組織為此使用了正式的方法），但是製作一些簡單的價值陳述可以讓你了解得更透徹。例如，在 MusicCorp 的情況下，我們必須滿足什麼條件才能對系統正常工作感到滿意？好吧，也許我們會說：

- 新使用者可以註冊加入。
- 在尖峰時段，我們每小時至少銷售價值 20,000 美元的產品。
- 我們以正常的速度運送訂單。

如果這三個說法都能證明是正確的，那麼從廣義上講，我們覺得系統運行得夠好。回到我們之前對 SLA 和 SLO 的討論，我們的語意正確性模型預計將大大超出我們在 SLA 中的義務，並且我們希望有具體的 SLO 允許我們追蹤該模型。換句話說，就我們預期我們的軟體如何運作做出這些陳述句，將對我們識別 SLO 大有幫助。

最大的挑戰之一是就該模型是什麼達成一致。如你所見，我們不是在談論例如「硬碟使用率不應超過 95%」之類的低階問題，我們正在對我們的系統進行更高級別的陳述。作為系統的維運人員，或者撰寫和測試微服務的人，你可能無法決定這些價值陳述應該是什麼。在產品驅動的交付組織中，這是產品負責人應該介入的地方，但作為維運人員，你的工作可能是確保與產品負責人所討論的會如期發生。

一旦你決定了你的模型是什麼，那麼就歸結為當前系統行為是否符合這個模型。從廣義上來說，我們有兩種關鍵方法可以做到這一點：真實使用者監控和綜合交易。稍後我們將研究綜合交易，因為它們屬於上線後測試的範疇，但讓我們先看看真實使用者監控。

真實使用者監控

透過真實使用者監控，我們查看正式系統中實際發生的情況，並將其與我們的語意模型進行比較。在 MusicCorp 中，我們會查看新使用者的註冊量、我們所發送的訂單數量等等。

真實使用者監控的挑戰在於，我們通常無法及時獲得所需的資訊。考慮一下 MusicCorp 每小時應該銷售至少 20,000 美元產品的預期。如果此資訊被鎖定在某個資料庫中，我們可能無法收集此資訊並依此來採取行動。這也就是為什麼你可能需要更好地公開對你以前所認為是生產工具的「業務」指標資訊的訪問。如果你可以向你的指標儲存發送 CPU 速率，並且該指標儲存可用於在這種情況下發出警報，那麼你為什麼不能同時將銷售額和美元價值記錄到同一個儲存中？

真實使用者監控的主要缺點之一是它從根本上是嘈雜的。你將獲得大量資訊，並且對其進行過濾以找出是否存在問題可能會很困難。同樣值得意識到的是，真實使用者監控會告訴你已經發生的事情，因此你可能在問題發生後才發現問題。如果客戶未能註冊，那是一個不滿意的使用者。透過綜合交易（synthetic transaction），我們稍後將介紹另一種上線後測試形式，我們有機會不僅可以減少噪音，還可以在使用者意識到問題之前先發現問題。

上線後測試

> 不在 *prod* 中進行測試就像沒有與完整的管弦樂隊一起練習，因為你的獨奏在家裡聽起來不錯[12]。
>
> —Charity Majors

正如我們在整本書中多次介紹的那樣，從我們在第 252 頁的「灰度發布」中，對灰度部署等概念的討論到我們對上線前和上線後測試的平衡行為的看法，執行某種形式的上線後測試可能是一項非常有用且安全的活動。我們在本書中查看了許多不同類型的上線後測試，除此之外還有更多的形式，所以我覺得總結一下我們已經看過的一些不同類型的上線後測試會很有用，並分享一些其他常用的測試範例。令我驚訝的是，有多少人被在正式環境中測試的概念嚇到，卻沒有真正意識到他們已經這樣做了。

正式環境中所有形式的測試都可以說是一種「監控」活動。我們正在正式環境中執行這些形式的測試，以確保我們的正式系統按預期運行，並且正式環境中許多形式的測試可以非常有效地在我們的使用者注意到之前先發現問題。

綜合交易

透過綜合交易（synthetic transaction），我們將假的使用者行為放入到我們的正式系統中。這種假的使用者行為具有已知的輸入和預期的輸出。例如，對於 MusicCorp，我們

12 Charity Majors (@mipsytipsy)，Twitter，2019 年 7 月 7 日，上午 9:48，*https://oreil.ly/4VUAX*。

可以人為地創建一個新使用者，然後檢查該使用者是否已成功註冊。這些交易會定期觸發，讓我們有機會盡快發現問題。

我第一次這樣做是在 2005 年。那時我是一個小型 Thoughtworks 團隊的一員，該團隊正在為一家投資銀行建置一個系統。在整個交易日中，出現了許多代表市場變化的事件。我們的工作是對這些變化做出反應，並研究對銀行投資組合的影響。我們必須在一些相當緊迫的期限內工作，一個糟糕的目標是在事件到達後不到 10 秒內完成我們所有的運算。該系統本身由大約五個離散服務所組成，其中至少一個在運算網格上運行，除其他外，該運算網格在銀行災難恢復中心的大約 250 台桌上主機上清理未使用的 CPU 週期。

系統中變動元件的數量代表我們收集的許多較低級別的指標會產生大量噪音。我們也沒有透過逐漸擴展或讓系統運行幾個月來了解 CPU 速率或回應時間等低階指標的「好」是什麼樣的好處。我們的方法是生成虛假事件來為未預訂到下游系統的部分投資組合定價。每隔一分鐘左右，我們使用一個名為 Nagios 的工具來運行一個命令行作業，將一個假事件插入到我們的一個佇列中。除了結果出現在「垃圾」書中，該書僅用於測試之外，我們的系統將它撿起來並像其他任何作業一樣運行所有各種計算。如果在給定時間內沒有看到重新定價，Nagios 會將其報告為問題。

在實踐中，我發現使用綜合交易來執行像這樣的語意監控，比在較低階的指標上發出警報更能指示出系統中的問題。然而，它們並不能取代對較低階細節的需求。當我們需要找出綜合交易失敗的原因時，我們仍然需要這些資訊。

實作綜合交易。 過去，實作綜合交易是一項相當艱鉅的任務。但世界已經向前發展，實作它們的方法觸手可及！你正在為你的系統運行測試，對嗎？如果還沒，請先閱讀第 9 章後再回來。

如果我們查看測試，我們對特定的服務進行端到端的測試，甚至端到端的整個系統，我們就有了實作語意監控所需的大部分內容。我們的系統已經公開了啟動測試和檢查結果所需的鉤子。那麼為什麼不持續運行這些測試的一個子集合，作為監控我們系統的一種方式呢？

當然，有些事情我們需要做。首先，我們需要注意我們測試的資料要求。如果隨時間變化，我們可能需要為我們的測試找到一種方法來適應不同的即時資料，或者設置不同的資料來源。例如，我們可以使用一組已知資料在正式環境中使用一組假使用者。

同樣地，我們必須確保不會意外觸發不可預見的副作用。一位朋友告訴我一個關於電子商務公司不小心對其正式的訂購系統進行測試的故事，直到大量洗衣機到達總公司才發現了自己的錯誤。

A/B 測試

透過 A/B 測試，你可以部署相同功能的兩個不同版本，使用者可以看到「A」或「B」功能，然後，你可以查看哪個版本的功能效能最佳。當試圖在兩種不同的方法之間做出決定時，通常會使用這種方法來完成某件事。例如，你可以嘗試兩種不同的使用者註冊表格，以查看哪一種在推動註冊方面更有效。

灰度發布

一小部分使用者可以看到新版本的功能。如果此新功能運行良好，你可以將看到新功能的使用者群增加到所有使用者現在都使用新版本功能的程度。另一方面，如果新功能沒有按預期工作，那麼你只會影響到一小部分的使用者，並且可以恢復變更或嘗試修復你所發現的任何問題。

平行運行

透過平行運行，你可以並排執行相同功能的兩個不同的等效實作。任何使用者請求都會傳送到兩個版本，並且可以比較它們的結果。因此，我們不會像在灰度發布中那樣將使用者引導到舊版本或新版本，而是同時執行兩個版本，但使用者只會看到一個。這允許在兩個不同版本之間進行全面比較，當我們想要更好地了解某些關鍵功能新實作的負載特性等方面時，這非常有用。

冒煙測試

將軟體部署到正式環境之後但在發布之前使用，會對軟體運行冒煙測試以確保其正常工作。這些測試通常是完全自動化的，範圍可以從非常簡單的活動（例如確保給定的微服務啟動並運行）到實際執行成熟的綜合交易。

綜合交易

一個完整的、假的使用者互動被注入到系統中，它通常與你可能撰寫的那種端到端測試非常接近。

混沌工程

我們將在第 12 章中詳細討論的一個主題，混沌工程可以涉及將故障注入正式系統以確保它能夠處理這些預期問題。這種技術最著名的例子可能是 Netflix 的 Chaos Monkey，它能夠關閉正式環境的虛擬機器，預期系統足夠強大，這些關閉不會中斷終端使用者的功能。

標準化

正如我們之前所介紹的，你需要實作的持續平衡行為之一是允許對單個微服務進行狹隘的決策，所以你需要在整個系統中進行標準化。在我看來，監控和可觀察性是標準化非常重要的一個領域。由於微服務以多種不同方式協作以向使用多個介面的使用者提供功能，因此需要以整體方式查看系統。

你應該嘗試以標準格式寫出你的日誌。你肯定希望將所有指標放在一個地方，並且可能還希望為你的指標提供一個標準名稱列表。如果一個服務有一個叫做 `ResponseTime` 的指標，而另一個有一個叫做 `RspTimeSecs` 的指標，當它們的意思相同時，這將是非常煩人的。

與標準化一樣，工具可以提供幫助。正如我之前所說，關鍵是讓做正確的事情變得容易，因此擁有一個包含許多基本建置模塊（例如日誌匯總）的平台很有意義。我們將在第 15 章中更全面地探討了平台團隊的作用。

選擇工具

正如我們已經介紹的那樣，你可能需要使用許多不同的工具來幫助提高系統的可觀察性。但也正如我已經提到的，這是一個快速崛起的領域，我們未來使用的工具很可能與我們現在擁有的工具大不相同。隨著 Honeycomb 和 Lightstep 等平台在微服務可觀察性工具方面處於領先地位，並且隨著其他市場在一定程度上迎頭趕上，我完全預計這個領域未來會出現大量流失。

因此，如果你只是擁抱微服務，很可能你需要與現在不同的工具，並且隨著該領域的解決方案不斷改進，你將來也可能需要不同的工具。考慮到這一點，我想分享一些關於我認為對於該領域的任何工具都非常重要的標準想法。

民主的

如果你擁有的工具很難由經驗豐富的維運人員使用，那麼你就限制了可以參與上線活動的人數。同樣地，如果你選擇的工具非常昂貴，以致於在關鍵正式環境以外的任何情況下都禁止使用它們，那麼開發者將不會接觸到這些工具，直到已經非用不可為止。

你所挑選的工具要考慮到所有你所希望的使用者之需求，如果你真的想轉向對你軟體擁有更多集體所有權的模型，那麼該軟體需要可供團隊中的每個人使用，以確保你選擇的任何工具也將用於開發和測試環境，這將大大有助於實作這一目標。

易於整合

從你的應用程式架構和運行的系統中獲取正確的資訊是非常重要的，正如我們已經介紹過的，你可能需要以不同的格式提取比以前更多的資訊。而讓這個過程盡可能簡單很重要。OpenTracing（*https://opentracing.io*）等措施有助於提供客戶端程式庫和平台可以支援的標準 API，使跨工具鏈的整合和可移植性更容易。正如我所討論的，特別令人感興趣的是新的 OpenTelemetry 計畫，該計畫由很多方共同推動。

選擇支援這些開放標準的工具將簡化整合工作，也可能有助於以後更容易更換供應商。

提供內容

在查看一條資訊時，我需要該工具為我提供盡可能多的內容，以幫助我了解接下來需要發生什麼。我非常喜歡透過 Lightstep 部落格文章所找到的、針對不同類型內容的以下分類系統[13]：

時間上下文（*Temporal context*）

　與一分鐘、一小時、一天或一個月前相比，這看起來如何？

相對上下文（*Relative context*）

　這與系統中的其他事物相比有何變化？

關係上下文（*Relational context*）

　有什麼依賴於此嗎？這取決於其他東西嗎？

比例上下文（*Proportional context*）

　這有多糟糕？它是大範圍還是小範圍？誰受到影響？

---

13 「Observability: A Complete Overview for 2021」，Lightstep，於 2021 年 6 月 16 日訪問，*https://oreil.ly/a1ERu*。

即時的

你迫不及待地想獲得這些資訊，而你現在也需要它。你對「現在」的定義當然會有所不同，但在你的系統上下文中，你需要足夠快的資訊，以便你有機會在使用者發現問題之前先發現問題，或者至少當有人抱怨時手上是有資訊的。實際上，我們談論的是秒，而不是分鐘或小時。

適合你的規模

分散式系統可觀察性領域的大部分工作，都受到在大規模分散式系統中所做工作的啟發。但不幸的是，這可能導致我們在不了解權衡取捨的情況下嘗試為比我們自己規模更大的系統重新創建解決方案。

大規模系統通常必須做出特定的權衡，以減少其系統的功能，以便處理它們運行的規模。例如，Dapper 必須利用高度激進的隨機資料抽樣（有效地「丟棄」大量資訊）才能應對 Google 的規模。也正如 LightStep 和 Dapper 的創辦人 Ben Sigelman 所說[14]：

> *Google* 的微服務每秒產生約 *50* 億個 *RPC*，建置可擴展到每秒 *5B RPCs* 的可觀察性工具，因此意味著在建置功能非常差的可觀察性工具。如果你的組織每秒執行 *500* 萬次 *RPC*，這仍然令人印象深刻，但你幾乎肯定不應該使用 *Google* 所使用的：在 *1/1000* 的規模下，你可以負擔更強大的功能。

理想情況下，你還需要一個可以隨規模而擴展的工具。同樣地，成本效益可以在這裡發揮作用。即使你選擇的工具在技術上可以擴展以支援你系統的預期增長，你是否能夠繼續為此付費呢？

機器專家

我在本章中談論了很多關於工具的內容，可能比本書的任何其他章節都多。這部分是純粹從監控角度看待世界，到思考如何使我們的系統更易於觀察的根本轉變；這種行為的改變需要工具來幫助支援它。然而，如果我希望我已經解釋過這種轉變純粹是關於新工具的，那將是錯誤的。儘管如此，由於有大量不同的供應商在爭奪我們的注意力，我們也必須保持謹慎。

14 Ben Sigelman，「Three Pillars with Zero Answers—Towards a New Scorecard for Observability」，Lightstep（blog），2018 年 12 月 5 日，*https://oreil.ly/R3LwC*。

十多年來，我已經看到多個供應商聲稱他們的系統將如何神奇地檢測問題，並告訴我們需要解決問題的方法，這方面具有一定程度的智慧。這似乎是一波三折，但隨著最近關於機器學習（ML）和人工智慧（AI）的熱議不斷增加，我看到更多關於自動化異常檢測的聲明。我質疑這在完全自動化的方式下的效果，即便如此，假設你需要的所有專業知識都可以自動化，這也是有問題的。

圍繞 AI 的大部分驅動力一直是嘗試將專家知識編入自動化系統中。我們可以將專業知識自動化的想法對某些人來說可能很有吸引力，但這在這個領域也是一個潛在的危險想法，至少就我們目前的理解而言。那為什麼要自動化專業知識？因為你不必投資讓專家維運人員來運作你的系統。我不是想在這裡說明技術進步所引起的勞動力劇變，更多的是人們現在正在出售這個想法，公司現在正在購買這個想法，希望這些是完全可以解決（和自動化）的問題。但現實是現在它們並不是。

我最近在歐洲一家專注於資料科學的新創公司工作。這家新創公司正在與一家提供床位監控硬體的公司合作，該硬體可以收集有關患者的各種資料。資料科學家能夠幫助查看資料中的模式，顯示可以透過關聯資料的各個方面來確定奇怪的患者群集。資料科學家可以說「這些患者似乎有關係」，但不知道這種關係的含義是什麼。一位臨床醫生解釋說，其中一些群集指的是一般來說比其他人病得更重的患者。它需要專業知識來識別群集，並需要不同的專業知識來理解該群集的含義且將該知識付諸行動。回到我們的監控和可觀察性工具，我可以看到這樣一個工具提醒著某些人「有些東西看起來很奇怪」，但知道如何處理這些資訊仍然需要一定程度的專業知識。

雖然我確信像是「自動異常檢測」之類的功能很可能會繼續進步，但我們現在必須認識到，系統中的專家將在一段時間內繼續存在。我們可以創建能更好地通知維運人員任務的工具，並且我們可以提供自動化來幫助維運人員以更有效的方式執行他們的決策。但是分散式系統從根本上多樣化和複雜的環境，代表我們需要熟練和能提供支援的手動維運人員。我們希望我們的專家利用他們的專業知識提出正確的問題並做出最佳決策，我們不應該要求他們利用專業知識來解決劣質工具的缺點，我們也不應該屈服於一些新奇的工具將解決我們所有問題的便利觀念。

入門

正如我所概述的，這裡有很多東西需要考慮，但我想為一個簡單的微服務架構提供一個基本的起點，也就是你應該捕捉什麼以及如何捕捉事物。

首先，你希望能夠捕獲有關運行微服務主機的基本資訊（CPU 速率、I/O 等），並確保可以將微服務實例與正在運行的主機匹配。對於每個微服務實例，你希望捕獲其服務介面的回應時間並將所有下游呼叫記錄在日誌中。從一開始就將關聯 ID 放入你的日誌中，記錄業務流程中的其他主要步驟，這將要求你至少有一個基本的指標和日誌匯總工具鏈。

我會毫不猶豫地說你需要從專門的分散式追蹤工具開始。如果你必須自己運行和託管該工具，這會顯著地增加複雜性。另一方面，如果你可以輕鬆地使用完全託管的服務產品，那麼從一開始就對你的微服務進行檢測就很有意義。

對於關鍵操作，強烈考慮創建綜合交易作為更好地了解系統的重要方面是正常工作的一種方式。請牢記此功能來建置你的系統。

所有這些都只是基本的資訊收集。更重要的是，你需要確保你可以過濾此資訊以詢問正在運行的系統問題。你能否自信地說該系統為你的使用者正常運作？隨著時間的推移，你將需要收集更多資訊並改進你的工具（以及你使用它的方式），以更好地提高平台的可觀察性。

總結

分散式系統可能很難理解，而且它們越是分散式，正式環境的故障排除任務就越困難。當壓力大、警報響起、客戶尖叫時，重要的是能為你提供正確的資訊，以確定問題所在以及解決方案為何。

隨著你的微服務架構變得越來越複雜，提前知道問題所在變得越來越難；相反地，你經常會對遇到的問題類型感到驚訝。因此，將你的思維從主要的（被動）監視活動轉向積極的讓系統可觀察變得很重要，這不僅涉及潛在地變更你的工具集，還涉及從靜態儀表板轉移到更動態的切片和切塊活動。

有了一個簡單的系統，基礎知識會讓你的運作很順利。從一開始就獲取日誌匯總，並在日誌行中獲取關聯 ID，分散式追蹤可以晚一點再使用，但要注意將其落實到位的時程。

將你對系統或微服務健康狀況的理解從「高興」或「悲傷」的二元狀態轉變。相反地，要意識到真相總是比這更微妙。從讓每個小問題產生警報轉變為更全面地考慮可接受的內容。強烈建議你考慮採用基於這些規則的 SLO 和警報，以減少警示麻痺並適當地集中注意力。

最重要的是，這是關於接受在你上線之前並非所有事情都是可知的，必須善於處理未知。

我們已經介紹了很多，但這裡還有更多內容需要挖掘。如果你想更詳細地探索**可觀察性**的概念，那麼我推薦 Charity Majors、Liz Fong-Jones 和 George Miranda 所共同合著的《*Observability Engineering*》[15]。我還推薦《*Site Reliability Engineering*》[16] 和《*The Site Reliability Workbook*》[17] 作為有關 SLO、SLI 等更廣泛討論很好的起點。值得注意的是，最後兩本書是從 Google 如何（或曾經）完成的角度撰寫的，這代表這些概念對你可能不一定適用，因為你可能不是 Google，也可能沒有 Google 規模的問題，但這些書中仍有很多值得推薦的地方。

在下一章中，我們將對我們的系統採取不同但仍然是整體的觀點，並考慮細微化架構在資安領域可以提供的一些獨特優勢和挑戰。

---

15 Charity Majors、Liz Fong-Jones 和 George Miranda 所著的《*Observability Engineering*》（Sebastopol: O'Reilly, 2022）。在寫本書的期間，此書處於早期發行階段。

16 Betsy Beyer 等人所著的《*Site Reliability Engineering: How Google Runs Production Systems*》（Sebastopol: O'Reilly, 2016）。

17 Betsy Beyer 等人所著的《*The Site Reliability Workbook*》（Sebastopol: O'Reilly, 2018）。

第十一章

資訊安全

我想在本章開頭說清楚，我不認為自己是應用程式安全領域的專家，我的目標只是成為一個**有意識的無能者**，換句話說，我想了解我不知道的東西並認清我的極限。即使我對這個領域有更多的了解，我也知道還有更多的東西需要了解，這並不是說對自己進行此類主題的教育毫無意義，反而我覺得過去十年，在這個領域學到的一切都讓我成為了一個更有效的開發者和架構師。

在本章中，我將重點介紹我認為對於從事微服務架構的一般開發者、架構師或維運人員來說值得理解的資安面向，但仍然需要得到應用程式安全領域專家的支援。即使你可以接觸到這些人，在這些主題上有一些基礎對你來說仍然是很重要的。測試或資料管理以前都是僅限於專家的主題，就像開發者學習了更多關於這兩個主題的知識一樣，對安全主題的普遍認識，就是對於從一開始就將安全性建置到我們的軟體中是至關重要的。

當將微服務與較少分散式架構進行比較時，我們發現了一個有趣的二分法。一方面，我們現在有更多的資料流經網路，以前這些資料只會留在一台機器上，而我們現在有更複雜的基礎設施運行我們的架構，我們的攻擊面要大得多。另一方面，微服務為我們提供了更多的機會進行深度防禦並限制訪問的範圍，可能會增加我們系統的投射，同時還可以減少攻擊發生時的影響。微服務可以使我們的系統既**不**安全又**更**加安全，這種明顯的悖論實際上只是一種微妙的平衡行為。我希望在本章結束時，你最終會在這個等式的右邊。

為了幫助你在微服務架構的資訊安全方面找到正確的平衡點，我們將涵蓋以下主題：

核心原則（*Core principles*）
: 在尋求建置更安全的軟體時可以使用的基本概念

網路安全的五個功能（*The five functions of cybersecurity*）
: 識別、保護、檢測、回應和恢復是應用程式安全的五個關鍵功能領域的概述

應用程式安全的基礎（*Foundations of application security*）
: 應用程式安全的一些特定基本概念以及如何應用在微服務上，包括憑證和密鑰、修補、備份和重建

隱性信任與零信任（*Implicit trust versus zero trust*）
: 在我們的微服務環境中建立信任的不同方法，以及這如何影響與資安相關的活動

保護資料（*Securing data*）
: 我們如何在資料通過網路傳輸和儲存在磁碟上的時候保護資料

認證與授權（*Authentication and authorization*）
: 單一登入（single sign-on，SSO）在微服務架構中的工作原理、集中式與分散式授權模型，以及 JWT token 在其中的作用

核心原則

一般來說，當提到微服務安全性的話題時，人們開始想談論相當複雜的技術問題，比如 JWT token 的使用或對雙向 TLS 的需求（我們將在本章後面探討這些主題）。然而，問題在於，你的安全性取決於你最不安全的方面。舉例來說，如果你想保護你的家，把所有的精力都集中在有一個防盜鎖的前門上，然後用燈和監視器來阻止惡意第三方，但你的後門卻是打開的，這樣是不對的。

因此，我們需要關注應用程式安全的一些基本方面，無論多麼簡短，以強調你需要注意的大量問題。我們將介紹這些核心問題如何在微服務的上下文中變得更加（或更少）複雜，但它們也應該普遍適用於整個軟體開發。對於那些想要跳到所有「好東西」的人來說，請確保你沒有在過度專注於保護前門的同時讓後門大開。

最小權限原則

在向個人、外部或內部系統，甚至我們自己的微服務授予應用程式存取權限時，我們應該仔細注意我們所授予的存取權限。最小權限（least privilege）原則描述了一種想法，在授予存取權限時，我們應該授予對方執行所需功能的最低存取權限，並且僅在他們需要的時間區間內授予。這樣做的主要好處是確保如果憑證被攻擊者破壞，這些憑證將盡可能限制惡意第三方的存取權限。

如果微服務僅具有對資料庫的唯讀存取權限，那麼獲得對這些資料庫憑證的存取權限的攻擊者將只能獲得唯讀存取權限，並且只能訪問該資料庫。如果資料庫的憑證在它被破壞之前就過期了，那麼憑證就變得毫無用處了。這個概念可以擴展到限制特定對象可以與哪些微服務進行溝通。

正如我們將在本章後面看到的，最小權限原則可以延伸到確保僅在有限的時間範圍內授予訪問控制權，進一步限制在發生妥協時可能發生的任何不良後果。

縱深防禦

我居住的英國到處都是城堡，這些城堡是對我們國家歷史的部分提醒（尤其是對英國在某種程度上統一之前時間的提醒），它們讓我們想起了人們感到有必要保護自己的財產免受敵人侵害的時代。有時意識到的敵人是不同的，像是我住在肯特郡附近的許多城堡都是為了抵禦法國沿海入侵而設計的[1]。不管是什麼原因，城堡都可以成為縱深防禦原則的一個很好的例子。

如果攻擊者找到了突破防禦的方法，或者如果保護機制僅防禦某些類型的攻擊者，那麼只有一種保護機制就是問題。想想一個海防堡壘，它唯一的牆面向大海，讓它完全無法抵禦陸地的攻擊。如果你看看離我住的地方很近的多佛城堡（Dover Castle），那裡有多重易見的保護措施。首先，它位於一座大山丘上，因此很難從陸地上進入城堡。它沒有一道牆，而是兩道牆，就算第一道牆被突破，攻擊者仍然需要處理第二道牆。一旦你穿過最後一道牆，你還有一個巨大的要塞（塔）需要處理。

當我們在應用程式安全性中建置保護時，必須應用相同的原則。擁有多種保護措施來抵禦攻擊者非常重要。借助微服務架構，我們可以在更多地方保護我們的系統，透過將我們的功能分解為不同的微服務、並限制這些微服務的作用範圍，我們已經在應用縱深防禦。此外，我們還可以在不同的網路區隔（network segment）上運行微服務，在更多的

1 拜託，讓我們不要把英國退歐的一切都搞砸。

地方應用以網路為基礎的保護，甚至使用混合技術來建置和運行這些微服務，這樣一個零日漏洞（zero-day exploit）可能不會影響我們擁有的一切。

與等效的單行程單體式應用程式相比，微服務提供了更多深度防禦的能力，因此，它們可以幫助組織建置更安全的系統。

安全控制的類型

在考慮我們可能為保護系統而採取的安全控制措施時，我們可以將它們分類為[2]：

預防性（*Preventative*）

目的是阻止攻擊發生，這包括安全地儲存密鑰、加密靜態資料和傳輸中的資料以及實作適當的身分驗證和授權機制。

偵測性（*Detective*）

提醒你攻擊正在發生或已經發生的事實。應用防火牆和入侵檢測服務就是很好的例子。

反應式（*Responsive*）

幫助你在攻擊期間或之後做出反應。擁有重建系統的自動化機制、工作備份以恢復資料，以及在事件發生後制訂適當的溝通計劃可能很重要。

正確保護系統需要這三者的結合，並且每種類型可能有很多個選項。回到我們的城堡範例，我們可能有多道牆，代表多個預防控制。我們可以在適當的位置設置瞭望台和燈塔系統，以便我們可以查看是否發生了攻擊。最後，我們可能會有一些木匠和石匠待命，以防我們在遭受襲擊後需要加強城門或城牆。很明顯地，你不太可能以建造城堡為生，因此我們將在本章後面的微服務架構中查看這些控制的範例。

2 我已經盡我所能，但我仍找不到這個分類方案的原始來源。

自動化

自動化是本書反覆一直出現的主題。由於微服務架構中的變動元件越來越多，自動化成為幫助我們管理日益複雜系統的關鍵。與此同時，我們有提高交付速度的動力，自動化在這裡也很重要。電腦比人類更擅長一遍又一遍地做同樣的事情，它們比我們做得更快、更有效（而且變化也更小）。它們還可以減少人為錯誤並更容易實作最小權限原則，例如，我們可以為特定指令稿分配特定權限。

正如我們將在本章中看到的，自動化可以幫助我們在事件發生後恢復原狀，我們可以使用它來撤銷和輪換安全密鑰，還可以使用工具來更容易檢測潛在的安全問題。與微服務架構的其他方面一樣，擁抱自動化文化將在安全性方面對你有極大的幫助。

在交付過程中建立安全性

與軟體交付的許多其他方面一樣，安全性通常被認為是事後的想法。至少從歷史上看，解決系統的安全方面是在撰寫程式碼後才完成的事情，可能會導致之後需要進行大量的重作。安全性往往也被視為阻止軟體發布的障礙。

在過去的 20 年裡，我們在測試、可用性和操作方面看到了類似的問題。軟體交付的這些方面經常以孤立的方式交付，通常是在完成大部分程式碼之後。我的一位老同事 Jonny Schneider 曾經將軟體可用性的方法比作「你想要用這個配薯條嗎？」的心理狀態。換句話說，可用性是事後的想法，例如你在「主餐」上撒的東西[3]。

當然，現實情況是，不可用、不安全、無法在上線後正常運行、充滿漏洞的軟體無論如何都不會形成「主餐」，它充其量只是一個有缺陷的產品。我們在將測試推進到主要交付流程方面做得更好，正如我們在維運方面（DevOps）和可用性方面所做的那樣，安全性應該沒有什麼不同。我們需要確保開發者對安全性相關的問題有更普遍的認識，確保專家在需要時找到將自己嵌入交付團隊的方法，並且改進工具以允許我們將與安全相關的思維建置到我們的軟體中。

這可能會給採用流式團隊的組織帶來挑戰，這些團隊在微服務的所有權方面具有更高的自主性。安全專家的作用是什麼？在第 468 頁的「賦能團隊」中，我們將了解安全專家等專家如何工作來支援流式團隊，並幫助微服務所有者在他們的軟體中建置更多安全思想，同時確保你擁有正確的深度，在你需要時隨時掌握專業知識。

3 我推薦 Jonny 的《*Understanding Design Thinking, Lean, and Agile*》（O'Reilly）以獲取更多見解。

有一些自動化工具可以偵測我們系統的漏洞，例如尋找跨網站指令碼攻擊（cross-site scripting attack，XSS）。Zed Attack Proxy（又名 ZAP）就是一個很好的例子，受 OWASP 的影響，ZAP 嘗試在你的網站上重新創建惡意攻擊。其他工具使用靜態分析來查找可能打開安全漏洞的常見程式碼錯誤，例如 Ruby 的 Brakeman（*https://brakemanscanner.org*）、Snyk（*https://snyk.io*）這樣的工具，其中包括可以獲取對具有已知漏洞的第三方程式庫的依賴項。這些工具可以輕鬆整合到普通 CI 建置中，將它們整合到你的標準簽入中是一個很好的起點。當然，值得注意的是，許多此類工具只能解決局部問題，例如，特定程式碼區段中的漏洞，它們不能取代在更廣泛的系統層級上了解系統安全性的需要。

網路安全的五項功能

考慮完這些核心原則，現在讓我們考慮需要執行廣泛的與安全相關的活動，然後我們將繼續了解這些活動在微服務架構的上下文中是如何變化的。我更喜歡來自美國國家標準與技術研究院（NIST）用於描述應用程式安全領域的模型，該模型概述了一個有用的五部分模型（*https://oreil.ly/MSAuU*），適用於涉及各種的網路安全活動：

- 識別（*identify*）你的潛在攻擊者是誰、他們試圖獲取哪些目標以及你最容易受到攻擊的地方。
- 保護（*protect*）你的關鍵資產免受潛在駭客的侵害。
- 盡最大努力去偵測（*detect*）是否發生了攻擊。
- 當你發現發生了不好的事情時做出回應（*response*）。
- 在事故發生後復原（*recover*）。

我發現這個模型特別有用，因為它具有整體性，而且很容易將所有精力放在保護你的應用程式上，不需要第一優先考慮你可能實際所面臨的威脅，更不用說如果聰明的攻擊者確實繞過了你的防禦，你可能會做什麼。

讓我們更深入地探索這些功能，並看看與更傳統的單體式架構相比，微服務架構如何改變你處理這些想法的方式。

識別

在我們確定我們應該保護什麼之前，我們需要確定誰可能在追尋我們的東西，以及他們究竟在尋找什麼。通常很難讓自己置於攻擊者的心態，但這正是我們需要做的，以確保我們將精力集中在正確的地方。在解決應用程式安全性的這個方面時，威脅模型分析（threat modeling）是你應該首先考慮的事情。

作為人類，我們對風險的理解非常糟糕，我們經常關注錯誤的事情，而忽略了可能只是看不見的更大問題。這當然延伸到資安領域。我們對可能面臨哪些資安風險的理解在很大程度上取決於我們對系統的有限看法、我們的技能和我們的經驗。

當我與開發者討論微服務架構上下文中的資安風險時，他們立即開始談論 JWT 和雙向 TLS，他們尋求技術解決方案來解決他們有一定可見度的技術問題。我並不是想把矛頭指向開發者，我們所有人對世界的看法都是有限的。回到我們之前使用的類比，這就是我們如何最終得到一個非常安全的前門和一個敞開的後門。

在我工作過的一家公司，關於在公司全球辦事處的接待區安裝閉路電視（CCTV）攝影機的必要性進行了多次討論。這是由於發生了一起事件，其中未經授權的人員進入了前台區域，然後進入了公司網路。人們相信閉路電視攝影機系統不僅可以阻止其他人再次嘗試相同的事情，而且還有助於在事後識別相關人員。

公司監控的陰霾在公司中引發了一波關於「老大哥」是的擔憂，這取決於你站在爭論的哪一邊，要麼是關於監視員工（如果你是贊成監視器）或是樂於讓入侵者進入建築物的問題（如果你是反對監視器）。撇開這種兩極分化討論的問題性質[4]，一名員工以一種相當害羞的方式發言，暗示也許討論有點誤導，因為我們錯過了一些更大的問題，人們似乎並不關心其中一個主要辦公室的前門鎖有問題，而且多年來人們會在早上到達時發現門沒有鎖。

這個極端（但真實）的故事是我們在嘗試保護系統時面臨常見問題的一個很好的例子。如果沒有時間考慮所有因素並了解最大的風險在哪裡，你很可能最終會錯過更適合花時間的地方。威脅模型分析的目標是幫助你了解攻擊者可能希望從你的系統中獲得什麼，以及他們在追求什麼？不同類型的惡意行為者是否想要訪問不同的資產？威脅模型分析如果做得好，主要是將自己置於攻擊者的腦海中，由外向內思考。這種局外人的觀點很重要，這也是讓外部方幫助推動威脅模型分析非常有用的原因之一。

當我們查看微服務架構時，威脅模型分析的核心思想並沒有太大變化，除了被分析的任何架構現在可能更加複雜之外，改變的是我們如何獲取威脅模型的結果並將其付諸行動。威脅模型的輸出之一，是一份關於需要實作哪些安全控制的建議列表，這些控制可以包括諸如流程變化、技術轉變或系統架構修改之類的事情。其中一些變更可能是跨領域的，可能會影響多個團隊及其相關的微服務。其他人可能會導致更有針對性的工作。

4 這更像是一個被動攻擊性的論點，通常沒有「被動」位。

但是，從根本上說，在進行威脅模型分析時，你確實需要從整體上看，若將這種分析集中在系統的一個非常小的子集合上，例如一兩個微服務，可能會導致錯誤的安全感。你可能最終將時間集中在建造一個非常安全的前門上，結果窗戶卻沒有關。

為了更深入研究這個主題，我推薦 Adam Shostack 的《*Threat Modeling: Designing for Security*》[5]。

保護

一旦我們辨識了我們最寶貴也最脆弱的資產，我們就需要確保它們獲得適當的保護。正如我所指出的，微服務架構可以說給了我們更廣的攻擊表面，因此我們有更多東西可能需要保護，但它也給了我們更多的選擇來進行深入防禦。我們將用本章大部分的時間來關注保護的各個方面，主要是因為這是微服務架構鎖帶來最大挑戰的領域。

偵測

使用微服務架構，偵測事故可能會更加複雜，我們有更多的網路需要監控，也有更多的機器需要關注，資訊來源也會大幅增加，這使得偵測問題變得更加困難。我們在第 10 章中探討的許多技術，例如日誌匯總，可以幫助我們收集資訊，幫助我們偵測可能發生的壞事。除此之外，還有一些特殊的工具，如入侵偵測系統，你可以運行這些工具來發現不良行為。這些用於處理我們日益複雜系統的軟體不斷改進，尤其是在使用 Aqua（*https://oreil.ly/OQn0O*）等工具的容器工作負載領域。

回應

如果最糟糕的事情發生了，而你也發現了，你應該怎麼做？制定有效的事故回應方法對於限制駭侵（breach）所造成的損害至關重要，這通常從了解駭侵的範圍和暴露的資料開始。如果暴露的資料包括個人身分資訊（personally identifiable information，PII），則你會需要遵循安全和隱私事故回應和通知流程，這很可能意味著你必須與組織的不同部門溝通，並且在某些情況下，當發生某些類型的駭侵行為時，你可能有法律義務通知指定的資料保護長（data protection officer）。

許多組織由於對後果處理不當而加劇了駭侵的影響，除了對其品牌及其與使用者的關係造成的損害之外，通常還會導致更多的經濟懲罰。因此，重要的是不僅要了解出於法律或履約的原因你必須做什麼，還要了解在照顧軟體使用者方面你應該做什麼。例如，

5 Adam Shostack 所撰寫的《*Threat Modeling: Designing for Security*》（Indianapolis: Wiley, 2014）。

GDPR 要求在 72 小時內向有關當局報告個人資料洩露，這個時間軸似乎並不過分嚴苛，而這並不代表你不能努力讓人們更早地知道他們的資料是否被洩露。

除了回應的外部溝通方面，你如何在內部處理事情也很關鍵。具有責備和恐懼文化的組織可能會在重大事故發生後表現不佳，不會吸取教訓，也不會發現造成事故的因素。另一方面，一個專注於開放性和安全性的組織將最適合吸取教訓，確保類似的事故可能不會再次發生。我們將在第 385 頁的「責備」中回到這一點。

復原

復原是指我們在遭受攻擊後重新啟動並運行系統的能力，以及我們實作所學知識以確保問題不再發生的能力。使用微服務架構，我們有更多的變動元件，如果問題具有廣泛的影響，這會使復原變得更加複雜。所以在本章的後面，我們將介紹自動化和備份等簡單的東西如何幫助你在有需要的時候重建微服務系統，並讓你的系統盡快備份和運行。

應用程式安全的基礎

好的，現在我們已經制定了一些核心原則，並對安全活動可以涵蓋的廣闊世界有了一些了解，如果你想建置一個更安全的系統，讓我們在微服務架構的上下文中查看一些基礎安全主題：憑證、修補、備份和重建。

憑證

從廣義上講，憑證（credential）使個人（或電腦）能夠訪問某種形式的受限資源，這可以是資料庫、電腦、使用者帳戶或其他東西。對於微服務架構，就其與同等的單體式架構相比，我們可能有相同數量的人員參與，但我們有更多的憑證在其中，代表不同的微服務、（虛擬）機器、資料庫等，這可能會導致對如何限制（或不限制）訪問有某種程度的混亂，並且在許多情況下可能會導致「懶惰」的方法，像是使用少量具有廣泛權限的憑證來試圖簡化事情；如果憑證遭到破壞，這反過來又會導致更多問題。

我們可以將憑證主題分解為兩個關鍵領域。首先，我們擁有系統使用者（和維運人員）的憑證，這些通常是我們系統的最弱點，通常被惡意第三方用作攻擊媒介，我們稍後會看到。其次，我們可以對運行我們的微服務至關重要的資訊考慮保密。在這兩組憑證中，我們必須考慮輪換、撤銷和限制範圍的問題。

使用者憑證

使用者憑證（例如電子郵件和密碼組合）對於我們許多人如何使用我們的軟體仍然至關重要，但當涉及到我們的系統被惡意第三方訪問時，它們也是一個潛在的弱點。Verizon 的 2020 年資料駭侵調查報告（*https://oreil.ly/hqXfM*）發現，在 80% 的駭客攻擊範例中使用了某種形式的憑證盜竊，這包括透過網路釣魚攻擊等機制竊取憑證、或暴力破解密碼的情況。

關於如何正確處理密碼之類的事情，有一些很好的建議，儘管這些建議簡單明了，但仍然沒有被廣為利用。Troy Hunt 對 NIST 和英國國家網路安全中心的最新建議進行了出色的概述[6]，該建議包括使用密碼管理器和長密碼的建議，以避免使用複雜的密碼規則，以及避免強制定期變更密碼。Troy 完整的文章值得你詳細閱讀。

在當前 API 驅動系統的時代，我們的憑證還擴展到管理第三方系統的 API 金鑰之類的東西，例如你公有雲供應商的帳戶。舉例來說，如果惡意第三方獲得了對你的 AWS root 帳戶的存取權限，他們可能會決定銷毀該帳戶中運行的所有內容。在一個極端的例子中，這樣的攻擊導致一家名為 Code Spaces[7] 的公司倒閉，他們的所有資源都在一個帳戶中運行、備份等等。Code Spaces 曾經承諾提供「堅如磐石、安全且價格合理的 Svn 託管、Git 託管和專案管理」，現在看來很諷刺，我並沒有忘記。

即使有人為你的雲端供應商拿到了你的 API 金鑰，並且沒有決定銷毀你建置的所有東西，他們也可能決定啟動一些昂貴的虛擬機器來運行一些比特幣挖礦，並希望你不會注意到。這發生在我的一位客戶身上，他發現有人在帳戶被關閉之前已經花費了超過 1 萬美元來做這件事。事實證明，攻擊者也知道如何自動化，有一些機器人只會掃描憑證並嘗試使用它們來啟動機器進行加密貨幣挖礦。

密鑰

從廣義上講，密鑰是微服務運行所需的關鍵資訊，而且還很敏感，需要保護以避受惡意第三方的攻擊。微服務可能需要的密鑰範例包括：

- TLS 憑證
- SSH 金鑰
- 公共 / 私有 API 金鑰對

6 Troy Hunt，〈Passwords Evolved: Authentication Guidance for the Modern Era〉，2017 年 7 月 26 日，*https://oreil.ly/T7PYM*。

7 Neil McAllister，〈Code Spaces Goes Titsup FOREVER After Attacker NUKES Its Amazon-Hosted Data〉，*The Register*，2014 年 6 月 18 日，*https://oreil.ly/mw7PC*。

- 訪問資料庫的憑證

如果我們考慮密鑰的生命週期，我們可以開始把可能需要不同安全需求的密鑰管理的各個方面區分開來：

創建（*Creation*）
: 我們首先如何創建密鑰？

分配（*Distribution*）
: 一旦創建了密鑰，我們如何確保它到達正確的位置（並且僅到達正確的位置）？

儲存（*Storage*）
: 密鑰的儲存方式是否確保只有授權方才能訪問它？

監控（*Monitoring*）
: 我們知道這個密鑰是如何被使用的嗎？

輪換（*Rotation*）
: 我們是否能夠在不引起問題的情況下變更密鑰？

如果我們有許多微服務，而每個微服務可能需要不同的密鑰集，我們將需要使用工具來幫助我們管理。

Kubernetes 提供了一個內建的密鑰解決方案，它在功能方面有些限制，但確實是基本 Kubernetes 安裝的一部分，因此它對於許多使用情形來說已經足夠了[8]。

如果你正在這個領域尋找更複雜的工具，Hashicorp 的 Vault（*https://www.vaultproject.io*）值得一看，這是一款提供商業選項的開放資源工具，它是名副其實的密鑰管理瑞士刀，可以處理從分發密鑰的基本方面到為資料庫和雲端平台生成限時憑證的所有方面。Vault 的另一個好處是支援 consul-template（*https://oreil.ly/qNmAZ*）工具能夠動態更新普通配置文件中的密鑰，這代表在你系統中想要從本地文件系統讀取密鑰的部分，不需要為了支援密鑰管理工具而做變更。當 Vault 中的密鑰發生變更時，consul-template 可以更新配置文件中的此條目，進而允許你的微服務動態變更它們正在使用的密鑰。這對於大規模管理憑證非常有用。

8 有些人擔心密鑰以純文字形式儲存，這對你來說是否是一個問題在很大程度上取決於你的威脅模型。對於要讀取的密鑰，攻擊者必須直接訪問運行叢集的核心系統，在這點上，可以說你的叢集已經無助的受妥協。

有一些公有雲供應商也在這個領域提供解決方案，例如，AWS Secrets Manager（*https://oreil.ly/cuwRX*）或 Azure 的 Key Vault（*https://oreil.ly/rV3Sb*）。然而，有些人不喜歡在這樣的公有雲服務中儲存關鍵密鑰資訊的想法。同樣地，這還是歸結於你的威脅模型。如果這是一個嚴重的問題，沒有什麼可以阻止你在所選擇的公有雲供應商上運行 Vault 並自行處理該系統。即使靜態資料儲存在雲端供應商上，透過適當的儲存後端，你也可以確保資料以這樣的方式加密，即使外部方掌握了資料，他們也無法對其進行任何操作。

輪換

理想情況下，我們希望經常輪換憑證以限制某人在訪問憑證時可能造成的損害。如果惡意第三方獲得了對你的 AWS API 公有 / 私有密鑰對的存取權限，但該憑證每週變更一次，則他們只有一週的時間來使用這些憑證。當然，它們仍然可以在一週內造成很大的破壞，但是你明白某些類型的攻擊者喜歡獲得對系統的存取權限，然後不被發現，隨著時間的推移，他們可以收集更多有價值的資料，並找到進入系統其他部分的方法。如果他們使用竊取的憑證來獲取存取權限，如果這些憑證在被充分利用之前就過期，你可能來得及阻止他們的追蹤。

維運人員憑證輪換的一個很好的例子是為使用 AWS 生成有時間限制的 API 金鑰。許多組織現在為其員工動態生成 API 金鑰，公鑰和私鑰對僅在很短的時間內有效，通常不到一個小時。這允許你生成你所需要的 API 密鑰以進行任何需要的操作，因為即使惡意第三方隨後獲得對這些密鑰的存取權限，他們也將無法使用它們，這是非常安全的。即使你不小心將該密鑰對放到公共 GitHub 中，一旦過期，任何人都將無用。

使用限時憑證對系統也很有用。Hashicorp 的 Vault 可以為資料庫生成限時憑證，不是你的微服務實例從配置儲存或文字檔中讀取資料庫連接詳細資訊，而是可以為你的微服務的特定實例動態生成它們。

轉向頻繁輪換憑證（如密鑰）的過程可能會很痛苦。我曾與因密鑰輪換而發生事故的公司談過，其系統在密鑰變更時停止工作，這通常是由於不清楚使用特定憑證的內容。如果憑證的範圍有限，輪換的潛在影響就會顯著降低，但是，如果憑證具有廣泛的用途，則可能很難確定變更的影響。這並不是要讓你停止輪換，而是要讓你意識到潛在的風險，我仍然堅信這是正確的做法。最明智的做法可能是採用工具來幫助自動化此過程，同時還限制每組憑證的範圍。

撤銷

制定政策以確保定期輪換密鑰憑證可能是限制憑證洩露影響的明智方法，但是如果你知道特定的憑證落入壞人之手會怎樣？你是否必須等到計劃的輪換開始時才能使該憑證不再有效？這可能不切實際或不明智。相反地，在理想情況下，你希望能夠在發生此類事件時自動撤銷並可能重新生成憑證。

使用允許集中式密鑰管理的工具在這裡會有所幫助，但這可能需要你的微服務能夠重新讀取新生成的值。如果你的微服務直接從 Kubernetes 密鑰儲存或 Vault 等內容讀取密鑰，則可以在這些值發生變更時收到通知，進而允許你的微服務使用變更後的值。或者，如果你的微服務僅在啟動時讀取這些密鑰，那麼你可能需要滾動重啟系統以重新加載這些憑證。但是，如果你定期輪換憑證，那麼你很可能已經解決了微服務能夠重新讀取這些資訊的問題。如果你對憑證的定期輪換感到滿意，那麼你很可能已經做好了處理緊急撤銷的準備。

掃描私鑰

意外簽入原始碼儲存庫的私鑰是憑證洩露給未授權方的一種常見方式，這種情況發生的數量還滿驚人的。GitHub 會自動掃描儲存庫中的某些類型密鑰，但你也可以運行自己的掃描。如果你能在簽入前找到密鑰就太好了，而 git-secrets（*https://oreil.ly/Ra9ii*）可以讓你做到這一點。它可以掃描既有的提交以尋找潛在的密鑰，但透過將其設置為提交鉤子（commit hook），它甚至可以停止提交。還有類似的 gitleaks（*https://oreil.ly/z8xrf*），它除了支援預提交鉤子和一般的提交掃描之外，還有一些特性使其成為可能更有用的通用工具來掃描本地檔案。

限制範圍

限制憑證的範圍是採用最小權限原則的核心思想，這可以適用於所有形式的憑證，但限制特定憑證集授予你存取權限的範圍可能非常有用。例如，在圖 11-1 中，為 `Inventory` 微服務的每個實例提供了支援資料庫的相同使用者名和密碼。我們還提供對支援 Debezium（*https://debezium.io*）行程的唯讀訪問，該行程將用於讀取資料並將其作為既有 ETL 行程的一部分透過 Kafka 發送出去。如果微服務的使用者名和密碼被洩露，理論上外部方可以獲得對資料庫的讀寫存取權限，但是，如果他們獲得了對 Debezium 憑證的存取權限，他們將只有唯讀存取權限。

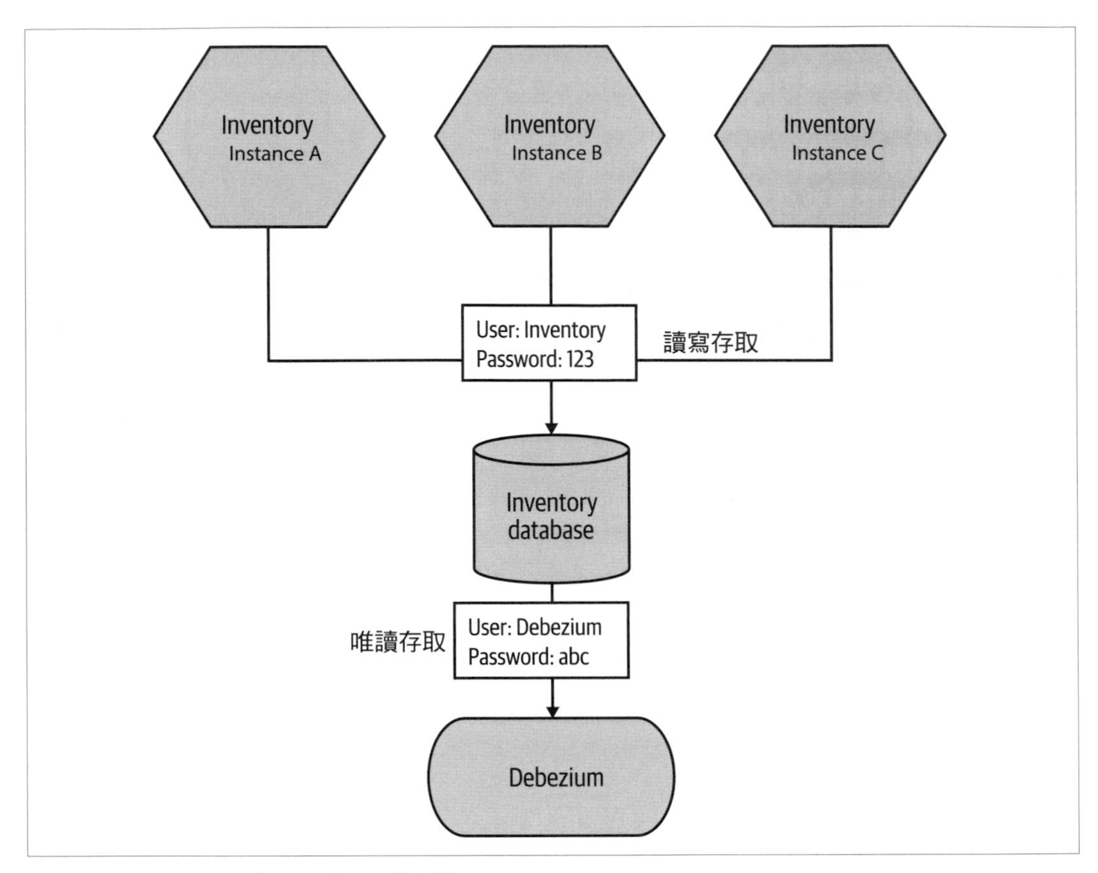

圖 11-1　限制憑證範圍以限制濫用的影響

限制範圍可以適用於憑證集可以存取的內容以及誰有權存取該憑證集。在圖 11-2 中，我們變更了一些內容，以便 `Inventory` 的每個實例獲得一組不同的憑證，這代表我們可以獨立輪換每個憑證，或者如果某個實例受到損害，則僅撤銷其中一個憑證。此外，使用更具體的憑證可以更容易地找出憑證是從何處以及如何獲得的。在這裡為微服務實例提供唯一可識別的使用者名顯然還有其他好處，例如，追蹤哪個實例導致了昂貴的查詢可能會更容易。

正如我們已經介紹的，大規模管理細微化的憑證可能很複雜，如果你確實想採用這樣的方法，某種形式的自動化將必不可少，例如 Vault 這樣的密鑰儲存是實作的完美方式。

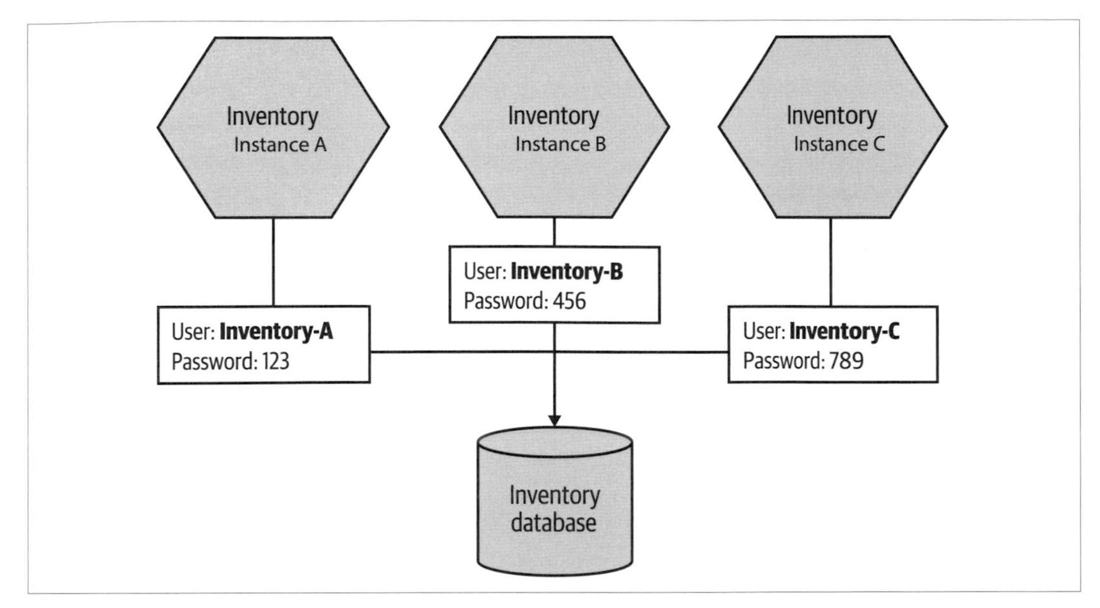

圖 11-2 Inventory 的每個實例都有自己的資料庫存取憑證，進一步限制了訪問

修補

2017 年 Equifax 資料駭侵事件是關於修補之重要性的一個很好的例子。Apache Struts 中的一個已知漏洞被用來未經授權存取 Equifax 所持有的資料。由於 Equifax 是一家徵信機構，因此這些資訊特別敏感。最終發現有超過 1.6 億人的資料在此次事件中遭到洩露，而 Equifax 最終不得不支付 7 億美元的和解金。

在駭侵發生的前幾個月，Apache Struts 中的漏洞已經被發現，並且維護人員發布了一個新版本來修復該問題，但不幸的是，Equifax 沒有更新到該軟體的新版本，儘管它在攻擊發生前幾個月就可用了。如果 Equifax 及時更新了這個軟體，攻擊似乎不可能發生。

隨著我們部署越來越複雜的系統，保持修補的問題也變得越來越複雜。我們需要在如何處理這個相當基本的概念方面變得更加複雜。

圖 11-3 顯示了典型 Kubernetes 叢集下存在的基礎設施和軟體層的範例。如果你自己運行所有這些基礎設施，你將負責管理和修補所有這些層。請問你對最新修補的信心如何？顯然，如果你可以將部分工作分流給公有雲供應商，那麼你也可以減少部分負擔。

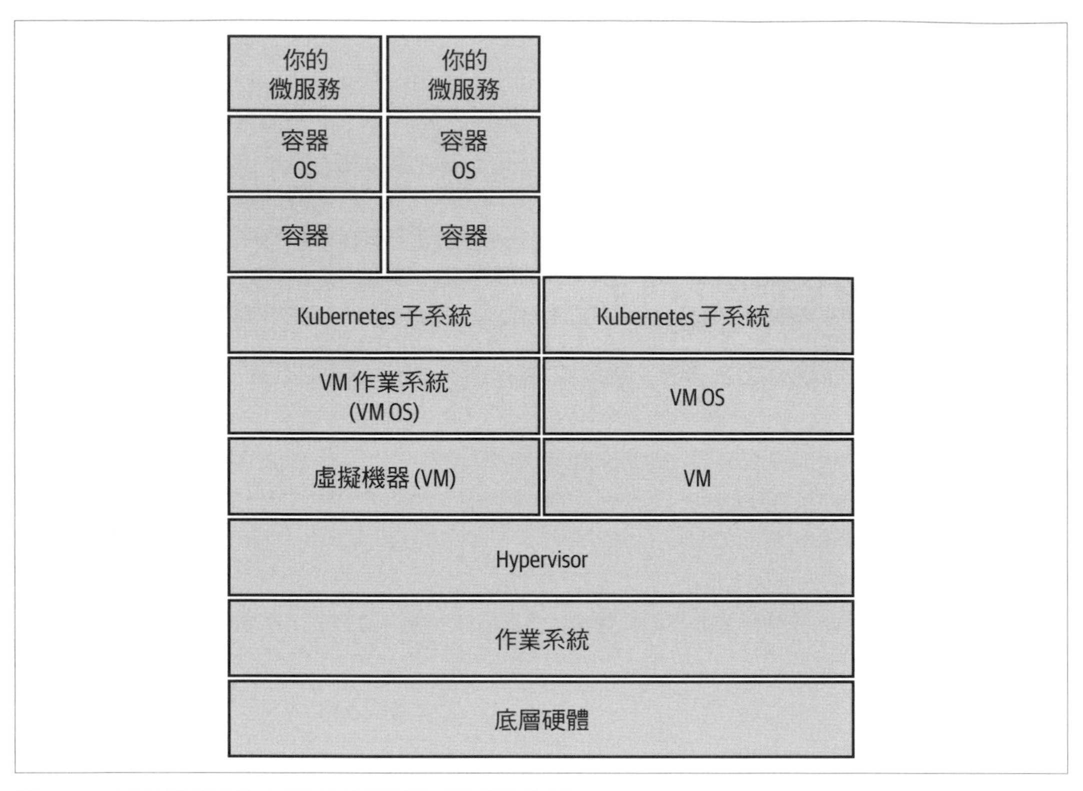

圖 11-3　現代基礎設施中的不同層都需要維護和修補

例如，如果你要在主要公有雲供應商之一上使用託管 Kubernetes 叢集，你將大大減少你的所有權範圍，如圖 11-4 所示。

容器在這裡給我們帶來了一個有趣的曲球。我們將特定的容器實例視為不可變的，但是容器不僅包含我們的軟體，還包含一個作業系統。你知道那個容器是從哪裡來的嗎？容器基於一個鏡像，而鏡像又可以擴展其他鏡像，你可以確定你使用的基礎鏡像中沒有後門（backdoor）嗎？如果你在六個月內沒有變更過容器實例，那麼這就是六個月未應用的作業系統修補。掌握這一點是有問題的，這就是為什麼像 Aqua（*https://www.aquasec.com*）這樣的公司提供工具來幫助你分析正在運行的生產容器，以便你了解需要解決哪些問題。

在這組分層的最頂部，當然是我們的應用程式程式碼。但這是最新的嗎？這不僅僅是**我們**撰寫的程式碼，我們使用的第三方程式碼呢？第三方程式庫中的錯誤會使我們的應用程式容易受到攻擊。在 Equifax 駭侵的情況下，未修補的漏洞實際上是在 Struts 的一個 Java Web 框架中。

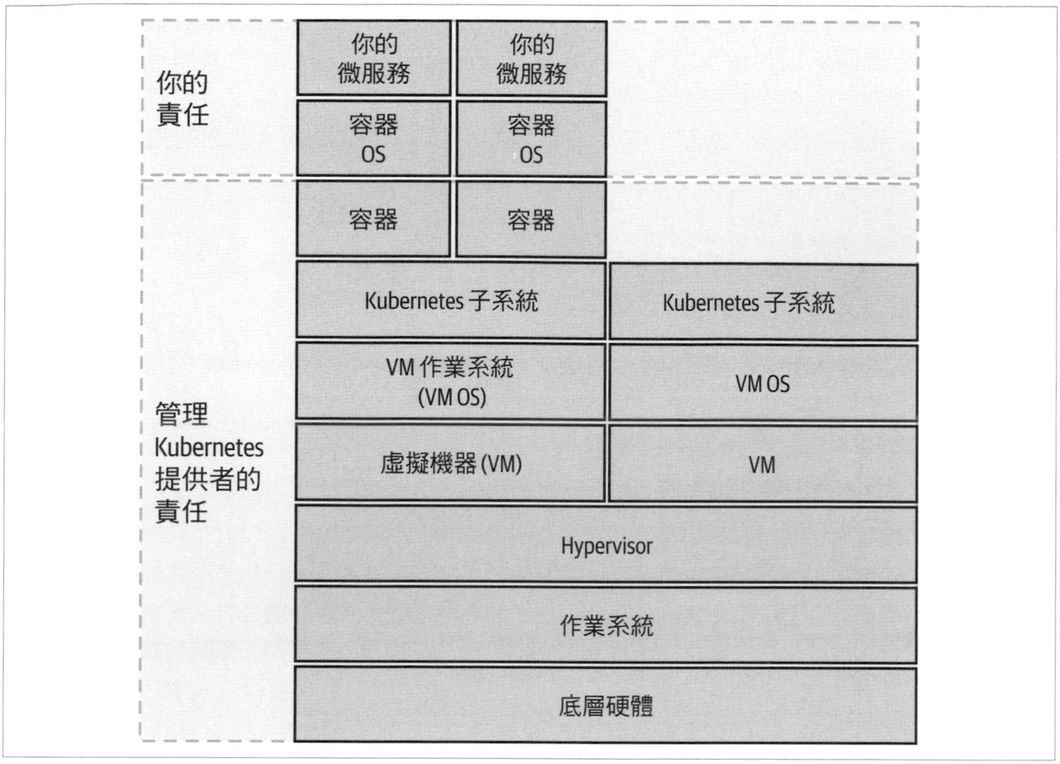

圖 11-4　卸載此堆疊某些層的責任可以降低複雜性

大規模地確定哪些微服務連結到具有已知漏洞的程式庫可能非常困難。在這個領域，我強烈建議使用 Snyk 或 GitHub 程式碼掃描等工具，它們能夠自動掃描你的第三方依賴項，並在你連結到具有已知漏洞的程式庫時提醒你。如果找到了，它可以向你發送提取請求以幫助更新到最新的修補版本。你甚至可以將其建置到你的 CI 流程中，如果它連結到有問題的程式庫，則微服務的建置會失敗。

備份

所以我有時認為備份就像使用牙線，因為說的人比實際做的人多。我覺得沒有必要在這裡過多地重申備份的論點，只是說：你應該備份，因為資料很有價值，你不想丟失它。

資料比以往任何時候都更有價值，但我有時想知道技術的進步是否導致我們降低了備份的優先順序。磁碟比以前更可靠，資料庫更有可能有內建複製以避免資料丟失。有了這樣的系統，我們可能會讓自己相信我們不需要備份。但是，如果發生災難性錯誤並且整個 Cassandra 叢集被消滅怎麼辦？又或者，如果一個編碼錯誤意味著你的應用程式實際上刪除了有價值的資料怎麼辦？備份與以往一樣重要，所以請備份你的關鍵資料。

隨著我們的微服務部署自動化，我們不需要進行完整的機器備份，因為我們可以從原始碼重建我們的基礎設施，所以我們不是試圖複製整個機器的狀態；相反地，我們將備份定位到最有價值的狀態，這代表我們對備份的關注僅限於我們資料庫中的資料，或者我們的應用程式日誌。使用正確的檔案系統技術，可以在中斷服務不明顯的情況下對資料庫資料進行近乎即時的區塊複製（block-level clone）。

避免薛丁格備份

創建備份時，你要避免我所說的薛丁格備份[9]。這種備份實際上可能是也可能不是備份。在你真正嘗試並恢復它之前，你真的不知道它是否真的是備份[10]，還是只是寫入磁碟的一堆 1 和 0。避免此問題的最佳方法是透過實際恢復備份來確保備份是真實的。找到方法將備份的定期恢復建置到你的軟體開發過程中，例如，透過使用正式環境備份來建置你的效能測試資料。

關於備份的「舊」指南是它們應該保存在異地，這個想法是如果你的辦公室或資料中心發生事故，如果它們在其他地方，則不會影響你的備份；但是，如果你的應用程式部署在公有雲中，「異地」是什麼概念呢？重要的是，你的備份以盡可能與核心系統隔離的方式儲存，這樣核心系統中的妥協也不會使你的備份面臨風險。我們之前提到的 Code Spaces 有備份，但它們儲存在 AWS 上的同一帳戶中，一樣會遭到破壞。如果你的應用程式在 AWS 上執行，你仍然可以將備份儲存在那裡，但你應該在獨立的雲端資源上的獨立帳戶中進行儲存，甚至可能需要考慮將它們放入不同的雲端區域以降低區域風險範圍內的問題，或者你甚至可以將它們儲存在其他供應商裡。

因此，請確保備份關鍵資料，將這些備份保存在與主要正式環境分開的系統中，並透過定期恢復備份來確保備份確實有效。

9 我確實想出了這個詞，但我也認為我很可能不是唯一的。

10 正如 Niels Bohr 所說，Schrödinger 的貓既活著又死了，直到你真正打開盒子才能進行檢查。

重建

我們可以盡最大努力確保惡意第三方無法訪問我們的系統，但如果他們這樣做了會怎樣？好吧，通常在最初的後果中你可以做的最重要的事情，是讓系統重新啟動並運行，但你已經從未經授權的一方刪除了存取權限，但這並不總是直截了當的。我記得我們的一台機器在多年前被 rootkit 攻擊過，Rootkit 是一組旨在隱藏未經授權方活動的軟體，它是希望不被發現的攻擊者常用的一種技術，讓他們有時間探索系統。在我們的範例中，我們發現 rootkit 變更了核心系統命令，如 `ls`（列出文件）或 `ps`（顯示行程列表）以隱藏外部攻擊者的蹤跡。只有當我們能夠根據官方軟體檢查機器上運行程式的雜湊值（hash）時，我們才會發現這一點。最後，我們基本上不得不從頭開始重新安裝整個伺服器。

能簡單地移除伺服器的存在並完全重建的能力，不僅在已知攻擊之後而且在減少持續攻擊者的影響方面都非常有效。你可能沒有意識到系統上存在惡意第三方，但是如果你經常重建伺服器並輪換憑證，你可能會在你不知道的情況下大大限制他們的影響。

你重建特定微服務甚至整個系統的能力取決於自動化和備份的品質。如果你可以根據儲存在原始碼控制中的資訊，從頭開始部署和配置每個微服務，那麼你就有了一個良好的開端。當然，你還需要將其與資料的備份恢復過程合併。與備份一樣，確保微服務的自動化部署和配置工作的最佳方法是經常這樣做，實作這一點的最簡單方法就是使用與每次部署相同的過程來重建微服務。這當然是大多數以容器為基礎的部署過程的工作方式，你部署一組執行新版本微服務的新容器，然後關閉舊容器，這個正常的操作過程使重建幾乎成為一件小事。

這裡有一個注意事項，特別是當你在 Kubernetes 等容器平台上進行部署時，你可能經常吹走和重新部署容器實例，但是底層容器平台本身呢？你有能力從頭開始重建嗎？如果你使用的是完全託管的 Kubernetes 供應商，啟動新叢集可能不會太困難，但如果你自己安裝並管理叢集，那麼這可能是一項非常重要的工作。

能夠以自動化方式重建微服務並恢復其資料，有助於你在受到攻擊後復原，並且還具有使你的部署更容易，為開發、測試和上線維運活動帶來積極的好處。

隱性信任與零信任

我們的微服務架構由很多事物之間的溝通組成。人類使用者透過使用者介面與我們的系統進行互動，這些使用者介面反過來呼叫微服務，而微服務最終會呼叫更多的微服務。當談到應用程式安全時，我們需要考慮所有這些連接點之間的信任問題，我們如何建立可接受的信任水平？我們將很快從人類和微服務的身分驗證和授權方面探討這個主題，但在此之前，我們應該考慮一些關於信任的基本模型。

我們信任網路中運行的一切嗎？還是我們懷疑一切？在這裡，我們可以考慮兩種心態：隱性信任（implicit trust）和零信任（zero trust）。

隱性信任

我們的第一個選擇可能是假設從我們的邊界內部對服務進行的任何呼叫都是隱性信任的。

根據資料的敏感性，這可能沒問題。一些組織試圖確保其網路邊界的安全性，因此他們認為當兩個服務一起溝通時，他們不需要做任何事情，但是，如果攻擊者滲透到你的網路，一切都可能會崩潰。如果攻擊者決定攔截和讀取正在發送的資料，在你不知情的情況下變更資料，或者甚至在某些情況下假裝是你正在與之交談的對象，你可能對此了解不多。

這是迄今為止我在組織中看到最常見的邊界內部信任形式。我不是說這是好事！對於我看到的大多數使用此模型的組織，我擔心隱性信任模型並非是他們有意識的決定，相反地，人們一開始就沒有意識到風險。

零信任

> 「吉爾，我們已經追蹤到電話了——它是從屋子裡打來的！」
>
> —電影《奪命電話》

在零信任環境中執行時，你必須假設你在一個已經受到威脅的環境中執行，例如與你交談的電腦可能已受到損害、入站連接可能來自敵方、你正在撰寫的資料可以被壞人閱讀。這是偏執狂吧？是的！歡迎來到零信任的領域。

從根本上來說，零信任是一種心態，這不是你可以使用產品或工具神奇地實作的，這是一個想法，是如果你假設你在一個可能已經存在不良行為者的敵對環境中操作，那麼你必須採取預防措施以確保你仍然可以安全維運。實際上，「邊界」的概念對於零信任是沒有意義的（因此，零信任通常也被稱為「無邊界運算」）。

由於你假設你的系統已被入侵，因此必須正確評估來自其他微服務的所有入站呼叫。**這真的是我應該信任的客戶嗎？**同樣地，所有資料都應該安全儲存，所有加密密鑰都應該安全保存，因為我們必須假設有人在監聽，我們系統中傳輸的所有敏感資料都需要加密。

有趣的是，如果你正確地實作了零信任的心態，你就會開始做一些看起來很奇怪的事情：

> [在零信任的情況下] 你實際上會做出某些違反直覺的存取決策，例如允許從網際網路連接到內部服務，因為你將「內部」網路視為與網際網路一樣值得信賴（即根本不值得信賴）。
>
> —Jan Schaumann[11]

Jan 在這裡的論點是，如果你假設你的網路中沒有任何內容值得信任，並且必須重新建立這種信任，那麼你可以對微服務所處的環境更加靈活，也就是你不會預期更廣泛的環境是安全的。但請記住，零信任不是你透過開關打開的東西，而是你決定如何做事的基本原則，它必須推動你就如何建置和發展系統所做出的決策，這也將是你必須不斷投資才能獲得回報的事情。

這是一個光譜

我的意思並不是暗示你在隱性信任和零信任之間有一個明顯的選擇。你信任（或不信任）系統中其他方的程度可能會根據所訪問資訊的敏感性而改變。例如，你可能決定對任何處理 PII 的微服務採用零信任的概念，但在其他領域則更加寬鬆。同樣地，任何安全實作的成本都應該由你的威脅模型來證明（和驅動），讓你對威脅及其相關影響的了解來推動你的決策，決定零信任是否值得。

例如，讓我們看看 MedicalCo，這是一家與我合作的公司，負責管理與個人有關的敏感醫療保健資料，它持有的所有資訊都基於一種相當合理且直接的方法進行分類：

11 Jan Schaumann (@jschauma)，Twitter，2020 年 11 月 5 日，下午 4:22，*https://oreil.ly/QaCm2*。

公開的（*Public*）

可以與任何外部方自由共享的資料，該資訊有效地處於公共領域。

私有的（*Private*）

應僅對登入使用者可用的資訊。由於授權限制，對這些資訊的訪問可能會受到進一步限制，這可能包括諸如客戶所購買的保險計劃之類的內容。

保密的（*Serect*）

關於個人的極其敏感資訊，只有在極特殊的情況下才能被相關個人以外的人訪問，這包括有關個人健康資料的資訊。

然後根據它們使用最敏感的資料對微服務進行分類，並且必須在具有匹配控制項的匹配環境（區域）中運行，如圖 11-5 所示。微服務必須在與其使用最敏感資料匹配的區域中運行。例如，運行在公共區域的微服務只能使用公開資料。另一方面，使用公開和私有資料的微服務必須在私有區域中運行，而訪問保密資訊的微服務必須始終在保密區域中運行。

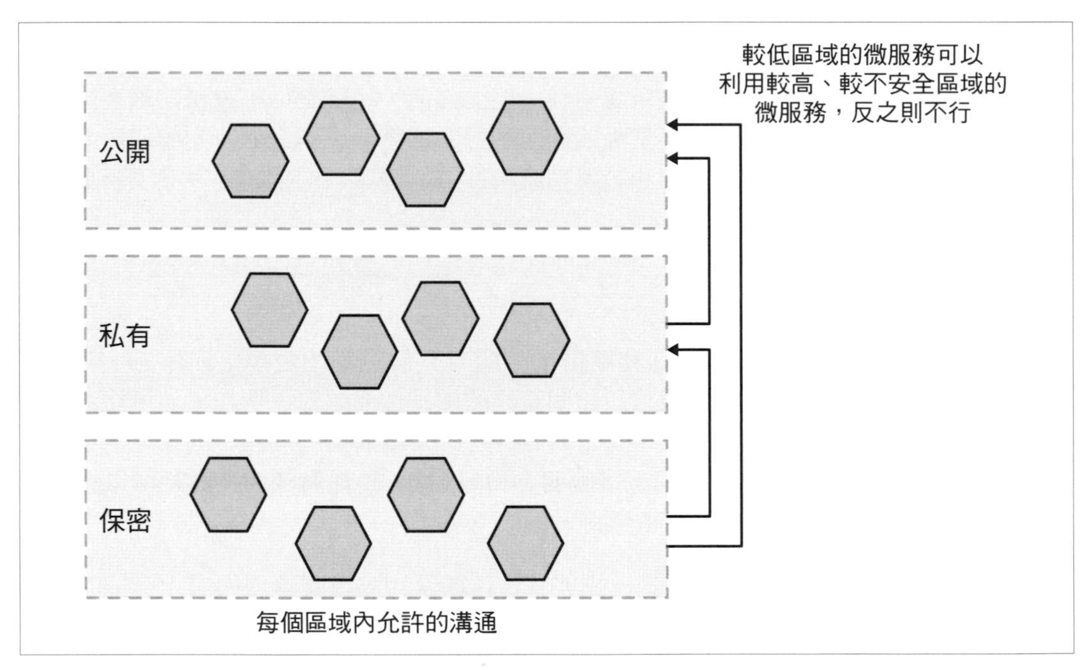

圖 11-5　根據微服務處理的資料敏感性將微服務部署到不同的區域

每個區域內的微服務可以相互溝通，但無法直接存取較低、較安全區域中的資料或功能。不過，較安全區域中的微服務可以訪問在較不安全區域中運行的功能。

在這裡，MedicalCo 為自己提供了彈性，可以在每個區域改變其方法。較不安全的公共區域可以在更接近隱性信任環境的情況下運行，而保密區域則假設零信任。可以說，如果 MedicalCo 要在其整個系統中採用零信任方法，則不需要將微服務部署到不同的區域，因為所有微服務間呼叫都需要額外的身分驗證和授權。話雖如此，再次考慮縱深防禦，考慮到資料的敏感性，我想我仍然會考慮這種分區方法！

保護資料

當我們將單體式軟體分解成微服務時，我們的資料比以往更多地在我們的系統中移動，它不僅在網路上流動，它也位於磁碟上。如果我們不小心，在保護我們的應用程式時，將更多有價值的資料傳播到更多地方可能是變成一場惡夢。接下來讓我們更詳細地了解我們如何在資料通過網路移動和靜止時來保護資料。

傳輸中的資料

你所擁有的保護性質在很大程度上取決於你所選擇的溝通協定性質。例如，如果你使用 HTTP，則很自然地會考慮將 HTTP 與傳輸層安全性（TLS）結合使用，我們將在下一節詳細介紹該主題。但如果你使用替代協定，例如透過訊息仲介進行溝通，你可能需要查看該特定技術對保護傳輸中資料的支援。與其著眼於該領域大量技術的細節，我認為重要的是在保護傳輸中的資料時更廣泛地考慮四個主要的關注領域，並研究這些問題可能會如何。以 HTTP 為例，希望對你來說，將這些想法對映到你所選擇的任何溝通協定應該不會太難。

在圖 11-6 中我們可以看到傳輸中資料的四個關鍵問題。

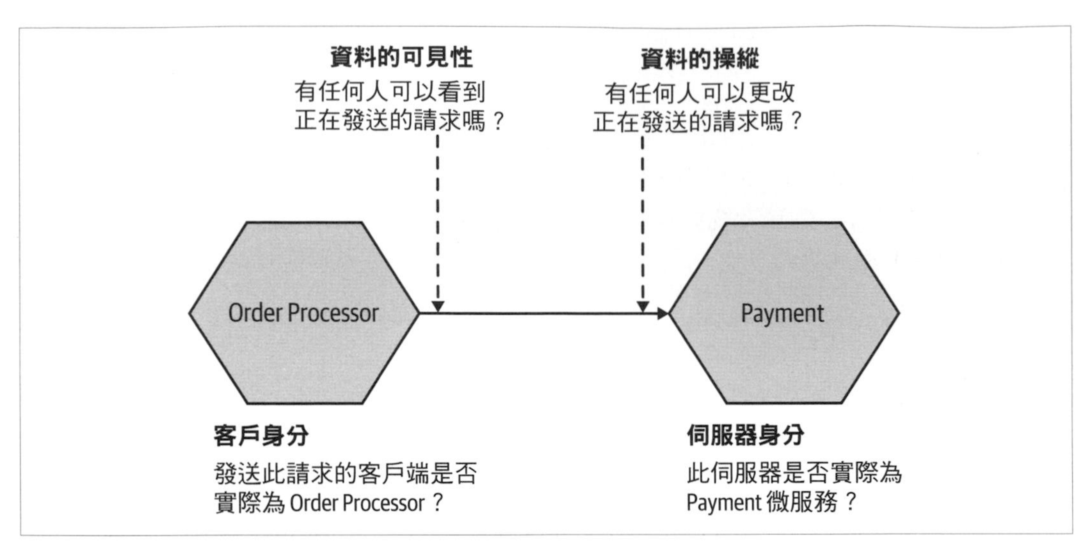

圖 11-6 傳輸中的資料的四個主要問題

讓我們更詳細地看一下每個問題。

伺服器身分

要檢查的最簡單的事情之一是，檢查你正在與之交談的伺服器正是它聲稱的那個人。這很重要，因為理論上惡意第三方可以冒充端點，並清除你所發送的任何有用資料。長期以來，驗證伺服器身分一直是公共網際網路上的一個問題，這推動了 HTTPS 的更廣泛使用，並且在某種程度上，在管理內部 HTTP 時，我們能夠從保護公共網際網路的工作中受益。

當人們談論「HTTPS」時，他們通常指的是使用帶有 TLS 的 HTTP[12]。大多數透過公共網際網路的溝通，由於存在各種潛在的攻擊媒介（不安全的 WiFi、DNS 中毒等），它是確保當我們訪問某個網站時，它確實是它所聲稱的那個網站，這一點非常重要。使用 HTTPS，我們的瀏覽器可以查看該網站的憑證並確保其有效，這是一種非常明智的安全機制。「HTTPS Everywhere」已經成為公共網際網路的口號，這是有充分理由的。

12 「HTTPS」中的「S」過去與舊的安全套接字層（SSL）相關，由於多種原因已被 TLS 取代。令人困惑的是，即使在實際使用 TLS 時，SSL 一詞仍然存在。例如，OpenSSL 庫實際上被廣泛用於實作 TLS，而當你發行 SSL 憑證時，它實際上將用於 TLS。我們不會讓事情變得容易，對嗎？

值得注意的是，一些在底層使用 HTTP 的溝通協定可以利用 HTTPS，因此我們可以輕易地透過 HTTPS 運行 SOAP 或 gRPC，而不會出現問題。HTTPS 還為我們提供了額外的保護，而不僅僅是確認我們正在與我們預期的人交談，我們很快就會談到這一點。

客戶身分

當我們在此上下文中提及客戶端身分時，我們指的是進行呼叫的微服務，因此我們試圖確認和驗證上游微服務的身分。稍後我們將研究如何驗證人類（使用者！）。

我們可以透過多種方式來驗證客戶的身分。我們可以要求客戶在請求中向我們發送一些資訊，告訴我們他們是誰，其中一個方式可能是使用某種共享密鑰或客戶端憑證來簽署請求。當伺服器必須驗證客戶端身分時，我們希望這盡可能有效率。我見過一些解決方案（包括 API gateway 供應商推出的那些），其中涉及伺服器必須呼叫中央服務來檢查客戶端身分，當你考慮延遲影響時，這實在很瘋狂。

我很難想像我會驗證客戶端身分而沒有驗證伺服器身分的情況。為了驗證兩者，通常你最終會實作某種形式的相互身分驗證。透過**相互認證**（*mutal authentication*），雙方來互相認證。所以在圖 11-6 中，`Order Processor` 對 `Payment` 微服務進行身分認證，而 `Payment` 微服務對 `Order Processor` 進行身分認證。

我們可以透過使用**雙向** *TLS* 來做到這一點，在這種情況下，客戶端和伺服器都使用憑證。在公共網際網路上，驗證客戶端設備的身分通常不如驗證使用該設備之人的身分重要。因此，很少使用雙向 TLS。但是，在我們的微服務架構中，尤其是在我們可能在零信任環境中運行的地方，這種情況更為常見。

使用的工具向來都是實作像是雙向 TLS 之類方案的挑戰。如今，這已經不是一個問題，Vault 等工具可以使分發憑證變得更加容易，並且希望簡化雙向 TLS 的使用是人們實作服務網格的主要原因之一，我們在第 150 頁的「服務網格和 API gateway」中對此進行了探討。

資料的可見性

當我們從一個微服務向另一個微服務發送資料時，有人可以查看資料嗎？對於某些資訊，例如 Peter Andre 專輯的價格，我們可能不太關心，因為這些資料已經在公開領域。另一方面，某些資料可能包含 PII，我們需要確保這些資料受到保護。

當你使用普通的舊 HTTPS 或雙向 TLS 時，中間方將看不到資料，這是因為 TLS 對發送的資料進行了加密。如果你明確希望以開放方式發送資料，這可能會出現問題。例如，像 Squid 或 Varnish 這樣的反向代理能夠快取 HTTP 回應，但是這對於 HTTPS 是不可能的。

資料的操縱

我們可以想像在許多情況下，操縱發送的資料可能很糟糕，例如，改變發送的金額。因此，在圖 11-6 中，我們需要確保潛在的攻擊者無法變更從 `Order Processor` 發送到 `Payment` 的請求。

通常，使資料不可見的保護類型也將確保資料無法被操縱（例如，HTTPS 就是這樣做的）。然而，我們可以決定公開發送資料，但仍要確保它不能被操縱。對於 HTTP，其中一個方法是使用**基於雜湊的訊息碼**（*hash-based messaging code*，HMAC）對正在發送的資料進行簽名。使用 HMAC，生成一個雜湊值並與資料一起發送，接收者可以根據資料檢查雜湊值以確認資料沒有被變更。

靜止的資料

將資料妥善儲存是有必要的，尤其是敏感資料。希望我們已經盡我們所能確保攻擊者無法破壞我們的網路，也不能破壞我們的應用程式或作業系統來獲取底層資料。但是，我們需要做好準備以防萬一，而縱深防禦就是關鍵。

我們聽到的許多引人注目的安全駭侵事件都是關於攻擊者獲取靜態資料，並且攻擊者可以讀取這些資料。發生這種情況的原因有兩個，一個是資料以未加密的形式儲存，另一個是因為用於保護資料的機制存在根本性的缺陷。

可以保護靜態資料的機制有很多種，但不管選擇哪種做法，有些一般性的事項必須謹記在心。

選用眾所周知的解決方案

在某些情況下，你可以將加密資料的工作轉移到既有軟體上，例如，利用資料庫內建支援的加密，但是，如果你發現需要在自己的系統中加密和解密資料，請確保你使用的是眾所周知且經過測試的實作。搞砸資料加密的最簡單方法就是嘗試實作自己的加密算法，甚至嘗試實作其他人的加密算法。無論你使用何種程式語言，你都可以利用經過審查、定期修補且備受推崇的加密算法實作。使用它們並訂閱你所選擇的技術的郵件列表 / 諮詢列表，確保發現漏洞時即時獲悉，以便你可以對其進行修補和更新。

為了保護密碼，你絕對應該使用一種稱為**加鹽密碼雜湊**（*salted password hashing*）（*https://oreil.ly/kXUbY*）的技術。這確保密碼永遠不會以純文字形式保存，即使攻擊者暴力破解一個雜湊密碼，他們也無法自動讀取其他密碼[13]。

實作不當的加密可能比沒有加密更糟糕，因為錯誤的安全感可能會讓你失去該有的警戒和關注。

選擇你的目標

假設一切都應該加密可以在某種程度上簡化事情，對於應該或不應該保護什麼，沒有任何猜測。但是，你仍然需要考慮可以將哪些資料放入日誌檔中以幫助識別問題，並且加密所有內容的運算開銷可能會變得非常繁重，因此需要更強大的硬體。當你將資料庫遷移作為重構綱要的一部分時，這甚至更具挑戰性，根據正在進行的變更，可能需要對資料進行解密、遷移和重新加密。

透過將你的系統細分為更細粒度的服務，你或許能夠識別出一個可以整批加密的資料儲存機制，但這不太可能。將加密處理限制在一組已知的資料表才是一種明智的方法。

簡樸一點

隨著磁碟空間變得越來越便宜，並且資料庫的功能不斷提高，捕獲和儲存大量資訊的便利性正在迅速提高。這些資料是很有價值的，不僅對越來越多地將資料視為寶貴資產的企業而言，而且對重視自身隱私的使用者也是如此。與個人有關或可用於獲取有關個人資訊的資料必須是我們最謹慎處理的資料。

然而，如果我們讓生活更輕鬆一點呢？為什麼不盡可能多地清除可以識別個人身分的資訊，並儘早進行呢？在記錄來自使用者的請求時，我們是否需要永遠儲存整個 IP 位址，或者我們可以用 *x* 替換最後幾位數字？我們是否需要儲存某人的姓名、年齡、性別和出生日期以便為他們提供產品優惠，或者儲存他們的年齡範圍和郵遞區號是否就夠了？

在資料收集方面簡樸一點有多重的好處，第一，如果你不儲存它，沒有人可以竊取它。其次，如果你不儲存它，也沒有人（例如，政府機構）可以請求它！

德語片語 *Datensparsamkeit* 說明了這一概念，它源自德國的隱私法，基本的概念是只能儲存對商業營運**絕對必要**，或者滿足本地法律的資訊。

很明顯地，對儲存越來越多資訊的趨勢來說，這個觀念形成了直接的張力，然而，瞭解這種緊張確實存在是一個好的開始！

---

13 我們不對靜態密碼進行加密，因為加密意味著任何擁有正確密鑰的人都可以讀回密碼。

全然關乎金鑰

大多數形式的加密（encryption）涉及結合使用某些金鑰和合適的算法來創建加密資料。為了解密資料以便讀取，授權方需要訪問一個金鑰——相同的金鑰或不同的金鑰（在公鑰加密的情況下）。那麼你的密鑰儲存在哪裡呢？現在，如果我因為擔心有人竊取我的整個資料庫而加密我的資料，並且我將我所使用的金鑰儲存在同一個資料庫中，那麼，這樣做實在不周全！因此，我們必須將密鑰儲存在其他地方。但是是在哪裡呢？

一種解決方案是使用獨立的資安設備（security appliance）來加密和解密資料，另一種方法是使用獨立的金鑰保存庫（key vault），你的服務在需要金鑰時可以訪問該金鑰保存庫。金鑰的生命週期管理（以及變更它們的存取權限）可能是一項很重要的操作，這些系統可以來為你處理，這也是 HashiCorp 的 Vault 可以派上用場的地方。

有些資料庫甚至包含內建加密支援，例如 SQL Server 的 Transparent Data Encryption，其目的是以透明的方式處理此問題。即使你選擇的資料庫確實包含此類支援，也要研究金鑰的處理方式，並了解你所防範的威脅是否確實得到了緩解。

再說一次，這東西很複雜。為了避免自行實作加密，你需要做好一些研究！

在你第一次看到資料時對其進行加密，只有在需要的時候才解密，並確保資料永遠不會儲存在任何地方。

加密備份

備份很好。我們要備份我們的重要資料，這似乎是一個顯而易見的觀點，但如果資料足夠敏感，以致於我們希望在我們正在運行的正式系統中對其進行加密，那麼我們可能還希望確保對相同資料的任何備份也進行加密！

認證與授權

當論及與我們系統互動的人和事物時，認證（authentication）與授權（authorization）是核心概念。在資安背景下，**身分驗證**是我們確認一方是他們所說的人的過程。我們通常透過讓人類使用者輸入他們的使用者名和密碼來驗證他們。我們假設只有實際使用者才能訪問此資訊，因此輸入此資訊的人一定是他。當然，也存在其他更複雜的系統，我們的手機現在讓我們可以使用指紋或臉部特徵來確認我們的身分。一般來說，當我們抽象地談論誰或什麼被認證時，我們將該方稱為 *principal*（**當事人**）。

授權是我們從 principal 對映到我們允許他們執行之操作的機制。通常，當進行認證時，我們會獲得有關他們的資訊，這將幫助我們決定應該允許他們做什麼。舉例來說，我們可能會被告知他們在哪個部門或辦公室工作，我們的系統可以使用這項資訊來決定 principal 可以做什麼和不可以做什麼。

簡單的操作性是很重要的。我們想讓我們的使用者更容易訪問我們的系統，我們不希望每個人都必須分別登入才能訪問不同的微服務，為每個微服務使用不同的使用者名稱和密碼。因此，我們還需要研究如何在微服務環境中實作單一登入（SSO）。

服務對服務的認證

之前我們討論了雙向 TLS，它除了保護傳輸中的資料外，還允許我們實作一種認證。當客戶端使用雙向 TLS 與伺服器溝通時，伺服器能夠對客戶端進行認證，客戶端也能夠對伺服器進行認證，這是一種服務對服務的認證形式。除了雙向 TLS 之外，還可以使用其他認證方案（authentication scheme），一個常見的例子是 API 金鑰的使用，其中客戶端需要使用金鑰來雜湊請求，以便伺服器能夠驗證客戶端是否使用了有效的金鑰。

人工認證

我們習慣於人類使用熟悉的使用者名稱和密碼組合來認證自己。然而，這越來越多地被用作多因素認證方法的一部分，在這種方法中，使用者可能需要多個知識（一個 *factor*）來認證自己。最常見的是，這採用多因素認證（MFA）的形式[14]，需要多個因素，MFA 最常見的是使用普通的使用者名稱和密碼組合，此外還提供至少一個額外的因素。

近年來，不同類型的認證因素不斷增加，從透過簡訊發送的認證碼和透過電子郵件發送的魔術連結到專門的行動應用程式，如 Authy（*https://authy.com*）以及 USB 和 NFC 硬體設備，如 YubiKey（*https://www.yubico.com*）。生物識別因素現在也更多被使用，因為使用者更有機會使用支援指紋或臉部辨識等功能的設備。雖然 MFA 作為一種通用方法已經證明自己更加安全，並且許多公共服務都支援它，但它並沒有流行起來成為大眾市場的認證方案，儘管我確實希望這種情況會改變。為了管理對軟體運行來說很重要的關鍵服務的認證，或是允許存取特別敏感的資訊（例如，原始碼存取），我認為必須使用 MFA。

14 之前我們會討論雙重認證（2FA），與 MFA 是相同的概念，但引入了一個想法，即我們現在經常允許我們的使用者提供來自各種設備的附加因素，例如安全 token、行動身分驗證應用程式或生物識別技術。你可以將 2FA 視為 MFA 的子集。

常見的單一登入實作

一種常見的認證方法是使用某種單一登入（SSO）解決方案，來確保使用者在每個工作階段中只需對自己進行一次認證，即使在該工作階段他們可能最終與多個下游服務或應用程式互動。例如，當你使用 Google 帳戶登入時，你登入的是 Google 日曆、Gmail 和 Google 文件，即使它們是不同的系統。

當 principal 嘗試存取資源（如以 Web 為基礎的介面）時，他們會被導向**身分提供者**（*identity provider*）進行認證。身分提供者可能會要求他們提供使用者名稱和密碼，或者可能需要運用更高階的機制，比如 MFA。一旦身分提供者接受 principal 經過認證的事實，它就會向**服務提供者**（*service provider*）提供相關資訊，允許其決定是否授予他們存取資源的權限。

此身分提供者可以是外部託管系統或你自己組織內部的機制。例如，Google 提供了一個 OpenID Connect 身分提供者。但是，對於企業來說，擁有自己的身分提供者是很常見的，它可能連結到你公司的**目錄服務**（*directory service*）。目錄服務可能類似於 LDAP（Lightweight Directory Access Protocol）或 Active Directory，這些系統允許你儲存有關 principal 的資訊，例如他們在組織中扮演的角色。通常目錄服務和身分提供者是同一個，而在其他時候，它們是獨立的但連結在一起。舉例來說，Okta 是一個主機託管的 SAML 身分提供商，它處理像是雙重認證之類的任務，但可以連結到你公司的目錄服務作為事實來源（source of truth）。

因此，身分提供者向系統提供有關 principal 是誰的資訊，但系統會決定該 principal 可以做什麼。

SAML 是一種以 SOAP 為基礎的標準，儘管具有支援的程式庫與工具，但一般還是覺得操作起來相當複雜，而且自本書第一版以來，它以非常快的速度失去人們對它的喜愛[15]。OpenID Connect 是一個基於 Google 和其他公司處理 SSO 方式的標準，已成為 OAuth 2.0 的特定實作。它使用更簡單的 REST 呼叫，部分由於其相對簡單和廣泛的支援，它是終端使用者 SSO 的主要機制，並已在企業中取得重大進展。

單一登入 gateway

我們可以決定處理重導向到每個微服務中的身分提供者並與之握手（handshaking），以便正確處理來自外部方的任何未經身分驗證的請求。很明顯地，這可能代表我們的微服務中有很多重複的功能，共用程式庫可能會有所幫助，但我們必須小心避免來自共享

15 我不能相信這一點！

程式碼的耦合（更多資訊，請參見第 143 頁「DRY 和微服務世界中程式碼重利用的風險」）。如果我們用不同的技術堆疊撰寫微服務，共用程式庫也無法產生任何作用。

代替讓每個服務管理與我們的身分提供者的握手，一種更常見的方法是使用 gateway 作為代理伺服器（proxy），位於你的服務和外部世界之間（如圖 11-7 所示）。這個想法是我們可以集中處理重導向使用者的行為，並且只在一個地方執行握手。

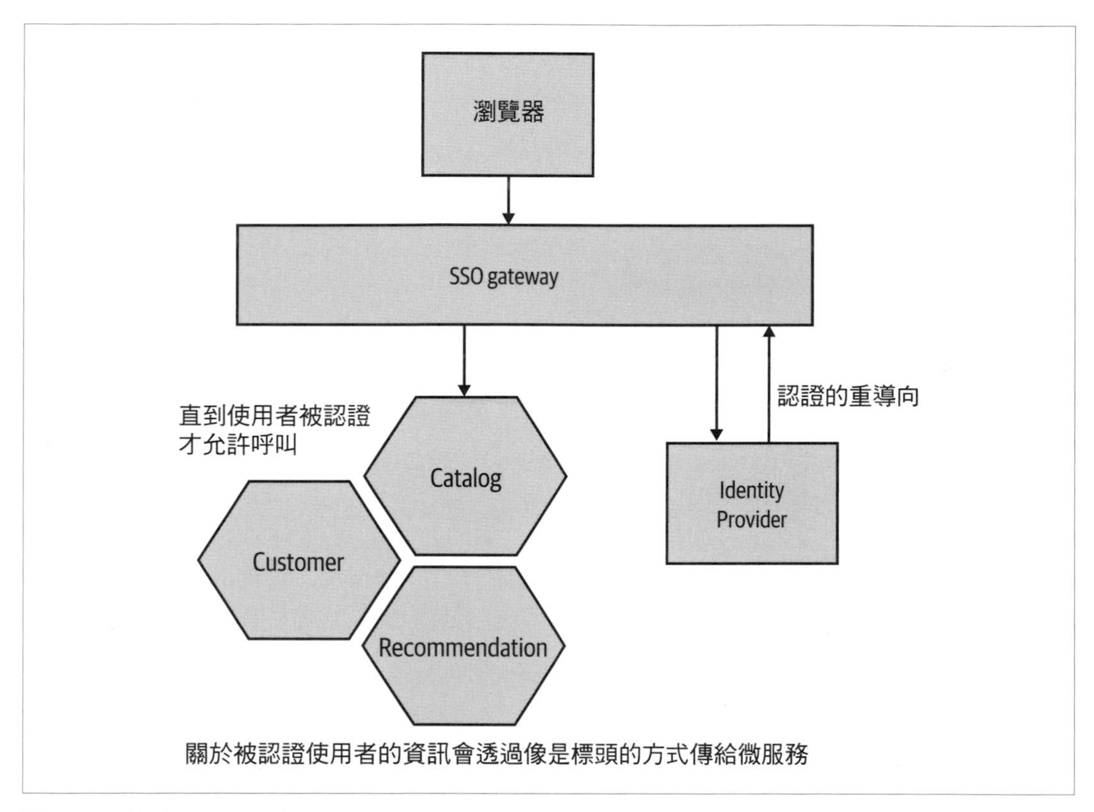

圖 11-7　使用 gateway 處理 SSO

但是，我們仍然需要解決下游服務如何接收有關 principal 的資訊，例如他們的使用者名稱或他們扮演的角色。如果你使用 HTTP，則可以配置 gateway 以使用此資訊填充標頭。Shibboleth 是一種可以為你執行此操作的工具，我已經看到它與 Apache Web 伺服器一起使用以處理與基於 SAML 的身分提供者的整合，效果非常好。我們稍後將更詳細地介紹另一種方法，也就是創建一個 JSON Web Token（JWT），其中包含有關 principal 的所有資訊，這有很多好處，包括我們可以更容易地從微服務傳送到微服務。

使用單一登入 gateway 的另一個考慮因素是，如果我們決定將身分驗證的責任轉移到 gateway，則在獨立審視微服務時可能更難推斷微服務的行為方式。還記得在第 9 章中我們探討了重製類似正式環境的一些挑戰嗎？如果你決定使用 gateway，請確保你的開發者無需太多工作就可以在其中啟動他們的服務。

這種方法的最後一個問題是它會使你陷入一種虛假的安全感。再一次的，我想回到縱深防禦的想法，從網路邊界到子網路、防火牆、機器、作業系統和底層硬體，你有能力在所有這些點上實作安全措施。我看到有些人把所有的雞蛋放在一個籃子裡，依靠 gateway 為他們處理每一步，但我們都知道當我們出現單點故障時會發生什麼……。

很明顯地，你可以使用此 gateway 來做其他事情。例如，你還可以決定在這個層級上停止 HTTPS，執行入侵偵測（intrusion detection）等。但千萬要小心，gateway 分層很容易承擔越來越多的功能，而這些功能本身最終會成為一個巨大的耦合點，而且功能越多，受攻擊面（attack surface）也就越大。

細粒度授權

gateway 可能可以提供相當有效的粗粒度認證。例如，它可以阻止任何未登入的使用者存取客服中心應用程式。假設我們的 gateway 可以作為身分驗證的結果，提取有關 principal 的屬性，它或許能夠做出更細微的決定。例如，將人員分組或指定角色，這些都是很常見的事情。我們可以使用這些資訊來了解他們可以做什麼。因此，對於客服中心應用程式，我們可能只允許訪問具有特定角色（例如，`STAFF`）的 principal。但是，除了允許（或禁止）訪問特定資源或端點之外，我們還需要將其餘工作留給微服務本身，它必須進一步判斷哪些操作是被允許的。

回到我們的客服中心應用程式，我們是否允許任何員工查看任何和所有詳細資訊？比較有可能的情況是，我們將在工作中扮演不同的角色。例如，`CALL_CENTER` 組中的 principal 可能被允許查看關於使用者的任何資訊，除了他們的付款詳細資訊，或是該 principal 也可能能夠處理退款，但該金額可能有上限。但是，具有 `CALL_CENTER_TEAM_LEADER` 角色的人可能能夠處理更大的退款。

這些決策需要是在相關微服務中進行的本地決策。我看過人們以可怕的方式使用身分提供者所提供的各種屬性，來使用相當細粒度的角色，如 `CALL_CENTER_50_DOLLAR_REFUND`，他們最終將特定於一項微服務功能的資訊放入他們的目錄服務中，這是一個難以維護的惡夢，我們的服務幾乎沒有空間擁有自己的獨立生命週期，因為突然間，一大塊關於服務行為的資訊存在於其他地方，可能在由組織的不同部分管理的系統中。

確保微服務擁有評估細粒度授權請求所需的資訊值得進一步討論，我們稍後也會在查看 JWT 時重新討論。

相反地，使用粗粒度的角色，圍繞著組織的運作方式而塑模，可能比較理想。回顧前面的章節，請記住我們正在建置軟體以匹配我們組織的工作方式。因此，也要以這種方式使用你的角色。

混淆代理人問題

讓 principal 使用 SSO gateway 之類的東西對整個系統進行身分驗證非常簡單，這足以控制對給定微服務的存取。但是，如果該微服務需要進行額外呼叫以完成操作，會發生什麼情況？這可能讓我們面臨一種稱為混淆代理人問題（confused deputy problem）的漏洞。當上游方誘使中間方做它不應該做的事情時，就會發生這種情況。讓我們看一下圖 11-8 中的一個具體範例，它說明了 MusicCorp 的線上購物網站。我們基於瀏覽器的 JavaScript UI 與伺服器端 `Web Shop` 微服務對話，這是一種前端的後端。我們將在第 446 頁的「模式：前端的後端（BFF）」中更深入探討這一點，但就目前來說，將其視為伺服器端元件，為特定的外部介面執行呼叫匯總和過濾（在我們的範例，我們基於瀏覽器的 JavaScript UI），可以使用 OpenID Connect 對瀏覽器和 `Web Shop` 之間進行的呼叫進行身分驗證。到現在為止都還不錯。

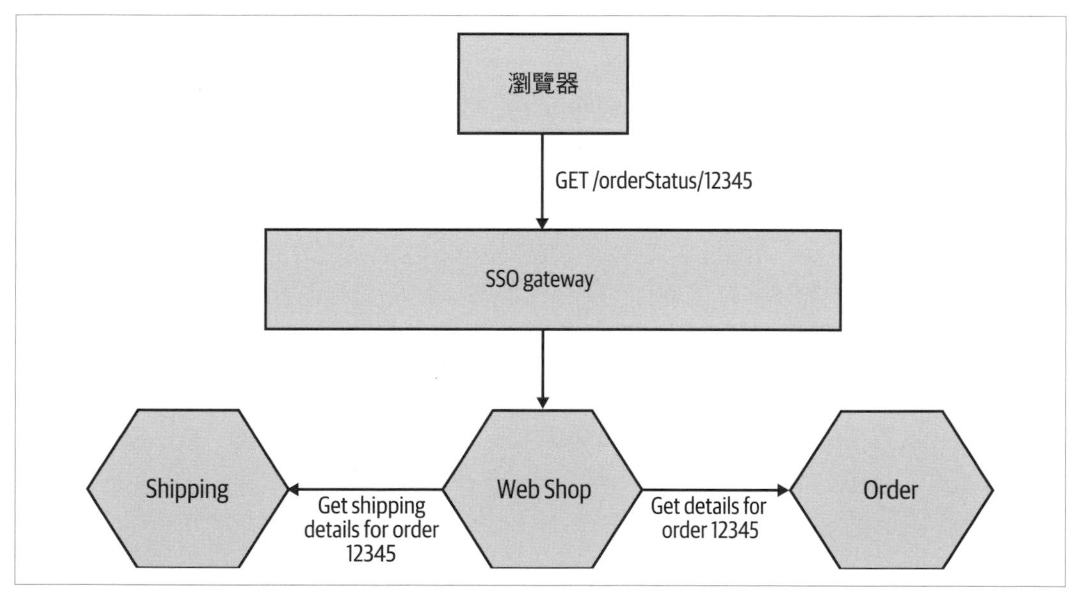

圖 11-8　混淆代理人問題的例子

使用者登入後，可以點擊連結查看訂單的詳細資訊。若要顯示資訊，我們需要從 Order 服務中拉回原始訂單，但我們還想查找訂單的送貨資訊。因此，當登入的客戶單擊 /orderStatus/12345 的連結時，此請求將傳送到 Web Shop，然後需要呼叫下游的 Order 和 Shipping 微服務，詢問訂單 12345 的詳細資訊。

但是這些下游服務是否應該接受來自 Web Shop 的呼叫？我們可以採取一種隱性信任的立場，因為呼叫是來自我們的範圍內，所以不會有問題。我們甚至可以使用憑證或 API 金鑰來確認確實是 Web Shop 要求提供此資訊。但這樣就夠了嗎？例如，登入線上購物系統的客戶可以查看其個人帳戶詳細資訊，如果客戶可以透過使用自己登入憑證發出呼叫，來欺騙線上購物系統的 UI，讓它請求別人的詳細資訊呢？

在這個例子中，什麼能阻止客戶要求不屬於他們的訂單？登入後，他們可以開始發送其他訂單的請求，看看他們是否可以獲得有用的資訊。他們可以開始猜測訂單 ID，看看他們是否可以提取其他人的資訊。從根本上來說，這裡發生的事情是，雖然我們已經對相關使用者進行了**身分驗證**，但我們沒有提供足夠的**授權**。我們想要的是我們系統的某些部分能夠判斷只有當使用者 A 要求查看使用者 A 的詳細資訊時，才能授予查看使用者 A 詳細資訊的請求。但是，這樣的邏輯在哪裡呢？

集中的上游授權

避免混淆代理人問題的一種選擇是，在我們的系統收到請求後立即執行所有必需的授權。在圖 11-8 中，這意味著我們的目標是在 SSO gateway 本身或 Web Shop 中授權請求。這個想法是，當呼叫被發送到 Order 或 Shipping 微服務時，我們假設這些請求是被允許的。

這種形式的上游授權實際上意味著我們正在接受某種形式的隱性信任（而不是零信任），Shipping 和 Order 微服務必須假設它們只被發送它們被允許完成的請求。另一個問題是上游實體（例如 gateway 或類似的東西）需要了解下游微服務提供的功能，並且需要知道如何限制對該功能的存取。

但是，理想情況下，我們希望我們的微服務盡可能獨立，以便盡可能容易進行變更和推出新功能。我們希望我們的發布盡可能簡單，因為希望能夠獨立部署。如果現在的部署行為既涉及部署新的微服務，又涉及將一些與授權相關的配置應用到上游 gateway，那麼這對我來說似乎並不是非常「獨立」。

因此，我們希望將有關是否應該授權呼叫的決定推到被請求之功能所在的同一微服務中，這使得微服務更加獨立，並且如果我們願意，還為我們提供了實作零信任的選項。

去中心化授權

有鑑於微服務環境中集中授權的挑戰，我們希望將此邏輯推送到下游微服務。`Order` 微服務是存取訂單詳細資訊的功能所在，因此由該服務決定呼叫是否有效是合乎邏輯的。但是，在這種特定情況下，`Order` 微服務需要有關發出請求之人的資訊。那麼我們如何將這些資訊傳送給 `Order` 微服務呢？

在最簡單的層面上，我們可以只要求將發出請求的人的識別碼發送到 `Order` 微服務。例如，如果使用 HTTP，我們可以將使用者名稱黏貼在標頭中。但在這種情況下，如何阻止惡意第三方在請求中插入任何舊名稱來獲取他們需要的資訊？理想情況下，我們想要一種方法來確保該請求*確實*是代表一個經過身分驗證的使用者而發出的，並且我們可以傳送有關該使用者的其他資訊，例如，該使用者可能所屬的組別。

從歷史上看，有多種不同的方法來處理這個問題（包括嵌套 SAML assertion 之類的技術），但最近這個特定問題的最常見解決方案是使用 JSON Web Token。

JSON Web Token

JWT 允許你將關於一個人的多個聲明儲存到一個可以傳送的字串中，並且可以對該 token 進行簽名以確保 token 的結構未被操縱，還可以選擇對其進行加密以提供有關誰可以讀取資料的加密保證。儘管 JWT 可用於確保資料未被篡改的通用資訊交換，但它們最常用於幫助傳輸資訊以幫助授權。

一旦簽名，JWT 就可以透過各種協定輕鬆傳送，並且可以選擇將 token 配置為在一段時間後過期。它們得到了廣泛的支援，有許多支援生成 JWT 的身分提供者，以及大量用於在你自己的程式碼中使用 JWT 的程式庫。

格式

JWT 的主要負載是 JSON 結構，從廣義上講，它可以包含你想要的任何內容。我們可以在範例 11-1 中看到一個範例 token。JWT 標準確實描述了（*https://oreil.ly/2Yo5X*）一些特定命名的欄位（「public claims」），如果它們與你相關，那麼你應該使用這些欄位。例如，`exp` 定義 token 的到期日期。如果你正確使用這些 public claims 欄位，則你所使用的程式庫很有可能能夠適當地使用它們。例如，如果 `exp` 字段指出 token 已過期，那麼就會拒絕 token[16]。即使如果你不會使用所有這些 public claims，那麼仍然有必要了解它們是什麼，以確保你最終不會將它們用於你自己的應用程式特定用途，因為這可能會導致支援的程式庫中出現一些奇怪的行為。

範例 11-1　JWT 的 JSON 負載範例

```
{
  "sub": "123",
  "name": "Sam Newman",
  "exp": 1606741736,
  "groups": "admin, beta"
}
```

在範例 11-2 中，我們看到範例 11-1 中的標記被編碼，這個 token 實際上只是一個字串，但它被分成三個部分，用「.」來劃定標頭、資料酬載和簽名。

範例 11-2　編碼 JWT 負載的結果

```
eyJhbGciOiJIUzI1NiIsInR5cCI6IkpXVCJ9. ❶
eyJzdWIiOiIxMjMiLCJuYW1lIjoiU2FtIE5ld21hbiIsImV4cCI6MTYwNjc0MTczNiwiZ3J... . ❷
Z9HMH0DGs60I0P5bVVSFixeDxJjGovQEtlNUi__iE_0 ❸
```

❶ 標頭

❷ 資料酬載（截斷）

❸ 簽名

為了在這裡展示，我將每個部分拆成一行，但實際上這將是一個沒有換行符號的單一字串。標頭包含有關正在使用的簽名算法的資訊，這允許程式解碼 token 以支援不同的簽名方案。資料酬載（payload）是我們儲存 token 聲明資訊的地方，但這只是對範例 11-1 中的 JSON 結構進行編碼的結果。簽名用於確保資料酬載未被操縱，也可用於確保 token 是由你認為的人所生成的（假設 token 是用私鑰簽名的）。

作為一個簡單的字串，這個 token 可以很容易地透過不同的溝通協定傳送。例如作為 HTTP 中的標頭（在 `Authorization` 標頭中），或者作為訊息中的中介資料。這個編碼的字串當然可以透過加密的傳輸協定發送，例如，以 HTTP 為基礎的 TLS，在這種情況下，觀察溝通的人將看不到 token。

16 JWT 網站（*https://jwt.io*）對哪些程式庫支援哪些公共聲明進行了出色的概述，它是 JWT 的所有內容的絕佳資源。

使用 token

讓我們來看看在微服務架構中使用 JWT token 的一種常見方式。在圖 11-9 中，我們的使用者正常登入，一旦通過身分驗證，我們就會生成某種 token 來表示他們的登入工作階段（可能是 OAuth token），該 token 儲存在客戶端設備上。來自該客戶端設備的後續請求命中了我們的 gateway，gateway 就會生成一個 JWT token，該 token 將在該請求的持續時間內有效，然後將這個 JWT token 傳送給下游微服務，讓他們能夠驗證 token 並從資料酬載中提取聲明，以確定哪種授權是合適的。

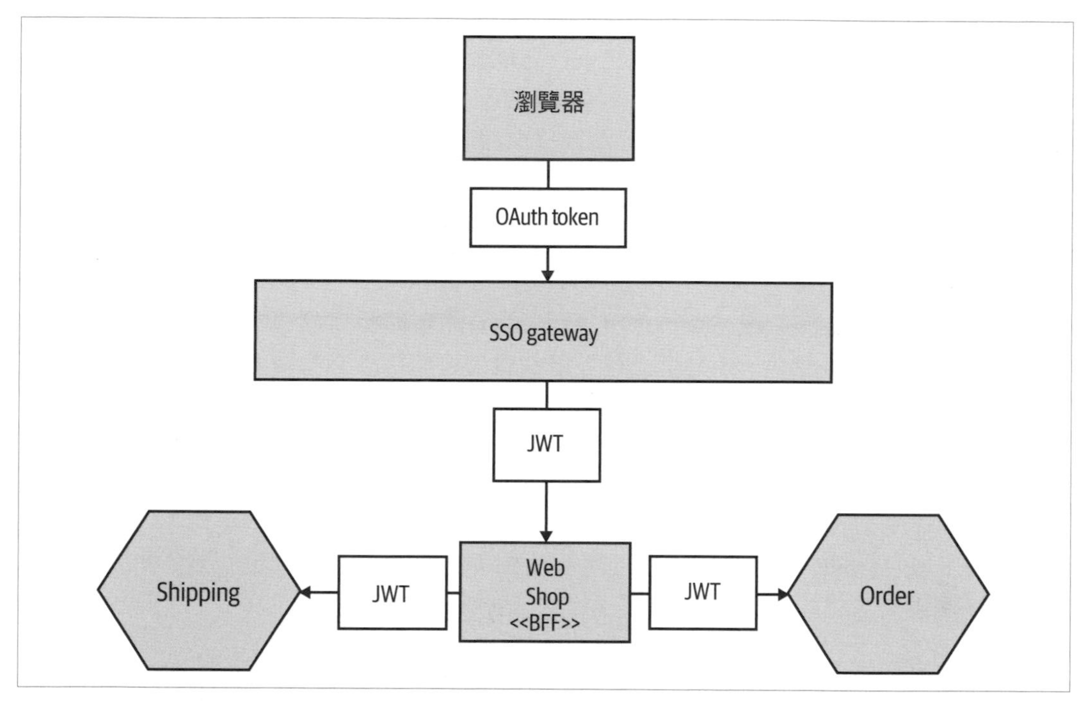

圖 11-9　為特定請求生成 JWT token 並傳送給下游微服務

這種方法的一個變形是，在使用者最初向系統驗證自己時生成 JWT token，然後將該 JWT token 儲存在客戶端設備上。不過，值得考慮的是，這樣的 token 必須在登入工作階段期間有效。正如我們已經討論過的，我們希望限制系統生成的憑證有效期以減少它們被濫用的機會，並在我們需要變更用於生成編碼的金鑰時減少影響 token。為每個請求生成一個 JWT token 似乎是解決這個問題的最常見的方法，如圖 11-9 所示。在 gateway 中完成某種 token 交換，還可以使採用 JWT token 變得更加容易，而無需變更涉及與客戶端設備溝通的身分驗證流程的任何部分。如果你已經有一個有效的 SSO 解決方案，將 JWT token 的使用從主要使用者身分驗證流程中隱藏起來，將會使這種變更不那麼具有破壞性。

因此，透過適當的 JWT token 生成，我們的下游微服務能夠獲得確認發出請求的使用者身分所需的所有資訊，以及使用者所在的組別或角色等附加資訊。微服務也可以透過檢查 JWT token 的簽名來檢查 token。與該領域之前的解決方案（例如嵌套 SAML assertion）相比，JWT token 使微服務架構中的去中心化授權過程變得更加簡單。

挑戰

關於 JWT token 有一些值得牢記的問題。首先是金鑰的問題。在簽名 JWT token 的情況下，為了驗證簽名，JWT token 的接收者將需要一些對外溝通的資訊，這通常是公鑰，密鑰管理的所有問題都適用於這種情況。那微服務要如何獲取公鑰呢？如果公鑰需要變更會發生什麼？Vault 是一個可以被微服務用來檢索（和處理輪換）公鑰之工具的例子，它已經被設計為在高度分散式的環境中工作。你當然可以在接收微服務的配置文件中硬編碼一個公鑰，但是你會遇到處理公鑰變更的問題。

其次，如果涉及很長的處理時間，那麼獲得 token 的到期權可能會很棘手。考慮到客戶下訂單的情況，這會啟動一組異步流程，這些流程可能需要數小時甚至數天才能完成，而客戶無需任何後續參與（付款、發送通知電子郵件、打包和運送物品等）。因此，你是否必須生成具有匹配有效期的 token？這裡的問題是，在什麼時候擁有一個壽命更長的 token 比沒有 token 更成問題？我曾與一些處理過這個問題的團隊談過。有些人生成了一個特殊的長期 token，僅在此特定上下文中起作用，另一些人則是剛剛在流程中的某個點停止使用 token。我所看過這個問題的例子還不夠多到來確定正確的解決方案，但這是一個需要注意的問題。

最後，在某些情況下，你最終可能需要 JWT token 中的太多資訊，以致於 token 大小本身會成為一個問題。雖然這種情況很少見，但確實是會發生。幾年前，我與一個團隊討論使用 token 來管理其處理音樂權限管理的系統特定方面的授權。圍繞這一點的邏輯非常複雜，我的客戶發現，對於任何給定的軌道，它可能需要多達 10,000 個條目的 token 來處理不同的場景。但是，我們意識到，至少在該領域中，只有一個特定使用情形需要如此大量的資訊，而系統的大部分內容可以透過一個包含較少字段的簡單 token 來湊合。在這種情況下，以不同的方式處理更複雜的權限管理授權過程是有意義的，基本上使用 JWT token 進行初始「簡單」授權，然後對資料儲存進行後續查找以獲取額外的需要的字段，這代表系統大部分時候可以只使用 token。

總結

正如我希望我在本章中所說明的那樣，建置一個安全的系統不是做一件事，它需要使用某種威脅模型分析來全面了解你的系統，以了解需要實作哪種類型的安全控制。

在考慮這些控制時，混合對於建置安全系統很重要。縱深防禦不僅僅代表有多重保護，也意味著你可以採用多方面的方法來建置更安全的系統。

再次回到本書的核心主題：將系統分解為更細微化的服務，這為我們解決問題提供了更多選擇。擁有微服務不僅可以潛在地減少任何特定駭侵的影響，而且還允許我們考慮在資料敏感的情況下，在更複雜和安全方法的開銷之間進行權衡，以及在風險較低的情況下採用較輕量的方法。

為了更廣泛地了解一般的應用程式安全性，我推薦 Laura Bell 等人合著的《*Agile Application Security*》[17]。

接下來，我們將討論到彈性，這將幫助我們研究如何使我們的系統更可靠。

17 Laura Bell 等人所合著的《*Agile Application Security*》(Sebastopol: O'Reilly, 2017)。

第十二章

彈性

隨著軟體成為使用者生活中越來越重要的一部分，我們需要不斷提高我們提供的服務品質。軟體故障會對人們的生活產生重大影響，雖然軟體不像飛機控制系統是屬於「安全關鍵」的類別。在撰寫本文時剛好是 COVID-19 大流行期間，線上生鮮雜貨購物等服務從一種便利變成了許多無法出家門之人的必需。

在這種背景下，我們經常被要求創建越來越**可靠**的軟體，我們使用者對於軟體可以做什麼以及什麼時候能用的期望發生了變化；我們只需要在上班時間支援軟體的日子已經越來越少，並且使用者對於維護所致的停機時間也越來越無法容忍。

正如我們在本書開頭所述，世界各地的組織選擇微服務架構的原因有很多，但對許多人來說，能提高服務產品**彈性**的期望被認為是一個主要原因。

在我們深入了解微服務架構如何實作彈性之前，重要的是退一步考慮彈性究竟是什麼。而事實證明，當談到提高我們軟體的彈性時，採用微服務架構只是難題的一部分。

什麼是彈性？

我們在許多不同的上下文中以許多不同的方式使用**彈性**（*resiliency*）一詞，這可能會導致對該術語定義的混淆，也可能導致我們對該領域的思考過於狹隘。在 IT 範圍之外，彈性工程還有一個更廣泛的領域，它著眼於彈性的概念，因為它適用於許多系統，從消防到空中交通管制、生物系統和手術室。在這一領域，David D. Woods 試圖對彈性的不同方面進行分類，以幫助我們更廣泛地思考彈性的實際含義[1]。這四個概念是：

1 David D. Woods，「Four Concepts for Resilience and the Implications for the Future of Resilience Engineering」，*Reliability Engineering & System Safety* 141（2015 年 9 月）：5–9，doi.org/10.1016/j.ress.2015.03.018。

強健性（*Robustness*）

吸收預期擾動的能力

反彈（*Rebound*）

創傷性事件後恢復的能力

優雅的可擴展性（*Graceful extensibility*）

我們如何處理出乎意料的情況

持續適應性（*Sustained adaptability*）

持續適應不斷變化的環境、利害關係人和需求的能力

讓我們依序來說明這些概念，並檢查這些想法如何（或可能不）轉化為我們建置微服務架構的世界。

強健性

強健性是我們在軟體和流程中建置機制以適應預期問題的概念。我們對可能面臨的各種擾動（perturbation）有著深入的了解，我們採取了措施，以便在出現這些問題時，我們的系統可以處理它們。在我們的微服務架構環境中，我們可能會遇到一大堆擾動，像是主機可能出現故障、網路連接可能逾時、微服務可能不可用。我們可以透過多種方式提高架構的強健性來處理這些干擾，例如自動啟動替換主機、執行重試或以優雅的方式處理給定微服務的故障。

然而，強健性不只針對軟體，也適用在人身上。如果你有一個人員可以隨傳隨到，那這個人生病或在發生事故時無法聯繫到，會發生什麼情況？這是一件相當容易考慮的事情，解決方案可能是有一個備用的值班人員。

根據定義，強健性需要先備知識（prior knowledge），我們正在採取措施來處理已知的擾動。這種知識可以基於遠見，像是我們可以利用我們正在建置的電腦系統、它的支援服務，以及我們員工的理解來考慮可能出現的問題。但強健性也可能來自事後的見解（hindsight），我們可能會在發生意外事故後提高系統的強健性。也許我們從未考慮過我們的全球檔案系統可能會無法使用的事實，或者我們低估了我們的客戶服務代表在工作時間之外無法聯繫的影響。

提高系統強健性的挑戰之一是，隨著我們提高應用程式的強健性，我們給系統帶來了更多的複雜性，這可能成為新問題的根源。假設因為你希望它為你的微服務工作負載處理

預期狀態管理，你要將微服務架構遷移到 Kubernetes，你可能因此改進了應用程式健壯性的某些方面，但你也引入了新的潛在痛點。因此，必須考慮任何提高應用程式強健性的嘗試，不僅要考慮簡單的成本 / 收益分析，還要考慮你是否對將擁有的更複雜的系統感到滿意。

強健性是微服務為你提供大量選項的一個領域，本章接下來的大部分內容將重點關注在，你可以在軟體中做什麼來提高系統的強健性。請記住，這不僅是整體彈性的一個方面，而且你可能還需要考慮許多其他與軟體無關的強健性。

反彈

我們如何從運作中斷中復原（反彈）是建置彈性系統的關鍵部分。我經常看到人們將時間和精力集中在試圖消除中斷的可能性上，但一旦真正發生中斷，卻完全沒有準備。無論如何，盡最大努力防止你認為可能發生的壞事，就是需要提高系統的**強健性**，但也要明白隨著系統規模和複雜性的增長，消除任何潛在問題會變得無法持續。

我們可以透過提前將事情落實到位來提高從事故中恢復的能力。例如，備份到位可以讓我們在資料丟失後更好地復原（當然，假設我們的備份已經測試過！）。提高我們的反彈能力還可以包括制定一個我們在系統中斷後可以運行的教戰手冊，讓人們了解在發生中斷時他們的角色是什麼、誰才是處理這種情況的關鍵人物？我們需要多快讓使用者知道發生了什麼？我們將如何與使用者溝通？由於內在的壓力和混亂的情形，在中斷發生期間試圖清楚地思考如何處理中斷將是一個問題。

當預料到這種問題時，制訂一個商定的行動計劃，可以幫助你更好的反彈。

優雅的可擴展性

有了反彈和強健性，我們主要處理預期的狀況，我們正在建立機制來處理我們可以預見的問題，但是當我們感到驚訝時會發生什麼呢？如果我們沒有準備好迎接突發意外，因為我們預期的世界觀可能是錯誤的，我們最終會得到一個脆弱的系統。當我們接近我們所期望的系統能夠處理的極限時，事情就會崩潰，因為我們無法充分執行了。

扁平化的組織，也就是責任被分散到組織中而不是集中承擔，通常能更好地準備應對意外。當意外發生時，如果人們在他們必須做的事情上受到限制，如果他們必須遵守一套嚴格的規則，那麼他們應對意外的能力將被嚴重削弱。

通常，在最佳化系統的過程中，我們可能會增加系統的脆弱性，這是一個不幸的副作用。以自動化為例，自動化很棒，因為它讓我們可以以既有的人力做更多的事情，但它也可以讓我們減少既有的人力，因為自動化可以做更多的事情；不過，這種裁員可能令人擔憂，因為自動化無法處理意外，因此我們需要優雅地擴展我們的系統，處理意外的能力來自於讓擁有正確技能、經驗和責任的人員到位，以應對這些情況的出現。

持續適應性

擁有持續的適應性需要我們不自滿。正如 David Woods 所說：「無論我們以前做得多麼好，無論我們多麼成功，未來可能會有所不同，我們可能無法很好地適應。面對新的未來，我們可能會變得不穩定和脆弱。[2]」我們尚未遭受災難性的中斷，並不表示它不會發生。我們需要挑戰自己，以確保我們不斷調整我們作為一個組織所做的工作，以確保未來的彈性。如果做得好，像混沌工程（chaos engineering）這樣的概念，可以成為幫助建立持續適應性的有用工具，這點我們將在本章後面簡要探討。

持續的適應性通常需要對系統有更全面的了解。但矛盾的是，在這種情況下，朝著更小、自治的團隊發展，並增加本地、專注的責任，最終可能會導致我們忽視大局。正如我們將在第 15 章中探討的，當涉及到組織動態時，整體最佳化與局部最佳化之間存在一種平衡行為，這種平衡不是靜態的。在那一章中，我們將著眼於專注的流式團隊所扮演的角色，他們擁有提供使用者功能所需的微服務，並增加責任水平來實作這一目標。我們還將研究賦能團隊的角色，他們支援這些流式團隊完成他們的工作，以及賦能團隊如何成為幫助組織層面實作持續適應性的重要組成部分。

營造一種文化，首先要創造一種環境，讓人們可以在其中自由共享資訊而不必擔心遭到報復，這對於鼓勵事故發生後的學習很重要。擁有足夠的頻寬來真正檢查此類意外並提取關鍵的學習內容，需要時間、精力和人員，所有這些都會減少你在短期內交付功能的可用資源。決定接受持續的適應性是為了在短期交付和長期適應性之間找到平衡點。

努力實作持續適應性意味著你正在尋找你不知道的東西，這需要持續的投資，而不是一次性的交易活動，**持續**這個詞在這裡很重要，這是關於使持續適應性成為組織策略及文化的核心部分。

和微服務架構

正如我們所討論的，微服務架構是可以幫助我們實作強健性的一種方式，但如果你想要**彈性**，這是還不夠的。

2 Jason Bloomberg 的文章「Innovation: The Flip Side of Resilience」，*Forbes*，2014 年 9 月 23 日，*https://oreil.ly/avSmU*。

更廣泛地說，提供彈性的能力不是軟體本身的特性，而是建置和執行軟體之人的特性。鑑於本書的重點，本章接下來的大部分內容將主要關注微服務架構在彈性方面可以幫助提供些什麼，這幾乎完全限於提高應用程式的強健性。

失敗無所不在

我們明白事情可能會出錯，像是硬碟可能會出現故障、我們的軟體可能會崩潰等。任何讀過分散式計算謬論（fallacies of distributed computing，*https://oreil.ly/aYIjx*）的人都會告訴你，網路是不可靠的。我們可以盡最大的努力去限制失敗的原因，但是到了一定的規模，失敗就變得無可避免了。例如，硬碟現在比以往任何時候都更可靠，但它們最終會損壞。你所擁有的硬碟越多，一個設備在任何一天發生故障的可能性就越大。失敗成為一種統計上的必然。

即使對我們當中不考慮極端規模的人來說，如果我們能夠接受失敗的可能性，事情就會變得更好。例如，如果我們可以優雅地處理微服務的故障，那麼我們也可以對服務進行就地升級，因為計畫內的中斷比計畫外的中斷更容易處理。

我們也可以花更少的時間來阻止不可避免的事情，多花一點時間設法優雅地處理它。令我驚訝的是，許多組織制定了流程和控制措施以試圖阻止失敗的發生，但卻很少甚至根本沒有付出心力，設法讓系統更容易從故障中復原。了解可能失敗的事情是提高我們系統**強健性**的關鍵。

假設一切都會失敗，促使你以不同的方式思考如何解決問題。還記得我們在第 10 章中討論的 Google 伺服器的故事嗎？Google 系統的建置方式是，即使機器出現故障，也不會導致服務中斷，進而提高了整個系統的**強健性**。Google 進一步嘗試以其他方式提高其伺服器的強健性，它討論了每台伺服器如何包含自己的本地電源，以確保在資料中心發生中斷時它可以繼續運行[3]。正如你在第 10 章中所記得的，這些伺服器中的硬碟使用魔鬼氈而非螺絲釘連接，以便於更換硬碟，可以幫助 Google 在硬碟出現故障時快速啟動並運行機器，進而幫助系統的該元件更有效地**反彈**。

因此，請容我再說一遍：在一定規模下，即使你購買了最好的套件、最昂貴的硬體，你也無法避免事情可能會失敗的事實。所以，你必須假設故障可能發生。如果你將這種想法融入你所做的一切，並針對失敗預作規劃，你就可以做出明智的權衡。如果你知道你的系統可以處理伺服器可能會故障的事實，那麼在一台機器上花費越多的錢可能會導致

3 有關更多資訊，請參閱 Stephen Shankland 撰寫的「Google Uncloaks Once-Secret Server」（*https://oreil.ly/k7b3h*），包括 Google 認為這種方法優於傳統 UPS 系統的有趣概述。

收益遞減；相反地，像 Google 那樣擁有更多更便宜的機器（也許使用更便宜的元件和一些魔鬼氈！）可能更合理。

多少算太多？

我們在第 9 章談到了跨功能需求的主題，理解跨功能需求就是考慮資料的持久性、服務的可用性、處理能力（throughput）和可接受的操作延遲等方面。本章所涵蓋的許多技術都討論了實作這些需求的方法，但只有你確切地知道這些需求本身可能是什麼。因此，請在閱讀時記住你自己的需求。

擁有一個能夠對增加的負載或單個節點的失敗做出反應的自動縮放系統（autoscaling system）可能很棒，但對於每月只需要運行兩次的報告系統來說，這可能有點殺雞用牛刀了，而中斷機器一兩天並沒有什麼大不了。同樣地，弄清楚如何進行零停機部署（zero-downtime deployment）以消除服務中斷可能對你的線上電子商務系統有意義，但對於你的企業內部網路的知識庫來說，這可能有點過頭了。

你可以容忍多少故障或你的系統需要多快是你的系統使用者所驅動的，這些資訊反過來可以幫助你了解哪些技術對你最有意義。也就是說，你的使用者並不總是能夠清楚描繪他們的確切需求。因此，你需要提出問題以幫助提取正確的資訊，並幫助他們了解提供不同服務層級的相對成本。

正如我之前提到的，這些跨功能需求可能因服務而異，但我建議定義一些通用的跨功能需求，然後針對特定使用情形來覆寫它們。在考慮是否以及如何擴展系統以更好地處理負載或故障時，請試著從了解這些需求開始：

回應時間 / 延遲（*Response time/latency*）

各種操作需要多長時間？使用不同數量的使用者來衡量這一點會很有用，以了解增加的負載將如何影響回應時間。有鑑於網路的性質，你總會有異常值，因此在監測到的回應中，為某個百分位數的回應設置目標可能是有用的。此目標還應包括你所希望軟體處理的並行連接 / 使用者的數目，所以你可能會說「我們希望在每秒處理 200 個並發連接時，網站有 90% 的回應時間低於 2 秒」。

可用性（*Availability*）

你會預期服務中斷嗎？這是否被視為全年無休的服務？有些人在衡量可用性時喜歡考慮可接受的中斷（停機）時間，但是這對呼叫你服務的人有多大的好處呢？要麼我應該能夠依靠你的服務回應，要麼我不能。測量停機時間，從歷史報告的角度來看，確實更有用。

資料的持久性（*Durability of data*）

多少資料丟失是可以接受的？資料應該保存多久？這很可能會根據具體情況而改變。例如，你可能選擇將使用者工作階段日誌保留一年或更短時間以節省空間，但你的財務交易記錄可能需要保留多年。

將這些想法作為我們在第 10 章中介紹的服務級別目標（SLO）進行闡述，可以很好地將這些需求作為軟體交付過程的核心部分。

功能性降級

建置彈性系統的一個重要關鍵是安全降級功能性的能力，尤其是在你的功能性分散於諸多或開啟或關閉的微服務時。讓我們想像一下我們電子商務網站上的標準網頁，為了將該網站的各個部分整合在一起，我們可能需要多個微服務來發揮作用。一項微服務可能會顯示有關銷售專輯的細節，另一個可能會顯示價格和庫存水準，我們也可能會顯示購物車內容，這可能是另一個微服務。如果這些服務中的其中一個服務中斷，導致整個網頁不可用，那麼，相較於只需要一個服務即可運作的系統，我們可說是建置了一個更沒彈性的系統。

我們需要做的是了解每次中斷的影響，並找出如何正確降低功能性。從業務的角度來看，我們希望我們的接單工作流程盡可能強健，我們可能很樂意接受一些功能性降級以確保它仍然有效。如果庫存水準不可用，我們可能會決定繼續進行銷售並稍後制定詳細資訊。如果購物車微服務不可用，我們可能會遇到很多麻煩，但仍然可以顯示包含品項清單的網頁，也許我們只是隱藏購物車或用一個小圖示代替它，上面寫著「很快就回來！」。

使用一個單行程單體式應用程式，我們不需要做出很多決定，在這種情況下，系統健康在某種程度上是二元的，行程要麼是啟動或是關閉。但是對於微服務架構，我們需要考慮更細微的情況，在任何情況下做正確的事情通常不是由技術決定。我們可能知道當購物車出現故障時在技術上可能發生什麼，但除非我們了解業務背景，否則我們將無法了解應該採取什麼行動。例如，也許我們關閉了整個網站，仍然允許人們瀏覽商品目錄，或者將包含購物車控制項的 UI 部分替換為用於下訂單的電話號碼。但是對於每個使用多個微服務公眾 UI，或者每個依賴多個下游協作者的微服務，你都需要問自己「如果服務發生中斷會怎樣？」並且知道應該怎麼處理。

透過從跨功能需求的角度考慮我們每項能力的重要性，我們將能夠更好地了解我們可以做什麼。現在讓我們從技術的角度考慮我們可以做的一些事情，以確保發生失敗時，我們可以優雅地處理它。

穩定性模式

我們可以使用一些模式來確保如果出現問題，它不會導致令人討厭的連鎖效應。你必須理解這些想法，並且應該強烈考慮在你的系統中使用它們，以確保一顆老鼠屎不會壞了一整鍋粥。稍後，我們將介紹一些你應該考慮的關鍵安全措施，但在此之前，我想分享一個簡短的故事，勾勒出可能出現的錯誤類型。

許多年前，我是 AdvertCorp 專案的技術負責人，AdvertCorp（變更公司名稱和詳細資訊以保護無辜者！）透過一個非常受歡迎的網站提供線上分類廣告，該網站本身處理了相當大的流量，並為企業帶來了可觀的收入。我從事的專案任務是整合一些既有服務，這些服務用於為不同類型的廣告提供類似的功能，不同類型廣告的既有功能正在慢慢遷移到我們正在建置的新系統中，許多不同類型的廣告仍然來自舊服務。為了使這種轉變對最終客戶透明，我們攔截了對新系統中不同類型廣告的所有呼叫，並在需要時將它們轉移到舊系統，如圖 12-1 所示。這實際上是一個**絞殺榕模式**（*strangler fig pattern*）的例子，我們在第 74 頁的「有用的分解模式」中簡要討論過。

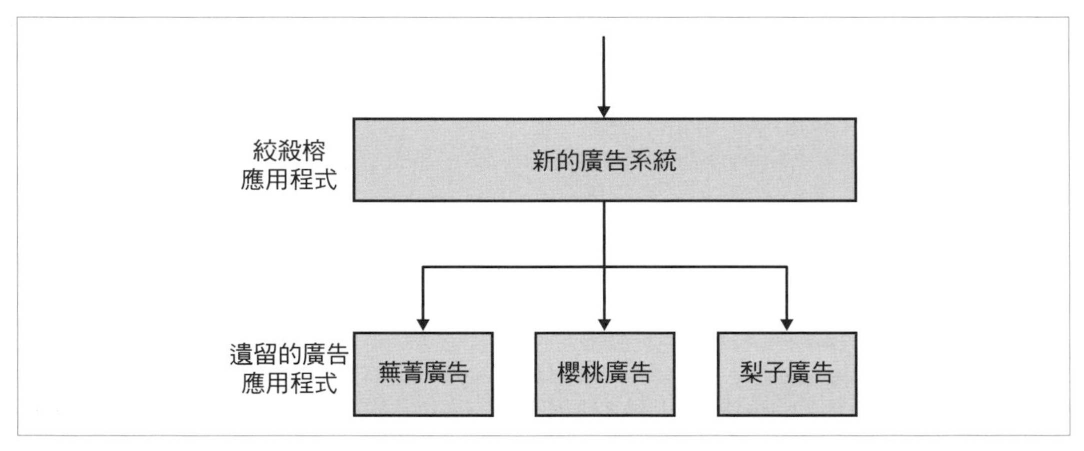

圖 12-1　絞殺榕模式，用於直接呼叫舊的遺留系統

我們剛剛將銷量最高、收入最高的產品轉移到新系統中，但其餘大部分廣告仍由許多舊應用程式提供服務。就這些應用程式的搜尋次數和收入而言，是一個常尾，也就是大部分的這些舊應用程式都獲得了少量流量並產生了少量收入。新系統已經運行了一段時間，並且運行良好，處理了相當大的負載。那時，我們在高峰期每秒必須處理大約 6,000 到 7,000 個請求，儘管其中大部分都被位於我們應用程式伺服器前面的反向代理大量快取起來，但產品搜尋（網站最重要的方面）大部分都沒有被快取，而且它們需要一個完整的伺服器往返。

一天早上，就在我們達到每日午餐時間高峰之前，系統開始變置管道，然後開始出現故障。我們對新的核心應用程式進行了某種程度的監控，這足以說明我們每一個應用程式節點都達到了 100% 的 CPU 高峰，遠高於正常水平很快地整個網站就崩潰了。

我們設法追查到罪魁禍首並恢復了網站，結果證明是下游廣告系統中的其中之一，為了這個匿名範例研究，我們會說它負責與蕪菁相關的廣告。蕪菁廣告服務是最古老、維護最少的服務之一，開始回應非常緩慢。回應非常緩慢是你可能遇到最糟糕的故障模式之一。如果系統不存在，你很快就會發現。但當它很緩慢時，在你放棄之前，你最終會先等待一段時間，等待的過程會減慢整個系統的速度，導致資源競爭，並且就像我們的例子一樣，導致接連的失敗。但無論失敗的原因是什麼，我們創建的系統容易受到下游問題的連帶影響，我們幾乎無法控制的下游服務，能夠使我們整個系統癱瘓。

當一個團隊研究蕪菁系統的問題時，我們其他人開始研究我們的應用程式中出了什麼問題。我們發現了一些問題，如圖 12-2 所示。我們使用 HTTP 連接池來處理下游連接（downstream connection），池中的執行緒本身配置了逾期時間，指明在進行下游 HTTP 呼叫時會等待多長時間，這是很好的，但問題是由於下游服務緩慢，工作者都需要一段時間才達到逾時。在他們等待時，更多的請求進入連接池中，要求工作者執行緒協助處理。由於沒有可用的工作者，這些請求本身就掛了。事實上，我們使用的連接池程式庫確實有針對等待工作者的逾期時間機制，但**預設情況下是停用的！**這導致了大量阻塞的執行緒。我們的應用程式通常在任何時間都有 40 個並行連接，在五分鐘之內，這種情況導致我們的連接數達到了 800 左右的高峰，進而使系統當機。

更糟糕的是，我們正在談論的下游服務所代表的功能只有不到 5% 的客戶使用，而且它產生的收入甚至更少。當你深入了解它時，我們發現行為緩慢的系統比快速失敗的系統更難處理。在分散式系統中，緩慢延遲實在是一個很致命問題。

即使我們正確設置了連接池的逾期時間，我們還是讓所有出站請求共享一個 HTTP 連接池，這意味著一個緩慢的下游服務可能會耗盡可用工人的數量，即使其他一切都沒有問題。最後，很明顯地，由於頻繁的逾時和錯誤，有問題的下游服務並不健康，但儘管如此，我們還是繼續按它的方式發送流量。在我們的案例中，這代表我們實際上使糟糕的情況惡化，因為下游服務沒有機會恢復。我們最終實作了三個修補來避免再次發生這種情況：正確設置**逾期時間**、實作**隔艙**（*bulkhead*）以分隔不同的連接池，以及實作**斷路器**（*circuit breaker*）以避免從第一時間就將呼叫發送到不健康的系統。

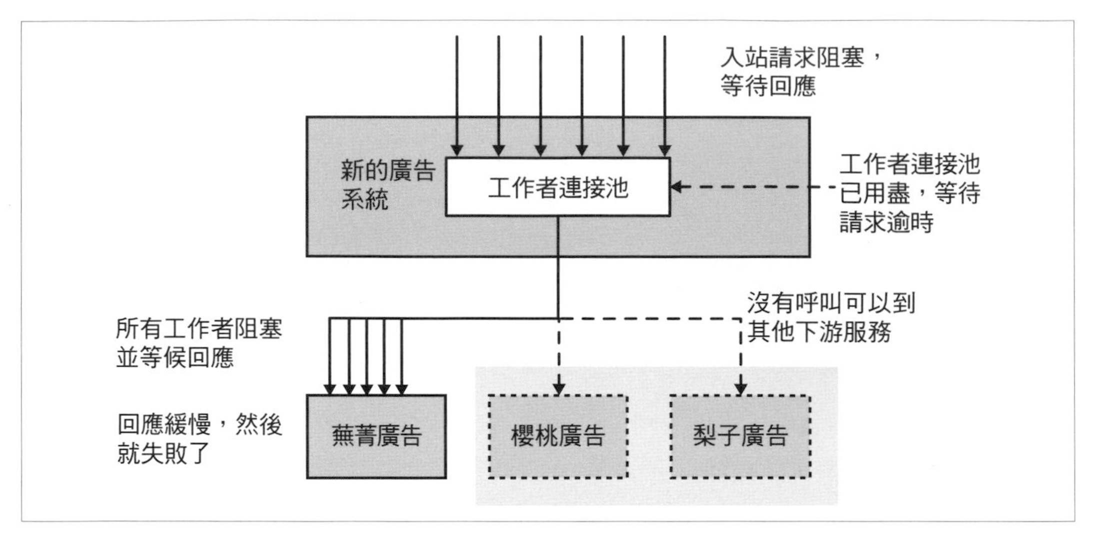

圖 12-2　導致中斷的問題概述

逾時

逾時（timeout）很容易被忽視，但在分散式系統中，它們很重要。在放棄對下游服務的呼叫之前，我可以等待多長時間？如果你等待太久才確定呼叫失敗，那麼你可能會減慢整個系統的速度；太快就判斷逾期發生，會將可能正常運作的呼叫誤判為失敗；完全不考慮逾期的話，中斷或失敗的下游系統將拖垮整個系統。

在 AdvertCorp 的範例中，我們有兩個與逾時相關的問題。首先，我們在 HTTP 請求池上丟失了逾時，這意味著當要求工作者發出下游 HTTP 請求時，請求執行緒將永遠阻塞，直到工作者可用為止。其次，當我們終於有一個可用的 HTTP 工作者向蕪菁廣告系統發出請求時，我們等待了太久才放棄呼叫。因此，如圖 12-3 所示，我們需要添加一個新的逾時並變更既有的逾時。

下游 HTTP 請求的逾時設置為 30 秒，因此在我們放棄之前，將花 30 秒等候來自蕪菁系統的回應，然後再放棄。問題是，在發出此呼叫的更廣泛背景下，等待那麼久是沒有意義的。由於我們的一位使用者使用瀏覽器查看我們的網站，因此請求了與蕪菁相關的廣告。即使在發生這種情況時，也沒有人等待 30 秒來加載頁面。試想看看，如果網頁在 5、10 或 15 秒後沒有加載會發生什麼事？你會做什麼工作？你會重新整理頁面。所以我們等待蕪菁廣告系統回應 30 秒，但在此之前原始請求不再有效，因為使用者剛剛重新整理，導致產生了額外的入站請求。這反過來又導致了廣告系統的另一個請求，然後一直循環下去。

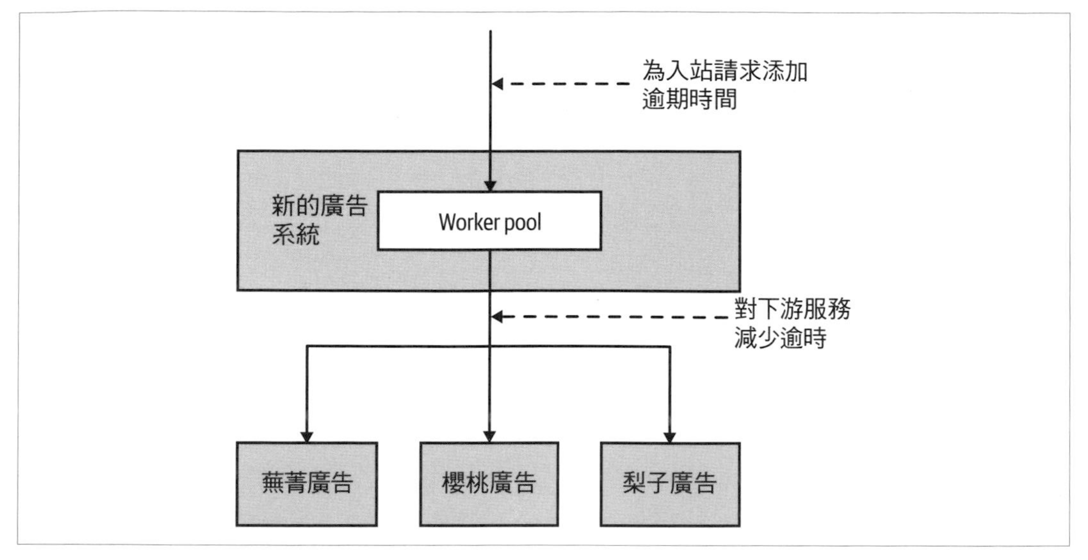

圖 12-3　在 AdvertCorp 系統上變更逾時

在查看蕪菁廣告系統的正常行為時，我們可以看到我們通常預期在不到一秒的時間內做出回應，因此等待 30 秒是太多了。此外，我們的目標是在 4 ～ 6 秒內向使用者呈現頁面。基於這個目標，我們使逾時更加激進，將其設置為 1 秒。我們還在等待 HTTP 工作執行緒可用時設置了 1 秒的逾時時間，這代表在最壞的情況下，我們希望等待大約 2 秒鐘以獲取來自蕪菁系統的資訊。

逾時非常有用。對所有行程外呼叫設置逾時，並為所有內容選擇預設逾時。在逾時發生時記錄日誌，查看發生了什麼，並相應地變更它們。查看下游服務的「正常」健康回應時間，並使用它來指導你設置逾期時間的門檻。

為單個服務呼叫設置逾時可能還不夠。如果此逾時發生在更廣泛的一組操作中，而你甚至在逾時發生之前就可能想放棄這些操作，會發生什麼情況？例如，在 AdvertCorp 的情況下，如果使用者很可能已經放棄詢問，那麼等待最新的蕪菁價格是沒有意義的。在這種情況下，為整個操作設置逾期時間並在超過此逾期時間的時候放棄是合理的。為此，需要將當前留給操作的時間傳送給下游。舉例來說，如果渲染網頁的整體操作必須在 1,000 毫秒內完成，而當我們呼叫下游蕪菁廣告服務時已經過去了 300 毫秒，那麼我們需要確保等待的時間不超過 700 毫秒，其他的呼叫才能完成。

不要只考慮單一服務呼叫的逾時，還要考慮整個操作的逾時，並在超出此總體逾時預算時中止操作。

重試

下游呼叫的一些問題是暫時的。資料包可能會放錯位置，或者 gateway 的負載可能會出現奇怪的高峰，進而導致逾時。通常，重試呼叫是有意義的動作。回到我們剛剛討論的內容，你多久刷新一個沒有加載的網頁，卻發現第二次嘗試工作正常？這就是重試。

考慮應該重試什麼樣的下游呼叫失敗會很有用，例如，如果使用像 HTTP 這樣的協定，你可能會在回應程式碼中得到一些有用的資訊，這些資訊可以幫助你確定是否需要重試。如果你返回 `404 Not Found`，重試可能不是一個有用的想法。另一方面，`503 Service Unavailable` 或是 `504 Gateway Time-out` 可能被視為臨時錯誤，可以證明重試是合理的。

在重試之前，你可能需要延遲。如果最初的逾時或錯誤是由於下游微服務負載不足造成的，那麼用額外的請求轟炸它可能是個壞主意。

如果你要重試，則在考慮逾時門檻時需要考慮到這一點。如果下游呼叫的逾時門檻設置為 500 毫秒，但你允許最多 3 次重試，每次重試之間間隔 1 秒，那麼你可能會在放棄之前等待最多 3.5 秒。如前所述，為一個操作允許執行多長時間制訂一個預算可能是個有用的想法，如果你已經超過了總體逾時預算，那麼你可能不會決定進行第三次（甚至第二次）重試，另一方面，如果這是非面向使用者之操作的一部分，那麼等待更長的時間來完成某事可能是完全可以接受的。

隔艙

在《*Release It!*》[4] 這本書中，Michael Nygard 介紹了隔艙（*bulkhead*）的概念，目的是將自己與失敗隔離開來。在航運中，隔艙是船舶的一部分，可以密封以保護船舶的其餘部分。因此，如果船隻漏水，你可以關閉隔艙艙門。雖然你失去了船體的一部分，但其餘部分完好無損。

在軟體架構方面，我們可以考慮許多不同的隔艙。回到我自己在 AdvertCorp 的經驗，我們實際上錯過了在下游呼叫方面實作隔艙的機會，我們應該為每個下游連接使用不同的連接池，如此一來，如果一個連接池耗盡，其他連接其實並不會受到影響，如圖 12-4 所示。

---

4 Michael T. Nygard，《*Release It! Design and Deploy Production-Ready Software*》第 2 版。（Raleigh: Pragmatic Bookshelf, 2018）。

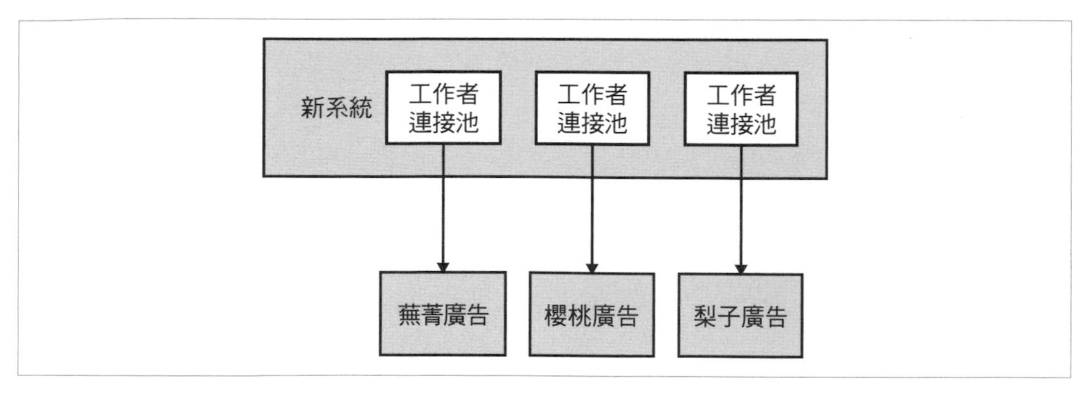

圖 12-4　使用每個下游服務的連接池來提供隔艙機制

關注點分離（separation of concerns）也可以是實作隔艙的一種方式，透過將功能分解為多個獨立的微服務，我們減少了一個區域中斷影響另一個區域的可能性。

查看系統中可能出錯的所有方面，包括微服務內部和微服務之間。你有隔艙嗎？我建議至少從每個下游連接準備獨立的連接池開始。但是，你可能會想要更進一步，並考慮使用斷路器，這些我們稍後會介紹。

從許多方面來看，隔艙是我們迄今為止所研究最重要的模式。逾時和斷路器可以幫助你在資源受到限制時釋放資源，但隔艙能夠在一開始就讓資源不受限制，它們還可以讓你在某些條件下拒絕請求，以確保資源不會變得負荷滿載（saturated），這稱為**卸載**（*load shedding*）。有時拒絕請求是讓重要系統免於不堪重負而成為多個上游服務瓶頸的最佳方式。

斷路器

在你自己的家中，斷路器可以保護你的電器設備免受電力尖波（spike）的影響，萬一出現尖波，斷路器就會熔斷，進而保護你的昂貴家電。你還可以手動關閉斷路器以切斷家中部分電源，讓你確保用電安全。在《*Release It!*》書中有另一個模式，Nygard 展示了這個斷路器的想法如何作為我們軟體的保護機制而創造奇蹟。

我們可以將斷路器視為隔艙密封的自動化機制，不僅可以保護消費者免受下游問題的影響，還可以潛在地保護下游服務免受可能產生不利影響的更多呼叫。有鑑於連鎖失敗的危險，我建議你針對所有同步下游呼叫強制使用斷路器，然而你也不必自己撰寫，因為在我撰寫本書第一版後的幾年裡，斷路器的實作已經變得廣泛可用。

回到 AdvertCorp，考慮一下我們遇到的問題，就是蕪菁系統在最終返回錯誤之前回應非常緩慢。即使我們的逾時設置正確，我們也要等待很長時間才能收到錯誤訊息，然後我們會在下次請求進來時再試一次，然後繼續等待。下游服務出現失敗已經夠糟糕的了，但它也拖慢了整個系統。

對於斷路器，在對下游資源的一定數量的請求失敗後（由於錯誤或逾時），斷路器會被熔斷。當斷路器處於熔斷（斷開）狀態[5]時，透過該斷路器的所有進一步請求都會快速失敗，如圖 12-5 所示。一段時間後，客戶端發送一些請求以查看下游服務是否已恢復，如果獲得足夠的健康回應，它會重置斷路器。

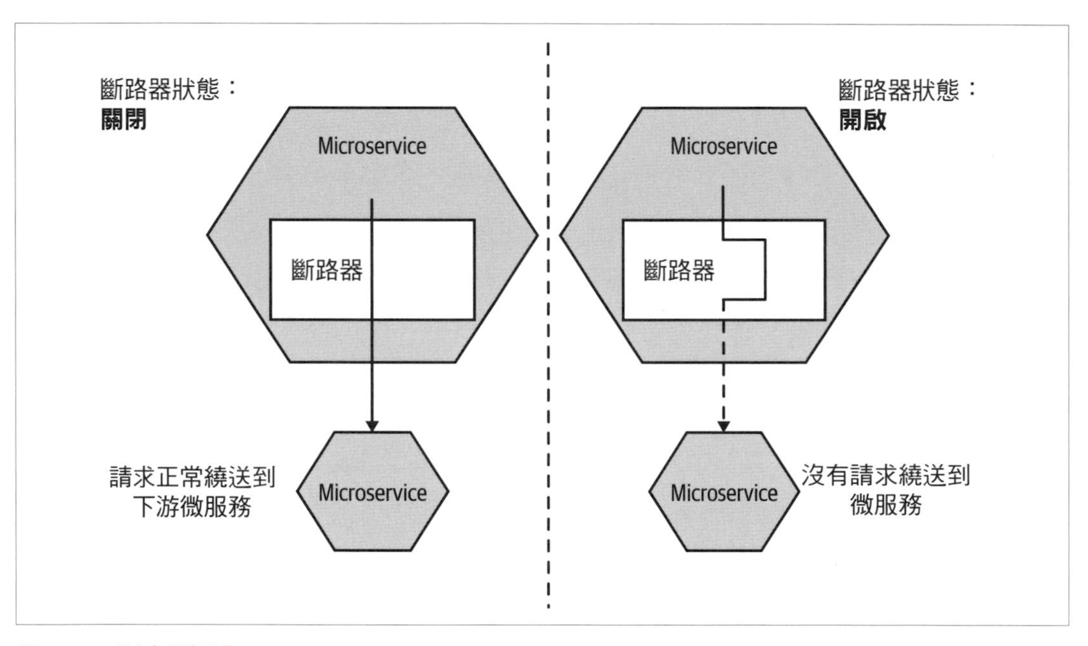

圖 12-5　斷路器概述

如何實作斷路器取決於「失敗」請求的含義，但是當我為 HTTP 連接實作它們時，我通常認為失敗意味著逾時或 5XX HTTP 返回碼的子集。這樣，當下游資源逾時或返回錯誤時，在達到某個門檻後，我們會自動停止發送流量並開始快速失敗。當一切正常時，我們可以自動重新開始。

5 「打開」斷路器的用語，代表請求不能流動，這可能會令人困惑，但它來自電路。當斷路器「斷開」時，電路斷開，電流將無法流動。閉合斷路器可使電路完成，使電流再次流動。

把設定弄正確可能有點棘手，你不想斷路器太容易熔斷，也不想花太長時間來熔斷它。同樣地，你確實希望在發送流量之前確保下游服務再次健康。與逾時一樣，我會選擇一些合理的預設值並在任何地方堅持使用它們，然後針對特定情況變更它們。

當斷路器熔斷時，你會有幾項選擇。一種是將請求排隊並稍後重試。對於某些使用情形，這可能是合適的，尤其是當你將某些工作作為異步作業的一部分執行時。但是，如果此呼叫是作為同步呼叫鏈的一部分進行的，那麼快速失敗可能會比較好，這可能表示，往呼叫鏈上游傳送錯誤，或者暗暗地降級功能性。

在 AdvertCorp 的情況下，我們使用斷路器包裝了對遺留系統的下游呼叫，如圖 12-6 所示。當這些斷路器爆炸時，我們以編程方式更新了網站，以表明我們目前無法展示蕪菁等廣告。我們保持網站的其餘部分正常工作，並以完全自動化的方式向客戶明確傳達了僅限於我們產品的一部分的問題。

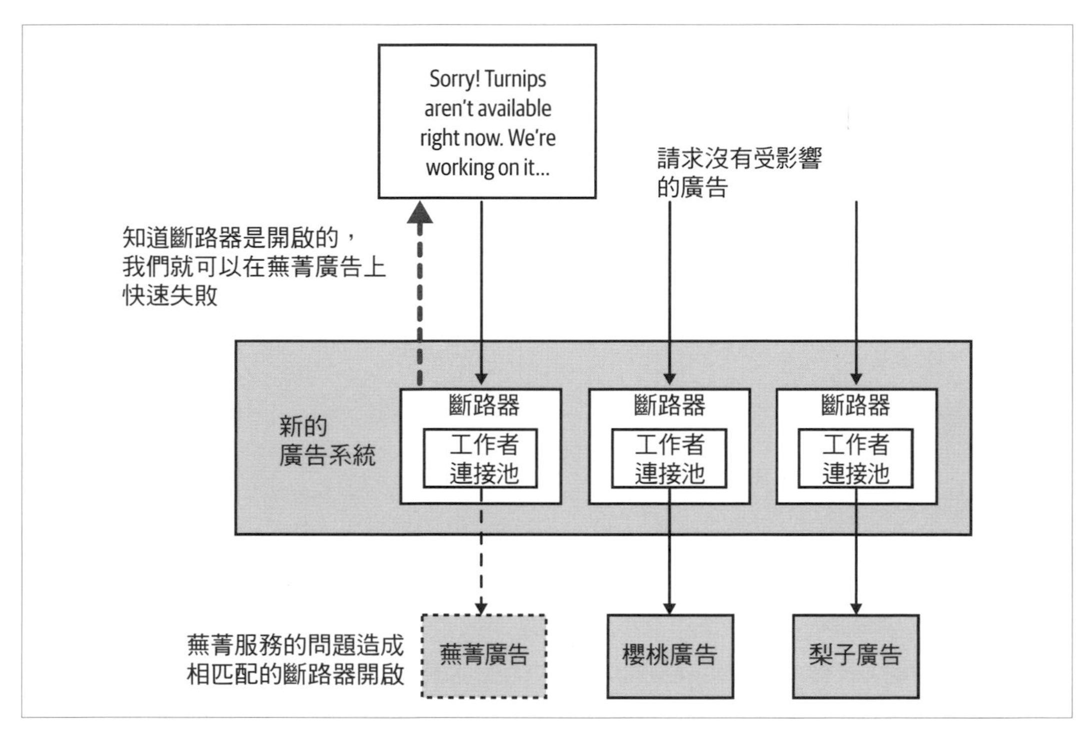

圖 12-6　將斷路器添加到 AdvertCorp

我們能夠確定斷路器的範圍，以便我們為每個下游遺留系統設置一個斷路器，這與我們決定為每個下游服務擁有不同請求工作池的事實非常吻合。

如果我們有這個機制（就像我們家中的斷路器一樣），我們可以手動使用它們來使我們的工作更安全。舉例來說，如果我們想在日常維護中關閉微服務，我們可以手動打開上游消費者的所有斷路器，以便他們在微服務離線時快速失敗。一旦它回來，我們可以關閉斷路器，一切都應該恢復正常。作為自動部署過程的一部分，撰寫手動打開和關閉斷路器的過程可能是明智的下一步。

斷路器幫助我們的應用程式快速失敗，快速失敗總是比緩慢失敗來得好。斷路器允許我們在浪費寶貴的時間（和資源）等待不健康的下游微服務回應之前就先失敗。與其等到我們嘗試使用下游微服務失敗，我們還可以更早地檢查斷路器的狀態。如果有一個我們將用於操作中的微服務目前是不可用的，我們甚至可以在開始之前中止操作。

隔離

一個微服務依賴於另一個可用的微服務越多，一個微服務的健康狀況對另一個微服務完成其工作的能力的影響就越大。如果我們可以使用允許下游伺服器離線的技術，例如透過使用中間件或其他類型的呼叫緩衝系統，上游微服務就不太可能受到下游微服務計劃內或計劃外中斷的影響。

增加服務之間的隔離還有另一個好處。當服務彼此隔離時，服務所有者之間需要的協調就會少很多。團隊之間需要的協調越少，這些團隊的自主權就越大，因為他們能夠更自由地運營和發展他們的服務。

隔離也適用於我們如何從邏輯轉移到物理。考慮兩個看起來彼此完全隔離的微服務，它們不以任何方式相互交流，那麼其中一個的問題不應該影響另一個，對吧？但是，如果兩個微服務都在同一台主機上運行，並且其中一個微服務開始耗盡所有 CPU，導致該主機出現問題怎麼辦？

考慮另一個例子。兩個微服務各有自己的、邏輯上隔離的資料庫，但是這兩個資料庫都部署在同一個資料庫基礎設施上，那麼該資料庫基礎設施中的故障就會影響到這兩個微服務。

當我們考慮如何部署我們的微服務時，我們也想努力確保一定程度的失敗隔離，以避免出現這樣的問題。例如，確保微服務在具有自己封閉作業系統和計算資源的獨立主機上運行是一個明智的步驟，這也是我們在他們自己的虛擬機器或容器中運行微服務實例時實作的目標。但是，這種隔離是有代價的。

透過在不同的機器上運行微服務，我們可以更有效地將它們彼此隔離。這代表我們需要更多的基礎設施和工具來管理該基礎設施，而這會產生直接成本，並且還會增加我們系統的複雜性，進而暴露出潛在故障的新途徑。每個微服務都可以擁有自己完全專用的資料庫基礎設施，但需要管理的基礎設施更多。我們可以使用中間件在兩個微服務之間提供臨時解耦，但現在我們其實需要擔心代理問題。

隔離，就像我們研究過的許多其他技術一樣，可以幫助提高我們應用程式的強健性，但免費這樣做的情況很少見。就像許多其他事情一樣，在隔離與成本和所增加的複雜性之間做出可接受的權衡，這一點非常重要。

冗餘

擁有更多的東西可能是提高元件強健性的好方法。擁有多個了解生產資料庫如何工作的人似乎很合理，以防有人離職或休假。擁有多個微服務實例也是有意義的，因為它允許你容忍其中一個實例的失敗，並且仍然有機會提供所需的功能。

確定你需要多少冗餘以及在哪裡需要，將取決於你對每個元件潛在失敗模式的了解程度、該功能不可用的影響以及添加冗餘的成本。

舉例來說，在 AWS 上，你不會獲得單個 EC2（虛擬機器）實例正常運行時間的 SLA，你必須假設它可以而且會死在你身上，因此，擁有多個是有意義的。但更進一步說，EC2 實例被部署到可用區（虛擬資料中心）中，並且你也無法保證單一可用區的可用性，這代表你希望第二個實例位於*不同*的可用區以分散風險。

在實作冗餘方面，擁有更多的副本會有所幫助，但在擴展我們的應用程式以處理增加的負載方面也可能是有益的。在下一章中，我們將查看系統擴展的範例，並了解冗餘擴展或負載擴展有何不同。

中間件

在第 126 頁的「訊息仲介」中，我們研究了以訊息仲介的形式來幫助實作請求，說明了回應和基於事件的互動的中間件的作用。大多數訊息仲介的有用特性之一是它們能夠提供有保證的傳送。當你向下游方發送一條訊息，代理保證將其交付，但我們之前探討了一些注意事項。在內部，為了提供這種保證，訊息仲介軟體必須代表你實作重試和逾時等操作，與你必須自己執行的操作類型相同，但它們是在軟體中完成的，由對此類事情深切關注的專家撰寫。讓聰明的人為你工作通常是個好主意。

現在，在我們使用 AdvertCorp 的具體範例中，使用中間件來管理與下游蕪菁系統的請求，發現回應溝通實際上可能沒有多大幫助，我們仍然不會得到用戶的回覆。但有一個潛在的好處是，我們將緩解我們自己系統上的資源競爭，但這只會轉移到代理中保留越來越多的待處理請求。更糟糕的是，這些請求最新蕪菁價格的許多請求可能與不再有效的使用者請求有關。

另一種替代方法是反轉互動並使用中間件讓蕪菁系統廣播最後一個蕪菁廣告，然後我們可以消費它們。但如果下游蕪菁系統出現問題，我們仍然無法幫助客戶尋找最好的蕪菁價格。

因此，使用像訊息仲介這樣的中間件來幫助卸載一些強健性問題可能很有用，但並非在所有情況下都如此。

冪等性

在冪等（*idempotent*）操作中，執行結果在連續呼叫多次之後並不會改變。如果操作是冪等的，我們可以多次重複呼叫而不會產生不利影響。當我們想要重播不確定是否已處理的訊息時，這非常有用，這是一種常見從錯誤中復原的方法。

讓我們考慮一個簡單的呼叫，由於我們的一位客戶下訂單而增加一些點數。我們可能會使用範例 12-1 中顯示的那種酬載（payload）進行呼叫。

範例 12-1　增加點數到帳戶

```
<credit>
  <amount>100</amount>
  <forAccount>1234</account>
</credit>
```

如果多次收到此呼叫，我們將多次添加 100 點。因此，就目前而言，此呼叫不是冪等的。不過，有了更多資訊之後，我們允許點數銀行使這個呼叫具有冪等性，如範例 12-2 所示。

範例 12-2　添加更多資訊，形成等冪操作

```
<credit>
  <amount>100</amount>
  <forAccount>1234</account>
  <reason>
    <forPurchase>4567</forPurchase>
  </reason>
</credit>
```

我們知道這個點數額度與訂單 4567 相關。假設我們只能收到一個特定訂單的點數額度，我們可以再次應用這個點數額度，而不會增加總點數。

此機制與基於事件的協作同樣適用，當相同類型的服務具有多個實例正在訂閱事件時，則此機制尤其有用，即使我們儲存了哪些事件已被處理，對於某些形式的異步訊息傳送，兩個工作者可能還是有機會看到相同的訊息。透過以冪等方式處理事件，我們確保這不會給我們帶來任何問題。

有些人非常了解這個概念，並認為這意味著具有相同參數的後續呼叫不會產生任何影響，這讓我們處於一個有趣的處境，例如，我們仍然希望在日誌中記錄接到電話的事實，記錄呼叫的回應時間並收集這些資料以進行監控，這裡的關鍵是我們視為等冪的是底層的業務運作，而不是系統的整體狀態。

某些 HTTP 動詞（例如 GET 和 PUT）在 HTTP 規範中被定義為冪等的，但這樣的話，它們依賴於你的服務以冪等方式處理這些呼叫。如果你開始使這些動詞成為非冪等的，但呼叫者認為他們可以安全地重複執行這些操作，你可能會讓自己陷入混亂。請記住，僅僅因為你使用 HTTP 作為底層協定，並不表示這一切會自動被搞定！

分散風險

提高彈性的一種方法是確保你不會將所有雞蛋放在一個籃子裡。一個簡單的例子是確保你沒有把多個服務放在一台主機上，因為中斷的話會影響到多個服務。但是讓我們考慮一下「主機」（host）的含義，在當今大多數情況下，「主機」實際上是一個虛擬概念。那麼，如果我在不同的主機上擁有我的所有服務，但所有這些主機實際上都是虛擬主機，運行在同一個實體機器上呢？如果那台機器壞了，我可能會失去多項服務。一些虛擬化平台使你能夠確保你的主機分布在多個不同的實體機器上，以減少發生這種情況的機會。

對於內部虛擬化平台，通常的做法是將虛擬機器的根分割區（root partition）對映到單一 SAN（Storage Area Network，儲存區域網路）。如果該 SAN 出現故障，它可以關閉所有連接的 VM。SAN 很大、很昂貴，並且設計為不會失敗，話雖如此，在過去的 10 年中，我的大型、昂貴的 SAN 至少出現過兩次故障，而且每次的結果都相當嚴重。

另一種透過分散或隔離（separation）減少失敗的常見形式是，確保並非所有服務都在資料中心的單一機架中運行，或者你的服務散布在多個資料中心。如果你使用的是底層服務提供商，那麼了解服務層級協議（SLA）是否被提供，並進行相應計劃非常重要。如果你需要確保你的服務每季度停機時間不超過四小時，而你的託管服務提供商只能保證每季度最長停機時間為八小時，則你必須變更 SLA 或提出替代解決方案。

例如，AWS 被劃分為多個區域，你可以將這些區域視為不同的雲端。正如我們之前討論的，每個區域又分為兩個或多個可用區（availability zone，AZ），這些可用區相當於 AWS 的資料中心。將服務分布在多個可用區是必不可少的，因為 AWS 不對單個節點甚至整個可用區的可用性（availability）提供任何保證。對於其運算服務，它只針對區域整體提供每月 99.95% 的正常運行時間，因此你需要將工作負載分布在單一區域內的多個可用區中。對於某些人來說，這還不夠好，他們還跨多個區域運行服務。

當然，應該注意的是，由於提供商為你提供 SLA「保證」，他們通常會限縮自己的責任與義務！如果他們錯過目標導致你失去客戶和大量資金，你可能會發現自己在查看是否可以根據契約來從他們那裡得到一些賠償。因此，我強烈建議你了解供應商未能履行對你的義務所造成的影響，並確定你是否需要在口袋裡備妥計畫 B（或 C）。舉例來說，在我服務過的客戶中，不只一個曾經跟不同的供應商合作過災難復原託管平台，確保自己不會成為一家公司犯下錯誤後的犧牲品。

CAP 定理

我們想擁有這一切，但不幸的是我們知道我們不能。當涉及到像我們使用微服務架構所置構的分散式系統時，我們甚至有一個數學證明告訴我們確實不行。你可能聽說過 CAP 定理，尤其是在討論各種不同類型資料儲存的優點時。從本質上講，它告訴我們，在分散式系統中，有三件事相互抗衡：**一致性**（*consistency*）、**可用性**（*availability*）和**分區容錯性**（*partition tolerance*）。具體來說，該定理告訴我們，我們可以讓兩個一直處於失敗模式。

一致性是一種系統特性，如果我們去多個節點，我們將透過它得到相同的答案。可用性意味著每個請求都會收到回應。分區容錯性是指系統在其各部分之間無法進行溝通時仍能運作的能力。

自從 Eric Brewer 發表了他最初的臆測後，這個想法就得到了數學證明。我不打算深入研究證明本身的數學，不只是因為那無關於這類書籍的宏旨，而且我也可以保證我會弄錯。相反地，讓我們使用一些有效的例子來幫助我們理解在這一切之下，CAP 定理是一組非常合乎邏輯的推理的精華。

假設我們的 `Inventory` 微服務部署在兩個獨立的資料中心，如圖 12-7 所示。在每個資料中心支援我們的服務實例是一個資料庫，這兩個資料庫相互溝通以嘗試在它們之間同步資料。讀取和寫入需要透過本地資料庫節點完成，而複製機制用於在節點之間同步資料。

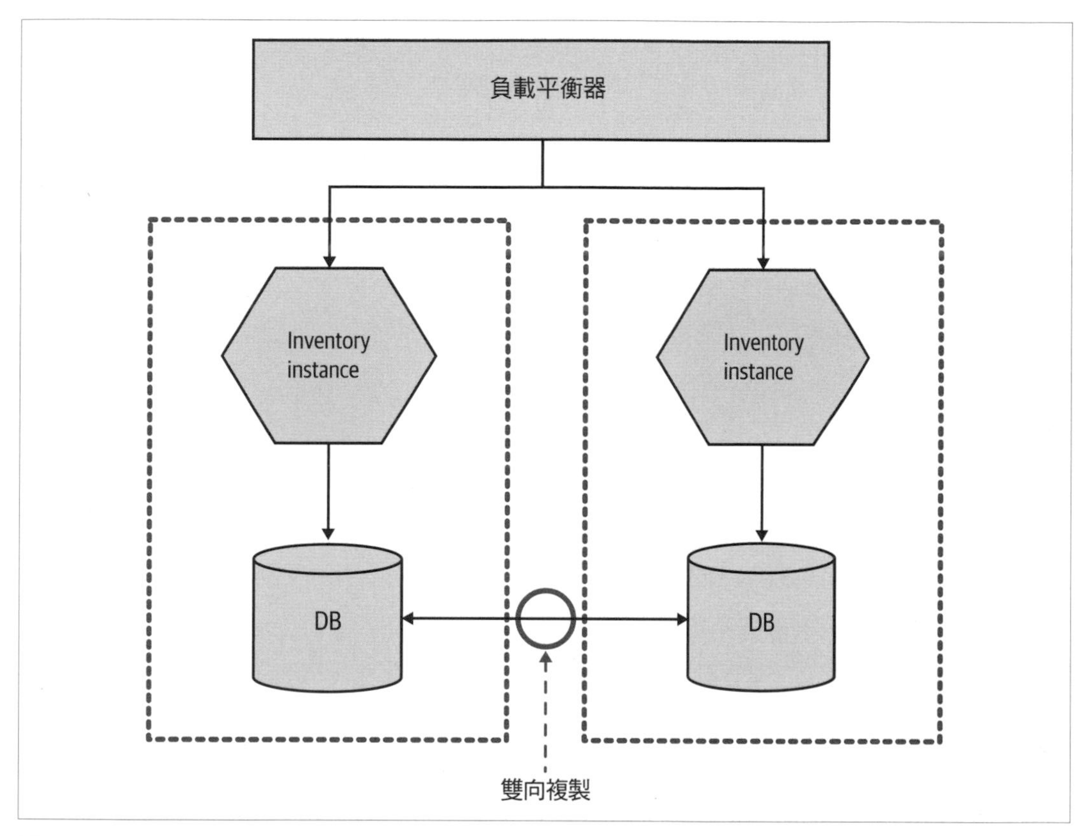

圖 12-7　使用多主複製（multiprimary replication）在兩個資料庫節點之間共用資料

現在讓我們想想當某些事情失敗時會發生什麼。想像一下，像兩個資料中心之間的網路連結這樣簡單的事情停止工作，此時失敗同步發生。對 DC1 中主資料庫的寫入不會傳播到 DC2，反之亦然。大多數支援這些設置的資料庫也支援某種佇列技術，以確保我們之後可以從中恢復，但在此期間會發生什麼？

犧牲一致性

假設我們沒有完全關閉 Inventory 微服務。如果我現在對 DC1 中的資料進行變更，DC2 中的資料庫將看不到它，這代表對 DC2 中的庫存節點發出的任何請求都有可能看到過期的資料。換句話說，我們的系統仍然**可用**，因為兩個節點都能夠服務請求，並且儘管有**分區**，我們仍然保持系統運行，但我們失去了**一致性**，我們無法保留所有三個特徵，這通常被稱為 *AP* 系統，因為它有可用性和分區容錯性。

在這個分區期間，如果我們繼續接受寫入，那麼我們必須接受在未來的某個時刻它們必須重新同步的事實，分區持續的時間越長，這種重新同步就越困難。

而現實情況是，即使我們的資料庫節點之間沒有網路故障，資料的複製也非一蹴可幾。如前所述，願意犧牲一致性以保持分區容錯性和可用性的系統被稱為**最終一致性**（*eventually consistent*）；也就是說，我們預期在未來的某個時刻所有節點都會看到更新的資料，但它不會立即發生，因此我們必須接受使用者看到舊資料的可能性。

犧牲可用性

如果我們需要保持一致性並想放棄其他東西，那麼會發生什麼？好吧，為了保持一致性，每個資料庫節點都需要知道它擁有的資料副本與其他資料庫節點相同。現在在分區中，如果資料庫節點不能相互溝通，它們就不能協調以確保一致性。我們無法保證一致性，因此我們唯一的選擇是拒絕回應請求。換句話說，我們犧牲了可用性。我們的系統是一致的和分區容錯的，或稱 CP。在這種模式下，我們的服務必須弄清楚如何降級功能性，直到分區得到修復並且資料庫節點可以重新同步。

跨多個節點維持一致性真的很難，在分散式系統中幾乎沒有什麼比這更難的。請想像一下，我想從本地資料庫節點讀取一條記錄，我怎麼知道它是最新的呢？我得去問另一個節點，但是我還必須要求該資料庫節點在讀取完成時不允許更新它。換句話說，我需要跨多個資料庫節點啟動交易式讀取（transactional read），以確保一致性。但一般來說，人們通常不會進行交易式讀取，對嗎？因為交易式讀取很慢。他們需要某種程度的鎖定，因為一次性的讀取會阻塞整個系統。

正如我們已經討論過的，分散式系統必須預期失敗。請先試想我們跨一組一致性節點的交易讀取，我要求遠端節點在讀取開始時鎖定特定記錄。我完成了讀取並要求遠端節點釋放鎖定，但現在我無法與它交談，怎麼回事？即使在單一行程系統中，鎖定也很難正確實作，並且在分散式系統中實作起來更困難。

還記得我們在第 6 章中談到的分散式交易嗎？他們面臨挑戰的核心原因是因跨多個節點確保一致性的問題。

把多節點一致性弄對是如此困難，所以我**強烈**建議，如果你需要它，不要試圖自己發明任何機制；相反地，選擇提供這些特性的資料儲存機制或鎖定服務。例如，我們在第 147 頁的「動態服務註冊」中討論過的 Consul 實作了一個高度一致性的鍵 / 值儲存機制，旨在於多個節點之間共享配置。「若是好朋友，就不要勸人自行撰寫編密機制」，同樣地，「若是好朋友，就不要勸人自行撰寫分散式的一致性儲存機制」。如果你認為你需要撰寫自己的 CP 資料儲存機制，請先閱讀有關該主題的所有論文，拿個博士學位，然後再花幾年時間將其弄錯。同時，我將使用現成的東西來為我做這件事，或者更有可能嘗試**真正努力**打造最終一致的 AP 系統。

犧牲分區容錯性？

我們可以選擇兩個，對吧？所以我們有了最終一致的 AP 系統，以及我們擁有一致但難以建置和擴展的 CP 系統。為什麼沒有 CA 系統呢？那麼，我們如何犧牲分區容錯性呢？如果我們的系統沒有分區容錯性，它就不能在網路上執行，換句話說，它需要是在本地運行的單一行程。CA 系統不存在於分散式系統中。

AP 還是 CP？

AP 和 CP 哪個是對的呢？嗯，事實上*看情況*，當人們建造系統時，我們知道自有權衡取捨存在。我們知道 AP 系統更容易擴展並且更容易建置，並且我們明白由於支援分散式一致性方面的挑戰，CP 系統需要耗費更多心力，但我們可能不了解這種權衡對業務的影響。對於我們的庫存系統，如果記錄過期五分鐘，這樣 OK 嗎？如果答案是肯定的，那麼 AP 系統可能就是答案。但是，如果是銀行帳戶的餘額呢？這種資料可以過期嗎？如果不知道使用操作的上下文，我們就無法知道正確的做法。了解 CAP 定理有助於你了解這種權衡存在以及要問什麼問題。

並非全有或全無

我們的系統不需要整體都是 AP 或 CP。我們的 MusicCorp 目錄可能是 AP，因為我們不太擔心陳舊的唱片，但是我們可能會決定我們的庫存服務需要是 CP，因為我們不想向客戶出售我們沒有的東西，然後不得不在以後道歉。

然而，個別服務甚至不需要是 CP 或 AP。

讓我們考慮一下我們的 `Points Balance` 微服務，我們在其中儲存客戶建立了多少忠誠點數的記錄。我們可以決定不那麼在意為客戶顯示的餘額是否過時，但是在更新餘額時，我們需要它保持一致，以確保客戶不會使用超過可用點數的點數。這個微服務是 CP，還是 AP，還是兩者都有？實際上，我們所做的就是將圍繞 CAP 定理的權衡落實到個別的微服務能力。

另一個複雜性是一致性和可用性都不是非黑即白的，許多系統允許我們進行更細微的權衡。例如，使用 Cassandra，我可以對單一呼叫進行不同的權衡。因此，如果我需要嚴格的一致性，我可以執行讀取，直到所有副本都回應，確認該值都一致，或者直到一定數量的複本做出回應，或者甚至只是一個節點。顯然，如果我阻塞等待所有複本報告回來，而且其中一個不可用，我將阻塞很長時間。另一方面，如果我希望我的讀取盡快回應，我可能會等待僅從單一節點收到回覆，在這種情況下，我的資料可能會看起來不一致。

你會經常看到關於人們「擊敗」CAP 定理的發文。但其實他們並沒有，他們所做的是創建一個系統，其中一些能力是 CP，一些能力是 AP，可見 CAP 定理背後的數學證明是成立的。

現實世界

我們談論的大部分內容都是虛擬世界，儲存在記憶體中的位元和位元組。我們以一種幾乎像孩子一樣的方式談論一致性，我們想像在我們創建的系統範圍內，我們可以阻止世界並讓一切變得有意義。然而，我們建造的很多東西只是現實世界的反應（reflection），我們無法控制它，對嗎？

讓我們重新審視我們的庫存系統，這對映到現實世界的實體品項。我們會在我們的系統中計算 MusicCorp 倉儲中的專輯數量。在一天的開始，我們有 100 張 The Brakes 的〈*Give Blood*〉。我們賣了一張，現在我們有 99 張。這很簡單，對吧？但是，如果在發出訂單時，有人把一張專輯掉到地板上並踩到損壞，會發生什麼情況？我們的系統說貨架上有 99 張，但實際上只有 98 張在貨架上。

如果我們改用 AP 的庫存系統，並且我們不得不稍後聯繫使用者、並告訴他有一件商品實際上缺貨怎麼辦？那會是世界上最糟糕的事情嗎？但無疑地，這會是比較容易建造、擴展、並且確保正確無誤的。

我們必須認識到，無論我們的系統本身有多一致，它們都無法知道發生的一切，尤其是當我們保留現實世界的記錄時。這是 AP 系統在許多情況下成為最終選擇的主要原因之一。CP 系統除了在建置上很複雜之外，它們無論如何都無法解決我們所有的問題。

反脆弱性

在第一版中，我談到了由 Nassim Taleb 所推廣的反脆弱概念。這個概念描述了系統實際上如何從故障和混亂中受益，並被強調成為 Netflix 某些部分如何運作的靈感，特別是在混沌工程等概念方面。然而，當更廣泛地審視彈性的概念時，我們意識到反脆弱性只是彈性概念的一個子集合。當我們考慮之前介紹的優雅的可擴展性和持續適應性的概念時，這一點就變得很清楚了。

我認為，當反脆弱性短暫地成為 IT 中的一個大肆宣傳的概念時，它是在我們狹隘地考慮彈性的背景下實作的。我們只考慮了強健性，也許還考慮了反彈，但忽略了其他部分。隨著彈性工程（resilience engineering）領域現在獲得更多的認可和關注，我們應該超越反脆弱這個術語，同時仍然確保我們強調它背後的一些想法，這些想法確實是整個彈性的一部分。

混沌工程

自本書第一版以來，另一種更受關注的技術是**混沌工程**（*chaos engineering*）。以 Netflix 使用的實踐命名，它可以是一種有用的方法來幫助提高你的彈性，無論是在確保你的系統像你認為的那樣穩健方面，還是作為實作系統**持續適應性**的方法的一部分。

最初受到 Netflix 內部工作的啟發，**混沌工程**這個術語由於對其含義的解釋令人困惑而陷入困境。對許多人來說，這意味著「在我的軟體上執行一個工具，來看看它說了什麼」，這可以說是無濟於事，因為許多最直言不諱的混沌工程支援者通常也在銷售能在你的軟體上運行的工具來進行混沌工程。

清楚地定義混沌工程對其從業者的意義是很困難的。我遇到最好的定義（至少在我看來）是這樣的：

> 混沌工程是一門在系統上進行實驗的學科，目的是對系統在正式環境中承受動盪條件的能力建立信心。
>
> —混沌工程原理（*https://principlesofchaos.org*）

現在這裡的系統做了很多工作。有些人會將其狹隘地視為軟體和硬體元件。但在彈性工程的背景下，重要的是我們將系統視為人員、流程、文化以及用於創建我們產品的軟體和基礎設施的整體，這代表我們應該更廣泛地看待混沌工程，而不僅僅是「讓我們關閉一些機器，看看會發生什麼」而已。

遊戲日

早在混沌工程得名之前，人們就會進行遊戲日（game days）練習來測試人們對某些事件的準備情況。提前計劃，但理想情況下是意外啟動（對於參與者），這讓你有機會在現實但虛構的情況之下來測試你的人員和流程。我在 Google 工作期間，對於各種系統來說，這是一種相當普遍的情況，我當然認為許多組織可以從定期進行此類練習中受益。Google 不僅做一些簡單的測試來模擬伺服器故障，並且作為其 DiRT（Disaster Recovery Test，災難復原測試）練習的一部分，它模擬了地震等大規模災難[6]。

遊戲日可用於偵測系統中可疑的弱點來源。在他的《*Learning Chaos Engineering*》一書中[7]，Russ Miles 分享了他促成的遊戲日練習的範例，該練習的目標在部分檢查對一位名叫 Bob 員工的過度依賴。在遊戲日當天，Bob 被隔離在一個房間裡，在模擬中斷期間無法幫助團隊。然而，Bob 有在觀察，而且最後不得不介入，因為在團隊試圖解決「假」系統的問題時，最終錯誤地登入正式環境，而且正在破壞正式的資料。人們只能假設在那次練習之後學到了很多經驗教訓。

生產實驗

Netflix 的運營規模和它完全基於 AWS 基礎設施這一事實是眾所周知的。這兩個因素意味著它必須妥善接受失敗。Netflix 意識到，為失敗做計畫和真正了解你的軟體會發生失敗時處理失敗，這是兩碼子事。為此，Netflix 實際上透過在其系統上運行工具來煽動失敗，以確保其系統能夠容忍失敗。

6 Kripa Krishnan，〈Weathering the Unexpected〉，acmqueue 10, no. 9（2012），*https://oreil.ly/BCSQ7*。

7 Russ Miles 的著作《*Learning Chaos Engineering*》（Sebastopol: O'Reilly, 2019）。

這些工具中最著名的是 Chaos Monkey，它在一天的某些時間關閉正式環境中的隨機機器，由於知道這可以並且將會在正式環境發生，這代表創建系統的開發者真的必須為此做好準備。Chaos Monkey 只是 Netflix 的失敗機器人 Simian Army 的一部分，Chaos Gorilla 用於取出整個可用性中心（相當於 AWS 資料中心），而 Latency Monkey 模擬機器之間的緩慢網路連接。對於許多人來說，對你的系統是否真的穩健的最終測試，可能是在你正式環境的基礎設施上釋放你自己的 Simian 軍團。

從強健性到超越

以最狹窄的形式應用，混沌工程在提高我們應用程式的強健性方面可能是一項有用的活動。請記住，彈性工程背景下的強健性意味著我們的系統可以處理預期問題的程度。Netflix 知道它不能依賴其正式環境中可用的任何特定虛擬機器，因此它建置了 Chaos Monkey 以確保其系統能夠承受這個**預期**的問題。

但是，如果你將混沌工程工具用作不斷質疑系統彈性方法的一部分，則它的適用性會來得大很多。在這個領域使用工具來幫助回答你可能遇到的「假設」問題，不斷質疑你的理解，可以產生更大的影響。Chaos Toolkit（*https://chaostoolkit.org*）是一個開源專案，可幫助你在系統上運行實驗，事實證明它非常受歡迎。Reliably（*https://reliably.com*）是由 Chaos Toolkit 的創作者創立的公司，提供更廣泛的工具來幫助進行一般的混沌工程，儘管該領域最著名的供應商可能是 Gremlin（*https ://www.gremlin.com*）。

請記住，運行混沌工程工具並不能使你具有彈性。

責備

當事情出錯時，我們有很多方法可以處理。顯然，在緊接的後果中，我們的重點是讓事情恢復正常運行，而這是明智的。在那之後，經常是相互指責。有一個預設的位置來尋找某事或某人來歸咎。「根本原因分析」（root cause analysis）的概念意味著存在根本原因，但令人驚訝的是，我們經常希望這根本原因是人。

幾年前，當我在澳洲工作時，主要電信公司 Telstra（以及之前的壟斷企業）發生了一次嚴重的服務中斷，影響了語音和電話服務。由於中斷的範圍和持續時間，此事件成了大問題。澳洲有許多非常孤立的農村社區，像這樣的服務中斷往往特別嚴重。在中斷後，Telstra 的營運長發表了一份聲明，明確表示他們知道導致問題的確切原因[8]：

8 Kate Aubusson 和 Tim Biggs 所撰寫的報導，「Major Telstra Mobile Outage Hits Nationwide, with Calls and Data Affected」，刊登於 *Sydney Morning Herald*，2016 年 2 月 9 日，*https://oreil.ly/4cBcy*。

「我們關閉了那個節點，不幸的是，管理該問題的人員沒有遵循正確的程序，他將客戶重新連接到失敗節點，而不是將他們轉移到應該轉移的其他九個冗餘節點，」*Ms. McKenzie* 在週二下午告訴記者。

「我們對我們廣大的客戶表示歉意。這是一個令人尷尬的人為錯誤。」

因此，首先，請注意此聲明是在中斷數小時後發布的。然而，Telstra 已經解開了一個非常複雜的系統才能確切地知道應該歸咎於哪個人。現在，如果一個人犯了一個錯誤就足以讓整個電信公司陷入困境，那麼你會認為這是電信公司的問題，而非個人。此外，Telstra 當時向員工明確發出訊號：公司非常樂意指責和推卸責任[9]。

在此類事件發生後責備人們的問題在於，從短期推卸責任開始的做法最終會造成一種恐懼文化，當事情出現問題時，人們將不願意站出來告訴你。結果，你將失去從失敗中學習的機會，讓自己為再次發生同樣的問題做好準備。建立一個人們在犯錯誤時可以安全地承認錯誤的組織，這對於建立學習文化很重要，並且反過來可以大大有助於建立一個能夠創建更強大軟體的組織，也創造一個更快樂的工作場所。

回到 Telstra，在之後進行的深入調查中，清楚地確定了責任的原因，我們顯然預期不會有後續的中斷，對吧？但不幸的是，Telstra 遭遇了一系列後續的中斷。是否有更多的人為錯誤？也許 Telstra 是這麼認為的。在一系列事件之後，營運長辭職了。

對於如何創建一個可以從錯誤中獲得最大收益，並為員工創造更好環境的組織，John Allspaw 的「不究責事後檢討和公正的文化」是一個很好的起點[10]。

歸根究柢，正如我在本章中多次強調的，彈性需要一種質疑的思維，一種不斷檢查我們系統弱點的動力。這需要一種學習文化，而最好的學習往往發生在事故之後。因此，至關重要的是，你要確保在最壞的情況發生時，盡力創造一個環境，使你可以最大限度地利用事後收集的資訊，以減少再次發生的機會，這一點很重要。

總結

隨著我們的軟體對使用者的生活變得越來越重要，提高我們創建軟體彈性的動力也在增加。但是，正如我們在本章中看到的，僅僅考慮我們的軟體和基礎設施是無法實作彈性

9 我寫了更多關於當時 Telstra 事件的文章──〈Telstra, Human Error and Blame Culture〉，*https://oreil.ly/OXgUQ*。當我寫那篇部落格時，我沒有意識到我工作的公司有 Telstra 這個客戶。我當時的老闆實際上非常好地處理了這種情況，儘管當我的一些評論被全國媒體報導時確實讓我感到不舒服幾個小時。

10 John Allspaw，《Blameless Post-Mortems and a Just Culture》，Code as Craft（blog），Etsy，2012 年 5 月 22 日，*https://oreil.ly/7LzmL*。

的。我們還必須考慮我們的人員、流程和組織。在本章中，我們研究了彈性的四個核心概念，正如 David Woods 所描述的：

強健性（*Robustness*）

吸收預期擾動的能力

反彈（*Rebound*）

創傷性事件後恢復的能力

優雅的可擴展性（*Graceful extensibility*）

我們如何處理出乎意料的情況

持續適應性（*Sustained adaptability*）

持續適應不斷變化的環境、利害關係人和需求的能力

更狹隘地看待微服務，它們為我們提供了許多提高系統**強健性**的方法，但是這種改進的強健性不是免費的，你仍然必須決定使用哪些選項，像是斷路器、逾時、冗餘、隔離、冪等性等關鍵的穩定性模式都是你可以使用的工具，但你必須決定何時何地使用它們。然而，除了這些狹隘的概念之外，我們還需要不斷地尋找我們不知道的東西。

你還必須確定你想要多少彈性，這幾乎總是由系統的使用者和業務所有者來定義。作為技術專家，你可以負責事情的完成方式，但了解需要什麼彈性需要與使用者和產品負責人進行良好、頻繁的密切溝通。

讓我們回到本章前面 David Woods 的話，我們在討論持續適應性時使用過：

> 無論我們以前做得多麼好，無論我們多麼成功，未來可能會有所不同，我們可能無法很好地適應。面對新的未來，我們可能會變得不穩定和脆弱。

反覆問同樣的問題並不能幫助你了解你是否為不確定的未來做好了準備。你其實並不知道你不知道什麼，採用一種你不斷學習、不斷提問的方法是建立彈性的關鍵。

我們研究的一種穩定性模式——冗餘可能非常有效。這個想法很好地延續到我們的下一章，在那裡我們將研究擴展微服務的不同方法，這不僅可以幫助我們處理更多負載，還可以作為我們在系統中實作冗餘的有效方法，因此也提高了我們系統的強健性。

第十三章

擴展

「你將需要一艘更大的船。」

—Chief Brody, Jaws

當我們擴展我們的系統時，這樣做是出於兩個原因。首先，它使我們能夠提高系統的效能，也許是透過讓我們處理更多負載或透過改善延遲。其次，我們可以擴展系統以提高其強健性。在本章中，我們將查看一個模型來描述不同類型的擴展，然後我們將詳細了解如何使用微服務架構實作每種類型。在本章的末尾，你應該擁有一系列技術來處理可能出現的擴展問題。

不過，先來看看你可能想要應用的不同類型擴展。

擴展的四個軸

其實並沒有一種正確的方法來擴展系統，因為所使用的技術將取決於你可能擁有的限制類型。我們可以採用多種不同類型的擴展來幫助提高效能、強健性，或者兩者兼顧。我經常用來描述不同類型擴展的模型是《*The Art of Scalability*》[1] 中的 Scale Cube，它將擴展分為三類，在電腦系統的背景中，包括功能分解、水平複製和資料分割。該模型的價值在於它可以幫助你了解你可以根據你的需要沿這些軸中的哪一個、兩個或所有三個軸擴展系統。

1 Martin L. Abbott 和 Michael T. Fisher 所合著的《*The Art of Scalability: Scalable Web Architecture, Processes, and Organizations for the Modern Enterprise*》第 2 版。（New York: Addison-Wesley, 2015）。

然而，特別是在虛擬化基礎設施的世界中，我一直覺得這個模型缺乏垂直擴展的第四個軸，儘管這會使其不再是一個立方體。儘管如此，我認為這是一套有用的機制，可以幫助我們確定如何最好地擴展我們的微服務架構。在我們詳細查看這些類型的擴展以及相對的優缺點之前，先做一個簡短的總結：

垂直擴展（*Vertical scaling*）
: 簡而言之，這代表可以獲得更大的機器。

水平複製（*Horizontal duplication*）
: 有多種可以做相同工作的東西。

資料分割（*Data partitioning*）
: 根據資料的某些屬性劃分工作，例如用戶群。

功能分解（*Functional decomposition*）
: 基於類型的工作分解，例如微服務分解。

了解這些擴展技術的哪種組合最合適，從根本上可以歸結為你所面臨之擴展問題的性質。為了更詳細地探討這一點，並查看如何為 MusicCorp 實作這些概念的例子，我們還將檢查它們是否適用於一家真實世界的公司 FoodCo[2]。FoodCo 是一間向世界各地客戶提供食品配送服務的公司。

垂直擴展

一些操作可以從更多的 grunt 中受益，獲得具有更快 CPU 和更好 I/O 的更大機器通常可以改善延遲和處理能力，讓你在更短的時間內處理更多的工作。因此，如果你的應用程式運行速度不夠快或無法處理足夠多的請求，為什麼不買一台更大的機器呢？

就 FoodCo 而言，它面臨的挑戰之一是其主資料庫上一直增加的寫入競爭。通常，垂直擴展是在關聯資料庫上快速擴展寫入的絕佳首選，而事實上 FoodCo 已經多次升級資料庫基礎設施，但問題是 FoodCo 確實已經在它感到滿意的範圍內推動了這一點。垂直擴展已經奏效了很多年，但考慮到公司的成長預測，即使 FoodCo 能夠獲得更大的機器，從長遠來看也不太可能解決問題。

2 和以前一樣，我對公司進行了匿名處理，所以 FoodCo 並不是它的真名！

從歷史上看，當垂直擴展需要購買硬體時，這種技術更成為問題。購買硬體的前置期間意味著這不是一件可以輕易進入的事情，如果事後證明擁有更大的機器並不能解決你的問題，那麼你可能已經花了很多不必要的金錢了；此外，由於獲得預算簽核、等待機器到貨等等麻煩，你需要的機器通常會超大尺寸，這反過來又會導致資料中心有大量未使用的容量。

不過，轉向虛擬化和公有雲的出現極大地幫助了這種擴展形式。

實作

實作將根據你運行的基礎設施而有所不同。如果在你自己的虛擬化基礎設施上運行，你可以調整 VM 的大小以使用更多底層硬體，這應該是快速且相當無風險的實作。如果 VM 與底層硬體所能處理的一樣大，則此選項當然是行不通的，因為你可能需要購買更多硬體。同樣地，如果你在自己的裸機伺服器（bare metal server）上運行，而且周圍沒有比你當前運行的硬體更大的備用硬體，那麼你就又要考慮購買更多機器了。

一般來說，如果我已經到了必須購買新基礎設施來嘗試垂直擴展的地步，由於成本（和時間）的增加，這會產生影響，我很可能會跳過這種擴展形式來看看水平複製，這點我們接下來會談到。

但是公有雲的出現也讓我們可以輕鬆地透過公有雲供應商按小時（在某些情況下甚至更短的基礎上）租用完全託管的機器。此外，主要的雲端提供商為不同類型的問題提供了更廣泛的機器，你的工作負載是否更內存密集？你可以使用 AWS `u-24tb1.metal` 實例，它提供 24 TB 的記憶體（是的，你沒看錯）。現在，實際上可能需要這麼多記憶體的工作負載數量似乎非常少，但你有這個選擇。你還有專為高 I/O、CPU 或 GPU 使用而定制的機器。如果你既有的解決方案已經在公有雲上，那麼這是一種非常簡單的擴展形式，如果你想快速獲勝，這完全不費吹灰之力。

主要益處

在虛擬化基礎設施上，尤其是在公有雲供應商上，實作這種擴展形式將非常**快速**。許多圍繞擴展應用程式的工作都歸結為實驗，針對可以改進系統的東西有一個想法，做出改變，並衡量影響。快速且相對無風險的活動總是值得儘早嘗試，而垂直擴展適合這裡的要求。

還值得注意的是，垂直擴展可以更容易執行其他類型的擴展。一個具體的例子，將你的資料庫基礎設施移到一台更大的機器上，可以讓它為新創建的微服務託管邏輯隔離的資料庫，作為功能分解的一部分。

假設作業系統和晶片組保持不變，你的程式碼或資料庫不太可能需要任何變更來使用更大的底層基礎設施，即使需要對應用程式進行變更以利用硬體的變更，也可能僅限於透過執行時期的標誌來增加執行時期可用的記憶體量。

限制

當我們擴大運行的機器時，我們的 CPU 實際上並沒有變得更快，我們只是有更多的內核，這是過去 5 到 10 年的轉變。過去，每一代新硬體都會大幅提高 CPU 時脈速度，這意味著我們的程式在效能上有了很大的提升。然而，時脈速度的改進已經大大減弱，取而代之的是我們可以使用越來越多的 CPU 內核。但問題是我們的軟體通常沒有被撰寫為利用多核硬體，這代表即使你既有的系統受 CPU 綁定，你的應用程式從 4 核系統到 8 核系統的轉變也幾乎沒有帶來任何改進。變更程式碼以利用多核硬體可能是一項重大任務，需要徹底改變編程習慣。

擁有更大的機器也可能對提高強健性無濟於事。更大、更新的伺服器可能會提高可靠性，但最終如果那台機器停機，那麼這台機器也會停機。與我們將看到的其他擴展形式不同，垂直擴展不太可能對提高系統的強健性產生太大影響。

最後，隨著機器變得越來越大，它們也變得越來越昂貴，但並不總是與增加的可用資源相匹配。有時這意味著擁有更多的小型機器比擁有較少數量的大型機器更具成本效益。

水平複製

透過水平複製，你可以複製系統的一部分以處理更多工作負載。確切的機制各不相同，但從根本上來說，水平複製要求你有一種方法來在這些副本之間分配工作。

與垂直擴展一樣，這種類型的擴展屬於較簡單的一端，通常是我會儘早嘗試的方法之一。如果你的單體式系統無法處理負載，請啟動它的多個副本，看看是否有幫助！

實作

可能能想到最明顯的水平複製形式是，使用負載平衡器在功能的多個副本之間分發請求，如圖 13-1 所示。我們在 MusicCorp 的 `Catalog` 微服務的多個實例之間進行負載平衡。負載平衡器功能各不相同，但你希望它們都有某種機制來跨節點分配負載，並檢測節點何時不可用並將其從負載平衡器池中刪除。從消費者的角度來看，負載平衡器是一個完全透明的，我們可以將其視為微服務在這方面邏輯邊界的一部分。從歷史上看，負載平衡器主要被認為是專用硬體，但這早已不常見了，相反地，更多的負載平衡是在軟體中完成的，且通常在客戶端運行。

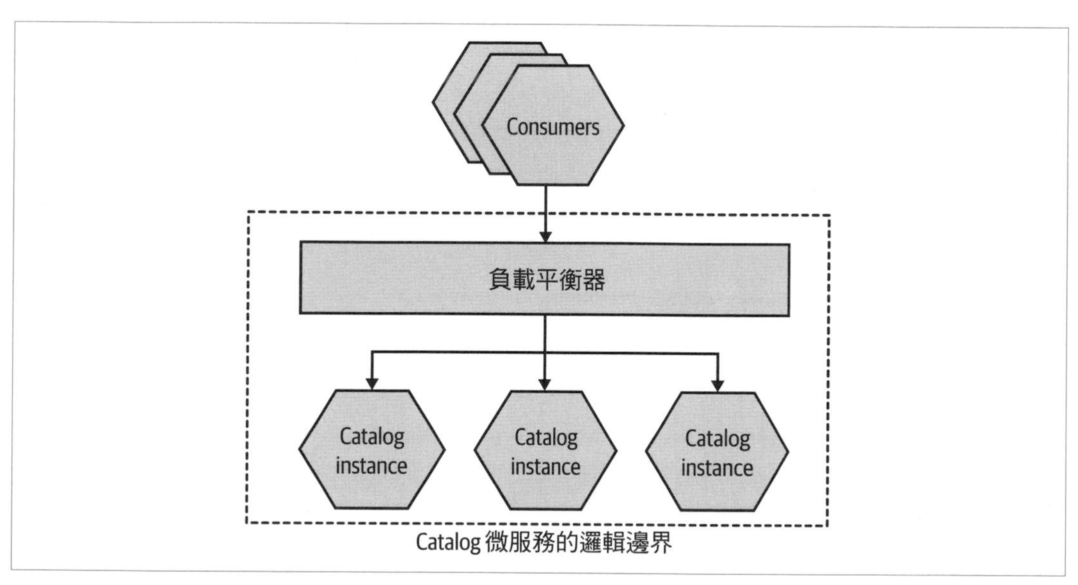

圖 13-1　`Catalog` 微服務部署為多個實例，使用負載平衡器來分散請求

另一個水平複製的例子可能是競爭消費者模式，詳見《*Enterprise Integration Patterns*》[3]。在圖 13-2 中，我們看到新歌曲上傳到 MusicCorp，這些新歌曲需要轉碼成不同的文件，作為 MusicCorp 新串流產品的一部分。我們有一個公共的工作佇列，這些作業被放置在其中，一組 `Song Transcoder` 實例都從佇列中消費，這是不同的實例正在競爭作業。為了增加系統的處理能力，我們可以增加 `Song Transcoder` 實例的數量。

3　Gregor Hohpe 和 Bobby Woolf 的《*Enterprise Integration Patterns*》（Boston: Addison-Wesley, 2003）。

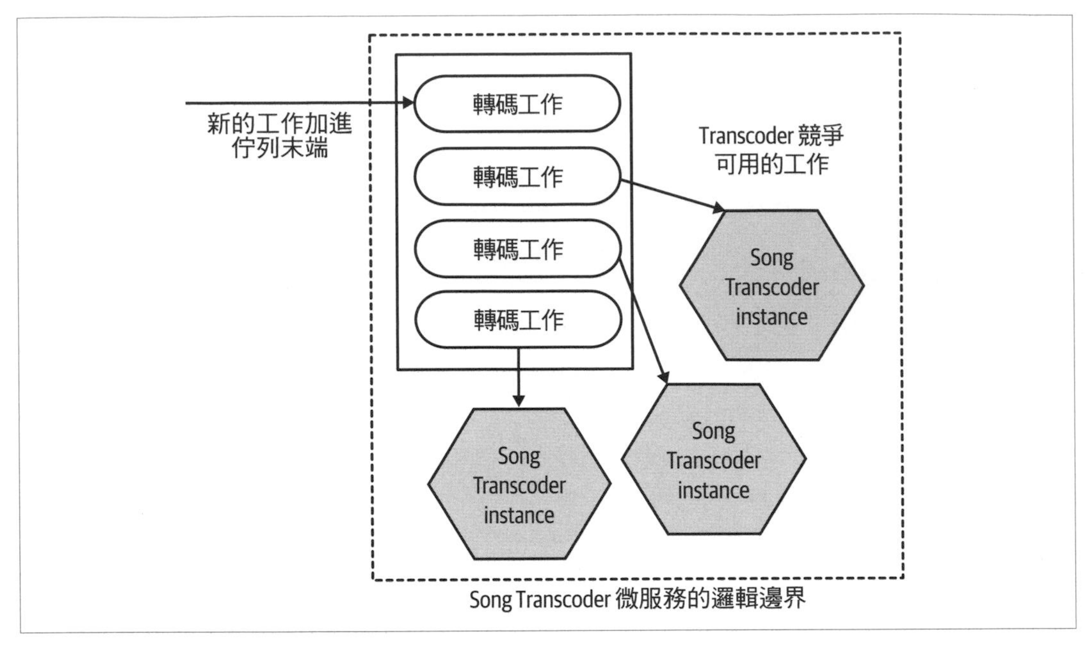

圖 13-2　使用競爭消費者模式擴展串流服務的轉碼

在 FoodCo 的範例中，我們使用了一種水平複製形式，透過使用唯讀複本來減少主資料庫上的讀取負載，如圖 13-3 所示。這減少了主資料庫節點上的讀取負載，釋放了處理寫入的資源，並且工作非常有效，因為主系統上的很多負載都是大量讀取（read-heavy）的，這些讀取可以很容易地重定向到這些唯讀複本，並且在多個唯讀複本上使用負載平衡器是很常見的。

到主資料庫或唯讀複本的繞送在微服務內部處理。對於該微服務的消費者而言，他們發送的請求是否最終到達主資料庫或唯讀複本資料庫是透明的。

主要益處

水平複製相對簡單。應用程式很少需要更新，因為分發負載的工作通常可以在其他地方完成。例如，透過在訊息仲介上運行的佇列或可能在負載平衡器中。如果我無法使用垂直擴展，這種擴展形式通常是我接下來要考慮的事情。

假設工作可以輕鬆地跨副本分散，這是分散負載和減少原始計算資源競爭的一種優雅方式。

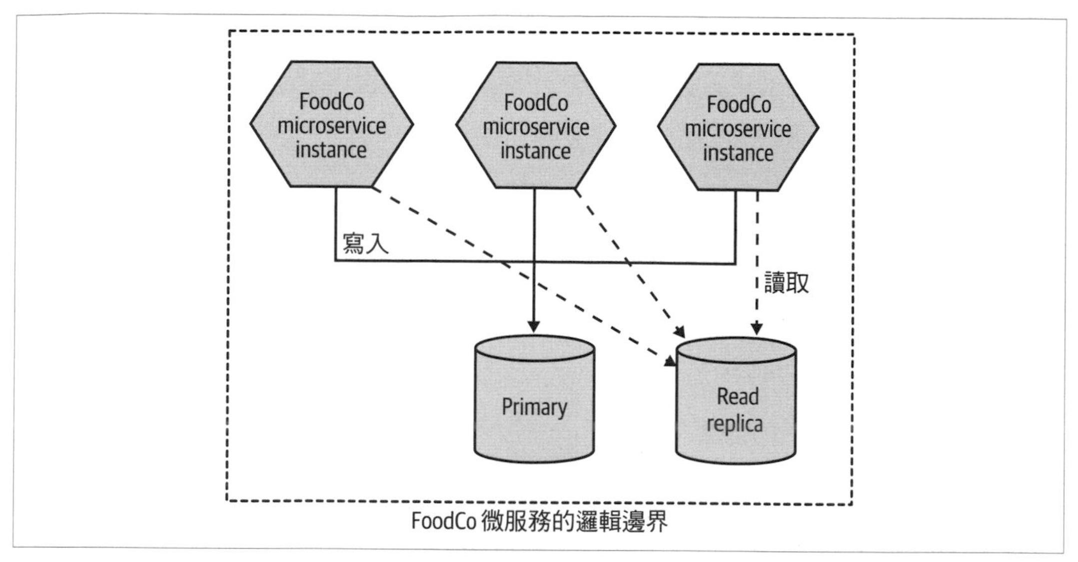

圖 13-3　FoodCo 使用唯讀複本來擴展讀取流量

限制

與我們將看到的幾乎所有擴展選項一樣，水平複製需要更多的基礎設施，這當然會花費更多的錢。它也可能是不太管用的方法，因為，你可能會運行單體式應用程式的多個完整副本，即使該單體式應用程式的一部分實際上遇到了擴展問題。

這裡的大部分工作是實作負載分配的機制，這些範圍可以從簡單的（例如 HTTP 負載平衡）到更複雜的（例如使用訊息仲介或配置資料庫唯讀複本）。你依賴於這種負載分配機制來完成它的工作，而掌握它的工作原理以及你特定選擇的任何限制將是關鍵。

某些系統可能會對負載分配機制提出額外要求。例如，他們可能要求與同一使用者工作階段關聯的每個請求都被定向到同一個複本。這可以透過使用需要黏性工作階段（sticky session）負載平衡的負載平衡器來解決，但這反過來可能會限制你可以考慮的負載分配機制。值得注意的是，像這樣需要黏性負載平衡的系統容易出現其他問題，通常我會避免建置具有此要求的系統。

資料分割

從更簡單的擴展形式開始，我們現在進入更困難的領域。資料分割要求我們根據資料的某些方面來分配負載。例如，可能基於使用者分配負載。

實作

資料分割的工作方式是我們獲取一個與工作負載相關的索引鍵（key）、並對其應用一個函式，其結果是**分割區**（*partition*）（有時稱為分片（shard）），我們將會分配工作至其中。在圖 13-4 中，我們有兩個分割區，我們的功能非常簡單。如果姓氏以 A 到 M 開頭，我們將請求發送到一個資料庫，如果姓氏以 N 到 Z 開頭，就將請求發送到另一個資料庫。現在，這實際上是分割算法一個不好的例子（我們很快就會明白為什麼會這樣），但希望這足夠直接來說明這個想法。

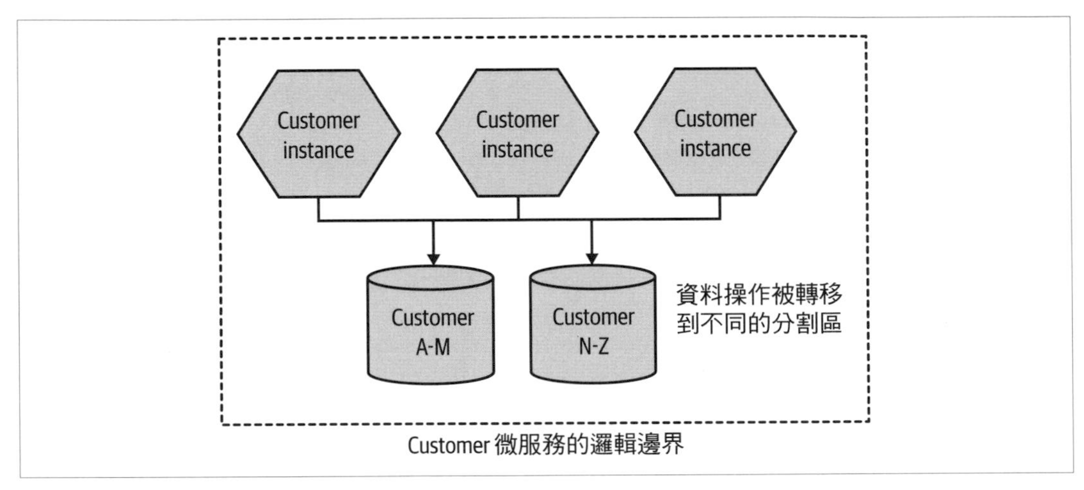

圖 13-4　用戶資料被分割在兩個不同的資料庫中

在這個例子中，我們在資料庫層級進行分割。對 `Customer` 微服務的請求可以傳到任何微服務實例。但是，當我們執行需要資料庫的操作（讀取或寫入）時，該請求會根據客戶的姓名導到適當的資料庫節點。在關聯資料庫的情況下，兩個資料庫節點的綱要將是相同的，但每個節點的內容僅適用於用戶中的一個子集。

如果你使用的資料庫技術本身支援這個概念，那麼在資料庫層級進行分割通常是有意義的，因為你可以將這個問題轉移到既有的實作中。然而，我們可以在微服務實例層級進行分割，如圖 13-5 所示。在這裡，我們需要能夠從入站請求中確定請求應該對映到哪個分割。在我們的範例中，這是透過某種形式的代理來完成的。在我們基於用戶的分割模型的情況下，如果用戶的名稱在請求標頭中，那麼這就足夠了。如果你需要專用的微服務實例進行分割，這種方法很有意義，如果你正在使用記憶體快取，這可能很有用，而這也代表你可以在資料庫層級和微服務實例級別擴展每個分割區。

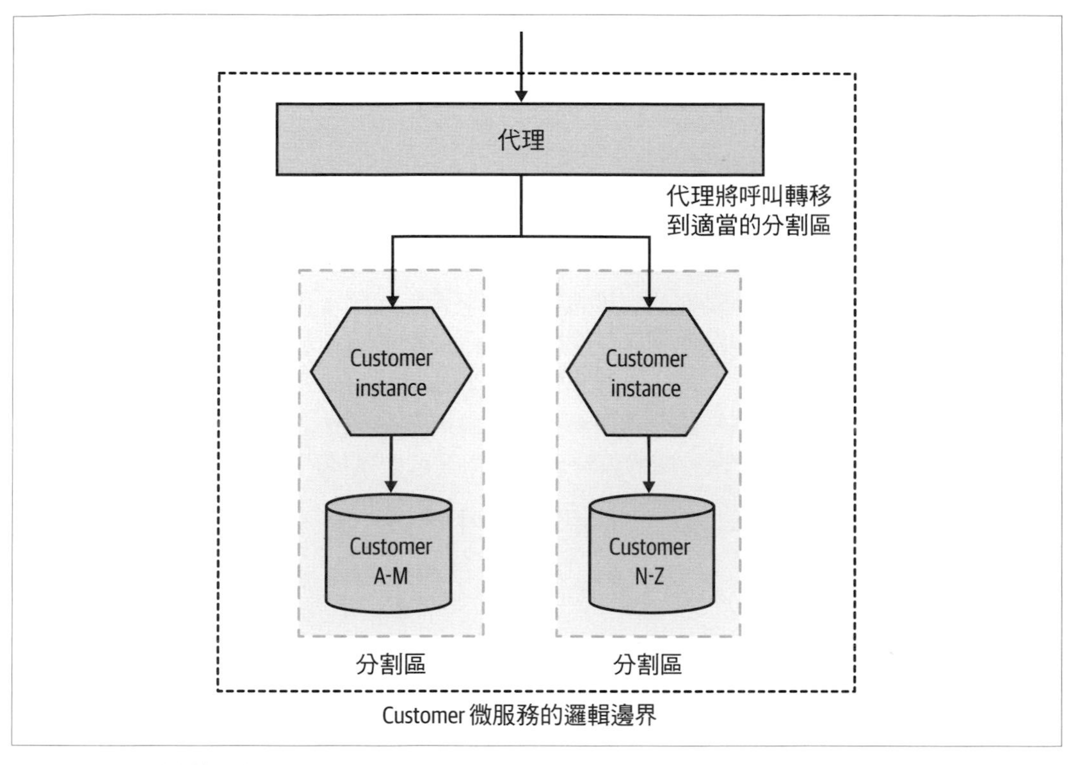

圖 13-5 請求被導到適當的微服務實例

與唯讀複本的範例一樣，我們希望以微服務的消費者不知道此實作細節的方式完成這種擴展。當消費者向圖 13-5 中的 `Customer` 微服務發出請求時，我們希望他們的請求被動態導到正確的分割區。我們已經實作了資料分割的事實應該被視為所討論微服務的內部實作細節，這可以讓我們自由地變更分割配置（partitioning scheme），或者可能完全替換分割。

資料分割的另一個常見範例是基於地理位置進行分割。你可能在每個國家 / 或每個地區有一個分割。

對於 FoodCo 來說，處理其主資料庫競爭的一種選擇是根據國家對資料進行分割，因此，加納的客戶到一個資料庫，而澤西市的客戶到另一個資料庫。由於多種因素，這種模型對 FoodCo 沒有意義，而主要問題是 FoodCo 計畫繼續進行地域擴張，並希望透過能夠從同一系統為多個地域提供服務來提高效率。必須不斷為每個國家建立新分割的想法將大大增加進入新國家的成本。

通常，分割將由你依賴的子系統來完成，例如，Cassandra 使用分割在給定「環」中的節點之間分布讀取和寫入，而 Kafka 支援跨分割主題分佈訊息。

主要益處

資料分割非常適合交易負載（transactional workload）。例如，如果你的系統受到寫入限制，則資料分割可以帶來巨大的改進。

創建多個分割區還可以更輕鬆地減少維護活動的影響和範圍，可以在每個分割的基礎上推出更新，否則需要停機的操作可以減少影響，因為它們只會影響單一分割區。例如，如果圍繞地理區域進行分割，可能會導致服務中斷的操作可以在一天中影響最小的時間完成，也許是在凌晨。如果你需要確保資料不能離開某些司法管轄區，地理分割也非常有用。例如，確保與歐盟公民相關的資料仍然儲存在歐盟區域內部。

資料分割可以很好地與水平複製配合使用，每個分割區可以由多個能夠處理該工作的節點組成。

限制

值得指出的是，資料分割在提高系統強健性方面的效用有限。如果分割失敗，那部分請求將失敗。舉例來說，如果你的負載平均分布在四個分割中，並且一個分割失敗，那麼你的 25% 請求最終會失敗。這不像完全失敗那麼糟糕，但仍然很糟糕。這就是為什麼，如前所述，通常將資料分割與水平複製等技術相結合，以提高給定分割的強健性。

獲取正確的分割區索引鍵（partition key）可能很困難。在圖 13-5 中，我們使用了一個相當簡單的分割配置，我們根據客戶的姓氏對工作負載進行了分割，姓氏以 A–M 開頭的客戶轉到分割 1，以 N–Z 開頭的客戶轉到分割 2。正如我在分享該範例時指出的那樣，這不是一個好的分割策略。透過資料分割，我們希望負載均勻分佈，但是我們不能預期均勻分佈，比如在中國姓氏的數量很少，時至今日估計也不足 4,000 個，最流行的 100 個姓氏（佔人口的 80% 以上）嚴重偏向於以普通話 N-Z 開頭的姓氏。這是一個擴展方案的例子，它不太可能提供均勻的負載分布，並且在不同的國家和文化中可能會產生截然不同的結果。

一個更明智的選擇可能是根據每個客戶在註冊時提供的唯一 ID 進行分割，這更有可能為我們提供均勻的負載分配，並且還可以處理有人改名的情況。

向既有配置添加新分割通常可以輕鬆完成。例如，將新節點添加到 Cassandra ring 不需要任何手動重新平衡資料。相反地，Cassandra 內建了對跨節點動態分發資料的支援。

Kafka 還使事後添加新分割變得相當容易，儘管分割中已有的訊息不會移動，但可以動態通知生產者和消費者。

當你意識到你的分割配置不適用時，事情會變得更加棘手，就像我們之前概述的以姓氏為基礎的方案一樣。在這種情況下，這可能是條痛苦的路，我記得多年前和一位客戶聊天，他最終不得不讓他們的主要正式系統離線三天，以變更他們的主資料庫的分割配置。

我們也可能遇到查詢的問題。查找單一記錄很容易，因為我可以應用雜湊函式（hashing function）來查找資料應該位於哪個實例上，然後從正確的 shard 中檢索它。但是，跨越多個節點中的資料查詢呢？例如，查找所有 18 歲以上的客戶，該怎麼辦？如果你想查詢所有 shard，你需要查詢每個獨立的 shard 並在記憶體中進行合併，或者有一個替代的讀取儲存機制，其中兩個資料集都可用。跨多個 shard 查詢通常由異步機制配合快取結果來處理。例如，Mongo 使用 map/reduce 作業來執行這些查詢。

你可能從這個簡短的概述中推斷出，為寫入操作擴展資料庫是非常棘手的，並且各種資料庫的功能開始變得明顯有差異。我經常看到人們在開始限制擴展既有寫入量的難易程度時改變資料庫技術。如果你遇到這種情況，購買更大台機器通常是最快解法，但在後台，你可能想查看其他類型的資料庫，它們可能可以更滿足你的需求。由於有大量不同類型的資料庫可用，選擇一個新資料庫可能是一項艱鉅的任務，但作為一個起點，我絕對推薦簡潔的《*NoSQL Distilled*》[4]，它為你提供了不同風格的 NoSQL 資料庫的概述，包含從圖形資料庫等高度相關的儲存到文件儲存、欄位儲存和鍵 / 值儲存。

從根本上說，資料分割需要更多的工作，特別是因為它可能需要對既有系統的資料進行大量變更。不過，應用程式的程式碼可能只會受到輕微影響。

功能分解

透過功能分解，你可以提取功能並允許其獨立擴展。從既有系統中提取功能並創建新的微服務幾乎是功能分解的典型例子。在圖 13-6 中，我們看到了一個來自 MusicCorp 的範例，其中從主系統中提取了訂單功能，以允許我們將此功能與其他功能分開擴展。

就 FoodCo 而言，這是其前進的方向。該公司已經用盡了垂直擴展，盡可能地使用了水平複製，也作了資料分割，剩下的就是開始轉向功能分解；關鍵資料和工作負載正從核心系統和核心資料庫中被刪除，以實作這一變化。這確定了一些快速的勝利，包括與

4 Pramod J. Sadalage 和 Martin Fowler 所共同著作的《*NoSQL Distilled: A Brief Guide to the Emerging World of Polyglot Persistence*》（Upper Saddle River, NJ: Addison-Wesley 2012）。

送貨和選單相關的資料從主資料庫移到專用微服務中。這還有一個額外的好處，它為 FoodCo 不斷成長的送貨團隊創造了機會。

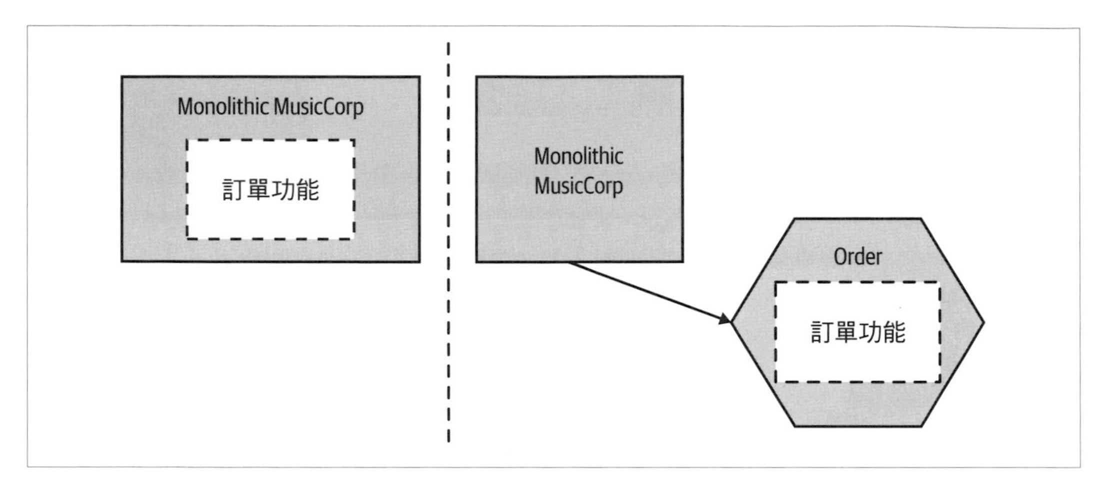

圖 13-6　Order 微服務是從既有的 MusicCorp 系統中提取的

實作

我不會過多地討論這種擴展機制，因為我們已經在本書中廣泛地介紹了微服務的基礎知識。有關如何進行這種變更的深入討論，請參閱第 3 章。

主要益處

我們已經拆分了不同類型的工作負載，這意味著我們現在可以調整系統所需的底層基礎設施，偶爾使用的分解功能可以在不需要時關閉，僅具有適度負載要求的功能可以部署到小型機器上。另一方面，當前受限的功能可能會有更多的硬體投入其中，或許將功能分解與其他軸之一結合，例如運行我們微服務的多個副本。

這種調整運行這些工作負載所需基礎設施的能力，使我們在最佳化運行系統所需的基礎設施成本方面具有更大的彈性，這也是大型 SaaS 供應商如此大量使用微服務的一個關鍵原因，因為能夠找到基礎設施成本的正確平衡可以幫助提高獲利能力。

就其本身而言，功能分解不會使我們的系統更穩健，但它至少提供我們一個機會，以建置一個可以容忍部分功能故障的系統，我們在第 12 章中更詳細地探討了這一點。

假設你已採用微服務路線進行功能分解，你將有更多機會使用不同的技術來擴展已分解的微服務。例如，你可以將功能移轉到對你正在執行的工作類型更有效率的程式語言和執行時期，或者你可以將資料遷移到更適合你的讀取或寫入流量的資料庫。

雖然在本章中我們主要關注軟體系統上下文中的規模，但功能分解也使我們的組織規模更容易擴展，我們將在第 15 章中回到這個主題。

限制

正如我們在第 3 章中詳細探討的，拆分功能可能是一項複雜的活動，並且不太可能在短期內帶來好處。在我們所研究的所有擴展形式中，這可能對你的應用程式在前端和後端的程式碼產生最大影響。如果你也選擇遷移到微服務，它還可能需要在資料層進行大量工作。

你最終會增加正在運行的微服務數量，這將增加系統的整體複雜性，可能導致需要維護、增強和擴展的東西更多。一般來說，在擴展系統時，我會在考慮功能分解之前嘗試用盡其他可能性；當然如果對微服務的轉變可能為組織帶來其他需要的東西，那麼我對此的看法可能會改變。例如，就 FoodCo 而言，其發展團隊以支援更多國家並提供更多功能的動力是關鍵，因此向微服務遷移不僅為公司提供了解決其系統擴展問題的機會，而且它的組織規模問題可能也一併解決了。

組合模型

原始 Scale Cube 背後的主要驅動力之一是，阻止我們狹隘地考慮一種類型的擴展，並幫助我們理解根據我們的需要沿多個軸來擴展我們的應用程式通常是有意義的。讓我們回到圖 13-6 中概述的範例。我們已經提取 `Order` 功能，因此它現在可以在自己的基礎設施上運行。下一步，我們可以透過擁有多個副本來獨立擴展 `Order` 微服務，如圖 13-7 所示。

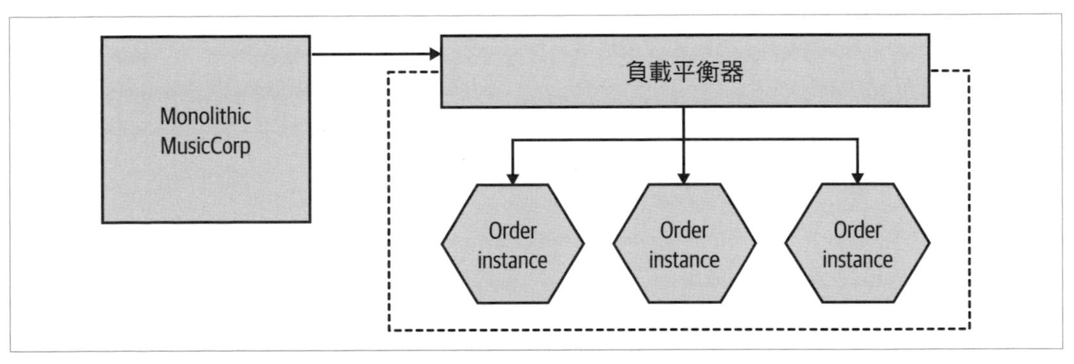

圖 13-7　提取的 `Order` 微服務現在已複製以進行擴展

接下來，我們可以決定為不同的地理區域執行 `Order` 微服務的不同分片，如圖 13-8 所示。水平複製適用於每個地理邊界。

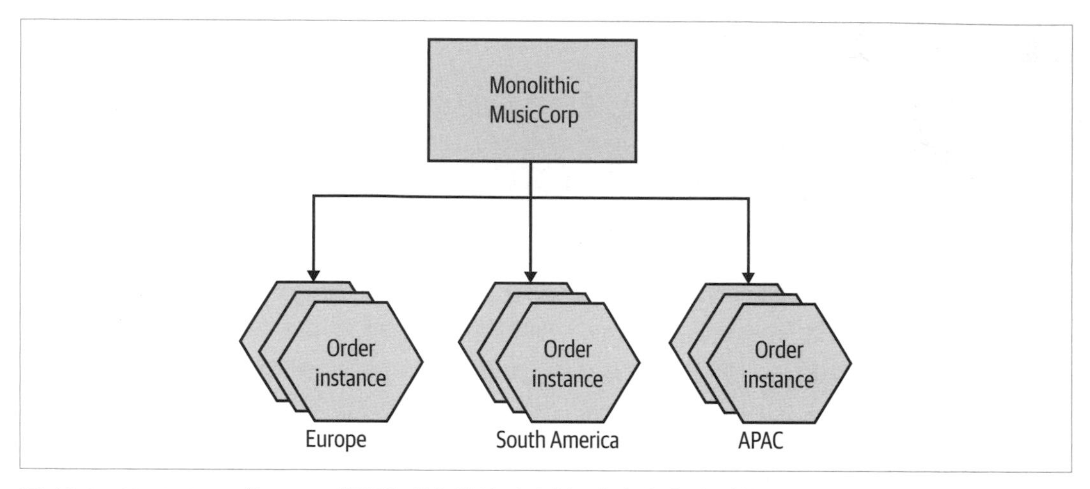

圖 13-8 MusicCorp 的 `Order` 微服務現在跨地域分割，每個組都有重複

值得注意的是，透過沿一個軸擴展，其他軸可能更容易使用。例如，`Order` 的功能分解使我們能夠啟動 `Order` 微服務的多個副本，並劃分訂單處理的負載，如果沒有最初的功能分解，我們將僅限於將這些技術應用於整體。

擴展的目標不一定是沿所有軸擴展，但我們應該意識到我們可以使用這些不同的機制。鑑於這種選擇，重要的是我們了解每種機制的優缺點以找出最有意義的機制。

從小處著手

在《*The Art of Scalability*》（Addison-Wesley）中，Donald Knuth 有句名言：

> 真正的問題是，程式設計師在錯誤的地方和錯誤的時間點花費了太多時間來擔心效率。過早最佳化是萬惡之源（至少在大部分上是）。

為了解決不存在的問題而最佳化我們的系統是浪費時間的好方法，這些時間本可以更好地用於其他活動，同時也確保我們擁有一個不必要地更複雜的系統。任何形式的最佳化都應該由實際需要來驅動。正如我們在第 360 頁的「強健性」中所討論的，向我們的系統添加新的複雜性也會引入新的脆弱性來源，透過擴展我們應用程式的一部分，我們在其他地方創造了一個弱點。我們的 `Order` 微服務現在可能在自己的基礎設施上運行，幫助我們更好地處理系統的負載，但我們還有另一個微服務，如果我們希望我們的系統正常運行，我們需要確保它可用，還有更多的基礎設施必須對其進行管理並使其穩健。

即使你認為自己已經確定瓶頸所在，實驗過程對於確保你是正確的、並且進一步的工作是合理的也是必不可少的。但令我驚訝的是，有多少愛稱呼自己為電腦科學家的人似乎對科學方法甚至沒有基本的了解[5]。如果你已經確定了你認為的問題，請嘗試完成少量的工作來確認你提出的解決方案是否有效。例如，在擴展系統以處理負載的情況下，擁有一套自動化負載測試可能非常有用。運行測試以獲得基準（baseline）並重新創建你遇到的瓶頸，進行變更並觀察差異。這不是什麼高深的科學，但即使在很小的程度上，它也至少是模糊的科學。

CQRS 和事件溯源

命令查詢職責分離（Command Query Responsibility Segregation，CQRS）模式是指用於儲存和查詢資訊的替代模型。我們沒有一個單一的模型來處理和檢索資料，這是很常見的，讀取和寫入的職責由不同的模型處理。這些在程式碼中實作的獨立讀寫模型可以部署為獨立的單元，使我們能夠獨立擴展讀寫。CQRS 通常（但不總是）與**事件溯源模式**結合使用，其中，我們不是將實體的當前狀態儲存為單一記錄，而是透過查看與該實體相關事件的歷史記錄來預測該實體的狀態。

可以說，CQRS 在我們的應用程式層所做的事情，與唯讀複本在資料層所做的事情非常相似，儘管由於 CQRS 的實作方式有很多不同，所以這是一種簡化。

就我個人而言，雖然我在某些情況下看到 CQRS 模式的價值，但它是一種執行良好的複雜模式。我曾與非常聰明的人談過，他們在使用工作時遇到了不小的問題。因此，如果你正在考慮將 CQRS 作為一種幫助擴展應用程式的方式，請將其視為你需要實作的更難擴展的形式之一，也許可以先嘗試一些更簡單的東西。例如，如果你只是受讀取限制，那麼從唯讀複本開始可能是一種風險明顯更低且速度更快的方法。我對實作複雜性的擔憂擴展到了事件溯源，在某些情況下它非常適合，但它帶來了許多需要解決的問題。這兩種模式都需要開發者轉換思維，這總是讓事情變得更具挑戰性。如果你決定使用這些模式中的任何一個，只需確保你的開發者增加的認知負擔是值得的。

5 不要讓我開始談論那些假設然後去挑選資訊以確認他們已經持有信念的人。

關於 CQRS 和事件溯源的最後一個說明，從微服務架構的角度來看，使用或不使用這些技術的決定是在於微服務內部實作細節。例如，如果你決定透過在不同的行程和模型之間，拆分讀取和寫入的責任來實作微服務，那麼這對於微服務的使用者來說應該是不可見的。如果需要根據發出的請求將入站請求重新導向到適當的模型，請讓實作 CQRS 的微服務來負責。對消費者隱藏這些實作細節為你提供了很大的彈性，你可以在以後改變主意，或者改變你使用這些模式的方式。

快取

快取是一種常用的效能最佳化，透過它儲存某些操作的先前結果，以便後續請求可以使用此儲存值，而不是花費時間和資源重新計算該值。

舉個例子，考慮一個 Recommendation 微服務，它需要在推薦商品之前檢查庫存水準，因為推薦我們沒有庫存的東西是沒有任何意義的，但我們決定在 Recommendation（客戶端快取的一種形式）中保留庫存水準的本地副本，以改善我們的操作延遲，避免我們在需要推薦某些東西時檢查庫存水準的需要。庫存水準的真實來源是 Inventory 微服務，它被認為是 Recommendation 微服務中客戶端快取的*原始伺服器*。當 Recommendation 需要查找庫存水準時，它可以首先查看其本地快取；如果找到它需要的條目，這被認為是*快取命中*（*cache hit*）。如果找不到資料，則是*快取未中*（*cache miss*），導致需要從下游 Inventory 微服務中獲取資訊。由於源頭中的資料當然可以變更，因此我們需要某種方法來使 Recommendation 快取中的條目無效，以便我們知道本地快取的資料何時已過時而無法再使用。

如本例所示，快取可以儲存簡單查找的結果，但實際上它們可以儲存任何資料，例如複雜的計算結果。我們可以快取來幫助提高我們系統的效能，作為幫助減少延遲、擴展我們應用程式的一部分，在某些情況下甚至可以提高我們系統的強健性，在加上我們可以使用的許多失效機制，以及可以在多個地方進行快取，這意味著在微服務架構中進行快取時，我們有很多方面需要討論。首先讓我們討論快取可以幫助解決哪些類型的問題。

效能

對於微服務，我們經常擔心網路延遲的不利影響、以及需要與多個微服務互動以獲取一些資料的成本。從快取中獲取資料在這方面有很大幫助，因為我們避免了進行網路呼叫的需要，這也有減少下游微服務負載的影響。除了避免網路躍點之外，它還減少了為每個請求創建資料的需要。考慮一種情況，我們要求按曲風列出最受歡迎的項目，這可能涉及資料庫層級的昂貴連接查詢。我們可以快取這個查詢結果，代表我們只需要在快取資料失效時重新產生結果。

規模

如果你可以將讀取轉移到快取，你就可以避免系統的某些部分發生競爭，進而使其能夠更好地擴展。我們在本章中已經介紹過的一個範例是使用資料庫唯讀複本。讀取流量由唯讀複本提供服務，進而減少主資料庫節點上的負載並允許有效擴展讀取。對複本的讀取是針對可能過時的資料所完成的，唯讀複本最終會透過從主節點到副本節點的複製來更新，這種形式的快取失效是由資料庫技術自動處理的。

更廣泛地來說，規模快取在原點是爭用點（contention）的任何情況下都很有用，在客戶端和源之間放置快取可以減少源的負載，更好地允許它擴展。

強健性

如果你在本地快取中有一整套可用資料，即使原始伺服器不可用，你也有可能進行操作，這反過來可以提高系統的強健性。關於快取的強健性，有幾點需要注意，其中最重要的是，你可能需要將快取失效機制配置為不自動驅逐過時的資料，並將資料保留在快取中，直到可以更新為止。否則，隨著資料失效，它將從快取中刪除，導致快取未命中和無法獲取任何資料，因為原始伺服器不可用，這代表如果源點處於離線狀態，你需要準備好讀取可能會非常過時的資料。在某些情況下，這可能沒問題，但在有些其他情況下，這可能會帶來很大的問題。

從根本上說，使用本地快取在原始伺服器不可用的情況下實作強健性意味著你更喜歡可用性而不是一致性。

我在《*Guardian*》（英國衛報）及其他地方看到的一種技術是定期爬梳（crawl）既有的「線上」網站，以生成網站的靜態版本，以便在發生中斷時提供服務。雖然這個爬蟲版本不如即時系統提供的快取內容那麼新鮮，但在緊要關頭，即可確保至少有一個網站版本會被顯示。

在哪裡快取

正如我們多次所介紹的，微服務為你提供了選擇，而這絕對也適用於快取。我們有很多不同的地方可以快取。我將在此處概述不同快取位置具有不同的權衡，你可以嘗試進行的最佳化類型可能會指向對你最有意義的快取位置。

為了探索我們的快取選項，讓我們回顧一下我們在第 76 頁的「資料分解問題」中的情況，在那裡我們提取了有關 MusicCorp 的銷售資訊。在圖 13-9 中，`Sales` 微服務維護已售商品的記錄，它僅追蹤所售商品的 ID 和銷售的時間戳記。有時，我們想向 `Sales` 微服務詢問過去 7 天內前十名暢銷書的列表。

問題是 `Sales` 微服務不知道記錄的名稱，只知道 ID。顯示「這週最暢銷的 ID 是 366548，我們賣出了 35,345 份」也沒多大用處！我們還想知道 ID 為 366548 的 CD 名稱。此資訊由 `Catalog` 微服務儲存，如圖 13-9 所示，這代表當回應前十名暢銷書的請求時，`Sales` 微服務需要請求前十名 ID 的名稱。讓我們看看快取如何幫助我們以及我們可以使用哪些類型的快取。

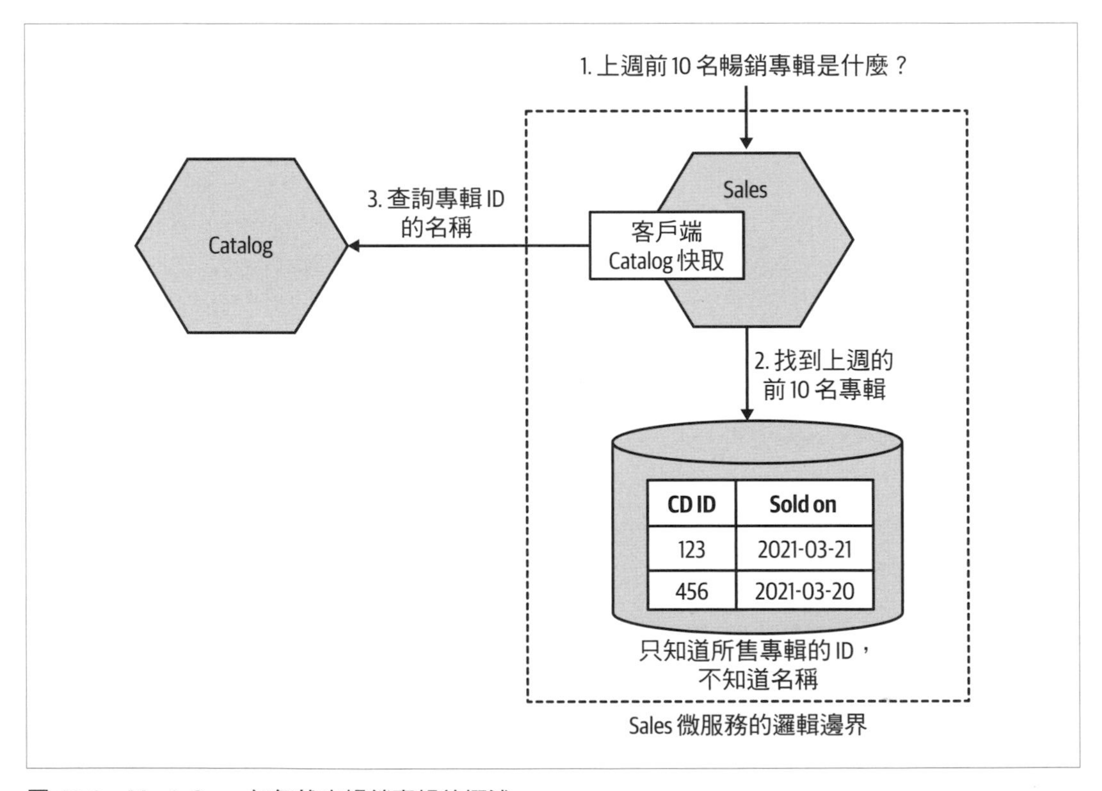

圖 13-9　MusicCorp 如何找出暢銷專輯的概述

客戶端

使用客戶端快取，資料快取在原始伺服器範圍之外。在我們的範例中，這可以像在正在運行的 `Sales` 行程中所保存一個包含 ID 和專輯名稱之間對映的記憶體內雜湊表（hashtable）一樣簡單。如圖 13-10 所示，假設我們為每次需要進行的查找都得到快取命中，這意味著產生我們要的前 10 名需要在範圍之外與 `Catalog` 進行任何互動。而需要注意的是，我們的客戶端快取可以決定只快取我們從微服務獲得的一些資訊，例如，當我們詢問一張 CD 的資訊時，我們可能會得到很多關於它的資訊，但如果我們只關心專輯的名稱，那我們就只需要在本地快取中儲存這個資訊。

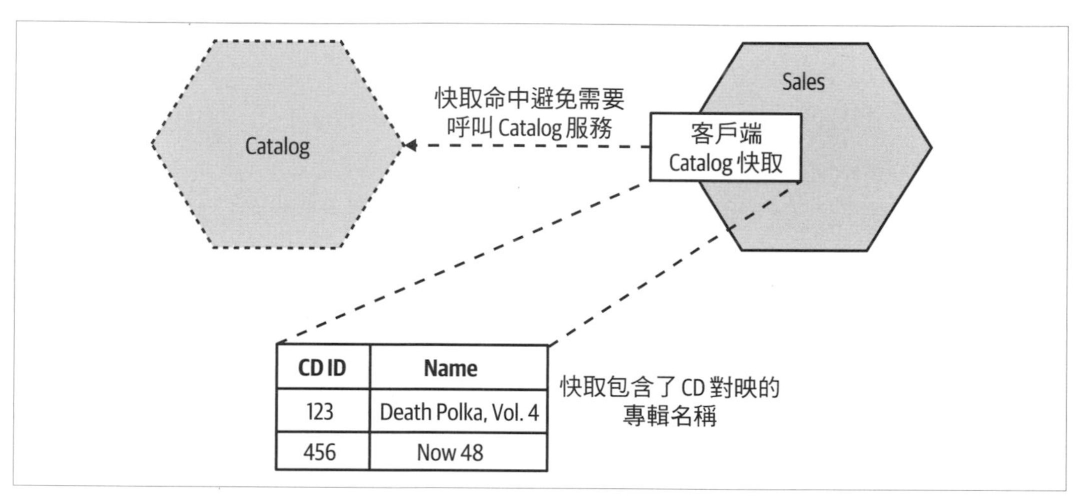

圖 13-10　`Sales` 持有 `Catalog` 資料的本地副本

一般來說，客戶端快取往往非常有效，因為它們避免了對下游微服務的網路呼叫。這使得它們不僅適用於快取以改善延遲，也適用提高強健性。

但是，客戶端快取有一些缺點。首先，你在失效機制方面的選擇往往會受到更多限制，我們將在稍後探討這一點。其次，當存在大量客戶端快取時，你會發現客戶端之間存在一定程度的不一致。考慮一種情況，其中 `Sales`、`Recommendation` 和 `Promotions` 微服務都具有來自 `Catalog` 之資料的客戶端快取。當 `Catalog` 中的資料發生變化時，我們可能使用的任何失效機制都無法保證這三個客戶端中的每一個都在完全相同的時間刷新資料，這意味著你可以同時在每個客戶端中看到不同的快取資料。你擁有的客戶越多，問題就越多。我們將很快看到像是以通知為基礎的失效等技術可以幫助減少這個問題，但它們無法消除問題。

對此的另一個緩解措施是擁有一個共享的客戶端快取，可能會使用專用的快取工具，如 Redis 或 memcached，如圖 13-11 所示。在這裡，我們避免了不同客戶端之間不一致的問題。這在資源使用方面也可以更有效率，因為我們正在減少我們需要管理的這些資料的副本數量（快取通常最終位於記憶體中，而記憶體通常是最大的基礎設施限制之一）。另一方面是我們的客戶端現在需要往返共享快取。

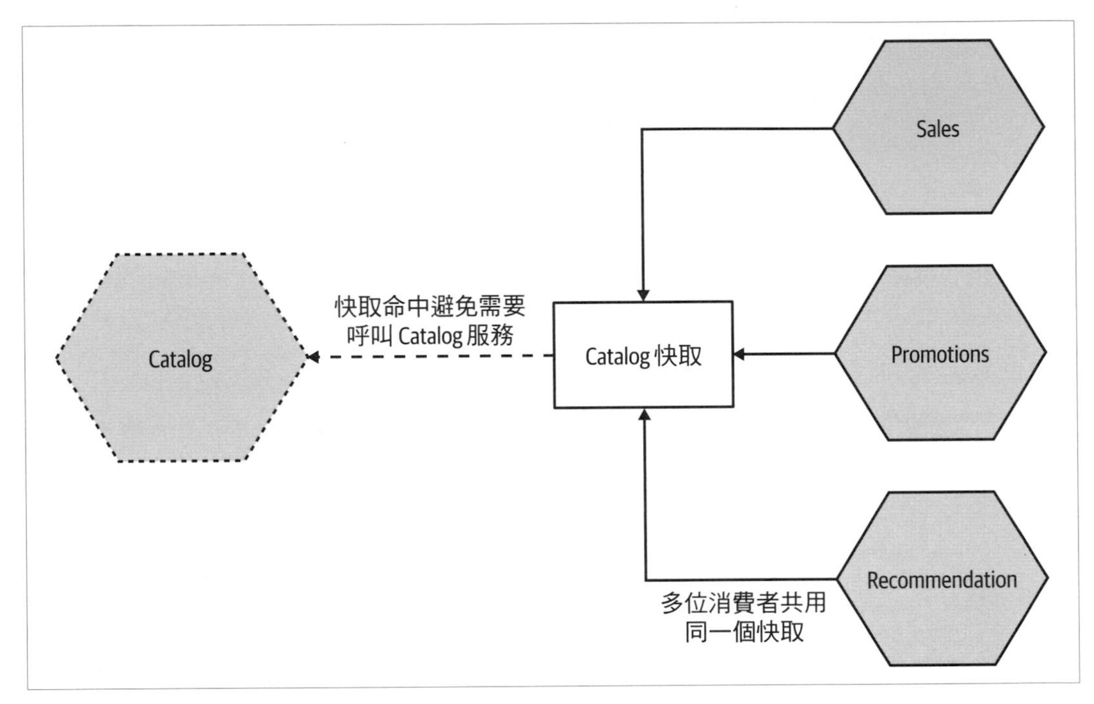

圖 13-11　Catalog 的多位消費者共用單一快取

這裡要考慮的另一件事是誰負責此共享快取。根據誰擁有它以及它是如何實作的，像這樣的共享快取可能會模糊客戶端快取和伺服器端快取之間的界限，我們接下來將對此進行探討。

伺服器端

在圖 13-12 中，我們看到了在伺服器端使用快取的前十名暢銷專輯範例。在這裡，`Catalog` 微服務本身代表其消費者維護一個快取。當 `Sales` 微服務請求 CD 的名稱時，該資訊由快取透明地提供。

在這裡，`Catalog` 微服務全權負責管理快取。由於這些快取通常如何實作的性質，例如記憶體資料結構或本地專用快取節點，來實作更複雜的快取失效機制更容易。例如，直寫式快取（我們很快就會看到），在這種情況下實作起來要簡單得多。擁有伺服器端快取還可以更輕鬆地避免不同消費者看到客戶端快取可能發生的不同快取值的問題。

值得注意的是，儘管從消費者的角度來看，這種快取是不可見的（這是一個內部實作問題），但這並不意味著我們必須透過在微服務實例中快取程式碼來實作這一點。例如，我們可以在微服務的邏輯邊界內維護一個反向代理伺服器（reverse proxy），使用隱藏的 Redis 節點，或將讀取查詢轉移到資料庫的讀取複本。

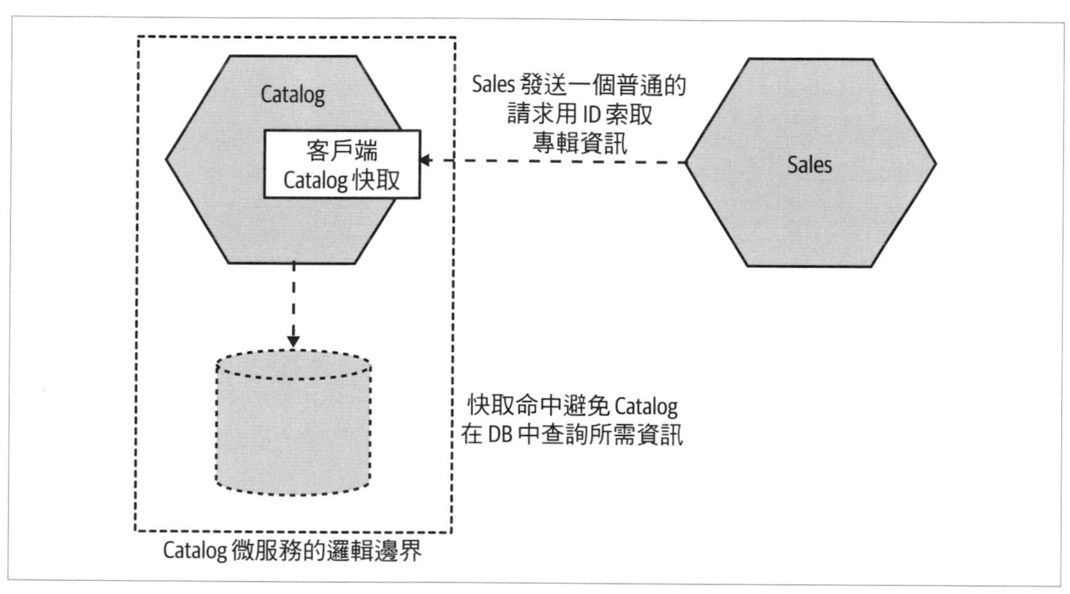

圖 13-12　`Catalog` 在內部實作了消費者看不見的快取

這種快取形式的主要問題是它縮小了最佳化延遲的範圍，因為仍然需要消費者到微服務的往返。透過在微服務的周邊或附近快取，可以確保我們不需要執行進一步昂貴的操作（如資料庫查詢），但必須進行呼叫，這也降低了這種形式的快取對於任何形式強健性的有效性。

這可能會使這種形式的快取看起來不太有用，但是只要透過決定在內部實作快取，就能透明地為微服務的所有消費者提高效能，這具有巨大的價值。透過實作某種形式的內部快取，在整個組織中廣泛使用的微服務可能會受益匪淺，這可能有助於改善許多消費者的回應時間，同時還允許更有效地擴展微服務。

在我們的前述情境中，我們必須考慮這種形式的快取是否有幫助，我們的決定將歸結為我們主要擔心的是什麼，如果是關於操作的端到端延遲，伺服器端快取會節省多少時間？客戶端快取可能會給我們帶來更好的效能優勢。

請求快取

使用請求快取，我們儲存原始請求的快取答案。例如，在圖 13-13 中，我們儲存實際的前十個條目。對前十名暢銷書的後續請求會導致返回快取的結果。不需要在 `Sales` 資料中查找，也不需要往返 `Catalog`，就速度最佳化而言，這無疑是最有效的快取。

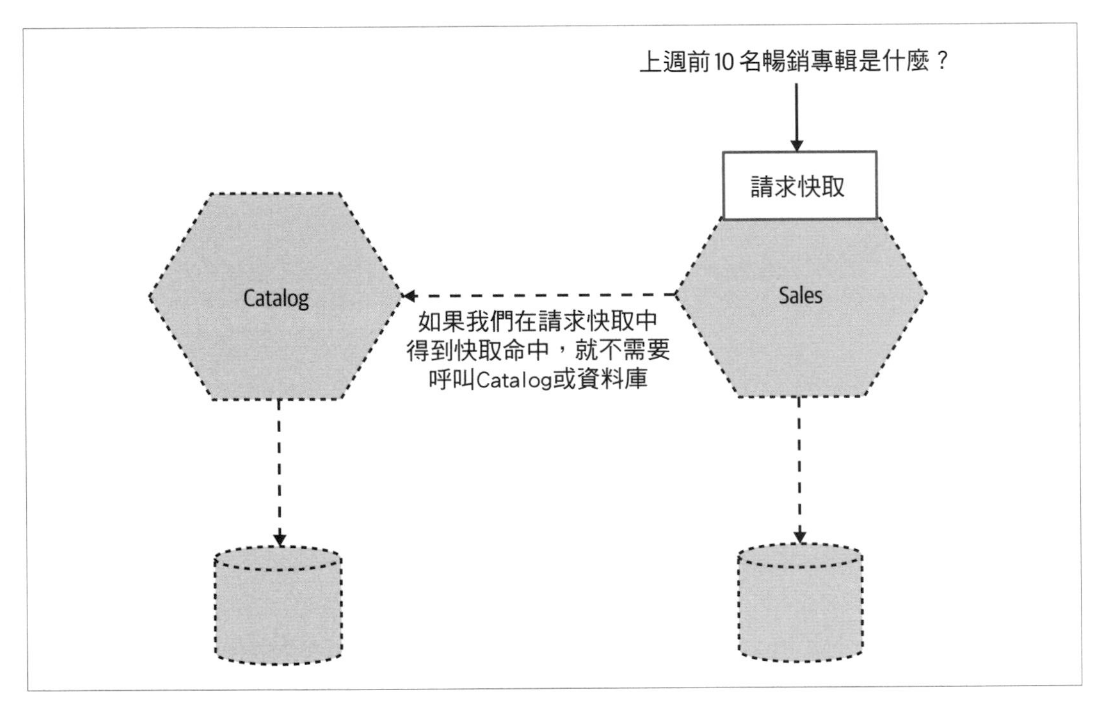

圖 13-13　快取前 10 個請求的結果

這裡的好處顯而易見。一方面，這是非常有效率。但是，我們需要認識到這種形式的快取是非常特殊的。我們只快取了這個特定請求的結果，這意味著命中 `Sales` 或 `Catalog` 的其他操作不會快取命中，因此不會以任何方式從這種最佳化形式中受益。

失效

> 電腦科學中只有兩件難事：快取失效和命名。
>
> —Phil Karlton

失效（invalidation）是我們從快取中驅逐資料的過程，其概念簡單但執行起來卻很複雜。如果沒有其他原因，在如何實作它方面有很多選擇，並且在利用過時資料方面需要考慮許多權衡。但是，從根本上說，這歸結為決定在哪些情況下應該從快取中刪除一段快取資料。有時發生這種情況是因為我們被告知有新版本的資料可用；在其他時候，它可能需要我們假設我們的快取副本已經過時，並從原始伺服器中獲取新副本。

鑑於有關失效的選項，我認為查看一些你可以在微服務架構中使用的選項是個好主意。但是，請不要認為這是對每個選項的詳盡概述！

存活時間（TTL）

這是用於快取失效的最簡單機制之一。假設快取中的每個條目僅在特定時間內有效，在那段時間過後，資料失效，然後我們獲取一個新副本。我們可以使用簡單的存活時間（time to live，TTL）來指定有效性的持續時間，所以 5 分鐘的 TTL 意味著我們的快取提供長達 5 分鐘的快取資料，在此之後快取的條目（entry）被認為是無效的，並且需要一個新的副本。這個主題的變化可以包括使用時間戳記作為過期時間，這在某些情況下可能更有效，特別是當你在讀取多個層級的快取時。

HTTP 支援 TTL（透過 `Cache-Control` 標頭）和透過回應的 `Expires` 標頭設置過期時間戳記的能力，這非常有用，這也代表原始伺服器本身能夠告訴下游客戶端他們應該假設資料保持多久是新鮮的。回到我們的 `Inventory` 微服務，我們可以想像這樣一種情況，`Inventory` 微服務為暢銷商品的庫存水準或我們幾乎缺貨的商品提供更短的 TTL；對於我們銷售不多的商品，它可以提供更長的 TTL，這代表了 HTTP 快取控制的某種高級使用，並且像這樣在每個回應的基礎上調整快取控制，我只有在調整快取有效性時才會做的事情。對於任何給定的資源類型，一個簡單的 TTL 是一個合理的出發點。

即使你不使用 HTTP，原始伺服器向客戶端提供有關如何（以及是否）快取資料的提示的想法也是一個非常強大的概念，這代表你不必在客戶端猜測這些事情，實際上可以就如何處理資料做出明智的選擇。

HTTP 確實具有比這更高級的快取功能，我們稍後會以 conditional GET 為例。

基於 TTL 失效的挑戰之一是，雖然它很容易實作，但它是一種不管用的方法。如果我們請求具有 5 分鐘 TTL 資料的新副本，並且一秒鐘後原始資料發生變化，那麼我們的快取將在剩餘的 4 分 59 秒內對過期資料進行操作。因此，需要在實作的簡單性與你對過時資料的容忍度之間進行權衡。

Conditional GET

值得一提的是，使用 HTTP 發出條件 GET 請求的能力被忽略了。正如我們剛剛提到的，HTTP 提供了在回應上指定 `Cache-Control` 和 `Expires` 標頭以啟用更聰明的客戶端快取的能力。但是如果我們直接使用 HTTP，我們在 HTTP 工具庫中還有另一個選擇：實體標籤（entity tags，ETag）。ETag 用於確定資源的值是否已變更，如果我更新用戶記錄，資源的 URI 相同但值不同，因此我希望 ETag 變更。當我們使用所謂的 *conditional GET*（條件 *GET*）時，這項機制變得很強大。在產生 GET 請求時，我們可以指定額外的標頭，告訴服務僅在滿足某些條件時才將資源傳送給我們。

例如，假設我們獲取了一條用戶記錄，其 ETag 返回為 `o5t6fkd2sa`。稍後，也許是因為 `Cache-Control` 指令告訴我們資源應該被認為是陳舊的，我們希望確保我們獲得最新版本。在發出後續的 GET 請求時，我們可以傳入一個 `If-None-Match:o5t6fkd2sa`，這會告訴伺服器我們想要指定 URI 處的資源，除非它已經與這個 ETag 值匹配。如果我們已經擁有最新版本，該服務會向我們發送 `304 Not Modified` 回應，告訴我們已經擁有最新版本。如果有更新的版本可用，我們會得到一個 `200 OK`，其中包含變更的資源和資源的新 ETag。

當然，使用條件 GET，我們仍然從客戶端向伺服器發出請求。如果你正在快取以減少網路往返，這可能對你沒有多大幫助，它的用處在於避免不必要地再生資源的成本。使用基於 TTL 的失效，即使資源沒有改變，在客戶端請求資源的新副本時，接收此請求的微服務必須重新生成該資源，即使它最終與資源完全相同而且客戶其實已經有了。如果創建回應的成本很高，可能需要一組昂貴的資料庫查詢，那麼 conditional GET 請求可能是一種有效的機制。

以通知為基礎

透過以通知為基礎的失效，我們使用事件來幫助訂閱者知道他們的本地快取條目是否需要失效。在我看來，這是最優雅的失效機制，儘管它與以 TTL 為基礎的失效的相對複雜性相平衡。

在圖 13-14 中，我們的 Recommendation 微服務正在維護一個客戶端快取。當 Inventory 微服務觸發 Stock Change 事件時，該快取中的條目將失效，讓 Recommendation（或此事件的任何其他訂閱者）知道特定品項的庫存水準已增加或減少。

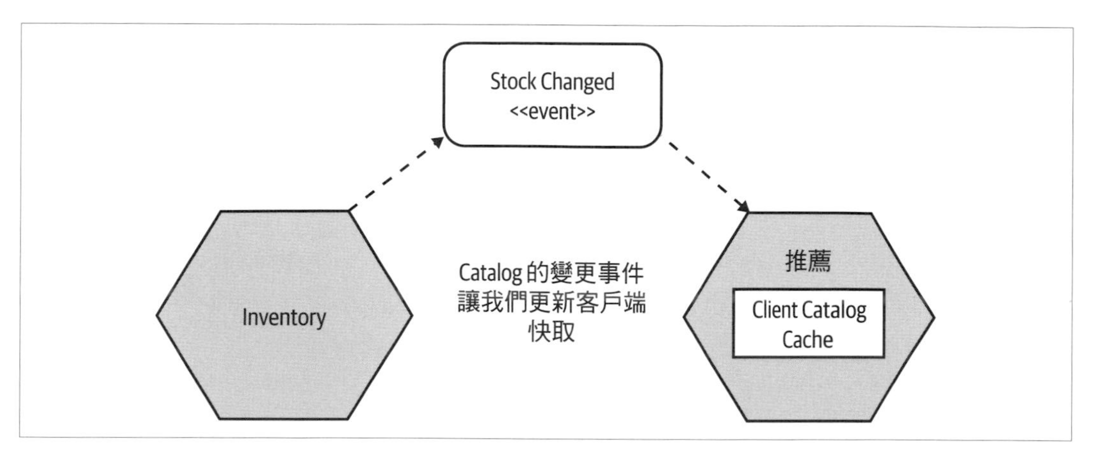

圖 13-14 Inventory 觸發 Stock Change 事件，Recommendation 可以使用該事件更新其本地快取

這種機制的主要好處是它減少了快取服務過時資料的潛在窗口。快取現在可能提供過時資料的窗口僅限於發送和處理通知所用的時間，根據你用於發送通知的機制，這可能會非常快。

這裡的缺點是實作的複雜性。我們需要原始伺服器能夠發出通知，也需要感興趣的各方能夠回應這些通知。現在，這是使用訊息仲介之類東西的自然場所，因為該模型非常適合許多代理提供的典型（pub/sub-style）互動。訊息仲介可能可以為我們提供的額外保證也可能有所幫助。也就是說，正如我們在第 126 頁的「訊息仲介」中已經討論過的，管理訊息的中間件會產生開銷，如果你僅將其用於此目的，則可能會有些殺雞用牛刀。但是，如果你已經使用訊息仲介進行其他形式的微服務間溝通，那麼使用你手上已有的技術是有意義的。

使用以通知為基礎的失效要注意一個問題，就是你可能想知道通知機制是否真正發揮作用。試想一種情況，我們有一段時間沒有從 Inventory 收到任何 Stock Change 事件，這是否意味著我們在那段時間內沒有售出商品或補貨商品？也許真的是這樣，但這也可能意味著我們的通知機制已關閉，並且不再向我們發送更新。如果這是一個問題，那麼我們可以透過相同的通知機制（在我們的例子中是 Recommendation）發送心跳（heartbeat）事件，讓訂閱者知道通知仍在發送，但實際上沒有任何變化。如果沒有收到心跳事件，客戶端可以假設有問題並可以做任何最合適的事情，也許是通知使用者他們正在看到陳舊的資料，或者可能只是關閉功能。

此外，你還需要考慮通知包含的內容。如果通知只說「這件事發生了變化」而沒有說明變化是什麼，那麼在收到通知時，消費者將需要去原始伺服器才能獲取新資料。另一方面，如果通知包含資料的當前狀態，則消費者可以將其直接加載到其本地快取中。擁有包含更多資料的通知可能會導致有關大小的問題，並且還存在潛在過於廣泛地暴露敏感資料的風險。我們之前在第 104 頁「事件中有什麼？」中查看事件驅動的溝通時，更深入地探討了這種權衡。

直寫

使用直寫式快取（write-through cache），快取與原始伺服器中的狀態同時更新。當然，「同時」是直寫式快取變得棘手的地方。在伺服器端快取上實作直寫機制滿簡單的，因為你可以在同一個交易中更新資料庫和記憶體中的快取而不會太困難；如果快取在其他地方，就更難以推斷「同時」在這些條目被更新方面的代表意涵。

由於這個困難，你通常會看到在伺服器端的微服務架構中使用直寫式快取。好處非常明顯，就是可以消除客戶端可能會看到過時資料的窗口。這與伺服器端快取可能不太有用的事實相平衡，限制了直寫式快取在微服務中有效的情況。

回寫

對於回寫式快取（write-behind cache），**先**更新快取本身，然後再更新原始伺服器。從概念上講，你可以將快取視為緩衝區，寫入快取比更新源更快。所以我們將結果寫入快取，允許更快的後續讀取，並相信之後會更新原始伺服器。

回寫式快取的主要問題是資料丟失的可能性。如果快取本身不持久，我們可能會在資料寫入原始伺服器之前就丟失了資料。此外，我們現在處於一個有趣的地方，這種情況下的*原始*是什麼呢？我們希望原始伺服器是資料來源的微服務，但如果我們先更新快取，那真的是原始伺服器嗎？我們事實來源是什麼？在使用快取時，重要的是要區分出哪些資料被快取（可能是過時的）、和哪些資料實際上可以被認為是最新的。微服務上下文中的回寫式快取讓這一點模糊不清。

雖然回寫式快取通常用於行程內最佳化，但我看到它們很少用於微服務架構，部分原因是因為其他更直接的快取形式已經很好使用，但主要是由於其複雜性以及處理未寫入快取資料的丟失風險。

快取的黃金法則

在很多地方要小心快取！你和新資料來源之間的快取越多，資料越老舊，就越難確定客戶端最終看到的資料之新鮮度，推斷資料需要失效的位置也可能更加困難。關於快取的權衡，也就是平衡資料的新鮮度與系統負載或延遲的最佳化，是一個微妙的問題，如果你不能輕易推斷資料的新鮮度（或不新鮮度），這將變得困難。

考慮 Inventory 微服務快取庫存水準的情況。庫存水準的 Inventory 請求可能會從這個伺服器端快取中得到服務，進而相應地加速請求。現在我們還假設我們已將此內部快取的 TTL 設置為一分鐘，這意味著我們的伺服器端快取可能比實際庫存水準落後一分鐘。現在，事實證明我們也在 Recommendation 內部的客戶端快取，我們也在那裡使用一分鐘的 TTL。當客戶端快取中的條目過期時，我們從 Recommendation 到 Inventory 發出請求以獲取最新的庫存水準，但我們不知道，我們的請求命中了伺服器端快取，此時也可能最多一分鐘。因此，我們最終可以在我們的客戶端快取中儲存一條記錄，該記錄從一開始就已經長達一分鐘。這說明了 Recommendation 使用的庫存水準可能最多過期兩分鐘，即使從 Recommendation 的角度來看，我們認為它們最多只能過期一分鐘。

有多種方法可以避免此類問題。使用以時間戳記為基礎的過期時間比 TTL 來得更好，但這也是快取有效巢狀化（nested）時發生的一個範例。如果你快取一個操作的結果，而該操作又基於快取的輸入，那麼你對最終結果的最新狀態有多清楚？

回到之前 Knuth 的名言，過早的最佳化可能會導致問題。快取增加了複雜性，我們希望增加盡可能少的複雜性。理想的快取位置數為零，其他任何事情都應該是你必須進行的最佳化，但要注意它可能帶來的複雜性。

將快取主要視為效能最佳化。在盡可能少的地方快取，以便更容易地推斷資料的新鮮度。

新鮮度 vs. 最佳化

回到我們以 TTL 為基礎的失效範例，我之前解釋過，如果我們請求具有 5 分鐘 TTL 資料的新副本，並且一秒鐘後原始伺服器上的資料發生變化，那麼我們的快取將運行剩餘 4 分 59 秒的過期資料。如果這是無法接受的，一種解決方案是減少 TTL，進而減少我們可以對過時資料進行操作的持續時間，所以也許我們將 TTL 減少到一分鐘，這代表我們的過時窗口減少到原來的五分之一，但我們對原始伺服器的呼叫次數是原來的五倍，因此我們必須考慮相關的延遲和負載影響。

平衡這些力量將歸結為了解終端使用者和更廣泛系統的需求。使用者顯然總是希望對最新的資料進行操作，但如果這意味著系統在負載下崩潰，則不會達到原先的預期。同樣同樣地，有時最安全的做法是在快取失敗時關閉功能，以避免原始伺服器過載導致更嚴重的問題。在微調快取的內容、位置和方式時，你經常會發現自己必須在多個軸上保持平衡，但這只是讓事情盡可能簡單的另一個原因，快取越少，系統推理就越容易。

快取中毒：警世故事

對於快取，我們經常認為如果我們弄錯了，可能發生最糟糕的事情就是我們提供了一點過時的資料。但是，如果你最終將永遠提供過時資料，會發生什麼情況？回到第 12 章，我介紹了 AdvertCorp，在那裡我致力於幫助將許多既有的遺留應用程式遷移到使用絞殺榕模式的新平台，這涉及到攔截對多個遺留應用程式的呼叫，並在這些應用程式已移至新平台的情況下轉移呼叫。我們的新應用程式作為代理伺服器有效運行，我們尚未遷移的舊遺留應用程式的流量透過我們的新應用程式被繞送到下游遺留應用程式。對於對遺留應用程式的呼叫，我們做了一些簡單的處理，例如我們確保遺留應用程式的結果應用了正確的 HTTP 快取標頭。

有一天，在正常的例行發布後不久，奇怪的事情開始發生。由於引入了一個臭蟲，因而一小部分網頁略過插入快取標頭的程式碼邏輯，導致我們根本沒有變更到標頭。不幸的是，這個下游應用程式之前也已變更為包含一個 `Expires: Never` 的 HTTP 標題，這在之前沒有任何影響，因為我們覆蓋了這個標頭，但現在我們並未覆寫。

我們的應用程式大量使用 Squid 來快取 HTTP 流量，我們很快就注意到了這個問題，因為我們看到越來越多的請求繞過 Squid 本身到達我們的應用程式伺服器。我們修復了快取標頭程式碼並推送了一個版本，我們還手動清理了 Squid 快取的相關區域。然而，這似乎還不夠。

正如我們剛剛討論的，你可以在多個地方進行快取，但有時擁有大量快取會讓你變得更艱難，而不是更輕鬆。當論及到為公眾 Web 應用程式的使用者提供內容時，你和你的用戶之間可能有多個快取，你不僅可能在你的網站上使用內容傳送網路（CDN）等等，而且一些 ISP 也會使用快取，你能控制那些快取嗎？即使可以，有一種快取是你幾乎無法控制的，就是使用者瀏覽器中的快取。

那些帶有 `Expires: Never` 的畫面會停留在我們許多使用者的快取中，並且永遠不會失效，直到快取變滿或使用者手動清除它們。很明顯地，我們不能讓任何事情發生。我們唯一的選擇是改變這些網頁的 URL，以便重新擷取它們。

快取確實可以非常強大，但你需要了解從來源到目標快取的資料完整路徑，才能真正了解其複雜性以及可能出現什麼問題。

自動擴展

如果你有幸擁有全自動的虛擬主機配置，並且能夠完全自動化你微服務實例的部署，那麼你就擁有能夠自動擴展微服務的建置模塊。

舉例來說，你可以用清楚可知的趨勢來觸發擴展。你可能知道系統的尖峰負載是在上午 9 點到下午 5 點之間，因此你在上午 8 點 45 分啟動其他實例，並在下午 5 點 15 分關閉它們。如果你使用的是 AWS（內建並且妥善支援自動擴展），關閉不需要用到的實例將有助於節省金錢。此外，你需要資料來了解你的負載如何隨時間、每天和每週變化。某些企業也有明顯的季節性週期，因此你可能需要以一種公平的方式回溯一段時間來做出正確的判斷。

另一方面，你也可以回應式的擴展，當你看到負載增加或實例失敗時啟動額外的實例，並在你不需要時移除它們。因此，了解一旦發現上升趨勢之後可以多快擴展是關鍵。如果你知道只會在幾分鐘內收到負載增加的通知，但擴展至少需要 10 分鐘，那麼你就知道需要保留額外的處理能力來彌補這一差距。擁有一套好的負載測試在這裡幾乎是不可或缺的。你可以使用它們來測試你的自動擴展規則，如果沒有可以重複產生即將觸發擴展之不同負載的測試，那麼，你就只能在正式環境中看到那些規則是否有誤，而且，失敗的後果恐怕不是你能夠承受的！

新聞網站是一個很好的例子，你可能想要以混合預測與隨機應變的方式進行擴展。在我參與開發的上一個新聞網站中，我們看到了非常清楚的每日趨勢，瀏覽量從早上到午餐時間攀升，然後開始下降。這種模式日復一日地重複出現，週末的流量普遍較低。這帶給我們一個相當明確的趨勢，可以推動資源的主動擴展，無論是擴展還是縮編。另一方面，重大新聞報導會導致意外高峰，通常必須在很短的時間內提供更多處理能力。

實際上，相較於回應負載變化，我比較常看到自動擴展被用來處理實例失敗的問題。AWS 允許你指定像是「該群組中至少應有五個實例」之類的規則，以便在一個實例出現失敗時自動啟動一個新實例。我已經看到這種方法導致了一個有趣的打地鼠遊戲，當有人忘記關閉規則，然後試圖刪除實例進行維護時，卻還是看到新實例仍此起彼落，沒完沒了！

回應式和預測式擴展都非常有用，如果你使用的平台允許你僅為所使用的計算資源付費，那麼這可以幫助你提高成本效益，但它們也需要仔細觀察你可用的資料。我建議你在收集資料時，首先對失敗情況使用自動擴展。一旦想要開始針對負載進行擴展或縮編，確認你足夠謹慎，切勿縮放太快。在大多數情況下，在手邊備妥比實際所需還要多的計算能力總是比較好的！

重新開始

當你的系統必須處理非常不同的負載量時，讓你入門的架構可能不是讓你持續前進的架構。正如我們已經看到的，有些擴展形式對系統架構的影響極其有限，例如，垂直擴展和水平複製。但是，在某些時候，你需要做一些非常激進的事情來改變系統的架構以支援下一個層級的成長。

回想一下 Gilt 的故事，我們在第 212 頁的「隔離執行」中提到過。一個簡單的單體式 Rails 應用程式在 Gilt 上運行了兩年，它的業務變得越來越成功，這意味著更多的客戶和更多的負載。在某個臨界點，該公司不得不重新設計應用程式來處理它所看到的負載。

重新設計可能意味著拆分既有的單體式系統，就像 Gilt 所做的那樣。或者這可能意味著選擇可以更好地處理負載的新資料儲存機制。它還可能意味著採用新技術，例如從同步請求 / 回應轉移到以事件為基礎的系統，採用新的部署平台，改變整個技術堆疊，或介於兩者之間的一切。

當達到某些擴展門檻時，人們會認為需要重新建構是一種危險，也是從一開始就為大規模建置的理由，但可能是災難性的。在一個新專案開始時，我們往往不夠清楚了解我們真正想要建置什麼，也不知道它是否會成功。我們需要能夠快速進行實驗並了解我們需要建置哪些功能。如果我們嘗試預先大規模建置，我們最終會預先加載大量工作來為可能永遠不會到來的負載做準備，同時將精力從更重要的活動上轉移，例如了解是否有人真的想要使用我們的產品。Eric Ries 講述了他花了六個月的時間打造了一款無人下載的產品的故事。他反思說，他本來可以在一個網頁上放一個連結，當人們點擊連結後會出現 404 錯誤，藉此來查看是否有任何產品需求，而不是在海灘上傻傻地過了六個月，才學到了同樣的東西！

需要改變我們的系統來應對規模問題並不是失敗的跡象，這反而是成功的象徵。

總結

正如我們所見，無論你正在尋找何種類型的擴展，微服務都為你提供了許多解決問題的不同選擇。

在考慮可用的擴展類型時，擴展軸可能是一個有用的模型：

垂直擴展（*Vertical scaling*）

　簡而言之，這代表可以獲得更大的機器。

水平複製（*Horizontal duplication*）

　有多種可以做相同工作的東西。

資料分割（*Data partitioning*）

　根據資料的某些屬性劃分工作，例如用戶群。

功能分解（*Functional decomposition*）

　基於類型的工作分解，例如微服務分解。

其中很多的關鍵是了解你想要什麼，擴展以改善延遲方面有效的技術，在幫助擴展容量方面可能沒有那麼有效。

不過，我希望我也已經說明清楚，我們討論過的許多擴展形式都會增加系統的複雜性。因此，針對你要嘗試變更的內容，並且避免過早最佳化的危險，這很重要。

接下來，我們從查看幕後發生的事情轉向我們系統中最明顯的部分：使用者介面。

第三部分

人

第十四章

使用者介面

到目前為止，我們還沒有真正接觸到使用者介面的領域。你們中的一些人可能只是為你的用戶提供一個冰冷、生硬的 API，但我們中的許多人發現自己想要創建美觀、實用的使用者介面來讓我們的用戶滿意。畢竟，使用者介面是我們將所有這些微服務整合到對客戶有意義的地方。

當我剛開始接觸計算機科學時，我們主要談論的是在桌面環境執行的龐大客戶端，我花了很多時間在 Motif 上，然後是 Swing，試圖讓我的軟體盡可能好用。通常，這些系統僅用於創建和操作本地文件，但其中許多都有伺服器端元件。我在 Thoughtworks 的第一份工作就是在創建一個以 Swing 為基礎的 POS 系統，該系統只是大量變動元件中的一個，其中大部分都在伺服器上。

然後是使用 Web，我們開始改認為我們的 UI 是「瘦的」，將更多邏輯留在伺服器端。一開始，我們的伺服器端程式渲染（render）了整個頁面，並將其發送到客戶端瀏覽器，而客戶端瀏覽器所做的很少，任何互動都在伺服器端透過使用者點擊連結或填寫表格觸發的 GET 和 POST 請求。隨著時間的推移，JavaScript 成為向以瀏覽器為基礎的 UI 添加動態行為的一種熱門選項，並且一些應用程式可以說是像舊式桌面客戶端一樣「胖」。隨後，我們迎來了行動應用程式的興起，現在我們擁有向使用者提供圖形使用者介面的多樣化環境：不同的平台，以及針對這些平台的不同技術。這一系列技術為我們提供了許多選擇，讓我們可以製作由微服務支援的有效使用者介面。我們將在本章中探索所有這些以及更多內容。

走向數位

在過去的幾年裡，組織開始不再認為應該區別對待網路或行動裝置；相反地，他們更全面地考慮數位化。我們的客戶使用我們提供的服務的最佳方式是什麼？這對我們的系統架構有什麼影響？我們無法準確預測用戶最終如何與我們的產品互動，這一理解推動了細微化 API 的採用，例如微服務所提供的 API。透過結合我們的微服務以不同方式提供的功能，我們可以為客戶在他們的桌面應用程式、行動裝置和穿戴裝置上規劃不同的體驗，甚至在他們訪問我們的實體店時以實體形式呈現。

因此，將使用者介面視為我們希望為使用者提供的各種功能編織在一起的地方。考慮到這一點，我們如何將所有這些線索拉在一起？我們需要從兩個方面來看待這個問題：對象是誰和操作方法。首先，我們將考慮組織方面。在提供使用者介面時，誰負責什麼？其次，我們將查看一組可用於實作這些介面的模式。

所有權模型

正如我們在第 1 章中討論的，傳統的分層架構在有效交付軟體時可能會導致問題。在圖 14-1 中，我們看到一個範例，其中使用者介面層的責任由單一前端團隊負責，後端服務工作由另一個團隊完成。在此範例中，添加一個簡單控制項涉及由三個不同團隊完成的工作。由於需要不斷協調團隊之間的變更和移交工作，這些分層的組織結構會顯著影響我們的交付速度。

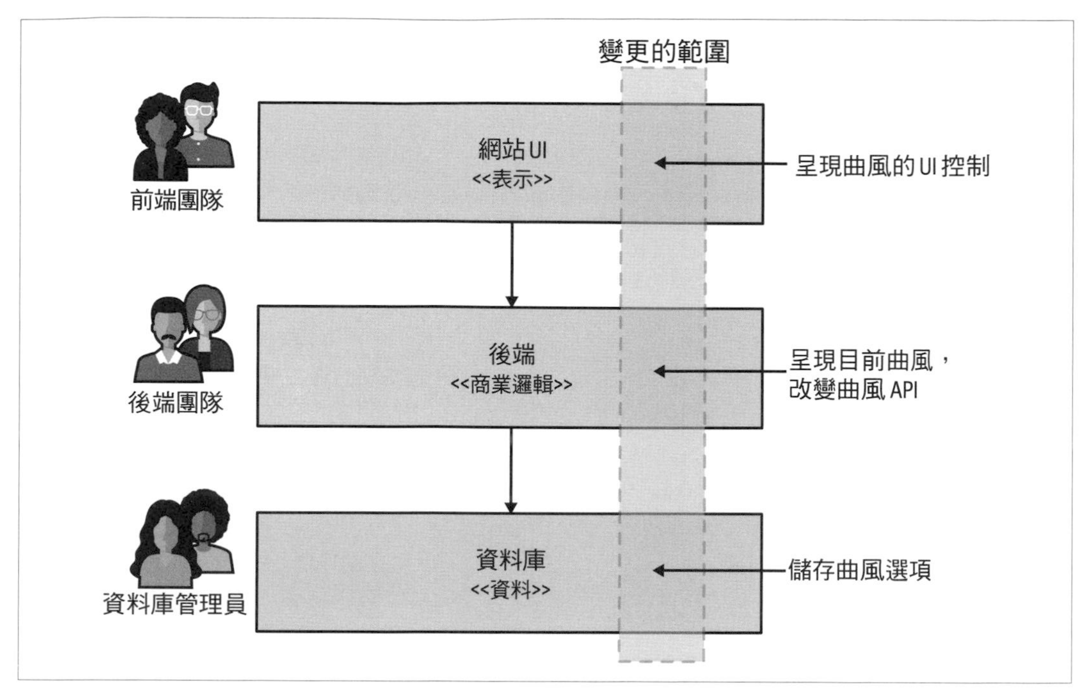

圖 14-1　在所有分層上進行變更，涉及的問題更複雜

我非常喜歡也覺得更符合實作可獨立部署性之目標的模型，是將 UI 分解並由一個團隊管理，且該團隊還管理伺服器端元件，如圖 14-2 所示。在這裡，一個團隊最終負責我們添加新控制項所需的所有變更。

對端到端功能擁有完全所有權的團隊能夠更快地進行變更。擁有完全所有權會鼓勵每個團隊與軟體的終端使用者建立直接聯繫。對於後端團隊來說，他們很容易忘記終端使用者是誰。

儘管有這些缺點，不幸的是，我仍然認為，在使用微服務的公司中，專門的前端團隊是更常見的組織模式。為什麼是這樣呢？

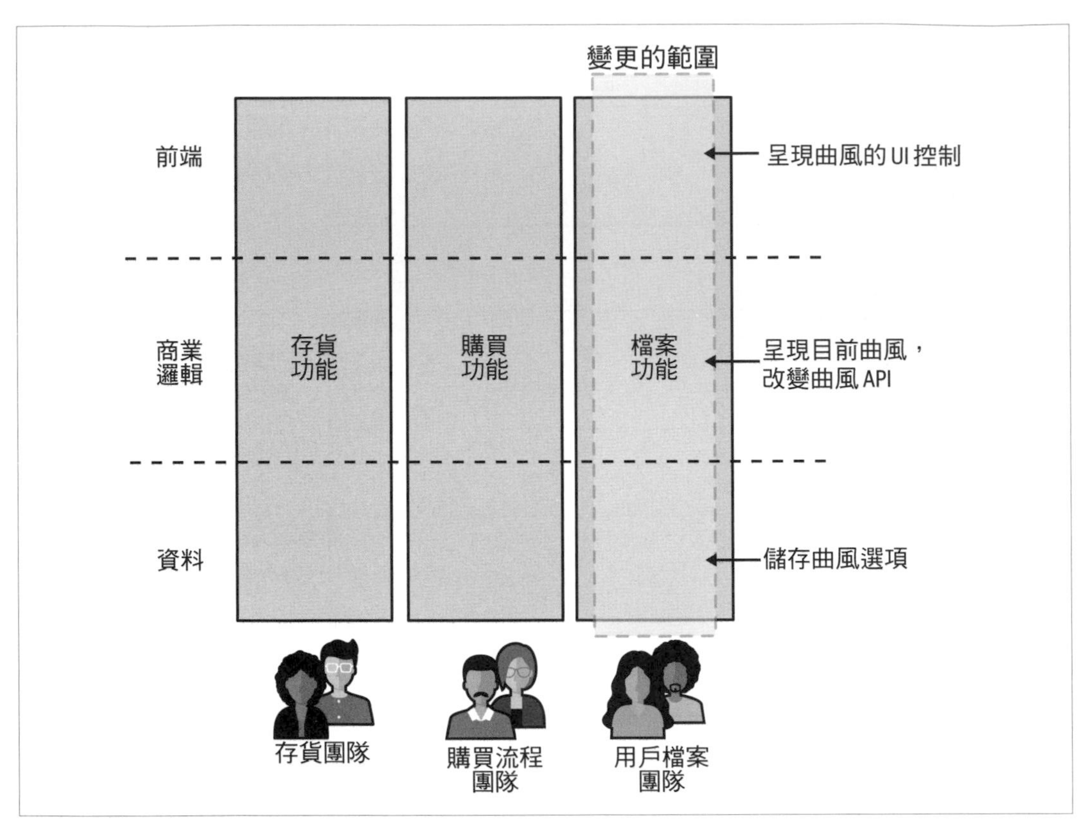

圖 14-2　UI 被拆分並歸一個團隊所有，該團隊還管理支援 UI 的伺服器端功能

專責前端團隊的驅動因素

對專責前端團隊的渴望似乎歸結為三個關鍵因素：缺少專家、一致性驅動和技術挑戰。

首先，提供使用者介面需要一定程度的專業技能。有互動和圖形設計方面，然後是提供出色的網站或本機應用程式體驗所需的技術知識。擁有這些技能的專家可能很難找到，而且由於這些人是如此稀有，所以將他們黏在一起，這樣你就可以確保他們只專注於他們的專業。

獨立前端團隊的第二個驅動因素是一致性。如果你有一個團隊負責交付客戶的使用者介面，則可以確保你的 UI 具有一致的外觀和感覺。你使用一組一致的控制項來解決類似的問題，以便使用者介面的外觀和感覺就像一個單一、凝聚的實體。

最後，以非單體式的方式使用某些使用者介面技術可能具有挑戰性。在這裡，我專門考慮單頁應用程式（single-page application，SPA），它至少在歷史上並不容易分解。傳統上，網站使用者介面由多個網頁組成，你需要從一個頁面瀏覽到另一個頁面。使用 SPA，整個應用程式都在單一網頁中提供。Angular、React 和 Vue 等框架理論上，允許創建比「復古」網站更複雜的使用者介面。我們將在本章稍後查看一組模式，這些模式可以為你提供如何分解使用者介面的不同選項，並且在 SPA 方面，我將展示微前端概念如何允許你在仍然使用 SPA 框架的同時，避免對單體使用者介面的需要。

走向流式團隊

我認為，如果你試圖最佳化以獲得良好的處理能力，那麼擁有一個專責的前端團隊通常是一個錯誤，它會在你的組織中創建新的交接點，進而減慢速度。理想情況下，我們的團隊圍繞端到端的功能部分保持一致，允許每個團隊為其客戶提供新功能，同時減少所需的協調量。我的首選模型是一個團隊，在領域中的特定部分擁有端到端的功能交付。這與 Matthew Skelton 和 Manuel Pais 在他們的著作《*Team Topologies*》[1] 中描述的流式團隊（*stream-aligned teams*）相匹配。正如他們所描述的：

> 流式團隊是一個與單一的、有價值的工作流一致的團隊……他的團隊有權盡可能快速、安全和獨立地建置和交付客戶或使用者價值，而無需交接給其他團隊執行部分工作。

從某種意義上說，我們談論的是全端團隊（*full stack teams*）（而不是全端開發者）[2]。對交付客戶功能負端到端責任的團隊，也直接聯繫終端使用者。我經常看到「後端」團隊對軟體做什麼或使用者需要什麼抱有模糊的概念，這可能會導致在實作新功能時產生各種誤解。另一方面，端到端團隊會發現使用他們創建的軟體與人們建立直接聯繫要容易得多，他們可以更專注於確保他們所服務的人得到他們需要的東西。

作為一個具體的例子，我花了一些時間與 FinanceCo 合作，這是一家位於歐洲成功且不斷發展的金融科技公司。在 FinanceCo，幾乎所有團隊都在開發直接影響客戶體驗的軟體，並且擁有以客戶為導向的關鍵績效指標（KPI），特定團隊的成功與其交付的功能數量無關，而更多地取決於幫助改進人們使用該軟體的經驗。變更如何影響用戶變得非常清楚，而這是唯一可能的，因為大多數團隊在他們交付的軟體方面有直接、面向客戶的責任。當你遠離終端使用者時，就更難了解你的貢獻是否成功，並且你最終可能會專注於與軟體使用者所關心的事情相去甚遠的目標。

---

1 Matthew Skelton 和 Manuel Pais 所著的《*Team Topologies*》（Portland, OR：IT Revolution，2019）。

2 正如 Charity Majors 所說，「除非你製造晶片，否則你不是全端開發者。」。

讓我們重新審視專業前端團隊存在的原因：專家、一致性和技術挑戰。現在讓我們看看如何解決這些問題。

共享專家

優秀的開發者很難找到，當你需要具有特定專業的開發者時，找到他們會更加複雜。例如，在使用者介面領域，如果你提供原生 App 和網站介面，你可能會發現自己需要具有 iOS 和 Android 以及現代 Web 開發經驗的人員。這與你可能需要專門的互動設計師、圖形設計師、可訪問性專家等的事實完全不同。對這些較「狹窄」領域擁有適當技能深度的人可能會手足無措，而且他們的工作可能總是比時間來得多。

正如我們之前提到的，傳統的組織結構方法會讓你把所有擁有相同技能的人放在同一個團隊中，讓你嚴格控制他們的工作。但正如我們也討論過的，這會導致組織孤立。

將具有專業技能的人放在他們自己的專門團隊中也會剝奪其他開發者掌握這些需求技能的機會。例如，你不需要每個開發者都學習成為一名專業的 iOS 開發者，但是對於你的一些開發者來說，在該領域學習足夠的技能來幫助解決簡單的事情仍然很有用，讓你的專家可以自由地處理真正艱鉅的任務。建立實踐社群也有助於技能共享，你可以考慮擁有一個跨越團隊的 UI 社群，使人們能夠與同行分享想法和挑戰。

我記得當所有資料庫變更時，都必須由一個中央資料庫管理員（DBA）池來完成，因此，開發者對資料庫的工作原理知之甚少，並且會更頻繁地創建對於資料庫使用不佳的軟體。此外，有經驗的 DBA 被要求做的大部分工作都包含一些微不足道的變更。隨著越來越多的資料庫工作被納入交付團隊，開發者總體上對資料庫有了更好的了解，並且可以自己開始做一些瑣碎的工作，讓寶貴的 DBA 能夠專注於更複雜的資料庫問題，進而更好地利用他們更專業的技能和經驗。維運和測試人員領域也發生了類似的轉變，更多的工作被拉入團隊。

因此，相反地，將專家從專門的團隊中調出並不會抑制專家完成工作的能力；而事實上，這可能會增加他們必須專注於真正需要他們關注的難題。

祕訣是找到一種更有效的方法來部署你的專家，理想情況下，他們將融入團隊。但是，有時可能沒有足夠的工作來證明他們在特定團隊中的全職工作是合理的，在這種情況下，他們很可能會在多個團隊之間分配時間。另一種模型是擁有一個擁有這些技能的專門團隊，其明確的工作是**使**其他團隊**能**發揮成效。在《*Team Topologies*》中，Skelton 和 Pais 將這些團隊描述為**賦能團隊**（*enabling teams*）。他們的工作是出去幫助其他專注於提供新功能的團隊完成他們的工作。你可以把這些團隊想像成一個內部諮詢公司，他們可以進來與流式團隊一起度過有針對性的時間，幫助它在特定領域變得更加自給自足，或者提供一些專門的時間來幫助滾動出一個特別困難的作品。

因此，無論你的專家是全職加入特定團隊，還是致力於使其他人能夠完成相同的工作，你都可以消除組織孤立，同時幫助你的同事提高技能。

確保一致性

經常被引用為專門前端團隊的原因的第二個問題是一致性。透過讓一個團隊負責使用者介面，你可以確保 UI 具有一致的外觀和感覺。這可以從簡單的事情（例如使用相同的顏色和字體）擴展到以相同的方式解決相同的介面問題，使用一致的設計和互動語言來幫助使用者與系統互動。這種一致性不僅有助於傳達對產品本身的一定程度的改進，而且還確保使用者在交付時會發現新功能更容易使用。

不過，有一些方法可以幫助確保跨團隊的一致性。如果你使用賦能團隊模型，專家將花時間與多個團隊一起工作，他們可以幫助確保每個團隊完成的工作是一致的。創建共享資源（如即時 CSS 樣式指南或共享 UI 元件）也有幫助。

作為使用賦能團隊來幫助保持一致性的一個具體範例，《*Financial Times*》Origami 團隊與設計團隊合作建置了 Web 元件，該元件封裝了品牌標識，以確保跨流式團隊具有一致的外觀和感覺。這種類型的賦能團隊提供兩種形式的幫助。首先，它分享其在交付已建置元件方面的專業知識，其次，它有助於確保 UI 提供一致的使用者體驗。

然而，值得注意的是，一致性的驅動因素不應該被認為是普遍正確的。一些組織做出看似有意識的決定，不要求他們的使用者介面保持一致性，因為他們認為允許團隊有更多的自主權是可取的。亞馬遜就是這樣一個組織。其主要購物網站的早期版本存在很大程度的不一致，小組件（widget）使用完全不同的控制項風格。

當你查看 Amazon Web Services（AWS）的網站控制面板時，這會在更大程度上顯示出來。AWS 中的不同產品具有大量不同的互動模型，使得使用者介面非常令人眼花繚亂。然而，這似乎是亞馬遜減少團隊內部協調的邏輯延伸。

AWS 中產品團隊自主權的增加似乎也體現在其他方面，而不僅僅是在經常脫節的使用者體驗方面。通常有多種不同的方法可以實作相同的任務（例如，透過運行容器工作負載），AWS 內部的不同產品團隊經常使用相似但不相容的解決方案相互重疊。你可能會批評最終結果，但 AWS 已經表明，透過擁有這些高度自治面向產品的團隊，它創建了一家具有明顯市場領先地位的公司。至少就 AWS 而言，其交付速度勝過使用者體驗的一致性。

應對技術挑戰

在使用者介面的開發方面，我們經歷了一些有趣的演變：從基於綠幕終端的文字使用者介面到豐富的桌面應用程式、網路，以及現在的原生行動裝置體驗。在許多方面，我們已經繞了一圈，然後又更向前邁進了一些，我們的客戶端應用程式現在建置得如此複雜和精密，以致於它們絕對可以與富人的複雜性相媲美。桌面應用程式一直是 21 世紀第一個十年的使用者介面開發的支柱。

在某種程度上，事物變化得越多，它們就越保持不變。我們經常使用與 20 年前相同的 UI 控制項，像是按鈕、複選框、表單、組合框等等。我們在這個空間中添加了更多元件，但比你想像的要少得多。改變的是我們首先用來創建這些圖形使用者介面的技術。

這個領域的一些新技術，特別是單頁應用程式，在分解使用者介面時會給我們帶來問題。此外，我們希望提供相同使用者介面的設備種類越來越多，這會導致其他需要解決的問題。

從根本上說，我們的使用者希望以盡可能無縫的方式使用我們的軟體。無論是透過桌上型電腦的瀏覽器，還是透過本機或 Web 行動應用程式，結果都是一樣的，就是使用者透過一個單一的玻璃面板與我們的軟體進行互動。他們不應該關心使用者介面是以模組化還是單體方式建置的。因此，我們必須設法分解我們的使用者介面功能並將其重新組合在一起，同時解決單頁應用程式、行動裝置等帶來的挑戰。這些問題將在本章的其餘部分繼續介紹。

模式：單體式前端

單體式前端（*monolithic frontend*）模式描述了一種架構，其中所有 UI 狀態和行為都在 UI 本身中定義，呼叫支援微服務以獲取所需的資料或執行所需的操作。圖 14-3 顯示了一個範例。我們的畫面想要顯示有關專輯及其曲目列表的資訊，因此 UI 請求從 `Album` 微服務中提取此資料。我們還透過從 `Promotions` 微服務請求資訊來顯示有關最近特價的資訊。在此範例中，我們的微服務返回 UI 用於更新顯示資訊的 JSON。

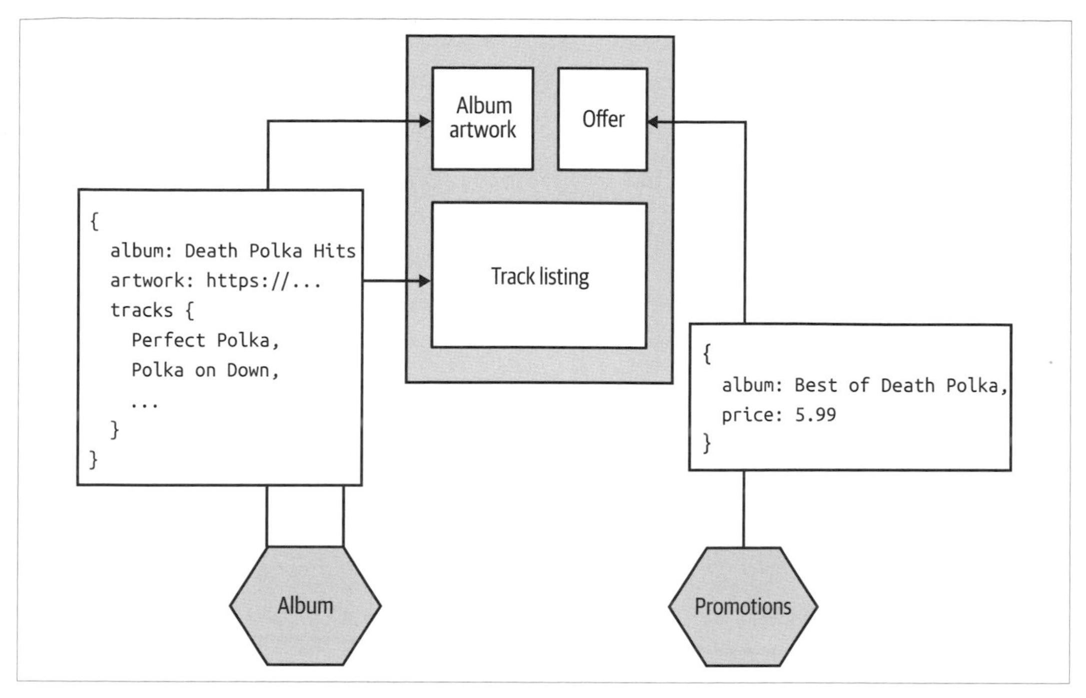

圖 14-3　我們的 Album 詳細資訊畫面從下游微服務中提取資訊以呈現 UI

對於建置單體式單頁應用程式的人來說，這個模型是最常見的，通常有一個專門的前端團隊。我們微服務的要求非常簡單，只需要以一種使用者介面可以輕鬆解釋的形式共享資訊。對於以 Web 為基礎的 UI，這意味著我們的微服務可能需要以文字格式提供資料，JSON 是最有可能的選項。然後 UI 需要創建構成介面的各種元件，處理與後端的狀態同步等。對於以 Web 為基礎的客戶端來說，使用二進制協定進行服務到服務溝通會更加困難，但對於本機行動裝置或「厚」桌面應用程式來說可能沒問題。

使用時機

這種方法有一些缺點。首先，由於其作為整體實體的性質，它可以成為（或由）專門前端團隊的驅動力。由於存在多個競爭源，讓多個團隊共同負責這個單體式前端可能具有挑戰性。其次，我們幾乎沒有能力為不同類型的設備定制回應。如果使用 Web 技術，我們可以變更畫面的佈局以適應不同的設備限制，但這不一定會擴展到變更對支援微服務的呼叫。我的移動客戶端可能只能顯示一個訂單的 10 個欄位，但是如果微服務拉回訂單的所有 100 個欄位，我們最終會擷取到不必要的資料。這種方法的一個解決方案，是讓使用者介面指定在發出請求時要拉回哪些欄位，但這假設每個支援微服務都支援這種形式的互動。在第 454 頁的「GraphQL」中，我們將看看在這種情況下使用 BFF 模式和 GraphQL 是如何提供幫助的。

確實，當你希望 UI 的所有實作和行為都在一個可部署單元中時，這種模式最有效。對於同時開發前端和所有支援微服務的單一團隊來說，這可能沒問題；就個人而言，如果你有多個團隊在開發你的軟體，我認為你應該抵制這種衝動，因為它可能導致你陷入具有相關組織孤立的分層架構。但是，如果你無法避免分層架構和匹配的組織結構，這可能是你最終會使用的模式。

模式：微前端

微前端（*micro frontend*）方法是一種組織模式，可以獨立處理和部署前端的不同部分。引用 Cam Jackson 關於該主題的文章[3]，我們可以將微前端定義如下：「一種架構風格，其中可獨立交付的前端應用程式組合成一個更大的整體。」。

對於想要同時交付後端微服務和支援 UI 的流式團隊來說，它成為一種基本模式。微服務為後端功能提供獨立的可部署性，而微前端為前端提供獨立的可部署性。

由於以單頁應用程式為代表的單體式、大量 JavaScript 的 Web UI 所帶來的挑戰，微前端概念越來越受歡迎。使用微前端，不同的團隊可以對前端的不同部分進行工作和變更。回到圖 14-2，庫存團隊、採購流程團隊和用戶檔案團隊都能夠獨立於其他團隊變更與其工作流相關的前端功能。

實作

對於以 Web 為基礎的前端，我們可以考慮兩種有助於實作微前端模式的關鍵分解技術。基於小元件（widget-based）的分解涉及到將前端的不同部分拼接成一個畫面。另一方面，基於頁面（page-based）的分解將前端拆分為獨立的網頁。這兩種方法都值得進一步探索，我們接下來很快就會談到。

使用時機

如果你想採用端到端、流式團隊，而你正試圖擺脫分層架構，那麼微前端模式是必不可少的，我也可以想像它在你想要保留分層架構的情況下很有用，但是前端的功能現在非常大，以致於需要多個專門的前端團隊。

3 Cam Jackson 的文章《Micro Frontends》，martinfowler.com，2019 年 6 月 19 日，*https://oreil.ly/U3K40*。

這種方法有一個我不確定可以解決的關鍵問題。有時，微服務提供的功能並不適合小元件或網頁。當然，我可能想在我們網站頁面上的一個框中顯示推薦，但是如果我想在其他地方編織動態推薦怎麼辦？例如，當我搜尋時，我希望前面的類型自動觸發新的推薦。互動形式越是橫切（cross-cutting），這種模型就越不可能適合，我們也就越有可能退回到只進行 API 呼叫。

自含系統

自含系統（*self contained system*，SCS）是一種架構風格，可以說是由於微服務早期缺乏對 UI 問題的關注而產生的。一個 SCS 可以由多個變動元件（可能是微服務）組成，它們可以一起構成一個 SCS。

正如定義的那樣，一個自含系統必須符合一些特定的標準，我們可以看到這些標準與我們試圖透過微服務實作的一些相同事情重疊。你可以在非常清楚的 SCS 網站（*https://scs-architecture.org*）上找到有關自含系統的更多資訊。這裡我先節錄了有一些重點：

- 每個 SCS 都是一個自治的 Web 應用程式，沒有共享 UI。
- 每個 SCS 由一個團隊所擁有。
- 應盡可能使用異步溝通。
- SCS 之間不能共享業務程式碼。

SCS 方法還沒有像微服務那樣流行起來，而且我很少遇到這個概念，儘管我同意它概述的許多原則。我特別喜歡呼籲一個自含系統應該歸屬於一個團隊所有。我確實想知道這種缺乏廣泛使用是否可以解釋為什麼 SCS 方法的某些方面似乎過於狹隘和過於規範。例如，堅持每個 SCS 都是「自主 Web 應用程式」，代表許多類型的使用者介面永遠不能被視為 SCS。這是否意味著我建置使用 gRPC 的原生 iOS 應用程式可以成為 SCS 的一部分？

那麼 SCS 方法與微服務衝突嗎？並不一定。我研究過許多微服務，如果單獨考慮，它們本身就符合 SCS 的定義。我同意 SCS 方法中一些有趣的想法，其中許多我們已經在本書中介紹過。我只是發現這種方法過於規範，以致於對 SCS 感興趣的人可能會發現採用這種方法極具挑戰性，因為它可能需要對其軟體交付的許多方面進行大規模變更。

我確實也擔心像 SCS 概念這樣的宣言會引導我們走上過度關注活動、而不是原則和結果的道路，你可以遵循每個 SCS 特徵，但仍有可能錯過重點。經過反思，我覺得 SCS 方法是一種以技術為中心的方法，可以促進組織概念，因此，我寧願專注於減少協調的流式團隊的重要性，並讓技術和架構從中流出。

模式：以頁面為基礎的分解

在以頁面為基礎的分解中，我們的 UI 被分解為多個網頁。不同的微服務可以提供不同的頁面集。在圖 14-4 中，我們看到了 MusicCorp 這種模式的範例。對 `/albums/` 中頁面的請求被直接繞送到 `Albums` 微服務，該微服務負責處理這些頁面，我們對 `/artists/` 執行類似的操作。通用導覽用於幫助將這些頁面拼接在一起，這些微服務又可能獲取建置這些頁面所需的資訊，例如，從 `Inventory` 微服務獲取庫存水準以在 UI 上顯示哪些商品有庫存。

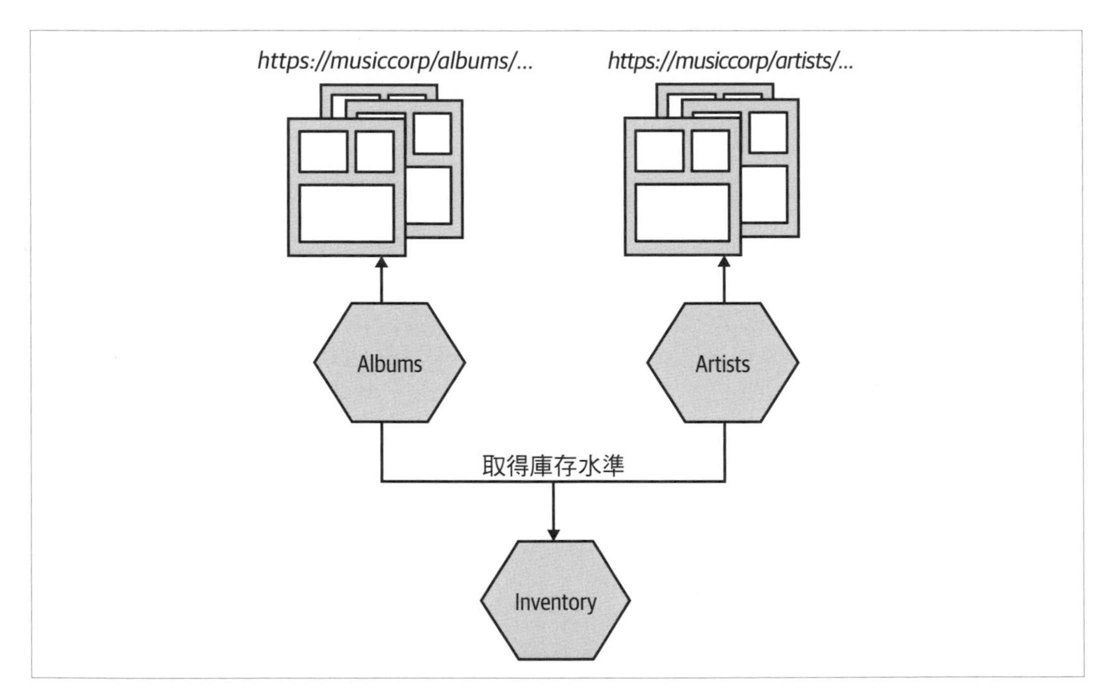

圖 14-4　使用者介面由多個頁面組成，不同的微服務提供不同的頁面組合

使用此模型，擁有 Albums 微服務的團隊將能夠端到端地呈現完整的 UI，使團隊能夠輕鬆了解其變更將如何影響使用者。

> **網頁**
>
> 在單頁應用程式出現之前，我們擁有網頁。我們與網頁的互動是基於訪問 URL 和點擊連結，導致新頁面加載到我們瀏覽器中的。我們的瀏覽器可以在這些頁面之間瀏覽，使用書籤標記感興趣的頁面，以及用前進和後退的控制項來重新訪問以前訪問過的頁面。你們可能都翻白眼想：「我當然知道網頁是如何運作的」；然而，它是一種似乎已經失寵的使用者介面風格。當我看到我們當前以 Web 為基礎的使用者介面實作時，我很想念它的簡單性。我們自動假設以 Web 為基礎的 UI 代表單頁應用程式，這已經讓我們失去很多了。

在處理不同類型的客戶端，沒有什麼可以阻止頁面根據請求頁面設備的性質來調整它顯示的內容。漸進增強（或優雅降級）的概念現在應該已經很好理解了。

從技術實作的角度來看，以頁面為基礎的分解其簡單性在這裡具有真正的吸引力。你不需要在瀏覽器中運行任何花俏的 JavaScript，也不需要使用有問題的 iFrame，使用者單擊一個連結然後請求一個新頁面。

使用地方

無論是單體式前端或微前端方法都很有用，如果我的使用者介面是網站，以頁面為基礎的分解將是使用者介面分解的預設選擇。網頁作為一個分解單元是整個網路的核心概念，它成為簡單而明顯的技術，分解大型以網路為基礎的使用者介面。

我認為問題在於，在急於使用單頁應用程式技術的過程中，這些使用者介面變得越來越少，以致於在我看來更適合網站實作的使用者體驗最終被硬塞進了單頁應用程式[4]。當然，你可以將以頁面為基礎的分解與我們介紹的其他一些模式結合起來，例如，我可以有一個包含小元件的頁面，這是我們接下來會介紹的。

---

4 我在看著你，*Sydney Morning Herald*！

模式：以小元件為基礎的分解

透過以小元件為基礎的分解，圖形介面中的畫面包含可以獨立變更的小元件。在圖 14-5 中，我們看到 MusicCorp 的前端範例，其中有兩個小元件為購物籃和推薦提供 UI 功能。

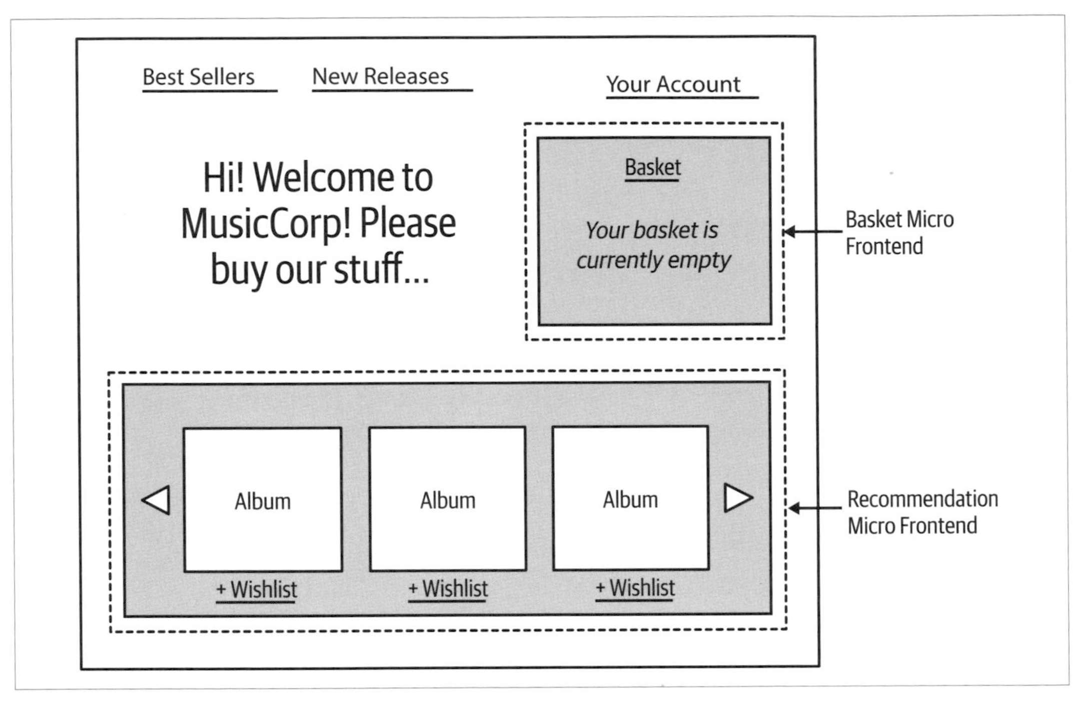

圖 14-5　MusicCorp 上使用的購物籃和推薦小元件

MusicCorp 的推薦小元件提取了一個可以循環和過濾的推薦輪播。正如我們在圖 14-6 中看到的，當使用者與推薦小元件互動時，例如，循環到下一組推薦，或者將品項添加到他們的願望清單，它可能會導致呼叫支援微服務，也許在這種情況下是 `Recommendations` 和 `Wishlist` 微服務，這可以很好地與擁有這些支援微服務和元件本身的團隊保持一致。

一般來說，你需要一個「容器」應用程式來定義介面的核心瀏覽、以及需要包含哪些小元件等內容。如果我們考慮端到端的流式團隊，我們可以想像一個團隊提供推薦小元件並負責支援 `Recommendations` 微服務。

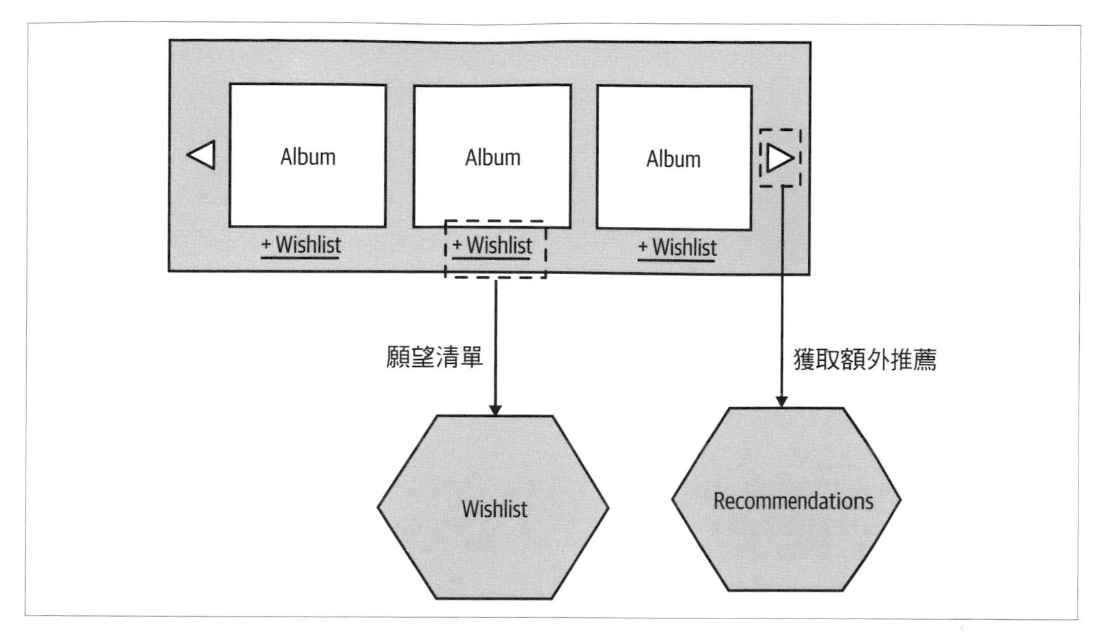

圖 14-6 推薦微前端與支援微服務的互動

這種模式在現實世界中很多。例如，Spotify 使用者介面大量使用了這種模式。一個小元件可能包含播放列表，另一個可能包含有關音樂家的資訊，第三個小元件可能包含有關音樂家和你關注的其他 Spotify 使用者的資訊。這些小元件在不同情況下以不同方式組合。

但是你仍然需要某種裝配層來將這些部件組合在一起。不過，這可能就像使用伺服器端或客戶端模板一樣簡單。

實作

如何將小元件拼接到你的 UI 中，很大程度是取決於你的 UI 是如何創建的。對於一個簡單的網站，使用客戶端或伺服器端模板將小元件包含為 HTML 片段可能非常簡單，但如果小元件具有更複雜的行為，你可能會遇到問題。例如，如果我們的推薦小元件包含大量 JavaScript 功能，我們如何確保這不會與加載到網頁其餘部分的行為發生衝突？理想情況下，可以將整個小元件打包成不會破壞 UI 其他方面的方式。

如何在不破壞其他功能的情況下將自含功能交付到 UI 的問題，在歷史上一直是單頁應用程式的問題，部分原因是模組化的概念似乎並不是支援 SPA 框架被創建出來的主要關注點。這些挑戰值得更深入地探索。

依賴關係

儘管 iFrame 過去一直是一種被大量使用的技術，但我們傾向於避免使用它們將不同的小元件拼接成一個網頁。iFrame 在大小和前端不同部分之間難以溝通方面存在許多挑戰。相反地，小元件通常不是使用伺服器端模板拼接到 UI 中，就是動態插入到客戶端的瀏覽器中。在這兩種情況下，挑戰在於小元件與前端的其他部分在同一瀏覽器頁面中運行，這代表你需要注意不同的小元件不會相互衝突。

舉例說明，我們的推薦小元件可能使用 React v16，而購物籃小元件仍在使用 React v15。這當然是一件幸運的事，因為它可以幫助我們嘗試不同的技術（我們可以為不同的小元件使用不同的 SPA 框架），但在更新正在使用的框架版本方面也有幫助。我曾與許多在 Angular 或 React 版本之間移動時遇到挑戰的團隊交談過，這主要是由於較新的框架版本中使用的約定存在差異。升級整個單體 UI 可能令人生畏，但如果你可以逐步進行，逐一更新前端的各個部分，你就可以分解工作並降低升級引入新問題的風險。

不利的一面是，最終你可能會在依賴項之間出現大量的重複，這反過來又會導致頁面加載大小大幅膨脹。例如，我最終可能會包含多個不同版本的 React 框架及其相關的傳送依賴關係（transitive dependencies）。毫不奇怪的是，現在許多網站的頁面加載大小是某些作業系統大小的數倍。我作了一個快速的不科學研究，我在撰寫本文時檢查了 CNN 網站的頁面加載，它是 7.9 MB，這比 Alpine Linux 的 5 MB 來得大很多。實際上 7.9 MB 算是我看到的一些頁面加載大小較小的。

頁面中小元件之間的溝通

儘管我們的小元件可以獨立建置和部署，但我們仍然希望它們能夠彼此互動。以 MusicCorp 為例，當使用者選擇暢銷排行榜中的一張專輯時，我們希望 UI 的其他部分根據選擇進行更新，如圖 14-7 所示。

我們實作這一目標的方法是讓圖表小元件發出一個自定義事件。瀏覽器已經支援許多我們可以用來觸發行為的標準事件，這些事件允許我們對按下的按鈕、滾動的滑鼠游標等做出反應，如果你花時間建置 JavaScript 前端，你可能已經大量使用此類事件處理。這是創建你自己的自定義事件的簡單步驟。

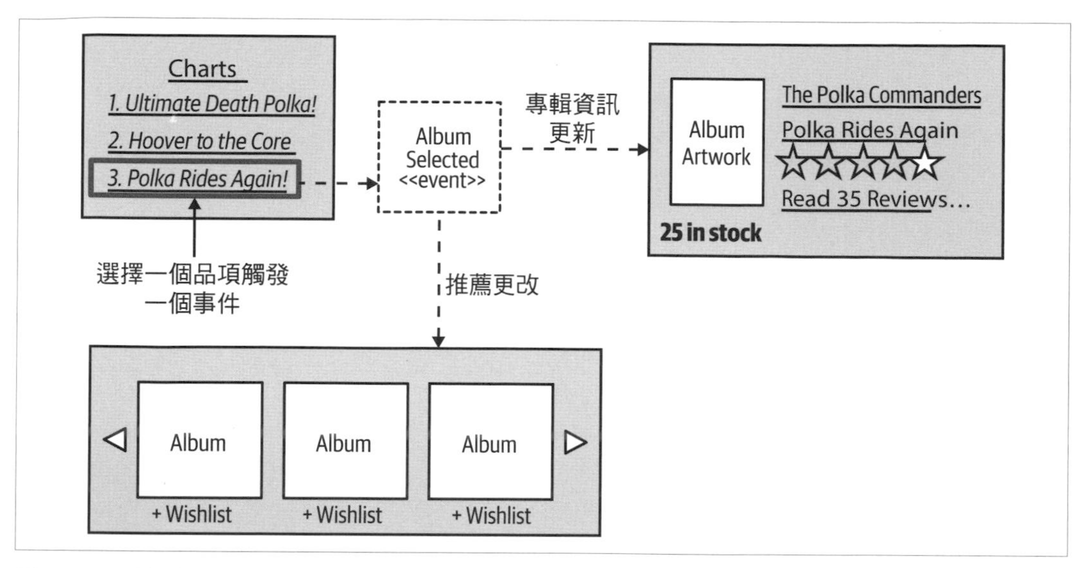

圖 14-7 圖表小元件可以發送事件給 UI 其他部分偵聽

所以在我們的例子中，當在圖表中選擇一個品項時，該小元件會引發一個自定義的 `Album Selected` 事件。推薦和專輯資訊小元件都會訂閱事件並做出相應的反應，推薦會根據選擇進行更新，並加載專輯詳情。這種互動我們當然應該已經很熟悉了，因為它模仿了我們在第 101 頁的「模式：事件驅動的溝通」中討論的微服務之間的事件驅動互動作用。唯一真正的區別是這些事件互動發生在瀏覽器內部。

Web 元件

乍一看，Web 元件標準（Web Component Standard）應該是實作這些小元件的一種顯而易見的方式。Web 元件標準描述了如何創建可以對其 HTML、CSS 和 JavaScript 方面進行沙盒處理的 UI 元件。但不幸的是，Web 元件標準似乎需要很長時間才能穩定下來，並且需要更長的時間才能被瀏覽器正確支援。大部分圍繞它們的初始工作似乎已經停滯，這顯然影響了採用。例如，我還沒有遇到過使用由微服務提供的 Web 元件的組織。

有鑑於 Web 元件標準現在得到了相當好的支援，我們可能會看到它們在未來成為實作沙盒小元件或更大的微前端的常用方法，但經過多年的等待，我還沒有找到。

使用時機

這種模式使多個流式團隊可以輕鬆地為同一個 UI 做出貢獻，它比以頁面為基礎的分解具有更大的彈性，因為不同團隊交付的小元件可以同時共存於 UI 中。它還為團隊提供了機會，使他們能夠提供可供流式團隊使用的可重用小元件。我之前在提到《*Financial Times*》Origami 團隊的角色時分享了一個例子。

如果你正在建置一個豐富的以 Web 為基礎的使用者介面，小元件分解模式非常有用，我強烈建議你在使用 SPA 框架並希望分解前端職責的任何情況下使用小元件，並且朝向微前端方法移動。圍繞這一概念的技術和支援技術，在過去幾年中得到了顯著改進，以致於在建置以 SPA 為基礎的 Web 介面時，將我的 UI 分解為微前端將是我的預設方法。

我對 SPA 背景中的小元件分解的主要擔憂，與建立獨立的元件捆綁所需的工作以及有關資料酬載大小的問題有關。前一個問題可能是一次性成本，只涉及確定最適合你既有工具鏈的包裝風格。後者的問題可能會更大。一個小元件的依賴項中的一個簡單小變化，可能會導致應用程式中包含大量新的依賴項，進而大大增加頁面大小。如果你正在建置一個關注頁面權重的使用者介面，我建議你進行一些自動檢查，以在頁面權重超過某個可接受的門檻時提醒你。

另一方面，如果小元件本質上更簡單並且主要是靜態元件，那麼相比之下，使用像客戶端或伺服器端模板這樣簡單的東西來包含它們的能力就簡單多了。

限制

在繼續討論下一個模式之前，我想先談談限制這個主題。我們軟體的使用者越來越多地透過各種不同的設備與其互動。這些設備中的每一個都施加了我們的軟體必須適應的不同限制。例如，在桌面 Web 應用程式中，我們會考慮訪問者使用的瀏覽器或螢幕分辨率等限制，視力受損的人可能會透過螢幕閱讀器使用我們的軟體，而行動不便的人可能更有可能使用鍵盤式輸入來瀏覽畫面。

因此，儘管我們的核心服務及核心產品可能是相同的，但我們需要一種方法來使它們適應每種類型介面存在的不同限制，以及我們使用者的不同需求。如果你願意，這可以純粹從財務角度來推動，越多滿意的用戶代表著越多的錢。但也有一個人性、道德的考慮：當我們忽視有特定需求的用戶時，我們就會拒絕他們使用我們服務的機會。在某些情況下，由於設計決策而使人們無法瀏覽 UI 會導致法律訴訟和罰款。例如，英國和其他一些國家都制定了適當的法律，以確保殘疾人士能夠訪問網站[5]。

行動裝置帶來了許多新的限制。我們的行動應用程式與伺服器溝通的方式會產生影響。這不僅僅是純粹的頻寬問題，行動網路的侷限性也會在其中發揮作用。不同類型的互動會消耗電池壽命，進而影響到客戶的耐心。

互動的性質也隨著設備的不同而變化。我無法輕鬆地使用右鍵單擊平板電腦，在手機上，我可能希望將我的介面設計為主要單手使用，大多數操作由拇指控制。在其他地方，我可能會允許人們在頻寬非常寶貴的地方透過 SMS 與服務進行互動，例如，在全球南部使用 SMS 作為介面的情況非常普遍。

關於使用者介面可訪問性的更廣泛討論超出了本書的範圍，但我們至少可以探索由不同類型的客戶端（例如行動裝置）引起的特定挑戰，處理客戶端設備不同需求的常見解決方案，是在客戶端執行某種過濾和呼叫匯總。不需要的資料可以被剝離，不需要發送到設備，多個呼叫也可以合併為一個呼叫。

接下來，我們將看看在這個領域中可能有用的兩種模式：中央匯總 gateway 和 Backend for Frontend（BFF）。我們還將研究如何使用 GraphQL 來幫助為不同類型的介面定制回應。

模式：中央匯總 gateway

一個中央目的匯總 gateway 位於外部使用者介面和下游微服務之間，並為所有使用者介面執行呼叫過濾和匯總。如果沒有匯總，使用者介面可能必須多次呼叫以獲取所需資訊，通常會丟棄已檢索但不需要的資料。

在圖 14-8 中，我們看到了這樣一種情況。我們想要顯示一個畫面，其中包含有關客戶最近訂單的資訊。畫面需要顯示有關客戶的一些一般資訊，然後按日期順序列出他們的一些訂單，以及匯總資訊，顯示每個訂單的日期和狀態以及價格。

我們直接呼叫 `Customer` 微服務，拉回有關用戶的完整資訊，即使我們只需要幾個字段。然後我們從 `Order` 微服務中獲取訂單詳細資訊。我們可以稍微改善這種情況，也許是透過變更 `Customer` 或 `Order` 微服務以返回更符合我們在這種特定情況下所要求的資料，但這仍然需要進行兩次呼叫。

5 我不是律師，但是如果你想查看英國涵蓋此內容的立法，請閱讀 2010 年平等法案，特別是第 20 節的部分。W3C 也對可訪問性指南有很好的概述（*https://www.w3.org/TR/WCAG*）。

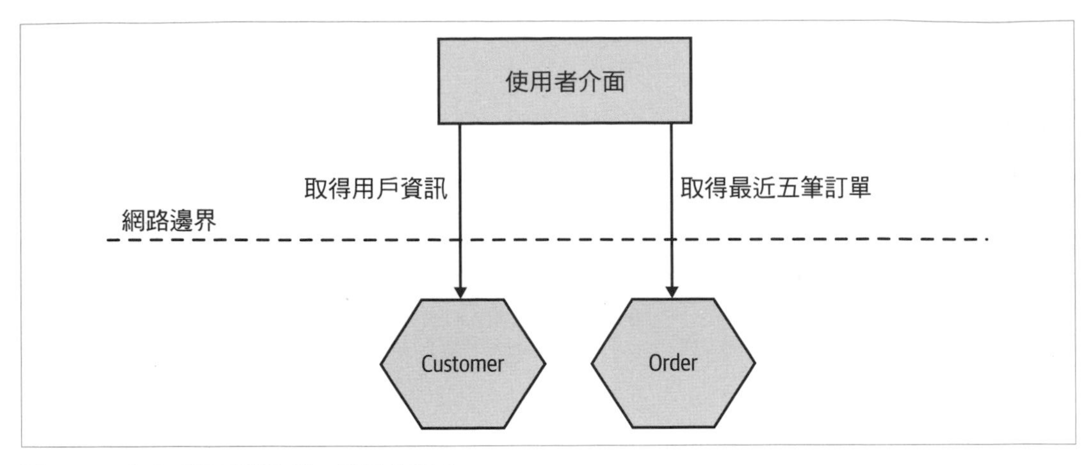

圖 14-8　多次呼叫以獲取單一畫面的資訊

使用匯總 gateway，我們可以改為從使用者介面向 gateway 發出單一呼叫。然後匯總 gateway 執行所有需要的呼叫，將結果組合成單一回應，並丟棄使用者介面不需要的任何資料（圖 14-9）。

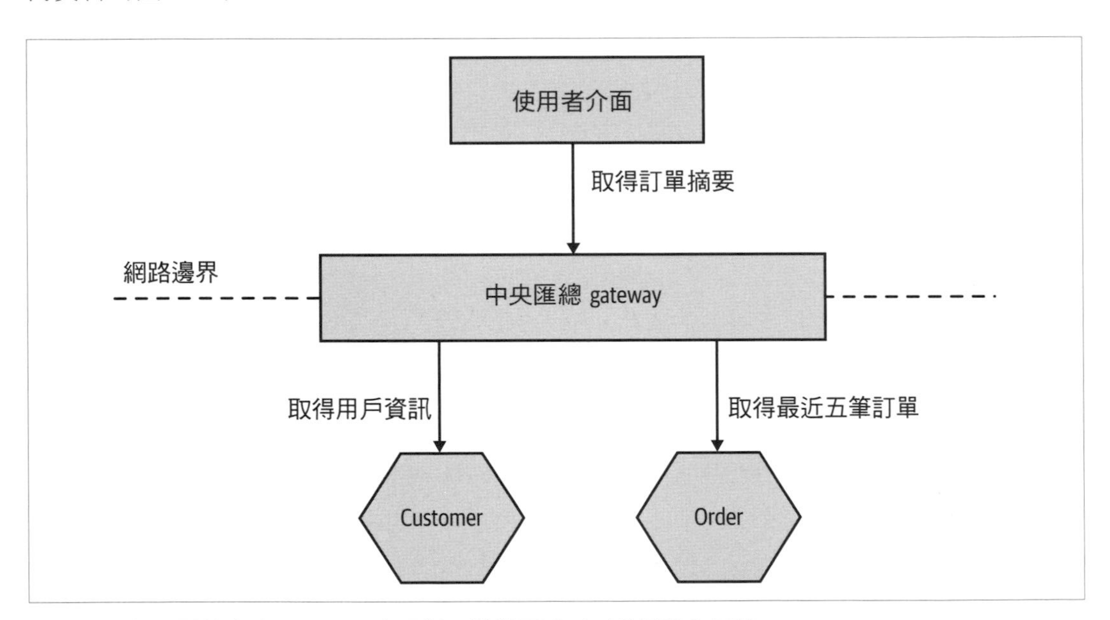

圖 14-9　伺服器端中央 gateway 處理對下游微服務呼叫的過濾和匯總

這樣的 gateway 也可以幫助批量呼叫。例如，不需要透過獨立的呼叫查找 10 個訂單 ID，我可以向匯總 gateway 發送一個批次處理請求，它可以處理其餘的請求。

從根本上來說，擁有某種匯總 gateway 可以減少外部客戶端需要進行的呼叫次數、並減少需要發回的資料量，這可以在減少頻寬使用和改善應用程式延遲方面帶來顯著的好處。

所有權

隨著越來越多的使用者介面使用中央 gateway，並且隨著越來越多的微服務需要為這些使用者介面呼叫匯總和過濾邏輯，gateway 成為潛在的競爭來源。那麼誰擁有 gateway 呢？它是由創建使用者介面的人所有，還是由擁有微服務的人所有？我經常發現中央匯總 gateway 的作用如此之大，以致於它最終歸一個專門的團隊所有，也就是獨立的分層架構！

從根本上來說，呼叫匯總和過濾的本質很大程度上是由外部使用者介面的要求所驅動的。因此，gateway 由創建 UI 的團隊擁有是很自然的。但不幸的是，尤其是在一個擁有專門前端團隊的組織中，該團隊可能不具備建置如此重要的後端元件的技能。

無論誰最終擁有中央 gateway，它都有可能成為交付的瓶頸。如果多個團隊需要對 gateway 進行變更，則其上的開發將需要這些團隊之間的協調，進而減慢速度。如果一個團隊擁有它，那麼在交付方面，該團隊可能會成為瓶頸。我們將很快介紹 Backend for Frontend（BFF）如何來幫助解決這些問題。

不同類型的使用者介面

如果可以管理所有權方面的挑戰，在我們考慮不同設備及其不同需求的問題之前，中央匯總 gateway 可能仍然運行良好。正如我們所討論的，行動裝置的可供性是非常不同的，我們有更少的畫面空間，代表我們可以顯示的資料更少；打開與伺服器端資源的大量連接會耗盡電池壽命和有限的網路流量。此外，我們希望在行動裝置上提供的互動性質可能會有很大不同。試想典型的實體零售商，在桌面應用程式上，我可能會允許你查看待售商品並在線上訂購或在商店中預訂；但是，在行動裝置上，我可能希望允許你掃描條碼以進行價格比較、或在商店中為你提供基於相關的優惠。隨著我們建置越來越多的行動應用程式，我們開始意識到人們使用它們的方式非常不同，因此我們需要公開的功能也會有所不同。

因此，在實踐中，我們的行動裝置將希望發送不同且更少的呼叫，並希望顯示與桌面設備不同（甚至可能更少）的資料。這代表我們需要向 API 後端添加額外的功能以支援不同類型的使用者介面。在圖 14-10 中，我們看到 MusicCorp 的 Web 介面和 mobile 介面，都使用相同的 gateway 顯示用戶摘要畫面，但每個用戶都需要不同的資訊集。Web

介面需要有關用戶的更多資訊，並且還包含每個訂單中商品的簡要摘要，這導致我們在後端 gateway 中實現兩種不同的匯總和過濾呼叫。

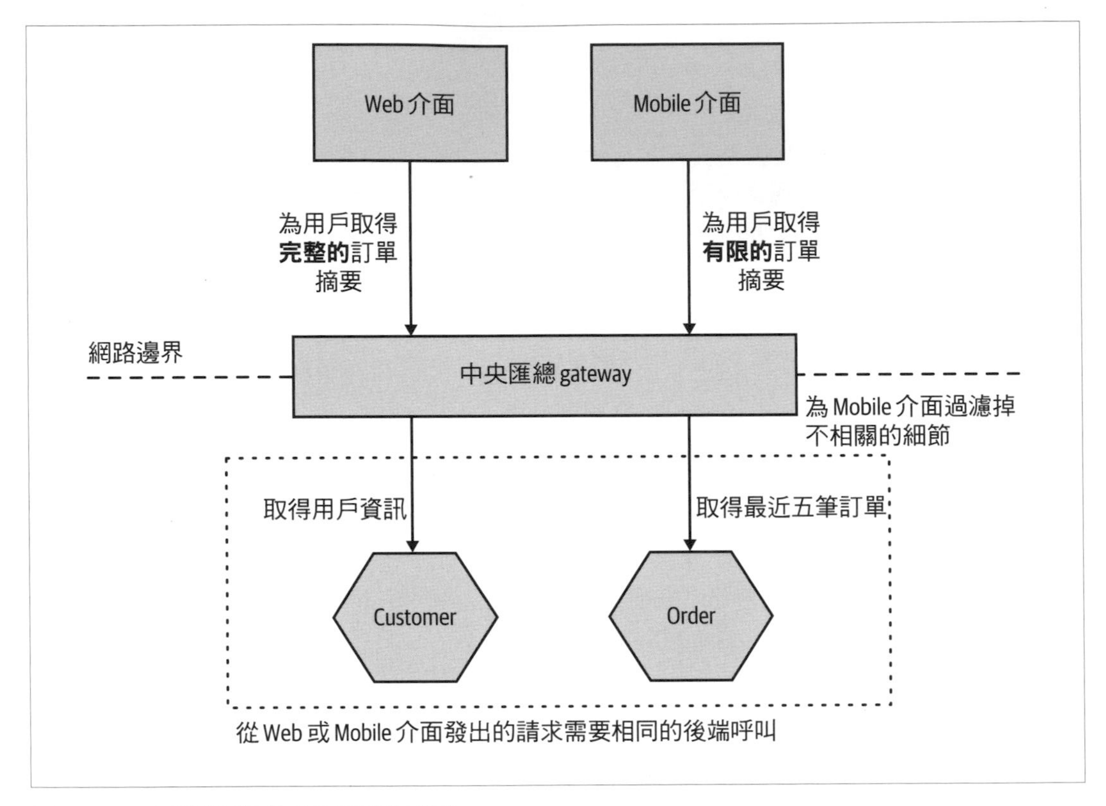

圖 14-10　支援不同設備的不同匯總呼叫

這可能會導致 gateway 大量膨脹，尤其是當我們考慮不同的原生行動應用程式、客戶網站、內部管理介面等等時。當然，我們也有問題，雖然這些不同的 UI 可能由不同的團隊擁有，但 gateway 是一個單一的單元，我們有多個團隊必須在同一個部署的單元上工作的老問題，我們的單一匯總後端可能會成為瓶頸，因為正試圖對同一個可部署產出物進行如此多的變更。

多重顧慮

在處理 API 呼叫時，可能需要在伺服器端解決很多問題。除了呼叫匯總和過濾之外，我們還可以考慮更通用的問題，例如 API 金鑰管理、使用者認證或呼叫繞送。一般來說，這些通用問題可以透過 API gateway 產品來處理，這些產品有多種尺寸和多種不同的價格（其中一些價格高得令人瞠目結舌！）。根據你需要的複雜程度，購買產品（或授權服務）來為你處理其中一些問題可能很有意義。你真的想要自己管理 API 金鑰發布、追蹤、速率限制等嗎？無論如何，看看這個領域的產品來解決這些一般問題，但也要警惕嘗試使用這些產品來進行呼叫匯總和過濾，即使他們宣稱可以。

在定製由其他人建置的產品時，你通常必須在他們的世界中工作。你的工具鏈受到限制，因為你可能無法使用你的程式語言和你的開發實踐。你並不是撰寫 Java 程式碼，而是在一些奇怪特定於產品的 DSL（可能使用 JSON）中配置路由規則，這可能是一種令人沮喪的體驗，並且你正在將系統的一些智能融入第三方產品中，這會降低你以後改變這種行為的能力。人們通常會意識到，呼叫匯總模式實際上與某些領域功能相關，這些功能可以證明微服務本身的合理性（我們將在討論 BFF 時對此進行更多探討）。如果此行為處於特定於供應商的配置中，則移動此功能可能會更成問題，因為你可能不得不重新發明它。

如果匯總 gateway 變得複雜到需要一個專門的團隊來擁有和管理它，情況可能會變得更糟。在最壞的情況下，採用更多橫向團隊所有權可能會導致推出一些新功能，你必須讓前端團隊進行變更，匯總 gateway 團隊也必須進行變更，以及擁有微服務的團隊也做出改變。突然間，一切都開始變得更加緩慢。

因此，如果你想使用專用 API gateway，請繼續進行，但請強烈考慮將你的過濾和匯總邏輯放在其他地方。

使用時機

對於一個團隊擁有的解決方案，其中一個團隊開發使用者介面和後端微服務，我可以使用單個中央匯總 gateway。也就是說，這個團隊聽起來像是在做很多工作。在這種情況下，我傾向於看到跨使用者介面的高度一致性，這首先消除了對這些匯總點的需求。

如果你決定採用單個中央匯總 gateway，請小心限制你在其中放置的功能。例如，出於前面概述的原因，我會非常謹慎地將此功能推送到更通用的 API gateway 產品中。

但是，在最佳化使用者介面的使用者體驗方面，在後端進行某種形式的呼叫過濾和匯總的概念非常重要。問題在於，在具有多個團隊的交付組織中，中央 gateway 可能會導致需要在這些團隊之間進行大量協調。

那麼如果我們仍然想在後端做匯總和過濾，但想消除與中央 gateway 所有權模型相關的問題，我們該怎麼辦？這就是 *Backend for Frontend* 派上用場的地方。

模式：前端的後端（Backend for Frontend，BFF）

BFF 和中央匯總 gateway 之間的主要區別在於，BFF 本質上是單一用途，它是為特定使用者介面開發的。而事實證明，這種模式在幫助處理使用者介面的不同問題方面非常成功，我已經看到它在許多組織中運行良好，包括 Sound-Cloud[6] 和 REA。正如我們在重新審視 MusicCorp 的圖 14-11 中所看到的，Web 和行動購物介面現在擁有自己的匯總後端。

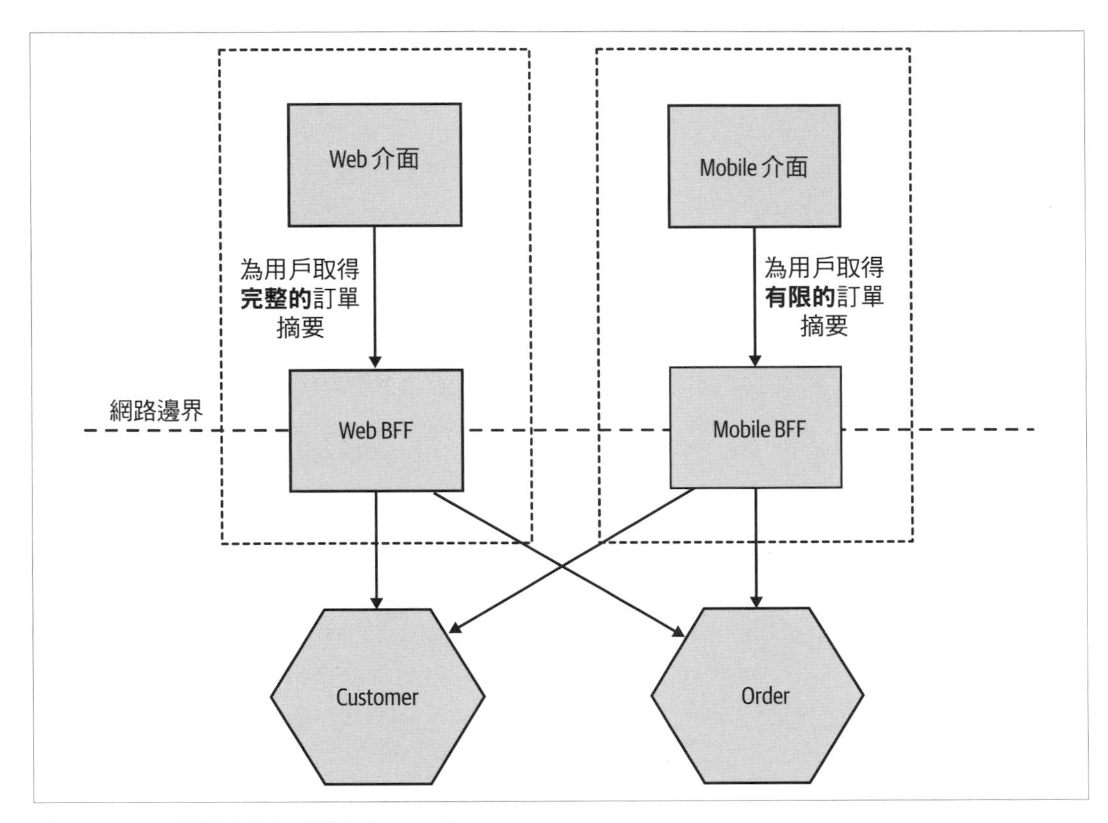

圖 14-11　每個使用者介面都有自己的 BFF

由於其特殊性，BFF 迴避了有關中央匯總 gateway 的一些問題。由於我們並不試圖為所有人服務，因此 BFF 避免成為開發的瓶頸，多個團隊都試圖共享所有權。我們也不太擔心與使用者介面的耦合，因為耦合更容易接受。給定的 BFF 用於特定的使用者介面，假設它們由同一個團隊所有，那麼固有的耦合更容易管理。我經常將 BFF 與使用者介面的

6　有關 SoundCloud 如何使用 BFF 模式的精彩概述，請參閱 Lukasz Plotnicki 撰寫的文章「BFF @ SoundCloud」（*https://oreil.ly/DdnzN*）。

使用描述成好像 UI 實際上分為兩部分。一部分位於客戶端設備（Web 介面或原生器行動應用程式）上，第二部分是 BFF 嵌入在伺服器端。

BFF 與特定的使用者體驗緊密耦合，通常由與使用者介面相同的團隊維護，進而更容易根據 UI 需要定義和調整 API，同時還簡化了排隊發布客戶端和伺服器元件的過程。

有多少 BFF？

當談到在不同平台上提供相同（或相似）的使用者體驗時，我見過兩種不同的方法。我喜歡的模型（也是我最常看到的模型）是嚴格地為每種不同類型的客戶設置一個 BFF，也是我在 REA 看到的一個模型，如圖 14-12 所示。Android 和 iOS 應用程式雖然涵蓋相似的功能，但都有自己的 BFF。

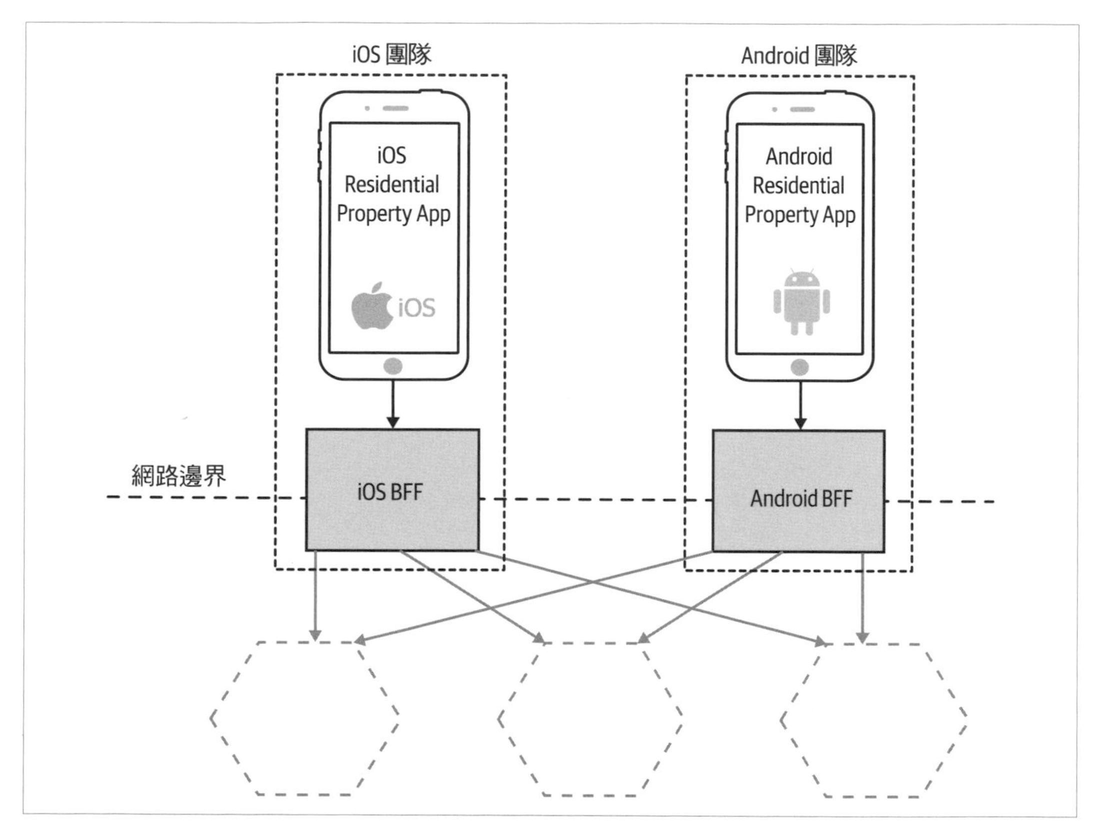

圖 14-12　REA 的 iOS 和 Android 應用程式具有不同的 BFF

一種變形是尋找機會為不止一種類型的客戶端使用相同的 BFF，儘管是針對相同類型的使用者介面。SoundCloud 的 Listener 應用程式允許人們在他們的 Android 或 iOS 設備上收聽內容。SoundCloud 對 Android 和 iOS 使用單一 BFF，如圖 14-13 所示。

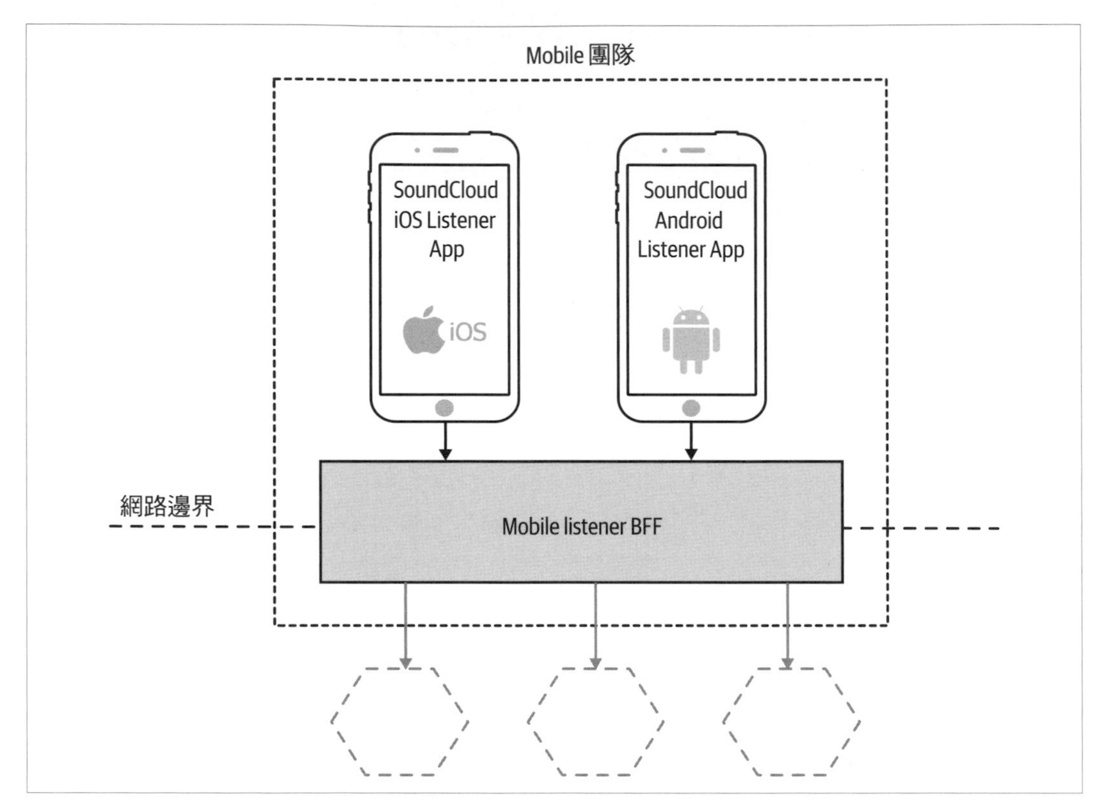

圖 14-13　SoundCloud 在 iOS 和 Android 應用程式之間共享 BFF

我對第二種模型的主要擔憂是，使用單一 BFF 的客戶端類型越多，BFF 處理多個問題時就越容易變得臃腫。不過，這裡要理解的關鍵是，即使客戶端共享 BFF，它也是針對同一類使用者介面，因此，雖然 SoundCloud 的 iOS 和 Android Listener 原生應用程式使用相同的 BFF，但其他原生應用程式將使用不同的 BFF。如果同一個團隊同時擁有 Android 和 iOS 應用程式，並且也擁有 BFF，我會更輕鬆地使用這種模型。如果這些應用程式由不同的團隊維護，我更傾向推薦更嚴格的模型。因此，你可以將組織結構視為決定哪種模式最有意義的主要驅動因素之一（Conway 定律再次獲勝）。

來自 REA 的 Stewart Gleadow 提出了「一種體驗，一種 BFF」的指導方針。因此，如果 iOS 和 Android 的體驗非常相似，那麼更容易證明擁有一個 BFF 是合理的[7]；但是，如果它們差異很大，那麼擁有單獨的 BFF 更有意義。在 REA 的情況下，雖然兩種體驗之間存在重疊，但不同的團隊擁有它們並以不同的方式推出相似的功能。有時，在不同的行動裝置上可能會以不同的方式部署相同的功能，也就是 Android 應用程式的原生體驗可能需要重新設計才能在 iOS 上感覺一致。

REA 故事的另一個教訓（我們已經多次討論過）是，軟體在圍繞團隊邊界對齊時通常效果最好，BFF 也不例外。乍看之下，SoundCloud 擁有一個行動團隊使得擁有一個 BFF 似乎很合理，REA 為兩個不同的團隊設置兩個不同的 BFF 也是如此。值得注意的是，曾和我交談過的 SoundCloud 工程師建議，他們可能會重新考慮為 Android 和 iOS listener 應用程式設置一個 BFF，雖然他們只有一個行動團隊，但實際上他們是 Android 和 iOS 專家的混合，而且他們發現他們主要在一個或另一個應用程式上工作，這代表他們實際上是兩個團隊。

通常，擁有較少數量的 BFF 的驅動因素是希望重利用伺服器端功能以避免過多的重複，但還有其他方法可以處理這個問題，我們接下會介紹到。

重利用與 BFF

每個使用者介面有一個 BFF 的問題之一是，你最終可能會在 BFF 之間出現大量重複。例如，它們最終可能會執行相同類型的匯總，具有相同或相似的程式碼來與下游服務互動，等等。如果你希望提取通用功能，那麼通常面臨的挑戰之一就是要找到它。這種重複可能發生在 BFF 本身中，但也可能最終被發布到不同的客戶端中，由於這些客戶端使用非常不同的技術堆疊，因此識別這種重複發生的事實可能很困難。由於組織傾向於擁有用於伺服器端元件的通用技術堆疊，因此擁有多個重複的 BFF 可能更容易發現和分解。

有些人對此的反應是希望將 BFF 重新合併在一起，他們最終得到了一個通用的匯總 gateway。我對回歸到單一匯總 gateway 的擔憂是，我們最終可能會失去的比獲得的多，尤其是因為可以有其他方法來處理這種重複。

7 Stewart 又將這一建議歸功於 Phil Calçado 和 Mustafa Sezgin。

正如我之前所說，我對跨微服務的重複程式碼相當放鬆。也就是說，雖然在單一微服務邊界中，我通常會盡我所能將重複重構為合適的抽象，但當面對跨微服務的重複時，我不會有同樣的反應。這主要是因為我更擔心提取共享程式碼可能導致服務之間的緊密耦合（我們在第 143 頁的「DRY 和微服務世界中程式碼重利用的風險」中探討的主題）。也就是說，在某些情況下，這是有必要的。

當需要提取公共程式碼以在 BFF 之間實作重利用時，有兩個明顯的選擇。第一個是提取某種共用程式庫，通常更便宜但更令人擔憂，這可能有問題的原因是共用程式庫是耦合的主要來源，尤其是在用於產生客戶端程式庫以呼叫下游服務時。儘管如此，在某些情況下，這感覺是正確的，尤其是當被抽象的程式碼純粹是服務內部的一個問題時。

另一種選擇是將共享功能提取到新的微服務中。如果被提取的功能代表業務領域功能，這可以很好地工作。這種方法的一個變形可能是將匯總責任推到更下游的微服務中。讓我們考慮一種情況，我們希望顯示客戶願望清單中的商品列表，以及有關這些商品是否有庫存和當前價格的資訊，如表 14-1 所示。

表 14-1　顯示 MusicCorp 客戶的願望清單

The Brakes, Give Blood	In Stock!	$5.99
Blue Juice, Retrospectable	Out of Stock	$7.50
Hot Chip, Why Make Sense?	Going Fast! (2 left)	$9.99

`Customer` 微服務儲存有關願望清單和每件商品的 ID 資訊。`Catalog` 微服務儲存每件商品的名稱和價格，庫存水準儲存在我們的 `Inventory` 微服務中。要在 iOS 和 Android 應用程式上顯示相同的控制項，每個 BFF 都需要對支援的微服務進行相同的三個呼叫，如圖 14-14 所示。

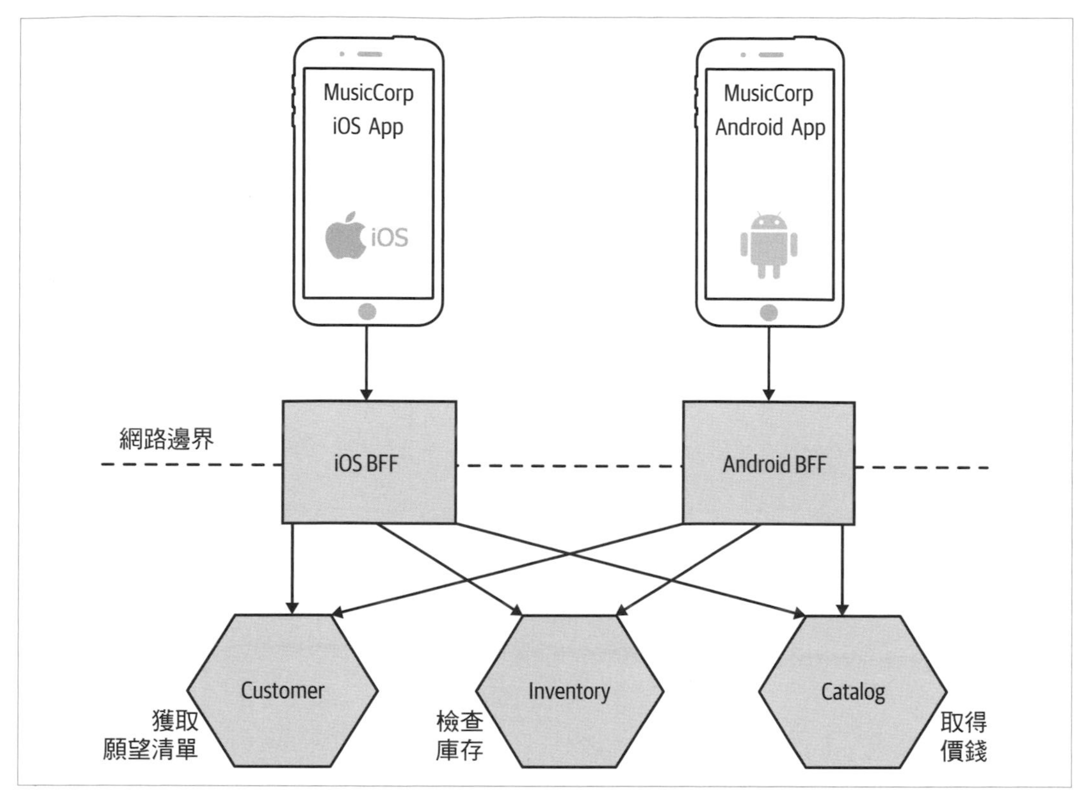

圖 14-14　兩個 BFF 都在執行相同的操作來顯示願望清單

減少此處功能重複的一種方法是將這種常見行為提取到新的微服務中。在圖 14-15 中，我們看到了我們的 Android 和 iOS 應用程式都可以使用新的專用 `Wishlist` 微服務。

我不得不說，在兩個地方使用相同的程式碼不會自動讓我想以這種方式提取服務，但如果創建新服務的交易成本足夠低，我肯定會考慮它，或者是如果我在好幾個地方使用程式碼，在這種特定情況下，例如，如果我們還在 Web 介面上顯示願望清單，專用微服務將開始看起來更有吸引力。我認為，即使在服務層級，當你要第三次實作某事時，有關創建抽象的古老規則仍然是一個很好的經驗法則。

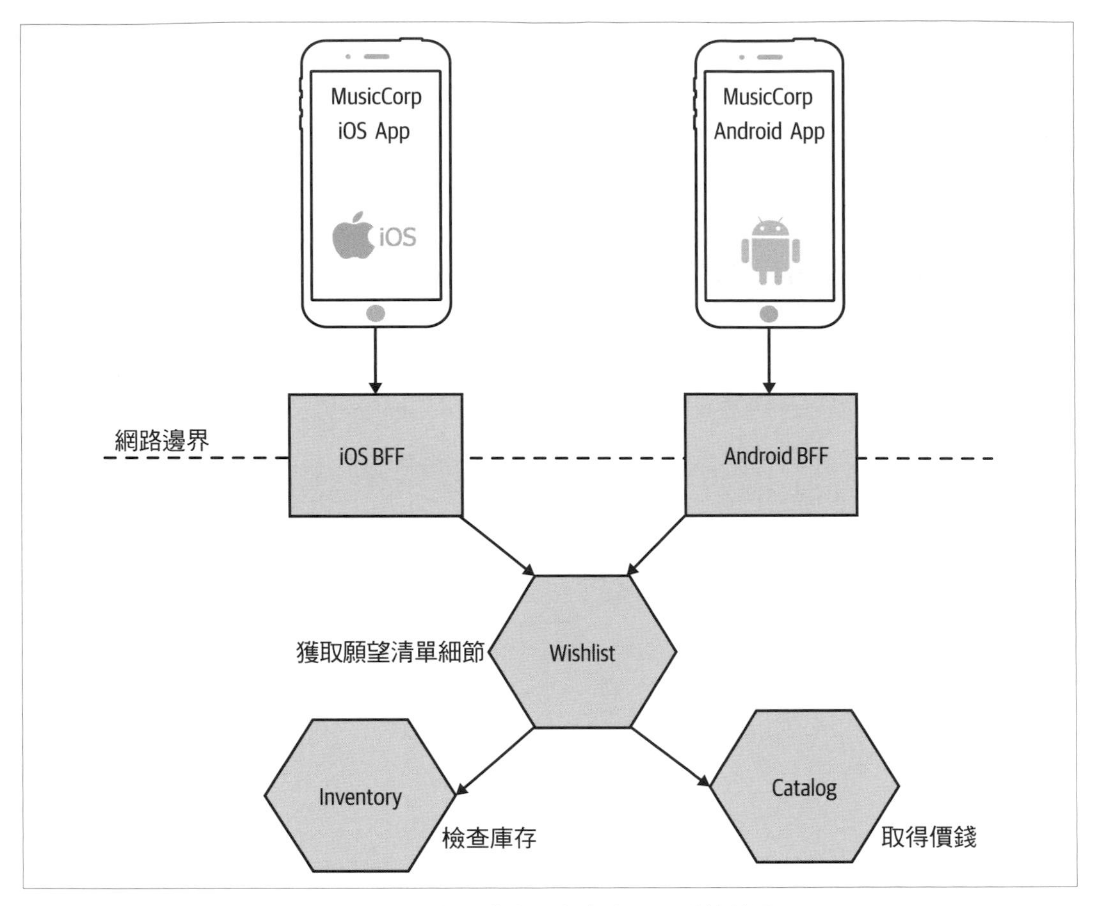

圖 14-15　通用功能被提取到 Wishlist 微服務中，允許跨 BFF 重複使用

桌面 Web 及其他領域的 BFF

你可以將 BFF 視為僅用於解決行動裝置的限制，桌面 Web 體驗通常在具有更好連接性的更強大設備上提供，其中進行多個下游呼叫的成本是可控的，這可以讓你的 Web 應用程式直接對下游服務進行多次呼叫，而不需要 BFF。

不過，我見過在網路上使用 BFF 也很有用的情況。當你在伺服器端生成大部分 Web UI 時（例如，使用伺服器端模板），BFF 是可以完成此操作的明顯地方。這種方法還可以在一定程度上簡化快取，因為你可以在 BFF 前面放置一個反向代理伺服器，允許你快取匯總呼叫的結果。

我見過至少一個組織為需要發送呼叫的其他外部方使用 BFF。回到我常年使用的 MusicCorp 範例，我可能會公開 BFF 以允許第三方提取版稅支付資訊，或允許串流傳輸到一系列機上盒設備，如圖 14-16 所示。這些不再是真正的 BFF，因為外部方沒有呈現「使用者介面」，但這是在不同背景中使用相同模式的範例，因此我認為值得分享。

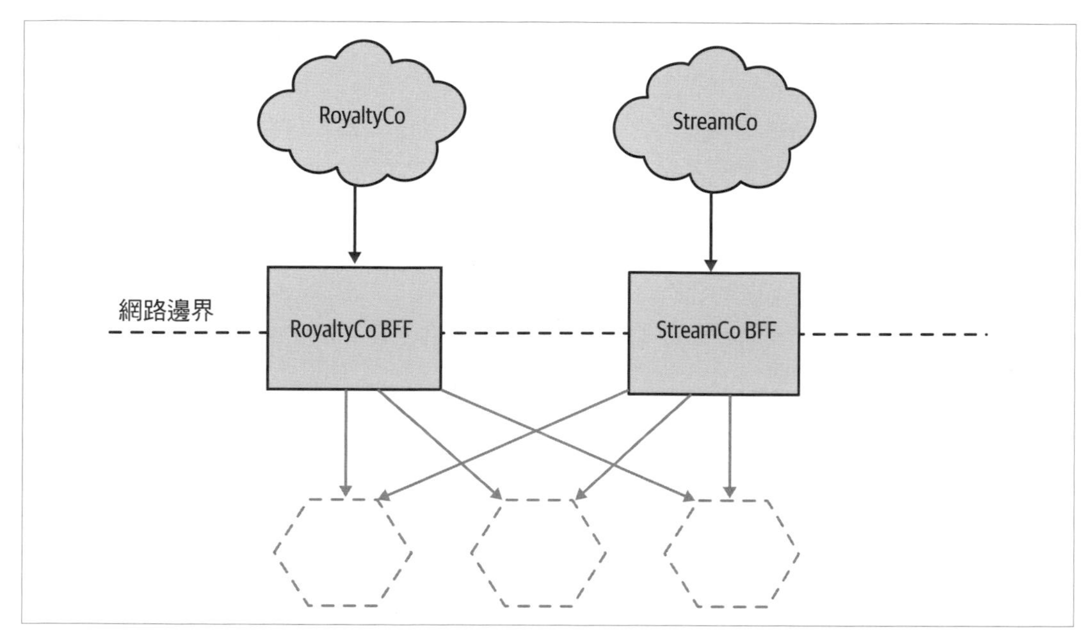

圖 14-16　使用 BFF 管理外部 API

這種方法可能特別有效，因為第三方通常沒有能力（或希望）使用或變更他們所做的 API 呼叫。使用中央 API 後端，你可能不得不保留舊版本的 API，以滿足一小部分無法進行變更的外部方；有了 BFF，這個問題就大大減少了。它還限制了重大變更的影響。你可以變更 Facebook 的 API，以破壞與其他方的相容性，但由於他們使用不同的 BFF，因此不會受到此變更的影響。

使用時機

對於僅提供 Web UI 的應用程式，我懷疑只有在伺服器端需要大量匯總時，BFF 才有意義。否則，我認為我們已經介紹過的一些其他 UI 組合技術也可以正常工作，而無需額外的伺服器端元件。

但是，當你需要為移動 UI 或第三方提供特定功能時，我會強烈考慮從一開始就為每個客戶端使用 BFF。如果部署額外服務的成本很高，我可能會重新考慮，但 BFF 可以帶來的分離關注，使其在大多數情況下成為一個相當引人注目的提議。出於我概述的原因，如果建置 UI 的人員和下游服務的人員之間存在明顯的分離，我會更傾向於使用 BFF。

然後我們來到了如何實作 BFF 的問題，接下來會介紹 GraphQL 和其可以扮演的角色。

GraphQL

GraphQL 是一種查詢語言，允許客戶端發出查詢以訪問或變更資料。與 SQL 一樣，GraphQL 允許動態變更這些查詢，進而允許客戶端準確定義它想要返回的資訊。例如，使用標準的 REST over HTTP 呼叫，當對 `Order` 資源發出 GET 請求時，你將獲得該訂單的所有欄位。但是，如果在那種特定情況下，你只想要訂單的總金額呢？當然，你可以忽略其他欄位，或者提供僅包含你需要資訊的替代資源（可能是 `Order Summary`）。使用 GraphQL，你可以發出一個請求，只要求你需要的欄位，如範例 14-1 所示。

範例 14-1　用於獲取訂單資訊的 GraphQL 查詢範例

```
{
    order(id: 123) {
        date
        total
        status
        delivery {
            company
            driver
            duedate
        }
    }
}
```

在這個查詢中，我們詢問了訂單 `123`，我們詢問了訂單的總價和狀態。我們更進一步並詢問有關此訂單出貨的資訊，因此我們可以獲得有關運送我們包裹的司機姓名、貨運公司以及預計包裹何時到達的資訊。使用普通的 REST API，除非出貨資訊包含在 `Order` 資源中，否則我們可能必須進行額外呼叫以獲取此資訊。因此，GraphQL 不僅可以幫助我們準確地查詢我們想要的欄位，而且還可以減少往返次數。明確定義類型是 GraphQL 的關鍵部分，像這樣的查詢要求我們定義我們正在訪問的各種資料型別。

為了實作 GraphQL，我們需要一個 *resolver* 來處理查詢。GraphQL resolver 位於伺服器端，並將 GraphQL 查詢對映到呼叫中以實際獲取資訊，因此，在微服務架構的情況下，我們需要一個能夠將 ID 為 `123` 的訂單請求對映到對微服務等效呼叫的 resolver。

這樣，我們就可以使用 GraphQL 來實作匯總 gateway，甚至是 BFF。GraphQL 的好處是我們可以很容易地透過改變客戶端的查詢來改變我們想要的匯總和過濾。只要 GraphQL 類型支援我們想要進行的查詢，就不需要在 GraphQL 伺服器端進行任何變更。如果我們不想再於範例查詢中看到驅動程式的名稱，我們可以從查詢本身中省略它，並且不再發送它。另一方面，如果我們想查看我們為此訂單獲得的點數，假設該資訊在訂單類型中可用，我們只需將其添加到查詢中即可返回該資訊。與需要將匯總邏輯變更也應用在 BFF 本身的 BFF 實作相比，這是一個顯著的優勢。

GraphQL 為客戶端設備提供了動態變更查詢的彈性，無需伺服器端變更，這代表你的 GraphQL 伺服器成為共享、競爭資源的可能性較小，正如我們在通用匯總 gateway 中所討論的。也就是說，如果你需要公開新類型或向既有類型添加欄位，仍然需要伺服器端變更。因此，你可能仍然希望多個 GraphQL 伺服器後端團隊沿邊界對齊，這也造就 GraphQL 成為實作 BFF 的一種方式。

我確實對 GraphQL 還有顧慮，我在第 5 章中對此進行了詳細概述，也就是說，它是一個簡潔的解決方案，允許動態查詢以滿足不同類型使用者介面的需求。

一種混合方法

前面提到的許多選項其實不需要一體適用在所有部分。我可以看到一個組織採用以小元件為基礎的分解方法來創建網站，但在其行動應用程式方面使用 BFF 方法。這裡的關鍵是我們需要保持我們為使用者提供底層功能的凝聚力，我們需要確保與訂購音樂或變更客戶詳細資訊相關的邏輯存在於處理這些操作的服務中，並且不會在我們的整個系統中被抹去。避免將過多行為置於任何中間層的陷阱是一個棘手的平衡行為。

總結

我希望我已經表明，功能的分解不必停留在伺服器端，擁有專門的前端團隊並非不可避免。我分享了多種不同的方法來建置使用者介面，這些使用者介面可以利用支援微服務同時能實現集中的端到端交付。

在下一章中，當我們更詳細地探討微服務和組織結構的相互作用時，我們將從事物的技術方面轉向人員方面。

第十五章

組織結構

雖然到目前為止，本書的大部分內容都集中在向細微化架構邁進的技術挑戰上，但我們也研究了微服務架構與我們組織團隊之間的相互作用。在第 427 頁的「走向流式團隊」中，我們研究了流式團隊的概念，它們對交付使用者功能負有端到端的責任，以及微服務如何幫助實作這種團隊結構。

我們現在需要充實這些想法並查看其他組織考慮的因素。正如我們接下來會看到的，如果你想從微服務中獲得最大收益，那麼忽略公司的組織結構圖會帶來危險！

鬆散耦合的組織

在整本書中，我都提出了鬆散耦合架構的範例，並且我認為與更自治、鬆散耦合、流式團隊保持一致可能會帶來最佳結果。在不改變組織結構的情況下，轉向微服務架構將削弱微服務的實用性，因為你最終可能會為架構性的變更支付（相當大的）成本，而沒有獲得投資回報。我已經寫過關於減少團隊之間協調以幫助加快交付之必要性的文章，這反過來又使團隊能夠為自己做出更多決策。這些是我們將在本章中更全面探討的想法，我們將充實其中一些所需的組織和行為轉變，但在此之前，我認為分享我對鬆散耦合組織的看法很重要。

在《*Accelerate*》一書中[1]，Nicole Forsgren、Jez Humble 和 Gene Kim 研究了自主、鬆散耦合的團隊特徵，以更好地了解哪些行為對於實作最佳績效最重要。根據作者的說法，關鍵是團隊是否能夠：

1 Nicole Forsgren、Jez Humble 和 Gene Kim 的《*Accelerate: The Science of Building and Scaling High Performing Technology Organizations*》（Portland, OR: IT Revolution, 2018）。

- 未經團隊外部人員許可，對其系統設計進行大規模變更
- 對他們的系統設計進行大規模變更，而無需依賴其他團隊對他們的系統進行變更、或為其他團隊創建大量工作
- 在不與團隊外的人溝通和協調的情況下完成他們的工作
- 依需求部署和發布他們的產品或服務，而不考慮它依賴的其他服務
- 依需求進行大部分測試，無需整合測試環境
- 在正常工作時間執行部署，停機時間可以忽略不計

流式團隊是我們在第 1 章中首次遇到的概念，它與鬆散耦合組織的願景一致。如果你正試圖朝著與流式團隊結構邁進，這些特徵將構成一個絕佳的清單，以確保你朝著正確的方向前進。

其中一些特性在本質上看起來更具有技術性，例如，可以透過支援零停機時間部署的架構，來實作在正常工作時間進行部署。但所有這些實際上都需要行為上的改變。為了讓團隊對他們的系統有更全面的所有權，需要擺脫集中控制，包括架構決策是如何完成的（我們將在第 16 章中探討）。從根本上說，實作鬆散耦合的組織結構需要權力和責任的分散。

本章的大部分內容將討論我們如何使這一切發揮作用，考察團隊規模、所有權模型的類型、平台的作用等。你可以考慮進行許多變更，以使你的組織朝著正確的方向發展。

不過，在此之前，讓我們多探索一下組織和架構之間的相互作用。

Conway 定律

我們的行業還很年輕，似乎在不斷地自我改造。然而，一些關鍵的「定律」經過了時間的考驗。例如，摩爾定律指出，整合電路上的晶體密度每兩年翻倍一次，事實證明它非常準確（儘管這一趨勢已經放緩）。我發現有一項幾乎被普遍適用，並且在我的日常工作中更有用的是 Conway 定律。

1968 年 4 月發表在《*Datamation*》雜誌上的 Melvin Conway 的論文「How Do Committees Invent?」指出：

> 任何設計系統的組織（這裡定義的不僅僅是更廣泛的資訊系統）將不可避免地產生一個設計，其結構是組織溝通結構的副本。

這個描述經常以各種形式被引用為 Conway 定律。Eric S. Raymond 在《*The New Hacker's Dictionary*》（MIT Press）中總結了這一現象，他說：「如果你有四個小組在研究一個編譯器，你就會得到一個 4-pass 編譯器。」。

Conway 定律向我們展示了鬆散耦合的組織會導致鬆散耦合的架構（反之亦然），強化了這樣一種想法，即如果不考慮建置軟體的組織，希望獲得鬆散耦合微服務架構的好處，將會有問題。

證據

故事是這樣的，當 Melvin Conway 向《*Harvard Business Review*》提交他關於這個主題的論文時，該雜誌拒絕了它，聲稱他並沒有證明他的論文。我已經看到他的理論在許多不同的情況下得到證實，而我已經接受了它。但你不必相信我的話：自從 Conway 最初提交以來，這方面已經做了很多工作，並已經進行了許多研究來探索組織結構與其創建的系統之間的相互關係。

鬆散和緊密耦合的組織

在「Exploring the Duality Between Product and Organizational Architectures」[2] 中，作者著眼於許多不同的軟體系統，這些系統被鬆散地歸類為由「鬆散耦合的組織」或「緊密耦合的組織」創建。對於緊密耦合的組織，請考慮通常是具有高度一致的願景和目標的商業產品公司，而鬆散耦合的代表組織則是分散式開源社群。

在他們的研究中，他們匹配了來自每種類型組織的類似產品配對，作者發現耦合越鬆散的組織實際上創建的系統模組化程度越高，耦合也越少，而耦合越緊密的組織的軟體模組化程度越低。

Windows Vista

Microsoft 進行了一項實證研究 [3]，其中研究了自己的組織結構如何影響特定軟體產品 Windows Vista 的品質。具體來說，研究人員查看了多個因素來確定系統中的元件有多容易出錯 [4]。在查看了多個指標後，包括常用的軟體品質指標，如程式碼複雜性，他們發

2 Alan MacCormack、Carliss Baldwin 和 John Rusnak 的「Exploring the Duality Between Product and Organizational Architectures: A Test of the *Mirroring* Hypothesis」，*Research Policy* 41，no. 8（2012 年 10 月）：1309-24。

3 Nachiappan Nagappan、Brendan Murphy 和 Victor Basili 的「The Influence of Organizational Structure on Software Quality: An Empirical Case Study」*ICSE '08: Proceedings of the 30th International Conference on Software Engineering* (New York: ACM, 2008)。

4 我們都知道 Windows Vista 非常容易出錯！

現與組織結構（例如作為在一段程式碼上工作的工程師數量）被證明是最具有統計相關性的衡量標準。

所以這裡我們有另一個組織結構影響組織創建系統性質的例子。

Netflix 與 Amazon

組織和架構應該保持一致想法的兩個典型代表可能是 Amazon 和 Netflix。早期，Amazon 開始了解擁有管理系統整個生命週期團隊的好處。它希望團隊擁有並運營他們所照管的系統，管理整個生命週期。但 Amazon 也知道小團隊可以比大團隊工作得更快，這導致了其臭名昭著的**兩個比薩團隊**（*two-pizza teams*），其中任何團隊都不應該大到無法用兩個比薩餅餵飽的程度。當然，這並不是一個完全有用的指標，因為我們永遠不會知道我們是要吃午餐還是晚餐（或早餐！）規模為 8-10 人，並且該團隊應該面向客戶。擁有整個服務生命週期的小型團隊，這種驅動力是 Amazon 開發 AWS 的一個主要原因。它需要創建工具讓其團隊自給自足。

Netflix 從這個例子中吸取教訓，並確保從一開始就圍繞小型獨立團隊來建構，以便他們創建的服務也彼此獨立。這確保了系統架構針對變化速度進行了最佳化。實際上，Netflix 為其想要的系統架構設計了組織結構。我還聽說這擴展到了 Netflix 團隊的座位安排，服務相互交流的團隊會坐在一起。這個想法是你希望與使用你的服務或你所使用之服務的團隊進行更頻繁的溝通。

團隊規模

詢問任何開發者團隊應該有多大，雖然你會得到不同的答案，但會普遍認為，在某種程度上，越小越好。如果你讓他們給「理想」的團隊規模加上一個數字，你會得到一個 5 到 10 人範圍內的答案。

我對軟體開發的最佳團隊規模做了一些研究。我發現了很多研究，但其中很多都存在缺陷，以致於為更廣泛的軟體開發世界得出結論太困難了。我發現的最好研究「Empirical Findings on Team Size and Productivity in Software Developmen」[5] 至少能夠從大量資料中提取，儘管不一定能代表整個軟體開發。研究人員發現，「正如文獻所預期的那樣，那些（平均團隊規模）大於或等於 9 人的專案其生產力最差。」這項研究至少似乎支援了我自己的軼事經驗。

5 Daniel Rodriguez 等人的「Empirical Findings on Team Size and Productivity in Software Development」，《*Journalof Systems and Software*》，第 85 期，no.3（2012），doi.org/10.1016/j.jss.2011.09.009。

我們喜歡在小團隊中工作，不難看出原因。一小群人都專注於相同的結果，更容易保持一致，更容易協調工作。我確實有一個（未經檢驗的）假設，即地理上分散或團隊成員之間存在較大的時區差異會帶來挑戰，可能會進一步限制最佳團隊規模，但我以外的其他人可能會更好地探索這種想法。

所以小團隊好，大團隊不好，這看起來很簡單。現在，如果你可以用一個團隊完成所有需要做的工作，那就太好了！你的世界是一個簡單的世界，你可能可以跳過本章其餘部分的大部分內容。但是，如果你的工作比你的時間多呢？對此的一個明顯反應是添加人員。但正如我們所知，增加人員不一定能幫助你完成更多工作。

了解 Conway 定律

軼事和經驗證據都說明了，我們的組織結構對我們創建的系統性質（和品質）有很大影響。我們也知道我們也想要更小的團隊。那麼這種理解對我們有什麼幫助呢？從根本上說，如果我們想要一個鬆散耦合的架構來允許更容易地進行變更，我們也需要一個鬆散耦合的組織。換句話說，我們經常想要一個更鬆散耦合組織的原因，是我們希望組織的不同部分能夠更快、更有效地做出決定和行動，而鬆散耦合的系統架構對此有很大幫助。

在《*Accelerate*》中，作者發現架構鬆散耦合的組織與其更有效地利用大型交付團隊的能力之間存在顯著相關性：

> 如果我們實作了一個鬆散耦合、封裝良好的架構以及與之匹配的組織結構，就會發生兩件重要的事情。首先，我們可以實作更好的交付效能，提高節奏和穩定性，同時減少倦怠和部署的痛苦。其次，我們可以大幅擴大工程組織的規模，並在我們這樣做時線性地（或優於線性地）提高生產力。

從組織上講，這種轉變已經有一段時間了，尤其是對於大規模運營的組織而言，它正在遠離集中式指揮和控制模型。透過集中決策，我們組織的反應速度會顯著降低。隨著組織的發展，這種情況變得更加複雜，也就是組織越大，其集中化性質就越會降低決策效率和行動速度。

組織也越來越意識到，如果你想擴大組織規模但仍想快速行動，你需要更有效地分配責任，分解中央決策並將決策推入組織中可以提高自主性運作的部分。

那麼，訣竅是從較小的自治團隊中創建大型組織。

小團隊，大組織

為進度落後的專案增加人手，只會讓進度更落後。

—Fred Brooks（Brooks's Law）

在著名的文章「The Mythical Man-Month」[6]中，作者 Fred Brooks 試圖解釋為什麼使用「人月」作為估計技術是有問題的，因為它使我們陷入思考陷阱，以為可以讓更多的人解決問題以加快速度。理論是這樣的：如果一項工作需要一個開發者花費六個月，那麼如果我們添加第二個開發者，花費時間只需三個月，如果我們再增加五個開發者，那麼我們現在總共有六個開發者，應該在一個月內完成這項工作！當然，軟體不是這樣工作的。

為了讓更多的人（或團隊）能夠更快地解決問題，工作需要能夠分解為可以在某種程度上並行處理的任務。如果一個開發者正在做另一位開發者正在等待的工作，則該工作不能並行完成，必須按順序完成。即使工作可以並行完成，通常也需要在執行不同工作流的人員之間進行協調，進而導致額外的開銷。工作交織得越多，增加更多人的效率就越低。

如果你不能把工作分解成可以獨立處理的子任務，那麼你就不能把問題交給別人。更糟糕的是，這樣做可能會讓你變慢，而且增加新人或組建新團隊是有成本的。需要時間來幫助這些人充分發揮生產力，通常有太多工作要做的開發者就是需要花時間幫助人們跟上進度的開發者。

在軟體交付中大規模高效工作的最大成本是需要協調，處理不同任務的團隊之間協調越多，你就會越慢。作為一家公司，Amazon 已經意識到這一點，並以一種減少其小型 two-pizza 團隊之間協調需求的方式來建構。事實上，出於這個原因，一直有意識地限制團隊之間的協調量，並在可能的情況下將這種協調限制在絕對需要的領域，也就是在微服務之間共享邊界的團隊之間。來自《*Think Like Amazon*》[7]，前 Amazon 高階主管 John Rossman：

> *two-pizza* 隊是自治獨立的，並與其他團隊的互動是有限的。當它發生時，它有很好的文件記錄，介面也被明確定義。它擁有並負責其系統的各個方面。主要目標之一是降低組織中的溝通開銷，包括會議、協調點、計畫、測試或發布的數量。越獨立的團隊行動得越快。

---

6 Frederick P. Brooks Jr，《*The Mythical Man-Month: Essays on Software Engineering*》，週年版（Boston: Addison-Wesley, 1995）。

7 John Rossman，《*Think Like Amazon: 50 1/2 Ideas to Become a Digital Leader*》（New York: McGraw-Hill, 2019）。

弄清楚團隊如何融入更大的組織非常重要。《*Team Topologies*》定義了團隊 API 的概念，它廣泛地定義了團隊如何與組織的其他部分互動，不僅在微服務介面方面，也在工作實踐方面[8]：

> 團隊 *API* 應明確考慮其他團隊的可用性。其他團隊會覺得與我們互動很容易和直接，還是會很困難和混亂？新團隊加入我們的程式碼和工作實踐有多容易？我們如何回應來自其他團隊的提取請求和建議？我們的團隊所積壓的工作和產品路線圖是否容易被其他團隊看到和理解？

關於自治

> 無論你從事哪個行業，都與你的員工息息相關，抓住他們做正確的事情，並提供他們信心、動力、自由和渴望，以實現他們的潛力。
>
> —John Timpson

如果這些團隊變得更加獨立，但仍然依賴其他團隊來完成工作，那麼擁有大量小團隊本身並沒有幫助。我們需要確保這些小團隊中的每一個都有自主權來完成它所負責的工作，這代表我們需要賦予團隊更多的決策權力，以及確保他們能夠完成盡可能多的工作而無須不斷與其他團隊協調工作的工具。因此，實作自治是關鍵。

許多組織已經展示了創建自治團隊的好處。保持組織團體的小規模，使他們能夠建立緊密的聯繫並有效率地合作，而不會引入過多的官僚主義，這已經幫助許多組織比一些同行更有效地成長和擴大規模。W. L. Gore and Associates[9] 透過確保其業務部門的人數不超過 150 人，並確保每個人都相互認識而取得了巨大成功。為了讓這些較小的業務部門工作，他們必須被賦予權力和責任作為自治單位工作。

這些組織中的許多人似乎都借鑑了人類學家 Robin Dunbar 所做的工作，他研究了人類形成社會群體的能力。他的理論是，我們的認知能力限制了我們如何有效地維持不同形式的社會關係。他估計 150 人是一個群體在需要分裂之前可以增長到多大的規模，否則它就會因自身的重量而崩潰。

Timpson 是一家非常成功的英國零售商，它透過賦予員工權力、減少對中央功能的需求、以及允許當地商店自行做出決定（例如向不滿意的客戶退費）而得到了巨大的規模。現在擔任公司董事長的 John Timpson 以廢除內部規則而僅用兩條規則取而代之而聞名：

---

8 Matthew Skelton 和 Manuel Pais 的《*Team Topologies*》(Portland, OR: IT Revolution, 2019)。

9 以開發防水材料 Gore-Tex 而聞名。

- 看零件。
- 把錢放進收銀台。

自治也適用於較小的規模，我合作的大多數現代公司都希望在他們的組織內創建更多自治的團隊，通常試圖複製其他組織的模型，例如 Amazon 的 two-pizza 團隊模型，或普及了 guide 和 chapter 概念的「Spotify 模型」[10]。當然，我應該在這裡發出警告——無論如何，要學習其他組織的做法，但要明白，複製別人的做法並期待同樣的結果、而沒有真正理解另一個組織**為什麼**這樣做，可能不會得到你想要的結果。

如果做得好，團隊自治可以賦予人們權力，幫助他們進步和成長，並更快地完成工作。當團隊擁有微服務並完全控制這些微服務時，他們可以在更大的組織內擁有更大的自主權。

自治的概念開始改變我們對微服務架構中所有權的理解。接下來繼續讓我們更詳細地探討。

強大與集體所有權

在第 198 頁的「定義所有權」中，我們討論了不同類型的所有權，並在進行程式碼變更的上下文中探索了這些所有權樣式的含義。簡要回顧一下，我們描述的程式碼所有權的兩種主要形式是：

強大所有權（Strong ownership）

: 微服務歸一個團隊所有，該團隊決定對該微服務進行哪些變更。如果外部團隊想要進行變更，他不是需要要求擁有團隊代表其進行變更，就是可能需要發送提取請求，然後完全由擁有團隊決定在什麼情況下，提取請求模型可以被接受。一個團隊可能擁有多個微服務。

集體所有權（Collective ownership）

: 任何團隊都可以變更任何微服務，只是需要仔細協調以確保團隊不會妨礙彼此。

讓我們進一步探討這些所有權模型的含義，以及它們如何幫助（或阻礙）提高團隊自主性。

10 Spotify 甚至不再使用它。

強大所有權

擁有強大所有權，擁有微服務的團隊會發號施令。在最基本的層面上，它可以完全控制進行哪些程式碼變更。更進一步，團隊可能能夠決定編碼標準、編程習慣用法、何時部署軟體、使用什麼技術來建置微服務、部署平台等等。透過對軟體發生的變化承擔更多責任，擁有強大所有權的團隊將擁有更高程度的自治權，以及隨之而來的所有好處。

強大所有權歸根究柢是為了最佳化團隊的自主權。從《*Think Like Amazon*》回到 Amazon 的做事方式：

> 當談到 *Amazon* 著名的 *two-pizza* 團隊時，大多數人都沒有抓住重點。這與團隊的規模無關。這是關於團隊的自主權、責任感和創業心態。*two-pizza* 團隊是關於在組織內裝備一個以獨立和敏捷地運作的小團隊。

強大所有權模型可以允許更多的本地變化。例如，對於一個團隊決定以 Java 函式風格創建其微服務，你可能會感到輕鬆，因為這是一個只會影響他們的決定。當然，這種變化確實需要有所緩和，因為某些決定保證了圍繞它們一定程度的一致性。例如，如果其他所有人都為他們的微服務端點使用以 REST-over-HTTP 為基礎的 API，但你決定使用 GRPC，那麼你可能會給想要使用你微服務的其他人帶來一些問題；另一方面，如果該 GRPC 端點僅在你的團隊內部使用，則這可能沒有問題。因此，在本地做出對其他團隊有影響的決策時，可能仍需要協調。當我們考慮平衡局部最佳化與全局最佳化時，我們將很快探討何時以及如何與更廣泛的組織合作。

從根本上說，團隊可以採用的所有權模型越強，需要的協調就越少，因此團隊的生產力就越高。

強大所有權能走多遠？

在此階段之前，我們主要討論了像是變更程式碼或選擇技術等方面，但是所有權的概念可以更深入。一些組織採用我描述為**完整生命週期所有權**的模型。擁有完整的生命週期所有權，由一個團隊提出設計、進行變更、部署微服務、在正式環境中管理它，並最終不再需要時停用微服務。

這種完整的生命週期所有權模型進一步增加了團隊的自主權，因為減少了外部協調的要求。運營團隊不會為部署事物而提出 ticket，也沒有外部各方簽署變更，並且團隊決定要進行哪些變更以及發布時機。

對於你們中的許多人來說，這樣的模型可能是天馬行空的，因為你們已經有了一些關於必須如何完成的既有程序。你可能還沒有合適的團隊技能來承擔全部責任，或者你可能需要新工具（例如，自助服務部署機制）。當然，值得注意的是，即使你認為這是一個雄心勃勃的目標，你也不會在一夜之間獲得完整的生命週期所有權。如果這種變化需要數年時間才能完全接受，請不要感到驚訝，尤其是對於更大的組織。整個生命週期所有權的許多方面可能需要文化變革和重大調整，以符合你對某些員工的預期，例如需要在辦公時間以外支援他們的軟體。但是，由於你可以將微服務方面的更多責任轉移到你的團隊中，你將進一步增加你所擁有的自主權。

我不想暗示這種模型對於使用微服務在任何方面都是不可或缺的，因為我堅信多團隊組織的強大所有權是充分利用微服務最明智的模型。圍繞程式碼變更的強大所有權模型是一個很好的起點，隨著時間的推移，你可以努力轉向完整的生命週期所有權。

集體所有權

透過集體所有權模型，微服務可以由多個團隊中的任何一個進行變更。集體所有權的主要好處之一是，你可以將人員轉移到需要他們的地方。如果你的交付瓶頸是由人手不足造成的，這將非常有用。例如，一些變更需要對 `Payment` 微服務進行一些更新，以允許自動按月計費，你可以分配額外的人員來實作此變更。當然，讓別人解決問題並不總是能讓你走得更快，但在集體所有權下，你在這方面確實有更大的彈性。

隨著團隊和人員越來越頻繁地從微服務遷移到微服務，我們需要更高程度的關於如何完成工作的一致性。如果你希望開發者每週處理不同的微服務，那麼你將無法承受廣泛的技術選擇或不同類型的部署模型。為了從具有微服務的集體所有權模型中獲得任何程度的有效性，你最終需要確保在一個微服務上工作與在任何其他微服務上工作大致相同。

從本質上來說，這可能會破壞微服務的主要優勢之一。回到我們在本書開頭引用的一句話，James Lewis 說過「微服務給你帶來了選擇」。使用更加集體的所有權模型，你可能需要減少選項，以便在團隊的工作和微服務的實作方式之間引入更高程度的一致性。

集體所有權要求個人之間以及這些個人所在的團隊之間高度協調。這種高度協調導致組織層面的耦合度增加。回到本章開頭提到 MacCormack 等人的論文，我們有這樣的觀察：

> 在緊密耦合的組織中……即使不是明確的管理選項，設計自然而然也會變得更加緊密耦合。

更多的協調會導致更多的組織耦合，進而導致更多耦合的系統設計。當微服務能夠完全接受可獨立部署性的概念時，它們才能發揮最佳效果，而緊密耦合的架構將與你想要的相反。

如果你的開發者數量很少，而且可能只有一個團隊，那麼集體所有權模型可能完全沒問題。但隨著開發者數量的增加，使集體所有權工作所需的細粒度協調最終將成為獲得採用微服務架構好處的重要負面因素。

在團隊層面與組織層面

強大所有權和集體所有權的概念可以應用於組織的不同層級。在團隊中，你希望人們在同一層面上，能夠有效地相互協作，並因此希望確保高度的集體所有權。例如，這將體現在團隊的所有成員都能夠直接對程式碼基礎進行變更。專注於用戶軟體端到端交付的多技能團隊需要非常擅長集體所有權。在組織層面，如果你希望團隊擁有高度的自主權，那麼他們也必須擁有強大所有權模型。

平衡模型

歸根究柢，你越傾向於集體所有權，在做事上保持一致性就變得越重要。你的組織越傾向於強大所有權，你就越能允許局部最佳化，如圖 15-1 所示。這種平衡不需要固定，因為你可能會在不同的時間和不同的因素改變它。舉例來說，你可以讓團隊在選擇程式語言方面有充分的自由，但仍然要求他們部署到相同的雲端平台上。

圖 15-1　全局一致性和局部最佳化之間的平衡

但是，從根本上說，對於集體所有權模型，你幾乎總是會被迫走向這個範圍的左端，也就是說，走向需要更高程度的全局一致性。根據我的經驗，充分利用微服務的組織一直在努力尋找將平衡向右移動的方法。換句話說，對於最好的組織來說，這不是一成不變的東西，而是不斷被評估的東西。

現實情況是，除非你在某種程度上了解整個組織中正在發生的事情，否則你無法進行任何平衡。即使你將大量責任推給團隊本身，在你的交付組織中擁有一個可以執行這種平衡行為的職能仍然是有價值的。

賦能團隊

我們上次在第 428 頁的「共享專家」中，在使用者介面的上下文中查看了賦能團隊，但它們具有比這更廣泛的適用性。如《*Team Topologies*》中所述，這些團隊致力於支援我們的流式團隊。無論我們是否擁有微服務、專注於端到端的流式團隊在哪裡專注於提供使用者功能，他們都需要其他人的幫助來完成他們的工作。在討論使用者介面時，我們談到了擁有一個賦能團隊的想法，該團隊可以在創建有效、一致的使用者體驗方面幫助支援其他團隊。如圖 15-2 所示，我們可以將其設想為使團隊能夠在某些橫切方面支援多個流式團隊。

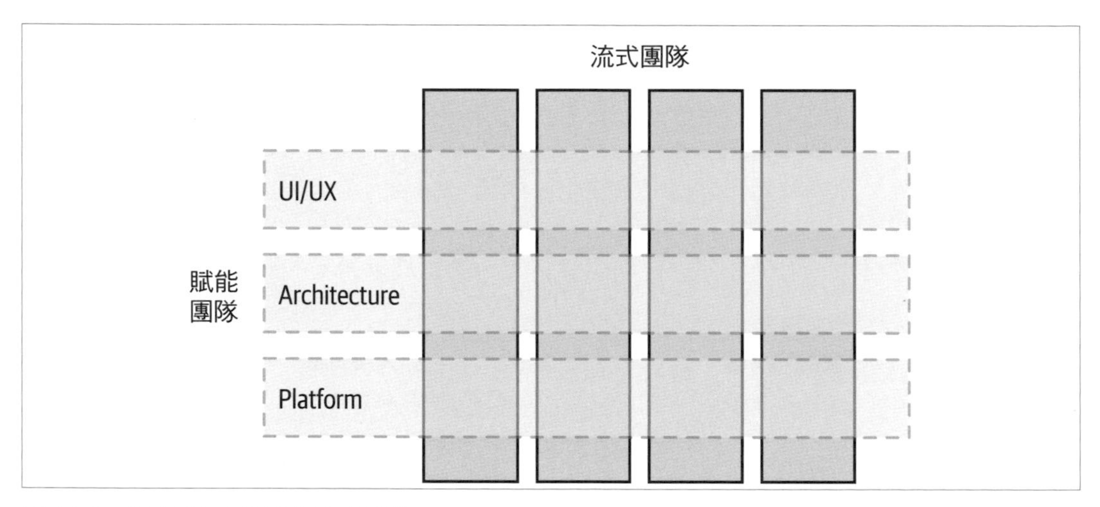

圖 15-2　賦能團隊支援多個流式團隊

但賦能團隊可以有不同的形式和規模。

考慮圖 15-3。每個團隊都決定選擇一種不同的程式語言。獨立來看，這些決定中的每一個似乎都有意義，因為每個團隊都選擇了最滿意的程式語言。但是整個組織呢？你是否希望在你的組織內支援多種不同的程式語言？就此而言，這如何使團隊之間的輪換複雜化，以及它如何影響招聘？

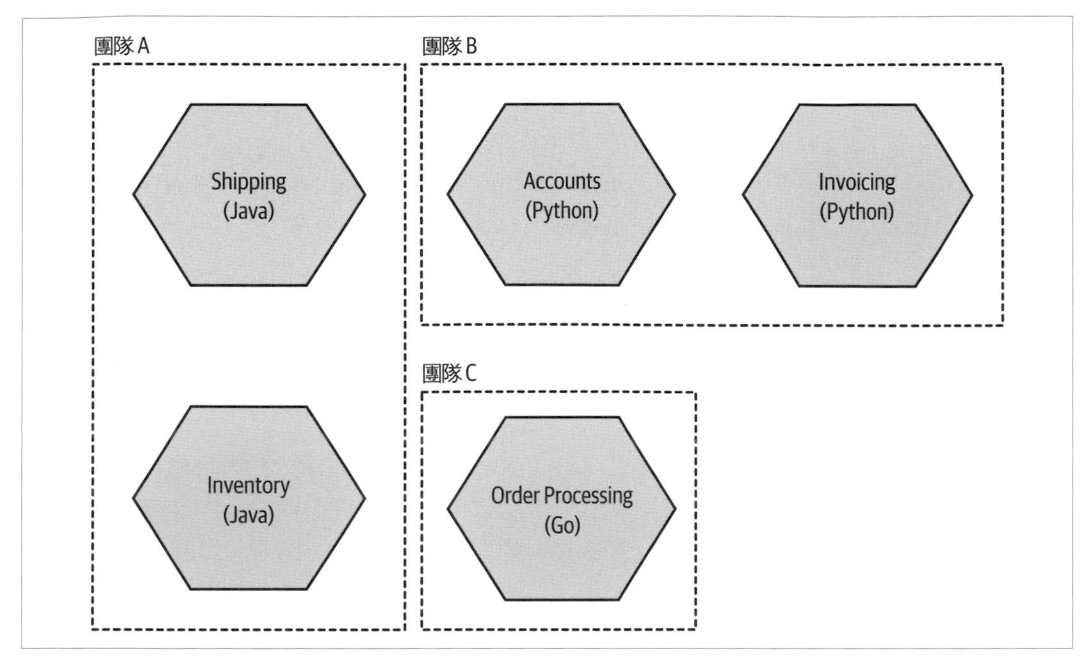

圖 15-3 每個團隊都選擇了不同的程式語言

你可能認為你實際上不想要這麼多的局部最佳化，但你需要了解這些不同的選擇，並且如果你想要某種程度的控制，則才有能力討論這些變更。我通常看到的情形是一個非常小的支援小組跨團隊工作，以幫助聯繫人們，使這些討論能夠正確進行。

正是在這些跨領域的支援小組中，我可以看到架構師的明顯基地，至少在他們的一部分時間裡。一個老式的架構師會告訴人們該做什麼。在新的、現代的、去中心化的組織中，架構師正在調查景觀、發現趨勢、幫助聯繫人們，並充當幫助其他團隊完成工作的共鳴板。他們不是這個世界上的控制單位；它們是另一種賦能功能（通常有一個新名稱，我見過像*主任工程師*（*principal engineer*）這樣的術語，用來形容扮演我認為是架構師的角色的人）。我們將在第 16 章中更多地探討架構師的角色。

一個賦能團隊可以幫助識別在團隊之外也可以更好地解決的問題。試想一個場景，其中每個團隊都發現啟動包含測試資料的資料庫很痛苦，每個團隊都以不同的方式解決了這個問題，但這個問題對於任何團隊來說都不夠重要，無法正確解決它。但隨後我們查看了多個團隊，發現其中的許多團隊可能會從問題的適當解決方案中受益，並且突然變得明顯需要解決這個問題。

實踐社群

實踐社群（*community of practice*，CoP）是一個跨領域的團體，可促進同行之間的分享和學習。如果做得好，實踐社群是創建一個人們能夠不斷學習和成長的組織的絕佳方式[11]。Emily Webber 在其關於該主題的優秀著作《*Building Successful Communities of Practice*》中寫道：

> 實踐社群為社交學習、體驗式學習和全面的課程創造了合適的環境，進而加快了成員的學習速度……它是可以鼓勵人們尋求更好的做事方式的學習文化，而不僅僅是使用既有模型。

現在，我相信在某些情況下，同一個團隊可以既是 CoP 又是賦能團隊，但以我自己的經驗，這種情況很少見，但是，這確實存在。賦能團隊和實踐社群都可以讓你深入了解組織中不同團隊所發生的事情。這種洞察力可以幫助你了解是否需要重新平衡全局最佳化與局部最佳化，或者幫助你確定是否需要一些更集中的幫助，但這裡的分歧在於團隊的職責和能力。

賦能團隊的成員通常作為團隊的一部分全職工作，或是他們將有大量時間用於此目的。因此，他們有更多的頻寬來將變更付諸行動，就是與其他團隊實際合作並幫助他們。實踐社群更側重於促進學習，也就是小組中的每個人通常每週最多參加幾個小時的論壇，並且此類小組的成員通常是流動的。

當然，CoP 和賦能團隊可以非常有效地合作。一般來說，CoP 能夠提供有價值的見解，可以幫助賦能團隊更好地了解需要什麼。試想一個 Kubernetes CoP，他與管理叢集的平台團隊分享了在其公司的開發叢集上工作是多麼痛苦的經歷。關於平台團隊，這是一個值得更詳細研究的主題。

平台

回到我們鬆散耦合、流式團隊，我們希望他們在隔離的環境中進行自己的測試，以可以在白天完成的方式管理部署，並在需要時變更他們的系統架構。所有這一切似乎都將越來越多的責任和工作推給了這些團隊。將團隊作為一個通用概念在這裡會有所幫助，但最終流式團隊需要一套自助服務工具來讓他們完成他們的工作，這就是平台（platform）。

11 Emily Webber，《*Building Successful Communities of Practice*》（San Francisco: Blurb, 2016）。

沒有平台，事實上，你可能會發現很難改變組織。在文章〈Convergence to Kubernetes〉中[12]，RVU 的 CTO Paul Ingles 分享了價格比較網站 Uswitch 從直接使用低階 AWS 服務轉向以 Kubernetes 為基礎的更高度抽象的平台經驗。這個想法是，這個平台允許 RVU 的流式團隊更多地專注於提供新功能，並在管理基礎設施上花費更少的時間。正如保羅所說：

> 我們沒有改變我們的組織，因為我們想使用 *Kubernetes*；我們使用 *Kubernetes* 是因為我們想改變我們的組織。

一個可以實作通用功能的平台，例如處理所需的微服務狀態管理、日誌匯總以及微服務間授權和認證的能力，可以極大地提高生產力並使團隊承擔更多責任，而不需要大幅增加他們的工作量。事實上，一個平台應該給團隊更多的頻寬來專注於交付功能。

平台團隊

平台需要有人來運行和管理。這些技術堆疊可能非常複雜，需要一些特定的專業知識。不過，我擔心的是，有時平台團隊很容易忽略它們之所以存在的原因。

平台團隊擁有使用者，就像任何其他團隊擁有使用者一樣。平台團隊的使用者是其他開發者，如果你在平台團隊中，你的工作就是讓他們的生活更輕鬆（這當然是任何賦能團隊的工作）。這意味著你創建的平台需要滿足使用它的團隊的需求，這也代表你需要與使用你平台的團隊合作，不僅要幫助他們更好地使用它，還要接受他們的反饋和要求，以改進你提供的平台。

過去，我更喜歡將這樣的團隊稱為「交付服務」（delivery services）或「交付支援」（delivery support），以更好地說明其目標。確實，平台團隊的工作不是建置平台；這是為了使開發和交付功能變得容易。建置平台只是平台團隊成員實作這一目標的一種方式。我確實擔心，透過稱自己為平台團隊，他們會將所有問題視為平台可以並且應該解決的事情，而不是更廣泛地考慮其他方式來讓開發者的生活更輕鬆。

與任何優秀的賦能團隊一樣，平台團隊在某種程度上需要像內部顧問公司一樣運作。如果你在平台團隊中，你需要出去找出人們所面臨到的問題、並與他們合作以幫助他們解決這些問題。但是，由於你最終也建置了平台，因此你也需要在其中進行大量的產品開發工作。事實上，採用產品開發方法來建置平台是一個好主意，並且可能是幫助培養新產品負責人的好地方。

---

12 Paul Ingles，〈Convergence to Kubernetes〉，Medium，2018 年 6 月 18 日，*https://oreil.ly/Ho7kY*。

The paved road

在軟體開發中流行的一個概念是「the paved road」。這個想法是你清楚地傳達你希望如何完成事情，然後提供可以輕鬆完成這些事情的機制。例如，你可能希望確保所有微服務都透過雙向 TLS 進行溝通。然後，你可以透過提供一個通用框架或部署平台來支援這一點，該平台將自動為在其上運行的微服務提供雙向 TLS。平台可以成為在鋪好的道路上交付的好方法。

Paved road 背後的關鍵概念是，使用 paved road 不是強制性的，它只是提供了一種更容易到達目的地的方式。因此，如果一個團隊想要確保其微服務透過雙向 TLS 進行溝通而不使用通用框架，則必須找到其他一些方法來做到這一點，但它仍然是被允許的。這裡的類比是，雖然我們可能希望每個人都到達同一個目的地，但人們可以自由地在那裡找到自己的路徑，希望鋪砌的道路是到達你目的地的最簡單方式。

Paved road 概念旨在簡化常見情況，同時在必要時為例外情況留出空間。

如果我們將平台視為鋪好的道路，透過使其成為可選項，你可以激勵平台團隊使平台易於使用。下方節錄自 Paul Ingles 關於衡量平台團隊的有效性[13]：

> 我們會圍繞我們希望採用該平台的團隊數量、使用平台自動擴展服務的應用程式數量、切換到平台動態憑證服務的應用程式比例來設置「目標和關鍵結果」（*objectives and key results*，OKR），其中一些我們會追蹤更長的時間，而另一些則有助於指導一個季度的進展，然後我們會放棄它們以支援其他東西。
>
> 我們從未強制要求使用該平台，因此為入職團隊的數量設定關鍵結果迫使我們專注於解決會推動採用的問題。我們還尋找自然的進步衡量標準：平台服務的流量比例和透過平台服務的收入比例都是很好的例子。

當你在人們的方式中設置看似任意和反覆無常的障礙時，這些人會找到繞過障礙的方法來完成工作。所以總體來說，我發現解釋為什麼應該以某種方式做事，然後讓以這種方式做事變得容易，而不是試圖讓你不喜歡的事情變得不可能來得更有效。

轉向更加自治、與流程一致的團隊並不能消除對擁有清晰技術願景、或明確所有團隊都必須做的某些事情的需求。如果有具體的限制（例如需要與雲端供應商無關）或所有團隊都需要遵守的特定要求（所有 PII 都需要使用特定算法進行靜態加密），那麼這些仍然需要清楚地傳達，並明確其原因，然後，該平台可以發揮作用，使這些事情變得容易。

13 《Organizational Evolution for Accelerating Delivery of Comparison Services at Uswitch》，Team Topologies，2020 年 6 月 24 日，*https://oreil.ly/zoyvv*。

透過使用該平台，你就在鋪砌道路上。最終你會做很多正確的事情，而無需花費太多精力。

另一方面，我看到一些組織試圖透過該平台進行治理。他們沒有明確說明需要做什麼以及為什麼要做，而是簡單地說「你必須使用這個平台」。但問題在於，如果平台不易於使用或不適合特定使用情形，人們會想辦法繞過平台本身。當團隊在平台外工作時，他們不清楚哪些限制對組織很重要，並且會發現自己在做「錯誤」的事情而沒有意識到這一點。

共享微服務

正如我已經討論過的，我是微服務強大所有權模型的大力支援者。一般來說，一個微服務應該由一個團隊所有。儘管如此，我仍然發現多個團隊擁有微服務是很常見的。為什麼會這樣呢？你可以（或應該）對此做些什麼？去理解導致人們擁有多個團隊共享微服務的驅動因素很重要，特別是因為我們可能能夠找到一些引人注目的替代模型來解決人們的潛在問題。

太難拆分

很明顯地，你可能會發現自己的微服務被一個以上的團隊擁有，原因之一是將微服務拆分成可以由不同團隊擁有的部分的成本太高，或者你的組織可能沒有發現。這在大型單體式系統中很常見。如果這是你所面臨的主要挑戰，那麼我希望第 3 章中給出的一些建議會有用。此外，你還可以考慮合併團隊以更緊密地與架構本身保持一致。

我們之前在第 427 頁的「走向流式團隊」中遇到的 FinTech 公司 FinanceCo，主要運營著強大所有權模型和高度的團隊自治。然而，它仍然有一個既有的單體式系統，這個系統正在慢慢分裂。該單體式應用程式具有多個團隊共享的所有意圖和目的，在此共享程式碼基礎中工作的成本增加是顯而易見的。

橫向變更

到目前為止，我們在本書中討論的有關組織結構和體系結構相互作用的大部分內容，都旨在減少團隊之間的協調需求。其中大部分是為了盡可能地減少跨領域的變更。但是，我們確實必須意識到，一些跨領域的變更可能是不可避免的。

FinanceCo 遇到了一個這樣的問題。最初啟動時，一個帳戶與一個使用者綁定。隨著公司的發展並吸引了更多的商業使用者（以前更專注於消費者），這成為了一個限制。該公司希望採用一種模型，在這種模型中，FinanceCo 的單個帳戶可以容納多個使用者。這是一個根本性的變化，因為直到那時整個系統的假設都是一個帳戶等於一個用戶。

已經成立了一個團隊來實作這一改變。問題在於，大量工作涉及到對其他團隊已經擁有的微服務進行變更，這代表團隊的部分工作是進行變更和提交提取請求，或者要求其他團隊進行變更。協調這些變更非常痛苦，因為需要修改大量微服務以支援新功能。

透過重組我們的團隊和架構以消除一組橫向變更，我們實際上可能會將自己暴露在一組不同的橫向變更中，這些變更可能會產生更顯著的影響。FinanceCo 就是這種情況：降低多使用者功能成本所需的重組類型會增加進行其他更常見變更的成本。FinanceCo 明白這種特殊的變化將是非常痛苦的，但這是一種特殊的變化，而這種痛苦是可以接受的。

交付瓶頸

人們轉向集體所有權（在團隊之間共享微服務）的一個關鍵原因是避免交付瓶頸（delivery bottlenecks）。如果需要在單個服務中進行大量變更，那該怎麼辦？讓我們回到 MusicCorp，假設我們正在推出一項功能，讓用戶可以在我們的產品中查看曲目的類型，並添加一種全新的庫存類型：手機的虛擬音樂鈴聲。網站團隊需要進行變更以顯示曲風資訊，而行動應用程式團隊則需要讓使用者瀏覽、預覽和購買鈴聲。這兩項都需要對 `Catalog` 微服務進行變更，但不幸的是，一半的團隊在診斷線上故障時陷入困境，另一半在最近的一次團隊外出用餐後出現食物中毒的情形而不在。

我們可以考慮一些選項，以避免網站和行動團隊共享 `Catalog` 微服務。第一個是等待。網站和行動應用程式團隊轉向其他方面，根據該功能的重要性或延遲可能持續多長時間，這可能沒問題，也可能是一個大問題。

你可以改為將人員添加到目錄團隊，以幫助他們更快地完成工作。整個系統中使用的技術堆疊和編程習慣越標準化，其他人就越容易對你的服務進行變更。當然，正如我們之前討論的，另一方面，標準化往往會降低團隊為工作採用正確解決方案的能力，並可能導致不同類型的低效率。

避免需要共享 `Catalog` 微服務的另一種選擇，是將目錄拆分為單獨的通用音樂目錄和鈴聲目錄。如果為支援鈴聲所做的變更相當小，並且這成為我們未來大力發展領域的可能性也很低，那麼這很可能過早進行。另一方面，如果有 10 週的鈴聲相關功能堆積起來，那麼拆分服務可能是有意義的，主要由行動團隊負責。

但是，我們可以考慮其他幾種模型。稍後，我們將看看在使共享微服務更「可插入」方面可以做些什麼，允許其他團隊透過程式庫貢獻他們的程式碼，或者從一個通用框架擴展。不過，首先，我們應該探索將開源開發領域的一些想法帶入我們公司的潛力。

內部開放資源

許多組織已決定實作某種形式的內部開放資源，以幫助管理共享程式碼基礎的問題，並使團隊外的人更容易對他們可能正在使用的微服務進行變更。

對於普通的開放資源，一小部分人被認為是核心提交者（core committer），他們是程式碼的保管人，如果你想要變更開源專案，你可以要求其中一位提交者為你變更，或者你自己進行變更並向他們發送提取請求。核心提交者仍然負責程式碼基礎，因為他們是業主。

在組織內部，這種模式也可以很好地工作。或許原本在服務上工作的人已經不在一個團隊裡了，也許他們現在分散在整個組織中，如果他們還有提交權限，你可以找到他們並尋求他們的幫助，也許可以與他們結對，或者如果你有合適的工具，你可以向他們發送提取請求。

核心提交者的角色

我們仍然希望我們的服務是合理的，我們希望程式碼具有良好的品質，並且微服務本身在組合方式上表現出某種一致性。我們還希望確保現在所做的變更不會使未來計劃的變更變得比他們需要的更難。在內部也採用與正常開放資源相同的模式，這意味著將受信任的提交者（核心團隊）與不受信任的提交者（團隊外部的人提交變更）分開。

核心所有權團隊需要有某種方式來審查和批准變更，它需要確保變更在習慣上是一致的，換句話說，它們遵循程式碼基礎其餘部分的通用編碼指南。因此，進行審查的人員將不得不花時間與提交者合作，以確保每個變更都具有足夠的品質。

優秀的守門人為此付出了很多努力，與提交者進行清晰的溝通並鼓勵良好的行為。壞守門人可以以此為藉口對他人施加權力、或對任意技術決策進行宗教戰爭。看過這兩種行為後，我可以告訴你一件很清楚的事：任何一種方式都需要時間。在考慮允許不受信任的提交者提交對你的程式碼基礎的變更時，你必須決定作為看門人的開銷是否值得、核心團隊是否可以透過花時間審查修補（patch）來做更好的事情？

成熟度

服務越不穩定或不成熟，核心團隊以外的人就越難提交修補。在服務的關鍵到位之前，團隊可能不知道什麼是「好」，因此可能很難知道什麼是好的提交。在這個階段，服務本身正在發生高度的變化。

大多數開放資源專案在第一個版本的核心完成之前，往往不會從更廣泛的不受信任提交者群體那裡提交。為你自己的組織遵循類似的模型是有意義的，如果一個服務非常成熟並且很少改變，例如，我們的購物車服務，那麼也許是時候為其他貢獻開放它了。

工具

為了最好地支援內部開放資源模型，你需要準備一些工具，使用能夠讓人們提交提取請求（或類似的東西）的分散式版本控制工具很重要。根據組織的規模，你可能還需要工具來討論和改進修補請求；這不一定代表一個完整的程式碼審查系統，但是對修補進行內聯註釋的能力非常有用。最後，你需要讓提交者非常輕鬆地建置和部署你的軟體、並使其可供其他人使用。這通常涉及擁有明確定義的建置和部署管道以及集中的產出物儲存庫，你的技術堆疊越標準化，其他團隊中的人就越容易對微服務進行編輯和提供修補。

可插式的模組化微服務

在 FinanceCo，我看到了一個與特定微服務相關的有趣挑戰，該挑戰正成為許多團隊的瓶頸。對於每個國家，FinanceCo 都有專門的團隊專注於該國家的特定功能。這很有意義，因為每個國家都有特定的要求和挑戰，但它給這個中央服務帶來了問題，它需要為每個國家更新特定的功能。而擁有中央微服務的團隊被發送到它的提取請求給淹沒了，該團隊在快速處理這些提取請求方面做得非常出色。事實上，它專注於這是其職責的核心部分，但從結構上講，這種情況並不真正可持續。

這是一個具有大量提取請求的團隊可能是許多不同潛在問題的跡象範例。來自其他團隊的提取請求是否被認真對待？或者這些提取請求是否說明了微服務可能會改變所有權？

如果一個團隊有很多入站提取請求，這可能代表你確實擁有一個由多個團隊共享的微服務。

變更所有權

有時正確的做法是改變誰能擁有微服務。試想 MusicCorp 中的一個例子，Customer Engagement 團隊不得不向 Marketing and Promotions 團隊發送大量與 `Recommendation` 微服務相關的提取請求。這是因為就客戶資訊的管理方式而言，正在發生許多變化，還因為我們需要以不同的方式提出這些建議。

在這種情況下，Customer Engagement 團隊可能只擁有 `Recommendation` 微服務的所有權。然而，在 FinanceCo 的例子中，不存在這樣的選擇，問題在於提取請求的來源來自多個不同的團隊。那麼還有其他的作法嗎？

運行多個變形

我們探索的一種選擇是，每個國家團隊都將運行自己的共享微服務變形。所以美國團隊會運行自己的版本，新加坡團隊會運行自己的版本，以此類推。

當然，這種方法的問題是程式碼重複。共享微服務實作了一組標準行為和通用規則，但也希望其中的一些功能可以針對每個國家進行變更。我們不想複製通用功能，這個想法是讓當前管理共享微服務的團隊提供一個框架，該框架實際上只是由既有的微服務組成，但僅限於只有通用功能。每個特定國家的團隊都可以啟動自己的骨架微服務實例，插入自己的自定義功能，如圖 15-4 所示。

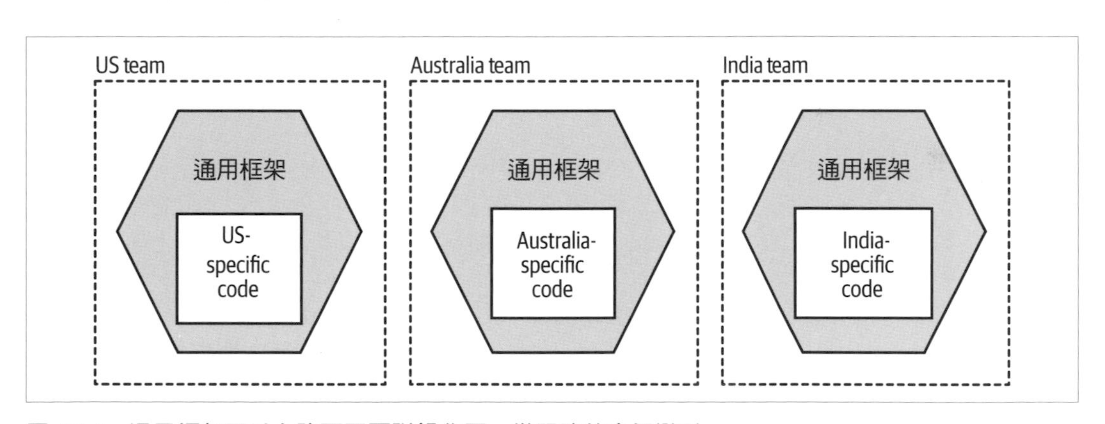

圖 15-4　通用框架可以允許不同團隊操作同一微服務的多個變形

這裡要注意的重要一點是，雖然我們可以在微服務的每個特定國家的變形中共享此範例中的通用功能，但此通用功能不能在不需要大規模鎖步發布的情況下，同時更新微服務的所有變形。管理框架的核心團隊可能會提供一個新版本，但每個團隊都需要提取最新版本的通用程式碼並重新部署它。在這種特定情況下，FinanceCo 可以接受此限制。

值得強調的是，這種特殊情況非常罕見，而且我之前只遇到過一兩次。我最初的重點是尋找方法來拆分這個中央共享微服務的職責，或者重新分配所有權。我擔心的是，創建內部框架可能會是一項令人擔憂的活動。框架很容易變得過於臃腫或限制使用它的團隊開發，在創建內部框架時，一切都始於最好的意圖。儘管在 FinanceCo 的情況下，我認為這是正確的前進方式，但我必須警告不要太輕易採用這種方法，除非你已經用盡了其他選擇。

透過程式庫的外部貢獻

這種方法的一個變形是讓每個特定國家的團隊，貢獻一個包含特定國家功能的程式庫，然後將這些程式庫打包到一個共享的微服務中，如圖 15-5 所示。

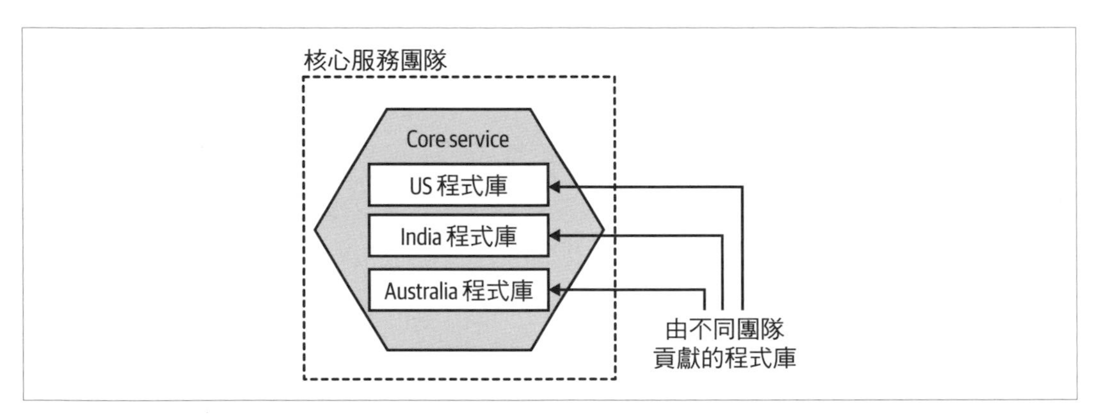

圖 15-5　團隊將具有自定義行為的程式庫貢獻給中央微服務

這裡的想法是，如果美國團隊需要實作特定於美國的邏輯，它會在程式庫中進行變更，然後將其作為中央微服務建置的一部分包含在內。

這種方法減少了運行額外微服務的需要。我們不需要為每個國家運行一項服務，我們可以運行一個中央微服務來處理*每個*國家的自定義功能。這裡的挑戰是，國家團隊不負責決定他們的自定義功能何時上線。他們可以進行變更並請求部署此新變更，但中央團隊必須安排此部署。

此外，這些特定於國家的程式庫之一中的錯誤可能會導致生產問題，然後由中央團隊負責解決。因此，這可能會使線上故障排除更加複雜。

儘管如此，如果此選項可以幫助你擺脫集體所有權的中央微服務，特別是當你無法證明運行同一微服務的多個變形時，可能值得考慮。

變更審查

在採用內部開放資源方法時，審查的概念是一個核心原則，也就是變更必須經過審查才能被接受。但是，即使在你擁有直接提交權限的程式碼基礎團隊內部工作時，審查你的變更仍然很有價值。

我非常喜歡審查我的變更，我一直覺得我的程式碼受益於他人。到目前為止，我最喜歡的審查形式是作為結對程式設計（pair programming）一部分獲得的即時審查類型。你和另一位開發者一起撰寫程式碼並相互討論變更，然後在你簽入之前會對其進行審查。

你可以不必相信我的話。回到《*Accelerate*》，我們已經多次引用過這本書：

> 我們發現僅對高風險變更的批准與軟體交付效能無關。報告沒有批准流程或使用同行審查（*peer review*）的團隊實作了更高的軟體交付效能。最後，需要外部機構批准的團隊績效較低。

在這裡，我們看到了同行審查和外部變更評審之間的區別。同行變更審查由很可能與你在同一個團隊中，並且與你在同一程式碼基礎上工作的人完成，他們顯然更適合評估什麼是好的改變，並且也可能更快地進行審查（稍後會詳細介紹）。然而，外部審查總是更加令人擔憂，由於是團隊外部的人員，他們可能會根據不一定有意義的標準列表來評估變更，並且由於他們在一個獨立的團隊中，他們可能暫時無法了解你的變更。正如《*Accelerate*》的作者所說：

> 一個不熟悉系統內部結構的外部機構有多少機會審查可能由數百名工程師更改的數萬行程式碼、並準確確定對複雜正式系統的影響？

因此，總體來說，我們希望利用同行變更審查並避免外部程式碼審查的需要。

同步與異步程式碼審查

透過結對程式設計，程式碼審查在撰寫程式碼時內聯進行。事實上，還不止這些。配對時，你有司機（鍵盤上的人）和瀏覽員（充當第二雙眼睛）。兩個參與者都在不斷地就他們正在做出的改變進行對話，審查的行為和做出改變的行為是同時發生的。審查成為配對關係的一個隱含且持續的方面，這代表當發現事情時，它們會立即得到修復。

如果你不結對，理想的情況是在撰寫程式碼後很快進行審查。然後，你希望審查本身盡可能同步，因為你希望能夠直接與審閱者討論他們遇到的任何問題，就前進的方向達成一致，做出變更，然後繼續前進。

你越快得到程式碼變更的反饋，你就能越快地查看反饋、評估它、要求澄清、在需要時進一步討論問題，並最終做出任何必要的變更。提交程式碼變更以供審查和審查實際發生之間的時間越長，事情就會變得越長越困難。

如果你提交程式碼變更以供審核，並且直到幾天之後才收到有關該變更的反饋，那麼你很可能已轉移到其他工作中。要處理反饋，你需要切換上下文並重新參與你之前所做的工作。你可能同意審閱者的變更（如果需要），在這種情況下，你可以進行變更並重新提交變更以供批准。最壞的情況是，你可能需要對提出的要點進行進一步討論。提交者和審閱者之間的這種異步來回會增加獲取變更過程的**天數**。

及時進行程式碼審查！

如果你想做程式碼審查而不是結對程式設計，那麼在提交變更後儘快進行審查，並且以盡可能同步的方式完成反饋，最好是與審稿人面對面。

集成程式設計

集成程式設計（ensemble programming）（又名群體程式設計，mob programming[14]）有時被討論為進行內聯程式碼審查的一種方式。透過集成程式設計，更多的人（可能是整個團隊）一起工作以進行變更。它主要是關於集體解決一個問題並聽取大多數人的意見。

曾和我談話過使用集成程式設計的團隊中，大多數只是偶爾將它用於特定、棘手的問題或重要的變更，但很多開發工作也是使用集成之外的方式完成的。因此，雖然集成程式設計可能會對集成期間所做變更提供充分審查，並且以非常同步的方式，你仍然需要一種方法來確保對在群體之外所做的變更進行審查。

有些人會爭辯說，你只需要對高風險變更進行審查，因此僅作為整體的一部分進行審查就足夠了。值得注意的是，《*Accelerate*》的作者意外地發現軟體交付效能與僅審查高風險變更之間**沒有**相關性，而當所有變更都經過同行審查時，則呈正相關。因此，如果你確實想進行集成程式設計，請繼續！但是你可能還會考慮審查在集成之外所做的其他變更。

就個人而言，我對集成程式設計的某些方面有一些深深的保留。你會發現你的團隊實際上是一個神經多元化的群體，集成中的權力不平衡會進一步破壞集體解決問題的目標。

14 雖然**群體程式設計**這個術語更為普遍，但我並不太喜歡，而是更喜歡使用**集成**這個術語，因為它清楚地表明我們有一群人一起工作，而不是一群人扔燃燒瓶和打破窗戶。我不是很肯定到底是誰想出了這個命名，但我認為是 Maaret Pyhäjärvi。

並不是每個人都喜歡在團隊中工作，而集成絕對是這樣，有些人會在這樣的環境中茁壯成長，而另一些人會覺得完全無法做出貢獻。當我向一些集成程式設計的支援者提出這個問題時，我得到了各式各樣的回應，其中許多都歸結為這樣一種信念：如果你創造了正確的集成環境，任何人都能夠「走出他們的外殼並產生貢獻。」這麼說吧，在那組特定的談話之後，我翻了個白眼，差點失明。公平地說，對結對程式設計也可以提出同樣的問題！

雖然我毫不懷疑許多集成程式設計的支援者不會像這樣不了解或漠視不吭聲，但重要的是要記住，創建一個包容性的工作空間，部分是為了了解如何創建一個環境，讓團隊的所有成員都在其中能夠以對他們來說安全和舒適的方式做出充分的貢獻。不要因為每個人都在一個房間而自欺欺人，每個人實際上都在做出貢獻。如果你想要一些關於集成程式設計的具體技巧，我建議你閱讀 Maaret Pyhäjärvi 自己出版的《*Ensemble Programming Guidebook*》[15]。

孤兒服務

那麼不再積極維護的服務呢？隨著我們轉向更細微化的架構，微服務本身變得更小。正如我們所討論的，小型微服務的優勢之一是它們更簡單。功能較少的更簡單微服務可能暫時不需要變更。試想一下不起眼的 `Shopping Basket` 微服務，它提供了一些相當普通的功能：添加到購物籃、從購物籃中刪除等。可以想像，這個微服務在第一次撰寫後的幾個月內可能不必變更，即使積極的開發仍在進行中。這裡會發生什麼呢？是誰擁有這個微服務？

如果你的團隊結構與組織的邊界上下文保持一致，那麼即使不經常變更的服務仍然擁有事實上的所有者。想像一個與消費者網路銷售環境保持一致的團隊，它可能會處理以 Web 為基礎的使用者介面以及 `Shopping Basket` 和 `Recommendation` 微服務。即使購物車服務幾個月沒有改變，如果需要，自然會由這個團隊進行變更。當然，微服務的好處之一是，如果團隊需要變更微服務以添加新功能、但沒有找到自己喜歡的功能，那麼重寫它根本不應該花費太長時間。

也就是說，如果你採用了真正的多語言（polyglot）方法並正在使用多個技術堆疊，那麼如果你的團隊不再了解技術堆疊，則對孤兒服務進行變更的挑戰可能會更加複雜。

---

15 Maaret Pyhäjärvi，《*Ensemble Programming Guidebook*》（自行出版，2015-2020），*https://ensembleprogramming.xyz*。

範例研究：realestate.com.au

在本書的第一版中，我花了一些時間與 realestate.com.au（REA）聊聊它對微服務的使用，我學到的很多東西在分享實際微服務實例方面有很大幫助。我還發現 REA 的組織結構和架構相互作用特別迷人，其組織結構的概述我們在 2014 年有討論過。

我確信今天的 REA 看起來完全不同，這個概述代表一個快照及一個時間點。我並不是說這是建構組織的最佳方式，只是它當時對 REA 最有效。向其他組織學習是明智的，在不理解他們為什麼這樣做的情況下複製他們所做的事情是愚蠢的。

與今天一樣，REA 的房地產核心業務涵蓋了不同的方面。2014 年，REA 被拆分為獨立的業務線（lines of business，LOB）。例如，一條業務線處理澳洲的住宅物業，另一條業務線處理商業地產，再另一條線處理 REA 的一項海外業務。這些業務線都有與之相關的 IT 交付團隊（或「小隊，squad」），只有一些有一個小隊，而最大的一條線有四個小隊。因此，對於住宅物業，有多個團隊參與創建網站和列表服務，以允許人們瀏覽物業選項。人們時不時地在這些團隊之間輪換，但往往會在該業務範圍內很長時間，以確保團隊成員可以對該領域的該部分建立強烈的意識。這反過來又有助於各種業務利害關係人與為他們提供功能的團隊之間溝通。

業務線內的每個小隊都應該擁有它所創建每項服務的整個生命週期，包括建置、測試和發布、支援甚至到退役。核心交付服務團隊的工作是為 LOB 中的小隊提供建議、指導和工具，幫助這些小隊更有效地交付。使用我們新一點的術語，核心交付服務團隊扮演著賦能團隊的角色。而強大的自動化文化是關鍵，REA 大量使用 AWS 作為使團隊更加自主的重要組成部分。圖 15-6 說明了這一切是如何工作的。

與業務運營方式保持一致的不僅僅是交付組織，這個模型也擴展到了架構。這方面的一個例子是整合方法。在一個 LOB 中，所有服務都可以以他們認為合適的任何方式自由地相互交談，這由充當其保管人的小隊決定。但是 LOB 之間的溝通被強制要求是異步批次處理，這是非常小的架構團隊為數不多的鐵則之一。這種粗粒度的溝通也與業務的不同部分之間存在的溝通相匹配。透過堅持批次處理，每個 LOB 在其行為方式和管理方式方面都有很大的自由度。它可以隨時關閉其服務，因為它知道只要它能夠滿足與業務其他部分及其自身業務利害關係人的批量整合，就沒有人會在意。

這種結構不僅在團隊之間，而且在業務的不同部分之間都允許顯著的自主權，而實作變革的能力幫助公司在當地市場取得了重大成功。這種更加自主的結構還幫助公司從 2010 年的少量服務發展到 2014 年的數百個，進而提高了更快交付變更的能力。

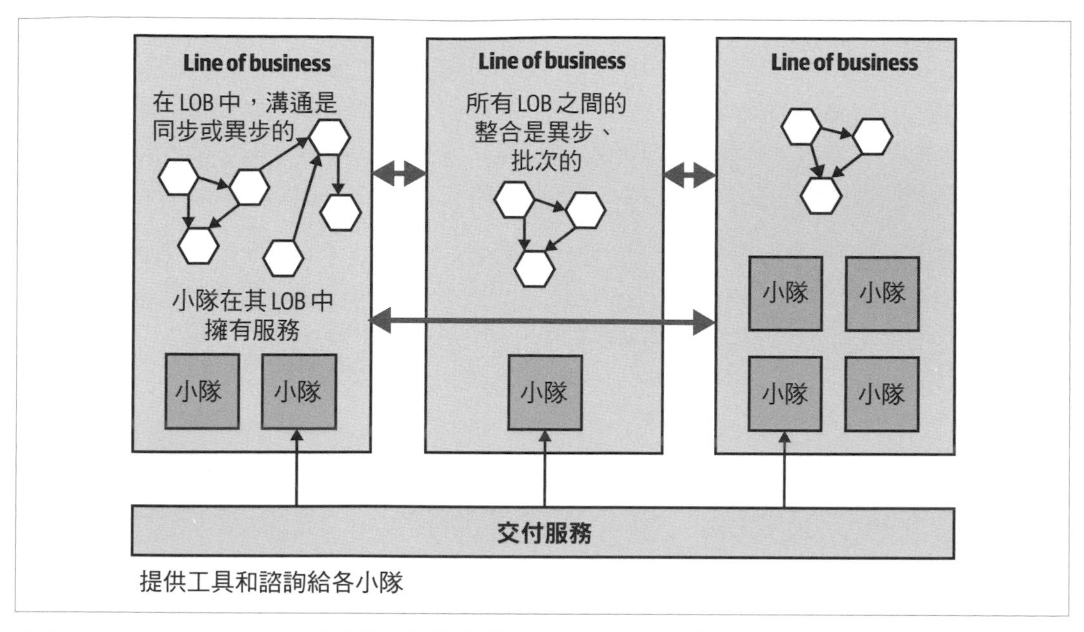

圖 15-6　realestate.com.au 的組織和團隊結構以及與架構的一致性概述

那些適應性足以改變其系統架構和組織結構的組織，可以在提高團隊自主性和加快新特性與功能的上市時間方面獲得巨大收益。REA 只是眾多已經意識到系統架構並非與世隔絕的組織之一。

地理分布

在同一區域工作的團隊會發現同步溝通非常簡單，特別是因為他們通常同時在同一個地方。如果你的團隊是分散式的，同步溝通可能會更困難，但如果團隊成員處於相同或相似的時區，則仍然可以實作。與不同時區的人交流時，協調成本會急劇增加。我曾經是一名架構師，幫助印度、英國、巴西和美國的賦能團隊，而我本人則在澳洲。在我和各個團隊的負責人之間安排一次會議非常困難。這意味著我們很少舉行這些會議（通常每月一次），而且我們還必須確保在這些會議期間只討論最重要的問題，因為通常有一半以上的與會者會在核心工作時間之外工作。

在這些會議之外，我們將主要透過電子郵件就其他時間緊迫的問題進行異步溝通。但是我在澳洲，這種溝通方式的延遲很嚴重，我會在週一早上醒來，開始一個非常安靜的一週，因為世界上大多數人還沒有醒來，這使我有時間處理我從英國、巴西和其他國家的團隊收到的電子郵件。

我記得我參與過的一個客戶專案，其中一個微服務的所有權在兩個地理位置之間共享。最終，每個網站都開始專門處理它所處理的工作，這允許它擁有部分程式碼基礎的所有權，在其中它可以更輕鬆地進行變更。然後，團隊就這兩個部分如何相互關聯進行了更粗粒度的交流；實際上，在組織結構內的溝通路徑與構成程式碼基礎兩部分之間邊界的粗粒度 API 相匹配。

那麼，在考慮發展我們自己的服務設計時，這會給我們帶來什麼？好吧，我建議在定義團隊邊界和軟體邊界時，參與開發的人員之間的地理邊界應該是一個重要的考慮因素。當成員位於同一地點時，單一團隊的組建要容易得多。如果無法進行託管，並且你希望組建一個分散式團隊，那麼確保團隊成員處於相同或非常相似的時區將有助於該團隊內部的溝通，因為這將減少對異步溝通的需求。

也許你的組織決定透過在另一個國家設立辦事處來增加為你專案工作的人數。此時，你應該積極考慮可以移動系統的哪些部分，也許這就是你決定下一步拆分哪些功能的原因。

在這一點上還值得注意的是，至少根據我之前引用的「Exploring the Duality Between Product and Organizational Architectures」報告作者的觀察，如果建置系統的組織更加鬆散耦合（例如，它由地理分佈的團隊組成），正在建置的系統將趨於更加模組化，進而希望減少耦合。擁有許多服務的單一團隊傾向於更緊密整合的趨勢，這在一個更加分散的組織中很難維持。

反向 Conway 定律

到目前為止，我們已經討論了組織如何影響系統設計。但是反過來，系統設計能否改變組織？雖然我無法找到相同品質的證據來支援 Conway 定律反向起作用的觀點，但我已經從軼事中看到了它。

最好的例子可能是我多年前合作過的一個客戶。回到網路剛剛起步的時代，網際網路被視為透過 AOL 軟碟通過門到達的東西，這家公司是一家大型印刷公司，擁有一個小型、樸素的網站。它有一個網站，因為這是要做的事情，但在宏偉的計劃中，網站對業務的運作方式並不重要。在創建原始系統時，就系統如何工作做出了相當武斷的技術決定。

該系統的內容有多種來源，但大部分來自第三方，這些第三方正在投放廣告供公眾查看。有一個允許付費第三方創建內容的輸入系統，一個獲取資料並以各種方式豐富它的中央系統，以及一個創建公眾可以瀏覽最終網站的輸出系統。

當時最初的設計決策是否正確是歷史學家的對話，但多年來公司已經發生了很大變化，我和許多同事開始懷疑系統設計是否適合公司目前的狀態，因為它的實體印刷業務顯著減少，該組織的收入和業務運營現在都由其線上業務主導。

我們當時看到的是一個與這個由三部分組成的系統緊密結合的組織。業務 IT 方面的三個通路或部門與業務的每個輸入、核心和輸出部分保持一致。在這些通路中，有單獨的交付團隊。當時我沒有意識到這些組織結構並非早於系統設計，而是圍繞它成長起來的。隨著業務印刷方面的減少和數位方面業務的成長，系統設計無意中為組織的發展鋪平了道路。

最後我們意識到，無論系統設計有什麼缺點，我們都必須改變組織結構才能做出轉變。這家公司現在發生了很大的變化，但這樣的變化是在好幾年中不斷發生。

人員

不管最初看起來如何，這始終是一個人的問題。

—Gerry Weinberg，The Second Law of Consulting

我們必須接受，在微服務環境中，開發者很難在自己的小世界中思考撰寫程式碼。他們必須更加了解像是跨網路邊界的呼叫或失敗的影響之類的影響。我們還討論了微服務的能力，它可以更輕鬆地嘗試新技術，從資料儲存到語言。但是，如果你正在擺脫一個擁有單體式系統的世界，在這個世界中，你的大多數開發者不得不只使用一種語言並且完全無視運營問題，那麼將他們投入微服務世界可能是粗魯地喚醒他們。

同樣地，將權力推給開發團隊以增加自主權也可能令人擔憂。過去把工作交給別人的人已經習慣了責怪別人，並且可能不願意對自己的工作完全負責。你甚至可能會發現讓你的開發者為他們所支援的系統攜帶呼叫器的契約障礙。這些改變可以循序漸進地進行，在最初應該為最願意和最有能力做出改變的人改變職責。

雖然這本書主要是關於技術的，但人員不僅僅是一個側面考慮，他們是建立你現在擁有的東西並將建立接下來會發生東西的人。就提出如何完成事情的願景，若不考慮你當前的員工對此有何看法，不考慮他們擁有的能力，將可能會導致糟糕的情況。

每個組織都有自己的一套關於這個主題的變革動力，你必須了解你的員工對改變的渴望。不要把它們推得太快！也許你可以讓一個獨立的團隊在短時間內處理前線支援或部署，讓你的開發者有時間適應新的實踐。但是，你可能不得不承認，你的組織中需要不同類型的人員才能使這一切正常進行。你可能需要改變你的招聘方式，事實上，透過從外部引進已經有你想要的工作經驗的新人，可能更容易展示什麼是可能的。合適的新員工很可能在向他人展示什麼是可能的方面大有幫助。

無論你採用何種方法，請了解你需要清楚地闡述你的員工在微服務世界中的責任，並清楚為什麼這些責任對你而言很重要。這可以幫助你了解你的技能差距在哪，並考慮如何縮小它們。對許多人來說，這將是一段非常可怕的旅程。但請記住，如果沒有人願意加入，你所想要做出的任何改變從一開始就注定會失敗。

總結

Conway 定律強調了嘗試執行與組織不匹配的系統設計的危險，至少對於微服務而言，這將我們指向一種模型，其中強大的微服務所有權是常態，而共享微服務或嘗試大規模實踐集體所有權通常會導致我們破壞微服務的好處。

當組織和架構不一致時，我們就會遇到緊張點（tension points），正如本章所概述的，透過識別兩者之間的聯繫，我們將確保我們嘗試建置的系統對我們要建立的組織是有意義的。

如果你想進一步探討這個主題，除了前面提到的《*Team Topologies*》，假如你有興趣更深入地研究我在本章中介紹的一些想法，我還推薦 James Lewis 的演講「Scale, Microservices and Flow」[16]，我從中獲得了許多有助於塑造本章的見解，非常值得一看。

在下一章中，我們將更深入地探討我已經提到的一個主題：架構師的角色。

16 James Lewis，〈Scale, Microservices and Flow〉，YOW! Conferences，2020 年 2 月 10 日，YouTube，51:03，*https://oreil.ly/ON81J*。

第十六章

進化的架構師

正如我們到目前為止所看到的，微服務給了我們很多選擇，因此我們需要做出很多決定。例如，我們應該使用多少種不同的技術，我們應該讓不同的團隊使用不同的編程語言和風格，我們應該拆分還是合併一個微服務？我們如何做出這些決定？變更的步調越快，軟體架構就得容許越有彈性的環境，而架構師的角色也必須跟著改變。在本章中，我將對架構師的角色採取相當固執的觀點，並希望對象牙塔發起最後的攻擊。

名字裡有什麼？

> 你一直在用這個詞，但我認為它的意思跟你想的不一樣。
>
> —Inigo Montoya，《*The Princess Bride*》

架構師有一份重要的工作。他們負責確保系統具備有效連貫的技術願景，該願景應該有助於交付客戶需要的軟體。在某些地方，他們可能只需要與一個團隊一起工作，在這種情況下，架構師的角色和技術負責人的角色往往相同。在其他地方，他們可能正在定義整個工作計劃的願景，與世界各地的多個團隊甚至整個組織進行協調。無論架構師在哪個層級運作，他們的角色都很難確定，儘管它通常是企業組織中開發者的最顯著的職業發展，但這個角色確實比幾乎任何其他角色都更容易招致批評。與任何其他角色相比，架構師可以對所建置系統的品質、團隊成員的工作情境以及組織應對變化的能力產生直接影響，但我們對其角色似乎所知甚少，這是為什麼？

我們的行業還很年輕。有時我們似乎忘了這件事，一直以來，我們建立的程式僅僅執行在 75 年來被稱作電腦的機器上。我們的職業並非在社會大眾一般的理解之中。我們不像水電工、醫生或工程師。你有多少次告訴別人你在聚會上做了什麼，讓談話停止？整個世界都在努力理解軟體開發，正如我在本書中多次概述的那樣，我們自己似乎也經常無法理解它。

因此我們借用了別的行業的名稱，稱自己為軟體「工程師」（engineer）或「架構師」（architect）。但我們並不是社會對這些職業所理解的那種建築師或工程師。建築師和工程師擁有我們夢寐以求的嚴謹和紀律，他們在社會中的重要性是眾所周知的。我記得在我朋友考上建築師的前一天，他和我談到，「明天，如果我在酒吧裡給你一些關於如何建造東西的建議，但這建議是錯誤的，我會被追究責任。我可能會被起訴，因為在法律上，我現在是一名合格的建築師，如果我做錯了，我應該承擔責任。」這些工作對社會的重要性意味著從業人員必須具備某種資格。例如，在英國，至少需要學習七年才能被稱為建築師。但這些工作也基於可追溯到數千年前的知識體系。那軟體架構師呢？不完全的。這就是為什麼我認為許多形式的 IT 認證一文不值的部分原因，因為我們對「好」的樣子似乎不甚了解。

我這麼說並不是要貶低**軟體工程**[1]（*software engineering*）這個術語，這個術語是由 Margaret Hamilton 在 1960 年代創造的，但這與當前的現實一樣充滿抱負。該術語的出現是為了提高正在創建的軟體品質，並認識到軟體專案經常失敗，但越來越被用在重要的任務和安全關鍵領域的事實。從那時起，已經做了很多工作來改善這種情況，但我自己在這個行業工作 20 年後的看法是，我們仍然需要學習關於如何把工作做好（或至少做得比較好一點）。

我們當中的一部分希望得到認可，所以我們從其他行業借用這個行業渴望被認可的名稱；然而，如果我們在不了解這些行業背後的思維方式、或考慮軟體開發與土木工程等不同之處的情況下，借用這些行業的**工作實踐**（*working practices*），那麼這可能會有問題。這並不是說我們不應該以更嚴謹的工作為目標，只是我們不能簡單地從別處借用想法並假設它們對我們有用。我們的行業還很年輕，所面臨的挑戰是，對於這個行業能達成共識的絕對標準相當少。

也許**建築師**這個詞，或者至少是對建築師所做工作的普遍理解，造成的傷害最大：建築師繪製設計圖，讓其他人去解讀，並且預期建築物被完成。建築師是藝術家與工程師的平衡，負責監造通常具備獨特願景的建築物，其他人只能抱持著服膺的觀點，除了偶爾受到結構工程師根據物理定律提出的挑戰。在我們的行業中，這種觀點導致了一些可怕的做法，架構師創建一個接一個的圖解，一頁一頁的文件，以期為完美系統的建置提供資訊，而沒有考慮到根本不可預知的未來，並且完全不了解他們的計劃實作起來有多困難，或者他們是否能有效運作，更談不上具有任何學習及改變的能力了。

1 出於多種原因，其中最重要的是我擁有軟體工程學位……

但是建築環境的建築師與軟體架構師在不同的領域中運作，它們的限制不同，最終產品也不同。建築工程中的變更成本遠高於軟體開發中的成本。你不能倒出混凝土，但你可以改變程式碼，甚至我們運行程式碼的基礎設施也比以前更具可塑性，這要歸功於虛擬化。建築物一旦建成就相當固定，它們可以改變、擴建或拆除，但相關的成本非常高。然而我們希望我們的軟體能夠不斷變化以滿足我們的需求。

因此，如果軟體架構不同於建築環境的架構，也許我們應該更清楚地了解軟體架構究竟是什麼。

什麼是軟體架構？

軟體架構最著名的定義之一來自 Ralph Johnson 的一封電子郵件：「架構是關於重要的東西。不管那是什麼[2]。」那麼這是否意味著任何重要的事情都是由架構師完成的？這是否意味著正在完成的所有其他工作都不重要？這個經常被引用的論述問題在於它經常被單獨使用，而沒有任何理解 Ralph 分享它的更廣泛的回應。首先，很明顯地，他是從軟體開發者的角度說話。他接著說：

> 因此，更好的定義是「在大多數成功的軟體專案中，從事該專案的專家開發者對系統設計有共同的理解。這種共享的理解稱為「架構」。這種理解包括系統如何劃分為元件以及元件如何透過介面進行互動。這些元件通常由較小的元件組成，但架構只包括所有開發者都能理解的元件和介面。」
>
> 這將是一個更好的定義，因為它清楚地表明架構是一種社會構造（嗯，軟體也是，但架構更是如此），因為它不僅取決於軟體，還取決於軟體的哪個部分被群體共識認為是重要的。

在這裡，Ralph 在最一般的意義上使用元件（*componenets*）這個術語。在他書中的上下文，我們可以將元件視為我們的微服務，或是這些微服務中的模組。

軟體架構是系統的外形。建築的發生，無論是照著設計還是出於意外，我們做出了一系列臨時決定，最終得到了結果，就算沒有考慮架構方面的事情，我們最終還是得到了架構。當我們忙於制定其他計劃時，架構有時會發生。

一個盡責的架構師應該看到並理解整個系統，理解作用於它的力量。他們需要確保架構的願景適合目標並被清楚地理解，滿足系統及其使用者以及系統本身工作者需求的架構

2 這是來自 extreme programming email 列表上的交流，Martin Fowler 隨後在他的文章〈Who Needs an Architect?〉中分享了這一點（*https://oreil.ly/6C0cI*）。

願景。只關注一個方面，例如，注意邏輯上而忽略物理上，在意形狀而非開發者體驗，這會限制架構師的效率。如果你接受架構是關於理解系統的，那麼限制你關心的範圍就會限制你推理和做出改變的能力。

架構（Architecture）對於生活在其中的人來說可能是隱形的。它可能非常輕微，以致於實際上並不存在。它可以指導並幫助實作正確的結果，也可能專橫的令人窒息；它可以在你沒有意識到它甚至是一件事的情況下使你感到高興，並在沒有任何惡意的情況下消磨你的精神。因此，無論架構是否「關於重要的東西」，這當然*很重要*。

另一個經常被用來定義軟體架構的精闢名言來自同一篇文章，其中 Martin 同意 Ralph 的觀點：「所以你可能最終將架構定義為*人們認為難以改變的事物*。」Martin 對於架構是難以改變之東西的觀點，在某種程度上是有意義的，把我們帶回到建築環境中的建築概念。在事情較難改變的地方，他們需要更多的預先思考，以真正確保我們朝著正確的方向前進。但是，對一個複雜想法簡單定義，並將其作為一個工作定義是有問題的，如果這個陳述完全是你對軟體架構的看法，你會錯過很多東西。是的，很多軟體架構都在考慮難以改變的事情，但它也是關於創造空間以允許設計中的變化。

讓改變成為可能

回到建築世界而不是軟體系統：可以說，建築師 Mies van der Rohe 比任何其他建築師在開創我們現在認為的現代摩天大樓方面做得更多，他著名的 Seagram 大廈成為了後來大部分建築的藍圖。Seagram 大廈與之前的許多建築不同，建築物的外牆是非結構性的，它們包裹著鋼外框架，主要建築服務包含電梯（lift）[3]、樓梯、空調、水和廢棄物以及電力系統，貫穿一整個中央混凝土核心。看看今天正在建造的現代高層建築，首先建造的是這個中央混凝土核心，經常看到的巨型起重機停在頂樓。Seagram 大廈的每一層樓都沒有內部結構牆，這意味著你在如何使用空間上有完全的彈性。你可以根據自己的需求重新配置空間，透過天花板懸吊和地板中的管道，將電線和空調佈線到每個樓層的空間中。

有趣的是，Seagram 大廈的開發過程中，建築設計在施工過程中不斷在發展。我們以前在哪裡見過這種想法呢？

這種設計的想法是提供 Mies van der Rohe 所說的「通用空間」（universal space），也就是一個可以重新配置以滿足不同需求的大型單跨體積。建築物的使用發生了變化，因此我們的想法是提供在使用上盡可能靈活的空間。這樣一來，Mies van der Rohe 不僅要專

3 電梯，給我的北美讀者。

注於建築的基本美學，為核心服務找到一個空間，以後很難甚至不可能改變，而且他還必須確保建築的使用方式與最初設想的不同。不久，我們將看看我們如何允許微服務架構空間的變化。

建築師的進化願景

我們作為軟體架構師的需求，比設計和建造建築物的人的需求變化得更快，我們可以使用的工具和技術也是如此。我們創造的東西也並非固定於某個時間點，一旦上線，我們的軟體將隨著使用方式的變化而不斷發展。對於我們創建的大多數東西，我們必須接受這樣一個事實：在將軟體交到使用者手中之後，我們必須作出反應和適應，以回應使用者的回饋，一個永不改變的產出物。因此，軟體架構師需要將他們的思維從創建最終完美的產品，改為聚焦在創建一個**框架**，在這個框架中，隨著我們了解更多，正確的系統可以出現並且持續壯大。

雖然我已經在本章中花了很多篇幅警告你，不要拿我們自己跟其他行業過度比較，但在談到 IT 架構師的角色時，我喜歡有一個類比，我認為它很好地描述了這個角色。Thoughtworks 的 Erik Doernenburg 最先與我分享了一個想法，我們應該把架構師的角色視為城市規劃師（town planner），而不是建築師。任何玩過 SimCity（模擬城市）或 Cities: Skylines（大都會：天際）的人都應該熟悉城市規劃師的角色。城市規劃師的職責是查看大量資訊來源，然後嘗試最佳化城市配置，以符合當今市民的需求，同時還要考慮未來的用途。然而，他們影響城市發展的方式很有趣，他們不會說，「在那裡建造這座特定的建築」，而是「為城市劃分出不同的區域」。因此，就像在 SimCity 中一樣，你可以將城市的一部分指定為工業區，將另一部分指定為住宅區，然後由其他人決定建造什麼建築物，但有一些限制：如果你想建造一個工廠，它需要在工業區。與其過分擔心某個區域會發生什麼，城市規劃者花費更多的時間來研究市民與公共設施如何從一個區域移動到另一個區域。

有些人將一座城市比作一個生物，隨著時間而變化，隨著居住者以不同方式使用它或外力塑造它而發生變化和演進。城市規劃師盡最大努力預測這些變化，但要接受一項事實：試圖對發生的所有方面施加直接控制是徒勞的。因此，我們的架構師作為城市規劃師需要大刀闊斧地設定方向，並只在有限的情況下參與對實作細節的高度具體化。他們需要確保該系統既適合現在的用途，又適合未來的平台。

與軟體的比較應該是顯而易見的。當我們的使用者在使用軟體時，我們需要做出回應和改變。我們無法預見將要發生的一切，因此與其為每一個可能發生的事情做計劃，不如計劃好，避免想要周全考慮一切的衝動。我們的城市，也就是系統，必須成為每個使用它的人的一個美好、快樂的地方。

定義系統邊界

繼續以建築師作為城市規劃師的比喻，那我們有哪些區域呢？這些是我們的微服務邊界，或者可能是粗粒度的微服務群。作為架構師，我們需要盡可能地減少擔心一個區域**內部**發生的事情，而更多地關注在區域**之間**發生的事情，這意味著我們需要花時間思考我們的微服務如何相互溝通，並確保我們能夠正確監控系統的整體健康狀況。從架構空間，這就是我們創建自己的**通用空間**（*universal space*）的方式，透過定義一些特定的邊界，我們向建置系統的同事強調那些可以在不破壞我們架構的某些基本方面的情況下更自由地進行變更的區域。

看一個非常簡單的例子，在圖 16-1 中，我們看 `Recommendations` 微服務訪問來自 `Promotions` 和 `Sales` 微服務的資訊。正如我們已經詳細介紹的，我們可以自由變更隱藏在這三個微服務中的功能，而不必擔心破壞整個系統。只要我繼續保持 `Recommendations` 的預期，我就可以在 `Sales` 或 `Promotions` 中變更我想要的任何內容，而內容是有關於它將如何與這些下游微服務互動。

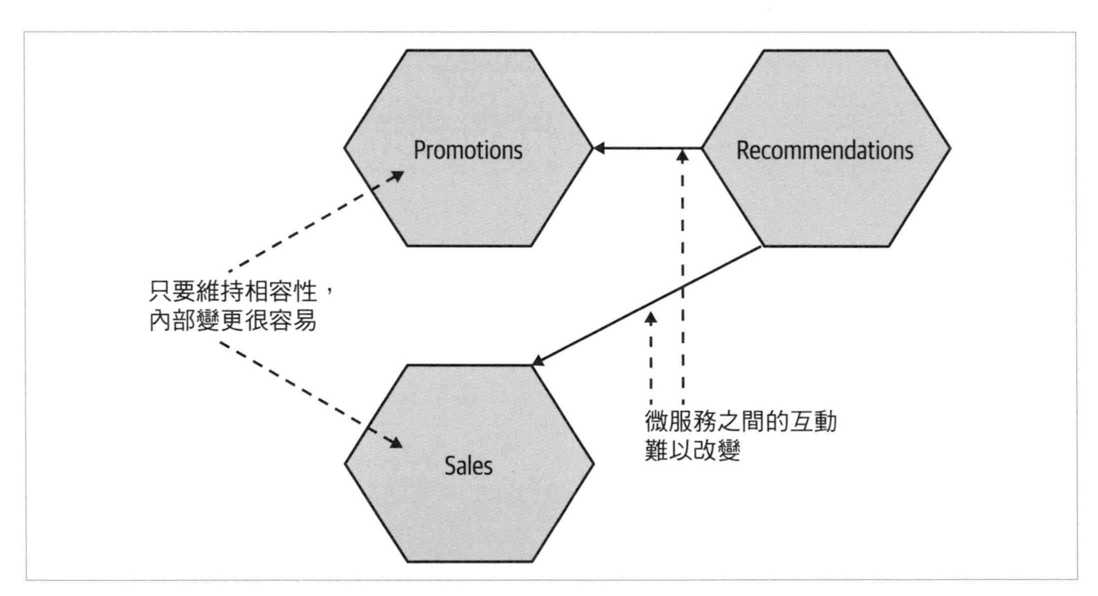

圖 16-1　只要微服務之間的互動不發生變化，微服務邊界內的變更很容易進行

我們也可以為更大範圍的變化創造空間。在圖 16-2 中，我們看到圖 16-1 中的微服務實際上存在於對映到特定團隊職責的行銷區域（zone）中。我們已經根據行銷功能如何與更大的系統互動來定義預期行為。在行銷區域內，只要保持與更大系統的相容性，我們可以進行任何我們喜歡的變更。回來理解哪些事情難以改變的想法，組織結構通常屬於這一類，因此既有的團隊結構可以幫助你定義這些區域。在一個團隊內協調該團隊所擁有的微服務之變更，將比更改公開給其他團隊的互動更容易。

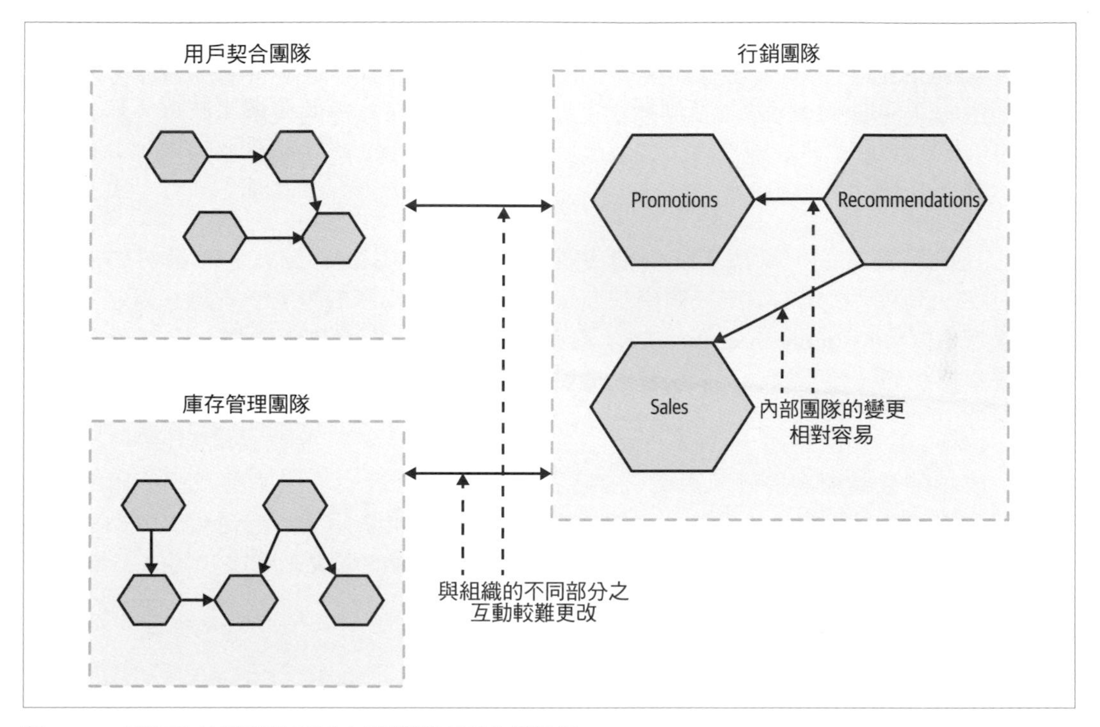

圖 16-2　區域內的變更比區域之間的變更更容易進行

這與我們在第 462 頁的「小團隊，大組織」中討論團隊 API 的概念非常吻合。架構師可以幫助促進團隊 API 的創建，確保團隊的微服務和工作實踐適合更廣泛的組織。

透過定義可以在不影響整個系統的情況下進行這些變更的空間，我們使開發者的生活更輕鬆，並將我們的注意力集中在較難變更的系統部分上。還記得我們在第 2 章中探討的資訊隱藏的概念嗎？正如我們在該章節探討的，將資訊隱藏在微服務邊界內可以更輕鬆地為消費者創建穩定的介面。當我們對微服務進行變更時，更容易確保我們沒有破壞與外部消費者的相容性。在這裡，我們可以定義一個架構，在團隊層級提供資訊隱藏，而不僅僅是在微服務層級。這為我們提供了另一個層級的資訊隱藏並創建了一個更大的安全空間，團隊可以在其中進行本地變更而不會破壞更廣泛的系統。

在每個微服務或更大的區域內，你可能會允許負責該區域的團隊選用不同的技術堆疊或資料儲存機制。當然，這裡可能會有其他問題，如果你有 10 種不同的技術堆疊需要支援，那麼你讓團隊為工作選擇合適工具的傾向可能會因以下事實而受到影響：聘用人員或在團隊之間調動人員會變得更加困難。同樣地，如果每個團隊選擇完全不同的資料儲存機制，你可能會發現自己缺乏足夠的經驗來大規模運行其中任何一個。例如，Netflix 主要將 Cassandra 作為資料儲存的標準化技術，儘管它可能不是所有情況的最佳選擇，但 Netflix 認為透過圍繞 Cassandra 建置工具和專業知識所獲得的價值，更勝於必須大規模支援與操作多個可能更適合特定任務的其他平台。Netflix 是一個極端的例子，其中，規模可能是最重要的首要因素。

然而，在微服務之間，事情可能會變得混亂。如果一個微服務決定透過 HTTP 公開 REST，另一個使用 gRPC，第三個使用 Java RMI，那麼整合工作可能成為一場惡夢，因消費微服務（consuming microservice）必須理解和支援多種交換風格。這就是為什麼我試圖堅持我們應該「擔心不同服務之間發生什麼事，而放任服務裡頭發生什麼事」的原則。

因此，成功的架構與其他任何事情一樣，都應該允許進行變更以適應我們使用者的需求。但人們經常忘記的一件事是，我們的系統不僅僅容納使用者，它還可以容納實際自己建置軟體的人。一個成功的架構還有助於創造一個良好的環境來開展我們的工作。

社會建構

> 沒有任何計畫能在與敵人接觸後倖存下來。
>
> —Helmuth von Moltke（大量轉述）

所以你已經考慮了願景、限制以及你需要完成的事情。你認為你了解什麼是難以改變的，以及你可能改變的空間。那該怎麼辦呢？好吧，架構是發生的事情，而不是你認為應該發生的事情，這也就是願景和現實之間的區別。建築師需要與建造建築物的人一起工作，以幫助他們理解願景是什麼，但也需要在現實挑戰該願景時改變計劃。有可能你認為從根本上不可能的事情。如果架構師在某種程度上沒有融入創建系統的人中，那麼他們將無法幫助將願景傳達給從事工作的人，架構師也將無法理解該願景在哪些方面不再適用。施工人員可能會在工地遇到預想不到的事，或者供應短缺可能會導致重新考慮設計。

架構是發生的事情，而不是計劃好的事情。如果作為一名建築師，你將自己從實作這一願景的過程中移開，那麼你就不是一名建築師，而是一個夢想家。即將出現的架構可能會或可能不會與你想要的有任何關係。無論有沒有你，它都會發生。實作一個架構需要很多人的工作和一系列大大小小的決策。

正如 Grady Booch 所說[4]：

> 一開始，軟體密集型系統的架構是一種願景陳述。最後，每個此類系統的架構都反映了在此過程中做出的數以億計、大大小小、有意無意的設計決策。

這意味著即使你有一個專職人員最終對架構負責，也有許多人負責將這一願景付諸實踐，實作一個成功的架構將是一個團隊的努力。回到 Ralph Johnson 早些時候的名言「建築是一種社會建構。」Comcast 有個關於這方面很好的例子，該公司分享了其如何透過使用架構協會分散決策制定的經驗[5]。有鑑於其規模，Comcast 決定利用工會指導小組的經驗，其中集體決策是關鍵：

> 在 *Comcast*，我們意識到這個問題與開放標準機構的工作方式非常相似：讓多個自治團體就技術方法達成一致。我們設計了一個內部架構協會，明確模仿一個非常成功的標準機構，網際網路工程任務組（*Internet Engineering Task Force*，IETF），它定義了許多重要的網際網路協定。
>
> —Comcast Cable 首席軟體架構師 Jon Moore

Comcast 的方法有一定程度的形式，一些組織可能會覺得繁瑣，但考慮到公司的規模和分布，它似乎對公司運作良好。

適居性

另一個來自建築環境並在軟體開發領域引起共鳴的概念是**適居性**。我第一次從 Frank Buschmann 那裡了解到這個術語，他解釋了架構師有責任確保他們創造的環境適合工作。如果架構是系統的框架，它描述了當難以改變的事物合在一起時，那麼有時也可能需要設置限制條件。但是，如果弄錯了，在系統中工作可能會變得痛苦且容易出錯。

4 Grady Booch (@Grady_Booch)，Twitter，2020 年 9 月 4 日，上午 5:12，*https://oreil.ly/ZgPRZ*。

5 Jon Moore，「Architecture with 800 of My Closest Friends: The Evolution of Comcast's Architecture Guild」，InfoQ，2019 年 5 月 14 日，*https://oreil.ly/aIvbi*。

正如《*Patterns of Software*》[6]一書的作者 Richard Gabriel 所解釋的：

> *Habitability*（適居性）原始碼的特性，它使程式設計師能夠在其程式碼的後期能夠理解其結構和意圖，並輕鬆自信地對其進行變更。

然而，現代軟體開發生態系統不僅僅包含程式碼，它還擴展到我們使用的技術和我們採用的工作實踐。我經常看到開發者咒罵他們被告知要使用的技術，因為通常是那些不用寫程式的人所選擇的技術。你越是在協作過程中進行架構的演變以及工具和技術的選擇，就越容易確保最終結果是一個適合居住的環境，讓建置系統的人感到快樂，他們在工作中富有成效。

如果我們要確保我們創建的系統適合我們的開發者居住，那麼我們的架構師和其他決策者需要了解他們決策的影響，至少，這意味著要花時間與團隊在一起，理想情況下，是實際上花時間與團隊一起寫程式。對於那些練習結對程式設計的人來說，架構師作為結對中的一個成員，短期加入一個團隊是一件很簡單的事情。參與集成程式設計練習也可以產生顯著的好處，儘管參與此類團體活動的架構師需要意識到他們的存在可能會如何改變集成的動態。

理想情況下，你應該從事正常的工作，以真正了解「正常」運作的情況。我不能強調架構師實際花時間與建置系統的團隊在一起是多麼重要！這比打電話或只是查看他們的程式碼要有效得多。至於你應該多久這樣做一次，這在很大程度上取決於你所合作的團隊規模，但關鍵是它應該是一項例行活動。例如，如果你與四個團隊合作，也許確保你每四個星期花半天時間與每個團隊一起工作，一起完成交付任務，以確保你跟合作團隊保持充分的溝通與了解。

原則性的做法

> 規則是蠢人的教條，智者的嚮導。
>
> ——一般說是出自於 Douglas Bader

系統設計的決策全然關乎權衡取捨，而微服務架構讓我們面對很多抉擇！在選擇資料儲存機制時，我們是否選擇了一個我們經驗較少、但提供更好擴展性的開發平台？我們的系統中可以有兩種不同的技術堆疊嗎？那三個呢？有些決定可以完全根據我們可用的資訊在現場做出，而這些是最容易做出的，但是那些可能必須根據不完整資訊所做出的決定呢？

---

6 Richard Gabriel《*Patterns of Software: Tales from the Software Community*》（New York: Oxford University Press, 1996）。

框架在這裡可以提供幫助，而幫助我們制定決策的一個好方法，是根據我們試圖實作的目標定義一套指導它的原則和實踐。讓我們依序看看框架的這些方面。

策略目標

架構師的角色已經夠艱鉅，所幸，我們通常不需要定義策略目標（strategic goals）！策略目標應該說明你公司的發展方向以及它覺得怎麼做最能讓用戶滿意。這些將是高階目標，可能根本不涉及技術。它們可以在公司層級或部門層級進行定義，它們可能是類似於「前進東南亞，開闢新市場」或「透過自助服務盡可能讓客戶滿意」。關鍵是它們定義了你的組織發展方向，因此你需要確保技術與此保持一致。

如果你是定義公司技術願景的人，這可能意味著你需要將更多時間花在組織的非技術部分（或通常稱為「業務」）上。弄清楚驅動企業的願景為何？它是如何變化的呢？

原則

原則是你所制定的規則，目的是使你正在做的事情與某個更大的目標保持一致，它們有時會發生變化。舉例說明，如果作為組織的策略目標之一是縮短新功能的上市時間，那麼你可以定義一個原則，即交付團隊可以完全控制其軟體的整個生命週期，只要他們準備好就可以發布，獨立於任何其他團隊。如果另一個目標是你的組織正在積極地在其他國家擴展其產品，那麼你可能決定實作一個原則，即整個系統必須是可移植的（portable），以允許在本地部署，以尊重資料主權（sovereignty of data）。

你可能不想要這些，因此理想上，不要超過 10 個原則，好讓人們記住它們，或者可以貼在小海報上。你擁有的原則越多，它們重疊或相互矛盾的可能性就越大。

Heroku's Twelve Factors（*http://www.12factor.net*）是一組設計原則，目標是幫助你在 Heroku 平台上創建運行良好的應用程式。這些原則在其他情況下也可能有意義。其中有一些其實是規範應用程式行為的限制（constraint），好讓它在 Heroku 平台上順利運作。限制確實是很難（或幾乎不可能）改變的，而原則是我們決定選擇的東西。你可能會決定明確指出哪些屬於原則的事物與哪些屬於限制的事物，以突顯那些你確實無法改變的事物。就我個人而言，我認為將它們列在一起可能有一定的價值，以鼓勵時不時地挑戰限制，看看它們是否真的不可撼動！

實踐

我們的實踐（practices）是確保我們的原則得到執行的方式。它們是一組用於執行任務的詳細實用指南。它們通常是技術特定的，並且門檻應該夠低到任何開發者都可以理解它們。實踐可能包括程式設計規則、所有日誌必須集中處理，或者 HTTP/REST 是標準整合風格的事實。由於其技術性質，實踐通常會比原則更頻繁地改變。

與原則一樣，有時實踐會反映組織內的限制。例如，如果你決定選擇 Azure 作為你的雲端平台，這就必須反映在你的實踐中。

實踐應該是你原則的基礎。規定交付團隊控制其系統整個生命週期的原則，可能代表你有一種實踐：規定所有微服務都部署到隔離的 AWS 帳戶中，提供資源的自助管理並與其他團隊隔離。

結合原則和實踐

一個人的原則就是另一個人的實踐。例如，你可能決定將 HTTP/REST 的使用稱為原則而不是實踐，重點是擁有指導系統如何發展的總體想法，並且擁有足夠的細節以便人們知道如何實作這些想法，這會是很有價值的事情。對於較小的團隊，也許是單一團隊，結合原則和實踐可能沒問題；但是，對於技術和工作實踐可能因地而異的大型組織，你可能需要不同地方有不同的實踐，只要它們都對映到一組共同的原則即可。例如，.NET 團隊可能有一套實踐，而 Java 團隊可能有另一套實踐。但是，兩者的原則可能相同。

真實世界的範例

我的一位老同事 Evan Bottcher 在客戶合作的過程中，開發了如圖 16-3 所示的圖解，該圖以非常清楚的格式顯示了目標、原則和實踐之間的互動影響。在幾年的過程中，右手邊的做法會相當有規律地改變，而原則則是保持相當穩定。像這樣的圖解可以很好地列印在一張紙上，跟大家分享，每個想法都很簡單，一般開發者可以輕易記住。當然，這裡的每一點背後都有更多的細節，但是能夠以總結的形式表達出來是非常有用的。

擁有支援其中一些專案的文件是有意義的，更好的是擁有展示如何實作這些實踐的工作程式碼。在第 470 頁的「平台」中，我們研究了創建一組通用工具如何使開發者更容易做正確的事情。在理想情況下，平台應該盡可能容易地遵循這些實踐，並且做法改變，平台也應相應改變。

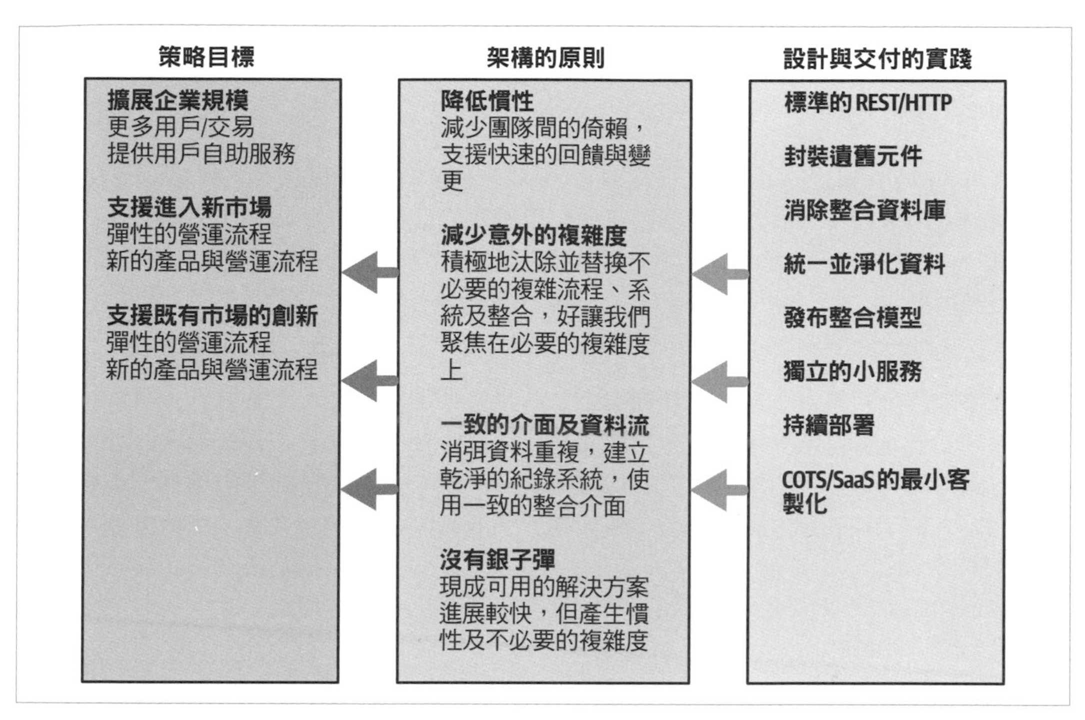

策略目標
架構的原則
設計與交付的實踐
擴展企業規模
更多用戶/交易
提供用戶自助服務
支援進入新市場
彈性的營運流程
新的產品與營運流程
支援既有市場的創新
彈性的營運流程
新的產品與營運流程
降低慣性
減少團隊間的倚賴，
支援快速的回饋與變
更
減少意外的複雜度
積極地汰除並替換不
必要的複雜流程、系
統及整合，好讓我們
聚焦在必要的複雜度
上
一致的介面及資料流
消弭資料重複，建立
乾淨的紀錄系統，使
用一致的整合介面
沒有銀子彈
現成可用的解決方案
進展較快，但產生慣
性及不必要的複雜度
標準的REST/HTTP
封裝遺舊元件
消除整合資料庫
統一並淨化資料
發布整合模型
獨立的小服務
持續部署
COTS/SaaS的最小客
製化

圖 16-3　原則和實踐的真實範例

引導一個進化架構

因此，如果我們的架構不是靜態的，而是不斷變化和發展的，我們如何確保它以我們想要的方式成長和變化，而不是只是變異成一些無法管理的巨大痛苦和指責？在《*Building Evolutionary Architectures*》[7] 中，作者概述了適應度函式（fitness functions）以幫助收集有關架構相對「適應度」（fitness）資訊，來幫助架構師決定他們是否需要採取行動。下方內容節錄自書中：

> 進化計算包括許多機制，這些機制允許透過每一代軟體的微小變化逐漸產生出解決方案。在每一代解決方案中，工程師都會評估當前狀態，也就是它離最終目標更近還是更遠？例如，當使用遺傳算法（*genetic algorithm*）最佳化機翼設計時，適應度函式會評估風阻、重量、氣流和其他良好機翼設計所需的特性。架構師定義了一個適應度函式來解釋什麼是更好的，並幫助衡量何時達到目標。在軟體中，適應度函式檢查開發者是否保留了重要的架構特徵。

7　Neal Ford、Rebecca Parsons 和 Patrick Kua 的共同著作《*Building Evolutionary Architectures*》（Sebastopol: O'Reilly, 2017）。

適應度函式的想法是它用於了解某些重要屬性的當前狀態，例如，如果該屬性在某些允許範圍之外發生變化，則需要研究該變化。通常，適應度函式將用於確保架構的建置遵循已制定的原則和限制。

借用《*Building Evolutionary Architectures*》中的一個例子，考慮必須在 100 毫秒或更短的時間內收到來自特定服務的回應要求。你可以實作一個適應度函式來從該服務中收集效能資料，可能是在效能測試環境中，也可以是從實際運行的系統中，以確保系統的實際行為滿足要求。《*Building Evolutionary Architectures*》對這個主題有更多的細節，如果你想進一步探索這個概念，我強烈推薦這本書。

建築的適應度函式可以有多種形狀和形式。但是，基本概念是你收集真實世界的資料以了解你的架構是否符合該標準。這可能與系統效能、程式碼耦合、循環迭代時間或許多其他方面有關。這些適應度函式作為另一個資訊來源，幫助架構師了解他們可能需要參與的地方。但是請注意，對我而言，在與建置系統的人員密切合作時，適應度函式效果最佳。適應度函式應該是一種有用的方法，可以幫助你了解架構是否朝著正確的方向發展，但它們並不能取代與人員實際交談的需要。事實上，我會建議要定義正確的適應度函式需要密切的合作。

流式組織中的架構

在第 15 章中，我們研究了現代軟體交付組織如何轉向更符合流程的模型，在該模型中，自主獨立團隊專注於端到端的功能交付，他們的優先事項是產品驅動。我們還討論了橫切式團隊（cross-cutting），也就是支援流式團隊的賦能團隊。那麼架構師在哪裡融入這個世界？有時流式團隊的範圍非常複雜，需要專門的架構師（在這裡，我們經常再次看到傳統技術領導和架構師角色之間的界限模糊）。然而，在許多情況下，架構師被要求跨多個團隊工作。

架構師的許多職責可以被視為賦能職責，必須清楚地傳達技術願景，理解出現的挑戰，並相應地幫助調整技術願景。架構師幫助連結人們，保持對大局的關注，並幫助團隊了解他們正在做的事情如何融入更大的整體中。正如我們在圖 16-4 中看到的那樣，這完全符合架構師是賦能團隊的一部分想法。這樣一個賦能團隊可以由多種人組成，可能是全職致力於團隊的人，以及不時提供幫助的其他人。

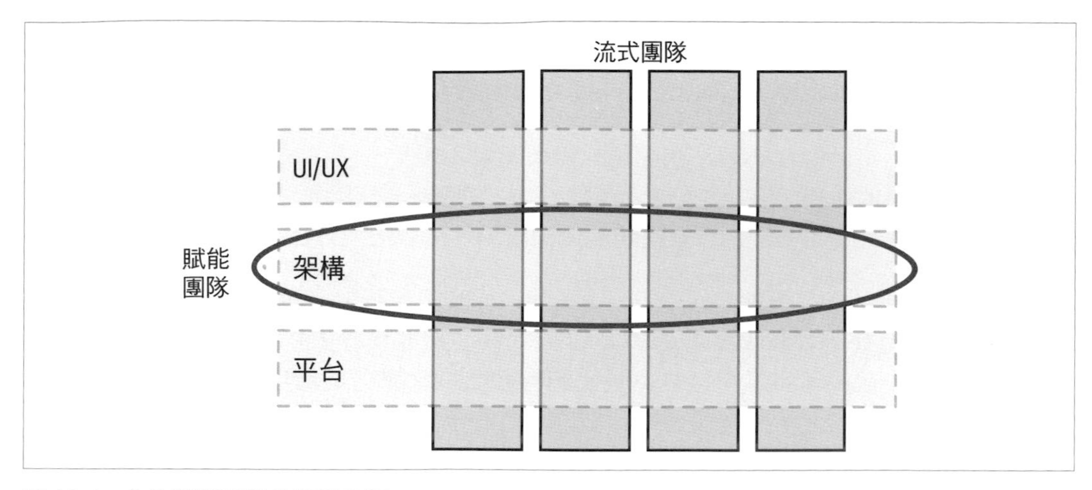

圖 16-4　作為賦能團隊的架構功能

我非常喜歡的一種模型是在這個團隊中有少數專門的架構師（在很多情況下可能只有一兩個人），但是隨著時間的推移，這個團隊會增加來自每個交付團隊的技術人員，至少要加入每個團隊的技術負責人。架構師負責確保小組順利工作。這樣可以分配工作並確保有更高水平的支援，它還能確保資訊從各個團隊自由流動到小組中，因此，決策制定能更加合理且明智。

有時，這個小組可能會做出架構師不同意的決定。此時，架構師要做什麼？我曾經擔任過這個職位，我可以告訴你，這是要面對的最具挑戰性的情況之一。我經常採取應該採用集體決策的方法，我認為我已經盡最大努力說服人們，但最終我沒有足夠的說服力。集體往往比個人聰明得多，而且我不止一次被證明是錯誤的！想像一下，如果一個小組被給予空間做出決定，然後最終被忽視，這會是多麼令人沮喪。但有時我會否決小組。但為什麼，什麼時候？你怎麼界定呢？

試想教導孩子騎自行車，你不能代替他們騎，你看著它們搖晃，但如果每次他們看起來快要倒下來時你都介入，那麼他們將永遠學不會，而且無論如何他們掉下來的次數遠比你想像的要少！但是，如果你看到他們即將發生事故或騎向附近的池塘，那麼你必須介入。當然，在這種情況下，我經常被證明是錯誤的，因為我讓團隊去做一些我覺得錯的事情，但他們的做法奏效了！同樣地，作為一名架構師，你需要牢牢掌握你的團隊何時駛向池塘。此外你還需要注意，即使你知道自己是對的並否決了團隊，這也會削弱你的地位，並使團隊覺得他們沒有發言權。有時正確的做法是接受你不同意的決定。知道什麼時候該做，什麼時候不該做很困難，但有時也很重要。

正如我們稍後將討論的，事情變得有趣的地方是架構師也必須參與治理活動。這可能會導致對任何橫切架構團隊的角色產生一些混淆。當一個團隊偏離技術策略時會發生什麼？行得通嗎？也許這是一個合理的例外，但它也可能導致更根本的問題。以權宜之計做出的短期決定，可能會損害正在嘗試的更大改變。想像一下，架構小組正試圖幫助組織擺脫集中資料的使用，因為它會導致耦合和操作問題，但其中一個團隊決定將一些新資料放入共享資料庫中，因為它有快速交付的壓力。那會發生什麼事呢？

根據我的經驗，這一切都歸結為良好、清晰的溝通和對責任的理解。如果我看到產品負責人做出的決定會破壞我正在努力的某種跨領域活動，我會去找他們聊聊，也許答案是短期決定是正確的（可以說這最終是我們有意識地承擔的某種技術債）。在其他情況下，也許產品負責人能夠改變他們的計劃以幫助制定整體戰略。在最壞的情況下，問題可能需要向上呈報。

在 REA，我在前面幾章中談到的線上房地產公司，產品負責人偶爾會做出優先工作的決定，這會導致累積技術債，進而導致後續問題。問題在於，產品負責人主要負責交付功能和讓客戶滿意的能力，而關於技術債的問題通常由技術領導者負責。他們做了個轉變，使產品負責人也要負責軟體的技術方面，這代表他們必須在理解系統的更多技術方面（例如安全性或效能）發揮更積極的作用，並在優先完成工作方面與技術專家進行更多合作。讓非技術產品負責人對技術活動的優先級承擔更多責任不是一件簡單的事，但根據我的經驗，這絕對值得。

建立團隊

負責系統之技術願景並且確保該願景被遂行的關鍵人物不只需要進行技術決策，還必須跟實際從事開發工作的人合作。技術領導者的職責是幫助這些人成長，也就是幫助他們成為創造願景的一部分，並確保他們也能積極參與塑造和實作願景。

幫助周圍的人發展職涯可能有很多種形式，其中大部分超出了本書的範圍。不過，有一個方面與微服務架構特別相關。有了較大的單體式系統，人們站出來「擁有」某些東西的機會就更少了。另一方面，對於微服務，我們有多個自治程式碼基礎，它們將擁有自己獨立的生命週期，透過讓人們在承擔更多責任之前負責個別微服務的所有權，來幫助他們進步，這是幫助他們達成職涯目標的好方法，同時也減輕了其他人的負擔！

我堅信偉大的軟體來自偉大的人。如果你只擔心恆等式中技術面那一端，那麼你就錯過了一半以上的內容。

必要的標準

當你完成你的實踐並思考你需要做出的權衡時，要找到的最重要的平衡之一是在你的系統中允許多少可變性（variability）。確定微服務與微服務之間什麼應該保持不變的關鍵方法之一，是定義一個行為良好的好微服務是長什麼樣子。在你系統中什麼微服務算是「好公民」？它需要具備哪些功能才能確保你的系統好管理，並且一個糟糕的微服務不會導致整個系統癱瘓？就跟人一樣，一個「好公民」微服務在一個上下文中的含義並不能反映它在其他地方的樣子。儘管如此，我認為行為良好的微服務是有一些共同特徵值得觀察，這些是容許太多分歧可能導致非常艱困之窘境的少數幾個關鍵領域。正如 Facebook 的 Ben Christensen 所說，當你採取整體的觀點時，「它需要是一個有凝聚力的系統，由許多具有自主生命週期的小零件組成，但又完全整合在一起。」因此，你需要找到一個平衡點，在不失去大局的情況下最佳化各個微服務的自主性。定義每個微服務應該具有的明確屬性是一種認清平衡之所在的方法。讓我們談談其中的一些屬性。

監控

我們必須能夠為我們的系統健康制定一致的、跨服務的健康觀點，這必須是系統範圍的觀點，而不是特定於微服務的觀點。正如我們在第 10 章中所討論的，了解單一微服務的健康狀況很有用，但通常只有在你嘗試診斷更廣泛的問題或了解更大的趨勢時才有用。為了使這盡可能簡單，我建議確保所有微服務以相同的方式發出與健康相關和與一般監控相關的指標。

你可能會選擇採用推播機制（push mechanism），其中每個微服務都需要將此資料推送到一個中央位置。無論你選擇什麼，盡量保持標準化，務必與機器內部的技術相區隔，並且不要為了支援它而改變你的監控系統。日誌在這裡屬於同一類別：必須將它集中一處，統一管理。

介面

選擇少量定義的介面技術有助於整合新的消費者。有一個標準是好的，兩個也不錯，但有二十種不同的整合風格是不好的，這不僅僅是選擇技術和協定的問題。例如，如果你選擇 HTTP/REST，你會使用動詞還是名詞？你將如何處理資源的分頁（pagination of resources）的問題？你將如何處理端點的版本管理問題？

架構安全

我們不能讓一個行為拙劣的微服務毀了大家的歡樂派對，我們必須確保我們的微服務相應地保護自己免受不健康的下游呼叫（downstream call）影響。我們擁有越多微服務未能正確處理下游呼叫的潛在失敗，我們的系統就越脆弱，可能意味著你想要強制執行有關服務間溝通的某些實踐，例如要求使用斷路器（我們在第 366 頁的「穩定性模式」中探討的主題）。

當論及回應碼（response code）時，遵守規則也很重要。如果你的斷路器依賴於 HTTP 程式碼，而一個微服務決定發送代碼 2XX 以表示錯誤、或將代碼 4XX 與代碼 5XX 搞混，那麼這些安全措施可能會失效。即使你不使用 HTTP，也會存在類似的問題。我們必須能夠明確區別下列幾種狀況：請求沒問題並且正確被處理、請求有問題並且因此防止服務用它來做任何事、以及請求可能沒問題但因伺服器關閉而無法分辨，了解這一些是確保我們能夠快速失敗並追蹤問題的關鍵。如果我們的微服務把這些規則當作兒戲，我們最終會得到一個更容易受到攻擊的系統。

治理和鋪好的道路

架構師需要處理的部分內容是治理。我所說的治理（*governance*）是什麼意思？事實證明，COBIT（Control Objectives for Information Technologies，資訊技術控制目標）框架有一個很好的定義[8]：

> 治理透過利害關係人的需求、條件和選擇來確保實作企業目標，透過優先排序和決策制定方向，並根據商定的方向和目標監控績效、合規性（*compliance*）和進展。

簡而言之，我們可以將治理視為同意如何做事，確保人們知道應該如何做事，並確保以這種方式做事。在某些環境中，治理只是非正式地發生，作為正常軟體開發活動的一部分。在其他環境中，尤其是在大型組織中，這可能需要成為更具體的功能。

治理可以應用於 IT 論壇中的多個事物。我們想專注於技術治理方面，我覺得這是架構師的工作。如果架構師的工作之一是確保有一個技術願景，那麼治理就是確保我們正在建置的內容與這個願景相匹配，並在需要時發展這個願景。

8 *COBIT 5: A Business Framework for the Governance and Management of Enterprise IT*（Rolling Meadows, IL: ISACA, 2012）。

從根本上說，治理應該是一項集體活動。一個正常運作的治理小組可以一起工作，分享工作並塑造願景。它可以是與小團隊的非正式聊天，也可以是具有更大範圍的正式小組成員的定期會議，這就是我認為我們之前介紹的原則應該根據需要來進行討論和改變的地方，如果需要一個正式的小組，那麼這個小組必須主要由被治理工作的執行人員所組成，此外，該小組還應負責追蹤和管理技術風險。

聚在一起並就如何完成事情達成一致是一個好主意，但是，花時間確保人們遵循這些準則並不那麼有趣，因為實作你預期每個微服務執行的所有標準事項，會給開發者帶來負擔。但我深信，唯有做正確的事情，一切才會變單純，正如我們在第 15 章中所討論的，鋪砌的道路在這裡是一個非常有用的概念。架構師的職責是清楚地闡明願景，也就是你所要去的方向，並使其易於實作。因此，他們應該參與幫助塑造你建造的任何 Paved road 的要求。對於許多人來說，平台將是最大的例子，架構師最終成為平台團隊的重要利害關係人。

我們已經深入研究了平台的作用，所以讓我們看看其他一些技術，我們可以使用它來讓人們盡可能輕鬆地做正確的事情。

範例

書面文件很好而且很有用。我清楚地看到了其中的價值；畢竟，我已經寫了這本書。然而開發者也喜歡程式碼，也就是他們可以運行和探索的程式碼。如果你有一套想要鼓勵的標準或最佳實踐，那麼擁有可以為人們指明方向的範例（exemplar）會很有用。這個想法是透過模仿系統裡頭一些較好的部分，人們不會錯得太離譜。

理想情況下，這些範例應該是在真實世界中在你系統運行的微服務，而不是僅僅作為「完美範例」實作的孤立微服務。透過確保你的範例有實際在使用，你可以確保你擁有的所有原則實際上都合理。

量身訂做的服務模板

假如只透過一點功夫，就能夠讓開發人員輕鬆地遵循大部分的原則與指導方針，那不是很棒嗎？如果，開發者已準備好大部分程式碼來實作每個微服務所需的核心屬性呢？

有許多針對不同程式語言的框架，它們試圖為你提供用於你自己微服務模板（templates）的建置模塊。Spring Boot（*https://oreil.ly/KYWe5*）可能是這種 JVM 框架最成功的例子。核心 Spring Boot 框架相當輕量，但你可以決定將一組程式庫組合在一起，以提供像是檢查健康狀況、提供 HTTP 服務或公開指標等功能。因此，開箱即用，你有了一個可以從命令行啟動的簡單「Hello World」微服務。

許多人繼續採用這些框架並為他們的公司標準化此設置。例如，當啟動一個新的微服務時，他們可能會撰寫一些指令，以便他們獲得一個 Spring Boot 模板，其中包含他們的組織已經使用的核心庫，它可能已經引入程式庫來處理斷路器、並配置為處理入站呼叫的 JWT 身分驗證。通常，這種自動模板創建也會創建匹配的建置管道。

謹慎保證

這些量身訂做的微服務模板之選擇和配置通常是平台團隊的一項任務。例如，他們可能會為每種支援的語言提供一個模板，以確保在使用模板生成的微服務能夠與平台本身很好地配合。然而，這可能會帶來挑戰。

我見過許多團隊的士氣和生產力因強加於其上的強制框架而受到破壞。為了改善程式碼的重利用性，越來越多的工作被置於一個中央框架中，直到它成為一個壓倒性的怪物。如果你決定使用量身訂做的微服務模板，請仔細考慮它的任務為何。理想情況下，它的使用應該是純選用的，但是如果你想要它更具強制性，你需要了解開發者的易用性必須是主導的力量。允許使用模板的開發者推薦甚至貢獻對框架的變更，也許作為內部開源模型的一部分，在這裡會有很大幫助。

正如我們在第 143 頁的「DRY 和微服務世界中程式碼重利用的風險」中所討論的，我們必須意識到共享程式碼的危險。為了創建可重利用的程式碼，我們可能引入微服務之間的耦合根源。一些我訪問過的組織非常擔心這一點，以致於它實際上將其微服務模板程式碼手動複製到每個微服務中，這代表對核心微服務模板的升級需要更長的時間才能在整個系統中應用，但他們覺得這樣做好過於緊密耦合的危險性。我也接觸過一些團隊只是將微服務模板視為共享的二進制依賴項（binary dependency），儘管他們必須非常費心，請記住，不要讓 DRY 的趨勢（不要重複自己）導致系統過度耦合！

大規模的 Paved Road

內部微服務模板和框架的使用經常出現在擁有大量微服務的組織中。Netflix 和 Monzo 就是兩個這樣的組織。每個都決定在一定程度上標準化其技術堆疊（Netflix 的 JVM，Monzo 的 Go），允許它透過使用一組通用的標準，來加速創建具有標準預期行為的新微服務工具。有了更加多樣化的技術堆疊，擁有一個滿足自己需求的標準微服務模板變得更加困難。

如果你要採用多個不同的技術堆疊，你需要為每個技術堆疊匹配一個微服務模板。不過，這可能是你巧妙地限制團隊中語言選擇的一種方式。如果內部微服務模板僅支援 JVM，那麼如果人們必須自己做更多工作，他們可能會不鼓勵選擇替代堆疊。例如，Netflix 特別關注容錯等方面，以確保其系統某一部分的中斷不會導致所有系統當機。為了解決這個問題，已經做了大量工作來確保 JVM 上有客戶端程式庫，為團隊提供保持微服務良好運行所需的工具。引入新技術堆疊意味著必須重複所有這些工作，Netflix 主要擔心的不是重複的工作，而是很容易出錯的事實。如果微服務會影響更多系統，那麼新實作的容錯系統錯誤的風險就很高。Netflix 透過使用「sidecar 服務」來緩解這種情況，該服務與使用適當程式庫的 JVM 進行本地溝通。

服務網格為我們提供了另一種卸載常見行為的潛在方法。一些通常被視為內部微服務職責的功能現在可以推送到微服務網格，這可以確保使用不同程式語言撰寫的微服務之間的行為更加一致，還可以減少這些微服務模板的責任。

技術債

我們經常陷入無法貫徹我們的技術願景的情況。我們往往必須選擇抄捷徑，快速推出一些應急的功能，我們會發現，這只不過是另一個不得不接受的妥協。我們的技術願景存在是有原因的，如果我們偏離這個原因，它可能會有短期的好處，但會付出長期的代價。幫助我們理解這種權衡的一個概念是技術債（technical debt）。當我們累積技術債時，就像現實世界中的債務一樣，它具有持續性的成本，而且是我們必須償還的東西。

有時，技術債不僅僅是我們走捷徑造成的，譬如說，萬一我們對系統的願景發生變化，但並非所有系統都匹配，會發生什麼事呢？在這種情況下，我們也創造了新的技術債根源。

架構師的工作是綜觀全局並理解這種平衡，另外，以技術債（層次與根源）的觀點檢視系統也是非常重要的事情。根據你的組織，你可能能夠提供柔性的指導，然而，請讓團隊自己決定如何追蹤和償還債務。對於某些組織來說，你可能需要更加結構化的做法，或許需要維護定期審查的債務日誌。

例外處理

因此，我們的原則和實踐指導我們的系統應該如何建置。但是當我們的系統偏離它時會發生什麼？有時我們判定那只是例外（exception），在這些情況下，可能值得將此類決定記錄在某個地方的日誌中以供將來參考。如果發現足夠多的例外情況，最終可能必須改變我們的原則或實踐，以反映我們對世界的新認知。例如，我們可能有一個實踐，聲明我們將持續使用 MySQL 作為資料儲存機制，但隨後我們看到了有充分理由使用 Cassandra 作為高度可擴展儲存機制，為此，我們調整了我們的實踐，說「使用 MySQL 處理大多數的儲存需求，除非你預期資料量即將巨幅增長，就使用 Cassandra。」

不過，值得重申的是，每個組織都是不同的。我曾與一些公司合作，在這些公司中，開發團隊具有高度的信任和自主權，並且原則是輕量級的（並且如果沒有消除的話，對公開異常處理的需求也大大減少了）。在較具結構的組織裡，開發人員比較沒自由，追蹤例外可能至關重要，確保落實到位的規則正確地反映人們面臨的挑戰。儘管如此，我還是喜歡將微服務作為最佳化團隊自主性的一種方式，給予他們最大的自由來解決手上的問題。如果你所在的組織對開發者的工作方式有很多限制，那麼微服務可能並不適合你。

總結

總結本章，以下是我認為進化架構師的核心職責：

願景

確保系統有一個清晰傳達的技術願景，這將有助於讓系統滿足你客戶和組織的要求。

同理心

了解你的決定對客戶和同事的影響。

協作

與盡可能多的同行和同事合作，幫助定義、精煉及實現願景。

適應性

確保技術願景按照你客戶或組織的要求進行變更。

自主性

在標準化和實作團隊自主性之間找到適當的平衡。

治理

　　確保正在實作的系統符合技術願景，並確保人們可以輕鬆地做正確的事情。

進化架構師明白展示這些核心職責是一種持續的平衡行為，各種力量總是以一種或另一種方式推動著我們，而了解在哪裡該反推回去，哪裡又該順勢而為，往往只能透過經驗才能做到。然而對所有這些推動我們改變的力量，最壞反應是讓我們的思維變得更加僵化或固定。

雖然本章中的大部分建議適用於任何系統架構師，但微服務為我們提供了更多決策。因此，能夠更好地平衡所有這些權衡取捨，是至關重要的事。如果你想更深入地探討這個主題，我可以推薦已經引用的《*Building Evolutionary Architectures*》，以及 Gregor Hohpe 的《*The Software Architect Elevator*》[9]，可以幫助架構師了解他們如何在高階戰略思維和軟體交付現場之間架起橋梁。

我們快要讀完這本書了，而且我們已經涵蓋了很多方面。在後記中，我們將總結我們學到的東西。

9　Gregor Hohpe，《*The Software Architect Elevator*》（Sebastopol: O'Reilly, 2020）。

後記：把這一切結合在一起

這本書涵蓋了很多方面，我在此過程中分享了很多建議。有鑑於涵蓋的範圍較廣，我認為需要總結一些關於微服務架構的重要建議。對於讀過整本書的人來說，這應該是一個很好的複習，而對於那些不耐煩並跳到最後的人，請注意這些建議背後有很多細節，我建議你閱讀其中一些想法背後的細節，而不是盲目地採用這些想法。

說了這麼多，我的目標是讓最後一章盡可能簡短，讓我們開始吧。

什麼是微服務？

正如第 1 章所介紹的，*微服務*是一種面向服務的架構，專注於可獨立部署性。*可獨立部署性*意味著你可以對微服務進行變更、部署該微服務並將其功能發布給終端使用者，而無需變更其他微服務，充分利用微服務架構代表要接受這個概念。通常，每個微服務都部署為一個行程，並透過某種形式的網路協定與其他微服務進行溝通。部署一個微服務的多個實例是很常見的，也許是為了提供更大的規模，或者透過冗餘來提高強健性。

為了提供可獨立部署性，我們需要確保在變更一項微服務時不會中斷與其他微服務的互動。這要求我們與其他微服務的介面是穩定的，並且以向後相容的方式進行變更。我在第 2 章中詳細介紹的*資訊隱藏*描述了一種將盡可能多的資訊（程式碼、資料）隱藏在界面後面的方法。你應該公開最低限度的服務介面以滿足你的消費者。你公開的越少，就越容易確保你所做的變更向後相容。資訊隱藏還允許我們以不會影響消費者的方式在微服務邊界內進行技術變更。

我們實作可獨立部署性的關鍵方法之一是**隱藏資料庫**。如果微服務需要將狀態儲存在資料庫中，這應該完全對外界隱藏。內部資料庫不應該直接暴露給外部消費者，因為這會導致兩者之間的耦合過多，進而破壞可獨立部署性。一般來說，避免多個微服務都訪問同一個資料庫的情況。

微服務與**領域驅動設計**（DDD）配合得非常好。DDD 提供了幫助我們找到微服務邊界的概念，最終的架構圍繞業務領域保持一致，這在組織創建更多以業務為中心的 IT 團隊的情況下非常有用。團隊專注於業務領域的一部分，現在可以擁有與業務領域相匹配的微服務所有權。

轉向微服務

微服務帶來了**很多**複雜性，以致於需要認真考慮使用它們的原因。我仍然相信對於新系統而言，一個簡單的單行程單體是一個完全合理的起點。然而，隨著時間的推移，我們學到了一些東西，我們開始看到我們當前的系統架構不再適合目的的方式。在這一點上，尋求改變是合適的。

了解你試圖從微服務架構中獲得**什麼**是很重要的。目標是什麼？你所預計向微服務的轉變會帶來什麼積極的結果？你的目標結果將直接影響你**如何**拆分整體架構。如果你試圖改變你的系統架構以更好地處理規模，，而不是你的主要驅動力是提高組織自治，你最終會做出不同的改變。我在《**單體式系統到微服務**》（*Monolith to Microservices*）一書的第 3 章中更詳細地介紹了這一點。

微服務的許多問題只有在你上線後才會顯現出來。因此，我強烈建議對既有單體進行漸進式、進化分解，而不是「大爆炸」重寫。確定要創建的微服務，從整體中提取適當的功能，將新的微服務部署上線，然後開始使用它。在此基礎上，你會看到自己是否在朝著目標前進，但你也會學到很多東西，這將使下一次微服務提取更容易，或者它可能會向你暗示微服務最終可能不是你該前進的方向！

溝通方式

我們在第 4 章總結了微服務間溝通的主要形式，在圖 A-1 中再次分享。這並不代表是一個通用模型，而是概述最常見的不同溝通類型。

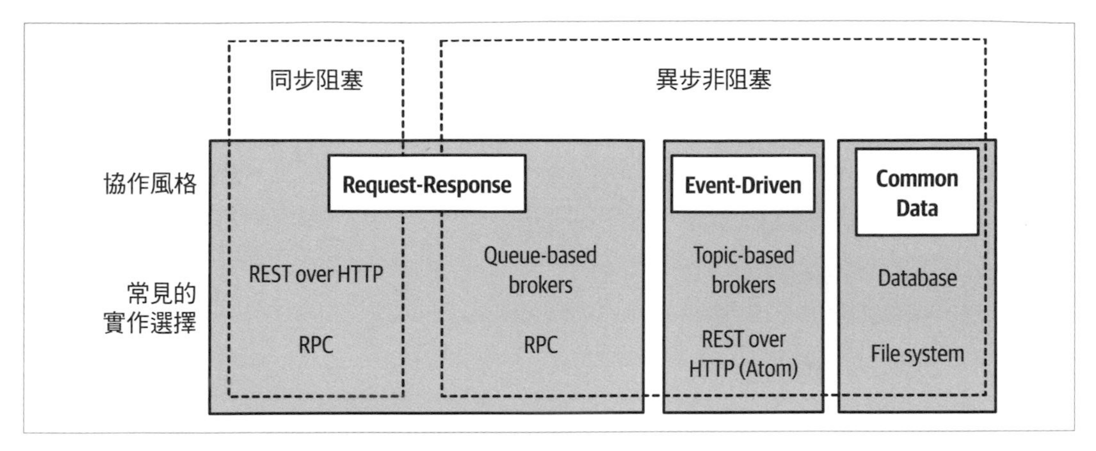

圖 A-1　不同風格的微服務間溝通以及範例實作技術

透過**請求／回應**溝通，微服務向下游微服務發送請求並期待回應。使用同步請求／回應，我們希望回應返回到發送請求的微服務實例。使用異步請求／回應，回應可能返回到上游微服務的不同實例。

透過**事件驅動**的溝通，一個微服務發出一個事件，其他微服務若對該事件感興趣，可以對它做出反應。事件只是事實的陳述，也就是關於已經發生事情的共享資訊。透過事件驅動的溝通，一個微服務不會告訴另一個微服務該做什麼。它只是分享事件，由下游微服務來判斷他們如何處理這些資訊。事件驅動的溝通本質上是異步的。

一個微服務可以透過多個協定進行溝通。例如，在圖 A-2 中，我們看到一個 `Shipping` 微服務為請求 / 回應互動提供了一個 REST 介面，它也會在發生變更時觸發事件。

事件驅動的協作可以更輕鬆地建置更鬆散耦合的架構，但它可能需要更多的工作來了解系統的行為方式。這種類型的溝通通常還需要使用專業技術，例如訊息仲介，這會使問題進一步複雜化。如果你可以使用完全託管的訊息仲介，則可以幫助降低這些類型系統的成本。

請求 / 回應和事件驅動的互動模型都有其一席之地，通常你使用哪一種方式是取決於個人偏好。有些問題只是比較適合一種模型而非另一種，並且微服務架構中混合多種風格是很常見的。

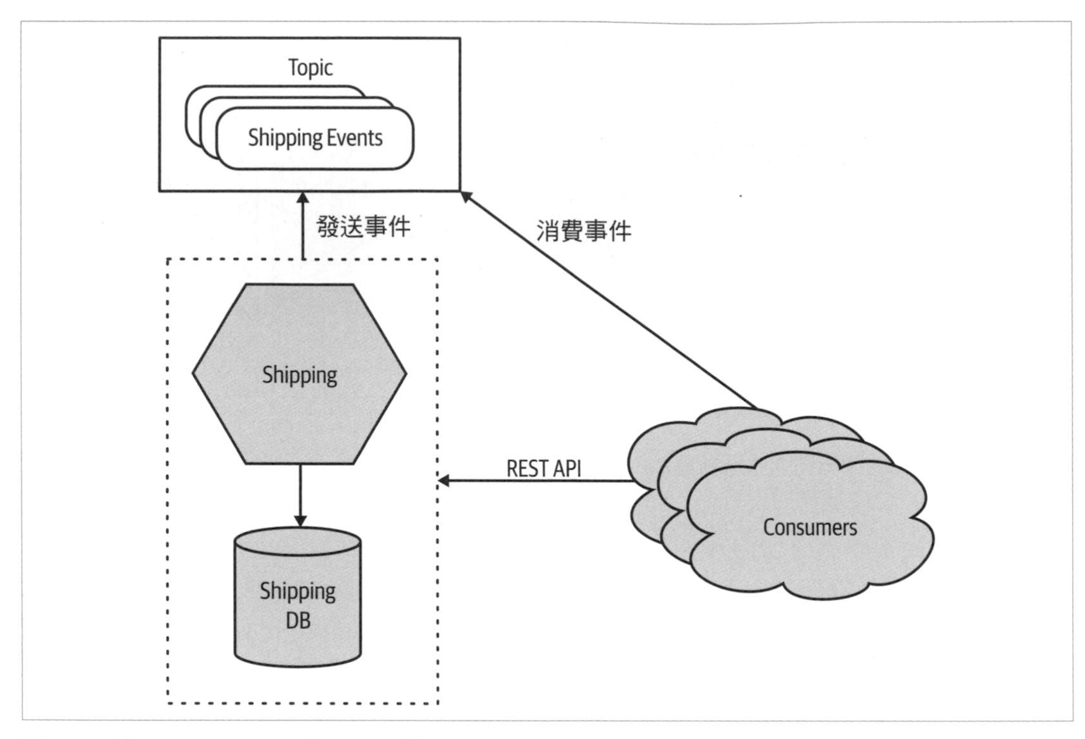

圖 A-2 透過 REST API 和主題公開其功能的微服務

工作流

當你希望讓多個微服務協作執行一些總體操作時，請考慮使用 *sagas* 對流程進行顯式塑模，這是我們在第 6 章中探討的主題。

通常，在可以使用 saga 代替的情況下，應避免分散式交易。分散式交易顯著增加了系統的複雜性，具有有問題的失敗模式，並且即使在它們工作時通常也無法交付你預期的內容。sagas 幾乎在所有情況下都更適合實作跨越多個微服務的業務流程。

有兩種不同風格的 sagas 需要考慮：*orchestrated* sagas 和 *choreographed* sagas。orchestrated sagas 使用中央 orchestrator 與其他微服務進行協調、並確保事情完成。一般來說，這是一種簡單直接的方法，但如果一不小心，中央 orchestrator 最終可能會做得太多，並且當多個團隊在同一業務流程上工作時，它可能成為競爭的來源。在 choreographed sagas 中，沒有中央 orchestrator；相反地，業務流程的責任被分配到多個協作的微服務中。這可能是一個更複雜的架構，它需要更多的工作來確保正確的事情發生，但另一方面，它不太容易耦合並且適用於多個團隊。

就我個人而言，我喜歡 choreographed sagas，但後來我經常使用它們，並在實作它們時犯了很多錯誤。我的一般建議是，當一個團隊負責整個過程時，orchestrated sagas 運作得很好，但如果有多個團隊，它們就會變得更成問題。在多個團隊需要在一個流程上進行協作的情況下，choreographed sagas 可以證明它們增加的複雜性是合理的。

建置

每個微服務都應該有自己的建置版本和自己的 CI 管道。當我對微服務進行變更時，我希望能夠自行建置該微服務，避免必須將所有微服務建置在一起的情況，因為這會使獨立部署變得更加困難。

出於第 7 章中概述的原因，我不是 monorepo 的粉絲。如果你真的想使用它們，那麼請了解它們有關清晰的所有權界限、和建置的潛在複雜性所帶來的挑戰。但請一定要確保，無論你使用 monorepo 還是 multirepo 方法，每個微服務都有自己的 CI 建置過程，可以獨立於任何其他建置工作被觸發。

部署

微服務通常作為一個行程部署，這個過程可以部署在實體機器、虛擬機器、容器或 FaaS 平台上。理想情況下，我們希望微服務在部署環境中盡可能彼此隔離。我們不希望出現一個微服務消耗大量計算資源會影響另一個微服務的情況。一般來說，這代表我們希望每個微服務都使用自己專用的作業系統和一組計算資源。容器在為每個微服務實例提供其自己的專用資源集方面特別有效，使其成為微服務部署的絕佳選擇。

如果你希望在多台機器上運行容器工作負載，Kubernetes 會非常有用。對於少數微服務，我不建議這樣做，因為它帶來了自己的複雜性來源。在可能的情況下，使用託管的 Kubernetes 叢集，因為這可以讓你避免一些這種複雜性。

FaaS 則是一種有趣的新興程式碼部署模式。你不需要指定你所想要的某樣東西的副本數量，你只需要將程式碼提供給 FaaS 平台並下指令：「發生這種情況時，運行此程式碼。」從開發者的角度來看，這**真的**很好，我認為像這樣的抽象很可能是大量伺服器端開發的未來，不過，當前的實作並非沒有問題。在微服務方面，將整個微服務作為單個「函式」部署在 FaaS 平台上是一個非常好的開始方式。

最後一點：在你的腦海中將部署和發布的概念分開。僅僅因為你已將某些東西部署到正式環境中並不意味著它必須發布給你的使用者。透過分離這些概念，你有機會以不同的方式推出你的軟體。例如，透過使用灰度版本或平行運行。這些所有以及更多內容都在第 8 章中進行了深入介紹。

測試

擁有一套自動化功能測試可以在使用者看到之前為你提供有關軟體品質的快速回饋非常有意義，這絕對是你應該做的事情。正如我們在第 9 章中所探討的，微服務在你可以撰寫不同類型的測試方面為你提供了很多選擇。

然而，與其他類型的架構相比，端到端測試對於微服務架構來說尤其成問題。與更簡單的非分散式架構相比，微服務架構的撰寫和維護成本最終可能更高，並且測試本身最終可能會出現更多的故障，這些故障不一定指向你的程式碼存在問題。跨多個團隊的端到端測試尤其具有挑戰性。

隨著時間的推移，希望減少對端到端測試的依賴，考慮到用消費者驅動的契約、綱要相容性檢查和正式環境中的測試來代替這種形式的測試所付出的精力。這些活動可以比端到端測試更有效地快速捕捉到更多分散式系統上的問題。

監控和可觀察性

在第 10 章中，我解釋了**監控**是一種活動，我們對系統所做的事情，但是只關注活動而非結果是有問題的，這是貫穿本書的一個主線。相反地，我們應該關注我們系統的**可觀察性**。可觀察性是我們透過檢查外部輸出了解系統正在做什麼的程度。製作一個具有良好可觀察性的系統需要我們將這種思維建置到我們的軟體中，並確保可以使用正確類型的外部輸出。

分散式系統可能會以奇怪的方式故障，微服務也不例外。我們無法預測系統故障的所有原因，因此很難提前知道我們需要哪些資訊來診斷和修復問題。使用可以幫助你以意想不到的方式來詢問這些外部輸出的工具變得越來越重要。我建議你查看像 Lightstep 和 Honeycomb 這樣的工具，它們是基於這種想法所建置的。

最後，隨著系統規模的擴大，總會有某處出錯的可能性越來越大。但在大型系統中，一台機器出現問題不一定會導致每個人都採取行動，也不一定會導致任何人在凌晨 3 點被叫起床。使用「正式環境測試」技術，例如平行運行和綜合交易可以更有效地解決可能實際影響終端使用者的問題。

資安

微服務讓我們有更多機會深入地保護我們的應用程式，這反過來又可以帶來更安全的系統。另一方面，它們通常具有更大的攻擊面，這會讓我們更容易受到攻擊！這種平衡行為就是為什麼對資安有一個全面的理解如此重要，我在第 11 章中分享了這一點。

隨著越來越多的資訊透過網路來流動，考慮保護傳輸中的資料變得更加重要。變動部分的數量增加也意味著自動化是微服務資安的重要組成部分。使用容易出錯的手動流程管理補丁、驗證和密鑰可能會使你容易受到攻擊。因此，請使用易於自動化的工具。

JWT 可用於分散授權邏輯，同時避免需要額外的往返，這可以幫助你避免像是混淆代理等等的問題，同時確保你的微服務可以以更獨立的方式運行。

最後，越來越多的人採用**零信任**的觀念。在零信任的情況下，你的操作就好像你的系統已經受到損害，你需要相應地建置你的微服務。這似乎是一種偏執的立場，但我越來越認為，採用這一原則實際上可以簡化你對系統資訊安全的看法。

彈性

在第 12 章中，我們將彈性視為一個整體，我與你分享了在考慮彈性時需要考慮的四個關鍵概念：

強健性（*Robustness*）

　　吸收預期擾動的能力

反彈（*Rebound*）

　　創傷性事件後恢復的能力

優雅的可擴展性（*Graceful extensibility*）

　　我們如何處理出乎意料的情況

持續適應性（*Sustained adaptability*）

不斷適應不斷變化的環境、利害關係人和需求的能力

總體來說，微服務架構可以幫助解決其中的一些問題（即強健性和反彈），但正如我們從這個列表中看到的，這本身並不能使你具有彈性。彈性很大程度上與團隊和組織的行為和文化有關。

從根本上來說，你必須明確地做一些事情來使你的應用程式更加穩健。強健性不是免費的，而微服務讓我們可以選擇提高系統的彈性，但我們必須做出這樣的選擇。舉例來說，我們必須了解我們對另一個微服務的任何呼叫都可能失敗，機器也可能會掛掉，並且好的網路資料封包也會發生壞事。隔艙、斷路器和正確配置的逾時機制之類等等的穩定性模式可以提供很大幫助。

擴展

微服務為我們提供了多種不同的方式來擴展應用程式。在第 13 章中，我探討了擴展的四個軸：

垂直擴展（*Vertical scaling*）

簡而言之，這代表可以獲得更大的機器。

水平複製（*Horizontal duplication*）

有多種可以做同樣工作的東西。

資料分割（*Data partitioning*）

根據資料的某些屬性劃分工作，例如用戶群。

功能分解（*Functional decomposition*）

基於類型的工作分解，例如微服務分解。

透過擴展，先來做簡單的事情。與此處介紹的其他兩個軸相比，垂直擴展和橫向重複既快速又容易。如果它們有效，那就太好了！但是如果沒有，你可以查看其他機制。混合不同類型的擴展也很常見，例如，根據客戶來對流量進行分割，然後讓每個分割水平擴展。

使用者介面

當涉及到系統分解時，使用者介面常常是事後的想法，我們分解了我們的微服務，但留下了一個單一的使用者介面。這反過來又會導致前端和後端團隊分開的問題。相反地，我們想要流式團隊，其中一個團隊擁有與端到端使用者功能部分相關的所有功能。為了實作這種改變並擺脫孤立的前端和後端團隊，我們需要拆分我們的使用者介面。

在第 14 章中，我分享了我們如何使用**微前端**透過 React 等單頁應用程式框架來交付分解的使用者介面。使用者介面經常面臨他們需要進行的呼叫數量方面的問題，或者因為他們需要執行呼叫匯總和過濾以適應行動裝置。**前端的後端**（BFF）模式可以幫助在這些情況下提供伺服器端匯總和過濾，但如果你能夠使用 GraphQL，你就可以避免使用 BFF。

組織

在第 15 章中，我們研究了從水平對齊的孤立團隊向圍繞端到端功能切片組織的團隊結構轉變。這些**流式團隊**，正如《*Team Topologies*》的作者所描述的，得到**賦能**團隊的支援，如圖 A-3 所示。賦能團隊通常會有特定的橫切關注重點，例如關注資安或可用性，並在這些方面支援流式團隊。

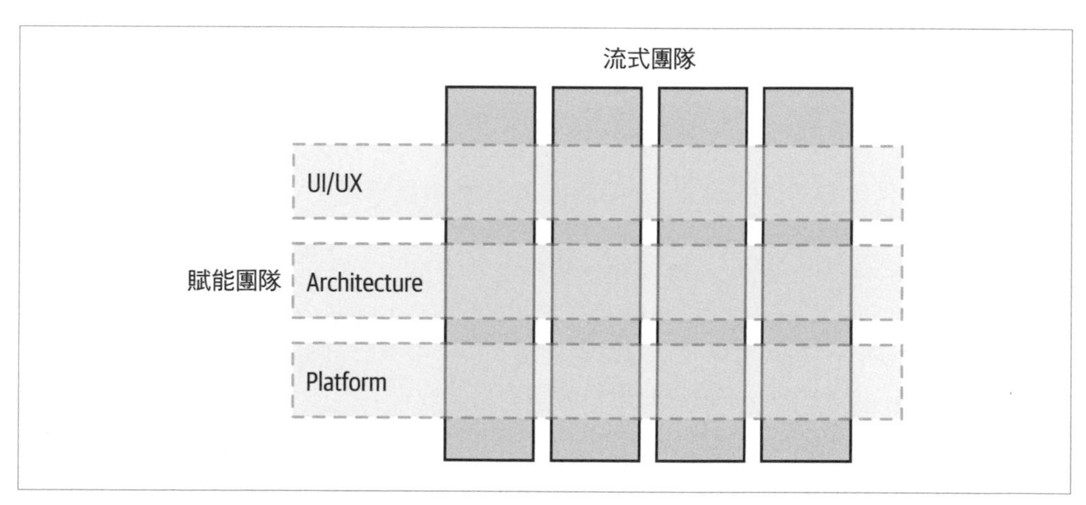

圖 A-3　賦能團隊支援多個流式團隊

讓這些流式團隊盡可能自治代表他們需要自助服務工具，以避免不斷要求其他團隊為他們做事。作為其中的一部分，平台可能非常有用。然而，重要的是我們將平台視為一種**鋪好的道路**。換句話說，它可以讓人們輕鬆做正確的事情，而不是**必須**使用它。使平台可以選擇，這確保使平台易於使用仍是擁有它的團隊的重點，同時也允許團隊在需要時做出不同的選擇。

架構

重要的是，我們不要將系統的架構視為固定不變的。相反地，我們應該將我們的系統架構視為應該能夠根據環境需要不斷變化的東西。為了讓你充分利用微服務架構，遷移到一個將更多自治權推入團隊的組織，代表對技術願景的責任需要成為一個更具協作性的過程。坐在象牙塔中的架構師要不是會成為微服務架構的重要阻礙，就是會成為被忽視的無關緊要之人。

管理系統架構的角色可以完全分散到團隊中，在一定的規模水平上，這可以很好地發揮作用。然而，隨著組織的發展，讓人們有專門的時間從整體上審視整個系統變得至關重要。稱他們為首席工程師、技術產品負責人或架構師，其實並不重要，他們需要扮演的角色都是一樣的。正如我在第 16 章中所展示的，微服務組織中的架構師需要賦能團隊、串聯人員、發現新出現的模式，並花足夠的時間融入團隊以了解大局在現實中是如何發揮作用的。

延伸閱讀

在整本書中，我參考了許多論文、演說和書籍，從中我學到了很多東西，並且我確保將它們列在參考書目中。然而，自第一版以來，有兩本書對我的思想影響最大，因此在這個新版本中被廣泛引用，值得在這裡稱為「必讀」。第一個是 Nicole Forsgren、Jez Humble 和 Gene Kim 的《*Accelerate*》。第二個是 Matthew Skelton 和 Manuel Pais 的《*Team Topologies*》。在我看來，這兩本書是過去十年中撰寫最有用的兩本軟體開發書，無論你是否從事微服務，我都認為它們是非讀不可的好書。

作為本書的配套，我自己的著作《*Monolith to Microservices*》更深入地探討如何分解既有的系統架構。

未來展望

未來，我猜想讓微服務更容易建置和運行的技術會繼續改進，我特別期待看到第二（和第三）代 FaaS 產品是什麼樣子。無論 FaaS 是否進化，Kubernetes 都會變得更加普及，即使它會越來越多地隱藏在對開發者更友善的抽象層之後。雖然 Kubernetes 贏了，但我認為大多數應用程式開發者不必擔心。我仍然很想知道 Wasm 如何改變我們對部署的看法，我仍然懷疑 unikernel 可能還會有第二次出現。

自本書第一版以來，微服務以一種讓我驚訝的方式真正成為主流，這也讓我感到擔憂。似乎很多採用微服務的人因為其他人都這麼做才這樣做，而不是微服務適合他們。因此，我完全希望我們能聽到更多關於微服務實作失敗的真實故事，我將會津津有味地消化這些故事，看看能從中學到什麼教訓。當微服務災難範例研究達到臨界品質時，我也非常期待在某個時候更廣泛的產業反對微服務。運用批判性思維來確定在任何特定情況下，哪種方法最有意義並不是很有吸引力或有銷路，而且我不認為這在銷售技術比銷售想法更有利可圖的世界中會有所改變。

我不是要聽起來很悲觀！作為一個產業，我們還很年輕，我們仍在尋找自己在世界上的位置。投入到軟體開發中的大量精力和獨創性繼續讓我感興趣，我迫不及待地想看看下一個十年會帶來什麼。

結語

微服務架構為你提供更多選擇和更多決策。在這個世界上做出決策是比在更簡單的單體式系統中更常見的活動，但我可以保證你不會做對所有的決定。那麼，已經預知你會犯一些錯誤，你會有哪些選擇呢？我建議想辦法縮小每個決定的範圍，這樣，即使你弄錯了，你只會影響系統的一小部分。學習接受進化架構的概念，在這種概念中，你的系統會隨著時間的推移，在你學習新事物的過程中彎曲和變化。不要想要一下子大爆炸的重寫，而是隨著時間的推移對你的系統進行一系列變更以使其保持靈活。

我希望到目前為止我已經與你分享了足夠的資訊和經驗，以幫助你確定微服務是否適合你。如果是這樣，我希望你將其視為旅程，而不是目的地。循序漸進，將你的系統一塊一塊地分解，邊走邊學。並習慣：在許多方面，不斷改變和發展我們系統的紀律是比我透過本書與你分享的任何其他內容更重要的一課。改變是不可避免的，請擁抱它。

參考書目

2020 Data Breach Investigations Report. Verizon, 2020. *https://oreil.ly/ps0Cx*.

Abbott, Martin L., and Michael T. Fisher. *The Art of Scalability: Scalable Web Architecture, Processes, and Organizations for the Modern Enterprise*. 2nd ed. Boston: Addison-Wesley, 2015.

Allspaw, John. "Blameless Post-Mortems and a Just Culture." *Code as Craft* (blog). Etsy, May 22, 2012. *https://oreil.ly/P1BcX*.

Bache, Emily. "End-to-End Automated Testing in a Microservice Architecture." NDC Conferences. July 5, 2017. YouTube video, 56:48. *https://oreil.ly/DbFdR*.

Bell, Laura, Michael Brunton-Spall, Rich Smith, and Jim Bird. *Agile Application Security*. Sebastopol: O'Reilly, 2017.

Beyer, Betsy, Chris Jones, Jennifer Petoff, and Niall Richard Murphy, eds. *Site Reliability Engineering: How Google Runs Production Systems*. Sebastopol: O'Reilly, 2016.

Beyer, Betsy, Niall Richard Murphy, David K. Rensin, Kent Kawahara, and Stephen Thorne, eds. *The Site Reliability Workbook: Practical Ways to Implement SRE*. Sebastopol: O'Reilly, 2018.

Bird, Christian, Nachi Nagappan, Brendan Murphy, Harald Gall, and Premkumar Devanbu. "Don't Touch My Code! Examining the Effects of Ownership on Software Quality." In *ESEC/FSE '11: Proceedings of the 19th ACM SIGSOFT Symposium and the 13th European Conference on Foundations of Software Engineering*, 4–14. New York: ACM, 2011. doi.org/10.1145/2025113.2025119.

Brandolini, Alberto. *EventStorming*. Victoria, BC: Leanpub, forthcoming.

Brooks, Frederick P., Jr. *The Mythical Man-Month: Essays on Software Engineering*, Anniversary ed. Boston: Addison-Wesley, 1995.

Brown, Alanna, Nicole Forsgren, Jez Humble, Nigel Kersten, and Gene Kim. 2016 *State of DevOps Report*. *https://oreil.ly/WJjhA*.

Bryant, Daniel. “Apple Rebuilds Siri Backend Services Using Apache Mesos.” InfoQ, May 3, 2015. *https://oreil.ly/NsjEQ*.

Burns, Brendan, Brian Grant, David Oppenheimer, Eric Brewer, and John Wilkes. “Borg, Omega, and Kubernetes.” *acmqueue* 14, no. 1 (2016). *https://oreil.ly/2TlYG*.

Calçado, Phil. “Pattern: Using Pseudo-URIs with Microservices.” May 22, 2017. *https://oreil.ly/uZuto*.

Cockburn, Alistair. “Hexagonal Architecture.” alistair.cockburn.us, January 4, 2005. *https://oreil.ly/0JeIm*.

Cohn, Mike. *Succeeding with Agile*. Upper Saddle River, NJ: Addison-Wesley, 2009.

Colyer, Adrian. “Information Distribution Aspects of Design Methodology.” *The Morning Paper* (blog), October 17, 2016. *https://oreil.ly/qxj2m*.

Crispin, Lisa, and Janet Gregory. *Agile Testing: A Practical Guide for Testers and Agile Teams*. Upper Saddle River, NJ: Addison-Wesley, 2008.

Evans, Eric. *Domain-Driven Design: Tackling Complexity in the Heart of Software*. Boston: Addison-Wesley, 2004.

Ford, Neal, Rebecca Parsons, and Patrick Kua. *Building Evolutionary Architectures*. Sebastopol: O’Reilly, 2017.

Forsgren, Nicole, Dustin Smith, Jez Humble, and Jessie Frazelle. *Accelerate: State of DevOps Report 2019*. *https://oreil.ly/A3zGn*.

Forsgren, Nicole, Jez Humble, and Gene Kim. *Accelerate: The Science of Building and Scaling High Performing Technology Organizations*. Portland, OR: IT Revolution, 2018.

Fowler, Martin. “CodeOwnership.” martinfowler.com, May 12, 2006. *https://oreil.ly/a42c7*.

Fowler, Martin. “Eradicating Non-Determinism in Tests.” martinfowler.com, April 14, 2011. *https://oreil.ly/sqPOD*.

Fowler, Martin. “StranglerFigApplication.” martinfowler.com, June 29, 2004. *https:// oreil.ly/foti0*.

Freeman, Steve, and Nat Pryce. *Growing Object-Oriented Software, Guided by Tests*. Upper Saddle River, NJ: Addison-Wesley, 2009.

Friedrichsen, Uwe. “The Limits of the Saga Pattern.” ufried.com (blog). February 19, 2021. *https://oreil.ly/X1BfK*.

Garcia-Molina, Hector, Dieter Gawlick, Johannes Klein, and Karl Kleissner. “Modeling Long-Running Activities as Nested Sagas.” *Data Engineering* 14, no. 1 (March 1991): 14–18. *https://oreil.ly/RVp7A1*.

Garcia-Molina, Hector, and Kenneth Salem. "Sagas." *ACM Sigmod Record* 16, no. 3 (1987): 249–59.

Governor, James. "Towards Progressive Delivery." *James Governor's MonkChips* (blog). RedMonk, August 6, 2018. *https://oreil.ly/OlkEY*.

Heinemeier Hansson, David. "The Majestic Monolith." Signal v. Noise, February 29, 2016. *https://oreil.ly/fN5CR*.

Hodgson, Pete. "Feature Toggles (aka Feature Flags)." martinfowler.com, October 9, 2017. *https://oreil.ly/pSPrd*.

Hohpe, Gregor. *The Software Architect Elevator: Redefining the Architect's Role in the Digital Enterprise*. Sebastopol: O'Reilly, 2020.

Hohpe, Gregor, and Bobby Woolf. *Enterprise Integration Patterns*. Boston: Addison-Wesley, 2003.

Humble, Jez, and David Farley. *Continuous Delivery: Reliable Software Releases Through Build, Test, and Deployment Automation*. Upper Saddle River, NJ: Addison-Wesley, 2010.

Hunt, Troy. "Passwords Evolved: Authentication Guidance for the Modern Era." troyhunt.com, July 26, 2017. *https://oreil.ly/r4ava*.

Ingles, Paul. "Convergence to Kubernetes." Medium, June 18, 2018. *https://oreil.ly/oB2FI*.

Ishmael, Johnathan. "Optimising Serverless for BBC Online." *Technology and Creativity at the BBC* (blog), BBC, January 26, 2021. *https://oreil.ly/mPp2L*.

Jackson, Cam. "Micro Frontends." martinfowler.com, June 19, 2019. *https://oreil.ly/nYu15*.

Kingsbury, Kyle. "Jepsen: Elasticsearch." Aphyr, June 15, 2014. *https://oreil.ly/6l2sR*.

Kingsbury, Kyle. "Jepsen: Elasticsearch 1.5.0." Aphyr, April 27, 2015. *https://oreil.ly/jlu8p*.

Kleppmann, Martin. *Designing Data-Intensive Applications*. Sebastopol: O'Reilly, 2017.

Krishnan, Kripa. "Weathering the Unexpected." *acmqueue* 10, no. 9 (2012). *https://oreil.ly/BN2Ek*.

Kubis, Robert. "Google Cloud Spanner: Global Consistency at Scale by Robert Kubis." Devoxx. November 7, 2017. YouTube video, 33:22. *https://oreil.ly/fwbMD*.

Lamport, Leslie. "Time, Clocks, and the Ordering of Events in a Distributed System." *Communications of the ACM*. 21, no. 7 (July 1978): 558–65. *https://oreil.ly/Y07gU*.

Lewis, James. "Scale, Microservices and Flow." YOW! Conferences. February 10, 2020. YouTube video, 51:03. *https://oreil.ly/nzXqX*.

Losio, Renato. "Elastic Changes Licences for Elasticsearch and Kibana: AWS Forks Both." InfoQ, January 25, 2021. *https://oreil.ly/PClFv*.

MacCormack, Alan, Carliss Y. Baldwin, and John Rusnak. "Exploring the Duality Between Product and Organizational Architectures: A Test of the *Mirroring* Hypothesis." *Research Policy* 41, no. 8 (October 2012): 1309–24.

Majors, Charity. "Metrics: Not the Observability Droids You're Looking For." *Honeycomb* (blog), October 24, 2017. *https://oreil.ly/RpZaZ.*

Majors, Charity, Liz Fong-Jones, and George Miranda. *Observability Engineering*. Sebastopol: O'Reilly, 2022.

McAllister, Neil. "Code Spaces Goes Titsup FOREVER After Attacker NUKES Its Amazon-Hosted Data." The Register, June 18, 2014. *https://oreil.ly/IUOD0.*

Miles, Russ. *Learning Chaos Engineering*. Sebastopol: O'Reilly, 2019.

Moore, Jon. "Architecture with 800 of My Closest Friends: The Evolution of Comcast's Architecture Guild." InfoQ, May 14, 2019. *https://oreil.ly/dVfhi.*

Morris, Kief. *Infrastructure as Code*. 2nd ed. Sebastopol: O'Reilly, 2016.

Nagappan, Nachiappan, Brendan Murphy, and Victor Basili. "The Influence of Organizational Structure on Software Quality: An Empirical Case Study." *ICSE '08: Proceedings of the 30th International Conference on Software Engineering*. New York: ACM, 2008.

Newman, Sam. *Monolith to Microservices*. Sebastopol: O'Reilly, 2019.

Noursalehi, Saeed. "Git Virtual File System Design History." *https://t.co/mIQR4uzWKS?amp=1.*

Nygard, Michael. *Release It!* 2nd ed. Raleigh: Pragmatic Bookshelf, 2018.

Oberlehner, Markus. "Monorepos in the Wild." Medium, June 12, 2017. *https://oreil.ly/Sk6am.*

Padmanabhan, Senthil, and Pranav Jha. "WebAssembly at eBay: A Real-World Use Case." eBay, May 22, 2019. *https://oreil.ly/rlr7d.*

Page-Jones, Meilir. *Practical Guide to Structured Systems Design*, 2nd ed. New York: Yourdon Press, 1980.

Palino, Todd, Neha Narkhede, and Gwen Shapira. Kafka: *The Definitive Guide*. Sebastopol: O'Reilly, 2017.

Parnas, David. "Information Distribution Aspects of Design Methodology." *In Information Processing: Proceedings of the IFIP Congress*, 339–44. Vol. 1. Amsterdam: North Holland, 1972.

Parnas, David. "On the Criteria to Be Used in Decomposing Systems into Modules." Journal contribution, Carnegie Mellon University, 1971. *https://oreil.ly/nWtQA.*

Plotnicki, Lukasz. "BFF @ Soundcloud." ThoughtWorks, December 9, 2015. *https://oreil.ly/ZyR0l.*

Potvin, Rachel, and Josh Levenberg. "Why Google Stores Billions of Lines of Code in a Single Repository." *Communications of the ACM* 59, no. 7 (July 2016): 78–87. *https://oreil.ly/Eupyi.*

Pyhäjärvi, Maaret. *Ensemble Programming Guidebook*. Self-published, 2015–2020. *https://ensembleprogramming.xyz.*

Riggins, Jennifer. "The Rise of Progressive Delivery for Systems Resilience." The New Stack, April 1, 2019. *https://oreil.ly/merIs.*

Rodriguez, Daniel, M. Ángel Sicilia, Elena García Barriocanal, and Rachel Harrison. "Empirical Findings on Team Size and Productivity in Software Development." *Journal of Systems and Software* 85, no. 3 (2012). doi.org/10.1016/j.jss.2011.09.009.

Rossman, John. *Think Like Amazon: 50 1/2 Ideas to Become a Digital Leader*. New York: McGraw-Hill, 2019.

Ruecker, Bernd. *Practical Process Automation*. Sebastopol: O'Reilly, 2021.

Sadalage, Pramod, and Martin Fowler. *NoSQL Distilled: A Brief Guide to the Emerging World of Polyglot Persistence*. Upper Saddle River, NJ: Addison-Wesley, 2012.

Schneider, Jonny. *Understanding Design Thinking, Lean, and Agile*. Sebastopol: O'Reilly, 2017.

Shankland, Stephen. "Google Uncloaks Once-Secret Server." CNET, December 11, 2009. *https://oreil.ly/hHKvE.*

Shorrock, Steven. "Alarm Design: From Nuclear Power to WebOps." *Humanistic Systems* (blog), October 16, 2015. *https://oreil.ly/AiJ5i.*

Shostack, Adam. *Threat Modeling: Designing for Security*. Indianapolis: Wiley, 2014.

Sigelman, Ben. "Three Pillars with Zero Answers—Towards a New Scorecard for Observability." Lightstep (blog post), December 5, 2018. *https://oreil.ly/qdtSS.*

Skelton, Matthew, and Manuel Pais. *Team Topologies*. Portland, OR: IT Revolution, 2019.

Steen, Maarten van, and Andrew Tanenbaum. *Distributed Systems*. 3rd ed. Scotts Valley, CA: CreateSpace Independent Publishing Platform, 2017.

Stopford, Ben. *Designing Event-Driven Systems*. Sebastopol: O'Reilly, 2017.

Valentino, Jason D. "Moving One of Capital One's Largest Customer-Facing Apps to AWS." Medium/Capital One Tech, May 24, 2017. *https://oreil.ly/IEIC3.*

Vaughan, Diane. *The Challenger Launch Decision: Risky Technology, Culture, and Deviance at NASA*. Chicago: University of Chicago Press, 1996.

Vernon, Vaughn. *Domain-Driven Design Distilled*. Boston: Addison-Wesley, 2016.

Vernon, Vaughn. *Implementing Domain-Driven Design*. Upper Saddle River, NJ: Addison-Wesley, 2013.

Vocke, Ham. "The Practical Test Pyramid." martinfowler.com, February 26, 2018. *https://oreil.ly/6rRoU*.

Webber, Emily. *Building Successful Communities of Practice*. San Francisco: Blurb, 2016.

Webber, Jim, Savas Parastatidis, and Ian Robinson. *REST in Practice: Hypermedia and Systems Architecture*. Sebastopol: O'Reilly, 2010.

Woods, David D. "Four Concepts for Resilience and the Implications for the Future of Resilience Engineering." *Reliability Engineering & System Safety* 141 (September 2015): 5–9. doi.org/10.1016/j.ress.2015.03.018.

Yourdon, Edward, and Larry L. Constantine. *Structured Design*. New York: Yourdon Press, 1976.

Zimman, Adam. "Progressive Delivery, a History…Condensed." *Industry Insights*(blog). LaunchDarkly, August 6, 2018. *https://oreil.ly/4pVY7*.

詞彙表

aggregate（匯總）

作為一實體來管理的目標之集合，通常指的是現實世界中的概念；這是個來自 DDD 的概念。

Amazon Web Services（AWS）

Amazon 提供的公有雲端服務。

API gateway

一種通常位於系統邊界（perimeter）的元件，將來自外部來源（如使用者介面）的呼叫導至微服務。

authentication（認證）

當事人證明他們就是他們所聲稱的人之過程；這可能就像一個人提供他的使用者名和密碼一樣簡單。

authorization（授權）

確定是否允許被授權的當事人能訪問給定功能之過程。

Azure

Microsoft 的公有雲端服務。

backend for frontend（BFF）（前端的後端）

為特定使用者介面提供聚合和過濾的伺服器端元件；是通用 API gateway 的替代方案。

bounded context（邊界上下文）

業務領域內的明確邊界，為更廣泛的系統提供功能，但也隱藏了複雜性；通常會映射到組織邊界。是個來自 DDD 的概念。

bulkhead（隔艙）

系統中可以隔離故障的部分，以讓系統的其餘部分即使發生故障仍能繼續運行。

choreography（編排）

一種 saga 的風格，其中應該發生的事情之責任分散在多個微服務中，而非由單個實體管理。

circuit breaker（斷路器）

放在與下游服務連接周圍的一種機制，可以讓你在下游服務出現問題時快速失敗。

cohesion（內聚性）

一起變更的程式碼能保持一起的程度。

collective ownership（集體所有權）

一種所有權風格，允許任何開發人員變更系統的任何部分。

container（容器）

可以在機器上以隔離方式運行的一組程式碼和相依性；其概念類似於虛擬機器，但較輕量。

continuous delivery（CD）（持續交付）

一種交付方法，可以在其中明確對正式環境路徑進行塑模，將每次程式碼簽入視為候選釋出版本，並且可以輕鬆評估任何要部署到正式環境中的候選釋出版本之適用性。

continuous deployment（持續部署）

一種部署方法，任何通過所有自動化步驟的建置都會自動部署上線。

continuous integration（CI）（持續整合）

定期（每天）將變更與程式庫的其他部分進行整合，同時進行一套測試來驗證整合是否成功。

Conway's law（Conway 定律）

關於組織的溝通結構最終會推動其建置電腦系統的設計之觀察。

coupling（耦合）

改變系統的一部分需要改變另一部分的程度；低耦合度通常較理想。

cross-functional requirement（CFR）（跨功能需求）

系統的一般屬性，例如操作所需的延遲、靜態資料的安全性等；也稱為非功能需求（但我更喜歡使用跨功能來描述）。

customizable off the shelf software（COTS）（可客製的現成軟體）

可由終端使用者大量客製的第三方軟體，通常運行在他們的基礎設施上。典型的例子包括內容管理系統和客戶關係管理平台。

data partitioning（資料分割）

基於資料的某些方面來分配負載以擴展系統；例如，根據客戶或產品類型來分割負載。

detective controls（偵測性控制）

一種安全控制，可幫助你確定攻擊是否正在進行或已經發生。

domain coupling（領域耦合）

一種耦合的形式，一個微服務「耦合」到另一個微服務所暴露的領域協議。

domain-driven design（DDD）（領域驅動設計）

一個概念，即基本問題 / 業務領域在軟體中被明確地塑模。

Docker

一組幫助建置和管理容器的工具。

enabling team（賦能團隊）

一個支援流式團隊完成工作的團隊。通常，一個賦能團隊會有一個特定的重點，例如：可用性、架構、安全性。

error budget（錯誤預算）

與 SLO 超出範圍的可接受水平有關，通常是以可接受的服務停機時間來定義。

event（事件）

系統的其他部分可能會關心這些系統中發生的事情，例如：「已下單」或「使用者登入」。

feature branching（功能分支）

為正在處理的每個功能創建一個新的分支，一旦功能完成，將該分支合併回主線。這是我不鼓勵的東西。

Function as a Service（FaaS）（函式即服務）

一種基於某些類型的觸發器調用任何程式碼的無伺服器平台；例如，啟動程式碼以回應 HTTP 呼叫或訊息被接收。

governance（治理）

商定事情應該如何做，並確保它們以這種方式完成。

graceful extensibility（優雅的可擴展性）

我們如何處理出乎意料的狀況。

GraphQL

一種允許客戶端發出自定義查詢的協定，這些查詢可能會導致對多個下游微服務呼叫。這有助於外部客戶端無需使用 BFF 或 API gateway 來呼叫聚合和過濾。

horizontal duplication（水平複製）

透過擁有多個副本來擴展系統。

idempotency（冪等性）

功能的屬性，即使多次呼叫，其結果仍是一樣。這有助於安全地重試微服務上的操作。

independent deployability（可獨立部署）

能夠對微服務進行變更並部署到正式環境中，而不動到其他部分。

information hiding（資訊隱藏）

在預設的情況下，所有資訊都隱藏在邊界內的一種方法，而只提供最低限度的資訊以滿足外部消費者的需求。

infrastructure as code（基礎設施即程式碼）

以程式碼的形式來為基礎設施塑模，使基礎設施管理自動化，並且程式碼能受版本控制。

JSON Web Token（JWT）

用於創建可選擇加密 JSON 資料結構的標準；通常用於傳輸有關身分驗證的資訊。

Kubernetes

一個開源平台，可跨多個底層機器來管理容器的工作負載。

library（程式庫）

一組程式碼，其封包方式是可在多個程式中重複使用。

lockstep deployment（鎖步部署）

因發生了變更，而需要同時部署兩個或更多東西；與可獨立部署性相反。一般來說需要避免。

message（訊息）

透過異步溝通機制（如仲介者）到一個或多個下游微服務的東西；可能包含各種資料酬載，如請求、回應或事件。

message broker（訊息仲介者）

用於管理行程之間異步溝通的專用軟體，通常提供諸如保證交付之類的功能。

microservice（微服務）

一種可獨立部署的服務，透過一個或多個溝通協定與其他微服務進行溝通。

Monorepo

一個包含所有微服務原始碼的儲存庫。

Multirepo

每個微服務都有自己的原始碼儲存庫的方法。

orchestration（編配）

一種 sage 風格，其中的中心單元（orchestrator）會管理其他微服務的操作以執行業務流程。

personally identifiable information（PII）（個人身分資訊）

單獨使用或與其他資訊一起使用時，可用於識別個人身分的資料。

preventative control（預防性控制）

為了阻止攻擊發生的安全控制。

principal（當事人）

某個東西（通常是一個人，雖然也可能是一個程式）請求進行身分驗證和授權以獲得存取權限。

request（請求）

由一個微服務發送請求另一個下游微服務做某事。

response（回應）

回傳為請求的結果。

responsive control（回應式控制）

一種安全控制，可幫助你在遭受攻擊期間或之後做出回應。

robustness（強健性）

即使發生問題，系統仍能保持運行的能力。

saga

一種以不需要長時間鎖定資源的方式對長期操作進行塑模的方法；在實作業務流程時，比分散式交易更受青睞。

Serverless（無服務器）

雲端產品的總稱；從使用者的角度來看，它將底層電腦抽象化，使用者不再需要在意它們。這些產品像是 AWS Lambda、AWS S3 和 Azure Cosmos。

service-level agreement（SLA）（服務層級協議）

終端使用者和服務提供商（如使用者和供應商）之間的協議，其定義了最低限度可接受的服務產品，以及若不符合協議時的懲罰。

service-level indicator（SLI）（服務層級指標）

衡量系統行為方式的指標，例如回應時間。

service-level objective（SLO）（服務層級目標）

就某一特定 SLI 的可接受範圍達成協議。

service mesh（服務網格）

一種分散式中間件，主要為同步點對點呼叫提供橫切功能，例如雙向 TLS、服務發掘或斷路器。

service-oriented architecture（SOA）（服務導向架構）

一種結構，其中系統被分解為可以在不同機器上運行的服務；微服務是一種優先考慮可獨立部署性的 SOA。

single-page application（SPA）（單頁應用程式）

一種圖形使用者介面，其在單一瀏覽器中提供 UI，而無需導到其他網頁。

stream-aligned team（流式團隊）

專注於端到端交付有價值工作流的團隊。這是一個長期存在的團隊，通常會直接以客戶為中心，並橫跨資料、後端和前端程式碼。

strong ownership（強大所有權）

一種所有權風格，其中系統的某些部分由特定團隊所擁有，而系統的特定部分只能由擁有它的團隊進行變更。

sustained adaptability（持續適應性）

持續適應不斷變化的環境、利害關係人和需求的能力。

threat modeling（威脅模型分析）

了解可能對你的系統產生影響的威脅，並決定需要優先解決哪些威脅的過程。

trunk-based development（主幹開發）

一種開發風格，其中所有的變更都直接在主要原始碼控制系統的主幹上進行，包括尚未完成的變更。

ubiquitous language（通用語言）

定義並採用在程式碼和描述中使用的通用語言，以幫助溝通。這是來自 DDD 的一個概念。

vertical scaling（垂直擴展）

透過取得更強大的機器來提高系統的規模。

virtual machine（VM）（虛擬機器）

模擬機器，其所有意圖和目的看起來都是一台專用的實體機器。

widget

圖形使用者介面的元件。

索引

※ 提醒你：由於翻譯書排版的關係，部分索引名詞的對應頁碼會和實際頁碼有一頁之差 。

Symbols

A

B

C

D

E

F

L

M

N

O

P

Q

R

S

T

U

V

W

Z

關於作者

Sam Newman 是一名獨立顧問、作家與演講者。在超過 20 年的從業生涯中，他曾在不同的技術推疊和不同領域上與世界各地的公司合作，其主要工作是幫助企業更快、更安全地將軟體正式上線，並幫助企業應對微服務的複雜性。他也是 O'Reilly《*Monolith to Microservices*》的作者。

出版記事

本書第二版的封面動物是蜜蜂（*Apis* 屬），在 20,000 個已知蜂種（bee）中，只有 8 種被視為蜜蜂（honey bee），這種社會性蜜蜂的獨特之處，在於牠們如何集體生產及儲存蜂蜜，以及用蜂蠟建造蜂巢。在全世界，養蜂採蜜已經有好幾千年的歷史了。

成千上萬的蜜蜂住在蜂巢裡，並且具有嚴謹的社會結構，共分為三種階級：蜂后、雄蜂和工蜂。每個蜂巢有一隻蜂后，在交配飛行（mating flight）後的 3 到 5 年內，每天產卵高達 2,000 顆。雄蜂是與蜂后交配的雄性蜜蜂（其因為在交配中留下倒鉤狀的性器官而死亡）。工蜂是不孕的雌性蜜蜂，在一生中扮演著許多角色，諸如保姆、建築工人、雜貨商、警衛、清潔工、和糧食採集者。滿載花粉的工蜂返回蜂巢時，透過特定模式的「舞蹈」來溝通，以傳達關於附近食物的資訊。

雖然蜂后體型較大一點，三種階級的蜜蜂有相似的外觀：透明的翅膀、六條腿，身體分為頭、胸及腹部。它們的短絨毛呈現黃黑相間的條紋圖案。它們的食物就是蜂蜜——透過部分消化、部分反芻富含糖分之花蜜的過程所生產而成的。

蜜蜂對農業至關重要，因為它們在採集花粉與花蜜時為農作物授粉，而商業蜂箱是由養蜂人運送到需要授粉的農作物上。平均而言，每個蜂巢一年大約收集 66 磅花粉。然而近年來，由各種疾病和其他壓力因素引起的「蜂群崩壞症候群」，已經導致蜜蜂物種數量出現驚人的下降。

蜜蜂很容易受到同樣的殺蟲劑和寄生蟲及疾病的影響，這些都使野生蜜蜂和其他傳粉媒介的數量減少，但蜜蜂確實得到一些人們的支持與保護，因為它們是農業的關鍵。O'Reilly 書籍封面上的許多動物都面臨瀕臨絕種的危機；牠們都是這個世界重要的一份子。

封面的彩色插圖是由 Karen Montgomery 基於《*The Pictorial Museum of Animated Nature*》的黑白雕刻所繪製。

建構微服務｜設計細微化的系統 第二版

作　　者：Sam Newman
譯　　者：洪巍恩
企劃編輯：蔡彤孟
文字編輯：王雅雯
設計裝幀：陶相騰
發 行 人：廖文良

發 行 所：碁峰資訊股份有限公司
地　　址：台北市南港區三重路 66 號 7 樓之 6
電　　話：(02)2788-2408
傳　　真：(02)8192-4433
網　　站：www.gotop.com.tw
書　　號：A596
版　　次：2022 年 10 月二版
建議售價：NT$880

國家圖書館出版品預行編目資料

建構微服務：設計細微化的系統 / Sam Newman 原著；洪巍恩譯. -- 二版. -- 臺北市：碁峰資訊, 2022.10
面；　公分
譯自：Building Microservices: designing fine-grained systems, 2nd edition
ISBN 978-626-324-254-8(平裝)
1.CST：作業系統　2.CST：電腦結構
312.54　　111010995

讀者服務

- 感謝您購買碁峰圖書，如果您對本書的內容或表達上有不清楚的地方或其他建議，請至碁峰網站：「聯絡我們」\「圖書問題」留下您所購買之書籍及問題。（請註明購買書籍之書號及書名，以及問題頁數，以便能儘快為您處理）
  http://www.gotop.com.tw
- 售後服務僅限書籍本身內容，若是軟、硬體問題，請您直接與軟體廠商聯絡。
- 若於購買書籍後發現有破損、缺頁、裝訂錯誤之問題，請直接將書寄回更換，並註明您的姓名、連絡電話及地址，將有專人與您連絡補寄商品。